强对流云物理及其应用

The Physics of Severe Convective Storms and Its Application

许焕斌 著

内容简介

雹暴、雨暴、风暴、雷暴等皆属于强对流云物理范畴。本书介绍了强对流云物理的主要观点和近期进展，对一些疑惑问题做了物理解释；论述了强对流云物理在人工影响天气中的防雹、增雨等方面的应用原理，并举例说明了强对流云物理在对流性灾害天气的预报（警）中的应用思路。

本书可供大气物理学、云—降水物理学、中小尺度天气动力学和人工影响天气研究人员，强对流灾害性天气的预报（警）人员、人工影响天气业务人员和有关院校师生参考。

图书在版编目(CIP)数据

强对流云物理及其应用 / 许焕斌著.
— 北京 ：气象出版社，2012.10
ISBN 978-7-5029-5586-1

Ⅰ. ①强… Ⅱ. ①许… Ⅲ. ①强对流天气－云物理学－研究
Ⅳ. ①P425.8②③P426.5

中国版本图书馆 CIP 数据核字(2012)第 235767 号

Qiangduiliu Yunwuli Jiqi Yingyong
强对流云物理及其应用
许焕斌 著

出版发行：气象出版社
地　　址：北京市海淀区中关村南大街 46 号　　**邮政编码**：100081
总 编 室：010-68407112　　**发 行 部**：010-68409198
网　　址：http://www.cmp.cma.gov.cn　　**E-mail**：qxcbs@cma.gov.cn
责任编辑：李太宇　张锐锐　　**终　　审**：黄润恒
封面设计：博雅思企划　　**责任技编**：吴庭芳
印　　刷：北京中新伟业印刷有限公司
开　　本：787 mm×1092 mm　1/16　　**印　　张**：22.25
字　　数：600 千字　　**彩　　插**：1
版　　次：2012 年 10 月第一版　　**印　　次**：2012 年 10 月第一次印刷
印　　数：1～2200 册　　**定　　价**：68.00 元

序

过去的教科书一般是把云雾物理和中小尺度气象学分开的。前者主要阐述云的微物理过程，而后者主要阐述与中小尺度天气系统密切相关的强风暴动力学。后来，把云微物理和动力学过程逐步结合起来，形成了积云动力学和强风暴动力学。许焕斌教授撰写的这本书则把天气学—动力学—云降水物理学融为一体，从一个新的微观和宏观相结合的视野阐述了强对流风暴形成的微物理和动力学条件，两者缺一不可，都是强对流风暴形成的必要基础。这样做，不但从理论上能够更加深入地认识强对流风暴生成的条件、过程和机理，而且也为理论的应用即防雹增雨作业找到更为关键的影响过程和部位。这也要求今天从事云雾物理和人工影响的学者和专家必须具备这两方面的知识。本书是读者获得这两方面知识的一个简明而实用的读本。它在国内的类似专著中独具特色。

本书的另一特色是观测—分析和诊断—数值模拟—理论的有机结合。作者多年来在这四个方面都作出了重要的成果，尤其在雹云的分析诊断和数值模拟方面。本书是作者多年研究和实践的结晶，其针对性和实用性都很强。工作在第一线的人工影响天气工作者不但由此可以增强理论知识，而且可以获得有益的作业、效果检验和预警方面的指导。

与强对流风暴有关的人工影响作业与预报和预警是密切相关的。但是强对流风暴的预报是气象学中的一个难题，目前预报水平较低、时效很短。尤其是在气候变化背景下，强对流风暴发生、发展和移动的条件、动力过程和相关的云物理原理都在变化。另外，人类活动的影响（如气溶胶排放，城市化效应等）也日益显现出来，这些都为认识强对流风暴的原理增加了复杂性。因而，这对从事此方面的专家是一个很大的挑战。我相信，许焕斌教授的这本新版专著一定可为迎接这种挑战中的学者和业务人员，提供十分有益的帮助。

丁一汇

（中国工程院院士，研究员）

2012 年 8 月 1 日于中国气象局

前　言

我国自1996年在全国开始组建多普勒天气雷达网(CINRAD,新一代天气雷达)以来,已有172部多普勒天气雷达投入业务使用。天气雷达网的建成极大地提高了对重大灾害性天气的监测预警能力。为了充分发挥雷达建设的效益,在雷达硬件建设的过程中,于2006年10月又正式启动了"新一代天气雷达建设业务软件系统开发"(ROSE)项目。该项目分为一期和二期建设两个阶段,前一阶段的一期项目工程已经完成,后一阶段的二期工程项目"2011—2015年总体实施方案"也已制定完成并批复执行。

新一代天气雷达业务软件系统,实质上是把雷达与大气科学相耦合,把相关的理论、观测、实验、算法和业务经验精华融合成一个完整的体系,再利用最先进的资料处理和信息提取技术,集成为可以实时掌握复杂天气系统演变的智能化平台,它是相关领域科技成果的集成。由此可见,提升软件系统的科技水平和强化其功能决不仅仅是一个技术问题,也不可不重视对相关领域最新理论成果的了解和应用,它必须得到新的理论的支撑。

《强对流云物理及其应用》一书,尝试着把天气学—动力学—云降水物理学融为一体,不仅可从理论上更加深入地认识强对流风暴生成的条件、过程和演变特征,也可为理论的应用提供一些新的思路。再者,本书还把观测—分析和诊断—数值模拟—理论有机地结合起来,对一些事例给出了强对流云物理具体应用的方法,有着较强的目的性和实用性,相信这对其在雷达业务软件系统上的理论应用是有启发的。

为此,把该书作为实施ROSE项目二期"2011—2015年总体实施方案"的理论参考的一部分,项目支持和资助了本书的出版。

李　柏

(ROSE项目负责人　研究员级高级工程师)

2012年8月31日

前 言

[illegible]

《雹云物理与防雹的原理和设计》

序　一

我国是一个多雹灾的国家，人工防雹很需要，而雹云物理是防雹的科学基础。鉴于冰雹云是属于中小尺度现象，一般的常规观测手段难以去了解它的结构和演变，需要组织综合探测。虽然我国目前尚未组织和实施过这类专门项目，但在实际观测和分析中已发现了我国的雹云结构和演变特征，与国外已组织过的多个冰雹研究计划中给出的结果有相当大的相似性。借用国外的综合观测结果，结合我们的观测实例，再用新思路和新工具来探讨我国的雹云物理的基本规律是可行的。这本书就是按这一思路来深入探讨了一些关键问题，在探寻大雹生长机制的动力学模型上给出了一些新的结果。

在防雹原理上，国外多采用"播撒"防雹原理，而我国的防雹作业则伴有爆炸，观测到爆炸产生的效应。本书对播撒防雹原理中的一些科学问题做了明确和深化，对实施中的疑问做了初步澄清；又特别对空中爆炸对云体的宏、微观场的可能作用做了系统的探讨。根据近来的研究结果，给出了新的防雹概念模型，并结合河北省的防雹实践给出了具体的实施方案，可供参考。

雹云物理和防雹是一项复杂而困难的科学技术课题，虽然近代的雹云物理研究和防雹的活动从20世纪50年代以来已有近50年的历史，多个国家组织过大型综合观测研究，也出版了许多文章和书，但在雹云宏、微观场相耦合的动力学研究方面仍需努力。

2004年6月12日于北京

赵柏林，中国科学院院士，北京大学教授

《雹云物理与防雹的原理和设计》

序 二

冰雹是一种固态降水物，产生于强对流云——冰雹云中。一场强烈的降雹可产生局地毁灭性的灾害，导致农作物毁种或绝收，尤其是对烟草、棉花、水果等经济作物的损害更为严重。我国是世界上四大多雹区之一，冰雹灾害也是我国最严重的气象灾害之一。1990—2000 年，我国平均每年遭受冰雹灾害的农田面积达到 2500 多万亩，造成的直接经济损失达到十多亿元。为此，全国各地普遍开展了人工防雹作业。2003 年，全国有 23 个省(区、市)组织了高炮、火箭防雹作业，动用“三七”高炮六千多门，火箭发射架三千多台，防雹保护区面积达 41 万余平方公里，其作业规模居世界第一。据估算，防雹作业可减少雹灾面积 40%～80%，平均每年可减少经济损失数亿元，深受广大农民群众和各地政府的欢迎。

人类很早就设想用各种办法防御冰雹灾害。自 20 世纪初以来，科学家对自然冰雹进行观测，从理论、室内实验、数值模拟、野外观测等方面揭示冰雹形成、发展的规律，探索防雹的科学方法，取得了相当大的进展，积累了许多的知识和经验。然而，自然冰雹形成、发展过程非常复杂，人工防雹又是一项技术复杂且难度很大的工作，特别是受难以直接入云观测的限制，人们对自然冰雹形成、发展规律的认识，对有效地防御冰雹灾害的理论和技术，仍在探索之中。

为了适应社会经济发展的日益增长的需求，利用人们已掌握的知识和技术，科学地设计和开展人工防雹作业，提高人工防雹作业水平和效益，是摆在云物理和人工影响天气科技工作者面前的一项历史责任。为此，许焕斌、段英、刘海月合著的《雹云物理与防雹的原理和设计》一书，正是满足这一客观迫切需求，在冰雹与防雹理论与实践的结合点上，比较系统地总结了冰雹与防雹理论和实践，并以观测事实为基础，以理论分析为主线，用数值模式为工具，探索了雹云物理中的一些关键性问题，勾画了新的自然雹云宏观场与冰雹微观场相互作用的图像，以及大冰雹生长机制的物理模型。书中还结合他们的科学实践，对雹云物理和人工防雹的新物理模型进行了初步的观测和理论验证，提出了防雹的新概念模型，特别是又结合河北省人工防雹作业的实践，探索并提出了如何有效地实施防雹作业的实用技术及方案。这是一部具有理论和实践价值的著作，针对性、科学性和实践性强，对冰雹理论研究和人工防雹作业均具有很强的指导作用，对提高我国冰雹研究和人工防雹作业科学水平具有重要的促进作用。

同其他学科一样，云物理与人工影响天气学科也需要在理论与实践的相互作用中不断发展、完善与成熟，需要广大科技工作者用辛勤劳动与汗水对其进行精心培育。可以相信，在本书的引领下，将会有更多、更好的云物理与人工影响天气方面的专著面世，为云物理与人工影响天气学科的发展做出新贡献。

郑国光

2004年6月28日于北京

郑国光，理学博士，研究员

作者的话

自《雹云物理与防雹的原理和设计》的第一版（2004 年 9 月）和经充实再版（2006 年 7 月）后，我在与同行的交流中，逐步认识到雹云物理只是强对流云的一部分，阵性暴雨和对流性低层大风造成的灾害不仅不比冰雹小，而且致灾面积大、出现频率高。强对流活动包括雹暴、雨暴、风暴和雷暴等，其物理实质是一样的，都属于强对流云物理的范畴。

从研究思路上我也逐步体会到，单从云—降水物理学的角度是难以深入的，而只从天气—动力学方面“使劲”也是不够的，应将三者结合起来，即把天气—动力—云降水物理（大气物理）融为一体。在研究手段上也不能单靠哪一种，需要把观测—分析—模拟—理论有机结合起来。在应用上，人工影响对流云的防雹、增雨需要以强对流云物理为基础，在对流性灾害天气的预报（警）中它也是学科基础。

还想提一下，当前在研究与应用关系上似乎也有观念性的缺陷，即理论工作者认为，应用是业务人员的事，而干业务的人则强调简明便利，不屑于对理论的深究，这对学科进步和业务发展皆是无益的。不会应用的理论家很可能没有透彻地掌握规律，而不深懂理论的业务发展可能是乏力的。

想在强对流研究思路上有所变革似乎是研究者的共识，但年富力强的研究骨干们迫于眼前的课题压力又不便抽身。我作为退休老者，时间还是充裕的，就试着做了点探索。我曾与年青的朋友们作过交流，他们鼓励我把这些想法写出来。而要再写一本类似的书也难以避开大篇幅的重复，故还是在原书的基础上，在物理上加以扩充，在应用上举例说明为宜。这些想法也不系统，点点滴滴，做了点什么，就给大家汇报点什么，不怕有误，只求这些想法有点道理能为诸位参考，其中若有错误请纠正。

特别感谢丁一汇院士为本书写序，他为我们的学科和业务发展指明了方向。

许焕斌

2012 年 8 月 1 日　北京

目　录

第一编 强对流云物理

强对流云物理学可分为两部分:一是关于雹、霰、雨粒子(群)形成的物理学,可称为强对流云微物理;二是关于强对流云动力(力场、流场)、热力等方面的物理学,又可称为强对流云宏观物理。

第一章 绪 论

强对流是常会形成冰雹、阵性暴雨、近地大风及雷电等强烈灾害的天气系统,其特点一是水汽相变和云一降水湿物理过程起着突出作用,在自然界最猛烈的水汽相变及潜热释放就发生在强对流云中;二是它属于中、小尺度系统,非静力和非线性特征明显。天气形势和热力、动力框架是强对流灾害天气发生的背景,而大气物理一云降水物理则操纵着这类灾害天气现象的发展过程。必须把天气、动力和大气物理—云降水物理三者耦合成一体才能对它来进行完整地描述。

为什么强对流云产生的天气现象有些以降雹为主?有些以阵性暴雨为主?有些以近地大风或雷电为主?有些则几者同来?这应该与强对流云的宏、微观结构及演变特征有关。强对流云物理学就是要探讨这方面的内容,寻求其中的规律。

强对流云发展迅速、瞬息万变,天气现象猛烈多样,了解它们的结构和演变,掌握实况是第一要务,然而要做到这一点并不容易。虽然已有多种常规及遥感手段,但能穿透云体提供高时、空分辨率三维场资料的就只能靠雷达了。即使如此,目前以雷达为重心的观测系统对了解强对流系统的结构及演变来说,也只能抓到一些"蛛丝马迹",如何从"蛛丝马迹"来再现全貌,需要有一套"侦察破案"的历程,为此需有整套合理的资料同化、融合、分析方案,其中最核心、最关键的问题是综合认识和明确雷达产品的物理内涵。这单靠观测、理论或模拟皆难做到,又是需要把三者耦合起来。

可以看到,强对流云物理学涉及面广度深。所以不能奢望有什么系统论述,更不追求有什么突破。本书也不拟写成教科书,不宜对已知的成果作全面复述,只针对感到有疑惑的问题及相关内容来作叙述。重点是期望把在"天气一动力一云降水物理"及"观测一理论一模拟"这两种三耦合中所做过的点滴探索作个汇报,"抛砖引玉"而已。

在第一编里,以天气现象分章来介绍强对流云中的冰雹云、阵雨云、下击暴流(地表大风)等。即第二、三章的内容是冰雹云和冰雹;第四章的内容是阵雨云和阵雨;第五章的内容是下击暴流和地表大风;第六章:强对流云数值模式。

关于云一降水物理学的研究已大体遍及各个环节,各环节的连接关系也算清楚,形成各

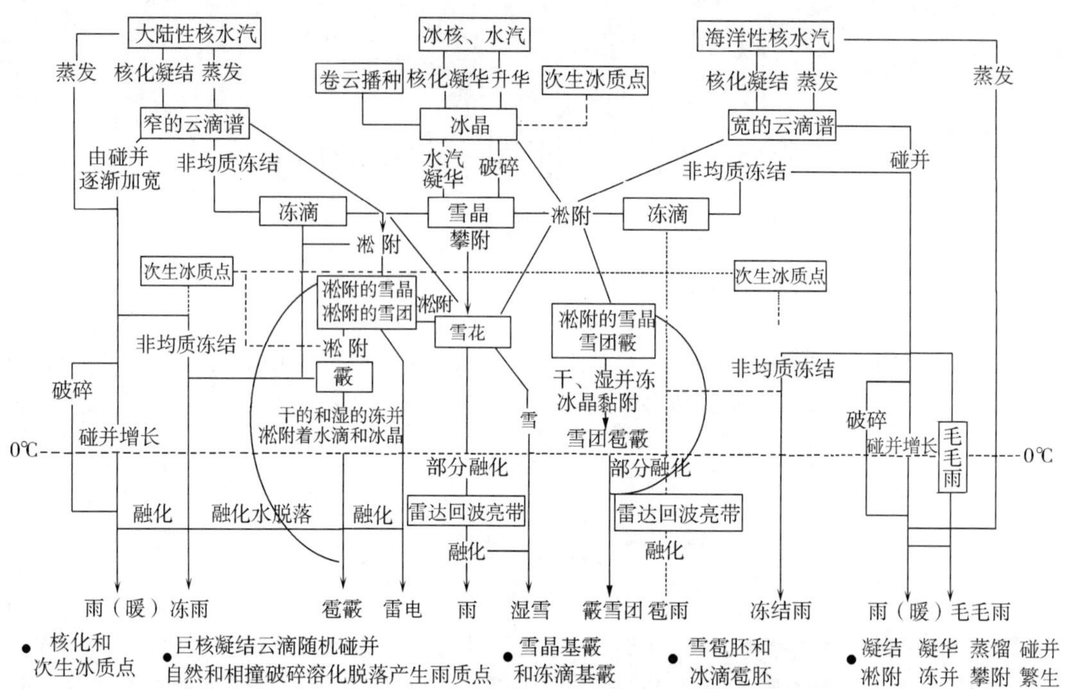

图 1.1 降水云中主要的云—雨发展过程与冰雹的形成

（北京大学地球物理系大气物理教研室云物理教学组，1981，作者作了增改）

类降水的渠道也弄明白了，见图 1.1 示。图 1.1 给出了云—雨发展过程与冰雹形成过程的关系图。图中的云滴、冰晶由于尺度小落速慢，常悬浮在云中，故称云粒子；而雨滴、雪、冻滴、雪花、雪团和霰尺度较大，落速较大，可以由云中降落，故称降水粒子，或（液相或固相）雨粒子，而直径大于 5 mm 的固相降水粒子叫冰雹。该图给出了几乎全部云—降水物理过程，包括有：简单（暖）液相降雨过程，即水汽凝结产生云滴，经过凝结增长长大成大云滴，启动碰并（云水）增长形成雨滴；简单冰相降水过程，水汽凝华形成云（冰）晶，再经过凝华增长成雪晶，雪晶间又可攀附形成雪团，产生降雪；混合相降水过程，即除上述二个简单成雨过程外，冰晶还可以由云滴冻结而形成，冰晶可以通过与过冷云滴的淞附而长大，过冷雨滴与冰相粒子相作用而冻结，在汽、液、固三相共存情况下，由于水面饱和与冰面饱和水汽压差而引起的过冷液滴蒸发而冰粒子在水面饱和的条件下快速凝华增长（即所谓贝吉隆过程），液固粒子间的并合增长等等。混合相的降水过程，是最有利于降水粒子（雨、霰、雪、雹）快速形成的。这些都是正过程，特点是粒子尺度在增加，而数目通常在减少。图中除给出了粒子长大的过程以外，还给出了由大到小的分裂破碎过程，如雪晶与过冷云滴碰冻淞附过程中产生次生冰晶（繁生），大冰晶的破裂，雨滴的自破，雨滴间的相碰破碎，冰雹湿生长时多余过冷水的剥落等等。这些都与增长过程相反，产生粒子数目的增多，而粒子尺度的减小，是一种反过程。云—降水过程中的正反过程相互作用，呈现出自然控制和自然激励的现象，例如浓度上的冰晶的繁生，可以产生大量的云冰粒子，在水汽和过冷水有限供应下，阻止了粒子群的整体尺度上的增长，延缓甚至阻止了降水发展。但在另外一些情况下，水（汽）供应充足，冰晶浓度欠缺时，繁生的冰晶可以提供另外的冰晶，增加雨元的供应。再例如在具有强凝结水产生的云中，因破碎和剥落产生的雨元，增加了雨滴子的浓度，降水可因雨元浓度的增加而增强；但也有另外一个机制，雨滴的破碎使雨滴的平均尺度减小，导致末速的减小，在上升气流的承托下落不下来；也还可以因产生大量的雨元，为产生更多的冰雹胚胎（冻滴，霰）提供了可能，在过冷水量有限量的情况下，限制了大雹群的形成。

图 1.1 所列出的水凝物粒子群间的相互作用引起的种种微观过程，哪一些过程被激发，哪一些过程起主导作用，是受云体的宏观动力—热力结构控制的，反映着具体的云—降水过程是云体宏观场与云—降水粒子微观场相互作用。为了了解各式各样的降水过程，就要对这种相互作用进行深入具体地研究。

鉴于在各类降水粒子群的生成中，大冰雹的形成比起雨（雪）来说较为复杂，条件要求也特殊些，疑惑和争论较多，它一方面要先有降雨过程的铺垫，又需有一些特殊条件在成雨的基础上进一步发展成冰雹，须专门设章论述，即第三章：冰雹形成机制。又由于在研究方法上，须观测一理论一数值模拟三者相结合，需要有适用的数值模式，甚至需要专门设计模式，也应专门设章论述，即第六章：强对流云数值模式。

参考文献

北京大学地球物理系大气物理教研室云物理教学组. 1981. 云物理学基础，北京：农业出版社.

第二章　冰雹与冰雹云

强对流云发展演变迅速，结构复杂，与环境场和云内的微物理场有着多重的相互作用，理论研究上具有高度的非线性，得不到通解；实验和观测方法也难以窥其全貌。由于技术设备方面的局限，国内未能组织起综合性研究，但一些部分观测事实印证了国外一些大型综合计划所得到的结果，说明这些观测事实和摸型对我国是可以借鉴的。因此，这一章的内容，主要是融合国外和国内已有的可靠资料和结果，希望在理解上深化一点，在道理上清晰一点，在归纳上全面一点，为后续章节的叙述和论证作些物理上的准备。

雹云物理学可算是强对流云物理学重心。它可分为两部分，一是关于雹粒子(群)的物理学，可称为冰雹微物理，二是关于雹云动力(力场、流场)、热力等方面的物理学，又可称为雹云宏观物理。

2.1　冰雹

冰雹是一种直径大于 0.5 cm 的冰相降水粒子，比它尺度小的称为冰丸(冻雨滴)，霰或米雪。由于它直径大、落速快，只有在强对流云中才有可能形成，能产生这种降水物的云称为积雨云，而可降雹的积雨云又称为冰雹云。

鉴于冰雹云是强大对流环流和穿越对流层的深厚云体，有强大的水汽辐合和供应，从云底和云顶有巨大的温差，具备激发暖雨和冷雨的优越条件，必然导致降雨过程进一步发展成降雹过程，还启动了一些特殊的增长运行过程，如粒子下落后再入主上升气流区，融化后再冻结等特征。

2.1.1　冰雹的微物理结构特征——雹胚

冰雹由雹胚(生长中心)和雹块(雹体)组成，见图 2.1。雹胚可以看清是冻结的雨滴(冻滴胚)或是霰，但也有区分不清的，即有些雹胚难以判定原生是冻滴或是霰，这可定名为“其他”类。由于冻滴形成后，体密度较大，在云中进一步的增长运行中，其结构不大可能有明显的转化，而霰胚则具有较小的体密度，在进一步的增长运行中，当收集的过冷水较多而来不及立即冻结时，可以被吸入霰胚中去，使之体密度加大，可能成为既非冻滴又非霰的雹胚。如果可以这么理解，则“其他”类雹胚的原生粒子是霰。

从表 2.1 看，我国新疆昭苏、宁夏、青海三地的霰胚比例逐步升高，有可能受地形高度的影响，地势高，云底温度会偏低，因而冷雨过程占优势。这种现象在美国也有表现，如科罗拉多—怀俄明(高原地区)，NHRE(美国国家冰雹研究实验)的霰胚比例比俄克拉荷马(丘陵草原地区)高。

表 2.1　雹胚的类型和在不同地区占总冰雹数中的百分比

地区	霰(%)	冻滴(%)	其他(%)	冰雹样本总数
新疆昭苏	49	51	—	999
宁夏	71	29	—	395
青海	84	4	12	156
科罗拉多北部	84	10	6	2461
NHRE	87	9	4	3660
俄克拉何马	21	63	16	655
艾伯塔(加)	61	26	13	2110
瑞士	37	63	—	1220
南非 Lowveld	23	62	15	1318
北高加索地区	90	10	—	—

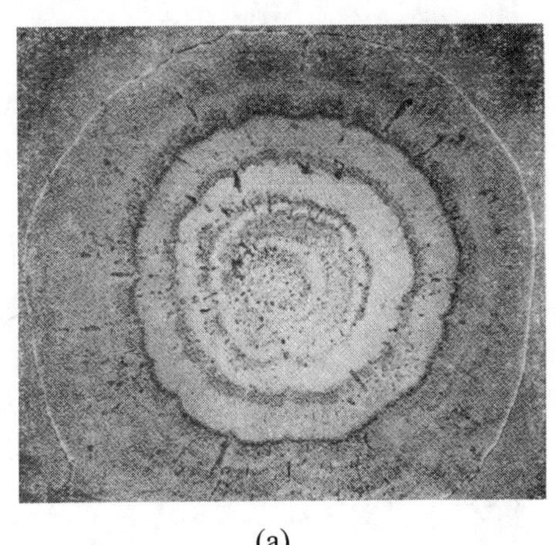

(a)

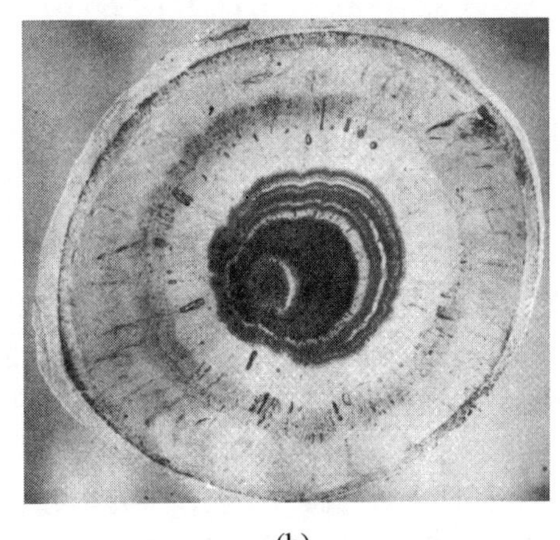

(b)

图 2.1　雹的切片，中心为雹胚，雹块具有分层结构

2.1.2　冰雹的微物理结构特征——雹块的结构

图 2.1 冰雹切片显示出的微结构，由雹胚(增长中心)和具有层状结构的雹块(体)组成。图 2.1a 均匀分层的雹，图 2.1b 非均匀分层的雹。

从图 2.1 给出的冰雹雹块的切片照相可清楚地看到在生长中心——雹胚的外围雹体中具有明显的分层结构，这些结构是由于块雹在不同状态下增长的冰具有不同的物理性状(透明度，气泡含量，晶体大小，局部体密度值)的显示，它们包涵着冰雹形成增长的机理，需要注意理解雹块结构的物理含意。

大雹块的分层层数以 4～6 层居多，也有多达 28 层的个例。分层的疏密分布是不同的，有的雹块具有大致均匀的分布，如图 2.1a；也有分层很不均匀的，在增长初期，分层很密，后期则很稀，在一些大冰雹中常常是 1～2 层占有了雹块的主体 90%的尺寸，如图 2.1b。冰雹的微结构是冰雹生长演化的记录本、“黑匣子”，其中包含着重要的信息，应当充分推敲其含意，它对追溯雹胚的形成和雹块的增长历程具有指标性意义。但目前尚难圆满解释所观测到的冰雹基本结构，如分层及分层花样等，更别谈去理解一些奇形怪样的形状和结构了。这还不能单从微物理角度来努力，它必然是与云的宏观场相耦合的表现。

在冰雹的各层中取样测其局部体密度的结果表明，具有从表面到中心的交替变化，其变化区间在 0.8～0.9 g/cm^3，低于 0.7 g/cm^3 的层体积密度也被观测到过。至于整个雹块的体积密度的测量值介于 0.87～0.91 g/cm^3 之间，平均为 0.89 g/cm^3(Pruppacher，1978)。

从冰雹的分层结构中看到，分层的同心环带有瓣状结构，在粗的分层中还有细的层次结构。另外，由于冰雹是降雨过程进一步发展的结果，绝不会所有粒子都长大成雹，观测表明云(冰)粒子(10 μm)，雨(霰)粒子(1 mm)，雹胚粒子(1 mm)和地面雹块的(1 cm)数浓度值是依次快速递减的，大略分别为：10^8 个/m^3，10^3 个/m^3 和 10^{-1}个/m^3，这意味着，大约十万个云粒子可产生一个雨(霰)粒子，而上万个霰(雨)粒子可产生一个地面降雹(Young ，1995)。这个比例也相当于单个雨(霰)粒子与云(冰)粒子的质量比；和单个雹块与单个雨(霰)的质量比。

2.2 冰雹云和分类

2.2.1 冰雹云

冰雹云是强对流云，是可在地面形成降雹的积雨云，又称雹暴或强风暴；而未能在地面产生冰雹的积雨云，称为雷雨云或雷暴。雹暴和雷暴在总体上并无本质性差别，可泛称为风暴(storm)。根据山西昔阳地区 1977—1979 年的资料，只有 20%左右的积雨云可以发展成冰雹云，而美国的资料表明，雹暴和雷暴的比值在夏半年是 20%比 80%。这些都表明形成雹云的条件比雷雨云高。可就以下几个方面来说明雹云的特点。

(1)上升气流的速度需大于 15 m/s

冰雹云中形成冰雹以后，从云中降落时在穿过 0℃层高度后就会发生融化。所以地面观测到的冰雹是经历了融化过程的。多大的冰雹才能不被完全融化呢？表 2.2 给出了在地表温度为 25℃，气压 950 hPa，温度垂直递减率为 0.6℃/100 m 的大气环境下，不同直径的冰雹从 4000 m 的 0℃层高度落地时的直径。可见，云中的雹块直径起码要大于 1.0 cm 才可能在地面降雹。而 d=1.0 cm 的冰雹落速就达到 v=15 m/s；而对于 d=2.0 cm 的冰雹末速达到 20 m/s；当 d=3.0 cm 时，v=25 m/s。因而，云中上升气流如能支撑雹胚长大到 1～2 cm以上，其值应大于 15 m/s。

表 2.2 地面温度 25℃，气压 950 hPa，温度垂直递率为 0.6℃/100 m 情况下，不同直径的冰雹从 4000 m 高度落下，到达地面时的直径值(cm)

d(cm)	0.5	1.0	1.5	2.0	2.5	3.0
4000 m 处	0.50	1.00	1.50	2.00	2.50	3.00
地面	0.00	0.00	0.82	1.49	2.09	2.64

观测也表明，冰雹云中上升气流速度极大值可达到 40 m/s 以上，见图 2.2。在对流流场中，垂直速度随高度的分布必然是先随高度增加而增加，在某个高度上(Z_{max})达到最大值(W_{max})，然后再随高度增加而减少，其中最大升气流(W_{max})在大于临介雨滴直径(例如 0.65 cm)具有的落速时，它将阻止(Z_{max})以上的雨滴下落，雨滴将在这里积累，形成水凝物的累积带。图 2.2 给出了雷雨云和冰雹云雷达观测到的反射率因子 Z_e 的垂直分布廓线，可以看出，冰雹云的 Z_e 在 6 km 处有极大值。这反映了水凝结物在这里的积累，而雷雨云则在中空没有极大值，龙卷出现时表明雹云中具有更强的上升气流，所以积累现象更为明显。

图 2.3 给出的 dBZ 廓线特征，已由大量的雷达观测资料所证实，对于发展及维持阶段的强对流云具有良好的代表性。近期的卫星雷达(CloudSat)海量观测资料也给出了相似的特征廓线。

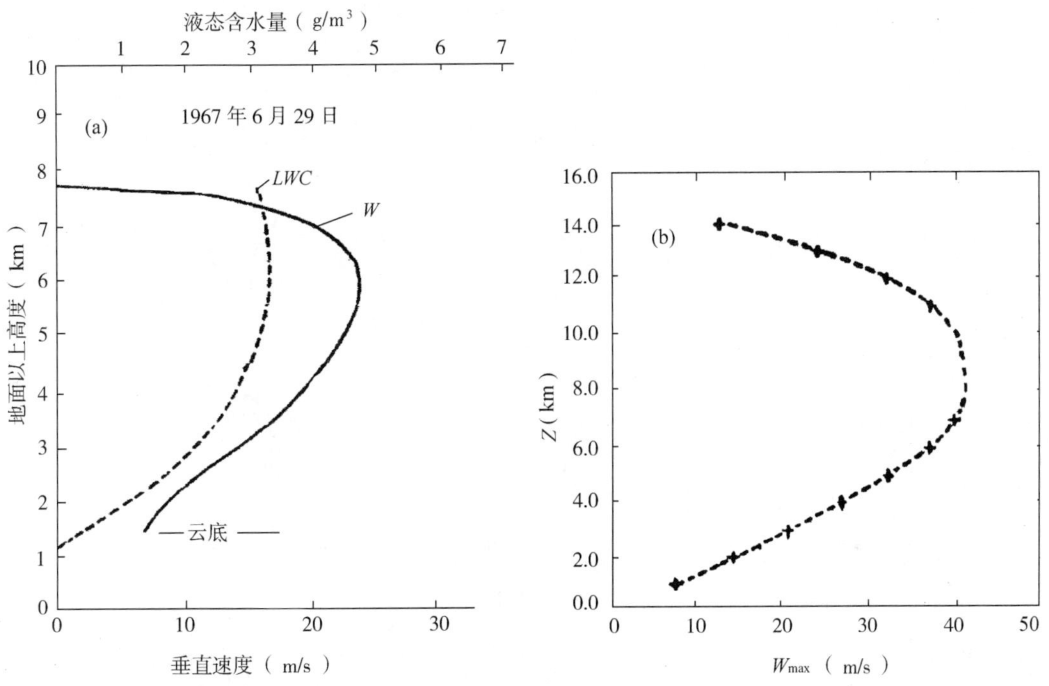

图 2.2　(a)1967 年 6 月 29 日的垂直速度(W)和含水量(LWC)廓线分布。注意 W 的最大值接近 25 m/s，而风暴顶的高度为 7.8 km AGL。[引自 Chisholm1972](转引自 Cotton 等，1993)；(b)1981年 CCOPE 期间蒙大拿州迈尔斯城附近观测的一个超单体风暴，由多部多普勒雷达资料推算的最大上升气流速度的垂直廓线。上升气流速度的最大值是 40.88 m/s。[由 L. Jay Miller 提供，所描述的风暴列于 Miller 等(1988)](转引自 Cotton 等，1993)

(2)云体具有深厚的负温区

冰雹云具有强大的上升气流，与此相伴的是它把大量低层暖湿空气输向上层，由于冷却降温而产生大量的凝结水，并把它们送到深负温区，所以冰雹云具有很高的云顶，可以穿过对流层顶，最大比含水量可达到 10～20 g/kg 以上，而且处于－15℃层以上，负温区云厚可达 5～8 km，这对于雹胚和冰雹的快速生长提供了十分有利的温度和水分条件。雷达观测表明，当冰雹云在这个负温区出现初始回波以后，可以在 10～15 min 之间在地面出现降雹，说明冰雹的生长是迅速的，这反映了雹云中存在着有利于冰雹形成的条件。

(3)长的生命史

由于冰雹云中的成雹过程是成雨过程的进一步发展，如果云的生命史短于雷雨云（雨形成时间）将不利于冰雹的形成。一般雷暴经历发展、成熟和消亡三阶段约需 45～60 min，其中成熟阶段可维持 15～30 min。而雹暴可具有稳定的流场结构，其稳定状态就可达到 30 min甚至几小时，有充分时间来形成灾害性降雹。

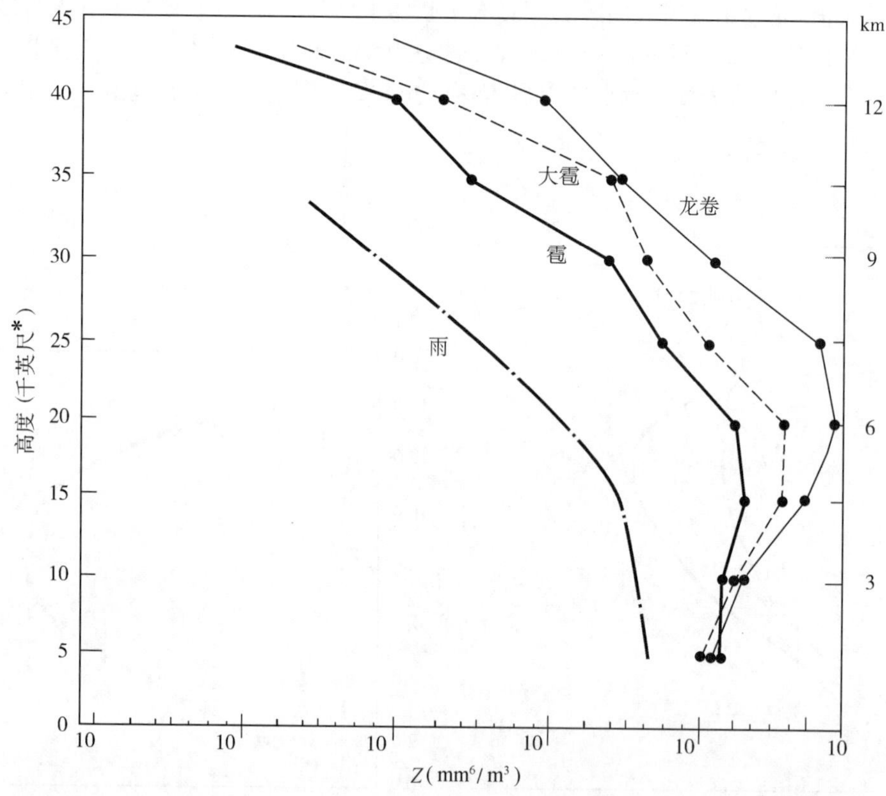

图 2.3 1957—1958 年美国新英格兰地区雷达回波 Z 的垂直分布廓线。按最强烈天气类型划分的 1957—1958 年新格兰雷暴的中心 Z_0 的中数廓线，51 次冰雹例子中的 29 次大雹（直径为 1.2 cm 以上）另外画出。此外，11 次陆龙卷的廓线取自有雨和雹的类型。（转引自 Gokhale，1981）

2.2.2 冰雹云的分类

由于雹（强对流）云有着复杂的动力、热力和微物理结构，并且随时间变化迅速，探测手段也难以全面了解它的状态和演变，因而分类和构建概念模型是研究的主要方式。

在冰雹云分类中，常常用到“单体”这一术语，“单体”可定义为一个对流性垂直环流所形成的云体，在地面形成一个具有极大值的降水区。利用下述的一些特征可以对雹云进行分类：

---

* 1 千英尺＝10^3×30.48 cm

** 1 英寸＝2.54 cm

① 单体的生命时间，短生命≤45 min，长生命>45 min；

② 单体数目，一个单体，多个单体；

③ 单体在时空上的更新特征，规律的，随机的；

④ 单体群的整体形态，线状的，团状的(线状以外，以任何方式组成的单体群)。

根据这些特征可把观测到的雹云分为：单一单体(简称单体)，多单体(含一个以上单体，单体是短生命的，但是有规律地组合)，超级单体，具有一个长生命期的强大单体。

表 2.3　各类雹云在总雹云数中占的份额与地区的关系

类别	昔阳(中)	高加索	费尔区冈山谷(俄)	保加利亚	俄克拉何马	科罗拉多(美)	瑞士	艾伯塔
单体	0.33	0.2	0.3	0.3	0.0	0.0	0.0	0.1
多单体	0.07	0.3	0.2	0.3	0.3	0.3	0.3	0.5
超级单体	0.12	0.1	0.0	0.1	0.2	0.1	0.1	0.1
其他	0.48	0.4	0.5	0.3	0.5	0.6	0.6	0.3

从表 2.3 可以看出，平均有一半的雹云不能被分在所述三类之中，而落在“其他”一栏中，其实这是属于随机组合类。另一个特点是单一单体在不同地区，其所占份额差别显著，有的占到 30%，有的则为零，而多单体和超级单体所占的份额在不同地域基本上是一致的，大约在 20%～30%之间。

雹云分类的数据提示应注意三点：

(1)超级单体的比例只占 10%左右，但它造成的雹灾量占 80%。研究冰雹和防雹主要应抓住超级单体雹云；

(2)单体，超级单体和有序多单体的个例研究较多，有序性强，给出了一些观测和概念模型，但仍需要深入了解这些模型；

(3)“其他”类，实际上是无序组合多单体，占有 50%的份额，对这种类型的雹云不能不研究，但如何研究呢？值得思考！

归纳起来可见：雹云的研究的关键是：单体结构和单体组合机制。

单体与超级单体的主要区别，在尺度上是大小之别；在生命史上是长短之别；在成雹机制上则要看单体结构了。而且有事实表明，单体的结构对单体的尺度和生命史也有强烈影响。

多单体雹云，除了要了解单体外，还需要研究单体间的组合机制。有序多单体为何有序；无序多单体又为何聚集成体？

因此，雹云的研究应当涵盖单体结构和单体组合机制两大方面，这样就可以把雹云研究从已有的三类有序雹云推广到包括占半数的“其他”雹云的整个范围。

其实在单体对流产生后，在发展过程中常常有演变，一个简单的雷暴类型演变、组合示意图给在图 2.4。

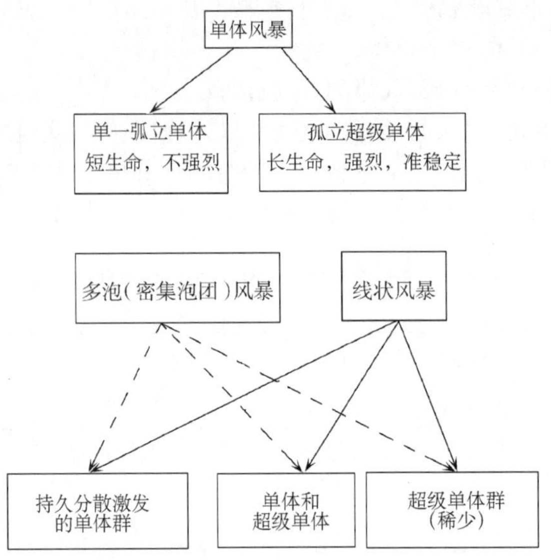

图 2.4　单体和多体组合演变示意

(Kessler 1962)

2.3　雹云的发展过程

雹云单体的发展过程与一般雷雨云相似，即经历积云阶段、成熟阶段和消散阶段，如图2.5所示。

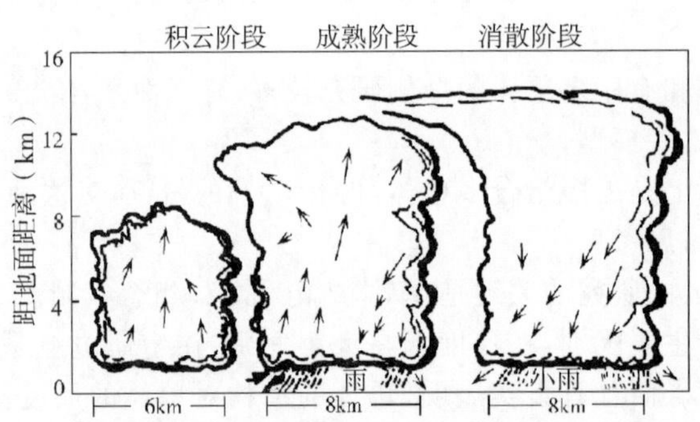

图 2.5　初生雷暴生命期的三个阶段：积云、成熟和消散示意图

(Kessler 1962)

随着雷达、闪电等综合观测手段用于对冰雹云的研究，得到了大量有关冰雹云的发展过程的资料。经综合分析认为，冰雹云的生命演变史可划分为发生、跃增、孕育、降雹和消亡五阶段，与三阶段论的区别是把积云阶段分成发生和跃增两阶段，成熟阶段分为孕育（冰雹）和降雹阶段，消散阶段仍称消亡阶段。这种细分类对判别云可否发展成冰雹云是有益的，其中跃增阶段跃增幅度大，把水凝物送达低温区，和孕育阶段时间长都非常有利于形成冰雹。雹云五阶段发展个例给在图2.6。发生阶段即从对流云初生到云体迅速发展之前的阶段，或者

说是由淡积云向浓积云发展过渡的阶段，在此阶段中云体常常不断生消，垂直发展缓慢，雷达回波强度常不大于 20 dBZ。跃增阶段，是云体垂直突发猛增的阶段，云体的回波强度，回波高度迅速增长，闪电频率也急速增加，一般在几到十几分钟内回波顶高增长 5～7 km，强度增至 30 dBZ以上的回波中心伸到 4～6 km，云顶到达 －40℃ 层。孕育阶段是指在跃增阶段以后，虽然回波顶高、强度和闪电频数不再迅速增长，但强回波区在扩大，是冰雹生长时期，这个阶段一般为 10～20 min。降雹阶段，是降雹开始到降雹终结，随着地面降雹，回波顶高、回波强度和闪电频数快速下降。消亡阶段，是指降雹云的分裂、瓦解和消散。

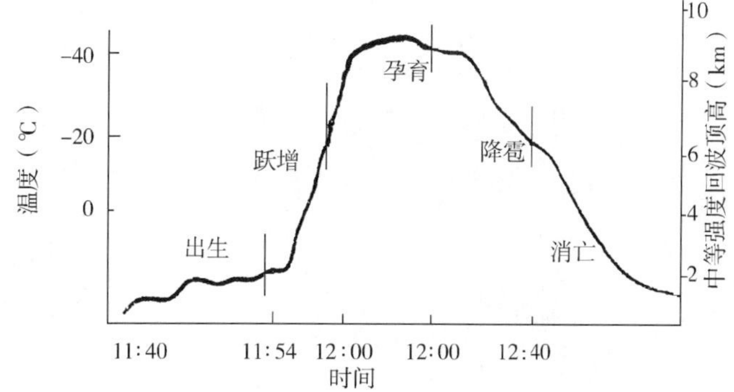

图 2.6　冰雹云形成演变五个阶段的模式

（黄美元等 1980）

图 2.7 给出的是一次强冰雹云过程中，闪电频数随时间的演变，可见图 2.7 的曲线走势与图 2.5 的发展阶段是对应的。在冰雹云的数值模拟研究中，云中最大上升气流速度随时间的演变，也呈现出同样的走势，见图 2.8。图 2.9 则是通过一个单体雹云的生命史各阶段的垂直剖面的示意图。

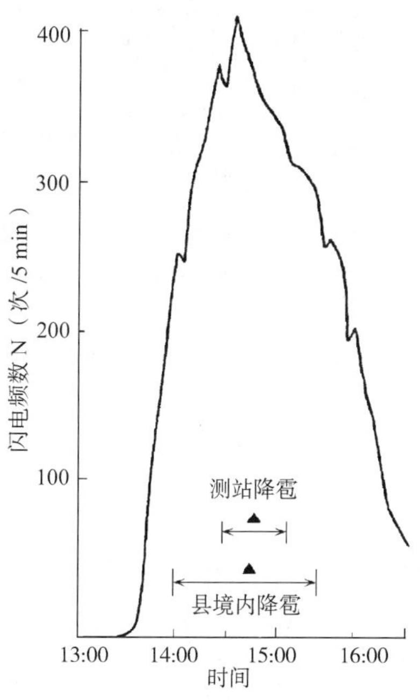

图 2.6　强冰雹云(1976-07-12)闪电频数随时间的变化

（黄美元等 1980）

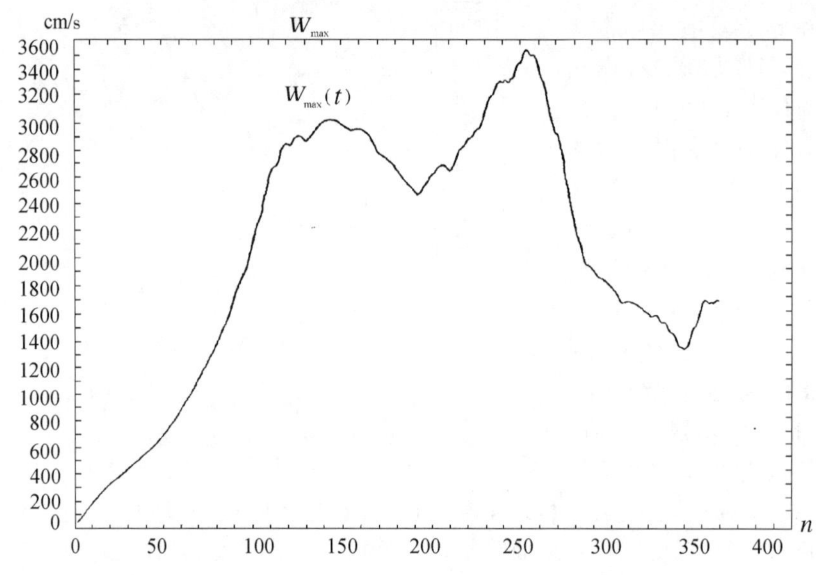

图 2.8 一个雹云模拟个例中最大上升气流速度 W_m(cm/s)随时间(步数)的强度变化

纵坐标:W_m;横坐标:时间=步数×时步长(10 s)

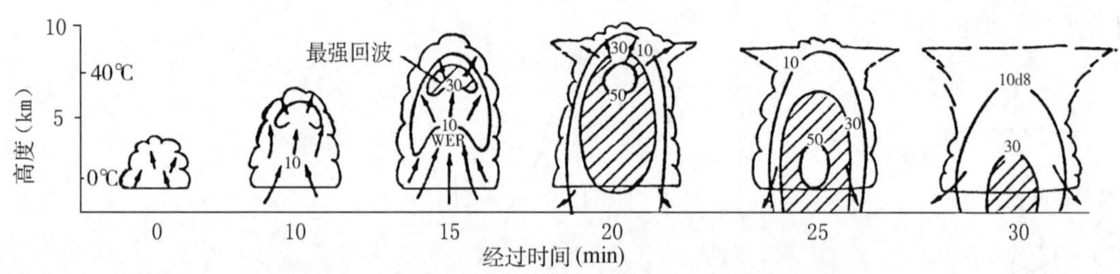

图 2.9 通过一个单体风暴的生命史各阶段的垂直剖面示意图

WER:弱回波区回波强度廓线单位 dBZ;箭头表示主要气流分量(Atkinson 1987,Chisholm *et al*. 1972)

从以上展示的结果可知,雹云在不同发展阶段具有不同的结构,掌握各阶段的特征结构的形成和演变规律是十分必要的。

2.4 冰雹云的物理模型

鉴于冰雹云具有复杂和变化着的宏—微观物理结构,目前的探测、理论和最佳模式方法尚不能对其作准确的描述,但可以从其基本特征的归纳做起,给出概念性的物理模型,这对掌握雹云物理的规律性是十分有益的,因而人们不断地从事着概念模型的提炼,而概念模型也随着雹云物理各方面的进展不断地在更新着、发展着。

图 2.10 给出一组积雨云的素描图,可以看到不同年代不同作者对积雨云的了解,可以看做是概念模型的雏形和演化。

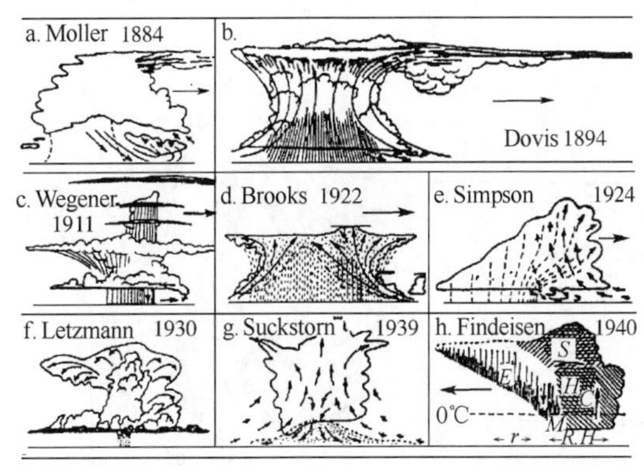

图 2.10　积雨云模式

雷暴运动方向以粗箭头给出：a：在 Moller 的模式里，下沉空气在雷暴的前面被抬升。b：这个模式强调延伸很长的砧状云及母体。c：砧状云不明显，甚至部分被分开。近地面的降水在风暴前面最强。d：只有在云的中心区域有降水（虚线）（在倾斜的云的上升气流之下）。砧状云顶上有幞状云；在幞状云之下，靠近雷暴前面，拱状云处有冰雹（垂直线）。e：外形上并不真实，但是气流和降水被清楚而更好理解地标明。f：改善了形状的真实性，但是缺乏动力概念。g：比较对称，一种热带模式。h：微物理过程引入不对称积雨云；斜阴影线区：凝结（C）或升华（S）；水平阴影线区：冰雹生长（H）；垂直阴影线；冰粒子蒸发（E）或融化（M）。靠近上升气流的大雨和冰雹区前面是小雨区（r）（Gokhale 1981）

图 2.10 与图 2.5 或图 2.9 相比，云体具有成熟阶段的特征。鉴于成熟阶段是雹（强对流）云最强盛，可维持准稳定，且是产生强烈降雹（雨）、阵性暴雨、强阵风和闪电雷鸣天气的时段，是雹云物理研究的侧重点，所以一般所给的概念模型大都是成熟阶段的。另外由于雹云具有非对称的三维结构，其中一些特征垂直剖面更能展示雹云结构的物理核心，因此，在给出的三维模型中，特征垂直剖面模型更显重要。

2.4.1　雹云雷达回波和气流结构模型（Browning，Ludlam 1962）

自从有了雷达以后，人们开始利用雷达来观测研究雹云的回波结构，并根据地面降水观测资料和云－降水物理知识来判断云的流场和微物理结构，给出了实例雹云结构模型。最早（1962 年）把雹云的回波结构与上升气流和成雹过程联系起来的模型是 Browning 和 Ludlam 给出的英国 Wokingham（沃金厄姆）雹暴，见图 2.11。

图 2.11 是顺着雹暴移动方向穿过最大回波强度中心的雷达回波剖面，其主要回波特征与物理含义是：①回波墙 W，是由大雹组成的近地面降水回波的前沿，是大雹降落区；②强回波中心 X，正对回波墙上方（移向）前侧。观测表明这里存在着几乎是均匀的，直径约为 5 cm 的干雹块。在 X 位置的上方稍后侧是最大回波顶高位置 D；③在 D-X-W 一线的顺雹云移向区，有伸向雹暴前方远达 25 km 的砧状回波，它是云砧中的粒子产生的回波，砧状回波的底部高度越接近雹暴中心越低，并在回波墙前 2～5 km 处形成前悬回波 O；④在前悬回波和回波墙之间形成了无回波“穹窿”（V）。这里是强上升气流进入雹暴的标志，它防止了前悬回波中的粒子下落，并把它们带入云体中去，这里的回波弱也说明了这里虽是上升气流区但缺乏大的降水粒子。

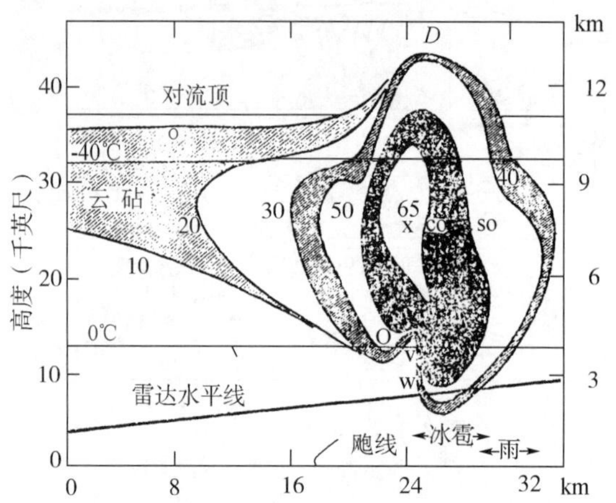

图 2.11 沃金厄姆风暴强烈阶段的雷达回波结构特征用通过这个风暴的距离—高度剖面表示

图中等值线是用 4.7 cm 波长雷达的反射率 10 $\log Z_e$(mm^6/m^3)绘的。X：雷达回波强度最大值的位置；D：最大回波顶，几乎在与大冰雹相关联的回波墙 W 的正上方。O："前伸悬挂体"，由"无回波穹窿"V 把它与回波墙隔开(Browning *et al*. 1962)(方位角 209°)

根据回波结构和地面降水分布，推断出的流场垂直剖面给在图 2.12(Browning 1962)中。

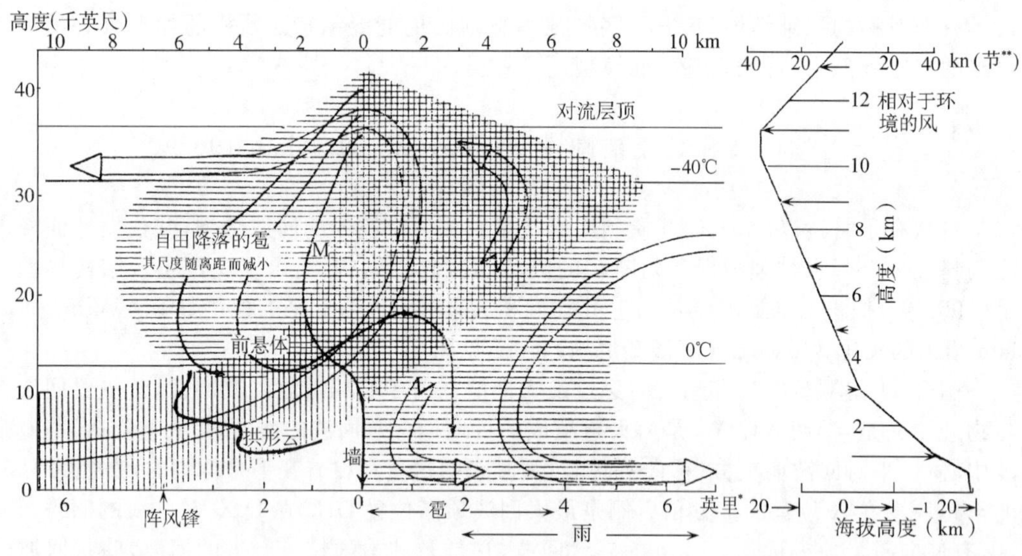

图 2.12a 沿风暴移动方向穿过风暴中心的垂直剖面，垂直线区表示上升气流范围，水平线区表示回波强度超过 10^3 mm^6/m^3 的范围，还给出了一些冰雹的轨迹。

* 1 英里＝1.6093 km

** 1 kn＝0.514 (m/s)

在图 2.12a 上的对流流场的特点是，一支斜升的上升气流从回波穹窿处进入云体，与之相对峙的是一支斜的下沉气流在降水区下达地面。降水区的下沉不仅不会切断上升气流，反而由于湿下沉冷堆的形成和流出去激发左面不稳定空气的上升，形成具有自激励、自组织、自维持的稳定流型。

图 2.12b 是观测得到的雹暴回波和气流配置，可见它证实了图 2.12a 的可靠性。

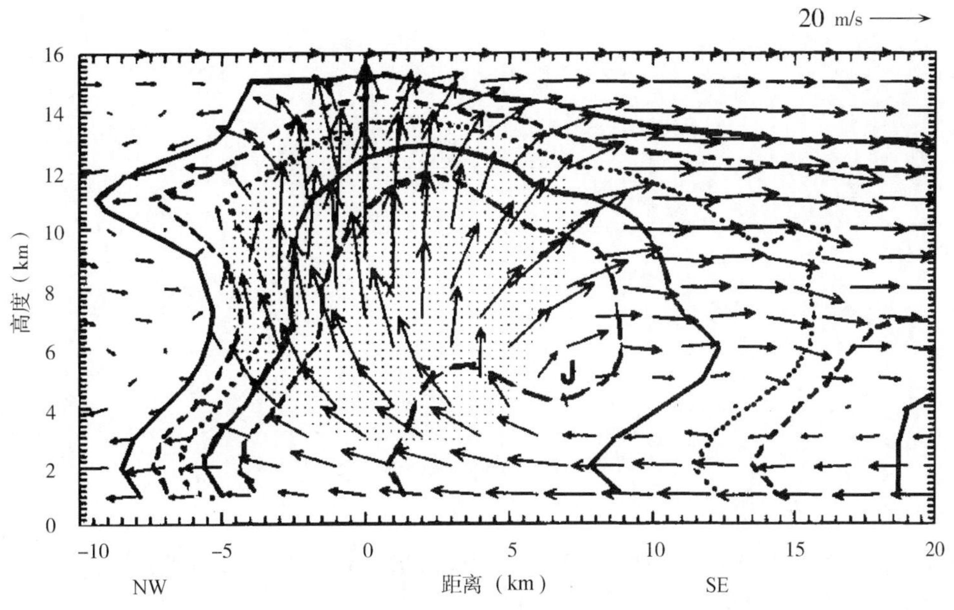

图 2.12b　多普勒雷达网观测到的雹暴回波和气流分布

外沿回波强度是 5 dBZ，间隔为 10 dBZ(Miller *et al*. 1990)

2.4.2　累积带冰雹形成模型(Сулаквилидзе 1967)

这个物理模型的要点用图 2.13 来说明：①云中上升气流速度随高度的增加先升后降，最大值 W_{max} 必需大于 15 m/s，这个速度大于具有临界空气动力学破碎直径(d=0.55 cm)水滴的落速，也大于从 0℃层高度落至地面的临界融化冰雹直径(d=1.0 cm)的落速。②W_{max} 所在地高度上的温度接近于 0℃。③在上升气流和温度分布条件下在－0～－25℃之间的 $Z(W_{max})$ 以上形成过冷雨积累带，其含水量可大于 10 g/m^3，这个值远大于平均绝热含水量值 3～6 g/m^3。这个模型的物理含义有下列几点：①云中要有强大的上升气流，W_{max} 大于 15 m/s，以保证有充足的凝结水供应，并把它们送入负温区，顶部达到自然(异质)晶化的－16℃层以上；②W_{max} 大于临界破碎雨滴的落速，这使得吹到 $Z(W_{max})$ 以上的雨滴不可能从这里落下来，从而形成过冷水累积带，以保证有高达 10 g/m^3 以上的含水量；③W_{max} 大于临界融化直径冰雹的落速，可保证冰雹在过冷水区长得足够大才能落下，不致因融化而落不到地面；④$Z(W_{max})$ 在 0℃层附近，保证了累积的水处于过冷区，处于过冷区的高含水量，保证了大的冰雹增长率；⑤另外，如果 $Z(W_{max})$ 稍低于 0℃层高度 Z(0℃)，那么一些落入 Z(0℃)～$Z(W_{max})$ 区的尺度较小的冰雹，由于它们的落速与 W_{max} 相差不多，通过此区的时间会较长，它们又可能被融化成雨再次被送上高层去冻结，因而这种配置就有利于大雹的积累和降落。

图 2.13 虽是简单的一维模型，但它清楚地归纳了雹云结构基本特点和成雹条件。

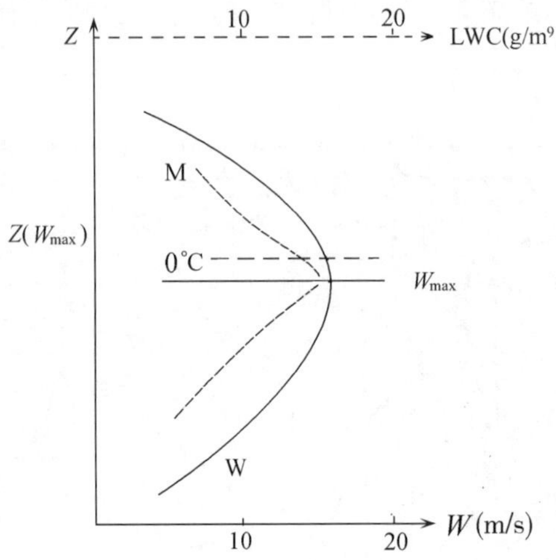

图 2.13　Сулаквилидзе 概念模型

图 2.14 给出的是这个简单模型在垂直剖面上的雷达回波结构与冰雹生长区和冰雹降落区的配置关系，它与图 2.11 有相似的特征。

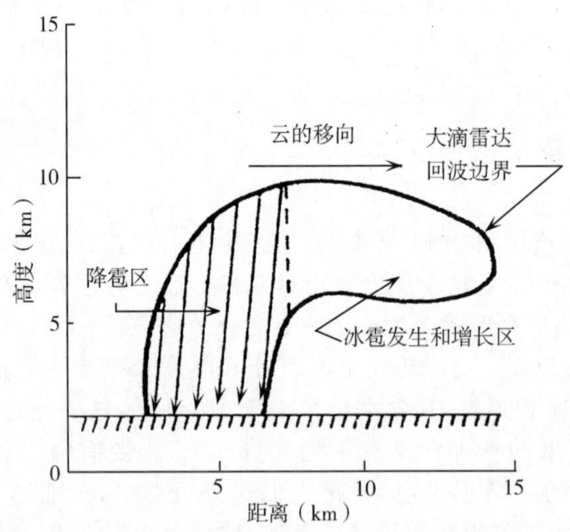

图 2.14　Сулаквилидзе 等(1965)提出的回波廓线垂直剖面

Сулаквилидзе 的积累带概念过于简单，其实只要有水凝物粒子的辐合集中效应，并不一定只能在最大上升气流速度所在位置以上发生积累。图 2.15 是 Haman(1968)给出的可能发生雨滴积累的几种方式。图 2.15b 所示的第一种积累方式就是 Сулаквилидзе 积累带；图

2.15c 是第二种积累方式，Haman 归因于水平速度辐合或上升气流倾斜使一些大水滴再入上升气流引起的，其实只要存在大粒子，它们在上升气流中增长运行中产生通量辐合就会出现积累；而图 2.15d 所示的第三种积累方式，是因为水滴在 B—E 区间内，足以在 E 区长大到破碎半径，破碎后被上升气流从 E 区带到 B 区，反复长大破碎，使其比含量增加而又落不出 B～E 区形成的积累。

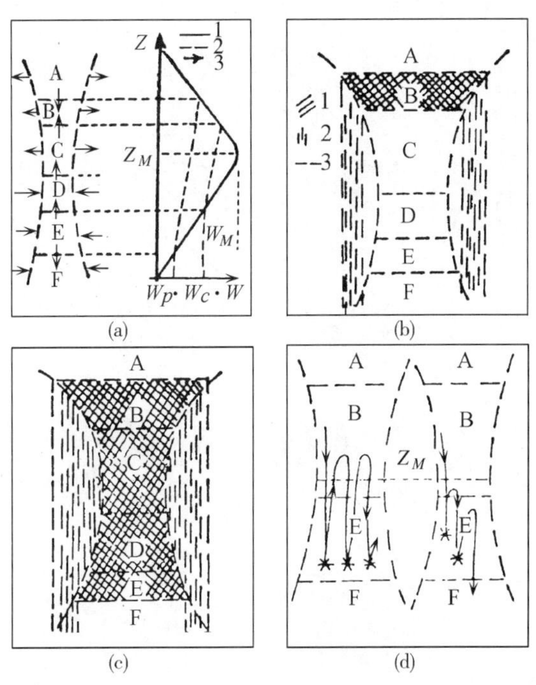

图 2.15　Haman(1968) 给出的积累带形成方式

(a)表示上升气流分区；(b)为第一种积累方式；(c)为第二种积累方式；(d)为第三种积累方式

W：上升气流速度，W_c：水滴具有临界半径时的落速，W_p：水滴的落速，*：水滴破碎位置

2.4.3　超级单体冰雹云模型

提炼超级单体模型，是基于观测事实。为此首先介绍一些典型的个例观测分析结果，图 2.16 给出的是 Chisholm 和 Renick(1972)在加拿大艾伯塔(Alberta)观测到的一个超级单体雹云的雷达回波结构。图 2.16a 是不同高度上的水平剖面；图 2.16b 是沿 AB 线的垂直剖面；图 2.16c 是沿 CD 线的垂直剖面。二维剖面可帮助我们了解云的三维结构。

把不同高度上的水平剖面图(图 2.16a)和两个相互正交的垂直剖面图相比较，可以看出超级单体的回波特征是在中低层回波呈现钩状结构，这里是弱回波区，对应着主上升气流区；在垂直剖面上呈现出明显的回波“穹窿”和悬挂回波，这里也是主上升气流的位置。换句话说，超级单体雹云的回波特征是具有弱回波区(穹窿)－悬挂回波－回波墙结构。这张由水平截面和垂直剖面组成的图，更清晰地展现了图 2.11 给出的特征，使得人们可以从雷达回波的 PPI(平面位置显示)和 RHI(距离高度显示)图上识别这些特征。

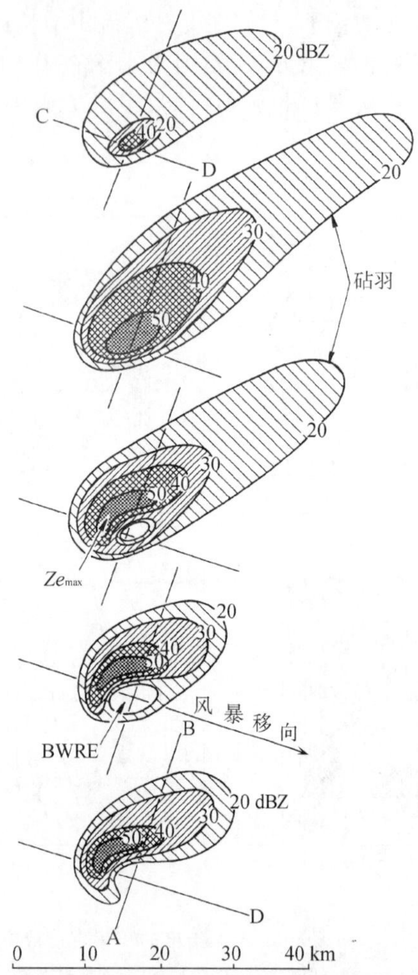

图 2.16a　地面不同高度上(1,4,7,10 和 13 km AGL)超单体风暴的雷达回波结构水平面示意图

反射率等值线用 dBZ 表示。注意在 1 km 高度风暴右前象限的缺口看来像弱回波穹窿，或图中标明的有界弱回波区(BWER)，它在 4 km 和 7 km 高度的平面图上也存在。在穹窿的左右侧是最大反射率区，从穹窿顶一直伸展到地面(Chisholm *et al*. 1972)

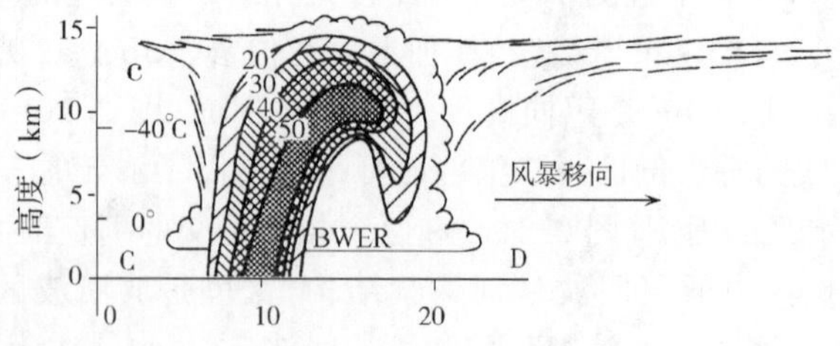

图 2.16b　超单体风暴沿风暴移动方向的垂直剖面示意图(沿图(a)中 CD 方向)

最大反射率区的左侧称为雹下泄区，是位于穹窿(或 BWER，如图中所标)的后侧(左侧)。悬垂回波区围绕穹窿的另一边的部分称为胚胎帘，是由于毫米尺度的粒子引起的，其中一部分可穿过主上升气流再循环增长为大冰雹

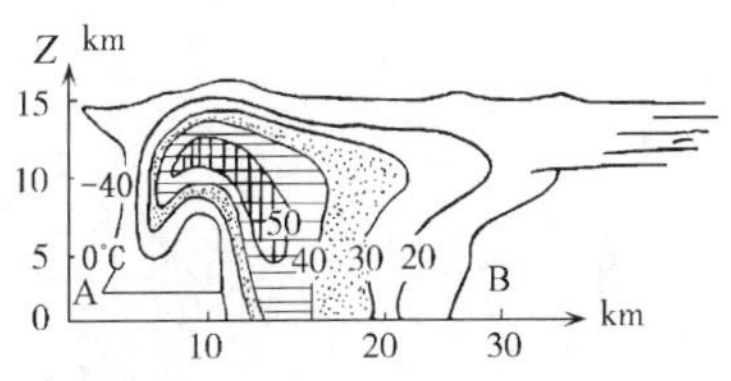

图 2.16c　沿(a)中的 AB 方向

(Chisholm *et al*. 1972)

超级单体雹云的移动,在北半球常常相对于环境风向右偏转,所以又称为强烈右移风暴,记为 SR。Browning(1964)对这种 SR 风暴的雷达回波和气流场作了综合分析:图 2.17 是把低、中、高三层的 PPI 回波叠绘在一起的合成图,低层回波具有明显的钩状,钩中心黑点处具有最大上升气流速度,也是弱回波穹窿区,中层有悬挂回波,钩的北侧是雨区,而钩部是降雹区。在理解图 2.16 的基础上,单看这个合成图就可以把上下层联系起来,构建起其立体结构。如果把图 2.16a 的各层 PPI 图叠起来,也会清楚地展现出图 2.17 的概念模型效果。图 2.18 分别是相对于地面的风、相对于风暴的风和气流平视图,如果把气流平视图转化成三维立体图就是图 2.19a,而高、低空气流和降水区的配置给在图 2.19b 中。

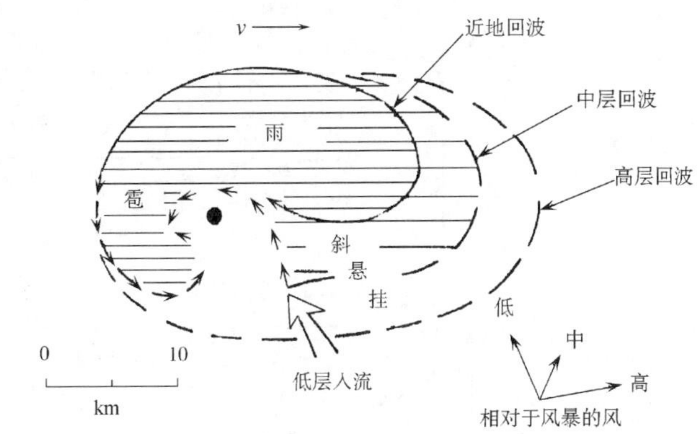

图 2.17　一个气旋式转动的超级单体在三个层次上的雷达回波(降水区)的水平截面的叠合

大黑点是最大上升气流区(Lily *et al*. 1982)

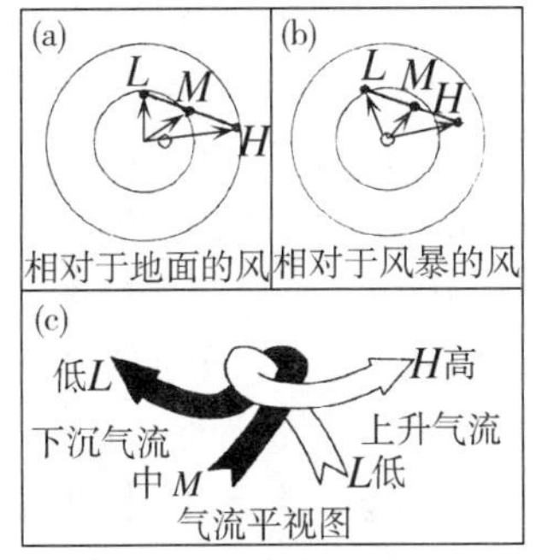

图 2.18　右移(SR)风暴中气流是如何由环境风场和风暴本身的移向来控制的示意图

H,*M* 和 *L* 表示在高、中和低层风相对于风暴的速度,由(a),(b)中的圆表示(Browning 1964)

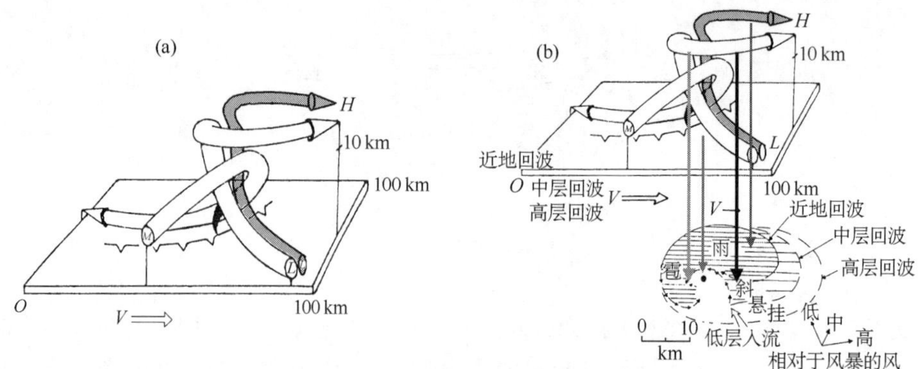

图 2.19　依据图 2.18c 给出的相对于风暴的气流轨迹概念模型图(本书从物理学角度做了改动)a;和高、低空气流与降水压的配置 b

雹云的流场与雷达回波场的概念模型图和二者间的配置关系,是由观测事实综合归纳得到的,自然也是流体动力学规律的反映。如何来理解这些规律呢?先看在一个均匀背景流中的一个对流上升流束。在一些高度的水平截面上的合成流场应如图 2.20 所示。

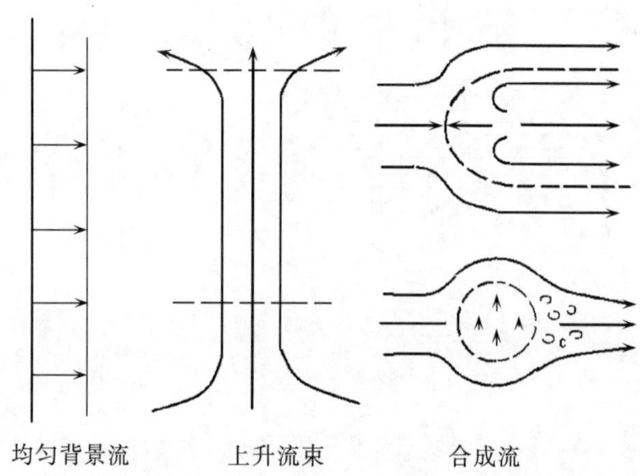

图 2.20　均匀背景流中有一上升流束(泉流),在上下两个水平截面上的合成流场断线是背景流与泉流的分界线

当背景流的气流速度随高度有切变时,如风速随高度增加而增大,而风向随高度增加而顺时针转向(所谓反气旋性切变)时,图 2.20 中的对称图像变成了不对称。上层合成图中的顺时针转向环流加强,而反时针转向环流减弱,如图 2.21 所示。

依据上述的理解,可以在图 2.19 中加入顺时针上升环流(黑粗线)。即上升环流中在上层分为两支,一支是顺时针转动的(反气旋式),另一支是反时针的(气旋式)。从图2.19可看到,只有反时针上升气流支是从位于下部的主上升气流的上方经过的,也就是说只有携带在这一支中的大粒子可能下落再进入到主上升气流中,继续长大成雹;而另一顺时针支流,就没有机会再越过主上升气流了,所携带的粒子不能靠再进入上升气流来增大了。这样就可理解为什么图 2.17 中有那样的回波结构和雨、雹落区的分布了。即降雹一主上升气流轴一回波穹窿(弱回波区）一悬挂回波是处于上升气流的逆时针转动支下，而降雨区和雨区回波则处于顺时针转动的上升气流支下。

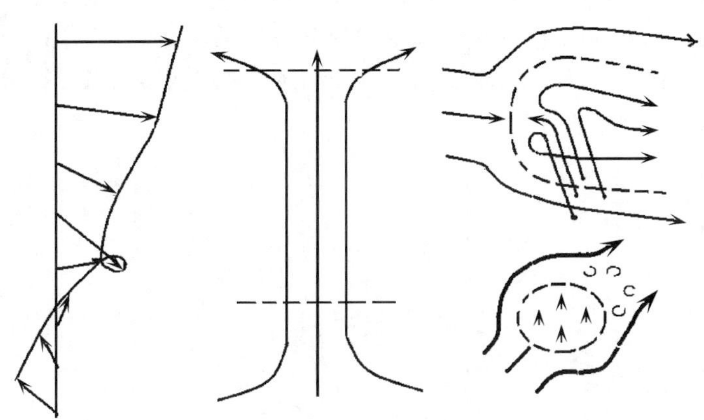

图 2.21　切变环境风背景下上升流束（泉流）在上下两层水平剖面上的合成流场示意图

图 2.22 是一个实测雹暴个例在 7.9 km 处的结构图。该图与图 2.21 的概念模型图所给的特征完全一致，一支偏小的反时针环流具有重要意义，它处于回波穹窿中并在悬挂回波（胚胎帘）上空经过。为了突出这支环流，在原来的图上，把它用粗虚线作了延长。

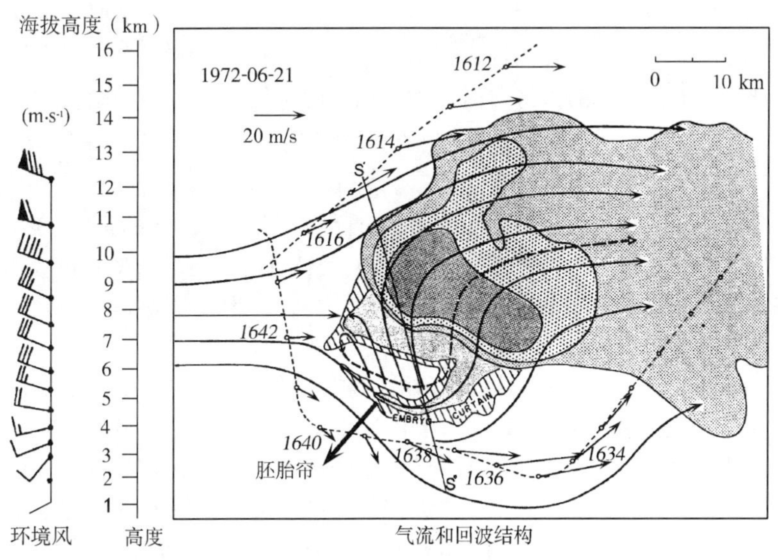

图 2.22　实测雹案个例（Browning *et al*. 1976）

左侧为风矢随角度的分布；右侧为7.9 km的截面（为了看清反时针转向流线支，本书用虚线作了延长）

图 2.22 雹暴上升气流对中层强环境气流来说类似一个障碍。气流在海拔 7.9 km 处绕过一个在科罗拉多州东北的超级单体雹暴。阴影区表示不同强度的雷达反射率，点线是探测飞机的飞行路线。实线是根据飞机测量的风矢划出的流线。

在得到雹云的流场概念模型和回波结构特征以后，再加上地面降水及其他要素的分布作补充，就可以勾画出宏观场与微观场相协调的三维雹云结构和成雹机理的实例模型了。

又是 Browning 和 Foote 合作，利用 NHRE(国家冰雹研究试验)对 1972 年 6 月 21 日发生在科罗拉多州北部的 Fleming 雹暴的综合观测的分析结果，给出了著名的 Fleming 雹暴的云体—回波—气流—温度场的垂直剖面(图 2.23)，该剖面的位置相当于图 2.22 中的S′-S″。

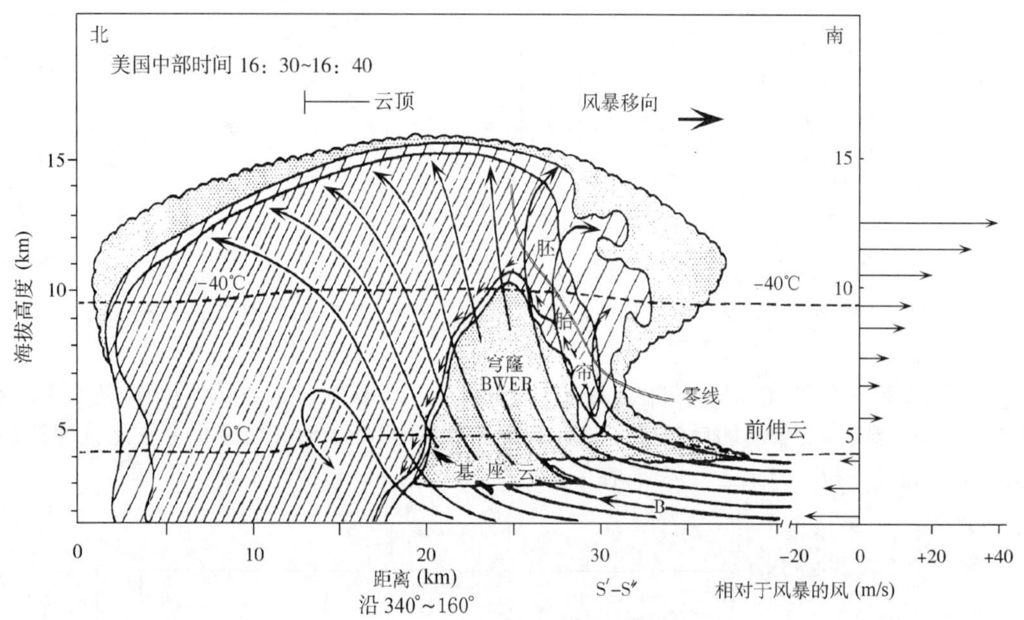

图 2.23　与图 2.15(b)相当，但加入了观测气流场，并把弱回波区顺移向的悬挂回波，称为"胚胎帘"(前伸云，Shelf cloud，有学者译为架子云)

Fleming 雹暴沿 S′-S″(见相当于图 2.22)的垂直剖面(沿风暴移向的角度)表明了可见的云边界、雷达回波和相对气流流线，不同密度的阴影区代表两种雷达反射率强度。右边是从附近探空得到的沿风暴移向的风速分量的廓线(其中双实线是水平相对风速等于零的零线，为本书作者在原图上添加的)(Browning *et al*. 1976)。

Browning 和 Foote 认为，在主上升气流前沿的粒子"1"，可以在胚胎帘的趾端长大成"2"，它能够下落并再进入主上升气流，标为"3"；再沿回波穹窿顶进入主上升气流，长成冰雹，沿回波墙落下。而在主上升气流中的"0"粒子，由于上升气流太强，来不及长大成雹胚或小雹，被吹上云顶的砧部。根据图 2.22 的雹云结构，给出的宏微观相互作用形成大雹的概念模型见图 2.24 所示，其中(a)是垂直剖面；(b)是水平截面图，(b)中的圆点区是主上升气流区，可以看到标号"1"粒子是在主上升气流区边缘徘徊循环，长大成"3"后才进入主上升气流区的。请注意，这一现象具有重要物理意义。

典型超级单体的云体照片和素描画给在图 2.25a，b，而雷达回波结构给在图2.25c。有了以上各方面的图，可以得到超级单体雹云的整个概念。这对在不同的观测条件下认识和认别雹云结构是有益的。

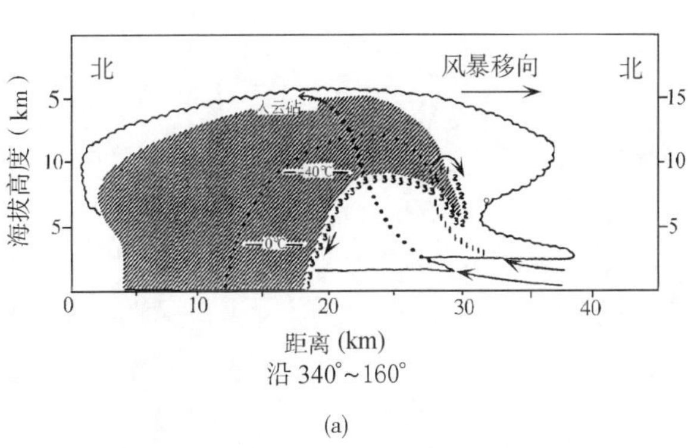

(a)

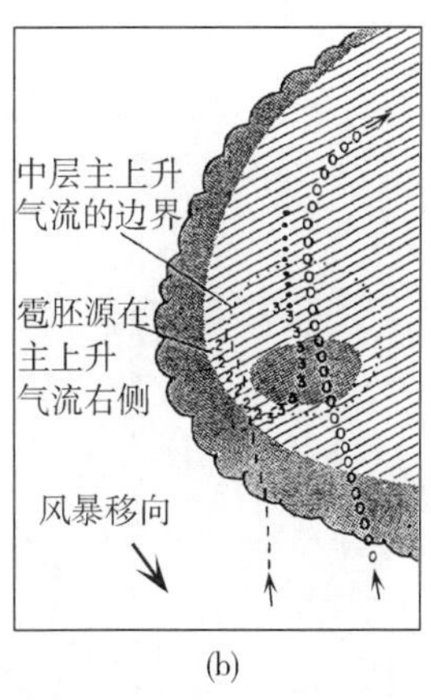

(b)

图 2.24　超级单体雹云中冰雹形成过程中，雹粒子运行增长与流场回波结构和温度场的关系图

(a)垂直剖面；(b)水平截面(Browning 1976)

(a)

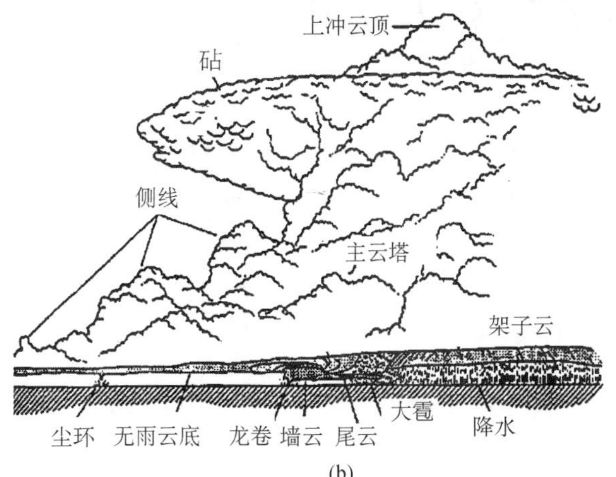

(b)

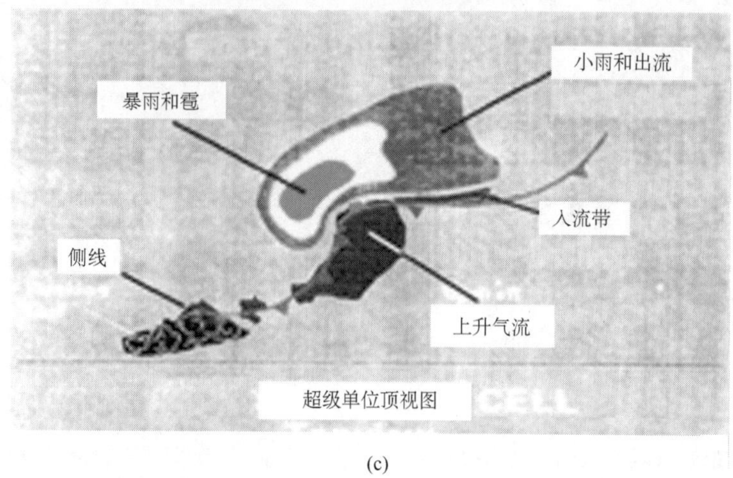

(c)

图 2.25　(a)典型超级单体云体的照片;(b)素描说明;(c)雷达回波结构图

经典型超级单体风暴示意图(从东南方向看)架子云或许不出现或出现在墙云以南,而非墙云东北向,随着时间的推移,螺旋状的降水幕从东北方向气旋性地环绕壁云

2.4.4　单体冰雹云模型

单体雹云在强度、尺度和生命史上比超级单体雹云弱、小和短。在其发展中经历的过程如图 2.9 所示。成熟时段的时间较短,例如 10 min,上升气流速度大于 15 m/s;由于其尺度较小,不具备超级单体式的倾斜上升、下沉的对峙气流结构,也正因为如此,缺乏自启动、自维持的机制,云体常常从整体上升气流控制迅速转为整体受下沉气体控制。在单体雹云的结构特征下,冰雹形成过程也不同于超级单体,雹胚可在云体上升气流发展过程中形成,随着云体长大到成熟阶段增长成雹,在步入消散阶段时降落,可形成阵性降雹,见图 2.26。

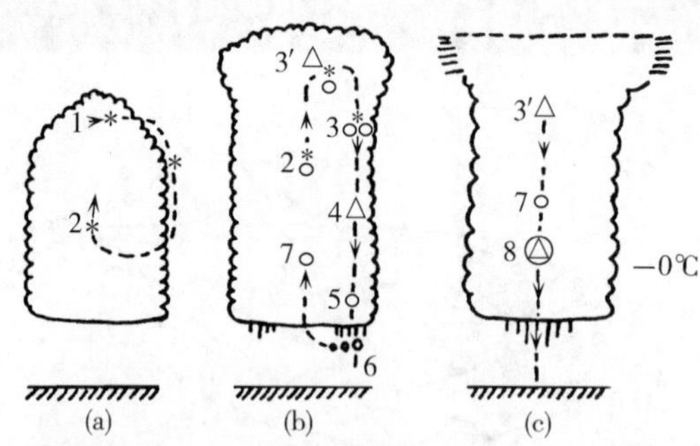

图 2.26　单体雹云中冰雹形成过程的示意图

(a)发展阶段(上升气流盛行),冰晶再循环(1→2);(b)成熟阶段(在云轴心附近为上升气流,在云边缘为下沉气流)。在再循环的冰晶上形成霰(2),(3)、霰(4)沿云边缘下降增长、融化(5)和破碎(6),破碎小滴再循环,形成大水滴(7);(c)消散阶段(下沉气流盛行)。霰和冰雹在云轴心附近降落,捕获大水滴(7),形成较大冰雹(8)(Takahasi 1976)

有些单体雹云可以发展得很强，可降阵性大雹，这种强单体是与在短时段内具有超级单体结构相关联的，只是这种特征结构维持时间较短而已。

2.4.5 有序多单体冰雹云模型

多单体雹云实质上是在时间和空间上依次发展的排列有序的单体群，图 2.27a 给出了多单体雹的物理模型。图中由"右到左"有四个单体，依次为 $n-2$、$n-1$、n 和 $n+1$。最右边的 $n-2$单体正处于消散中。$n-1$ 单体处在成熟阶段，具有强的雷达回波，三个阴影区分别表示为 35 dBZ、45 dBZ 和 50 dBZ，单体右半部是降水区和下沉区，左半部是上升区。n 单体处于发展中，刚刚出现 35 dB 的初始回波，单体内为主上升气流区。$n+1$ 是初始云体，尚未出现雷达回波。

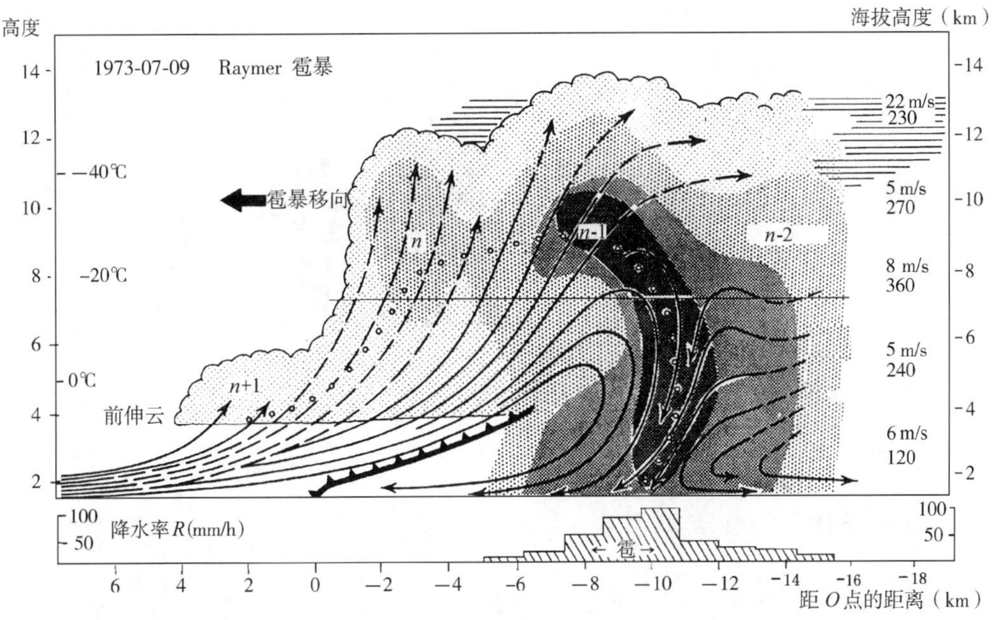

图 2.27a 沿风暴移向的多单体雹暴的垂直剖面图

细线：相对于风暴的流线，轻阴影区：云的范围；深阴影区：依次为雷达反射率 35 dBZ、45 dBZ 和 50 dBZ；圆圈：从小粒子增长成冰雹，$n-2$，$n-1$，n，$n+1$ 处于不同发展阶段的单体

图中的圆圈表示着在初生云底就开始增长的小水滴长成大雹的过程。原图文中称之为雹块轨迹，其实这是表示随着单体的发展的雹生长的过程示意。轨迹是运行迹线，由于流场结构的特点，$n+1$ 单体内的粒子不太可能穿过 n 单体，再进入 $n-1$ 单体长大成冰雹并从$n-1$单体降落，而是表示当 $n+1$ 单体从初始云体逐步发展，经历了当前 n 单体的发展阶段，再进入到当前 $n-1$ 单体的成熟阶段中，雹在当前 $n+1$ 单体中的增长过程。即在多单体雹云中，每个单体从初生发展中逐步形成雹胚并相应准备了冰雹长大的条件，这与超级单体处于准稳定状态下，雹胚形成区与冰雹长大区处于当前云不同地方，中间需要运行传输的成雹过程是不同的。

关于有序多单体雹云，何以会使单体有序组合的机制，将在下文中探讨。有序多单体的生命史也比较长，这是由于有序多单体虽然不具备连续地自启动、自维持的对峙倾斜上升下沉气流结构，但看来具有断续的、相位超前的新单体启动能力，不排除主单体可以短时间地呈现超级单体结构特征，所以可以造成地面上长的跳跃式雹击带。

图 2.27b 给出的是多单体雹云的外形和雷达回波特征图。注意在 PPI 顶视图中，在相当于超级单体的图 2.25c 的侧线的位置上是单体回波和云体，而侧线不是单体，是单体的一部分。

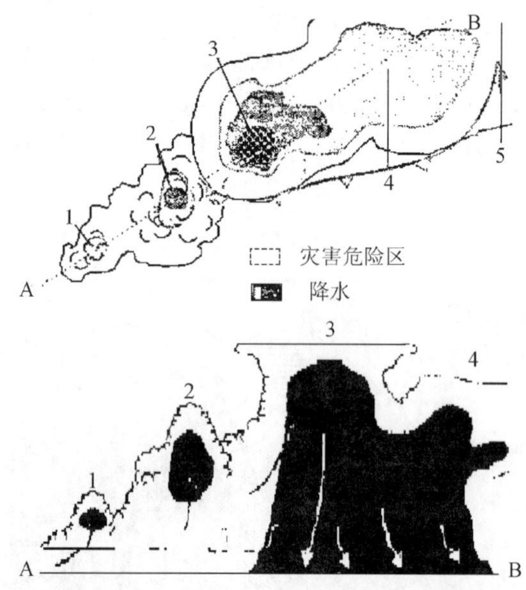

图 2.27b　中等或强的垂直风切变环境中有序多单体风暴的三维结构示意图
(上)：PPI 回波强度结构　(下)：沿图(上)中 AB 的垂直剖面图

2.4.6　超级单体——龙卷模型

观测分析表明，超级单体风暴(雹暴)大都具有旋转性，而大多数强龙卷与旋转风暴相联系，所以称这种旋转风暴为龙卷涡旋。

Lemon *et al*. (1979)依据雷达、飞机和地面观测网资料，给出了一个旋转风暴的概念模型，见图 2.28。

把图 2.28 与图 2.17 和图 2.19 相比，多了一个后侧下沉气流区，这个后侧下沉区的存在，构成对上升气流的另一支补偿，也促使阵风锋发展成锢囚波形，加强了旋转性，出现强的局地水平风切变，容易形成龙卷涡旋。

后侧下沉气流支的发展过程给在图 2.29 中。(a)表示在一个具有主上升气流和后侧下沉气流的旋转风暴的后侧中上部出现了下沉气流；(b)是后侧下沉气流已达到地面，地面阵风锋出现波动，回波出现钩状和有界弱回波区(BWER)；(c)低层出现锢囚波，龙卷形成，钩状和BWER被填塞，下沉区连成一片，在前方又激起新的一股上升气流。

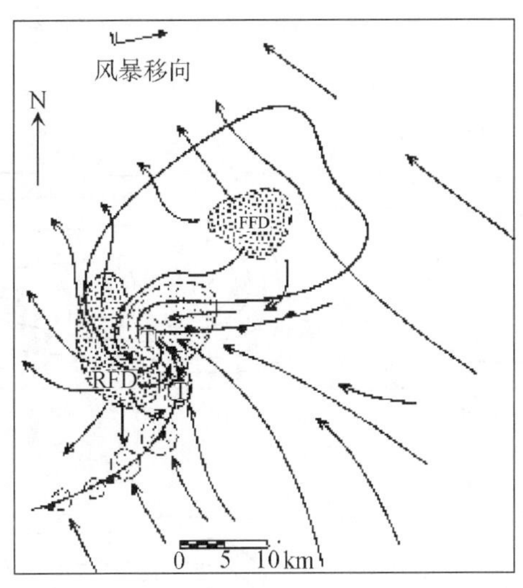

图 2.28　龙卷雷暴在地面的平视图

细线表示雷达回波外沿，实线和带有锋面符号的表示波状阵风锋结构；细点影区表示上升气流在地面上的位置，粗点影区表示前侧下沉区(FFD)和后侧下沉区(RFD)在地面上的位置，流线是相对于地面画出的，“T”处是龙卷出现的位置

(Lemon *et al*. 1979)

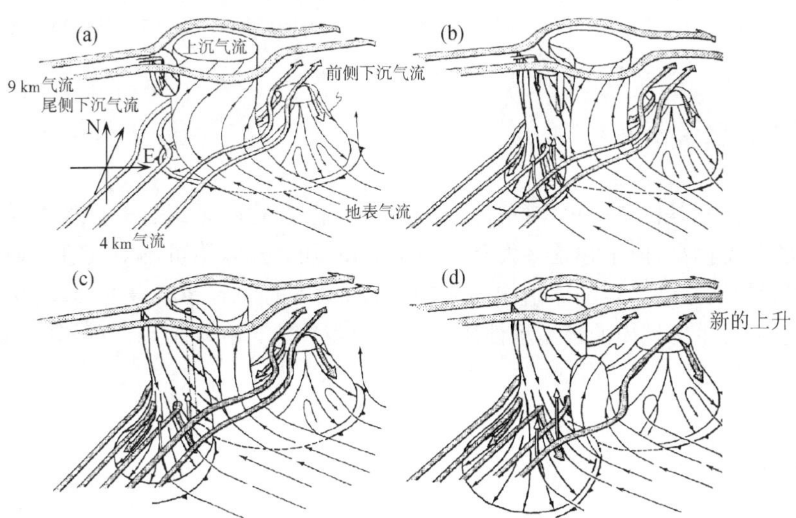

图 2.29　在超级单体风暴演变中，气流、龙卷和中尺度气旋发展的三维描述图

(Lemon *et al*. 1979)

后侧下沉气流发生发展的动力解释是，在 7～10 km 云体后侧的逆切变区存在着扰动气压梯度的动力强迫而引起，继而受下层降水负荷和蒸发(融化)冷却作用来维持。这一说法类似于后面将给出的图 2.36 中叙述的扰动气压分布论述。

上升气流的上层逆风侧存在着动压正扰动，会促使下沉气流从这里发展，并诱发云外空气平流地吹入云体，在下沉中的蒸发冷却作用也促进下沉发展。但发展的势头还与大气热力层结有关。图 2.30 是利用二维冰雹云模式(许焕斌等 1988)，在增加高层大气不稳定度时，在有切变的环境中，对流流型先是由一个自右向左的向上波动的对流环构成；而后来演变成由后上部向下波动的下沉支和右边的对流环构成。这一图像与图 2.29 给出的概念模型图相仿。

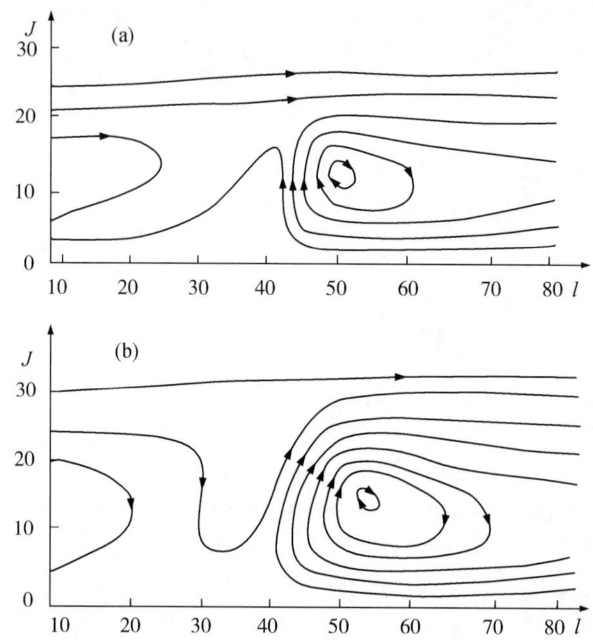

图 2.30　一个向上的波动对流环，发展出一个向下的波动对流环的二维模拟图像

2.4.7　其他类雹云模型

这类雹云其实不是由单一单体(单体，超级单体)组成，也不是组合有序的多单体。所以难以归属上述的各类模型，由于它是多发类型，占有 50%的份额，不可不对其进行研究。从实际来看，这类雹云的模型已不是单体结构的问题，而是单体的非有序组合的问题，这种组合机制可能会涉及雹云发生区域内的环境场性质、地形、地貌等热力和动力因素的影响，将在后文“雹云云系”一节中来探讨。

2.5　冰雹云类型与环境场的关系

雹云是在一定的环境场中发展的，二者之间的相互作用应当对出现哪类雹云有影响，Chisholm 和 Kenich(1972)研究了雹云类型和环境风的关系；Weisman(1982)研究了雹云类型与总体雷诺数 Re 的关系。看来在什么环境条件下出现哪一类冰雹云可能是有规律的。图 2.31 给出了出现单体、多单体和超级单体雹云典型的环境风矢图，可见三种风场有明显差别。观测还表明，出现哪类雹云还与 Re 值有关，$Re=B/\Delta u^2$，B 称为有效对流位能(CAPE)，Δu 为中、低层环境风速差。图 2.32 给出了超级单体(S_n)、多单体(M_n)、云团和飑线(TR_n)与 Re 值的关系图(BK，不明情况)。

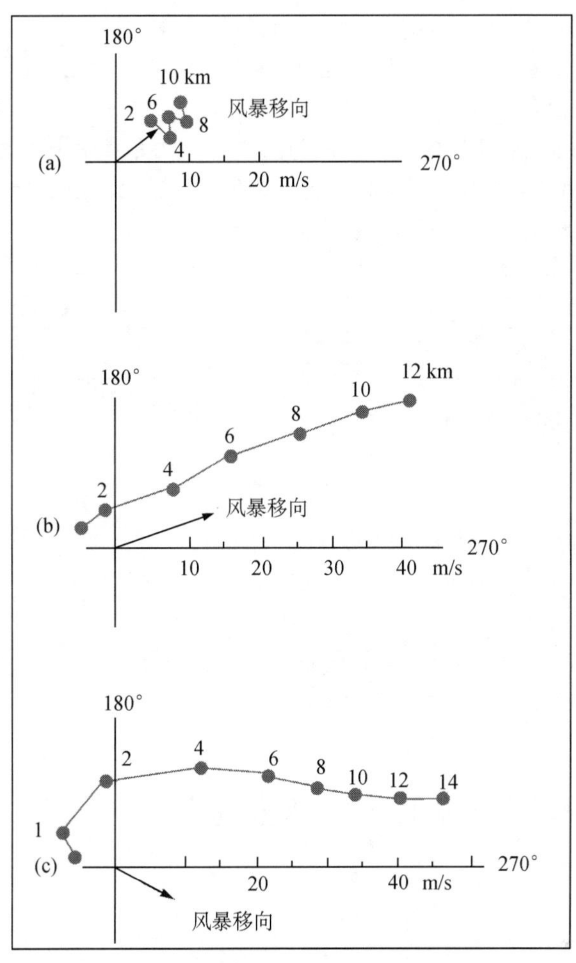

图 2.31　不同类型雹暴典型环境风矢端

(a)一般单体;(b)多单体;(c)超级单体(Kessler 1982)

由图 2.31 看出,随着风速垂直切变和风向垂直切变的增加,单体的类型由一般单体向多单体和超级单体演变。从图 2.31 来看,出现哪种类型的对流单体与容积理查孙数(Richardson number)Ri 有关,组成 Ri 数的分子是对流有效位能(CAPE),也即表征浮力的大小,而分母则表示风速垂直切变值的大小(Δu)。下面分别讨论这两个因子的作用。Δu 表示着风的垂直切变,即表明这种背景流场存在着涡度。按涡度定义:$\omega=\delta u/\delta z-\delta w/\delta x$,当 $w=0$ 时,$\omega=\delta u/\delta z$。一般大气中 $\delta u/\delta z>0$,即表示背景气流有顺时针旋转之势。CAPE 表示浮力的大小,即表示气流的上升之势。这样一来 Ri 不仅表示对流有效位能与风垂直切变大小之比,也表征上升运动之势与水平旋转之势的比。对流流场是垂直和旋转的气流,因而必然受组成 Ri 的两个量及本身量的制约。由于在无上升(或下沉)运动时,Δu(或 Δv)表征的旋转之势是体现不出来的。所以,CAPE 值起着主导作用。即首先要有浮力产生上升气流,大的 CAPE 值产生强的上升气流,这是出现强对流现象要求的。无切变环境中的热对流具有对称性的左逆时针和右顺时针的对流环流。而在有切变时,背景旋转之势就叠加了上来,强化同号的旋转,抑制异号旋转。风的切变小,这时背景的外加气流旋转之势较弱,对两个对称环流影响甚小,对流流型仍是呈现对称状;对于一定的CAPE值,Δu小,则Ri大,这就是图2.31和图2.32中的大Ri处对应单体雹云和云团的原因。当CAPE值大,而又Δu适中,上升气流与旋转之势相配合,一支倾斜上升对流环流发展起来,形成稳定性的超级单体雹云,这对应着图2.31中的(c)和图2.32中的小Ri区。当CAPE值比Δu值偏大时,即上升气流与旋转势均力敌且相比偏强,上升气流直立性相对强,旋转性相对弱,两者配合度差些;而弱上升气流仍可与旋转相配合,出现了第二个对流环流,对流环流的发展出现波动性不稳定,这时容易形成多单体雹云。

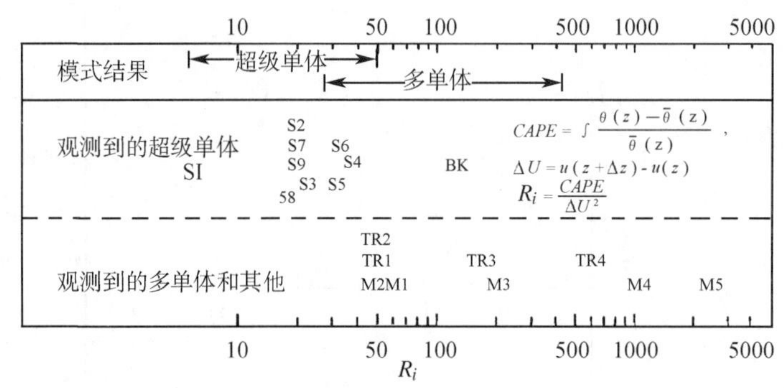

图2.32 Ri与出现雹暴类型的关系

(Weisman *et al*. 1982)

2.6 冰雹云的移动、传播和分裂,积云的合并

2.6.1 移动和传播

雹云的移动和传播与对流风暴的移动传播相仿,具有三种不同的形式:①移动或平流;②强迫传播;③自传播。移动或平流,是云体在发展演变生命期受环境风驱动的移动过程,是对流流场与环境流场相互作用的结果;强迫传播,是因云体受外部某种动力或热力强迫而出现的再生维持过程,这种外部强迫可以是锋面、过境槽、切变线、辐合带、海陆风锋、湖陆风锋、山脉造成的辐合、强对流云的外流、重力波以及热力不稳定的不均匀分布等等。一般天气系统性的强迫机制的尺度比雹云尺度大,因而在存在强迫机制时的冰雹云比一般冰雹云的生命期要长;而地形强迫、水陆及地表状态强迫的表现,受局地条件及天气系统的制约,比较复杂。

自传播是指雹云内在结构上具有自组织机制、自维持机制,或在同一内在系统中产生类似超级单体的机制。例如超级单体所具有的对峙倾斜上升气流和倾斜下沉气流,所形成的下沉气流出流造成的阵风锋,不断起动上升气流的发展,而上升气流的凝结增暖又发生热力强迫增强低层辐合,促使系统加强,并维持下沉气流的发展。超级单体雹暴是自传播的典型例子;而飑线雹暴是自传播和系统强迫传播的典型例子。

另外,强对流的发展还可以引起重力波,它又可以起触发起动新对流的作用。

观测表明,冰雹云并非完全按环境风的垂直平均方向和速度移动。可以偏左,可以偏右,而且比平均风速慢。图2.33给出了一些这方面的观测结果和示意图。在风向随高度顺时针转的情况下，云体在偏左30°和偏右60°之间呈“逆风”和“穿过风”的运动。说明冰雹云移动不是一种简单的随风飘移，也不是某一种移动方式经常起主导作用。就简单的平流移动来说，对流环流和环境气流的相互作用，对流环流常表现出恰似“柱状障碍”一样，环境风绕过对流主体，二者在相互作用中有动力产生而移动，但不是随动，见图3.34。强迫传播，受强迫源和强迫系统的特征影响很大，而且可以出现雹云与强迫系统的相互作用，更是需要进行分类研究和仔细判别。自传播机制可能主要决定于风暴自身的动力结构，以及它与环境场的相互作用，是研究的重点。

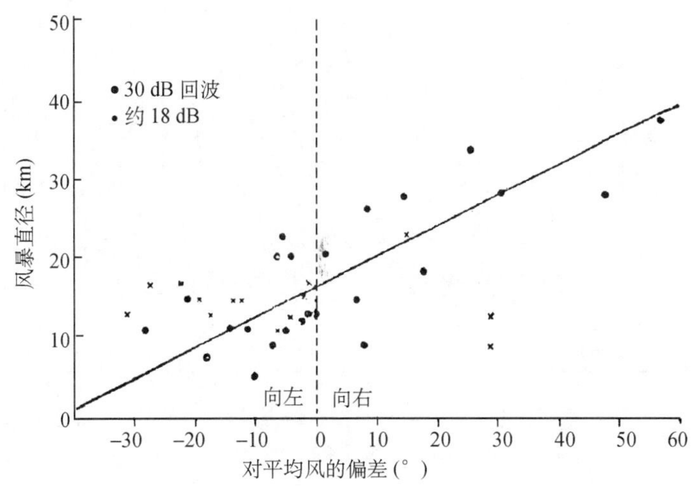

图2.33　风暴移向对平均风的偏差与回波直径的相关，回归线根据雷达回波观测资料得出(Atkinson 1967)

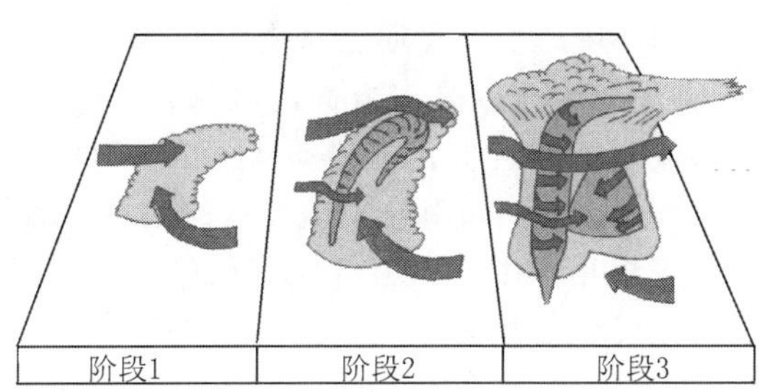

图2.34　处于不同发展阶段的雷暴内部环流；雷暴的形成开始阻碍围绕着它的周围气流；随着水平环流的发展产生了双涡旋结构(Eagleman 1983)

从图2.33看出，风暴云体越大(强)，相对于平均风的右偏率和偏角都越大；而小(弱)的风暴云则偏左。这样一来，随着风暴云的发展，可以出现先偏左于平均流，再顺平均流，再偏右，待云体消退时，云体内部环流结构解体，再随风飘流。这就出现了云体移动呈“S”形轨迹。如图2.35所示。

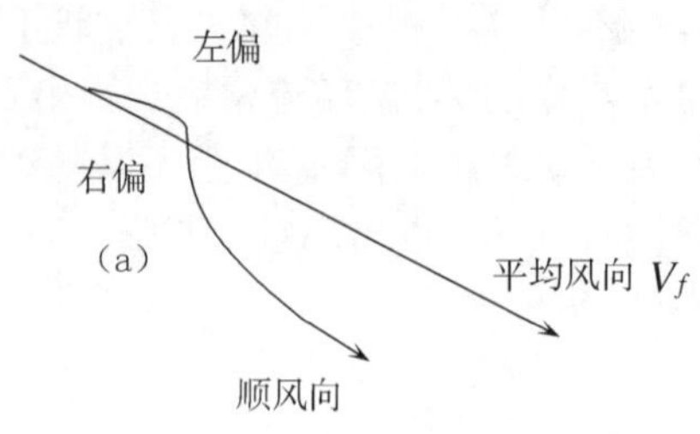

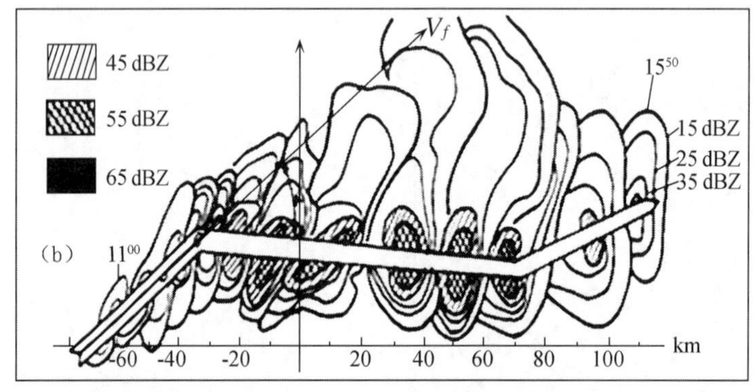

图 2.35 (a)风暴云随强度演变在移动中先左偏再右偏再顺风而画出的 S 轨迹示意图；(b)实测图（Abshaev 2003，访问中国气象科学院，学术交流 PPT）

风暴的移动，实质上决定于对流环流上升支的移动，因为上升气流是支撑云体存在发展的动力基础，没有动力支撑的云体一方面不可能维持长久，另一方面没有与环境风场相互作用的环流，就只能随风飘移。对流环流的移动，可以是整体性的受环境风驱使而移动，像图 2.34中的刚体障碍一样，被平均环境风引导移动。对流环流也可以产生相位移，这是属于自传播性质的移动。出现相位移的原因可以是多方面的，例如可因产生压力扰动引起上升气流的相位移动变化；也可由对流环流的直接相位移动；还可由于低层抬升（辐合、地形、天气系统强迫）和不稳定能区的分布等引起向最利于对流发展的地域移动。

图 2.36 给出了云内外气流相互作用导致上升气流相移动的示意图，(a)水平风速只有速度切变的情况，云内由于对流混合作用云速为 V_c，环境风为 V_e，这就造成了云上部 $V_c<V_e$，左上侧辐合增压，右上升辐散降压；而在云下部，$V_c>V_e$，左下侧辐散降压，右下侧辐合增压。这样一来云的右侧有利于上升气流发展，云左侧有利于下沉气流发展，造成了云体的右移。(b)图是三维的，风随高度不仅有速度切变且还有风向转动，云内风用虚线表示，高层环境风是 V_u，低层环境风是 V_e。这样一来在云上层 V_u 和 V_c 有一个相对外流分量 ΔV_u，在云下层也有一个相对入流分量 ΔV_e，ΔV_u 出流和 ΔV_e 入流构成了在第二象限（东南方）有利于上升气流发展，造成了向东南方的位移，显示出平均风向（$\vec{V}_u$ 与 $\vec{V}_e$ 合成）、云单体移动方向和相位移动方向的不同。而风暴移动方向应当是环境风引导方向与相位移动方向的合成方向。

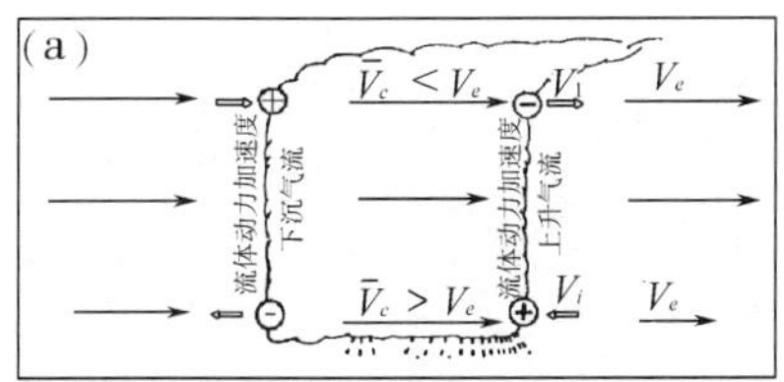

图 2.36a　云速(V_c)、环境风速(V_e)和相对速度(V_r)的垂直剖面，正号和负号相对于超压和亏压，它造成了上升和下沉运动

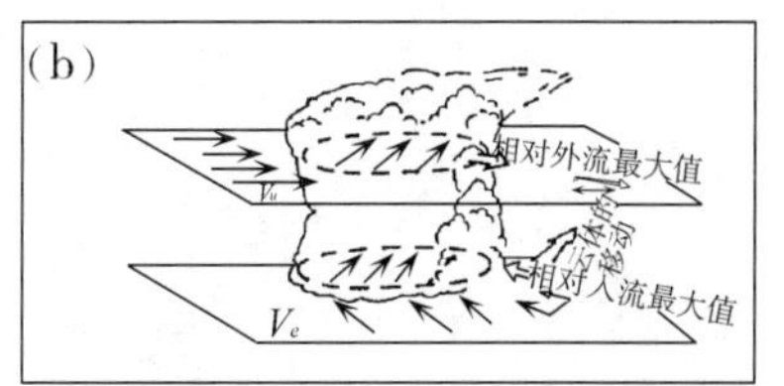

图 2.36b　环境风

高层为 V_u；低层为 V_e；云内风（虚线）和相对于云内空气运动的环境风（双箭）的三维示意图

(Atkinson 1987)

图 2.38 和图 2.39 给出了三种风暴移动的示意图，图中的风向应是合成平均风向。可以看出，风暴移动方向相对于平均风向或单体移向都是偏右。

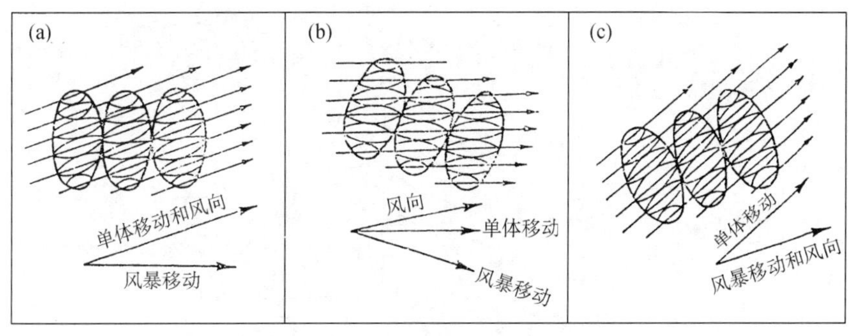

图 2.37　传播引起的风暴移动示意图

(Atkinson 1987)

从图 2.38 和图 2.39 可以看到，环境风场与云体的相互作用，是与云体的环流结构相联系的，实质上是环境流场与风暴环流两个流场之间的相互作用。风暴流场除了垂直方向的对流结构外，水平风场上有辐合、辐散和旋转，旋转有单涡式的气旋式（反时针）或反气旋式（顺时针），也会有双涡式结构。

云内双涡流型的示意图给在图 2.38，而概念模型图给在图 2.39。图 2.39 是 Eagleman 用双多普勒雷达观测到的在切变环境风下猛烈发展着的雹云内部气流结构，C 支是气旋式转动上升支，而 D 支和 E 支是反气旋式上升再下沉的分支，AA′是云外环境气流，B 是环绕入云后侧的下沉支。

这种内部环流结构可与环境风抗衡，形成刚体式障碍，但在背风面形成向云内的入流，可引起云的分裂，这点在后文中会再论之。云中的环流结构当然也影响云体的传播。

观测和理论分析表明，由于科氏力的作用，在北半球气旋性涡旋比反气旋性涡旋发展有利，但是由于雹云的尺度较小，科氏力的作用不一定起明显作用，所以人们仍然观测到右旋的雹云，也观测到左旋的雹云，由于其旋转性在与环境风相互作用中，水平向仍会发生 Magnus力，仍然会偏离环境风向移动，图 2.39 给出了旋转与偏向的示意图。

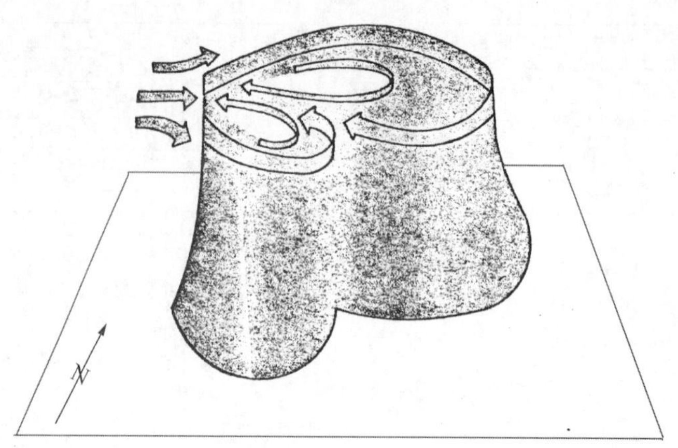

图 2.38　雹暴中的双涡旋内部流型在抗衡强环境风中是最有效的，没有这种流型环境风将吹穿雹暴(Eagleman 1983)

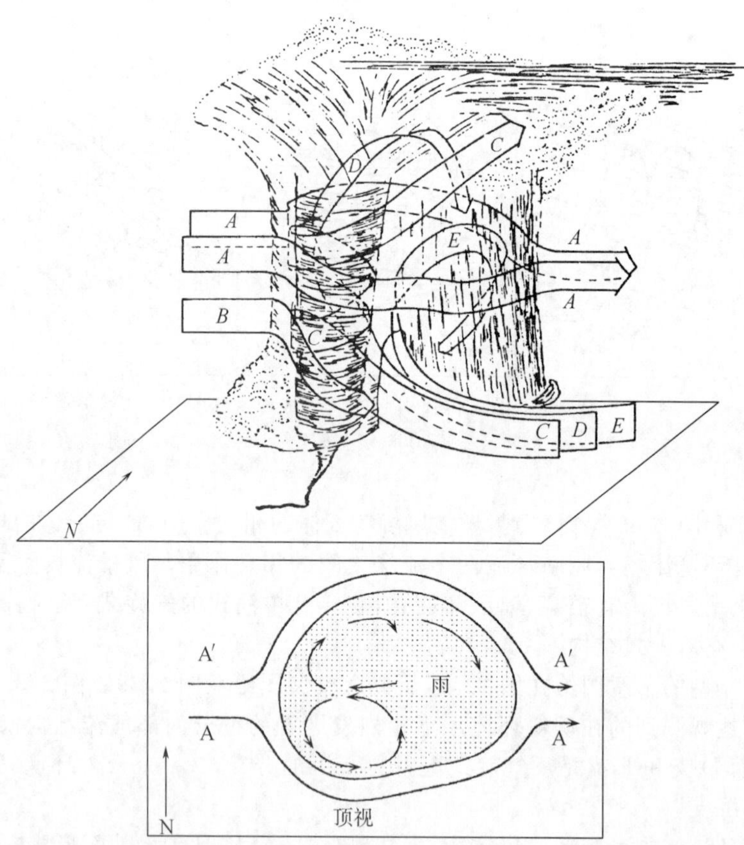

图 2.39　在强风切变环境中旺盛发展的强雹暴伴有的内部环流，形成一个抗衡环境风的流型，在低层流入雹暴前沿的暖湿空气抗衡在高层的气流，并形成了内部的双涡旋结构(Eagleman 1983)

由图 2.40 看出:无转动的云体在背景流中,可顺流而移;反气旋式转动偏于背景气流之左,也即偏向于低压侧;气旋式转动偏向右侧;双涡旋结构时视哪种转动强而定,图上是气旋性强,偏向于右。在北半球由于气旋性涡有利于反气旋性涡发展,故反气旋涡小。对应着单体尺度小,常偏左移动;而气旋性涡强,云单体尺度大,偏向右;这一图像看来给出了图 2.33 所示的相关回归曲线的物理意义。

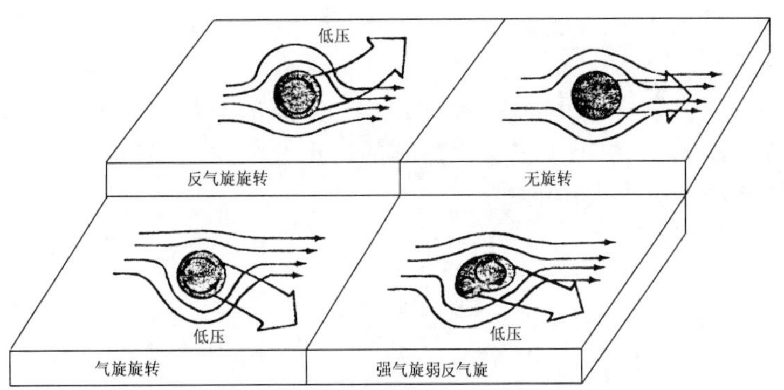

图 2.40　雹暴移动受所在的高层风和它自身的转动影响,反气旋转动的偏向平均风左侧移动,而气旋转动的偏向平均风右侧移动,带有强气旋转动的双涡雹暴稍向平均流右侧偏移,偏转的原因是由于转动在雹暴一个侧边使压力降低(Eagleman 1983)

一些学者(张玉玲 1999)把自传播分为两种:一是对流翻转方式,二是波动－CISK 方式。对流翻转方式即给定一个稳定流型对流模式在一个参考框架中,这一框架的移动速度即冰雹云的自移动速度(相位移),这方面有一些理论结果,但都太理想化,不足以解释复杂的自然现象。波动－CISK 方式,是波动和第二类条件不稳定概念在自传播中的应用。图 2.41 给出了这种自传播机制的概念图。波的辐合区与对流上升区相对应,而辐散区与对流下沉气流相对应,相互间是正反馈作用,互为驱动,但波在传播,导致对流环流也随之传播(这类似于 CISK)。

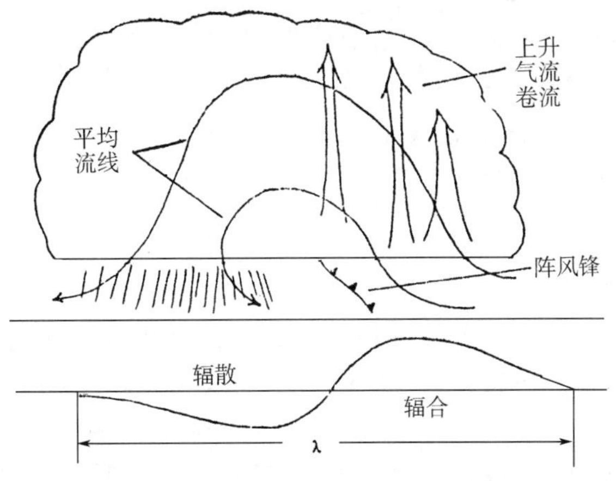

图 2.41　重力波包与相关联的对流风暴之间作用关系的示意图

波包由一辐合区和一辐散区组成,主波长 λ 与风暴的直径相当,在辐合区对流发展,当它们趋于消散并降雨时进入辐散区(Cotton 1993,Raymond 1975)

在自传播机制中，除了空中流场的内在演变引起的自传播外，伴随着云体发展而在地面或低层形成的近地系统造成强迫也应属于自传播机制之中。例如在云体低层冷堆的形成，冷堆向位势不稳定环境空气的出流扩散驱动引起的辐合，这是由阵风锋后的冷堆高压所致。这种作用在相对入流和下沉出流相互交锋处最强，而低空辐合也可因雹云对流与环境风切变的动力学相互作用引起局地气压降低而引起，这是对应着近地的中低压系统。

2.6.2 分裂和合并

雷达观测常可探测到冰雹云雷达回波的分裂，多部多普勒雷达观测也印证了这是上升气流分裂的过程。图 2.42 给出了一次观测到的雷达回波发生二次分裂的实例。可见分裂对云体的发展和移动是有很大影响的。

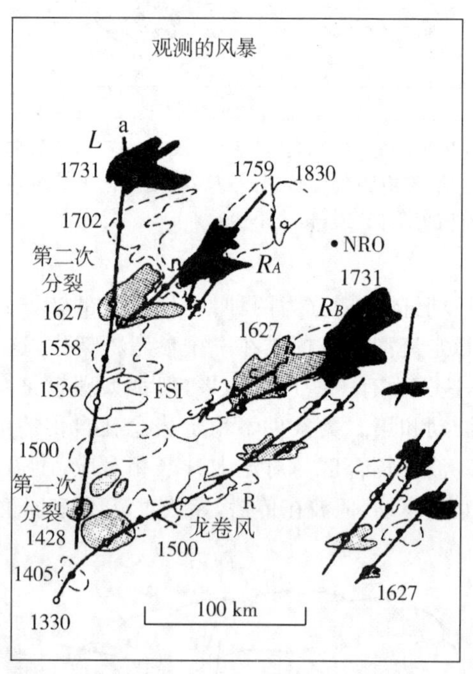

图 2.42　1964 年 4 月 3 日风暴演变过程(Wilhelmson *et al*. 1981)，图中以实线和虚线交替画的轮廓为云的面积，观测以 0°仰角，$Z>12$ dBZ 为界

雹云为什么会发生分裂，以及为何相对于环境风偏左偏右地移动呢？有一些理论性示意说明，见图 2.43。雹云分裂可分为三阶段五步。第一阶段是单个的母体积雨云阶段，即第一步和第二步，由于母体云的障碍阻塞作用，根据流体力学原理，环境风在绕过障碍物时在背风侧会产生对生涡旋，一个顺时针(反气旋)、一个反时针(气旋)，初生的涡旋尺度不大，可以不断剥离随风而下。第二阶段是母体积云强烈发展，即这第三步随着母体云体的发展壮大，背风涡旋也在扩大，再随着云体进入成熟阶段，上升和下沉气流的并存，出流阵风锋移到涡旋下方，给小涡旋的发展注入动能和热能，小涡旋也不再随风而动，开始以自己的对流环流与环境风相互作用。第三是分裂阶段，即第四步和第五步，由于涡旋的旋转性，具有环量

Γ，在平直气流 U 中，会产生 Magnus（马格努斯）力 $F=\rho u\Gamma$，其力的方向指向旋转运动和平直运动方向一致速度为最大的地方，即绕流速度最大的一方，因而产生了 Fa（反气旋）和 Fc（气旋），在这两个力的作用下，它们从母体云分离，母体云衰落，剩下两个具有气旋旋转的新云体 C 和具有反气旋旋转的云体 A。

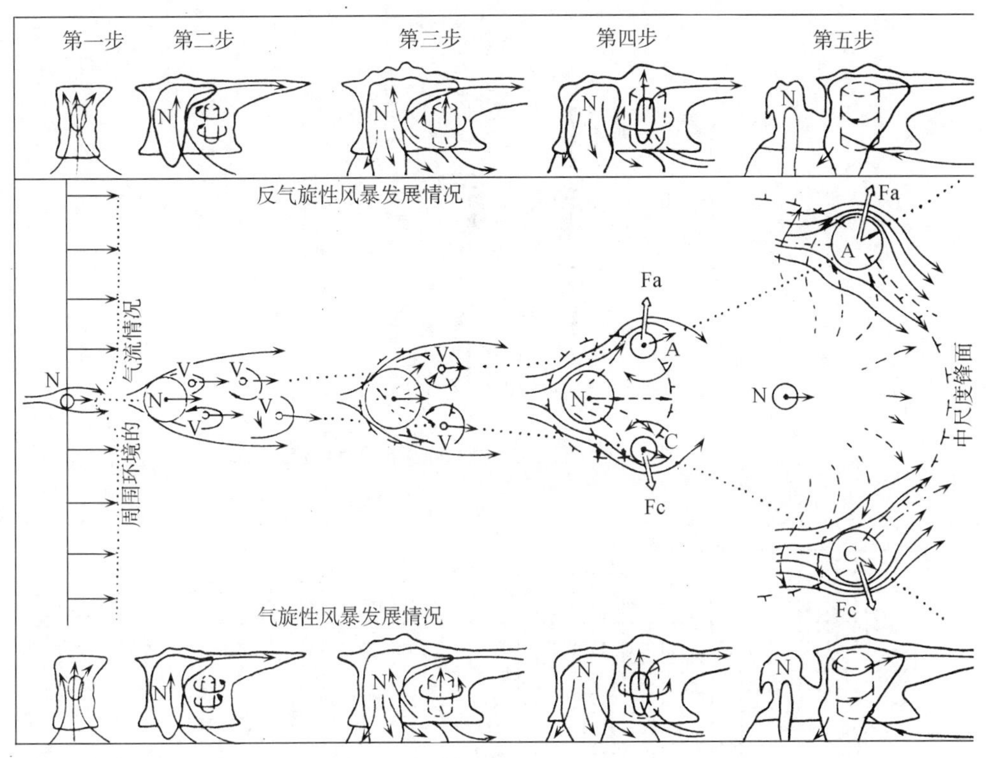

图 2.43 雹暴分裂过程示意图

图的中间是平视图，上下分别为分裂后的反气旋性风暴和气旋性风暴的垂直剖面图（Fankhauser 1971）

从流体力学知道，绕圆柱（球）的流动，在雷诺数 N_{Re} 介于 20～200 时，柱后部会出现对称涡旋。而 N_{Re} 介于 300～450 时，两个涡旋会交替循环剥离形成尾涡，而当 $N_{Re}>450$ 时，形成湍流尾流。见图 2.44。

图 2.43 中的第二步和第三步相当于图 2.44 的(b)，(c)情况。但在大气对流中如何估算 N_{Re} 有不确定性。因为 $N_{Re}=\dfrac{VD}{\gamma}$，绕流速度可以比较正确地估出，而 D 值不易估计，因为云体虽可近似刚体，但云内有环流，和刚体作用有别，等效 D 值如何取呢？再者动黏系数 γ 在强对流云中也不易估准。由于这些不确定性，算不准相当的 N_{Re}，就不能去判断流型，但出现了某种流型，则可以估算相应的雷诺数。这里给出图 2.44（以及图 2.66）是为了更好地理解图 2.43。

还可以如下理解图 2.43 所示的分裂过程：母体云下风方的涡对存在，在大气不稳定情况下，可以激发对流，二者相互正反馈使两个涡发展成对流单体，伴随着母体的消失形成两个独立的云体，从形式上看发生了分裂。

再有一种可能机制是，在对流云发展到鼎盛以后，辐合来的气流已不能完全转成上升气流，一部分多余的空气会发生旋转，形成涡对（许焕斌等 1990），见图 2.45。如果涡对的主入流气流来自云外（圆圈表示云区），干冷空气的楔入，有利于云从中间分裂，发展成为两个云，分别对应着正、反两个涡旋。图 2.38 也展示出这种图像。

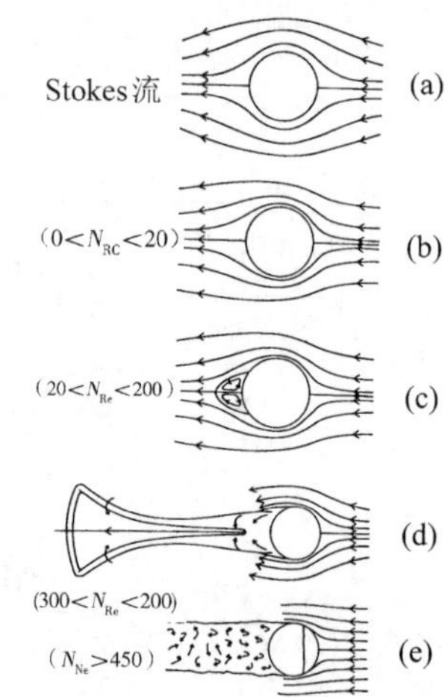

图 2.44　不同雷诺数（N_{Re}）下的绕球流动

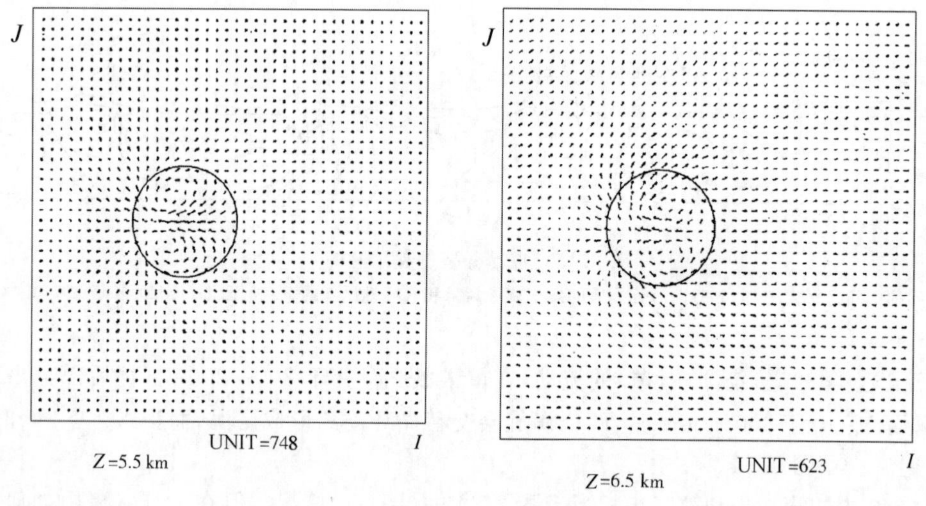

图 2.45　在模拟对流达到最大上升气流速度后的衰落初期云中出现的双涡结构

雹云的分裂也可由云体内部水平涡旋运动发生发展引起，云内水平涡旋运动的发生发展与黏性混合作用，因气压 P 和密度 ρ 的不均匀引起的力管作用，以及风的辐散辐合和风的垂直切变都有关。如果忽略黏性和力管作用，由涡度方程知，没有风切变就不会有涡度产生，就不可能形成云内水平涡旋运动，从而引起分裂，这充分说明了风切变作用的意义。图 2.46 是在存在风切变时，由上升气流引起的涡线倾斜导致云内一对水平涡旋运动产生的示意图。

研究表明，单向的风切变和变向的风切变与上升气流的相互作用所产生的气压和垂直温度扰动有不同的表现，图 2.47 给出了二者不同表现的示意图，在单向环境风切变时，在上升气流中有对称的涡旋对发展，上升气流的逆切变侧是相对高压，顺切变侧是相对低压，由于切变矢量不随高度变化，相对高压和相对低压都在一个垂直方向上，云中环流呈对称性发展。当风向顺时针随高度变化时，由于切变矢量的方向变化，在低层南部形成一相对高压，北部形成一相对低压；而在高层，北部形成一高压，南部形成一低压，失去了对称性，这在上升气流右侧造成有利于上升气流发展的垂直气压梯度力，而左侧则不利，这种风向切变有利于云体向右发展，即右移。

图 2.46　倾斜涡过程示意图

(Cotton 1993)

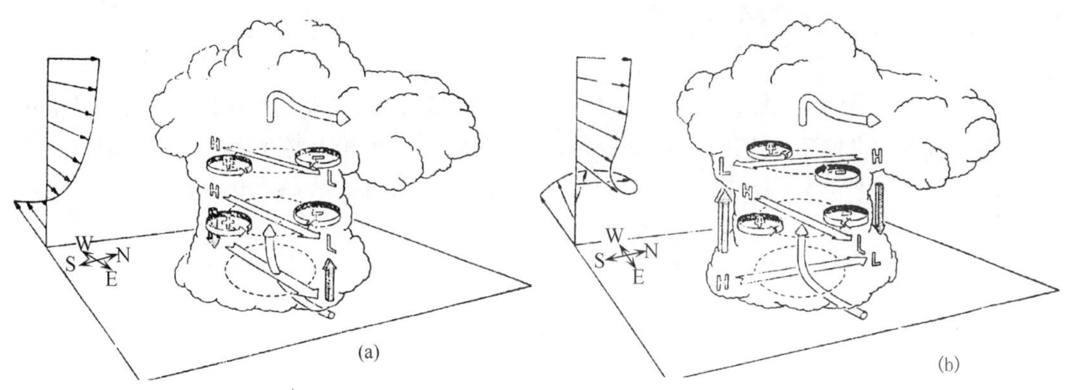

图 2.47　上升气流与环境风切变相互作用时所产生的气压和垂直涡度扰动示意图

(a)环境风切变随高度方向不变；(b)环境风切变随高度顺时针旋转。图中标明从高压(H)到低压(L)的水平气压梯度平行于切变矢量(平射的箭矢)，还标明有利于气旋性涡度(＋)和反气旋性涡度(－)的位置。含阴影的双箭矢表示最终的垂直气压梯度方向(引自 Cotton 1993)

其实影响上升气流分裂和移向的，除环境风切变外，还有云内的一些过程，如夹卷、降水拖曳和扰动气压的分布等。

积云的合并是积云发展成强对流云的一种重要方式，民间有“云打架，冰雹下”的经验。因此研究积云合并的条件和作用是很有意义的。

云体的合并对雹云的发展和移动也具有明显的影响。但对流云的合并是流场的合并,这种合并使云体迅速发展,降水呈量级的增加。观测研究表现,对流云常在辐合区发生合并,背景场的组织作用是重要的,但云体发展中产生的扰动气压场、下沉出流锋、重力波等都会起重要作用。对流云合并是一种升尺度现象,是一种特征发展波长的转移,必然也要有环境因素的配合。

Turpeinen *et al*. (1981)利用雷达观测分析指出,面积大于 50 km^2 的回波实际上都是通过回波合并组成的,它约占总回波个数的 10%,而且对 9 条合并云的统计分析表明,发生合并的两块云约有 50%是同时出现的,而且两块云的强度也十分相近。

黄美元等(1999)用二维积云模式数值模拟研究了积云合并过程,得到了一些规律性的结果,见图 2.48。

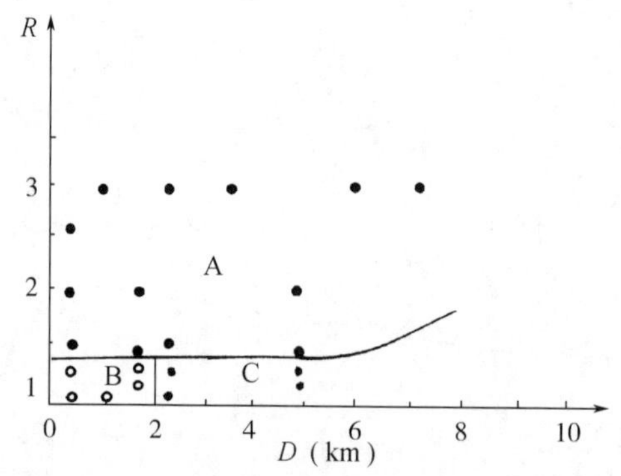

图 2.48　云并合的条件(黄美元等 1999)

(R:两块云初始扰动温度的比值;D:两块云初始边缘的间隔距离)

图中 A 区(大黑点)是两云不合并的区域,弱的云受抑制消散;B 区(空心圆)是两云合并区;C 区(小黑点)是两云不合并,且同时生消,可见两云合并的条件是云间距离近且两云强度相当。

图 2.49 给出的是在北京雷达观测到的两块云(回波)合并过程的实例。

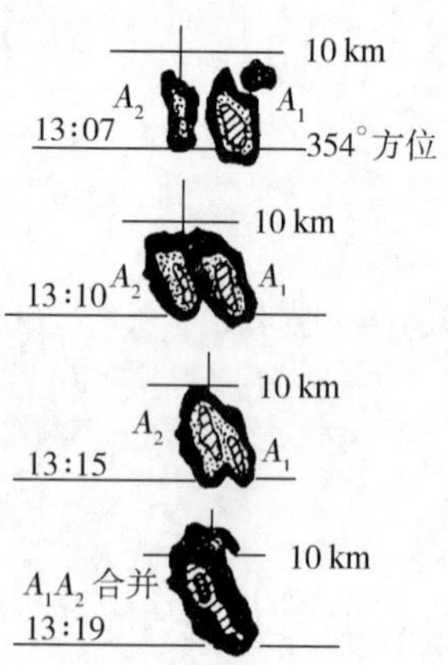

图 2.49　一次回波合并观测实例(马振骅)北京 1976 年 6 月 29 日,RHI 354°

2.7 强对流云单体的组合(织),对流云系

上面叙述了超级单体和有序多单体结构的组织机制,从物理上来说,雹(强对流)云具有一个深的对流翻滚流场,既要有垂直运动,又要有转动运动。这两者潜存于 CAPE 和风切变中,首先要有深的上升气流,不然就不能把局地切变的潜在转动转为深厚的翻转,翻转不与气流的上升下沉相配合也难以形成和维持超级单体的流型。因此可以归纳为:当二者匹配适当时,上升和翻转适配,可形成长生命的强对流环流,成为超级单体,不然则形成多单体。当然,这种最佳适配的维持,还受到其他因素的制约,如地形、风场和 CAPE 场的空间不均匀性等,这种不均匀性会影响适配程度的变化。

还可以从另一个角度来理解。

超级单体与有序多单体的区别,图 2.25c 和图 2.27b(上)分别是超级单体和有序多单体的顶视图。比较两图可见,在云主体侧边都有一串对流,对超级单体而言是称之为侧线,并未形成单体结构(波状上升气流);但对有序多单体而言,则是新生单体(涡状上升气流:上升气流中的波已发展成了涡)。这意味着,在超级单体结构中,侧边的上升气流成为主上升气流的一部分,边发展边进入主上升气流区,没有形成对流单体,或者说 U(主上升区的相位移速度) $= V$(侧边上升气流波的相位移速度);而当 U、V 二者不相等时,成为多单体,U、V 关系稳定,有序;不稳定时则无序。这可以称之为最优化组(配)合。

雹(强对流)云单体的组合和自组合方式可以有多种。

①当存在着一个比对流系统尺度大的不稳定系统时,它们提供了对流发展的能量、环境和起动条件,一些对流单体在其中发展,形成对流群(无序多单体)。

图 2.50 给出了在气旋暖区,强对流(龙卷)集中发生的个例,它们都出现在虚线包围的区域内,是典型的大尺度环境控制着对流群体的组合。可以想象,一些局地涡旋,或地形辐合区也有类似的集合作用。

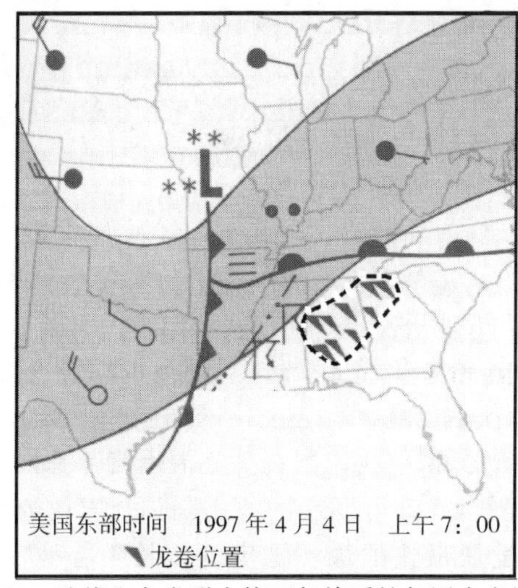

图 2.50 飑线和龙卷群在锋面气旋暖性气团内发展个例

(Eagleman 1983)

②重力波、波状 CISK(第二类条件不稳定),把对流单体组合成线状(有序)(参见图 2.41)。

③自组织机制:由于对流活动与环境的相互作用,改变了环境状态,从而发生了最优发展尺度的变化,引起对流尺度的尺度升降。使有序单体变成对流线(升尺度),使单体分裂(降尺度),使无序单体变成对流云团(升尺度),使云团局部强化形成单体或对流线(降尺度)。飑线是一种对流单体群组合成线状,排列和传播的对流系统,是一种典型的对流云系。图 2.51 给出了这种对流尺度升降在飑线形成中的作用和表现。图中给出了四类飑线形成方式(每类下标的 Ri 值是该类的平均 Richardson 数)。

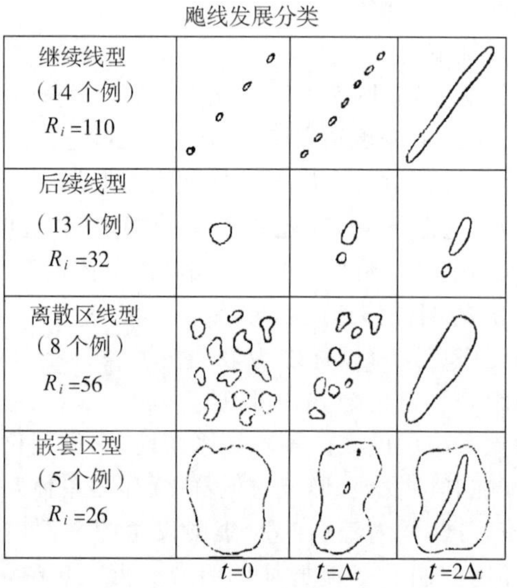

图 2.51 飑线形成的理想化表述(Bluestein 1985)
每类中 Richardson 数标出了数值

第一类是点组合成线,尺度变大,升尺度;第二类是分裂成线,分裂是降尺度,但点变成点群,从组合体来说又是升尺度;第三类是点群变成团,是升尺度;第四类是团中局部对流发展,出现降尺度过程。然后又组织成线,升尺度。

尺度变化的原因,可以解释为环境变化引起了最优发展尺度的变化,应该从不稳定理论的角度来探讨。当然,环境的变化可以是背景尺度的自然变化,也可以是背景环境与对流活动相互作用引起的。

为了探讨尺度升降在单体组合和强度变化中的作用,下列一些基本因子是重要的(许焕斌 1997)。

(1)大气是否有利于扰动发展,在我们现在关心的尺度范围内可以用 Ri 来定性地表示。一般来说,具有一定 Ri 的大气,扰动可发展的波谱是相当宽的连续谱,也就是说,扰动运动可以是多尺度的。但是,其发展最快的最不稳定的波长随着稳定度的减少(Ri 变小)而变短。大气稳定度的变化操纵着最优发展波长变化,它影响着尺度的升降。

(2)Ri 数是静力稳定度(浮力)和风垂直切变(雷诺应力)的比值,因而影响风垂直切变状况变化的各个因素,也影响着最优发展尺度的升降。

(3)大气的变湿将显著地影响大气的稳定状态。同样的 Ri 值,对较干的大气,对扰动是稳定时,对湿的大气则可以是不稳定的。因而湿度的变化影响着最优发展尺度的大小。

(4)大气的湍流黏性耗散作用,对短波的作用强于长波,因而湍流黏性的增加或减小,也影响着最优发展波长的尺度。

(5)垂直环流有上升区,就要有下沉区。空气上升要有下沉来补偿,下沉补偿的形式(流型)不同也影响着实际的扰动发展。就地翻滚的小尺度对流[A_d(下沉面积)/A_u(上升面积)≈1]比大区域下沉补偿支持的小区域上升环流,其临界不稳定 Ri 值小,即要求有更高的不稳定度。

为了更进一步说明上述第 3,4 和 5 点,在 Emaul(1982)应用环流定理得出的一张图的基础上,作了必要的伸展,给在图 2.52 中。这张图,直接给出了各类中尺度不稳定的分区,但它还反映了由于环境条件和流型的变化可以引起尺度升降的信息。它有助于用来勾画尺度变化的过程。表现出环境条件的变化以及原尺度运动对环境变化的影响,可以理解运动尺度有升降。

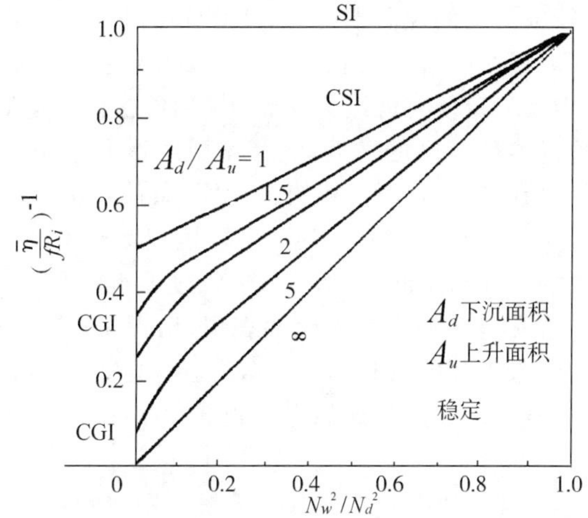

图 2.52 稳定度参数 $\bar{\eta}/fRi)^{-1}$ 与 $N_w{}^2/N_d{}^2$ 的关系,每条线上标的值是 A_d/A_u,$Ri=N_d{}^2/V_z{}^2$,N_d 和 N_w 分别是干、湿浮力频率,$\bar{\eta}$ 是绝对涡度,A_d,A_u 分别是下沉和上升环流支的面积,f 是科氏参数,V_z 为平均风垂直切变,SI:对称不稳定,CSI:条件性对称不稳定,CGI:条件性重力不稳定

(许焕斌 1997,Emanul 1982)

综合以上所述,可以给出尺度变化的概念过程要点:

(1)从图 2.52 可以看出,不稳定程度和类型对尺度的影响。对于 $Nw^2<0$ 的区域,这时 $\partial\theta_{se}/\partial z<0$ 是条件重力不稳定区(CGI),会发生 γ 中尺度的垂直对流运动,是第一位的不稳定的。对于 $Nw^2>0$ 的区域,在稳定度参数大于 1 的区域,是对称不稳定(SI)区,可产生 β 中尺度的斜升运动,其不稳定度居于第二位。对于稳定度参数小于 1,且 $Nw^2>0$ 的区域,这个区域又被 $A_d/A_u=\infty$的线分成两部分,上部是条件对称不稳定区(CSI),其不稳定度居于第三位,其下部是稳定区。

对于 CSI 区内,倾斜对流的发展,在增长率一定的条件下,空气的湿度越大,相应的稳定性参数越小,即越湿越有利于发展;另外,在这个区内,斜升对流的下沉区域相对于上升区来说，越大对大气不稳定的要求越低。一个水汽饱和的、具有充分大的下沉补偿区的斜升环流，是在其他扰动都难以发展的条件下，能够得以发展的环流，这个位置处于 $A_d/A_u\to\infty$ 的线与原点交接处。

这样一来，可以看出，大气参数的变化可以导致大气状态由 CGI 区步入 SI 区或 CSI 区，而 SI/CSI 区激发的特征运动是 β 中尺度的，这是一种跨区产生的升尺度现象。

对 CGI 区来说，可以发生多尺度的对流活动，只是其优势尺度是 γ 中尺度的，但由于大气稳定度的增加，大气湿度的增加，垂直切变的减少等，也可以发生尺度的拓展，这是一种区内的尺度变化引起的升尺度现象。

另外，在大气从稳定进入不稳定的过程中，最先出现的运动模态，是斜升系统，气流由水平变成斜升，其倾斜角由平变陡。而平与陡又涉及水平尺度的大小。平者水平尺度大，陡者小。所以，大气从 CSI 区进入稳定区，其最大特征尺度会上升；由 SI 区进入 CSI 区，看来应下降；自 CGI 区进入 CSI 区，特征运动由垂直变成倾斜，自然尺度要上升。

还应指出，斜升系统的斜角还与湿度有关，湿度越大，斜角越大，因而随着环境湿度的加大，斜角会增加；当斜升气流逐步加湿时坡度也可以变陡，这也影响着特征尺度的变化。这也说明，在一个区内，虽然特征运动的性质不变，但尺度也可以变化。

许秦(1985)提出一种升尺度的三阶段演变说：首先，随着逆温层限制的突破，小尺度的条件对称不稳定或条件浮力不稳定使对流迅速发展，由于不稳定区远大于对流云尺度，对流云可能是成群发展的，随着云群覆盖区的扩大，混合作用使得大气变湿，且使湿层结趋于稳定，对流的发展使湍流黏性也在增大；这时进入第二阶段，条件对称不稳定占主导地位，出现 β 中特征运动；第三阶段，是 β 中环流与大一级的尺度环境相互作用，使环境更有利于 β 中系统的发展和维持，把小尺度的对流组织起来，形成 β 中尺度系统。

而降尺度现象的出现，常常是一种局地强化的表现，出现了次一级的环流，它常伴随着去稳过程，可以是大尺度场背景引起的，如差动平流，暖湿输送带的形成等，也可以是地形的动力、热力作用，使局部上升气流增强或局地稳定度降低。其性质是大气不稳定在增加时出现的现象。

一些对流系统，如飑线，它本身就是一个多尺度系统。飑线的前部是 γ 中尺度的直立对流云体，而在其后则拖着一个 β 中尺度的斜升气流构成的深厚层状云区，在 0℃层附近有着表征这种云性质的回波亮线，前部对应着对流不稳定，而后部对应着对称不稳定。见图 2.52。

综上所述，可以小结一下：超级单体有特征结构，可以自行组织；有序多单体类似于超级单体，有自激发、自传播特征；无序多单体，集合在一区域，常是天气系统决定的环境条件控制的。不论哪种类型，也不论是单个对流或对流云系，了解单体的结构是关键。

中尺度云团，是另一种对流云系，在卫星云图上它是一个圆形云盖，能称为 MCC 的有下列的定义。

尺度大小：(A)*IR* 温度≤－32℃的云盖面积≥100000 km^2，(B)温度≤－52℃的内部冷云盖区域面积≥50000 km^2；

起始条件：A 和 B 定义的尺度大小开始满足时；

持续时间：A 和 B 定义的尺度大小的持续期≥6 h；

最大面积：连续的冷云盖(*IR* 温度≤－32℃)达到最大尺度的面积；

外形：最大面积达到时的偏心率(短轴/长轴)≥0.7；

终止时间：尺度定义 A 和温度定义 B 不再满足时。

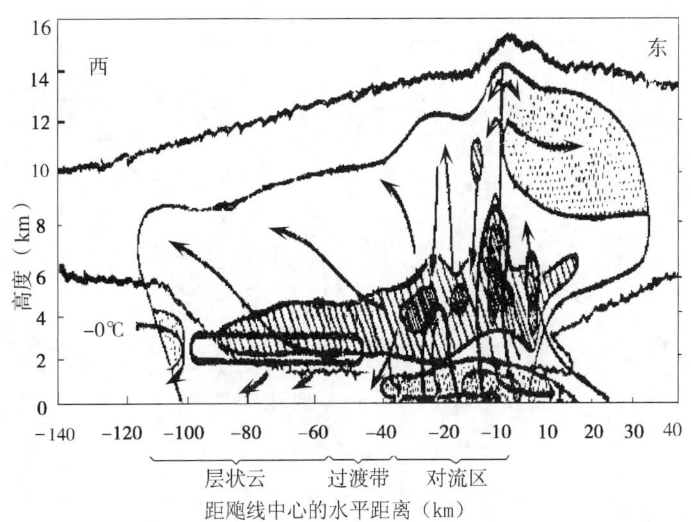

图 2.53　1976 年 5 月 22 日俄克拉何马飑线系统垂直于线状对流线走向的垂直剖面结构的概念模式

系统由左向右(向东)以 15 m/s 速度移动。最外面的扇形线表示云的范围。最外面的实线轮廓表示可检测的降水回波边界,而粗实线包围着更强的回波。点影区表示水平风相对于系统由后向前指向(从左到右);浓密影区代表较强的气流。在回波中其他地区,相对气流是由前向后的(从右向左)。最大的由前向后气流位于中高层用斜阴影区表示。浓密斜阴影区表示嵌套的速度最大区。细流线表示由双多普勒分析与 Ogura 和 Liou(1980)的合成探空分析确定的相对气流的二维投影,伴随层状云中的 0℃层回波也给出来了(Cotton 1993,Smull *et al*. 1987)

对中国的具体情况来看,云团的尺度和强度常常比这些定义低些,但具有云团的结构。图 2.54 给出的是 1998 年 6 月 21 日发生在华北地区的强对流天气过程中 20:32 时的卫星云图,具有明显的 MCC(中尺度云团)外形,其中亮温梯度在西南方向最大。这次强对流系统自东北向西南传播(见图 2.55),与最大亮度梯度方向相一致。云图的全程演变给在图 2.56,可以清楚地看到,它是 12:20 后,在北(西)和南(东)两大云系的晴空中先出现了对流云亮斑然后逐步发展成云团。

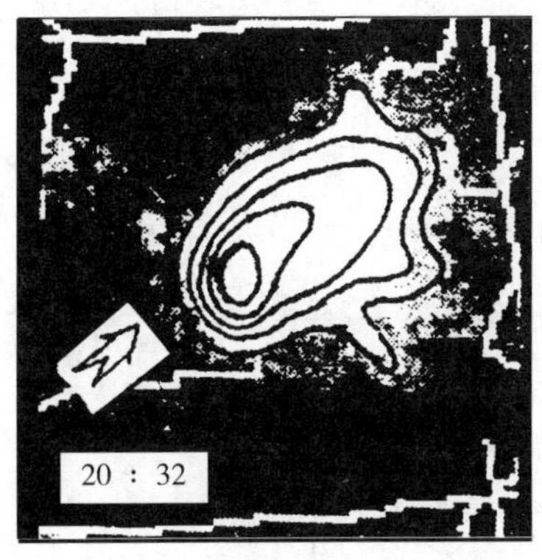

图 2.54　1998 年 6 月 21 日 20:32 华北上空中尺度对流云团的卫星图像

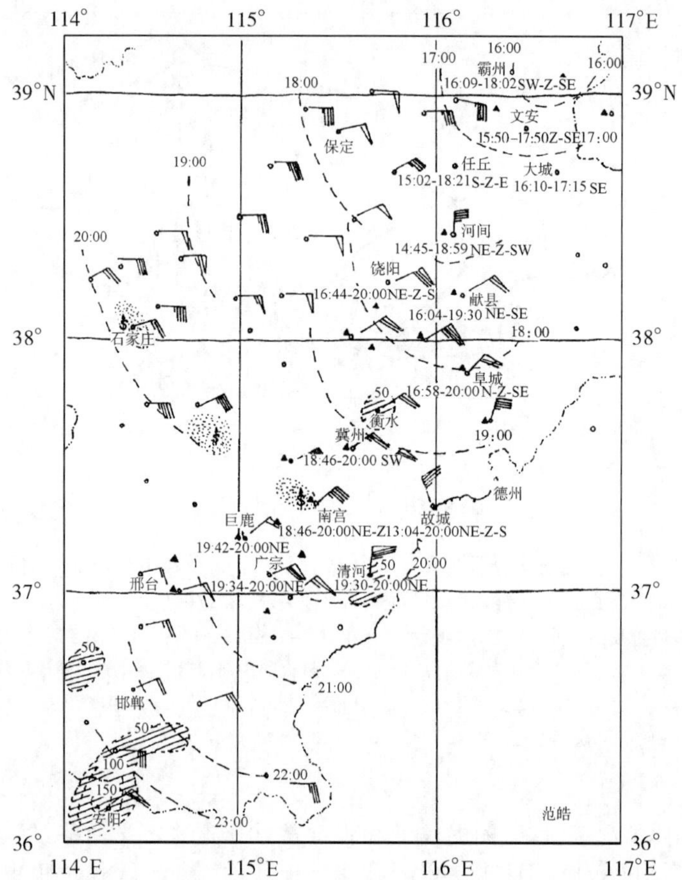

图 2.55　1998 年 6 月 21 日对流云团形成过程中的天气现象和传播图

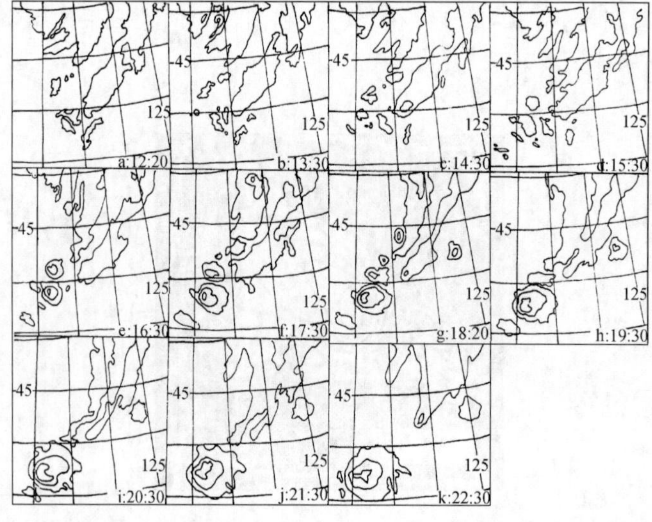

图 2.56　1998 年 6 月 21 日卫星云图显示的云对流云团形成过程(范皓 2004)

从卫星云图上看对流云团的云盖是相当清晰有序的团状，但这是一个云顶积累的表现，云团的回波并未布满云团范围，只占其中一部分。图 2.57 是邢台雷达站观测到的回波演变图。回波带从东北向西南向的不稳定能量中心方移动。分布形态也在变化中，如果用地面燃烧形成的空中烟团来作比喻，卫星云图从上面看到的云团是烟云，而雷达看到的是烟柱，烟云是燃烧的效果累积，烟柱则随燃烧点的生消而变动着，活跃点还是燃烧点和烟柱。

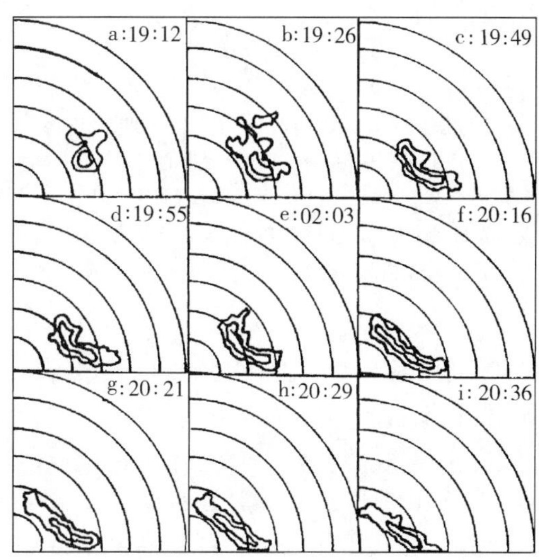

图 2.57　1998 年 6 月 21 日邢台雷达观测到的回波演变(19:12—20:36)(范皓等 2004)

为什么这个对流系统由东北向西南传播呢？邢台气象局范皓的文章提出了下列几点因素：第一环境风场较弱，处于鞍形流场中心附近，强迫传播不占主导地位；第二是对流活动需要有潜在不稳定能量和起动机制，当时的形势是西南方是不稳定能中心区，而东北方有起动机制，所以先在东北方发生对流而后向西南传播；第三是对流系统发展起来以后，对流的出流向传播方向下冲，造成西南方有强风梯度，辐合最强，引导系统向西南方传播。

2.8　强对流(雹)云的地面观测的物理特征

雹云或雷雨云下会出现特有的温、湿、压、风和降水的分布，它们与空中的云结构是一体相容的。观测雹云下的地面要素场的特征，有助于从地面观测资料来分析雹云的演变规律。

2.8.1　强对流(雹)云过境时地面气象要素场的变化

强对流(雹)云过境时，地面会观测到气压急升、温度急降、湿度陡升、风向突转、风速骤增、降水突下等现象。这些要素的变化经分析是有些规律的，且与空中强对流(雹)云的发展状态有关(许焕斌 1982b)。

图 2.58 给出了三种形式的要素变化序列示例图。

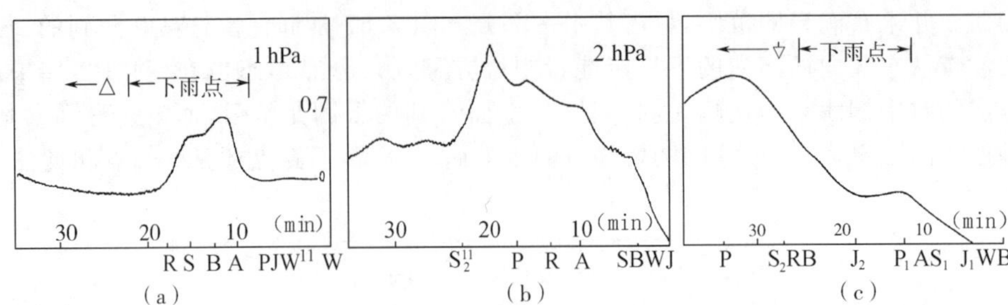

图 2.58　(a)　1963 年 9 月 1 日飑线雷雨云过境时的气压变化曲线和其他天气现象出现的顺序

J——气压急升　B——温度急降　R——降水开始

W——风速急转　S——风速最大　P——气压最高

(b)　1963 年 8 月 17 日飑线雷雨过境时的气压变化曲线及其他天气现象出现的顺序

(c)　1963 年 8 月 13 日飑线雷雨过境时的气压变化曲线及其他天气现象出现的顺序

a. 第一种形式的特点：①气压涌升速度快，可达 0.3 hPa/min 以上，但维持时间不长，几分钟内达到峰值大小不等，小者不足 1 hPa，大者有 3 hPa。②气压涌升达到峰值以后，才出现降温和降水。

b. 第二种形式的特点：①气压涌升速度一般皆小于 0.3 hPa/min，涌升维持时间常在 10 min以上，峰值常大于 1 hPa。②气压涌升仍在降温和降水开始之前，但降温和降水发生在气压达到峰值之前。

c. 第三种形式的特点：①气压缓慢上升，维持时间长，峰值常小于 1 hPa。②与前两种形式相反，气温下降在开始升压和降水之前，扰动气压的峰值与强的降水相对应。

经过综合分析，看到这三种地面要素变化序列特点对应着不同的强对流云发展阶段。例如：

(1)1963 年 9 月 1 日(第一种形式)

图 2.58a 给出了各气象要素变化的顺序和特点。图 2.59a 是经过测站(上海市徐家汇)天顶附近的雷雨云系的时间剖面图和云、天气现象与地面要素变化之间的对应关系，再参考用以判断过境雷雨云处于什么发展阶段的一些其他天气现象，如雷暴记录和雨量分布等。对上述资料进行综合分析后，可看出过境雷雨云是处于一块已经衰退的雷雨云，前面又新发展起一块雷雨云体，这在云系剖面图上表现得很清楚，宏观云体分布也很清楚地看到这一点。雷暴中心的移动有一个衰弱和新生发展的交替过程，在进入测站前，雷暴活动曾有中断。沿着雷暴中心的移动路径来看雨量分布，测站前后皆有一个大雨区。大雨区说明这时上空的云体处于崩溃阶段，大雨是由大量积蓄在云体中的雨水倾泻而下造成的。测站处于上、下游两个大雨区之间，再配上云体分布，说明过境雷雨云处于发展阶段，上升气流占主导地位，正是这股上升气流占主导的发展云体为降水的形成和发展提供了有利条件，才得以在下游云体崩溃时形成大雨区。所以 9 月 1 日的个例说明，第一种形式的变化特征对应着一块处于发展阶段的雷雨云体。

(2)1963 年 8 月 17 日(第二种形式)

这个个例资料列在图 2.58b、图 2.59b 中。用类似于个例 1 的综合分析方法，可看出过境雷雨云前部是上升气流区，后部是下沉气流区，各个资料表明云体在过境时维持少变，云体处于成熟阶段。这就是说，第二种变化形式对应着一块处于成熟状态的雷雨云体。

(3)1964 年 8 月 13 日和 8 月 26 日(第三种形式)

8 月 13 日是飑线雷雨，而 8 月 26 日是气团内部发展起来的雷雨。资料见图 2.58c，2.59c。用类似的分析方法可以得出过境雷雨云体都是处于衰退状态。这表明第三种变化形式对应着处于衰退状态下的雷雨云体。

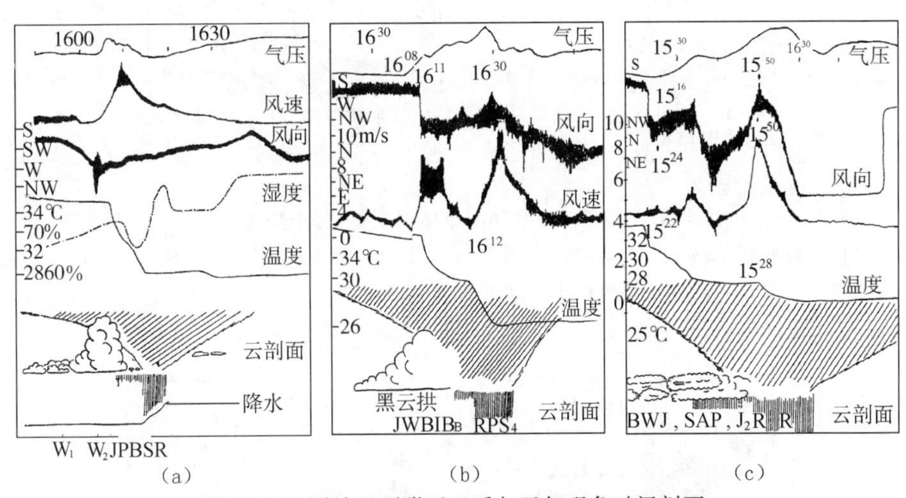

图 2.59　测站天顶附近云系与天气现象时间剖面

(横坐标天气现象符号和顺序同图 2.58)

从以上个例分析可以看出，雷雨云下气象要素变化的形式与云体所处状态的关系是：①发展着的雷雨云下气象要素有第一种形式的变化；②维持(成熟)状态中的雷雨云下有第二种形式的变化；③衰退状态的雷雨云下则有第三种形式的变化。

2.8.2　雹云地面降雹带(雹击带)

冰雹云有自身的发展移动过程，在地面上的反映就是雹云的降雹带(雹击带)和降雨带，观测表明雹击带的发生次数、冰雹大小、持续时间、运动方向、动能等物理特征都是变化多端的，图 2.60 给出了两个实例中的雹击带和降雨带的分布，可以看出，雹击带比降雨带窄而且短，包含在降雨带之中，而且雹击带在移动中发生跳跃。

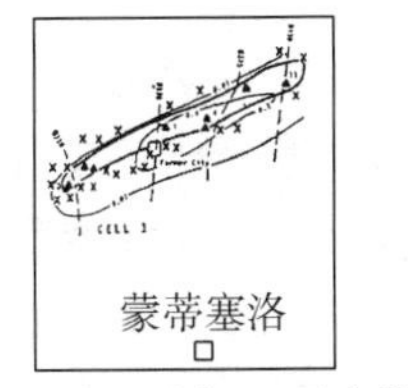

(a) 降雹单体1和雹击带，0110–0130 CDT*

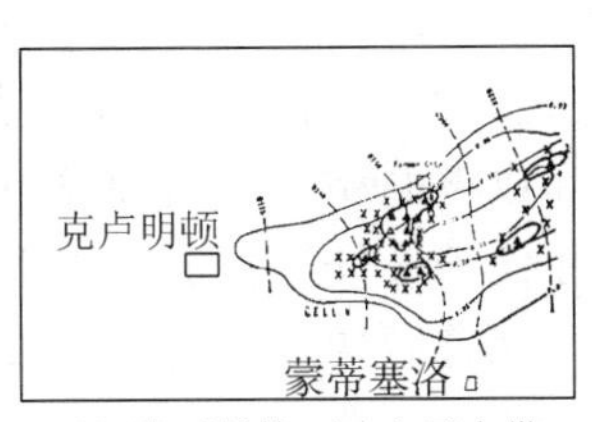

(b) 降雨单体4有5个雹击带，0133-0210 CDT

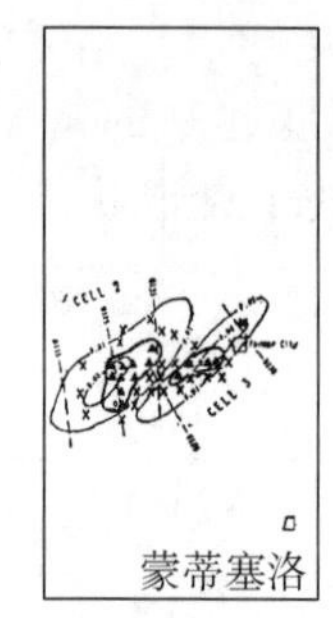

(c) 降雨单体2和3有两个雹击带，0115–0135 CDT

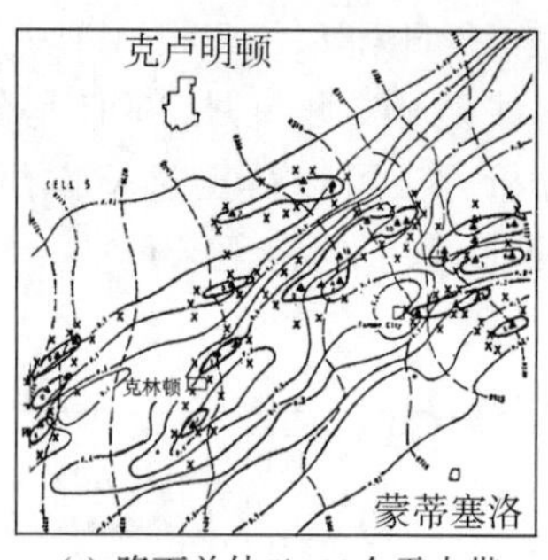

(d) 降雨单体5′ 12个雹击带，0220–0330 CDT

图 2.60a 1968 年 7 月的雹击带和降雨单体说明：×每个降雨单体没有冰雹报告 ▲5 有冰雹报告，数字表示该处已知降雨开始和降雹开始⬭之间的时间差(min)，××降雨单体中总降雨量(英寸)的等值线雹击带边界⬭；——降雨开始的等时线，CDT(Gokhale 1981)

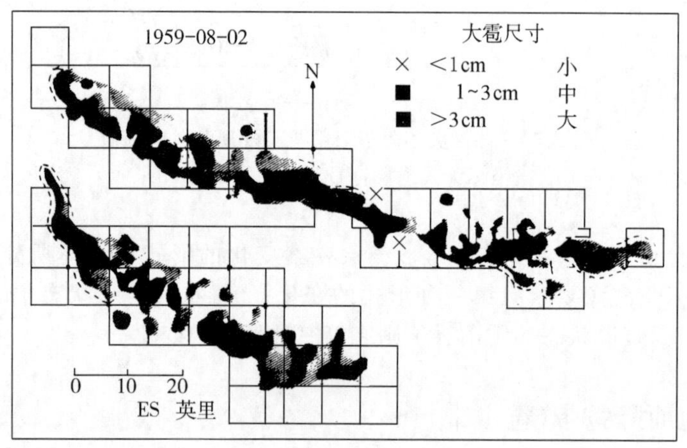

图 2.60b 雹击带中的冰雹大小分布(Kessler 1982)

至于雹云中降雹量与降雨量的比例，根据科罗拉多州北部对 33 个雹日的观测资料，H/R～1.8%，最大值为 10.7%。在我国河北省进行的雹雨分测仪观测，显示这个比值比国外的值显著地大些。

强对流(雹)云在地面的降雨带和雹击带是云体下泻物的分布轨迹，包含着云体演变的信息，也包含着成雨和成雹的相关性，它们和其他地面观测资料一起，再与空中云体的宏、微观场的资料相融合，才便于最佳地去了解整个云体的演化过程，可惜我国在这方面尚未见发表的论文。为此，要重视雹后的地面资料的收集、分析和归档。

2.9　冰雹云的特征

冰雹是一种灾害性天气现象，冰雹云只是强对流云中的一部分，及时地把它们识别出来是雹灾的预测和防范的前提。当然识别的依据是本章前几节所述的，雹云特有的性质和结构。

识别冰雹云的主要有以下几种方法。

2.9.1　冰雹云的雷达回波特征

雷达是探测冰雹云的有力工具，可以提供判断冰雹云特征的多种参数。所以有设计的防雹作业区，应当配置雷达，不仅要使雷达处于良好的标定状态，而且应有一套适合于强对流研究监视的观测方案。

2.9.1.1　常规雷达可提供的参数

(1)静态参数：回波顶高(H)、最强回波高度(H_{max})、最大回波强度(Z_{max})、回波梯度(Dg)、回波宽度(L)、回波面积(S)(水平)等。

配合当时探空资料，还可得到回波顶高处的温度 T_H，最强回波高处的温度 Th_{max}，最大强回波中心温度 Te_{max}，负温区回波厚度 H_- 和零度层高度 H_0 等。

(2)动态参数：回波的移向、移速、$\delta H/\delta t$、$\delta Z_{max}/\delta t$、$\delta L/\delta t$。用这些动态参数可以判断云体处于生命史的什么阶段？例如 $\delta H/\delta t$、$\delta Z_{max}/\delta t$ 和 $\delta L/\delta t$ 的快速增加，表明处于云的跃增阶段，常在 10 min 左右时间内发展成强冰雹云。又如强冰雹云移向常是偏向环境风的右侧，回波的移向右偏，表示着对流的增强，待到云体减弱时，又不再右偏，这种移向上随着对流强度变化，形成“S”状移动轨迹。

(3)PPI 特征回波形态

根据雹云物理观测和理论研究结果，冰雹云具有一些特征性回波结构形态。一旦这种特征形态可以判定为冰雹云。这些特征形态有：

①PPI 回波中的“V”形缺口，表明云中已有众多大冰雹形成，由于它们对电磁波的衰减作用，已如同障碍物一样，阻止电磁波穿过，形成缺口“V”(见图 2.61a)。

②PPI 回波入流缺口：由于冰雹云具有强的上升入流气流，在云下中部的倾斜上升气流区内缺少大粒子，因而形成弱回波区，反映在低层 PPI 回波上出现一个向云内凹入的缺口，缺口处具有最大的回波强度梯度，这种缺口叫入流缺口，是云体具有强上升气流达到雹云阶段的一个标志(类似于图 2.61b)。

③PPI 钩状回波：强冰雹云，伴随着强的低层上升入流的进一步发展，入口缺口会演变成钩状，常出现在回波移动方向的右侧或右后侧，这也是冰雹云的特征形态(见图 2.61b)。

④指状回波：指状回波常对应着中等强度的降雹，多出现在低层回波中，一般位于回波移向的后侧，尺度比主回波小，是主回波的突出物，形如指头。从回波强度分布来看，指头和与主回波连根处具有很大的反射率梯度值，是雹云局部突然强化的标志(见图 2.60c)。

形成指状回波有两种可能方式，一种是云体降雹落出主回波边界，形成低层局部强回波；另一种是母云体与侧边强辐合区内发展的新生云体合并形成的，图 2.61c 是后一种方式形成的。

⑤弓形或人字状回波:条状回波的形态表征着对流活动的组织化形成了雹线,这种组织化会增强其中的一些单体迅速增长,形成强雹云。条状回波对应着地面和低层有气流切变线形成,这种线状切变是不稳定的,可以起波或形成涡旋,线状变成波状就可以观测到人字形回波,而在人字的两笔接头处会形成强冰雹云(见图 2.61d 和图 2.62)。

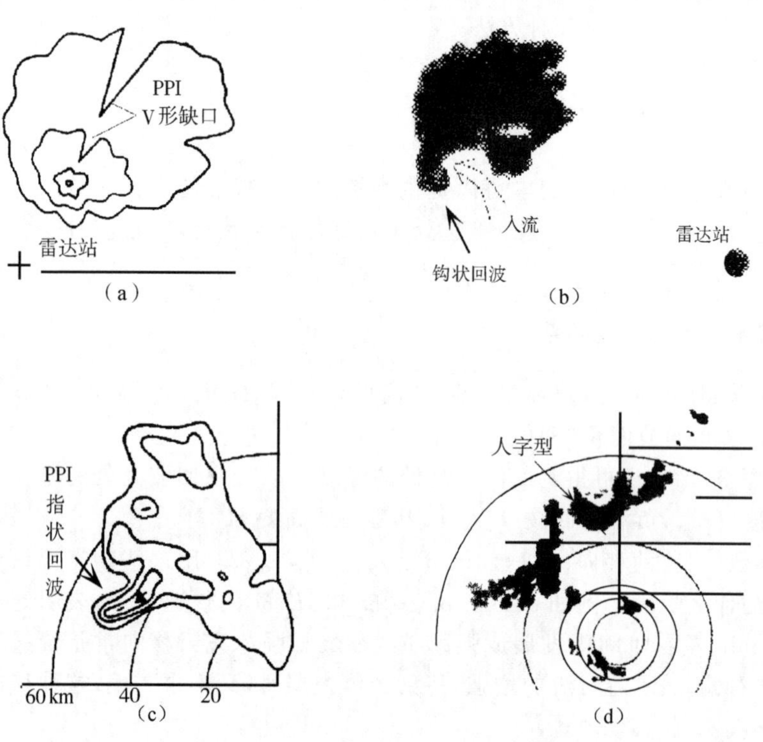

图 2.61　各种特征回波的典型图例

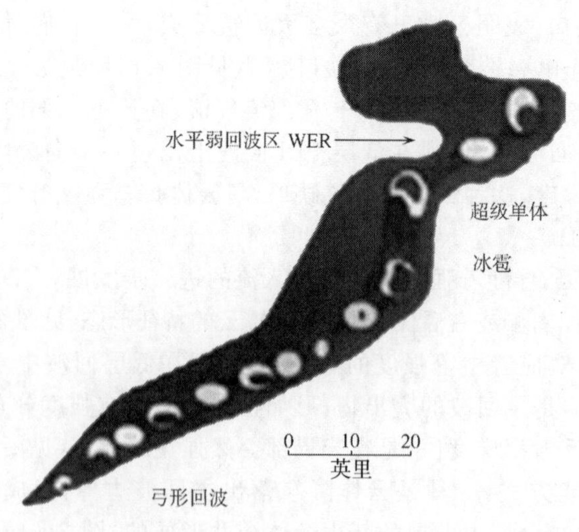

图 2.62　弓形回波上降雹的位置示意图

(4)RHI 特征回状形态

①超级单体回波,回波特征见图 2.11 和 2.16,即具有弱回波区结构,在移向雷达的剖面上,由远至近为回波墙,弱回波穹窿,悬挂回波,砧状回波;

②尖顶状假回波,是由于回波强核在旁瓣上的反映(见 2.63a);

③主回波顶在峰前的"V"形缺口(见图 2.63a)。

这种 RHI 的顶前缺口意味着什么呢?郭恩铭认为是由于云中上部气流分支处出现弱的反射区引起的。笔者运用三维冰雹云模式模拟了强对流云冲击对流层顶时再现了这种现象,见图 2.32b 和 2.63c。由图 2.63c 可见,当强上升气流冲击稳定的平流层时,在层顶和平流层内激起了重力波系,最靠近云顶前方处是一个下沉气流区,由于这个原因在图2.63b中出现了反射率的下凹,形成"缺口"。看来 RHI 主回波顶前的"V"形缺口,表征云中上升气流十分强大,以致形成对平流层产生强烈冲击,是强冰雹云形成的标志之一。

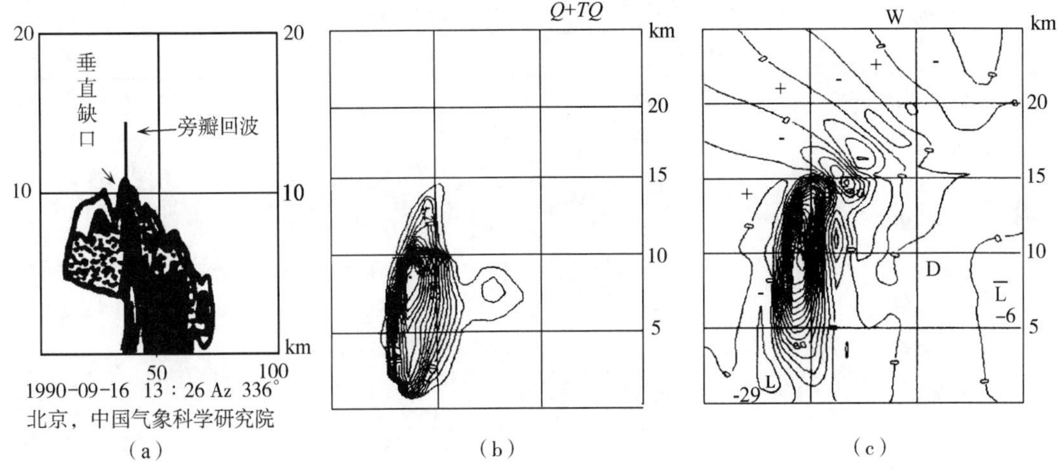

图 2.63 RHI 上的回波垂直缺口和数值模拟结果

④辉斑回波,由于冰雹云中的强回波中心和地面形成多次反射好似延长了回返时间,产生异常回波,在强回波中心更远处出现假回波,简称 TBSS,见图 2.64。

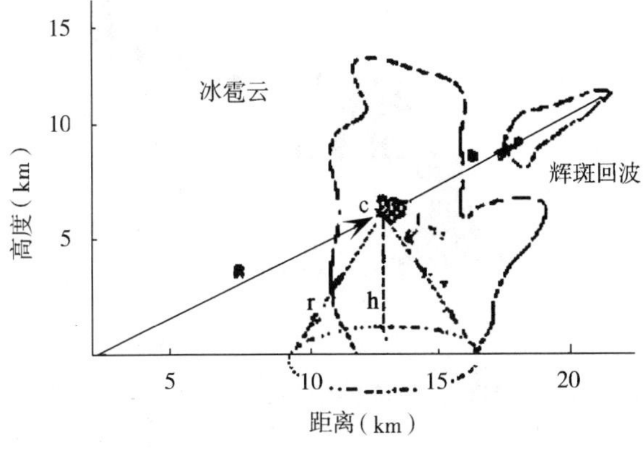

图 2.64 辉斑回波示意图(Lemon, 1998)

2.9.1.2　非常规雷达，多普勒、多波长和偏振雷达

多普勒雷达除了给出常规雷达所给出的回波强度量以外，还可以提供流场信息和多普勒谱宽信息，可以由这些信息来找出冰雹云的判据(如辐合、温度、最大谱宽值等)。

多波长，偏振雷达可以提供粒子偏振特点和形状信息，也可以找出一系列参数用来判别冰雹的存在。表 2.4 给出的是不同降水粒子雷达回波各种偏振参数的典型值。图 2.65 是降水粒子在相态转化中退偏振度的参考值，可以利用偏振雷达的探测值与之对照来判别雹雨粒子的存在和分布。

表 2.4　不同水成物粒子对双偏振雷达探测回波参数的典型值

(王致君等 2002，Straka *et al*. 1993)

降水粒子类型	偏振雷达观测参量				
	Z_H(dBZ)	Z_{dr}(dB)	$\lvert\rho_{hv}\rvert$	K_{dp}(km^{-1})	$L_{DR\,hv}$(dB)
毛毛雨	<25	0	>0.99	0	<−34
雨	25～60	0.5～4	>0.97	0～10	−27～34
干雪	<35	0～0.5	>0.99	0～0.5	<−34
大雪	<25	0～5	>0.95	0～1	−25～34
湿雪	<45	0～3	0.8～0.95	0～2	−13～18
干霰	40～50	−0.5～1	>0.99	−0.5～0.5	<−30
湿霰	40～55	−0.5～3	>0.99	−0.5～2	−20～25
湿雹(<2 cm)	50～60	−0.5～0.5	>0.95	−0.5～0.5	<−20
湿雹(>2 cm)	55～70	<−0.5	>0.96	−1～1	−10～15
雨夹雹	50～70	−1～1	>0.9	0～10	−10～20

其中：Z_H：水平偏振自射率因子；Z_{dr}：差示反向因子；$\lvert\rho_{hv}\rvert$：相关系数；K_{dp}以(km^{-1})为单位表示的 Z_{dr}；$L_{DR\,hv}$：线性退偏振比。

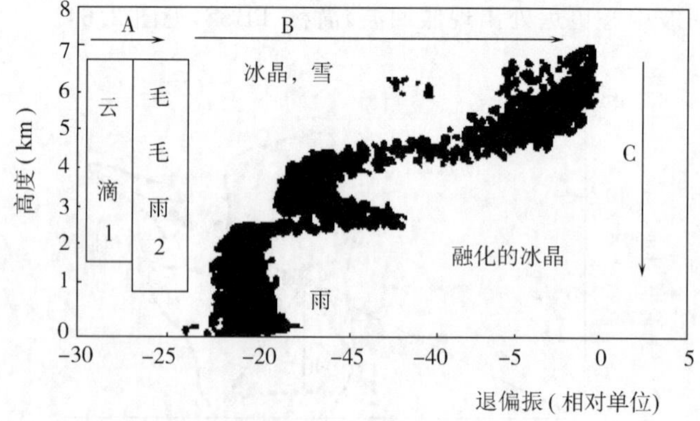

图 2.65　降水粒子的相态转化和可能的微物理过程以及它们在空间的分布和退偏振比大小的示意图

该图是利用对美国休斯敦的一个对流降雨云的实际观测数据做出的(王致君等 2002)

但目前多波长、偏振雷达还难于用在业务上，尚处于研究试验阶段。而单多普勒雷达则正在被广泛应用。多普勒雷达的径向风资料，经过反演可以得到流场，由定性分析也可以给出云中水平速度为零的区域位置。这在冰雹形成和防雹中有重要意义。

2.9.1.3　雷达识别冰雹云的判据

目前用雷达观测方法来识别冰雹云皆使用多参数判别，这些参数反映冰雹云的静态特征、动态特征、强化特性和形态特征，现介绍两个已在使用中的方案，以作参考。

雹云判别指标：

①山东方案(李连银 1996)

冰雹是一种发展猛烈、突发性很强的局地性强对流天气，降雹前后雹云的顶高及下降速率变化很大。这些变化在雷达探测时是很清楚的。首先用 BB 指标把雹云从强对流云中判别出来。

$$BB=S+C+V+Q+H+F+G$$

式中各要素的意义见表 2.5。

表 2.5　*BB* 计算式中各要素的意义

指数 BB	形状 S	移向 C	移速 V (m/s)	强度 Q (dBZ)	衰减时云厚度变化 H (km)	变化趋势 F	高度 G(km)
1.0	典型的特殊形状或带状交叉处，块状合并处	WN-SE 或乱向	31～45	>55	单上顶 10 dB 后下降≤1 km 或两端缩小比率相同	发展，带状变弯，块状合并	>13
0.8	带状，块状	N-S NE-SW	46～60	45～54	单上顶 10 dB 下降 1.1～2.0 km	少变，块状合并或带状弯曲	10～12
0.5	带状，块状	W-E	少动或≥10～20	<45	单上顶 10 dB 下降≥20 km	少变	<10

由云的不同要素得到的 BB 数，给出下列判据：

$BB<5$，非雹云；$BB\geqslant5$，雹云；$BB\geqslant7$，强雹云。

这个版本，后来又增了 L 指数，它由回波正温区厚度与回波负温区厚度的比值 R 给定。即：$R=1/3.5$，$L=1.0$；$R=1/3.0$，$L=0.8$；$R=1/2.5$，$L=0.5$。这时 $BB'=BB+L$。

当：$4.0<BB'<5.6$ 时，为雹胚形成阶段

当：$5.6<BB'<7.0$ 时，为冰雹生长阶段

当：$7.1<BB'<8.0$ 时，为冰雹成熟阶段

山东方案中没有强回波值 Q 所在处的温度 T_Q，看来这一项似应列入。

② 青海方案(党积明，私人通讯)

$K=Z+H+Hm+S$(K 式中各参数的意义见表 2.6)。

表 2.6 K 计算式中各参数的意义

参数 / 记分	回波强度 Z(dB)	回波顶高 H(km)	回波强中心高度 H_m(km)
12	$30 \leqslant Z < 35$	$5.5 \leqslant H < 6.0$	$3.5 \leqslant Hm < 4.0$
20	$35 \leqslant Z < 40$	$6.0 \leqslant H < 6.5$	$4.0 \leqslant Hm < 4.5$
27	$40 \leqslant Z < 45$	$6.5 \leqslant H < 7.0$	$4.5 \leqslant Hm < 5.0$
30	$Z \geqslant 45$	$H > 7.0$	$Hm > 5.0$

另外，当出现下列回波特征，如指状、钩状、"人"字形、穹窿、接云(方合并)时，记 $S=10$ 分。接上表的各项记分值相加，即得到 K 值，再按值大小给出雹云指标：

Ⅰ：$36 < K \leqslant 52$，非雹云；

Ⅱ：$52 < K \leqslant 60$，雹云，降雹危险小；

Ⅲ：$60 < K \leqslant 74$，雹云，降雹危险；

Ⅳ：　$K > 74$，雹云，危险大。

再者，在冰雹云形成过程中，在雷达回波上也有一些早期表征。例如初始回波出现的高度大于 5 km；初始回波形成后增长迅速，垂直尺度增长率达到 0.5～0.9 km/min，水平尺度增长率达到 1.4～1.5 km/min，即迅速向冰雹云发展(跃增)；零散回波组织化(升尺度)，背景回波中局地强化(降尺度)；回波移动转向(一般是右转)等。

2.9.2 冰雹云的闪电特征

根据对闪电的观测分析结果，一般雷雨云与冰雹云的闪电频率和特性有显著差别，可以用来判别雹云。

(1)冰雹云的闪电频次(次/5 min)

项目 / 云类	5 年观测数	平均峰值 次/5 min	平均变率 次/5 min	大于 50 次/ min 的时间(min)	单云闪电平均活动时间(h)
雷雨云	65	48	2.3	16	1.7
弱冰雹云	22	145	5.4	74	2.8
强冰雹云	11	206	7.8	136	3.4

(2)闪电性质

冰雹云的云闪/地闪比值显著比雷雨云大；而且冰雹云负云闪次数在闪电演变过程中大于正云闪，在雷雨之中则相反，即正云闪次数大于负云闪。

(3)单对地闪而言，冰雹云的正地闪占绝对优势，而对强降水对流云，负地闪占优势(陈哲彰 1995)

冰雹云多云闪，可否理解为雹云具有斜升气流，它不仅造成电荷中心的垂直分离，也造成电荷中心的水平分离，而闪电是电荷中心的电量交换，既然有电荷中心的水平分离，这种闪电就在水平向的云间，所以云闪的机会多了。

2.9.3　冰雹云的声信息

一些观测称，在冰雹云移近时，听到“蜂子朝王声”或“雨磨声”，但一般积雨云或雷雨云中听不到这种声音，如果确认这个事实，并能从物理上予以解释，这可能成为一个冰雹云判据。

既然只有在冰雹云中会发出这种蜂声，那么应该和冰雹云中存在着冰雹粒子有关。根据流体力学知，球形粒子在空气中运动时，在运动雷诺数（N_{Re}）处于区间 $400<N_{Re}<5\times10^6$ 中时，球后会有涡旋周期性剥离，造成压强周期性扰动，发射出声信息（图 2.66）（许焕斌 1982a）。粒子辐射的声频率与粒子直径的关系给在图2.67。从该图可以看出，直径大于 6.0 mm的冰雹粒子的声辐射频率介于 80～200 Hz 之间，是低频；而云中只有直径小于 6.0 mm的小粒子时，声辐射频率高在 600～1200 Hz 之间，是高频，二者有显著差别。高频容易衰减，低频衰弱慢，经过初步计算，这种声讯号可以达到 10 dB 以上，所以雹云中发出“蜂子”声就可以听到。

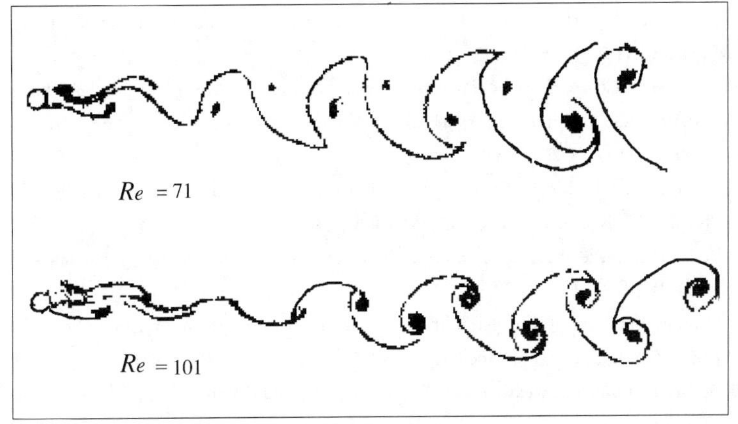

图 2.66　圆柱体后面的油的流动（普朗特，1974）

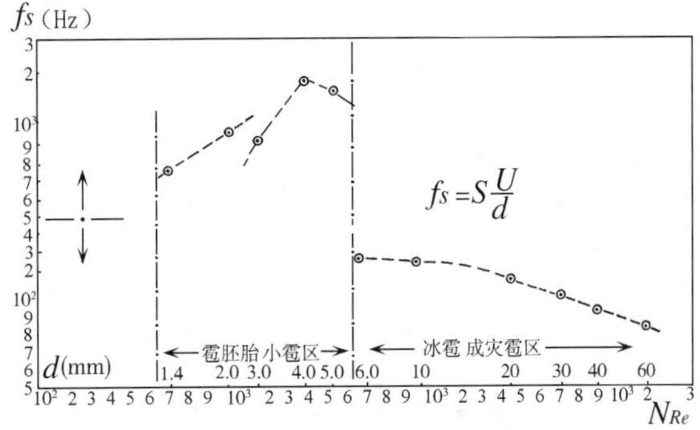

图 2.67　声辐射频率 fs 与粒子直径 d 之间的关系图

U：气流速度；S：常数

参考文献

陈哲彰. 1995. 冰雹与雷暴大风的云地闪电特征，气象学报，**53**(3)：367－374.

范皓，吴正华，段英. 2004. 一次右移传播强对流风暴的研究. 应用气象学报 **15**(4)：445－455.

黄美元，王昂生等. 1980. 人工防雹导论. 北京：科学出版社.

黄美元，徐华英. 1999. 云和降水物理. 北京：科学出版社.

李连银. 1996. 用雷达回波参量变化分析高炮人工防雹效果. 气象，(9)：26－31.

普朗特. 1974. 流体力学引论. 北京：科学出版社.

王致君，楚荣忠. 2002. 偏振雷达在人工影响天气工作中的应用. 高原气象，**21**(6)：591－598.

许焕斌，王思微. 1988. 二维冰雹云模式. 气象学报，**46**(2)：227－236.

许焕斌，王思微. 1990. 三维可压缩大气中的云尺度模式. 气象学报，**48**(1)：80－90.

许焕斌. 1997. 一种中-β系统形成的概念过程模型和初步数值试验，空军气象学院学报，**18**(4)108－116.

许焕斌. 1982a. 冰雹的声信息. 气象科学技术集刊，**2**：85－90.

许焕斌. 1982b. 上海地区雷雨云下气象要素的变化与雷雨云发展状态的关系. 气象科学技术集刊，**2**：64－74.

张玉玲. 1999. 中尺度大气动力学引论. 北京：气象出版社.

Atkinson B W. 1967. 大气中尺度环流. 北京：气象出版社.

Bluestein H B *et al.*. 1985. Formation of mesoscale lines of precipitation: severe squall lines in Oklahoma during the spring. *J. Atmos. Sci*, **42**(6)：1711－1732.

Browning K A, Foote G B. 1976. Airflow and hail growth in supercell storms and some implications for hail suppression. *Quart. J. Roy. Meteor. Soc*, **102**：499－533.

Browning K A, Ludlam F H. 1962. Airflow in convective storm. *Quart. J. Roy. Meteor. Soc*, **88**：117－135.

Browning K A. 1964. Airflow and precipitation trajectories within severe local storms which travel to the right of the winds. *J. Atmos. Sci.* (*JAS*), **21**：634－639.

Chisholm A J, Renich J H. 1972. The kinematic of multicell and supercell Alberta hailstorm, Alberta Hail Studies.

Cotton W R, Anthes R A. 1993. 风暴和云动力学. 北京：气象出版社.

Eagleman J K, Lin W C. 1977. Severe thunderstorm internal structure from dual-Doppler radar measurements. *J. Applied Meteo*, **10**(14)：1036－1048.

Emanuel K. A. 1982. Conditional Symmetric Instability: A theory for Rainbands Within extratropical Cyclones, Mesoscale Meteorology-Theories, Observations and Models, 231－245.

Eagleman J R. 1983. Severe and unusual weather. Van Nostrand Reinhold Company.

Fankhauser J C. 1971. Thunderstorm-environment interactions determined from aircraft and radar observations. *Mon. Wea. Rev*, **99**：171－192.

Foote G B. 1979. Future aspects of the hail suppression problem. *Seventh Conference on Inadvertent and Planned Weather modification*, **10**：8－12.

Foote G B. 1984. A study of hail growth utilizing observed storm conditions. *J. Clim. and Appl. Meteor*, **23**：84－101.

Gokhale N R. 1981. 雹暴和雹块生长(中译本). 北京：科学出版社.

Haman K. 1968. On the accumulation of large raindrops by Langmuir chain reaction in an updraf. *Proc. of the International Conference on Cloud Physics*, 345－349.

Iribarne J V. 1968. Development of accumulation zones. *Proc. of the International Conference on Cloud Physics*, 350－355.

Kessler E. 1962. Thunderstorm Morphology and Dynamics. NOAA, 2.

Lemon L R *et al.* 1979. Severe Thunderstorm evolution and mesocyclone structure as related to tornadogenesis, *Mon. Wea. Rev*, **107**：1184－1197.

Lilly D K, Tzvi Gal Chen. 1982. Mesoscale Meteorology-Theories. Observations and Models.

Lenon L R. 1998. The radar "three－body scatter spike": An operational large-hail signature. *Wea. Forecasting*, **13**：327－340.

Miller L J *et al.* 1990. Precipitation production in a Large Montana hailstorm: Airflow and particle growth trajectories, *J. Atmos. Sci.* **47**：1619－1646.

Prupacher H R, Klett J D. 1978. Microphysics of clouds and precipitation, D. Reidel Publishing Company.

Raymond, D. J. 1975. A model for predicting the movement of continuously propagating convective storms. *J. Atmos. Sci.* **32**:1308—1317.

Smull, B. F, and R. A. Houze. 1987a. Dual—Doppler radar analysis of a mid—latitude squall line with a trailing region of stratiform rain. *J. Atmos. Sci.* **44**:2121—2148.

Smull, B. F. , and R. A. Houze. 1987b. Rear inflow in squall lines with trailing stratiform precipitation. *Mon. Weather Rev.* **115**:2869—2889.

Takahashi T. 1976. Hail in an axisymmetric cloud model. *J. Atmos. Sci.* **33**(8):1579—1601.

Turpeinen O, Yau M K. 1981. Comparisons of results from a three—dimensional cloud model with statistics of radar echoes on day of 261 GATE. *Won. Wea. Rev*, **109**(7):1495—1511.

Weisman M, Klemp J. 1982. The dependence of numerically simulated convective storms on vertical wind shear and buoyancy. *Mon. Wea. Rev*, **110**:504—520.

Wilhelmson R B, Klemp J B. 1981. A three—dimensional numerical simulation of splitting storms on 3 April 1964. *J. Atmos. Sci*, **38**:1581—1800.

Xu Qin. 1986. Conditional symmetric instability and mesoscale rainbands. *Quart. J. Roy. Meteor. Soc*, **112**:315—334.

Young K K. 1996. Weather modification——A Theoretician's Vicwpoint, *Bulletin of American Meteorological society*, **77**(11):2701—2710.

Сулаквилидзе Г К, Бибилашвилий Н Ш, Лапчева В. Ф. 1965. Образоваиие Осадков и воздействие на градовые процессы, Гидрометеоиздат Л. .

第三章　冰雹形成机制

3.1　雹胚的形成

冰雹的微结构观测表明，冰雹分为两部分：一是雹胚，二是雹块。前已指出，雹胚的形成是在云中成雨过程中完成的。雹胚有两种，即冻滴胚和霰胚。有三种形成方式，即雨滴冻结成冻滴胚，雪晶凇附成霰胚，第三种方式是先由大滴冻结，再经过凝华凇附增长到毫米大小霰，即这种霰的凇附核心不是雪晶而是大的冻滴，这样一来，霰胚又可以分为雪霰和冻滴霰。因此，雹胚形成的问题归纳为：雨滴的形成和冻结，可启动凇附增长雪晶（$d>300\ \mu m$）的形成和大云滴（小雨滴，尺度比毫米小）的冻结，当然还要有能供给凇附增长的过冷云滴群（过冷云水）（见图 3.1）。

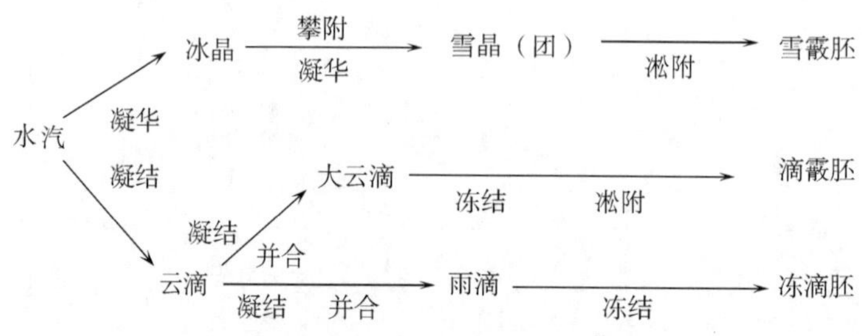

图 3.1　雹胚形成示意图

下面分别从凝结、凝华、碰并、攀附、凇附各个环节来估计它们在雹胚形成中的贡献，以及与雹云生命史相比在较短的时间内（如 10 min）可否形成合适浓度（如 1 个/L 或 10^3 个/m^3）的雹胚。

3.1.1　凝结（华）增长

在强对流中，特别是在冰雹形成区，水凝物粒子是混合相的，即有水汽、液态水和固态水粒子，其特点是可以保持水面饱和、过饱和度不大。在这种情况下，云物理学早已指出，单靠凝结把云滴（10 μm 级）长大成雨滴（1000 μm 级）需耗时几小时以上。我们也作了滴群的凝结增长计算，在过饱和度为 0.5％的情况下，经一小时的增长，其峰值直径只从 10 μm 移动到50 μm。这说明单一的凝结作用对迅速形成雹胚来说是很次要的。

但凝华作用则比凝结作用重要，因为处于水面饱和下，对冰面而言保持着大的过饱和度，例如在－5～－30℃之间，过饱和度达到 5％～35％，因而凝华增长比凝结增长快得多。凝华增长实验和数值模拟研究比较复杂，这是由于冰晶生长受形状、分子动力学和通风等多因子控制。Middleton(1971)，Fukua(1969)，Koenig(1971)和 Miller *et al*.(1979)给出了一些结果。鉴于实验研究中云室尺度和粒子落速的限制，只方便研究 1～2 min 时段内的增长情况，而数值模拟研究则没有这类限制，二者之间可以对比参照，图 3.2 给出了这些研究结果。

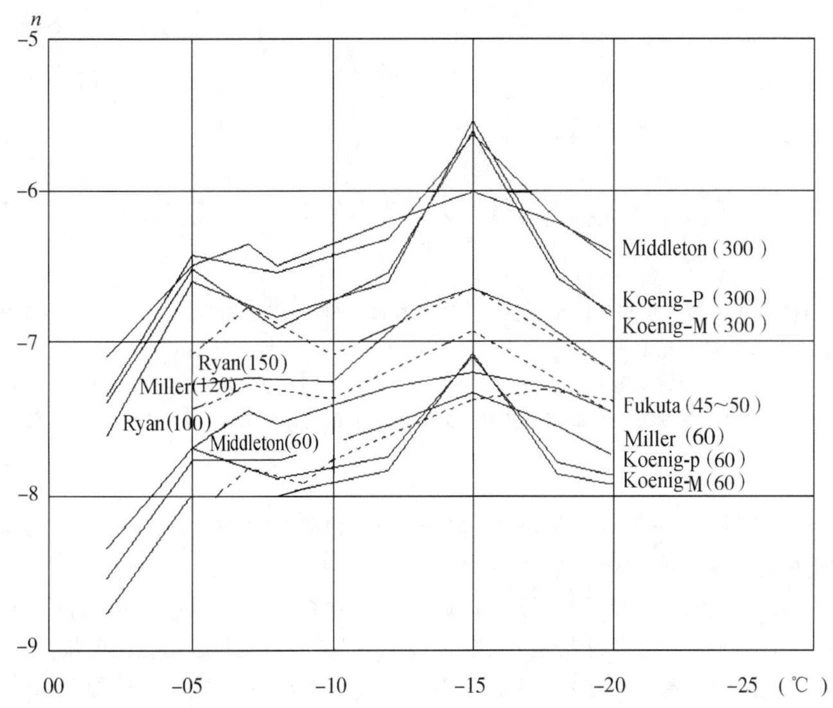

图 3.2　不同作者给出的冰晶凝华增长的实验值和计算值

虚线：实验值；实线：计算值；线端文字表示的是作者和增长时间(s)

图 3.2 是各家给出的实验和计算得到的在不同温度下、处于水面饱和环境中、不同时刻冰晶凝华增长达到的质量值，垂直坐标 n 是质量取对数的值，水平坐标是温度值(℃)。虚线给出实验结果，线端标明了作者，括号内数值是增长时间秒数。实线给出的是计算值，上组是 300 s 的结果，下组是 60 s 的结果，线端也注明了作者。比较同时刻的计算结果，可看到其最大差值皆在半个量级之内，总体上说是基本一致的。实验结果由于增长时刻不与计算值增长时间一致，不能直接对比，但基本的增长趋势是一致的。Fukuta 的实验结果，其增长时间是 45～50 s，接近于下组 60 s 的计算值；而 Ryan 的实验值是 100 s 和 150 s 也介于 Miller 给出的 120 s 计算值的实线的上下附近，因而可以说计算值与实验值在半个量级差的范围内也是基本符合的。有这样一个结论之后，就可以认为计算值是可信的了。而比较计算值可见，Koenig(P)的参数化方案的计算结果比较适中，又较明显地描述了－5℃和－15℃处的增长峰值特征，所以可选为作进一步模拟研究的方案。

图 3.3a 是利用 Koenig(P)方案计算的冰晶在凝华增长中不同温度和不同时刻的质量。图 3.3b 是冰晶的相当球直径，密度值取 0.6 g/cm^3。初始冰晶质量取为$m_0=1.0\times10^{-9}$ g，相当于 $d=12.4\ \mu$m，取这个值是考虑到云滴是冰核作用下核化冻结而形成的冰晶，与相应的云滴质量和直径相当。由于冰晶的形状复杂，体积密度变化明显，雹胚又是近于球形的，为考察它的增长成雹胚的进程，用相当直径比较合适，也便于与其他增长过程来比较。

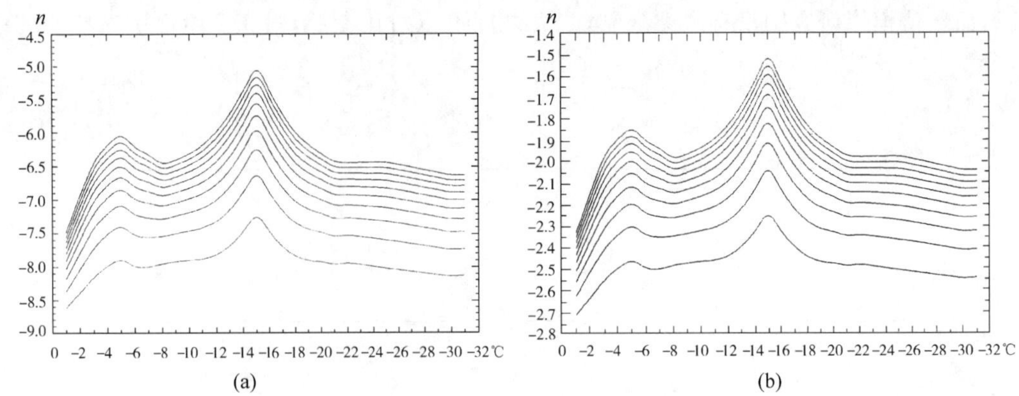

图 3.3 单凝华增长在不同时间和不同负温度下，处于水面饱和时，由初始直径 $d=12.4\ \mu m$ 增长到相当直径 $d_e=(6\ m/\pi\rho_i)^{1/3}$ 的分布

其中 m 为冰晶质量。ρ_i 取 0.6 g/cm³。这里取相当直径 d_e，是便于比较不同形状和具有不同淞附和攀附状况下的尺度，线间距离单位为 min，下方起始线为 1 min。图中横坐标是负温值，纵坐标是冰晶质量 10^{-n} g 中的 n 值。

从图 3.3 可以看出，在－15℃情况下，冰晶的相当直径可以在 10 min 长大到316.2 μm，即 10 min 内不能形成尺度为毫米级的粒子。

冰晶的质量增长除凝华增长外，还有在过冷云滴存在时，因湍流和重力并合发生的淞附增长。图 3.4 给出的是凝结加淞附增长，在过冷云水比含量为 1 g/kg、不同温度和不同时刻的质量(图 3.4a)和相当直径(图 3.4b)。由图 3.4 可以看出，这种情况下，经 7 min 在－15℃处可以产生相当直径达毫米级(1000 μm)的雹胚。

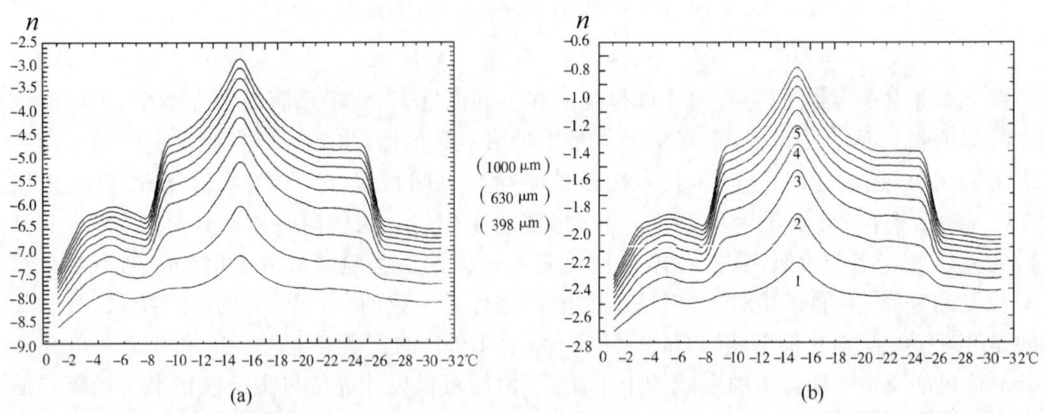

图 3.4 凝华加淞附增长在不同时间和不同负温度下，冰晶由 d 长大到 d_e 的分布，其他说明同图 3.3

3.1.2 并合增长

云滴和冰晶，除个体凝结(华)增长外，还有并合增长。为了研究这一过程对雹胚形成的贡献。采用随机并合模式(SGBH)研究一个给定谱分布的云滴群或冰晶群的并合增长情况，同时该模式还可以加入非随机的凝结或凝华淞附项，以综合研究它们共同的作用。

谱的基本形式是指数谱，粒子数浓度 $N_c=238.7$ 个/cm³，离差 $D_r=0.38$，含水量 q 可取不同的值，给定含水量后即决定了初始时刻的谱分布。

其相应的粒子质量分布谱为

$$m_x=q\cdot\exp(-\frac{m_x}{\overline{m}})$$

其中 $\overline{m}=q\rho_a/N_c$，N_c 为粒子的比浓度(个/g)；ρ_a 为空气密度。

对水滴来说，其并合系数用了对 Davis-Sartor-Shafrir-Neiburger 结果的拟合公式的计算值，滴的形状按球形处理。对研究毫米级大小的水滴来说不考虑形变和破碎是可以允许的。

对冰晶来说，其并合系数又称攀附系数，其值介于 0.01～0.2 之间，考虑到冰晶随气流运动跟随性大和湍流并合作用，我们认为取攀附系数为 0.1 较为合理；冰晶的形状是复杂的，在不同温度下有其主导形状，这里取－8℃的柱状(增长率谷点)和－15℃的片枝状(增长率峰点)为主要研究对象，并用来确定计算中所需的各个参数。

3.1.2.1 云滴的并合和增长——凝结增长

图 3.5 给出了在云水比含量为 0.001 g/g 情况下，云滴在单纯并合增长条件下谱形随时间的演变，线间时间间隔为 60 s，主峰值随时间由小档数向大档数移动，形成 $d>1000$ μm 的时间出现在 1000 s(16.7 min)，大于 1000 μm 的滴浓度达到最大值 0.31 个/g(相当于 310 个/m³)的时间是 1500 s(25 min)。

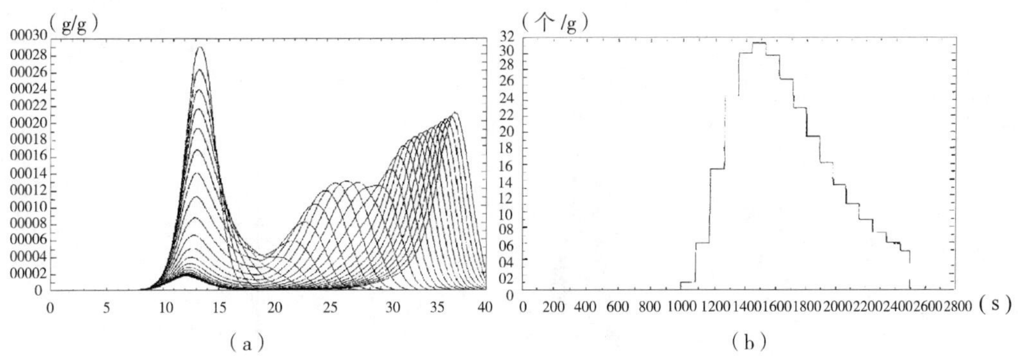

图 3.5 (a)水滴群在随机并合中谱形随时间的演变，(b)滴直径大于 1000 μm 的滴浓度，随时间的演变

(a)中水平坐标是分档的档数，垂直坐标是含量(g/g)；(b)中的水平坐标是时间(s)，垂直坐标是浓度(个/g)

图 3.6 给出的是云滴在并合加凝结增长条件下，谱形随时间的演变。在凝结计算中，过饱和度取为 0.5%，这个取值在强对流云中的二相(气、液)粒子并存状态下可以认为是合适的。图 3.6 中线间时间间隔是 30 s。从图 3.5b 看出，$d>1000$ μm 的滴在 450 s(7.5 min)就开始形成了，到 550 s(9.2 min)时浓度达到最大 $N_d=1.1$ 个/g(相当于 1100 个/m³)。可见在并合增长中加入凝结增长作用，显著加快了大雨滴的形成。这与 Jonas 等(1974)和 Leighfon 等(1974)给出的结果是一致的。

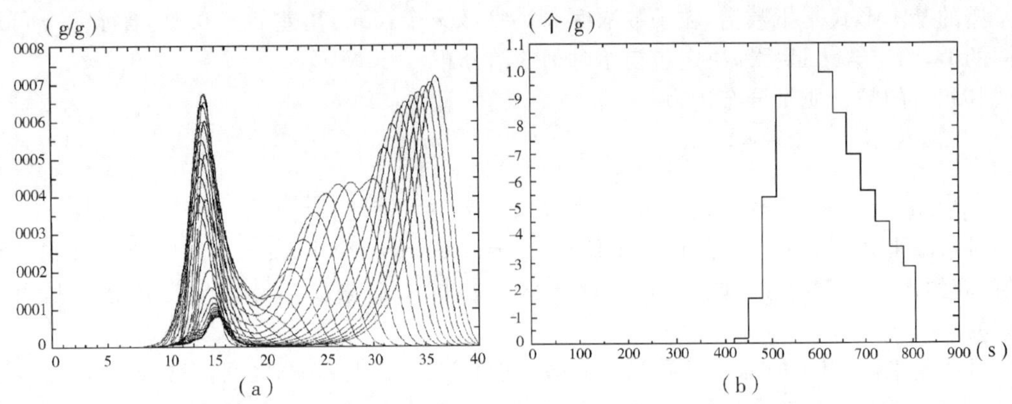

图 3.6 凝结增长加随机并合条件下，水滴谱形随时间的演变，其他说明同图 3.5

3.1.2.2 冰晶的攀附、凝华和凇附增长

单一的冰晶攀附增长的谱演变给在图 3.7 中，线间时间间隔是 120 s。可见，经过 60 min 后，仍未形成毫米级的粒子。可是，在有攀附并在水面饱和条件下的－15℃处的凝华增长，其结果给在图 3.8 中，线间时间间隔为 30 s。可见在 450 s(7.5 min)时已有 $d>1000\ \mu$m的粒子生成，而在 550 s(9.2 min)时，这种毫米级粒子浓度达到最大，$N_d=$ 7.0 个/g(相当于 7000 个/m^3)。这样的形成时间和浓度已达到了形成雹胚的要求。

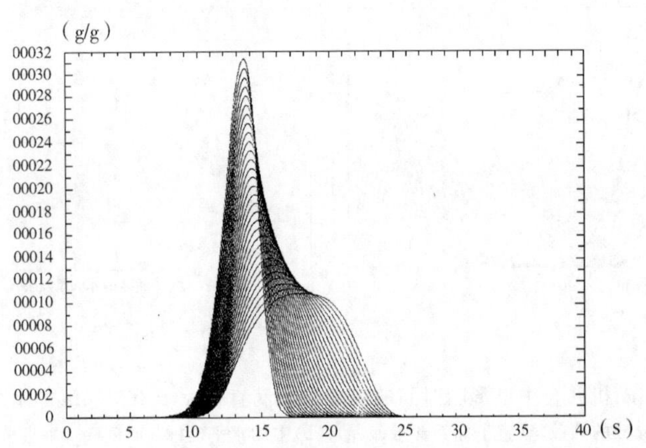

图 3.7 冰晶群在随机攀附中谱形随时间的演变

冰晶在凝华和攀附增长中，如果周围存在过冷云水，且冰晶尺度长大到 300 μm 以上，就会启动凇附增长，当过冷云水比含量为 $q_{ci}=0.45$ g/kg 时，加上凇附增长的谱形演变给在图 3.9 中，图中线间时间间隔是 30 s。从图 3.9 可以看到，在 $t=180$ s (3 min)时，已有毫米级大小的粒子形成，在 270 s(4.5 min)时，已达到浓度为 4.2 个/g (4200 个/m^3)，对比不考虑凇附增长的图 3.8 给出的结果，达到成雹物理要求的时间，从 9.2 min 提前到4.5 min。

在上述算例中，对冰晶来说，把 N_c 取为与云滴相同的值，皆等于 238.7 个/cm^3，冰晶含量等于云水比含量 $q_c=1$ g/kg，这相当于云滴全部晶化。为此我们又把 N_c 和 q_c 都减少到1/4，即

N_c=60 个/cm^3,q_c=0.25 g/kg 作了计算,结果给在图 3.10 中,线间时间间距为30 s。比较图 3.9 表明,在凝华—凝附—淞附增长中,达到防雹假说的要求所需时间只稍许延长了一些,即由 4.5 min 延长到 5.0 min,仍在远小于允许起作用的时间要求之内。

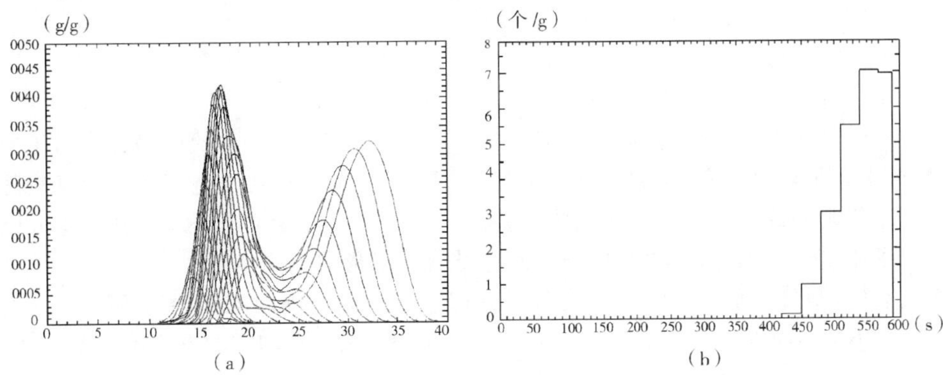

图 3.8 (a)冰晶群在凝华增长和随机攀附中谱形随时间演变;(b)相当直径大于 1000 μm 的粒子浓度随时间的演变,其他说明同图 3.5

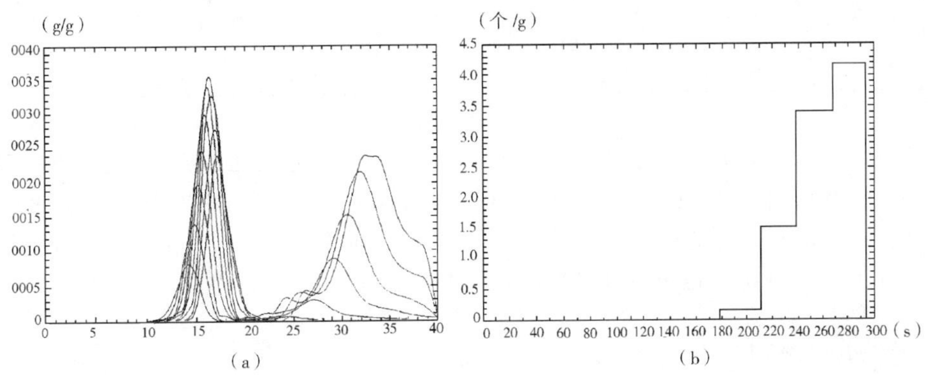

图 3.9 (a)冰晶群在凝华、淞附和随机攀附中谱形随时间的演变;(b)相当直径大于 1000 μm 的粒子浓度随时间的演变,其他说明同图 3.5

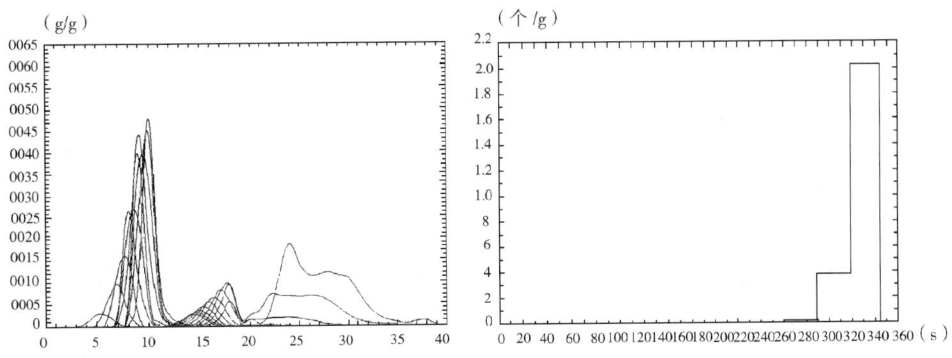

图 3.10 同图 3.9 说明,但粒子初始浓度 N_c 和初始粒子比含量 Q_c 都是图 3.9 算例的 1/4

综上所述，在强对流云中由于上升运动强，有充足的水汽供应和深厚的云层，可保持水面饱和或过饱和，可形成大量的水凝物，在再具有过冷云水的情况，经过贝吉隆过程凝华增长和通过随机攀附过程并合增长，待粒子尺度达到 300 μm 以上时再启动凇附增长，在这些过程共同作用下，在不到 10 min 的时间内，可以形成与自然霰胚浓度相当的毫米级雹胚群。

3.1.3 雨滴冻结

上述的计算中，云水比含量只取了 $Q_c=1.0$ g/kg，而实际的强对流(雹)云中由于上升气流很强，云水含量可以很高，达到几克至十几克/千克，甚至达到几十克/千克，所以因随机并合产生毫米级雨滴的速度要快得多，只要云中有大于几克/千克的云水，大雨滴就可以迅速产生。有了雨滴形成以后，只要它们能及时冻结就可以形成冻滴雹胚。

实验表明，雨滴在负温环境下并非可以立即全部冻结。雨滴冻结的概率随负温的程度和雨滴的大小增加而增大，表 3.1 给出了用 Bigg(1953)实验结果归纳的表达式计算出的结果。

表 3.1　不同温度下不同直径的雨滴冻结概率 *P*(%)

d(cm) \ *P* \ *t*(℃)	−10	−15	−20	−25	−30	−35
0.1	0.000033	0.001023	0.027872	0.755813	20.49222	100.00
0.2	0.000261	0.008184	0.222974	6.041503	100.0	100.0
0.3	0.000883	0.027620	0.752537	20.40695	100.0	100.0

从表 3.1 看出，毫米大小的雨滴在−10℃时，只有百万分之几的冻结率，在到−35℃时才可百分之百地冻结。可见在−10℃～−20℃之间，雨滴自然冻结成冻滴的概率是不高的。虽然如此，由于雨滴的浓度是 1～10 个/升，而冰雹的浓度是 0.1～1 个/m^3，二者相差 10^4 倍，雨滴有 1%～2%冻结也可以提供形成灾害的雹胚。

3.2 雹块的增长

雹胚形成以后，在继续长成冰雹的过程中，雹块的主要增长方式是并冻云中过冷云滴和过冷雨滴，还可能在雹块表面有水膜(湿)状态下捕获一些冰晶或冰粒子，这时凝华作用相比之下已可忽略。由于雹块在并冻过冷水时，发生过冷水的冻结而释放潜热，这个潜热值 $C_f=3.33\times10^5$ J/kg，即 1 g 水冻结会释放出 80 卡(34.944 J)热量。这个热量会加热雹块，在达到 0℃时会阻止所捕获的水冻结，只有靠雹块与负温环境下的空气因热交换传出热量，才可维持雹块的负温和碰冻过程，从 0℃每降低 1℃，可冻结 1/80 g 水。所以雹块的实际增长率受两个条件制约：一是可捕获多少过冷水 P_m；二是雹块与负温环境空气的热交换可输出多少热 $H=H_m\times C_f$。当 $P_m\leqslant H_m$ 时，雹块以 P_m 来增长；当 $P_m>H_m$ 时，雹块以 H_m 增长，也即在 H_m、P_m 中取小值。雹块的增长状态又有干增长和湿增长。干增长即 $P_m<H_m$ 时，雹块所捕获的过冷水滴皆可被碰冻，表面是干的；而在 $P_m>H_m$ 时，不能碰冻所有被捕获的过冷水滴，一部分液态水留在雹块表面，表面是湿的，叫湿增长。在湿增长状态时，雹块表面有多余的水，可以被气流吹离，以雨滴的方式剥落；也可以被雹块中的空隙吸纳：在低于−5.5℃后，由于冰的立体枝状生长形成冰架，多余的水中相当一部分可留在冰架中，形成亦冰亦水的海绵冰。雹块的生长状态，可因雹块大小、形状、表面粗糙度、环境温度、云中过冷水比含量以及捕获系数大小等因素发生干、湿转换，造成冰雹的分层结构和海绵冰形式的增长。

雹块主要靠捕获过冷水滴形成撞冻冰来增长，因而考察一下撞冻冰的性质是十分必要的。实验表明，撞冻冰在不同的条件下具有不同的密度和微结构。决定其密度的参数是撞冻表面温度 T_s(℃)、碰撞速度 v(m/s)和水滴的体积半径 r(μm)，即 $\rho=0.110(-rv/T_s)^{0.76}$ 该公式的适用范围是 $T_s=-5\sim-20$℃，$rv/T_s=-0.8\sim-10.0$，当 rv/T_s 的值超过 -10.0 时，ρ 介于 0.8～0.9 g/cm³ 之间。

撞冻冰具有多种结构：

(1)明净冰(clear ice)：冰内很少有气泡，是最透明的冰，密度也最大，约为 0.917 g/cm³；

(2)透明冰(transparent ice)：会有少量大气泡；

(3)乳状冰(milky ice)：会有大量小气泡、半透明、色灰；

(4)不透明淞(opaque rime)：白色不透明；

(5)核状淞(kernel rime)：状似在玉米棒上的玉米粒；

(6)羽状淞(feathery rime)：类似于核状淞，但更疏松。

六种撞冻冰的形成条件和密度范围给在图 3.11。

由于在实际冰雹切片的密度测量中，看不到体积密度低于 0.4 g/cm³ 的冰，可见，由于冰雹的落速很大，都处于高速碰并过冷云滴的状态，由图 3.11 和公式来看，其碰冻的冰密度皆应在大值区。至于雹胚部分其体积密度也较大，可能还有其他的因素，例如处于湿生长状态下，多余的水会向胚内渗入，待完全冻结后其体积密度就可以增大。这一点已在 1.2 节作过讨论，也可能是有一些低密度霰胚遇到这种渗入加密过程的演化，呈现出非霰非冻滴胚的特征，列为雹胚分类的“其他”栏内。

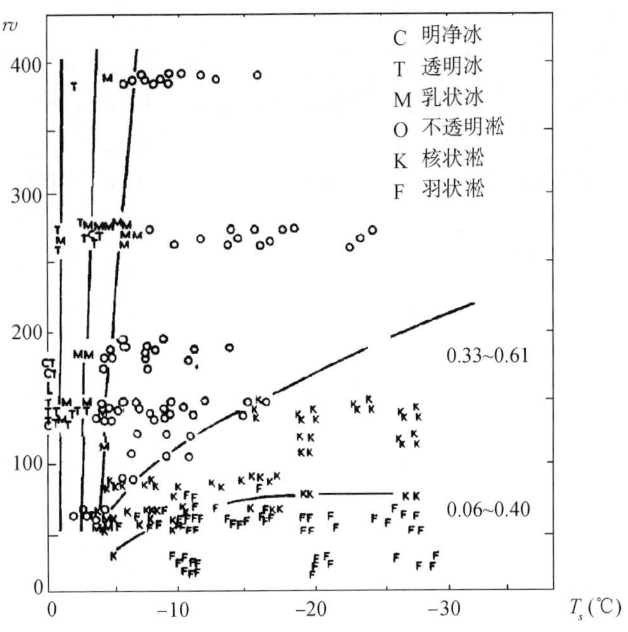

图 3.11　六种冰的密度与 rv 和 T_s 的关系(Macklin 1962)

3.3 冰雹形成机制的研究思路和方案

在勾画了雹胚和雹块增长途径后，再详细定量地去了解这些过程以及各种内、外在条件对它的影响，请查询相关著作，本书不再重复。这里着重从整体上，从雹云的宏观场与微观场相互作用入手来探讨冰雹形成机制，在第二章中已从物理学角度阐述了这种相互作用的概念性模型，但仍需在物理模型的基础上，用数值模式方法来深化、细化和系统化，把瞬态物理模型发展为过程物理模型。

近年来，国内外一批学者已用数值模式在模拟雹云实例上做了一系列工作，用 Eular(欧拉)场方法和详细的微物理参数化，或云雨(雪)参数化加冰雹分档的混合方法，研究了成雹、防雹机制的问题，得到了很有意义的结果，相关文献在本书第四章的附录 1 中以“□”号标出，以便查阅。

本节拟介绍的是从另一种思路得到的一批近期结果，为何要换思路呢？兹介绍如下：

(1)冰雹形成的自然图像应当是在雹云的宏观动力、热力场框架下，在相伴又相互作用中形成的水汽和水凝物粒子场背景下，冰雹粒子群在其中运行且增长着，运行状态由动力流场和粒子的运动特征(末速和影响末速的质量、形状、表面粗糙度等)决定，而增长状态则由水汽、水凝物场和热力场决定。

(2)粒子场是一个不连续场。雹粒子虽然成群存在，但粒子的运动是由粒子个体本身的物理性质来控制的，在一般情况下它并不受周围同类粒子的约束。

(3)了解冰雹粒子群在云中具体的增长运行规律中有很大的难度，因为用观测方法须要同时了解到云的宏、微观结构，以及粒子的运动状态，这在目前的探测水平下是做不到的。在用数值模式探讨中，一是所用的模式太简单，不论在描述云的流场特征和演变中，还是在描述粒子运行增长中皆有相当大的局限性；二是在观念上只注意上升(垂直)气流的作用，没有充分注意与上升相伴随的水平气流的作用，因而虽然三维模式可以提供三维流场，但在模拟研究宏、微观相互作用以及分析上的疏忽，也会妨碍对事物规律的洞察。

目前，要研究这些问题，在仔细分析归纳物理事实的基础上，还是用数值模拟方法较为现实，针对上述三点，采取了下列三条措施：

第一，云的宏观场，用 Eular 方式来描述，对于水凝物粒子背景场用半 Lagrange(拉格朗日)方式来描述，而对霰、雹粒子群用全 Lagrange(拉格朗日)方式来描述(详见第四章)；

第二，对雹粒子群中的每种粒子采用示踪粒子法，在运行增长过程中对它们进行全程追踪。从示踪起点直至吹出或落到地面，这样就可以用粒子的个体落速正确地反映出流场与粒子运动之间的相互作用；

第三，云场内的每个格点皆布满示踪粒子，粒子大小近于或小于雹胚，实际上可以是一个与初始环境场相适配的。根据示踪粒子增长运行的整体特征来寻求冰雹的增长运行规律，又设计了粒子群的 Lagrange 场值与 Eular 场值的相互转化方法，可以准确地反映冰雹粒子与其他水凝物粒子场值的相互作用(如供给、消耗等)。

3.4 冰雹粒子群的运行增长规律

这方面的数值模拟研究，国内外有 Paluch(1982)、徐家骝(1983)和 Nalson(1983)。使用观测得到的流场或模拟给出的流场，示踪粒子只在局部地区设置，除了在运行增长轨迹计算方案上不够完善外，主要是没有注意水平气流的作用，未能提炼出规律性的结果。

王思微和许焕斌(1989)使用二维冰雹云模式并设计了二维雹粒子运行增长模式，研究了不同流型雹云中大雹的增长运行轨迹，发现大雹的增长运行总是沿着相对水平风速为零的零线附近旋转进入主上升气流长大，其运行轨迹距零线越近，冰雹长的越大。段英等(1998)用同一组模式模拟研究了超级单体、单体和多单体雹云及其成雹特点的数值模拟，更明确了"零线"的作用，并指出可长成大雹的雹胚的初始出发地主要由雹云的流场决定，而与雹胚的初始大小关系不明显，三种类型的雹云其成雹规律是相似的，超级单体之所以比别的类型雹云更有可能降大雹，主要是由于它的流型稳定和生命期长。

模拟给出了超级单体的雹云结构(见图 3.12)。由图 3.12 可见，模拟结果与实际超级单体雹云结构十分相似，只有一个主上升气流区，具有非闭合对流环流圈，水凝结物场的分布具有有界弱回波区结构。

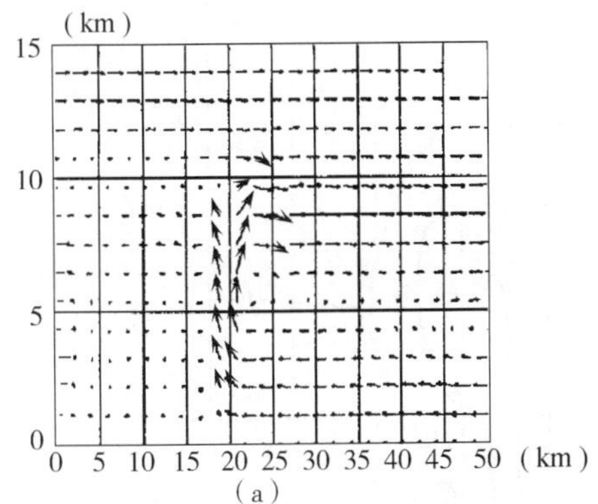

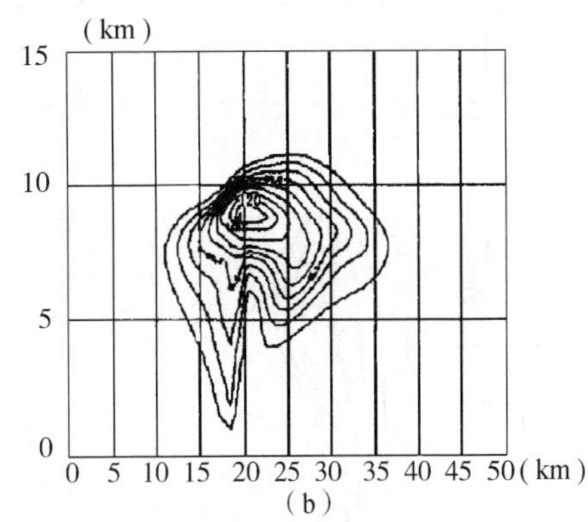

图 3.12　模拟的超级单体雹云结构

(a)流场；(b)水凝物粒子比含量

图 3.13 是超级单体算例初始胚胎 d_o=2 mm 的模拟结果。图 3.13a 给出了两组曲线，一组为闭合等值线，表示冰雹直径与等值线值相同的大雹胚胎的初始位置的分布，目的是说明能长成大雹的雹胚出发位置，以及这些位置与流场的关系；另一组穿过闭合等值线的曲线是水平风的零值线(简称零线)，零线的垂直部位往往对应上升气流轴线。图 3.13b 是直径大于2 cm的冰雹增长运行轨迹。图 3.13c 是直径小于 2 cm 而大于 1 cm 的冰雹增长运行轨迹。图 3.13d 是直径介于 0.5～0.6 cm 间的小冰雹增长运行轨迹。由图(a)可以看出，可形成大雹的雹胚初始出发区是在上升气流主入流区的零线附近，越靠近主上升气流轴线和零线，可长成的冰雹越大。与图 3.13b，c，d 比较可以看出，直径大于 2.0 cm 的大雹的雹胚初始出发区最靠近主上升气流轴线处的零线，其增长运行轨迹也最靠近零线。

图 3.14 模拟给出的是多单体雹云模拟结构，主单体在中间，右侧是一个子单体。

由于多单体雹云尺度和强度较弱，没有长成 2.0 cm 直径以上的冰雹。d_o=2 mm 的结果见图 3.15。分析比较可以看出，对具有两个单体以上的多单体雹云，每个单体都具有相应的大雹胚胎区，以及相应的冰雹增长运行轨迹。就每个单体而言，其分布和轨迹特点与超级单体组模拟结果相似，单体间并没有明显的胚胎交换和窜渡。如果环流不变，冰雹总是在各自的环流圈内运行，因而其冰雹增长运行特点与单体相似。

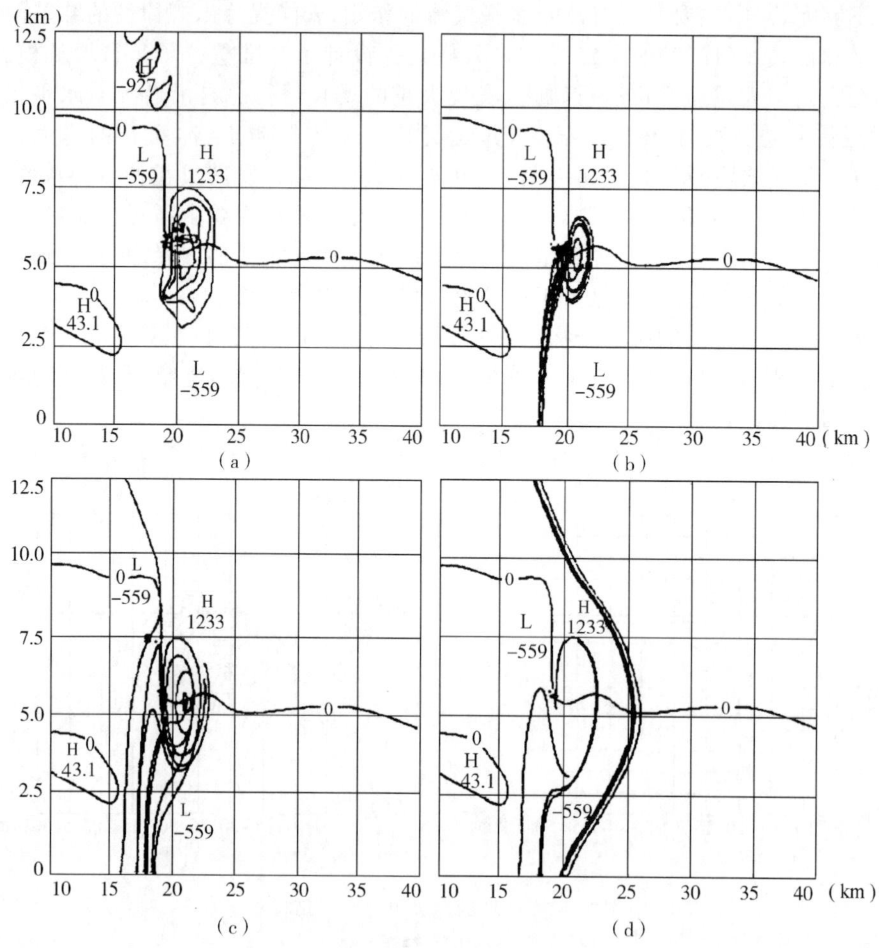

图 3.13 冰雹增长运行轨迹

(a)闭合等值线表示直径与等值线同值的大雹胚胎的初始位置分布，曲线是水平风的零值线。等值线间隔为 0.5 cm，最外圈值为 0.5 cm；(b)直径＞2 cm 的冰雹增长运行轨迹；(c)1 cm＜直径＜2 cm 的冰雹增长运行轨迹；(d)直径介于 0.5～0.6 cm之间的小冰雹增长运行轨迹

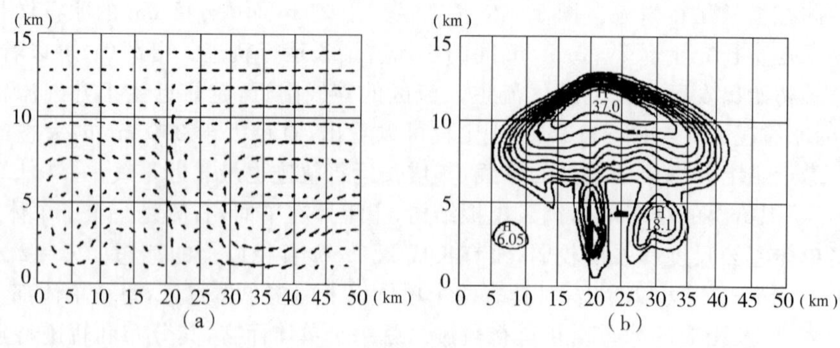

图 3.14 多单体雹云结构

(a)流场；(b)降水粒子比含量

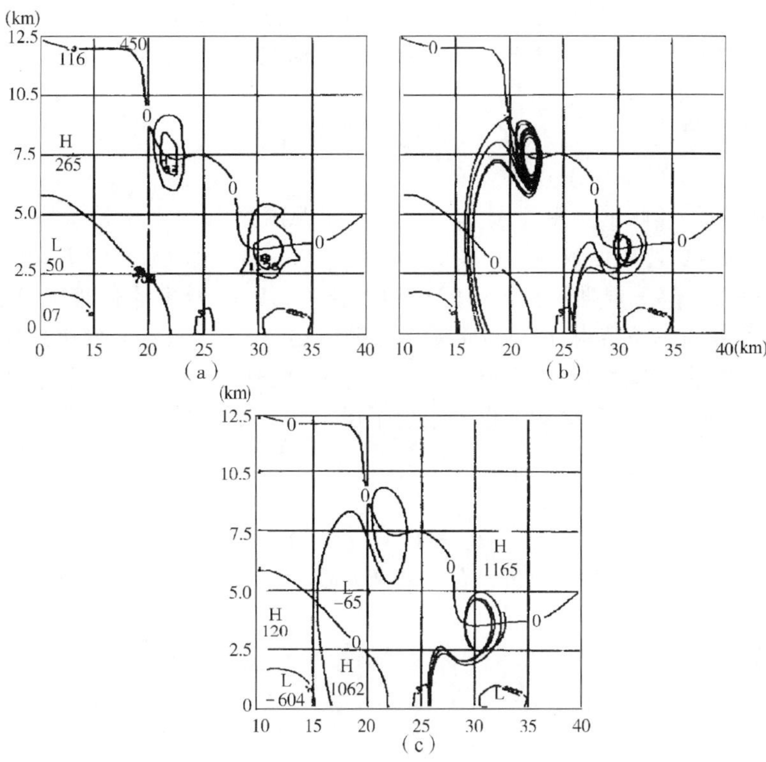

图 3.15　多单体算例，冰雹增长运行轨迹图

(a)说明同图 3.13(a)；(b)1 cm<直径<2 cm 的冰雹增长运行轨迹；(c)直径介于 0.5～0.6 cm 间的小冰雹增长运行轨迹

图 3.15 也表明，多单体雹云中每个单体的成雹方式是独立的，子单体中的雹胚随着子单体的发展而增长，并不向主单体输送雹胚。子云只可能对子云冰雹增长有影响，而不可能去影响主云。

对于一般单体而言，成雹的规律类似于超级单体，也类似于多单体中的某个子单体，可以看出，雹云中的成雹过程主要以单体内的过程为主，这是由于单体具有对流流场的独立结构决定的。

为了进一步了解这些规律的可靠性，本书用三维雹云模式(GF)(许焕斌等 1990)和三维粒子增长运行模式来进行模拟研究，希望更明确地提炼出规律性的结果。

三维雹云模式是一个可压缩大气中的全弹性的模式，包括有冰雹形成的云物理过程。三维粒子增长运行模式是由二维模式升维而成的，考虑了冰粒子与过冷云水、雨水的干湿并合碰冻过程，考虑了凇附、融化对粒子体密度的影响，也考虑了多余水分的渗入、剥离和蒸发，相当完善地描述了粒子的增长及密度和落速的变化，具体方案可参见文献(许焕斌等 2002)。

模拟研究分两类，一是对理想环境场的模拟，二是对实例环境场的模拟。前者又分为两种，即静态场的模拟和动态场的模拟。所谓静态场是利用 GF 模式先模拟雹云的发展，当出现超级单体流型和相应的微物理场结构时，输出这些场，以此场为背景来模拟示踪粒子的运行增长轨迹。静态模拟中，流场和微物理场不变，突出粒子增长运行轨迹的规律性，避免因流场和微物理场随时间变化而造成的难以看清楚的复杂场面。在找到一些规律性认识以后，再进行动态场的模拟，察看静态场模拟的结果在动态场中是否仍然起规律性的作用。

3.4.1　理想环境场的静态模拟和动态模拟

三维云模式，计算区垂直距离为 12.5 km，水平距离为 40.0 km，垂直格距为 0.5 km，水平格距为 1.0 km，总计格点数为 40×40×25＝40000。格点编号，X 向 $I=1\sim40$；Y 向 $J=1\sim40$；Z 向 $K=1\sim25$。根据丁一汇(1991)和李吉顺(1983)给出的强对流天气发生时的典型大气温度、湿度和风场结构，即下湿上干的不稳定层结，大多数雹云发生的环境风场，具有相当明显的二维性，即西风风速强切变大，南风风速弱切变小，风的垂直切变介于 $1.11\times10^{-3}\sim4.0\times10^{-3}\ \mathrm{s^{-1}}$之间。据此给出了层结和湿度分布，对 GF 和 XGL 算例具体的条件为

温度：

$$T_K=T_{K-1}-a\times\Delta Z$$

其中 $T_1=285\mathrm{K}$，$K=2\sim8$ 时，$a=0.8$；$K=9\sim20$ 时，$a=0.7$；$K=21\sim25$ 时，$a=0.01$，ΔZ 的单位为百米。

露点温度：

$$T_{d,K}=\begin{cases}T_K-5.0+0.5K, & K<5\\ T_K-3.0, & 5\leqslant K\leqslant 20\\ T_K-15.0, & K>20\end{cases}$$

风(单位 cm/s)：

对 GF 算例：$u_K=-800.0\cos(0.5\pi\cdot K/12)$，$v_K=0.0$。

对 XGL 算例：当 $K\leqslant9$，$u_K=-800.0+(K-1)\times100.0$，$v_K=(K-1)\times50.0$；

当 $K>9$，$u_K=u_{K-1}+150.0$，$v_K=v_{K-1}-150.0$。

由于粒子是相对于雹云运行的，所以这里的风场是用了相对风场，即环境风与雹云移速的差。这种层结和风的初始条件虽是理想结构，但它是发生旋转性强对流的典型环境条件。

3.4.1.1　静态模拟的结果

图 3.16 给出的是 GF 模拟到 30 min 时的流场，图 3.17 给出了凝结物(云)场的二维剖面。可见在 $J=19$ 处显示出类似超级单体的流场和水凝物场的结构特征，最大上升气流速度达到 32 m/s，液态水比含量达到 7.6 g/kg。这与 Paluch(1982)使用的值相当，也与 Knight(1982a)的观测值相当。

一个强对流场，是深对流环流与环境风相互作用的产物。它的特征是，下层水平气流辐合，上层水平气流辐散，上升气流贯穿上下，因而在上下层之间会存在一个水平气流等于零的区域。为了看清水平气流等于零的区域所在，先给出 $u=0$ 的面(图 3.18a)，再给出这个面上 v 的分布(图 3.18b)，这样一来，$u=0$ 曲面上 $v=0$ 的地方，就是水平气流为零的区域。由图 3.18c 可见，穿过水平速度零域($u=v\approx0$)又靠近主上升气流的位置应是“0”(零)线中的一部分。比较图 3.18a、b、c 可见它处于 $I=15\sim20$ 区段和 $J=19$、$K=15$ 附近，这里是主上升气流区侧边，区域下方是主入流区。这是一个对冰雹形成来说有着重要动力意义的区域。

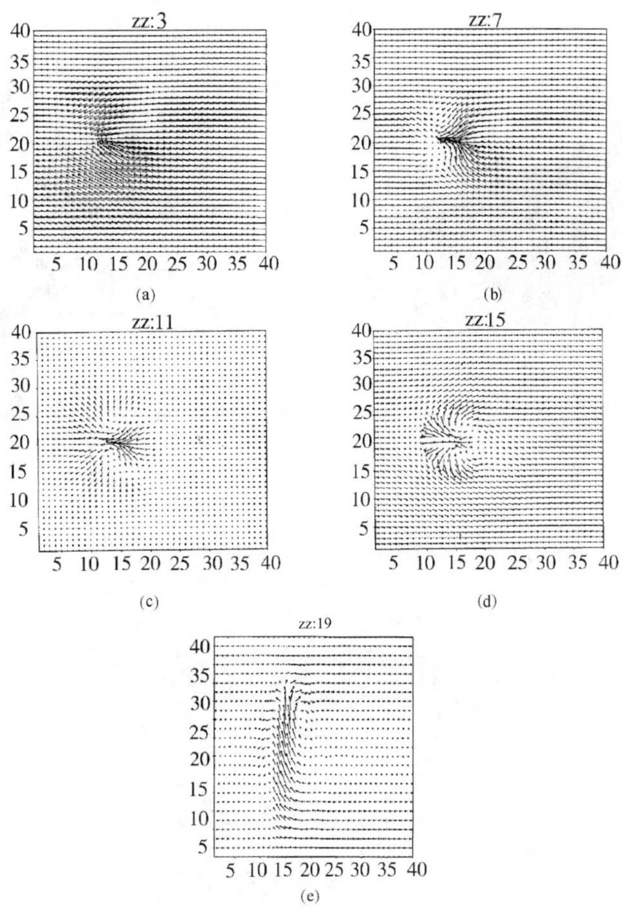

图 3.16　GF 模拟到 30 min 时的流场

(a)$K=3$,(b)$K=7$,(c)$K=11$ 和(d)$K=15$ 水平剖面上的风矢图,(e)$J=19$ 处的(I-K)流场垂直剖面

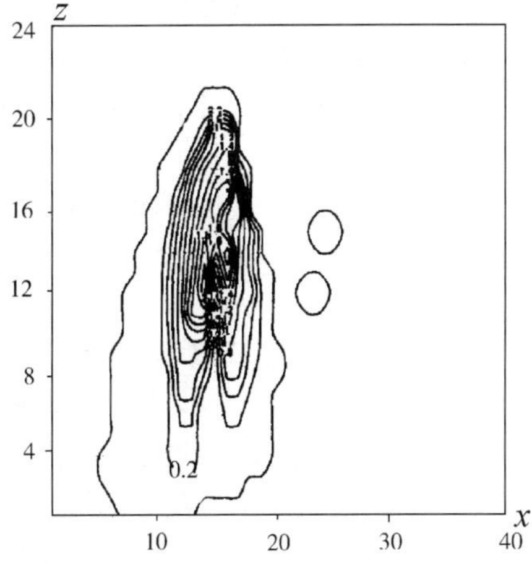

图 3.17　GF 模拟到 30 min 时 $J=19$ 的 X-Z(I-K)剖面上的水凝物(云水)场分布图,等值线间隔为 0.28 g/kg

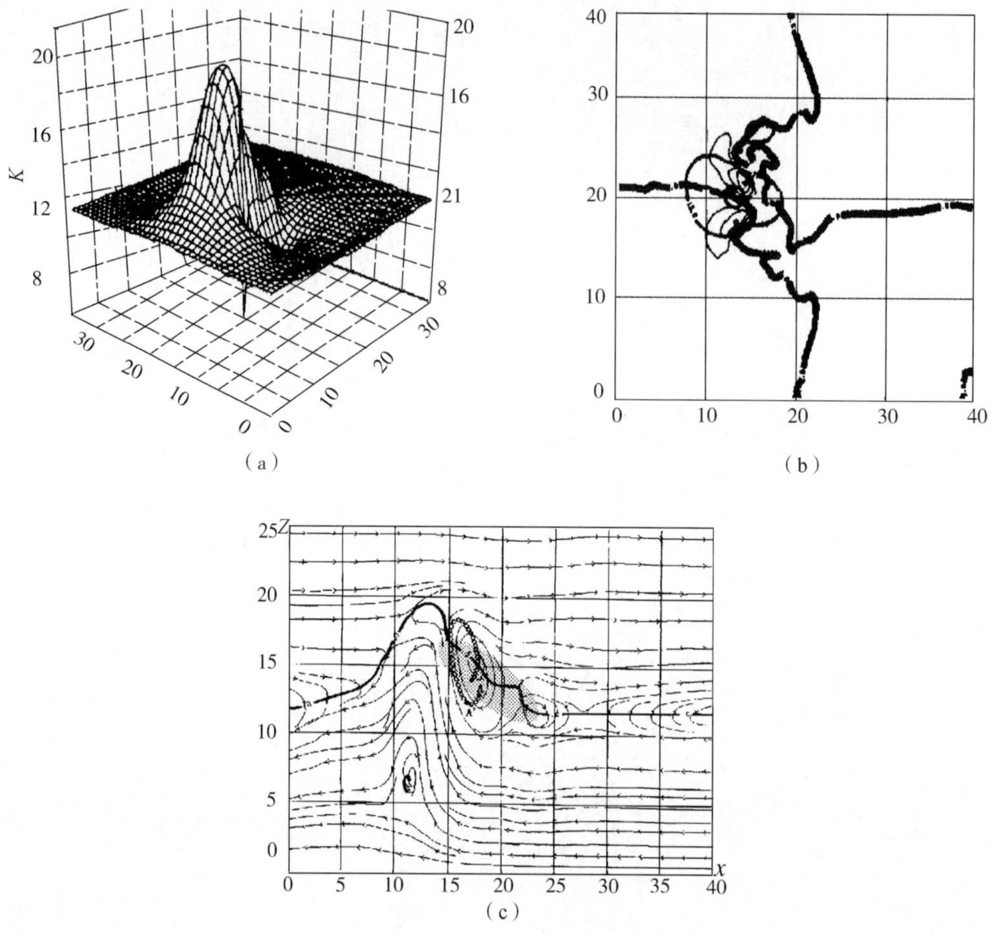

图 3.18　(a)GF 算例的 $u=0$ 曲面；(b)$u=0$ 曲面上的 v 值分布(单位:cm/s)，粗线:$v=0$，中粗线:曲面的等高线(单位:垂直格点数)；(c)$J=19$ 垂直剖面上的流线，细线:上升气流等值线(单位:cm/s)，粗线:$u=0$

在给定背景场后，在主要涵盖云区的范围［$I(J)=11\sim30$，$K=6\sim20$］内每个格点上播撒了一个胚胎粒子(相当于浓度为 1 个/g 或 1 个/L，即 1000 个/m^3)，观察哪些粒子可以长大成雹，以及它们的增长运行轨迹。

图 3.19 给出了初始粒子直径 $d=0.1$ cm，最终长大成 $d=4.62$ cm 的编号为 2168 的粒子增长运行轨迹。由图 3.19a 和图 3.19b、c 可以看出，2168 号粒子的轨迹是在水平速度近于零的零域内作循环运行的($I=15\sim20$，$J=18.4\sim19.6$ 和 $K=15$)。由图 3.19b 可以看出粒子的循环轨迹区处于上升气流轴附近的水平风零(0)线附近($I=15\sim20$，$J=19$，$K=15$)，在循环中不断接近 0 线，并逐步进入主上升气流区，然后平缓地沿 0 线的主上升气流区长大，最后穿越主上升气流离开 0 线下落。这种绕 0 线循环，接近 0 线进入主上升气流的图像在图3.19c中看得更清楚，粒子在主上升气流边缘较窄的 Y 范围和较宽的 X 范围内($I=15\sim20$，$J=19$)的水平速度为零的区域内往返，在粒子的长大中逐步进入主上升气流区。从图上可以清楚地看到:粒子在上升气流边缘(上升气流弱区)绕 0 线循环增长，在增长中缩小循环圈半径，接近 0 线后平稳进入主上升气流区长成大雹，呈现出一个互相联结的完整的成雹过程。

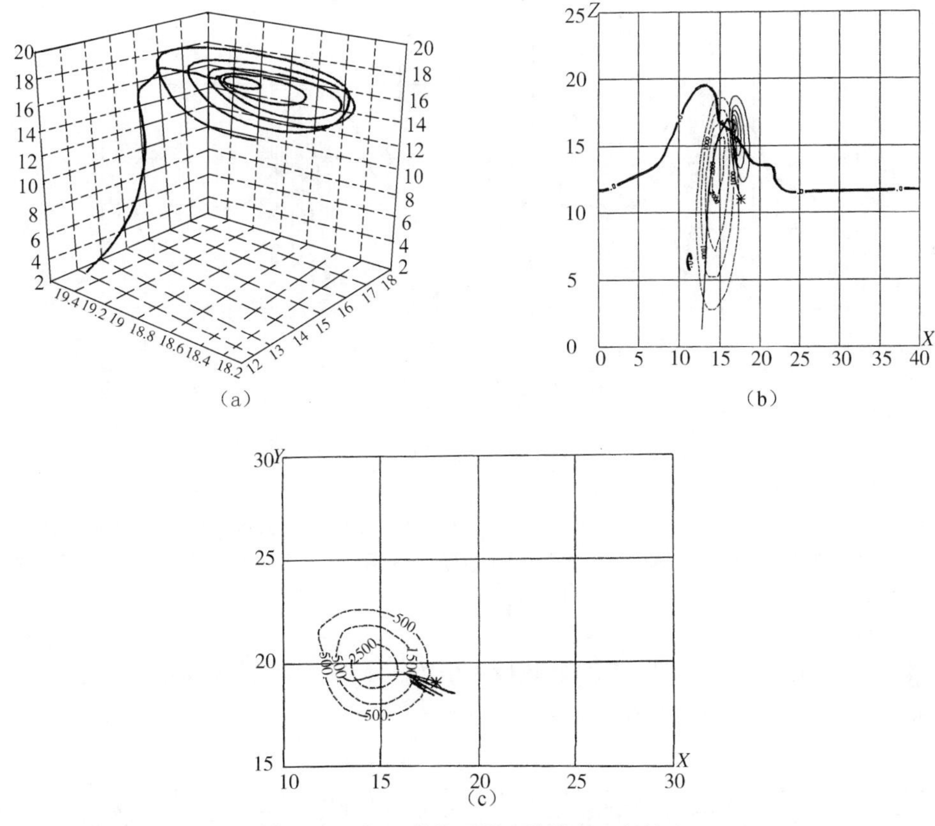

图 3.19　2168 号粒子的三维增长运行轨迹

(a)初始大小 $d=0.1$ cm,初始位置为(18,19,11)的三维增长运行轨迹,最终大小 $d=4.62$ cm;(b)粒子在 $J=19$ 的 X-Z 剖面上的轨迹投影,粗线为 $u=0$,标值的虚细线为上升流等速度线(单位:cm/s),未标值的细线为轨迹;(c)粒子在 $K=16$的 X-Y(I-J)剖面上的轨迹投影,标值虚曲线为上升气流等速度线(单位:cm/s),未标值的细线为轨迹

为了观察最终可长成大雹的粒子直径 d_{max} 与初始出发地的关系,给出了图 3.20。从图 3.20a看到最大冰雹的出发地,位于主上升气流的边缘主入流区和 0 线附近的上下侧,有三个大值中心,下侧为水平风吹入区,上侧为吹出区。大值轴在上升气流等值线 500～1000 cm/s之间。位置偏离这个轴的,冰雹迅速减小,在 3～5 个格点外,冰雹已长不到 1 cm。大雹粒子出发地虽然有集中地域,但吹入区和吹出区皆有中心,特别是垂直向比水平向宽。考虑到出发区不一定是大雹的汇集入口区,进一步给出了三个不同出发地的最大冰雹在 $J=19$的 X-Z(I-K)面上的轨迹投影图 3.20b。三个粒子的出发地对应着图 3.20a 中的上下两个大雹粒子出发地,观察它们的轨迹可以发现,上大雹出发区之所以能形成大冰雹是因为它从此出发后又经过了下大雹出发区,而三个大雹的轨迹汇集区在靠近 0 线的中位大雹出发区。由此可见,真正的可形成大雹的粒子汇集入口区是相对来说很小的中位区,它处于主上升气流边缘的 0 线下侧吹入区附近。这又一次表明这是一个关键性地域,具有重要的意义。

上文提到在二维模式中大雹的形成依赖于初始出发位置,而对播撒粒子初始大小不敏感,用三维模式进行的研究结果表明仍是如此。这意味着,当播撒粒子直径小时,可以在离主上升气流中心远一点的地方,找到进一步增长并进入冰雹形成区的位置。

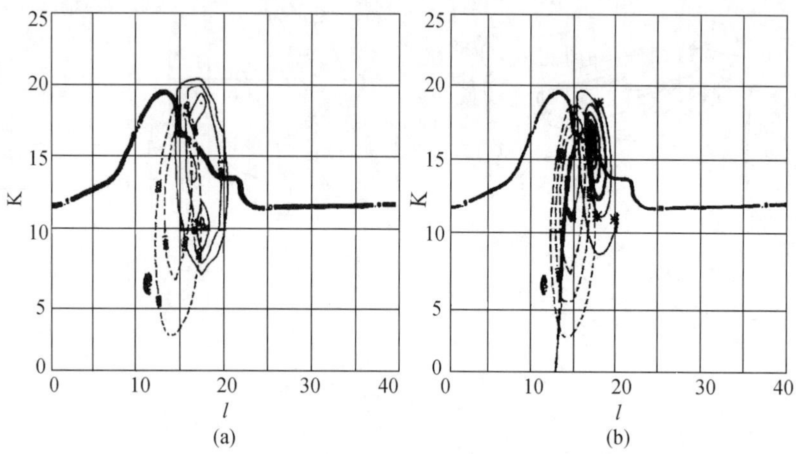

图 3.20　最终冰雹大小所对应的初始出发位置分布，在 $J=19$ 的剖面图

(a)粗线为 $u=0$，标值为 500.0 以上的虚曲线为上升气流等速度线(单位：cm/s)，标值为 2 的中粗曲线是最终冰雹的直径(单位：cm，线间距：1 cm)；(b)三个最大终极直径为 4.62 cm(2168)、4.21 cm(5368)和 4.09 cm(2150)的轨迹在 $J=19$ 剖面图上的投影，其初始位置用 * 表示，其他说明同图 3.18

XGL 算例与 GF 算例的区别是初始环境风场中 v 不等于零，其模拟结果介绍如下：XGL 算例模拟到 25 min 时的流场给在图 3.21 中。

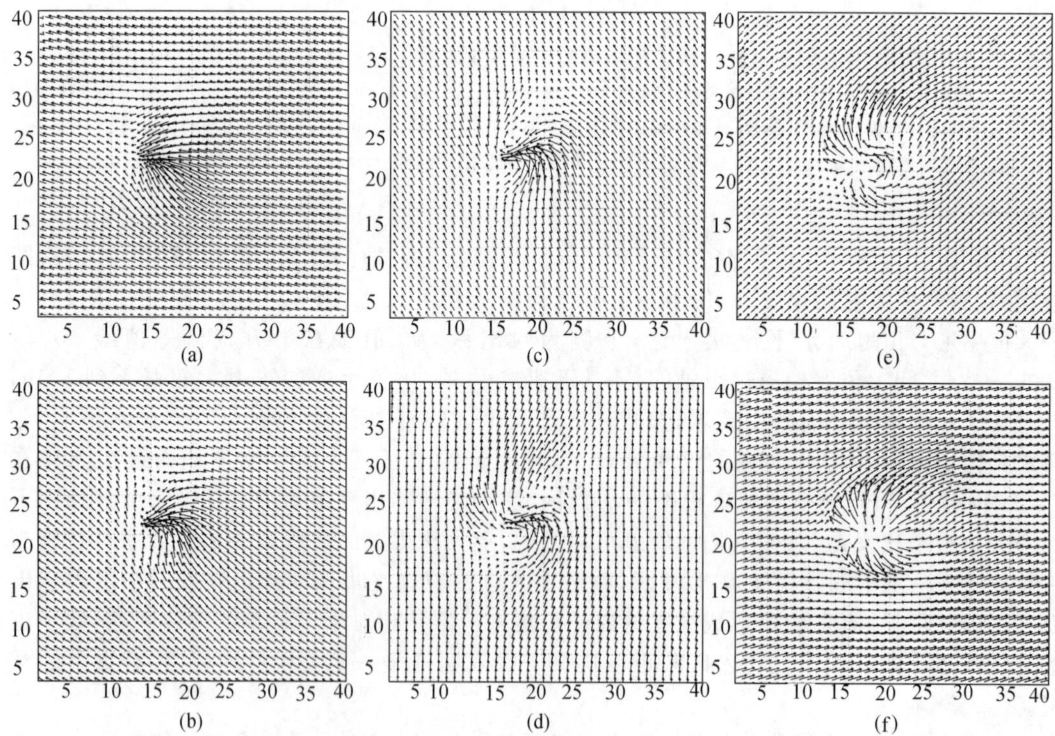

图 3.21　XGL 算例模拟到 25 min 时的水平流场

(a) $K=3$；(b) $K=5$；(c) $K=7$；(d) $K=9$；(e) $K=11$；(f) $K=13$；$Z=K\Delta Z$，$\Delta Z=500$ m

从图 3.21 可以看出，流场在 $K=5$ 时具有强辐合；在 $K=9$ 时具有强旋转，南部逆时针转，北部顺时针转，在 $J=22$ 处附近具有强主入流；而在 $K=13$ 时流场则具有强辐散。这是典型的强冰雹云流场结构(Browning *et al*. 1976)。

前面曾指出，对流云的流场是垂直翻滚式的，在主上升气流中心主入流区上方的相对水平速度为零($u=v\approx0$)的区域(简称零域)对粒子运行增长行为有重要的动力意义，即粒子在增长运行中向这里集中，并从这里进入主上升气流中进一步增长，因而需要着重展示这个区域的位置。图 3.22a 给出了 $u=0$ 曲面上的 v 分布，在 $v\approx0$ 的地方就是水平速度近于零的区域。从图上看，在 $I=13\sim15$，$J=20\sim23$ 和 $K=10\sim15$ 之间，是零域所在地。图3.22b则给出了 $J=22$ 处的流场、上升气流值和 $u=0$ 的垂直剖面图。图 3.22c 显示了在 $J=22$ 处云水场的垂直剖面。由于这个垂直剖面穿过主入流区和主上升气流区的零域所在处，其动力特征表现最鲜明，是显示特征回波、累积、耗散最主要的地方，所以要展示这个剖面。在动态模拟中会看到，在流场时变的动态模拟中，也清楚地展现出流场定常时的静态模拟中得到的规律。

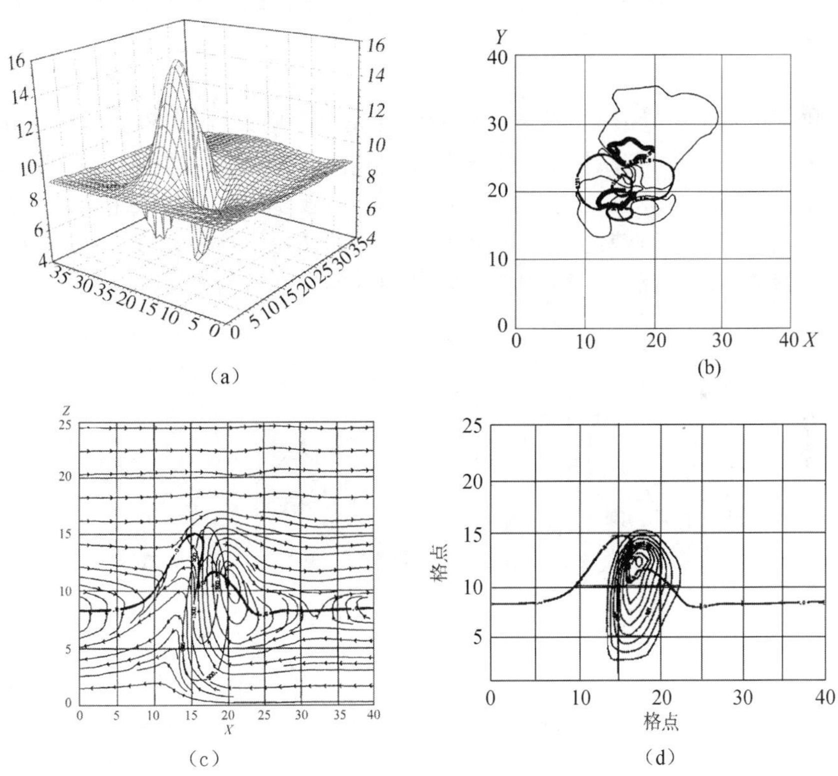

图 3.22　XGL 算例模拟到 25 min 流场中 $u=0$ 的曲面 v 分布和 $J=22$ 处垂直剖面、云水场剖面

(a)$u=0$ 曲面；(b)$u=0$ 曲面上的 v 分布(细实线)，$v=0$ 用最粗的线表示，中等粗实线是 $u=0$ 面高度；(c)$J=22$ 处垂直剖面，带箭头的线是流线，粗实线表示 $u=0$；(d)$J=22$ 处云水场垂直剖面

图 3.23 给出了 13 个直径长到大于 4.97 cm 的冰雹运行增长轨迹在 $J=22$ 垂直剖面上的投影(图 3.23a)和在 $K=11$ 水平截面上的投影(图 3.23b)。

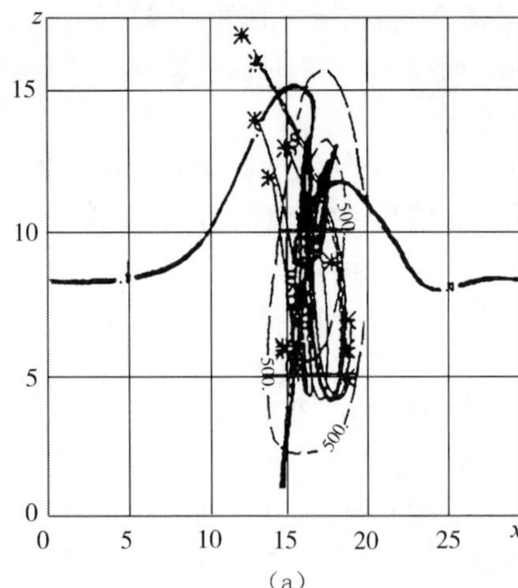

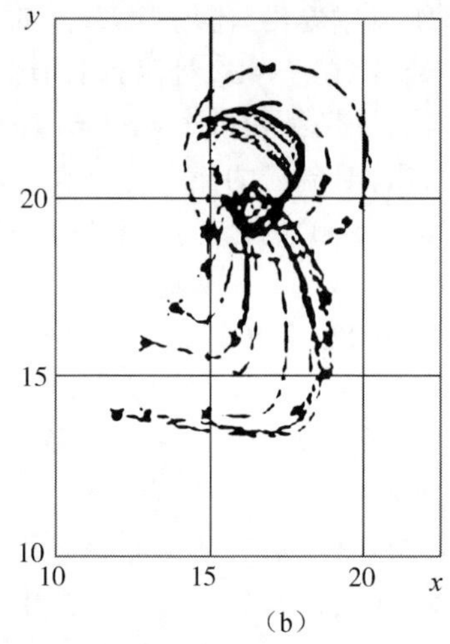

图 3.23　XGL 算例,(a)13 条汇集到 $u=v\approx0$ 区域的大雹运行增长轨迹在 $y=22$ km 垂直剖面上的投影，粗实线:$u=0$,细虚线:垂直速度线,带 * 的实线是轨迹投影线,* 处为粒子出发地;(b)在 $z=5.5$ km平面上的轨迹投影

由图 3.23a、b 可清楚地看到,零域以外的雹胚先向零域集合,在零域内旋转增长,再逐步进入主上升气流,长成大雹后再从主上升气流区落出。图 3.24 给出的是在零域内 5 个长大成直径大于 3.39 cm 的冰雹就地在零域地区增长,在逐步增长中进入主上升气流区,长大后从主上升气流区落出。清楚地展现出,可长成大雹的胚粒子均先在零域集合,然后从这里进入主上升气流区,其位置就在主上升气流区侧边的零域下沿的入流区。

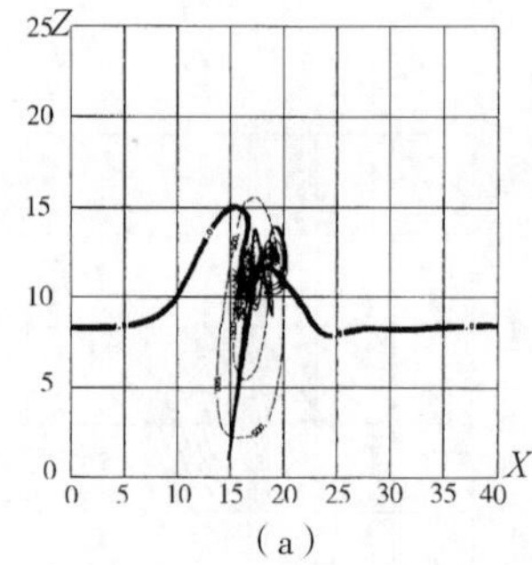

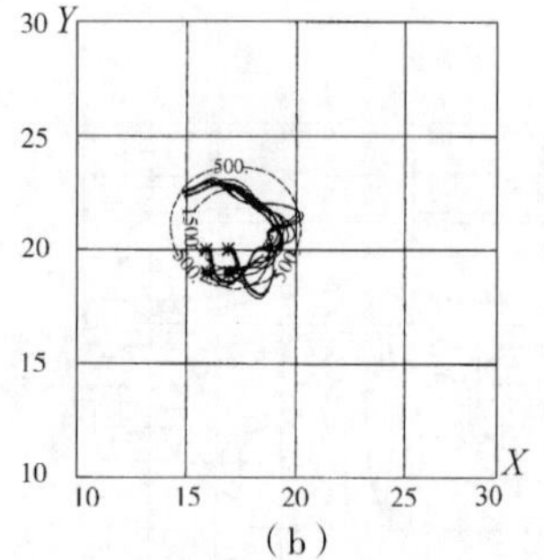

图 3.24　5 条在 $u=v\approx0$ 的零域内的冰雹运行增长轨迹

说明同图 3.23

可见 XGL 算例与 GF 算例得到了在物理上一致的结果,XGL 算例给出的是旋转上升流场,风场结构比 GF 算例更近于实例。

3.4.1.2　动态模拟的结果

为了考察静态模拟的结果在动态情况下的表现,进行了动态模拟,即在轨迹模拟中,云在发展着,云中气流、温度、湿度和过冷水比含量场都随时间演变。在这种变化着的宏微观场中，粒子增长轨迹的规律性是否与静态模拟中相近呢？图 3.25 给出了动态模拟的结果，为了与静态的图 3.19b 相比较，图中给出的是 $J=19$ 的 XZ 剖面图。可以看出，从时次 1 到时次 3，云处于发展中，时次 1 的最大上升气流速度不到 10 m/s，时次 3 超过了 20 m/s，到时次 4 时最大上升气流又小于 10 m/s。虽然图面上不及图 3.19b 那么简明，但还是可以看出这些轨迹仍然绕着 0 线在循环增长，且每个粒子在长大以后，都是从 0 线处落下的规律与静态模拟的结果一致。

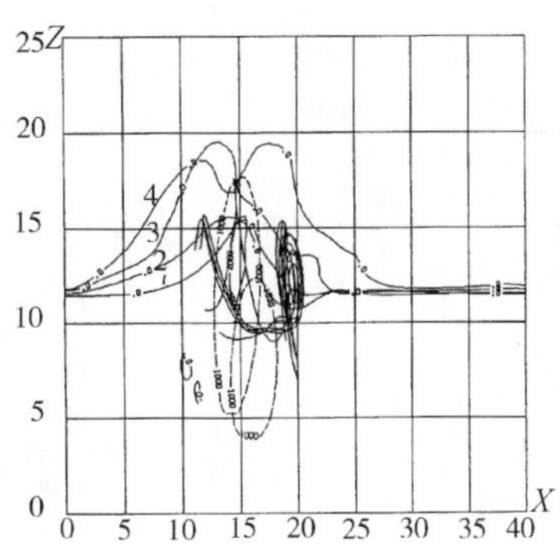

图 3.25　动态模拟中在 XZ 剖面上四个时次(10、20、30、40 min)的 $u=0$ 的零线(标 0 的实线)，9 条长成冰雹的轨迹分布(未标值的曲线)和两个时次(20、30 min)的上升气流等值线(细虚闭合曲线)，线上的标数代表时次(其他说明同图 3.19)

图 3.26 给出了对流云的动态模拟，更清晰地表现了图 3.25 的意思。

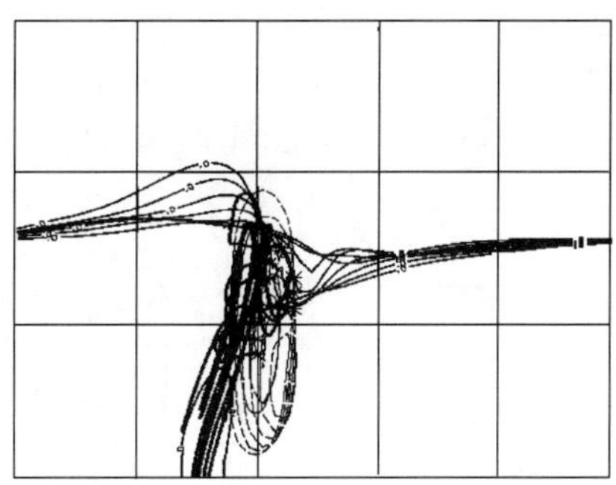

图 3.26　对流发展演变中 0 线位置(非封闭横曲线)和粒子运行轨迹(非封闭竖向曲线)的变化图
封闭式虚曲线是上升气流区

3.4.2　实例模拟

为了进一步考察上述结果的规律性，对一批发生了冰雹的云实例进行了模拟，查看这些规律在实例中是如何表现的。下面介绍两个实例。

3.4.2.1　平凉实例的模拟结果

以表 3.2 列出的温度、湿度、气压值作初始场，以所列出的风向的风速值为基础，参照回波单体的移向移速，求出其相对于风暴的风场作初始风场。数值模拟的结果见图 3.27—图 3.29。

表 3.2　平凉 1999 年 7 月 18 日 07 时 30 分的探空资料

P(hPa)	867.8	850	700	500	400	300	200	100
H(m)	1277	1458	3123	5840	7550	9630	12350	16730
t(℃)	20.9	18.3	12.2	−7.1	−17.9	−33.9	−50.1	−63.1
T_d(℃)	17.1	139	5.2	−14.1	−23.9	−40.9	−56.1	−65.0
D(°)	000	290	065	041	285	315	315	330
v(m/s)	00	07	03	04	03	07	09	10

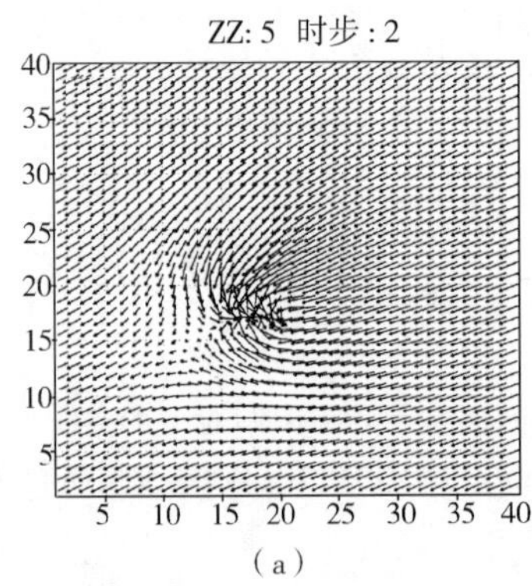

(a)

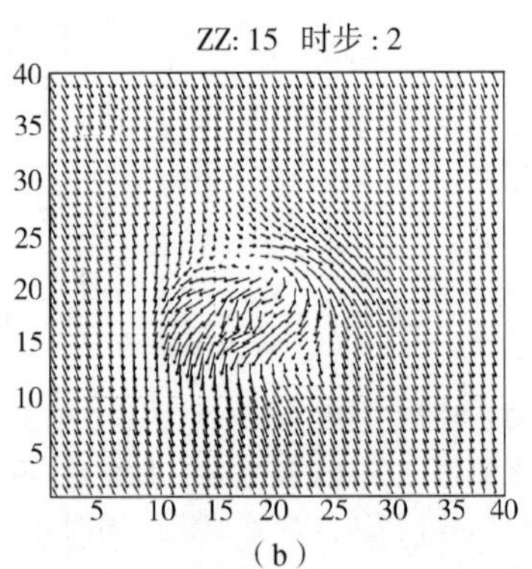

(b)

图 3.27　PL 算例模拟到 25 min 的流场，(a)$K=5$ 水平截面；(b)$K=15$ 水平截面

对比图 3.28(a)、(b)可见：在 $I=17\sim20$ 和 $K=15\sim20$ 的区域是靠近主上升气流中心的水平速度接近于零的零域；在图 3.28(b)中，处于 $u=0$ 的零线上的 $I=17\sim20$、$K=15$ 的区段是 $u=v\approx0$ 的零域。从图 3.27(a)和图 3.28(b)来看，这个区段的下方也是主入流区所在的地方。

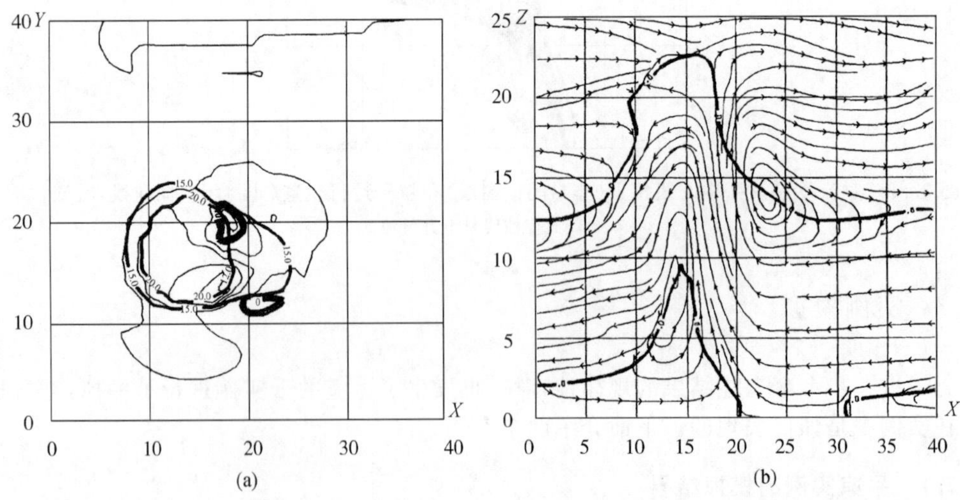
(a)　(b)

图 3.28　(a)PL 算例 $u=0$ 曲面上的 v 分布；(b)$J=20$ 的垂直剖面上的流场(其他说明同图 3.21 和 3.22)

由图 3.29 可见，所有长成大雹的增长运行轨迹，都是在 $u=v\approx0$ 的区域循环交叉增长运行的，在增长中进入主上升气流区，长成大雹后从主上升气流区落下。

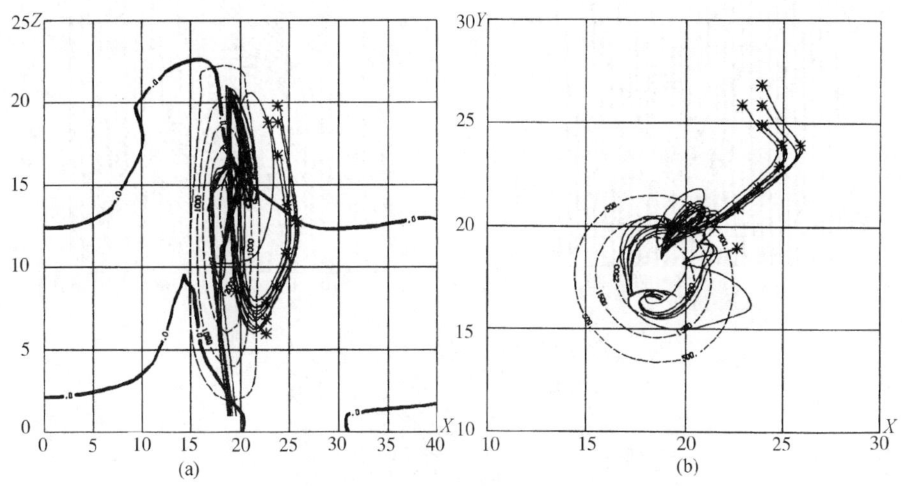

图 3.29　PL 算例中 12 条大雹（$d>3.86$ cm）增长运行轨迹

（a）$J=20$ 垂直剖面上的投影，粗实线，$u=0$ 的等值线，细虚线为上升气流速度等值线，单位：cm/s；（b）在 $K=15$ 水平剖面上的投影，起点坐标为（10，10），带“ * ”的为轨迹线，* 处为出发地，闭合虚线为上升气流速度等值线，单位：cm/s

平凉实例的模拟结果和理想场算例的结果一样，在主上升气流区侧边存在着 $u=v\approx0$ 的水平气流零域，在其下是主入流区，存在和具有同样的动力性能。

3.4.2.2　张家口算例

对张家口算例（实例：张家口，1997 年 5 月 28 日 07 时 30 分，见表 3.3）模拟的结果给在图 3.30～图 3.32 中。对比 PL 算例和 ZJK 算例，可见两个实例的模拟结果在物理上是完全相当的。之所以用大篇幅来介绍理想场和实例的模拟结果，介绍静态模拟和动态模拟的结果，是希望明确所模拟得到的结果是规律性的表现。

表 3.3　ZJK 算例的探空数据（1997 年 5 月 28 日 07 时 30 分）

高度(m)	气压(hPa)	温度 T(℃)	露点 T_d(℃)	风向(deg.)	风速(m/s)
726.0	929.0	12.1	6.1	270.0	1.0
756.0	920.0	10.4	4.4	270.0	3.0
1453.0	850.0	5.0	−1.0	320.0	7.0
2999.0	700.0	−7.5	−12.4	335.0	15.0
5530.0	500.0	−25.3	−32.3	265.0	8.0
7110.0	400.0	−37.7	−45.7	300.0	11.0
9050.0	300.0	−43.1	−51.1	285.0	15.0
10270.0	250.0	−45.9	−53.9	275.0	18.0
11750.0	200.0	−47.7	−56.7	265.0	29.0
13640.0	150.0	−51.1	−60.1	235.0	24.0
16250.0	100.0	−53.3	−62.3	250.0	14.0

注：回波移向 130.0°；回波移速 30.0 km/h。

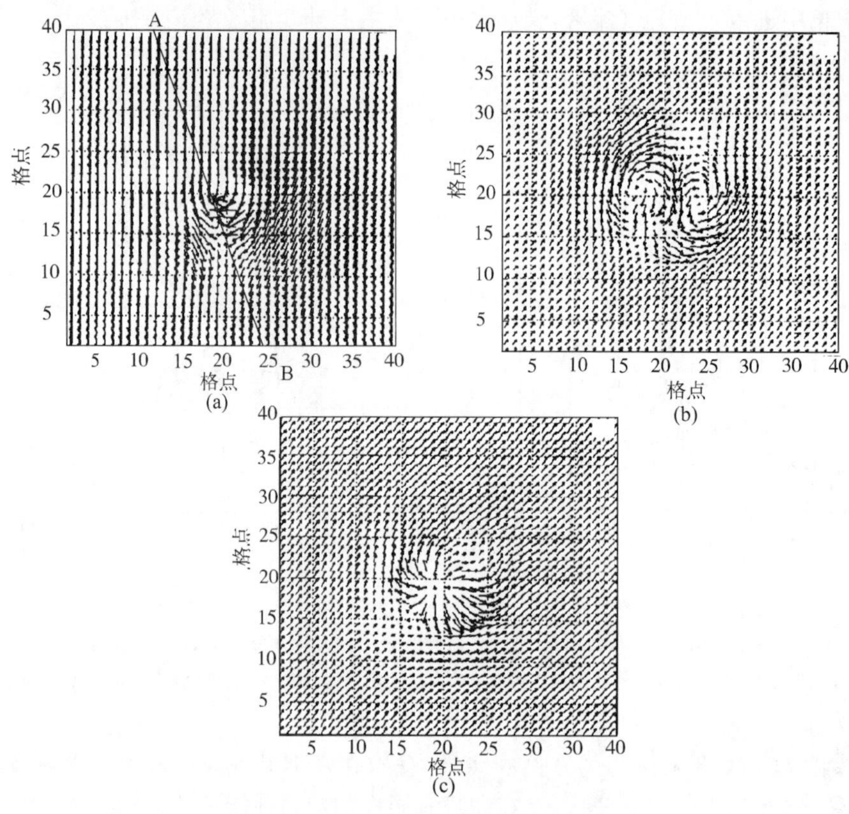

图 3.30 模拟到 25 min 时的水平流场

(a)$K=5$;(b)$K=9$;(c)$K=12$

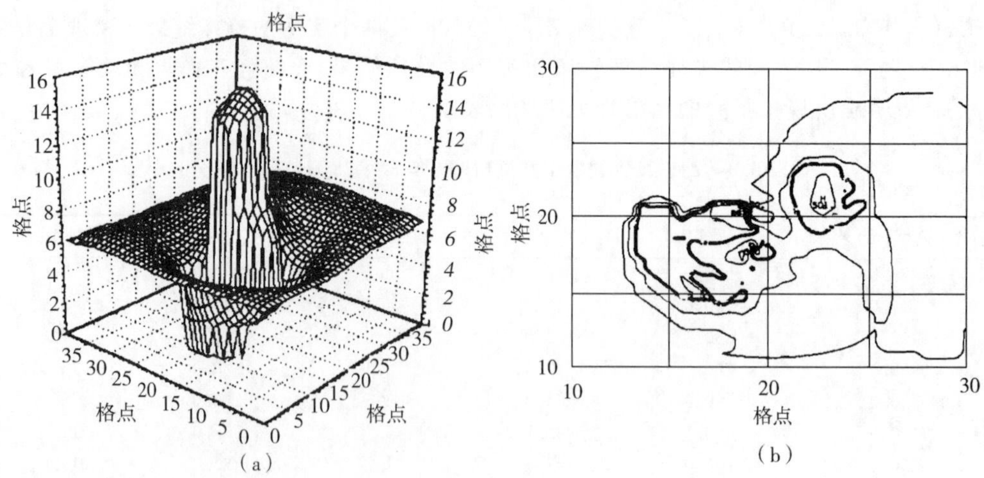

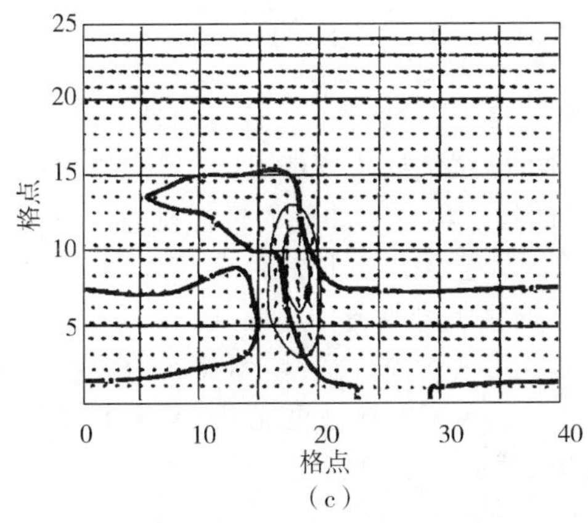

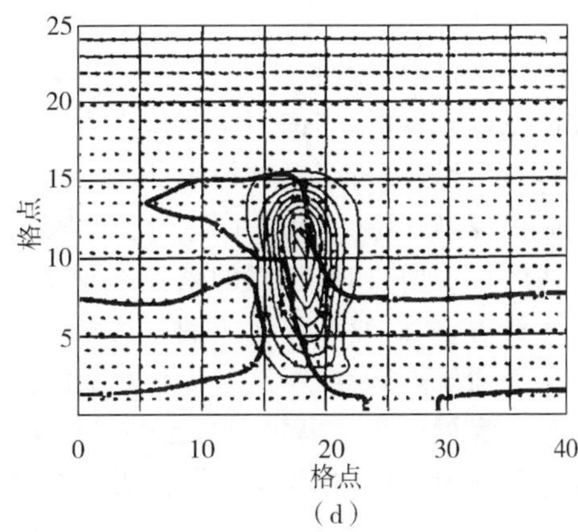

图 3.31　ZJK 算例模拟到 25 min 时原 $u=0$ 曲面及 v 分布和沿图 3.30(a)垂直剖面、云水场剖面

(a)$u=0$ 曲面;(b)$u=0$ 曲面上的 v 分布(细实线),$v=0$ 用最粗线表示,中等粗线是 $u=0$ 面高度线;(c)图 3.30a 中沿 A-B处垂直剖面,带箭头的线是流线,粗实线是 $u=0$ 线,细闭合虚线为上升速度;(d)A-B 处云场垂直剖面

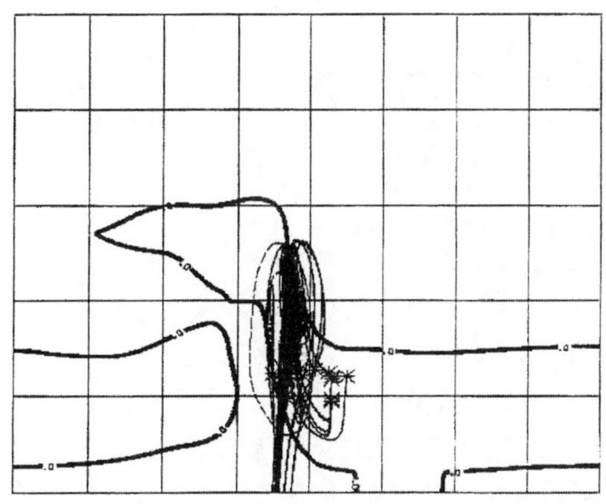

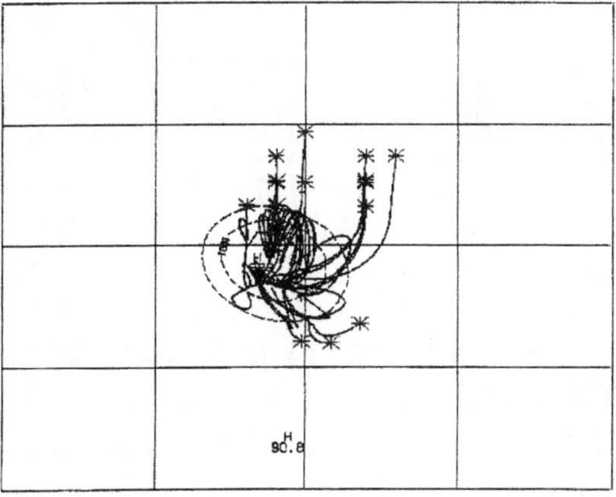

图 3.32　张家口算例,说明同图 3.29

3.4.3　模拟结果的讨论

(1)从上述的模拟中,不论是具有雹暴特征的理想环境场算例,还是实况个例,在主上升气流区侧边都存在着水平速度为零的区域。因为对流流场的基本特征是在垂直向翻滚,低层气流辐合,上层气流辐散,对流中心气流垂直上升;低层气流吹入,高层气流吹出,中间会有一个水平速度为零的转折区。

(2)在对流流型中垂直气流与水平气流的配置,决定了进入流场中水平速度零域的粒子具有独特的运行轨迹。以图 3.18c 型为例,处于 A 点的粒子如何运行可分三种情况。第一种情况,粒子的落速大于当地的上升气流,它在水平方向上是向(对流轴)心运行,在垂直方向上是向下运行,随粒子的如此运动,上升气流增强,向心水平运行也变大,逐渐改变了粒子垂直向的运行方向,由下落变成上升。在穿过 0 线后,向心运动变成了离心运动,在这种运动中,粒子环境的上升速度在逐渐变小,导致粒子又由上升转为下落,在下落中水平风速逐渐变弱，使粒子垂直地落过 0 线，回到了与出发地 A 点相当的状态，完成一次循环运行。如果粒子在运行中不增长，模拟结果表明，粒子只循环不向主上升气流旋进，也吹不出去。第二种情况，如果粒子落速小于当地上升气流，这相当于第一种情况下的运行轨迹从 A′点开始，循环运行轨迹与第一种情况相似。第三种情况，如果粒子处于 0 线上，且落速与当地上升气流相等，则原地不动。同理，处于 0 线以上位置的粒子也应有如此的运行轨迹。当这些粒子在运行中增长时，它们的落速在增加，它们在吹入区会深入更长的距离，而在出流区会运行得更短，从而使循环轨迹圈一边贴近 0 区域一边向主上升气流中心旋进。

从平衡观点来看，在这条零线上，由于上升气流自其轴线向外递减，因而无论大粒子还是小粒子都可以在这里找到自己的平衡位置(图 3.33)而有可能在这里驻留。随着粒子的长大或上升气流的变化，粒子不再能够维持平衡状态时，就进入了动态运行增长状态。

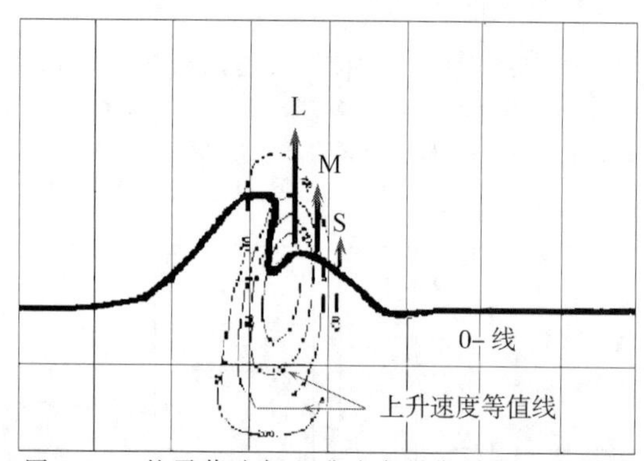

图 3.33　粒子落速与上升速度平衡时的平均位置

L：大粒子、M：中粒子、S：小粒子

(3)从以上的讨论中，已看出水平气流的重要性。过去人们只强调在主上升气流区，由于上升气流速度大，小粒子存留时间短，长不成毫米大小；而在主上升气流的边缘，由于上升气流弱可以有时间长大。但是也应该注意到，在上升气流弱的地方，如果水平速度大，也会使粒子长不大而被吹出。所以适合于粒子长时间留存的地方是在上升气流侧边的水平速度上下反向的零域，这里即使垂直速度大些或小些，由于粒子的运动与对流流场会自动调节适应，并找到合适的存留地点，这为霰胚的形成创造了条件。粒子进入这个地域，只能随着它的长大逐步由入流带它进入主上升气流区，而难以从别处吹离。零域的弱上升气流端是胚胎生长区，零域的主上升气流端是大雹成长区，中间的零域下方入流区是粒子增长旋转进入主上升气流区的通道，构成一个冰雹生长的“穴道”，“穴”是指粒子进入这个地域就出不去了，“道”是指这里是大雹形成的流水线，粒子在长大成雹后才能落出。形成“穴道”的可能和位置是由流场决定的，而过冷水场(过冷度和比含量)决定着增长率，即影响冰雹在“穴道”内的旋进路径长短和速度。

标出冰雹“穴道”位置的依据是：

①主入流区位于零域下侧，入流是驱动粒子进入主上升气流中心的原因，因而它处于零域下才会进入主入流区内；

②粒子在运行增长中，其时段平均位置与粒子落速(或直径)大小有关，这个位置对小粒子来说偏于主上升气流侧边，随着它的长大逐步向上升气流中心移动，所以“穴道”入口处于主入流区的主上升气流侧边，而出口则在主上升气流中心；

③这个区域对运行增长轨迹的动态表现来说，是粒子的动态集中累积区，粒子在增长运

行中可以流出这个区域，步入零域上方的出流区，但能长大成雹的粒子必须再入“穴道”。

冰雹“穴道”位置的示意图见图3.34。

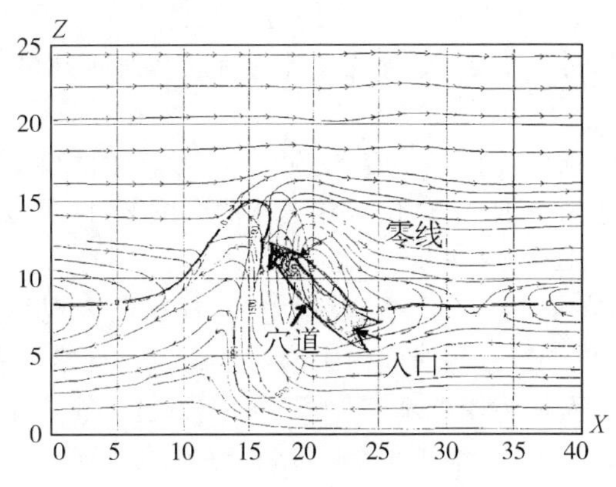

图3.34　“穴道”位置示意图

粗实线是零线，黑箭头是穴道，箭头、箭尾分别为出口和入口

(4)前面已经指出，在雹云的条件下，小尺度冰粒子，通过凝华、凇附和攀附长成毫米级的雹胚，需要有10 min左右的时间，而就是在这个“穴道”中最有利于它的滞留。因而可以得出结论，只要在“穴道”区，就有条件形成雹胚，而且它们的运行增长轨迹是彼此相交叉的。

(5)“穴道”是对应着对流单体的，在多单体雹云中会有一个以上的“穴道”，这在段英等(1998)的文章和上文中已有体现。当然随着雹云流场的发展，“穴道”的位置和空域会变化，在发展阶段，它会抬升和扩大，而在雹云维持阶段少变。一般超级单体持续时间的典型值是30 min到1 h，偶尔可达几小时。最大雷达回波顶波动也是相当小的，通常不超过1 km，最大反射率结构，如穹窿(有界弱回波区)可以有起伏，但不消失。这都表现超级单体的结构特征在维持期保持稳定，这类似于静态模拟的情况。“穴道”的稳定存在在时空上有利于大雹的形成，这也是超级单体雹暴常带来灾害性降雹的原因。如果流场的变动很大，“穴道”时隐时现，在时空上不利于大雹的形成，聚集的大粒子在“穴道”消失时就会骤然下落，形成阵雨或阵雹。但可以想象，在对流云中都会存在这种“穴道”，强者有利于冰雹的产生，弱者有利于大降水粒子的形成。

综合以上的讨论来看得到的结果是有规律性的，不是个例的特殊表现。

3.4.4　小结

(1)强对流(雹)云的流场的特征，以及相应的过冷水凝结物场的配置，决定了雹云中存在着一个成雹“穴道”，它位于主上升气流旁相对(雹云)水平风速近于零的主入流区下侧，出口端是主上升气流中心，这里适合于大雹形成；入口端是主上升气流的边缘，这里适合于雹胚形成。“穴道”的动力特点是，粒子一旦进入很难被吹出，自然地进行循环增长旋转进入主上升气流区长成大雹，在上升气流托不住时下落。这个“穴道”的存在和位置是由对流流场的特征决定的，在“穴道”中粒子增长的快慢和进入主上升气流中心的路途长短是由过冷水场(过冷度和比含量)来决定的。

(2)在雹云的宏微观场随时间演变中，上述规律仍然存在，只不过随着流场的变化，“穴道”的位置在变化，但对于一个发展和维持的云体，其位置大体上是稳定的，这也是长生命史、结构稳定的超级单体雹云产生灾害性冰雹的原因。

(3)只要粒子进入“穴道”,它们就有条件形成雹胚。在“穴道”内部,不论是大粒子,或是小粒子,都具有三维空间的旋转轨迹,由于它们是相互交叉的,从而是平等地在耗用过冷水,甚至只耗用穴道中的局部过冷水量,尽管主上升气流区其他地方存在着大量过冷水,也难有“食”用者光顾。

(4)“穴道”的体积,依据各算例的多条轨迹在 XY 面上的投影来估计,再考虑到它处于云体的移向靠近水平风速为 0 的下方,位置在云体的中下部,即占云体空间 8 个象限中下部 4 个象限中的 1/2(总体 1/16)或更小。

需要说明一点的是,在全 Lagrange 式模拟中,其规律性表现是由粒子群的运行状态来反映的,为此要有足够的粒子数在短时间内去遍历全场。在自然云中粒子数是足够的,遍历所需要的时间是很短的。而作为模拟示踪粒子群的数目也只能成千上万,到亿就很困难了,因为要把每个粒子的行踪记下来,需要海量存储和海量的计算。因而在粒子数不够多的情况下作到遍历,就需要稳住运行环境场,以便能多算一些时间去遍历。所以模拟运行中稳住环境场的时间可能长于云体自然稳态的时段。但由于云中实际粒子数是足够的,遍历是快速的;当示踪粒子数偏少时,稳住环境场的时间相对长一些,是为了达到遍历性要求,只会使所得模拟结果的规律性表现得可靠些,而不会明显歪曲自然图像。

3.5 强对流(雹)云中水凝物粒子的积累

3.5.1 云中粒子群的累积

在冰雹形成过程中,雹胚或冰雹与过冷云水或过冷雨水的碰冻是冰雹长大的主要方式,因此,形成灾害性冰雹的一个条件就是强对流云中存在大量的过冷水。

观测表明:在强对流云中,上升气流的垂直分布在中层有一个极大值,该层上、下的上升气流分别随高度的升高和降低而减小。这种垂直速度分布与云中水凝物粒子群因增长而变化着的尺度和落速相互作用,就会引起粒子群的积累。观测和理论分析都证明了粒子积累现象的存在。但把这种积累认定为过冷雨滴的积累,以及它在冰雹形成机制与防雹中的作用则引起了质疑(Gokhale 1981,郑国光 1987)。主要疑点是:(1)强对流(冰雹)云中的强回波区是大的水凝物粒子积累的佐证,但一些观测发现强回波区中的大粒子主要是固态的,而不是以过冷雨滴为主。(2)在积累区中的冰雹增长方式,不能解释冰雹的分层结构。(3)观测表明,从强对流云出现第一次回波到降雹只有十几分钟,大雹的形成是很快的,这要求有高的含水量;分层增长又要求雹块以循环方式去经历不同的增长环境,其中一个环境是具有积累能力的高过冷水(云水或雨水)的湿增长区,另一个环境是干增长区。那么,在冰雹云中这两种区域是怎样形成的呢?雹块又是如何在两个区域中循环穿行并快速增长的呢?

冰雹云具有自身的特征回波结构,冰雹也有自身的特征分层结构,这些宏、微观结构的出现应当是雹云的温、湿、水凝物场,流场和水凝物粒子群运行增长行为之间相互作用的综合反映。粒子在运行增长过程中向某处集中就是积累,而冰雹群去碰冻某地的过冷水就是消耗。而粒子群在某时的态势,换算成反射率,就是云回波结构。冰雹生长过程中经历不同的生长环境,交替干、湿增长就是分层结构。为此,本节拟用三维非静力全弹性模式(GF)

(许焕斌等 1990)来给出强对流(冰雹)云的温、湿、云水量场和流场,再通过三维粒子增长运行模式(H3TRAJ)(许焕斌等 2001,王思微等 1989)来描述粒子群在云的背景场中的运行增长行为。由于粒子的增长是受温、湿、含水量和粒子大小、相态、落速控制的,而运行是由流场(u,v,w)和粒子落速控制的,增长条件因粒子在流场驱动下位置的变化而改变,而粒子的增长引起的尺度和落速的变化又影响粒子的运行,所以粒子的运行增长行为是宏观场与粒子群相互作用的基本行为表现。本节希望从考察这种基本行为出发来探讨强对流(冰雹)云中过冷水的积累和消耗,说明雹块分层结构,以及强对流(冰雹)云回波特征结构的数值模拟再现。

3.5.2　对流云中粒子群累积的数值模拟

3.5.2.1　理想场静态模拟

利用 XGL 算例的三维对流云场和云水场(见 3.4 节中的(1)和图 3.21～图 3.22)。由于图 3.22(c)剖面穿过主入流区和主上升气流区的零域,其动力特征表现最鲜明,是展示累积(回波、云水消耗)最主要的地方,所以本节主要展示的是这个剖面。另外前已指出,在流场随时间变化的动态模拟中,其规律性的结果与静态模拟相似,为清晰起见,作为初步研究,这里只给出了静态模拟的结果。

以三维云模式(XGL)模拟到 25 min 的流场,温、湿和云水含量场作背景场,在模拟区域内 $I=J=11\sim30,K=6\sim20$ 的中心地区中的 6000 个点上,每个点播撒一个粒子,用三维粒子增长运行模式(H3TRAJ)来模拟它们的增长运行,看它们是否在增长运行中向某地集中,也就是说发生累积。为了解它们的行踪,给每个粒子一个固定编号(1～6000)。初始播撒粒子的直径为 0.05 cm(500 μm),密度为 0.9 g/cm³,每个格点播撒一个,换算成比含量是 5.89×10^{-5} g/kg,浓度为 1 个/m³。

图 3.35 给出了 H3TRAJ 模式运行到 8.3 min,16.7 min 和 25.0 min 时粒子集中(累积)区(粒子比含量大于 0.05 g/kg)与上升气流区、零线($u=0$)分布图。

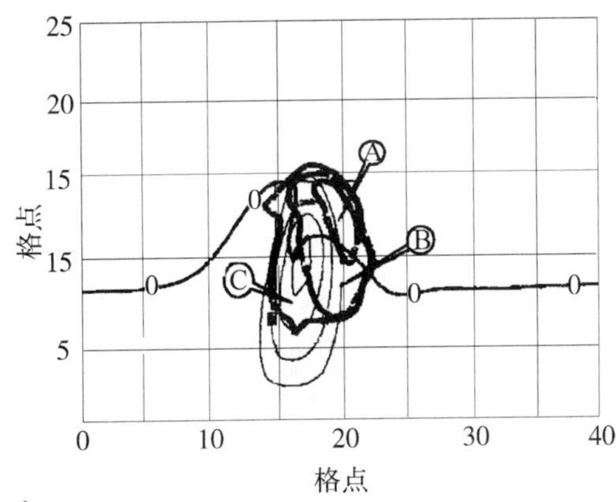

图 3.35　XGL 算例模拟到 8.3 min,16.7 min 和 25.0 min 时的粒子比含量、上升速度分布

闭合粗实线为 0.05 g/kg 区域外廓线 8.3 min(A),16.7 min(B),25 min(C);细虚线为上升速度分布,单位:cm/s;中等粗实线为 $u=0$ 线;最大比含量分别为 0.1,2.5,36.2 g/kg。图的结构及其他说明同图 3.22(c)

由图可以清楚地看出，粒子群是先在水平速度近于零的区域和主上升气流侧边集中，随着粒子的增长，逐步向主上升气流中心靠近，并进入主上升气流区，而且累积区并不仅仅处于最大上升气流上方，而是可以延伸到其下方。由于累积造成粒子比含量增长是迅速的，8.3 min时最大值为 0.1 g/kg，16.7 min 时增大到 2.5 g/kg，25.0 min 时已达到 36.2 g/kg。但是，如果粒子不增长，它们在运行中难以集中，也进入不了主上升气流区，2168 号粒子在这种情况下运行轨迹在 XZ 垂直剖面和在 XY 水平截面上的投影(图 3.36)，清楚地说明这一点，粒子对空气运动跟随性越强越不易积累，正如空气团难以累积的道理一样。空气在运动中因流场的辐合应会发生质量累积，但累积后的质量密度变化会引起气压梯度力的反馈，使辐合转成辐散，阻止累积的进一步发展，这种动力作用在小尺度下是十分快的，所以对云滴粒子来说，由于他们紧跟着空气运动，不会造成明显的累积，这时云水的含量主要受凝结或凝华过程控制。

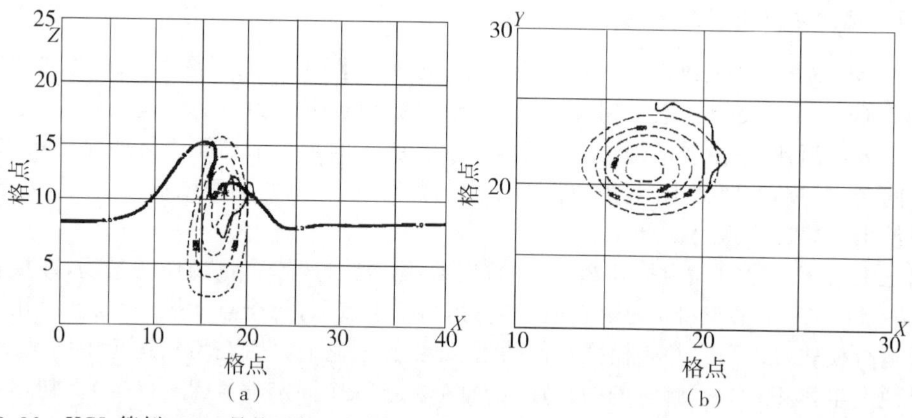

图 3.36　XGL 算例：2168 号粒子的运行轨迹在 XZ 垂直剖面上的投影和在 XY 水平截面上的投影

(a) XZ 垂直剖面上投影；(b) XY 水平截面上投影；原点(10,10)；粗实线是 $u=0$ 的线，细虚线表示垂直气流速度分布，单位：cm/s；其他说明同图 3.22(c)

粒子累积的机制是它们向主上升气流区侧边的零域集中，这里恰似一个动力吸引区。这从图 3.37 给出的 $J=22\sim23$ 区间内粒子运行轨迹图可以清楚地看出来。

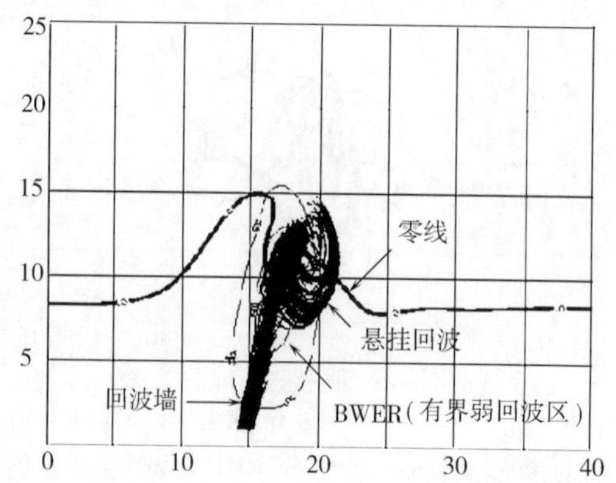

图 3.37　XGL 算例：在 $J=22\sim23$ 区间内，340 个长成大粒子的增长运行轨迹在区间内的轨迹线段分布

密集线是轨迹线段，粗实线是 $u=0$ 的零线，细虚线是上升气流速度等值线，单位：cm/s；其他说明同图 3.22(c)

以上的模拟中，粒子由于碰冻增长，大于 0.6 cm 之前不破碎，而对于过冷雨滴来说，其直径 $d>0.6$ cm 之前就会发生破碎，为了适合这种情况，假定当 $d>0.6$ cm 时即发生破碎，使 $d=0.6$ cm，但浓度按比例增加，该比例值为 m(d)/m(0.6)。模拟的结果给在图 3.38 中，与图 3.35 相比，二者的图像是相似的。只不过因为 $d\leqslant 0.6$ 的限制，(B)、(C)间的差别变小了。

雨粒子的累积会使累积区迅速增加其比含量，当处于过冷态时，使集中的冰相大粒子的并冻增长速度大为加快，也可含有大量的过冷雨滴供防雹作业提供的人工冰核核化冻结转成冻滴雹胚。大粒子的集中和累积是流场和粒子运动的动力效应造成的，而被集中的粒子雨滴、霰粒或是冻雨、冰雹则由云微物理过程来决定。因而有累积，不一定是过冷雨滴的积累，冰相降水过程占优势，累积的是霰粒或冰雹，而液相降水过程占优势，累积的就是雨滴。

综合图 3.35，3.36 和 3.38 可以看出以下几点：

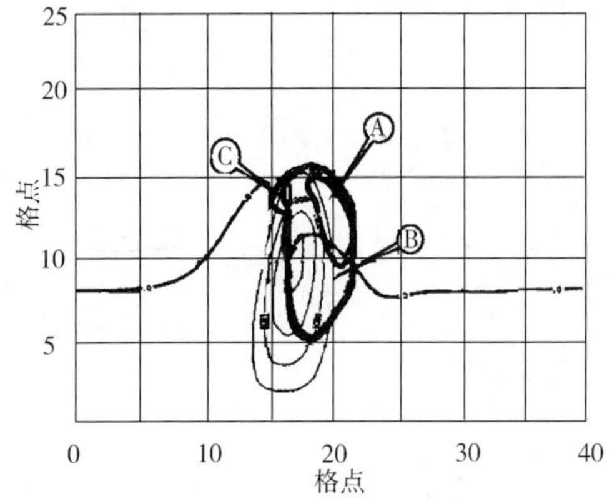

图 3.38　XGL 算例：当雨粒子直径 $d>0.6$ cm 发生破碎时，模拟到 8.3，16.7，25.0 min 时积累区内粒子比含量分布

8.3 min，最大比含量是 0.2 g/kg，闭合粗实线(A)；16.7 min，最大比含量 5.0 g/kg，闭合粗实线(B)；25.0 min，最大比含量 10.1 g/kg，闭合粗实线(C)；其他说明同图 3.22(c)

(1)粒子的积累是通过它们向主上升气流区侧边水平速度近于零的区域集中来完成的，随着粒子尺度的增长，累积区逐渐向主上升气流区零域附近扩展，新生的累积区并不在最大上升气流顶上方，而是在旁侧，累积区不仅处于最大上升气流上方，也可延伸到其下方。

(2)集中的过程，不是静态的，粒子不是进入累积区后就停留在那里，而是动态循环的。粒子进入累积区，也离开累积区，但总的效果是动态地向累积区集中。

(3)循环的动态累积过程，并不像 Сулаквилидзе(1965)、Haman(1968)、Iribarne(1968)和 Gokhale(1981)所描述的那样，或静态的形成，或要求环境风有切变。环境风场的切变是对流云发展的一个重要动力学条件。但当对流云发展起来以后，由于对流流场本身是翻滚式的，主上升气流区两侧的水平风场就具有自身的切变；它也不要求粒子在运行增长中落速的增加一定要和上升气流速度的增加相一致这样苛刻的条件。因为在动态情况下，由于零域的动力特征，粒子在运行增长中有自动调节功能，总可以动态地进行循环式的运行增长。

(4)由于粒子的运行增长轨迹是动态循环的，它穿过高值过冷水区时可以以湿增长方式增长，在离开这个区以后再进入前又可以以干增长方式增长，而且循环圈上下左右可达到几千米，因而在模拟中，粒子增长发生了干湿增长的交替，出现了分层结构。

3.5.2.2 实例模拟

对对流云中粒子群累积的实例模拟也作了一批个例，其结果在物理上与理想场模拟是一致的，下面给出的是张家口实例(ZJK)。这个实例模拟的水平流场、水平风速零线分布和特征垂直剖面已给在图 3.30 和图 3.31 中。它们分别对应着理想算例(XGL)的图 3.21 和图 3.22。

而累积区随时间的发展图给在图 3.39，340 个长成大雹的粒子在图 3.30(a)上的 AB 主入流剖面上的轨迹线段分布给在图 3.40 中。这两张图的物理含义与图 3.25 和图 3.37 相同。

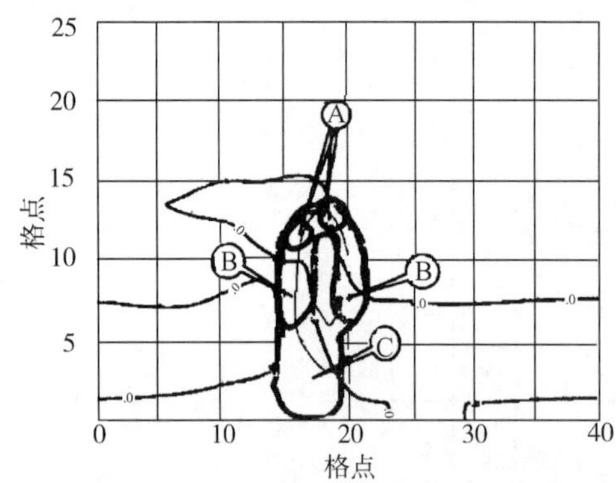

图 3.39 ZJK 算例模拟到 8.3，16.7 和 25.0 min 时的粒子比含量、上升速度分布

闭合粗实线为 0.05 g/kg 区域外廓线；8.3 min(A)，16.7 min(B)，25.0 min(C)；细虚线为上升速度分布，单位：cm/s；中等实线为 $u=0$ 线；图结构及其他说明同图 3.22c

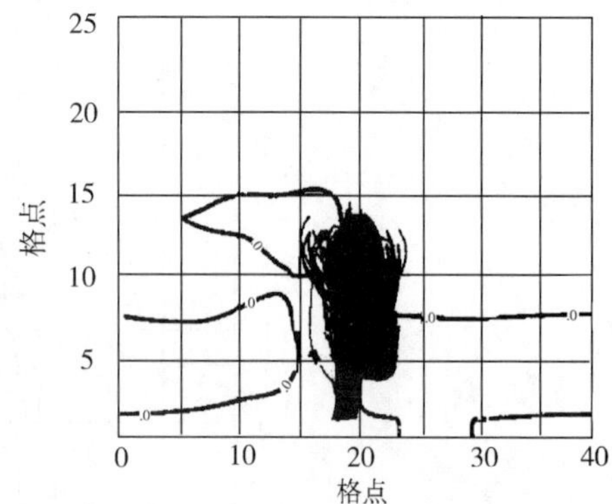

图 3.40 ZJK 模拟沿 A-B 剖面在一个格距的间隔内，340 个长成大粒子的增长运行轨迹在区间内的轨迹线段分布

密集线是轨迹线段，粗实线是 $u=0$ 的零线，细虚线是上升气流速度等值线，单位：cm/s，图的结构同图 3.37

3.6 强对流(雹)云中云水的消耗

云水(甚至包括云冰晶)都是云中小粒子，通常认为它们随气流而动，即对气流的跟随性很好，达到完全跟随。因此，上节已指明这样的云水粒子是不发生累积的，可累积的粒子是长大了的末速较大的。这些大粒子在增长运行中可以碰并(并合)这些云水粒子，形成对云水的消耗。当然，可累积的粒子中也相互并合，液态粒子在未达到破碎尺度以前，水量由云水向雨水转化，当在负温区出现固态粒子时，水量由液相向固相(冰雹)转化，所以在冰雹碰冻增长中也要消耗液态雨水。由于液态雨水也在累积，而液态云水难以累积，二者的来源和消耗有所不同，所以这节专门讨论一下云水消耗的问题。

云水的来源，自然是凝结和气流输运及通量辐合(不是上述的累积)，而消耗是指雨、雹粒子对它们的收集，不包括云水向雨水的直接转化。

3.6.1　大粒子在增长运行中对云水场的消耗

在粒子的增长运行中，粒子的增长是碰并（冻）云水，云水将被消耗，粒子在哪里增长就消耗哪儿的云水。为了考察云水被消耗的情况，本节也进行了数值模拟。

在粒子初始播撒浓度为 1，10，100，1000 个/m^3 情况下，给出了图 3.41（注意图 3.41a 同图 3.22d）的初始云水场（见图 3.22d，最大比含量是 6.19 g/kg）被消耗的情况。

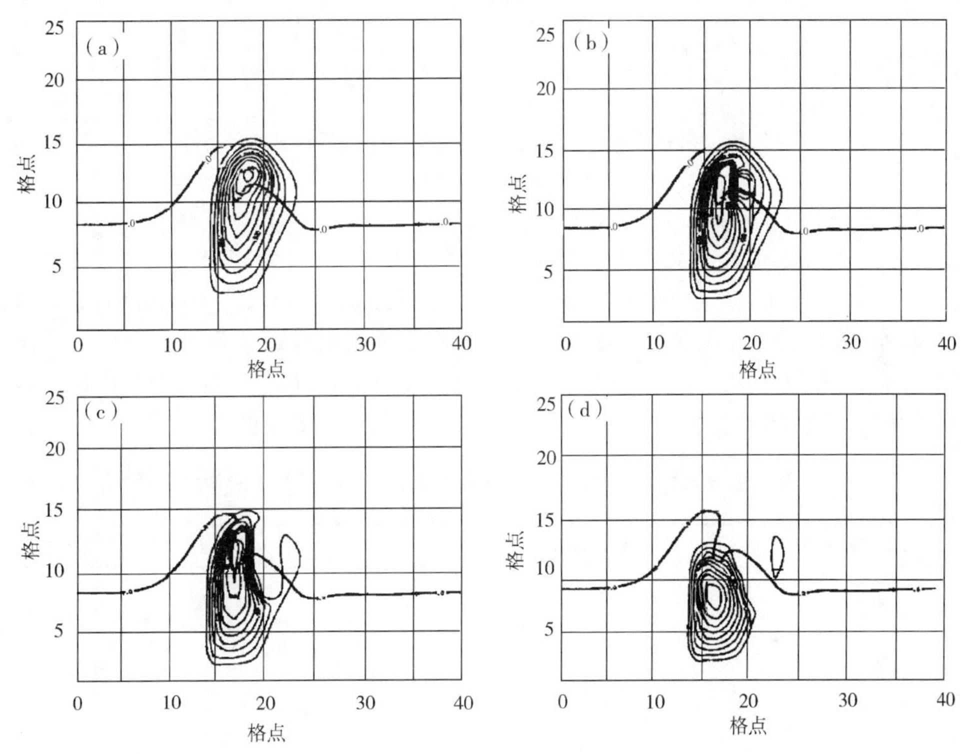

图 3.41　在模拟 25 min 后，初始云水场被消耗后的分布

播撒浓度为(a)1 个/m^3(同图 3.22d)；(b)10 个/m^3；(c)100 个/m^3；(d)1000 个/m^3，最大云水比含量为 6.0 g/kg(a)，4.6 g/kg(b)，4.3 g/kg(c)，3.4 g/kg(d)，标“0”的实线是 $u=0$ 的零线，其他说明同图 3.38

由图 3.41 可以看出，只有累积区内的云水才被消耗，因为大粒子都到这里来集中，累积区外的云水消耗很小，这意味着冰雹并不是消耗云中所有地方的云水，大粒子到不了的地方，云水并不被消耗，而大粒子能到什么地方去，是为流场的动力特征决定的。

上面的算例，只考虑了消耗，而没有考虑云水的供给，为此按温、湿、压和流场给出了应有的云水补充，这样的算例结果给在图 3.42 中。比较图 3.42 和图 3.41c 可见，在有云水补充的情况下，消耗最快的地方仍然是大粒子的集中区，补充的云水主要使主上升气流区下部云水比含量增多了。

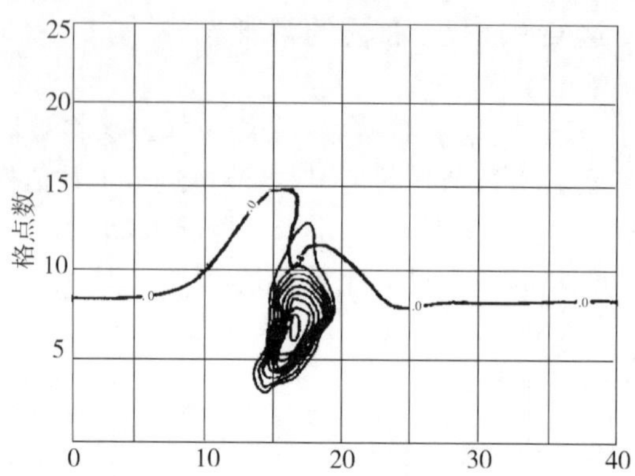

图 3.42　在有云水补充情况下，被大粒子消耗后的云水场分布

其他说明同图 3.38 和图 3.41(c)

比较有云水消耗和无云水消耗以及播撒粒子的浓度大小(相当于雹胚浓度)对大粒子(冰雹)形成的影响，其结果给在表 3.4 中。从表 3.4 看出，考虑有无云水消耗对 d_{max}值影响显著，且随粒子的浓度加大，其 d_{max}逐渐变小。当粒子初始浓度值达到 100 个/m^3 时，d_{max}值已减到 1 cm；而当浓度达到 1000 个/m^3，d_{max}值已减小到 0.5 cm。一般自然雹胚的浓度约为 1 个/m^3，看来，把雹胚浓度加大 100 倍以上，是可以抑制大雹形成的。

表 3.4　有云水消耗和无云水消耗时，不同粒子浓度下粒子长大的最大直径 d_{max}

有无云水补充	有无云水消耗	粒子浓度(个/m^3)	d_{max}(cm)
无	无	1	5.0
有	有	1	4.2
有	有	10	1.9
有	有	100	1.0
有	有	1000	0.5
有	有	100	1.9

3.6.2　结语

(1)强对流(冰雹)云具有翻滚式对流流场，流场的性质决定云中存在着一个动力吸引区，它处于主上升气流区旁侧水平气流等于零的区域，粒子在增长运行中向这里集中，造成水凝物的累积。

(2)这种粒子的集中和水凝物的累积是流场动力特征和粒子增长运行行为相互作用的表现，如果没有粒子的增长，集中和累积是困难的。

(3)粒子的集中和水凝物的累积是动态循环式的，粒子可以进入吸引区，也可以吹离吸引区，在进入一吹离的循环中动态地形成了集中和累积，这有别于静力式上升气流与粒子落速相平衡的那种累积。累积可以发生在主上升气流上方，也可以延伸到其下方。

(4)粒子的集中和水凝物的累积是受流场和粒子运动的动力过程控制的，而累积粒子是液相雨滴或固相霰粒、雪团和冰雹，是受降水发展过程属液相或固相占优势来决定的。而一旦有过冷雨滴的累积，会加速冰雹生长。这也为播撒防雹形成冻滴雹胚准备了条件。

(5)云水场中云水量，只在大粒子的集中区内被显著消耗，而其他地方的云水量消耗不显著。

(6)对于云水含量高达 6 g/kg 的云水场，当雹粒子浓度达到 100 个/m^3 时，在考虑消耗时，已只能长大成 1 cm 的冰雹。而 1 cm 大小的冰雹在从 0℃层下落到地面中，通常会全部融化。

3.7 强对流(雹)云中的特征回波结构的数值模拟

云体对雷达的探测之所以产生回波信号，是由于云中存在着粒子群。雷达反射率因子 $Z=\int_0^\infty n(D)D^6\,dD$，从定义上来看就是粒子群的尺度和粒子群分布谱的函数，所以雷达回波结构实际上是云体的宏观场与云粒子群场相互作用导致粒子群以何种分布谱(微结构)在云体空间上存在的反映，因此只要了解云体中粒子群的浓度尺度和空间分布，必然就可以模拟出回波结构来，这一构想应当是最接近自然的图像。

强对流(雹)云的雷达回波结构特征在第二章中已作了详细介绍。但在数值模拟中可否再现，并反映人们对雹云物理模式理解程度和数值模式的功能。所以我们在这方面作了一些探讨。在模拟中比较困难的是描述回波穹窿。穹窿是由悬挂回波、弱回波区和回波墙组成的。回波墙只要有降水(雨、雹)就可以出现，关键是悬挂回波的出现，它一旦出现，必然构成有界弱回波区(BWER)，如果只有回波的水平延伸，虽不下垂也不上翘，可形成无界弱回波区(WER)，若带有上翘，就展现不出弱回波区，穹窿也就形不成(见图 3.43)。所以在模式中如果不能较好地反映流场与粒子群增长运行的相互作用，模拟就出不来穹窿；如果在计算方法上有假的扩散，穹窿出来了也会被填塞，因此必须提高模式的物理性能和计算的保真性能。许焕斌和王思微(1988)在二维冰雹云模式中加入了水凝物场边界控制技术，首先模拟出了有界弱回波结构，见图 3.44a。可见穹窿区对应着主上升气流区和云水区，构成有界弱回波区，可算是模拟出来了。但边界控制技术很复杂，用在二维模式还可接受，用在三维模式中就很麻烦。为此，段英等(1998)用三维云模式(许焕斌 1990)中的半 Lagrange 方法计算水凝物场，以取代复杂的边界控制法，也模拟出了穹窿结构，见图 3.12b，但维持时间短，说明出现穹窿结构需要严格的多因素配合，但在实际雹云中出现这种结构是经常的，说明在物理模型和计算方法上仍有不足。

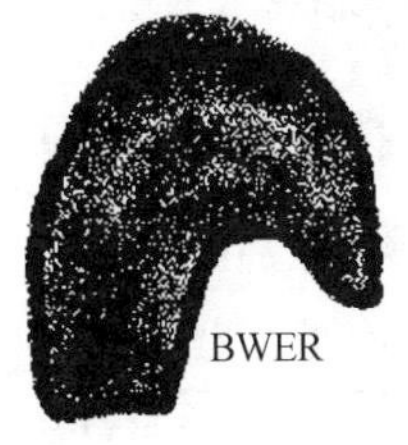

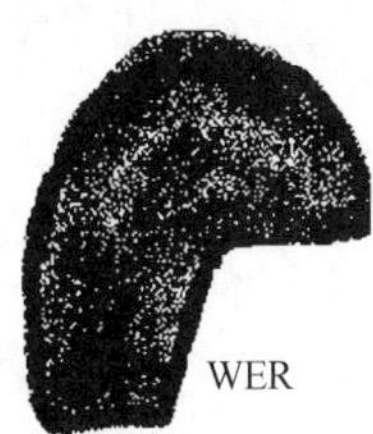

图 3.43 有界弱回波区(BWER)、无界弱回波区(WER)及无弱回波区(NO-WER)示意图

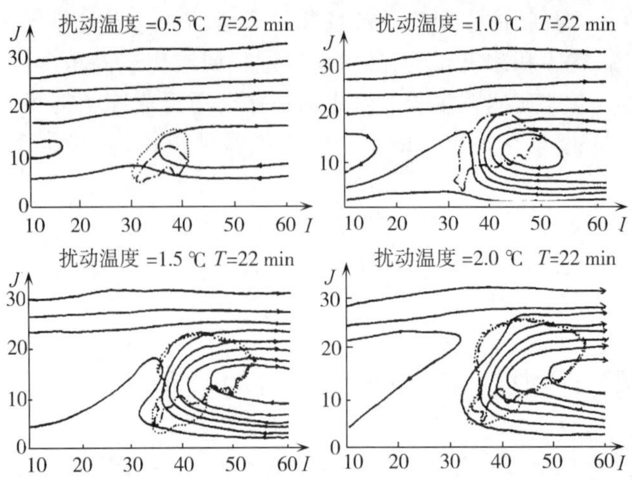

图 3.44a　给定层结条件，风速分布情况下，不同热扰动强度时的流场、云水场和回波场

点线：云水界；点划线：相当于回波界；箭头线：流线；J：垂直格点数；I：水平格点数；格点距 400 m

本节用全 Lagrange 方式来追踪遍及全场的雹粒子群的增长运行状态及演变，这类似于物理光学中的蒙特卡洛(Monte Carlo)方法，施放上亿个光子去追察其行踪来探寻其规律的思路。而回波结构就是大粒子群在空中的瞬态分布的反映，上节中的图 3.37 就是 340 个大雹粒子在雹云主入流区穿越“0”域的特征剖面上运行增长轨迹的线段分布，它十分清晰地给出了穹窿结构，指出了有界弱回波区与主上升气流区的关系，给出了“0”线(域)与悬挂回波的对应关系，即零线穿过悬挂回波中轴。这可算是成功地模拟了强对流(雹)云的特征回波结构。

用全 Lagrange 方式来模拟粒子群的运行增长，分辨率高，可以得到较为精确的图像(详见 4.3.3 节)，可以展现粒子群的运行增长路径及粒子群的集聚过程，有利于机理探讨和对云体细结构的描述。但对于粒子群运行增长和集聚后的结构特点，特别是尺度较大的特征结构，用 Euler 方式也得到了清晰的结果。康风琴(2007)和陈宝君(私人通信，将刊载于“环境与气候”，2012 年 4 期)模拟出的水平气流零速度线与悬挂回波的配置图与观测分析结构很一致(见 3.44b)。

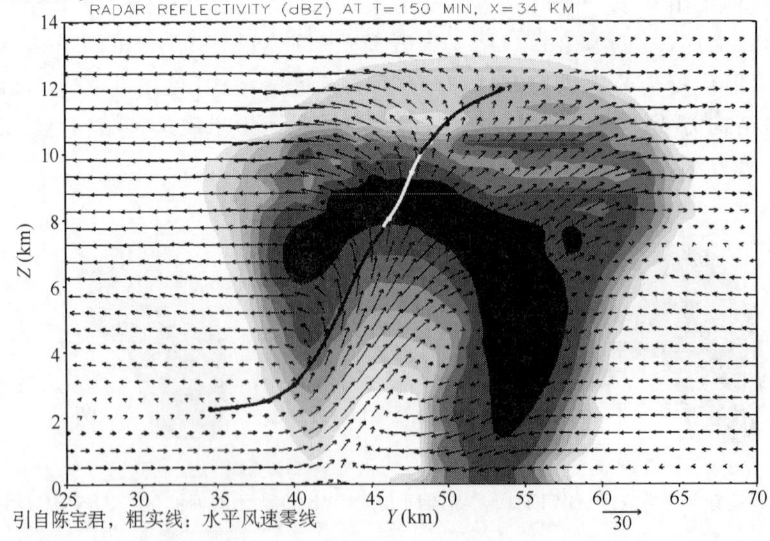

图 3.44b　模拟出的水平气流零速度线与悬挂回波的配置图(陈宝君 2012)

3.8　冰雹分层结构的模拟试验

冰雹具有分层结构，雹块碰冻增长中又有干、湿增长方式，干、湿增长方式的交替可形成分层结构。雹块与环境间的热交换状况又控制着处于干方式还是处于湿方式，因而模拟了冰雹干湿生长条件的变化就可以模拟出雹块的分层结构。

图 3.45 给出了冰雹分层结构与冰雹在云中的运行轨迹的示意图，其中说明冰雹的透明层是慢速冻结的冰（湿状态），而乳状的冰层是快速冻结的冰（干状态）：左边的冰雹从图中的 C_1 出发上升到 M_1 再降到 C_2，又升到 M_2，最后降到 C_3 处，经历了上—下—上—下两次垂直循环，形成雹块的四层结构。右边的雹块经历与之相当，只是第二次上—下幅度较小，也形成了四层结构。

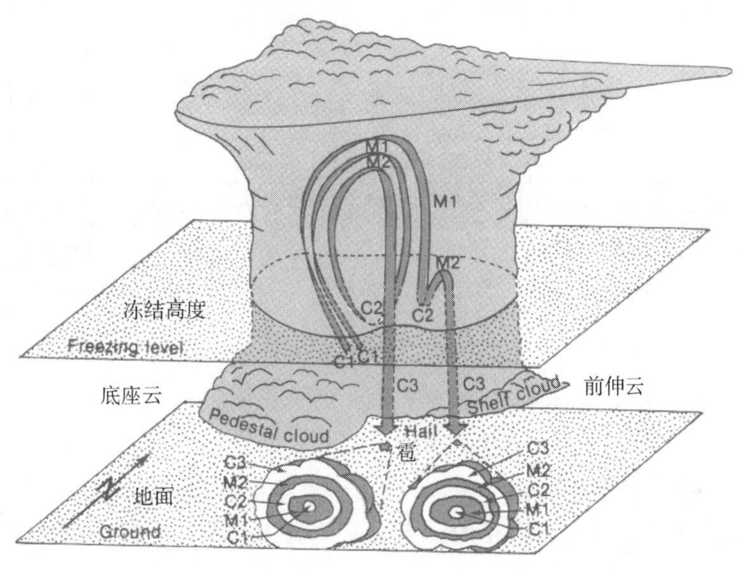

图 3.45　冰雹分层结构与雹块在云中运行轨迹的关系图
（Engleman 1983）

本节利用 XGL 算例，计算了 468 号粒子的分层结构，其干湿生长交替形成了具有四层直径达到 2.73 cm 的冰雹见图 3.46 所示。

由于在模式中模拟的云环境是格点平均值，起伏较小，所以并未出现自然冰雹切片中的细微分层结构，468 号冰雹在 $d<2.12$ cm 前一直是干生长状态，而在 $d>2.12$ cm后才交替出现了干湿生长。其增长运行轨迹在 $XZ(y=22)$ 和 $XY(z=11)$ 平面上的投影给在图 3.47 中，可见它先到零域集中，绕着主上升气流中心逆时针转动，在转动中有两次上下，幅度不大，但已显示出分层结构。

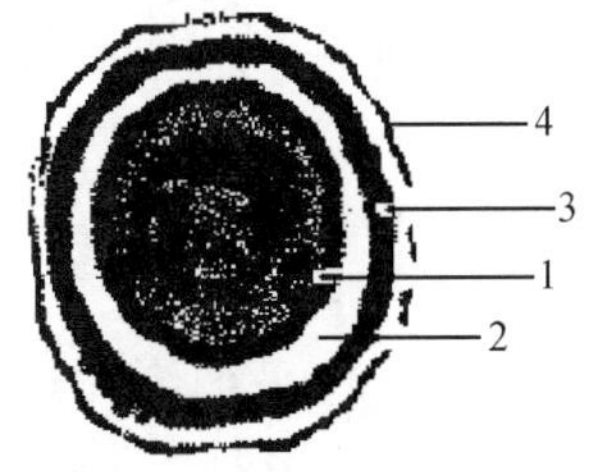

图 3.46　468 号冰雹的分层结构
1：$d=2.12$ cm（干）2：$d=2.30$ cm（湿）
3：$d=2.46$ cm（干）4：$d=2.73$ cm（湿）
干增长≥湿增长≥干增长

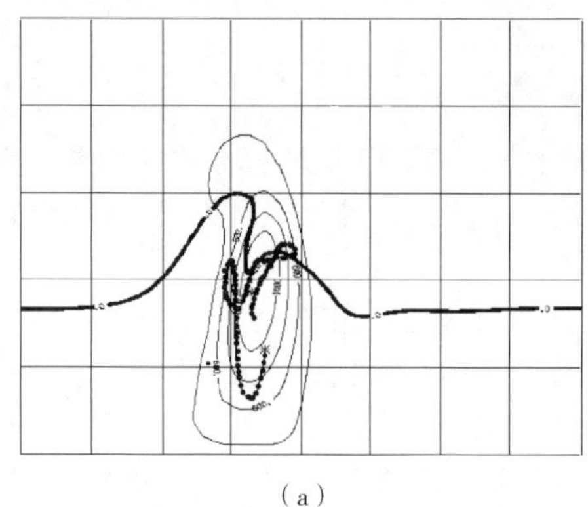
(a)

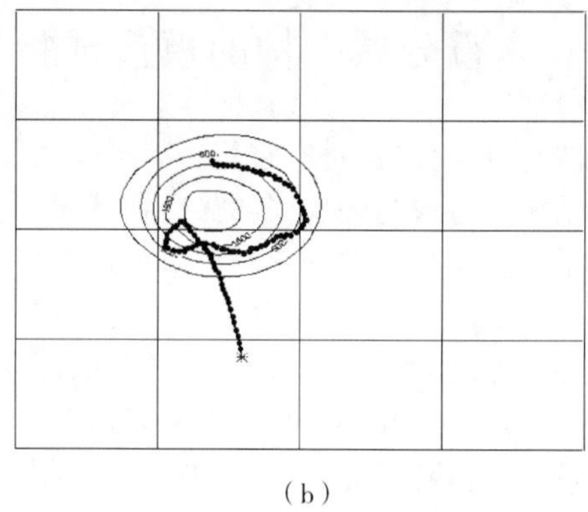
(b)

图 3.47 468 号冰雹运行增长轨迹在 $XZ(J=22)$ 垂直剖面(a)和在 $XY(K=11)$ 水平截面(b)上的投影
每大格 5 个格距,其他说明同图 3.19

第一章 1.2 节中曾用冰雹切片图 1.2(b)展示了一个不均匀的分层结构,它的初期的增长主要是干增长,具有多层结构,$d<2$ cm;后续增长到 $d=4.0$ cm,几乎是一层透明冰,这可能是初期生长的轨迹有多次的上下循环,而后期的增长则稳定在湿增长状态下,这类似于图 3.19(b)展示的 2168 号冰雹,初始绕 0 线上下循环向主上升气流区旋进,旋转幅度越来越小,最后贴近零线进入主上升气流长成 $d=4.62$ cm 的大雹。这也可以理解冰雹具有分层结构,但分层的具体分布是要受冰雹运行增长轨迹和轨迹上的增长环境制约的,出现了多种图像的分层结构。

3.9 规律的再现和观测验证

前几节给出了冰雹运行增长的动力特征,粒子的累积机制,雷达回波特征结构,云水消耗的图像和雹块分层的模拟试验。取得的结果来看是规律性的,是云体动力(流场)起决定作用的表现。

3.9.1 "零线"和回波模拟与多普勒雷达观测事实的比较

冰雹云的特征回波结构,实质上是云中大粒子瞬间分布的反映。而这个分布又是各个大粒子在运行增长中形成的,因而大粒子群在某个剖面上的轨迹线段的总体分布应当和云特征回波结构相当。

图 3.37 和 3.40 给出了长成大粒子的 340 条粒子运行轨迹分布。结合云中粒子比含量分布(图 3.22d),我们给出了相对应的雷达回波结构。不难看出,图中的强回波主体、悬挂回波、弱回波区和回波墙结构,与雷达观测的剖面结构十分相似。我们还注意到,水平风速零线(冰雹生长"穴道")恰好为悬挂回波的中轴线。这是因为粒子的累积是从零域开始的,零域决定了累积区的位置,粒子的累积使得在那个区域形成较强的雷达回波。在强对流(雹)云中,这一区域与前悬回波对应,形成了水平风速零线从前悬回波的中部穿过的现象。

那么,雷达观测的实际雹云结构,是否也具有这种特征呢?我们收集了一批多普勒雷达观测个例,现仅举一些实例说明之。

图 3.48(另见彩图 3.48)是 1998 年 6 月 24 日北京的一次强冰雹云的多普勒雷达观测结果。此时雹云的移向恰好与雷达观测径向接近,因而在回波强度 RHI 图(图 3.48b)上具有明显的超级单体回波结构特征。我们首先在速度 RHI 图(图 3.48a)上根据径向速度由来转去、由去转来分析出水平风速零线的位置,然后再在回波强度 RHI 图(b)中的相应位置将其标出。可以看出,多普勒雷达观测结果与我们的模拟分析结果惊人地相似,很好地印证了前文的理论研究与模拟分析结果。

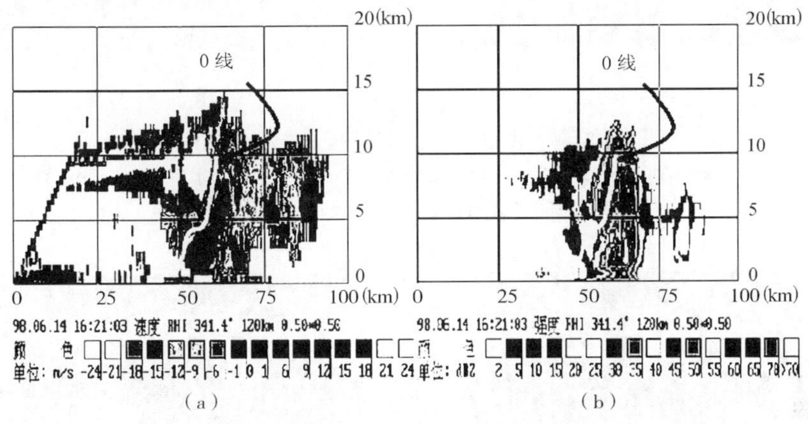

图 3.48　多普勒雷达回波图(方位 341.4°,回波移向 SSE)

(a)径向风分布;(b)径向方向强度—高度分布;图中白线为水平风速零线

(图片由北京市气象台雷达站提供,1998 年 6 月 14 日个例)

另外,还有 2001 年 7 月 25 日北京个例、1998 年 6 月 9 日北京个例、1991 年 7 月 11 日北京中国气象科学研究院观测的个例以及 2001 年 5 月 9 日山东滨州的个例,分别给在图 3.49～图 3.52 中,图中作了零线的标志线(或白或黑),它们都清楚地显示出零线与悬挂回波和弱回波区的关系。之所以举不同时间不同地方的 5 个个例,是为了说明这些规律性的表现是经常存在的,不是偶然的。近期又有一些观测事实,由于篇幅所限,不能一一列出,请关注者自行查验。

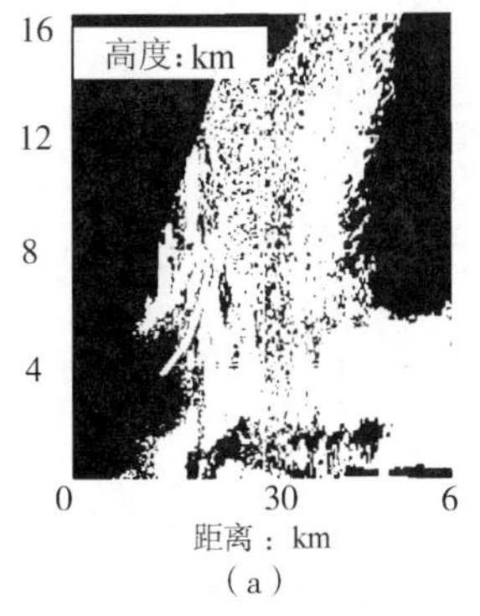

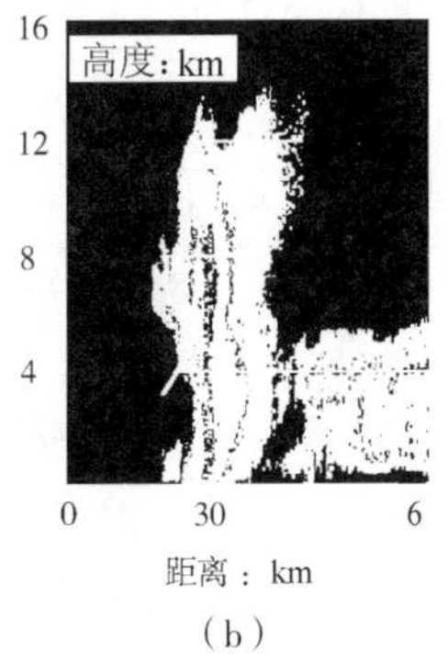

图 3.49　多普勒雷达回波图(方位角 339.3°,移向 SE)

(a)径向风分布;(b)径向方向强度—高度分布;图中白线为水平风速零线

(图片由北京市气象台雷达站提供,2001 年 7 月 25 日个例)

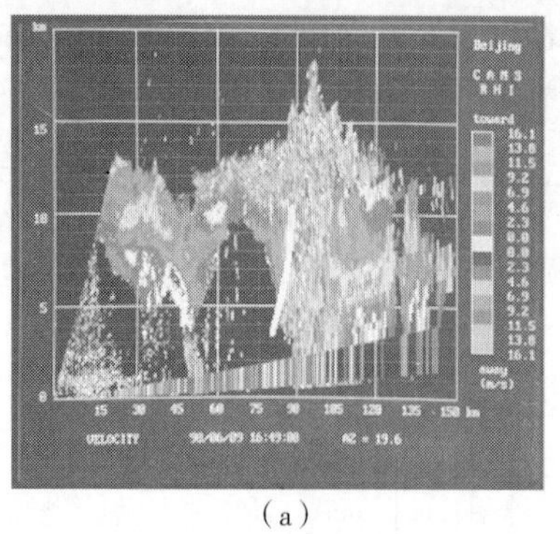

(a)

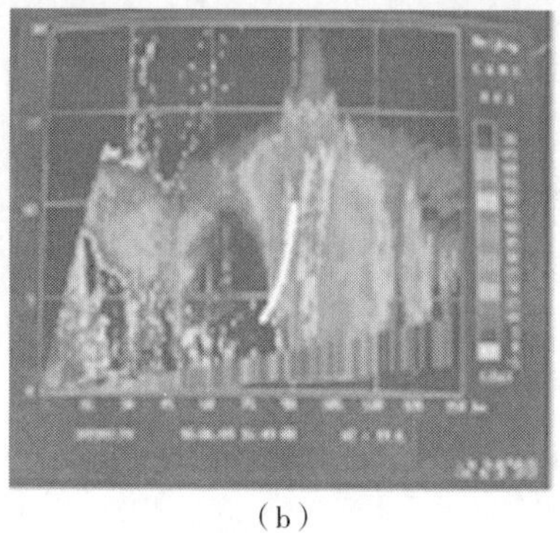

(b)

图 3.50　多普勒雷达回波图(方位角 19.6°)

(a)径向风分布;(b)径向方向强度—高度分布;图中白线为水平风速零线

(图片由北京市气象台雷达站提供,1998 年 6 月 9 日个例)

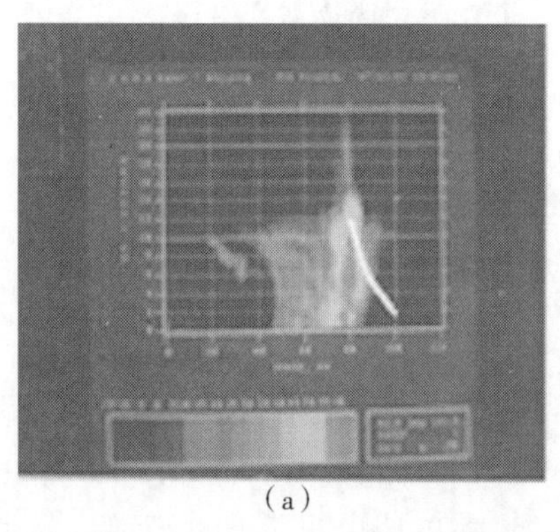

(a)

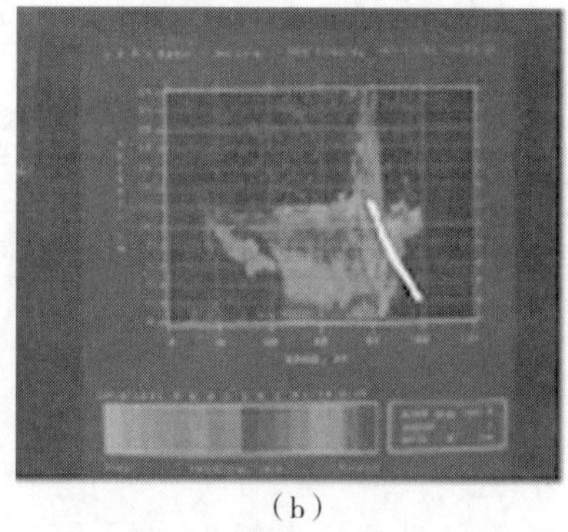

(b)

图 3.51　多普勒雷达回波图(方位角 168.9°,移向 SSE)

(a)径向风分布;(b)径向方向强度—高度分布;图中白线为水平风速零线

(图片由中国气象科学研究院雷达站提供,1991 年 7 月 11 日个例)

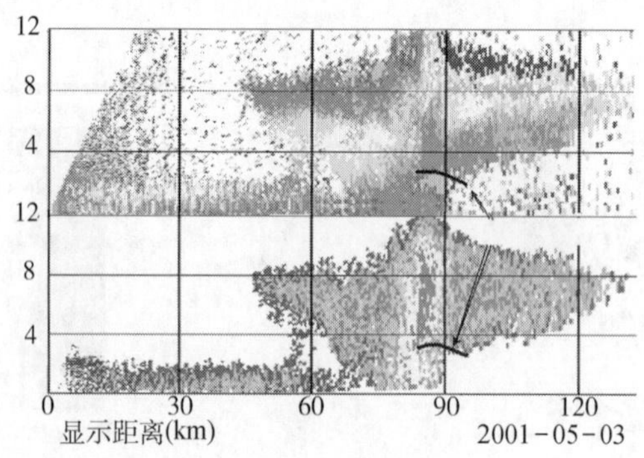

图 3.52　多普勒雷达回波图

上:径向风分布;下:径向方向强度—高度分布;图中黑线为水平风速零线

(图片由山东滨州气象雷达站提供,2001 年 5 月 3 日个例)

3.9.2 再现

自然规律是客观存在的，在未明确认知之前，其规律性必定表现在自然现象之中。一个正确认知了自然规律的可靠的理论性、规律性结果，必须是可以再现的。因而，从过去已有的可靠资料和分析结果中，再经过概念性提炼以后，应当能够再现这些规律的表现。为此，我们查阅了过去相关方面的研究结果，具体情况见表 3.5。

表 3.5 已有的典型相关研究情况简表

作者	日期	动力场资料来源	是否计算了雹块运行增长轨迹
Paluch I R	1982	多普勒雷达观测提供动力场	是
Nelson S P	1983	多普勒雷达观测提供动力场	是
Xu Jialiu	1983	模式提供动力场	是
Foote G B	1984	无可用流场	是

这几个典型相关工作的共同特点是他们做了几个雹块运行增长轨迹的计算。考虑到 Paluch 和 Nalson 所给动力流场是由多普勒雷达观测提供的，其可靠性要高一些，这里我们给出对他们研究结果的再分析图（图 3.53，3.54）。我们的做法是：首先根据其提供的流场分析出水平风速零线的位置，然后将水平风速零线在相应的大雹轨迹图的相应位置上标出。

在他们的结果中，虽然其轨迹计算方案不够完善，但是我们在其基础上稍做加工，经过动力性提炼、概念性升华后，我们前文给出的冰雹运行增长的规律就可清晰地呈现出来。这种追溯式再现进一步验证了我们的结果。其实，在 Browning 等（1976）的结果中，只要做一点类似的加工（见图 2.23 中所加的零线），也可以呈现出这种规律性。

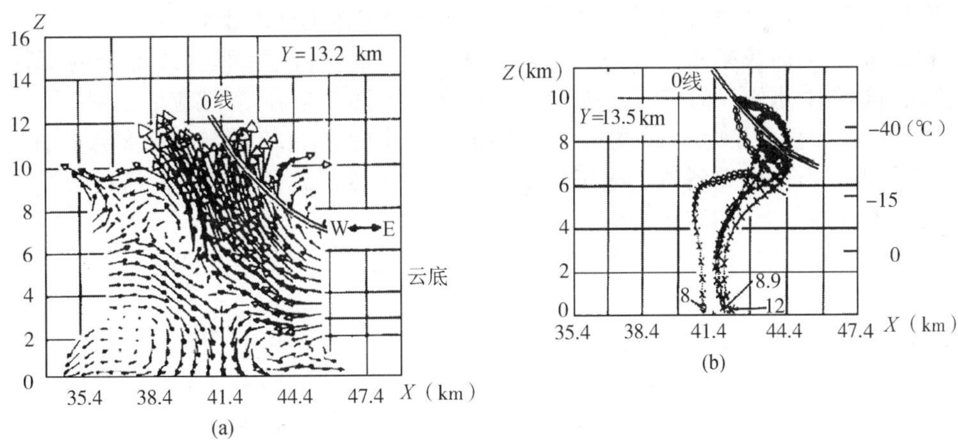

图 3.53 沿主上升气流和下沉气流的垂直剖面

(a)垂直剖面上的气流场；(b)同一剖面上雹胚(E_o-D_o)和冰雹(D_o-D_f)运行增长轨迹。等值线为回波强度，图中双虚线为本书作者分析的水平风速零线(Nalson 1983，Paluch 1982)

还有一些研究结果，其中有的可以引用来作佐证的，但需再作细致的分析说明。下面仅以 Miller(1990) 和有特点的 Heymsfild(1983)的例子，做细致的分析说明。

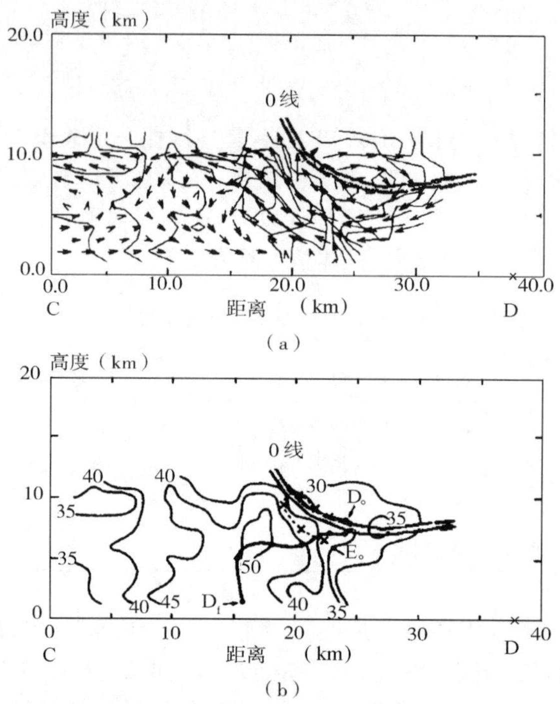

图 3.54 穿过上升气流区 *X-Z* 垂直剖面

(a)气流场(1973 年 7 月 28 日风暴个例)；(b)计算得到的冰粒子轨迹。图中双虚线为本书作者分析的水平风速零线 (Paluch 1982)

细查 Miller 等(1990)的图 3.55 和图 3.56a，在图 3.56a(3 km)和图 3.56d(12 km)中可见低层主入流区及高层出流区是在 NW-SE 方向，在中层的图 3.55b(6 km)的强回波区附近具有“S”形流型，强回波中心的低层主入流区上方(9 km)东侧全风速小。

图 3.56a 给出的是穿过图 3.55 所示的风暴主入流带的相对风垂直剖面，依据风矢量可勾画出相对风相对水平风的零线。结合图 3.55 中的原图 8 来看，零域应处于图 3.56a 中的水平坐标 0～5 和垂直坐标 5～9 附近。再把图 3.56 中的原图 22 给出的最大冰雹的轨迹线叠加到原图 9a 上，可以看到轨迹线正好贴近零线的入流区。是静态平衡滞留态的典型配置，它无须循环地一上一下地就能增长成大雹。

这种情况的发生过程一个严格的条件，即冰雹因增长引起的末速变化与冰雹因位置的变化而引起的局地上升气流速度的变化要同步，以保持着动态的末速与上升气流速度近于相等。满足这种条件需要宏微观场的恰好地配合。不具有普遍性，Heymsfild(1983)的工作。他用了 68000 个粒子来计算轨迹，但是没有用全部数据来作总体分析和归纳。例如按 Heymsfild 的图 4 中的 TAD1，粒子集中区应在(55，－5)近域，但他给的轨迹图 13A 中的轨迹线条族是在集中后只从这里开始进入主上升气流的，避去了集中过程。他关心的是集中长成雹胚以后，如何进入主上升气流长大为大雹的过程. 但是在 Heymsfild 的图 4C 中雹胚源区则在(55，－5)的近域，这间接佐证了这里是粒子集中区。TAD2 中，粒子集中区应在(61，－20)近域，他给的轨迹图 13B 中的轨迹线条族也是在这里集中后进入主上升区。

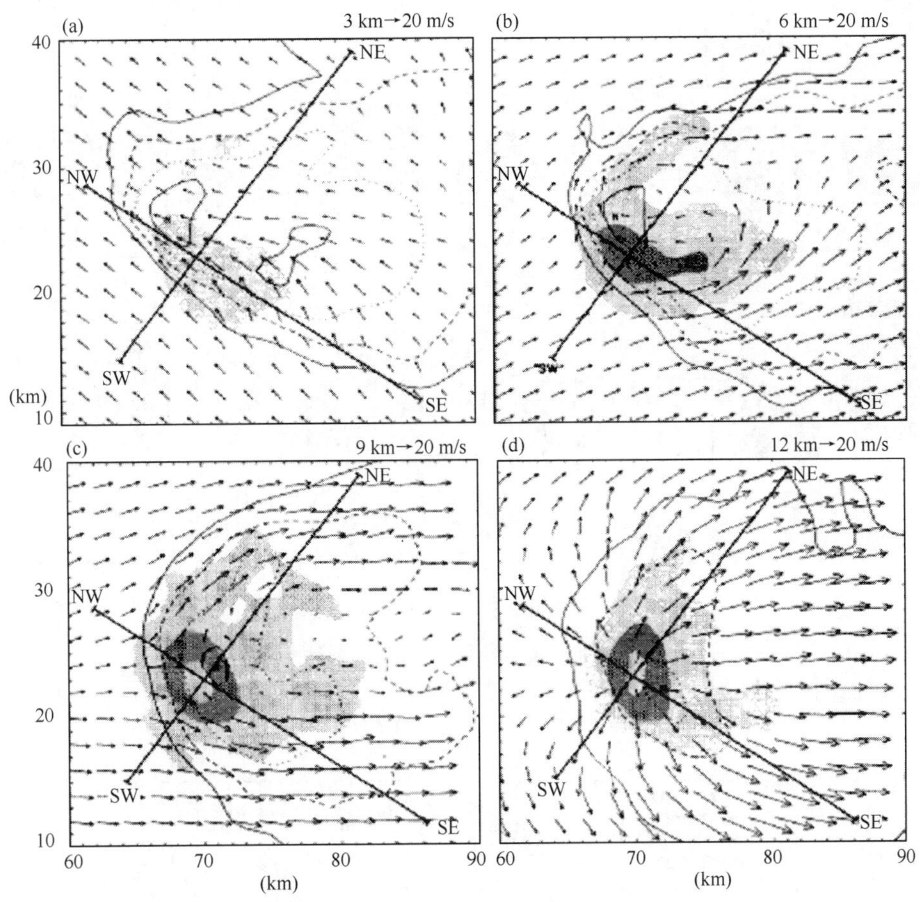

图 3.55 Miller 等(1990)的原图 8

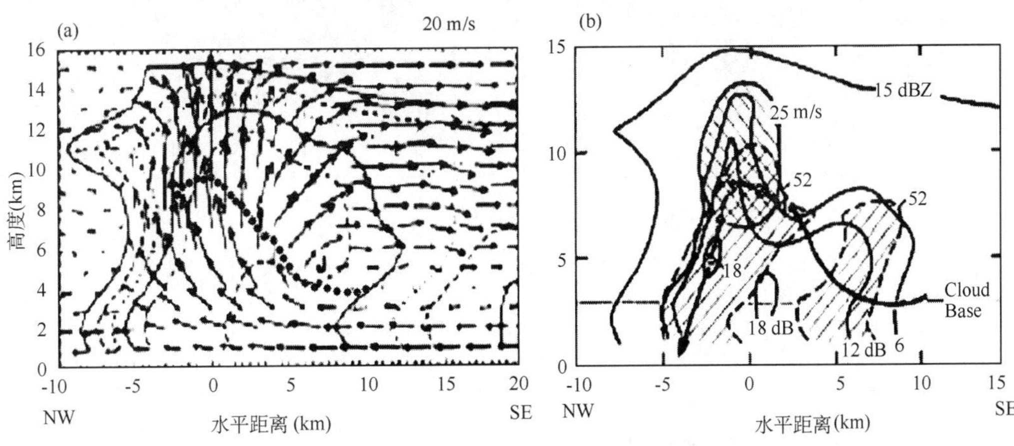

图 3.56 Miller(1990)的原图 9a(左),和原图 22(右)

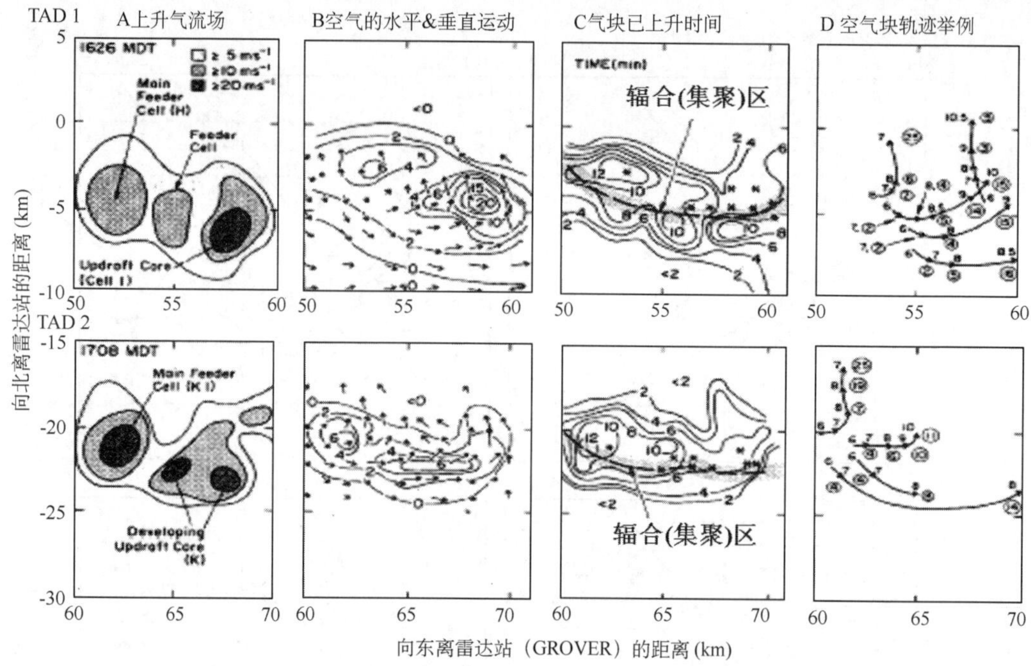

图 3.57　Heymsfield(1983)的原图 4

图中：Main—主要的；供给单体—Feeder cell；上升气流核—Updraft core；发展中的—Developing；侧边—Flank；时间(分)—Time(min)

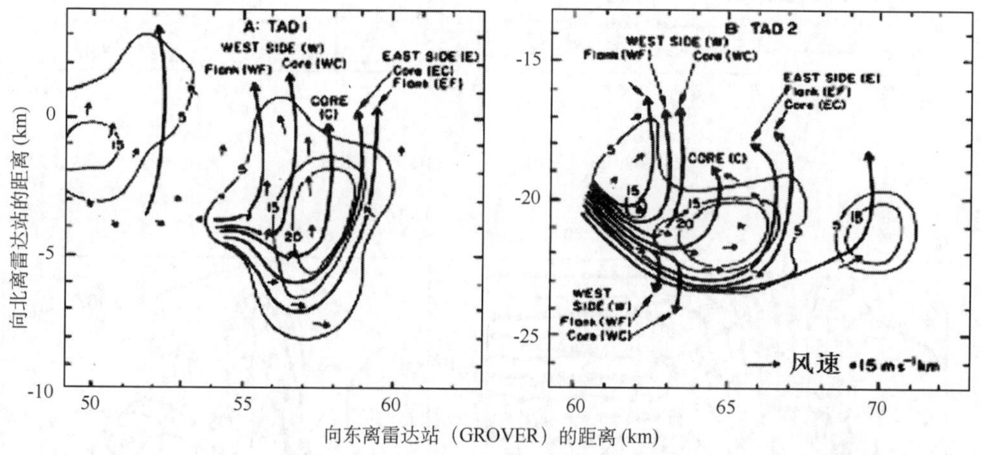

图中：W—西边；E—东边；C—中心；WC—中心偏西；EC—中心偏东；WF—西侧；EF—东侧

图 3.58　Heymsfield(1983)的原图 13

可以明显地看出，由于没有算计大粒子的汇集过程，而是只关心集中长成雹胚以后，进入主上升气流区长大成大雹的运行增长轨迹，所以其轨迹就是简单的一上一下，呈现不出重复循环运行增长过程。这可能也是 Doswell C A 对大雹重复循环运行增长怀疑的缘故吧(参见图 3.59)，他说：所谓的“重复循环”假设目前基本上是被怀疑的，或者说至少是一种被夸张了的观点。在他看来，大雹的形成一要上升气流大，而要能持久。其实还有一个条件是雹粒子在最优增长区能呆得住(hold)。哪有这么巧的配合在多变的强对流云中让冰雹重复循环运行增长？通过近来的研究发现，在多变的强对流云中存在着准稳定的"穴道"结构，这个结构满足了大雹形成的条件（上升气流强、持久和雹在此处呆得住）和方式（重复循环增长）。需要指出，从冰雹的尺度分布谱和雹块的微结构可以看到冰雹增长方式是多样的，不少作者也给出了不同的事例，有从云顶单程下落成雹的，有从云侧进入云体成雹的，有从另一云体"播种"成雹的等等；呆得住也不止一种，一是静态的，如图 3.56 所示的 Miller(1990)的原图 9a 那样，二是动态的，即循环的，如图 3.20b 那样。这说明满足大雹形成的要求并不是一种方式。认识这一点是需要的，但也要了解冰雹群的主流增长方式是什么样的？可以想象，冰雹群主流增长方式应该是运行条件最低、可行性最高的。老天爷制造冰雹可算是"易如翻掌"、"巧夺天工"，使下雹成为常见的天气现象就是明证！而其他的非主流成雹方式的巧合性会高些，可行性会低些。关于"冰雹穴道"成雹方式是主流增长方式的论证还将在第七章作进一步叙述。

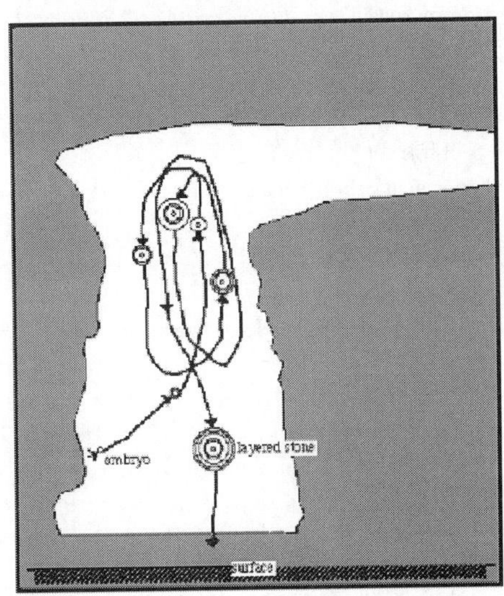

Recycling?

- The so-called "*Recycling*" *hypothesis* is now largely discredited or at least seen as an *exaggerated* view "Recycling"Hypothesis to explain layering in hailstones

图 3.59　解释冰雹分层的重复循环假设 Doswell 对大雹重复循环运行增长怀疑
(Charles A. Doswell PPT Doswell Scientific Consulting-Norman OK CMA Training lectures, Beijing-April 2010)

当然，图 3.59 是示意图，可以有夸张，但不能有物理概念性的歪曲，但这张图确有概念性缺陷。如按图中的云形来看，雹胚由图左下侧进入云主体上升并不代表雹群粒子的主流轨迹，而且是似从下沉区进入的；再看其运行轨迹，不论雹的大小其轨迹上、下、左、右的活动范围都相近，这是不合理的。看来对示意图要求还是甚高的。示意图有毛病，可依据图 3.19b、4.20b、3.53b、3.54b 体现出的物理概念来改正，或重画（参见第九章图 9.10）。质疑总是允许的，但尚不能推翻"重复循环"的客观存在。

参考文献

丁一汇. 1991. 高等天气学. 北京：气象出版社. 401－404.

段英，刘静波. 1998. 单体、多单体和超级单体雹云中大雹形成的数值模拟研究. 气象学报，**56**(5)：529－539.

李吉顺，田生春. 1983. 北京地区强对流天气环境风垂直分布的一些统计特征. 强对流天气文集. 北京：气象出版社. 149－152.

刘式达，刘式适，付遵涛等，2003. 从二维地转风到三维涡旋运动，地球物理学报，**46**(4)：450－454.

刘式适，付遵涛，刘式达 许焕斌等. 2004. 龙卷风的漏斗结构理论，地球物理学报，**47**(6)：959－963.

王思微，许焕斌. 1989. 不同流型雹云中大雹增长运行轨迹的数值模拟. 气象科学研究院院刊，**4**(2)：171－177.

许焕斌，段英. 1999. 云粒子谱演化中的一些问题，气象学报，**57**(4)：450－460.

许焕斌，段英. 2001. 冰雹形成机制的研究——并论人工雹胚与自然雹胚的“利益竞争”的防雹假说. 大气科学，**25**(1)：277－288.

许焕斌，段英. 2002. 强对流(冰雹)云中水凝物的积累和云水的消耗. 气象学报，**60**(5)：575－583.

许焕斌，王思微. 1988. 二维冰雹云模式. 气象学报，**46**(2)：227－236.

许焕斌，王思微. 1990. 三维可压缩大气中的云尺度模式. 气象学报，**48**(1)：80－90.

许焕斌. 2002. 云与降水的数值模拟. 人工影响天气现状与展望：第七章(李大山主编). 北京：气象出版社.

郑国光. 1987. 冰雹生长“水分累积带”存在吗？——对“过量播撒”防雹假说的一点质疑. 新疆气象，**6**：29－32.

Bigg E K. 1953. The supercooling of water. *Proc. Phys. Soc. London*, **66**：688－694.

Browning K A, Foote G B. 1976. Airflow and hail growth in supercell storms and some implications for hail suppression. *Quart. J. Roy. Meteor. Soc*, **102**：499－533.

Eagleman J R. 1983. Severe and unusual weather. Van Nostrand Reinhold Company.

Fukuta, N. , 1969：Experimental Studies on the Growth of Small Ice Crystals. *Journal of the Atmospheric Sciences*, **26**(3)：522－531. doi：10.1175/1520-0469(1969)026<0522：esotgo>2.0.co;2.

Foote G B. 1969. A study of hailgrowth utilizing observed storm conditions, *J. Clim. and Appl. Meteor.*, **23**：84－101.

Foote G B. 1979. Future aspects of the hail suppression problem. Seventh conference on Inadverten and planned weater modification, 108－12：180－181.

Fukuta N. 1969. Experimental studies on the growth of small ice crystals. *J. Atmos. Sci.* **26**：522－531.

Gokhale N R. 1981. 雹暴和雹块生长(中译本). 北京：科学出版社. 96－97.

Haman K. 1968. On the accumulation of large raindrops by Langmuir chain reaction in an updraf. *Proc. the International Conference on cloud physics*, 345－349.

Heymsfield A J. 1983. Case study of a hailstorm in Colorado, Part IV, Graupel and hail growth mechanisms deduced through particle trajectory calculation, *J. Atmos. Sci*, 40：1482－1509.

Iribarne J V. 1968. Development of accumulation zones. *Proc. of the International Conference on cloud physics*, 350－355.

Jonas, P. R. , and B. J. Mason, 1974：The evolution of droplet spectra by condensation and coalescence in cumulus clouds. *Quarterly Journal of the Royal Meteorological Society*, **100**(425)：286－295.

Kang Fengqin, Zhang Qiang, Lu Shihua, Zhou Wei. 2007. Validation and Development of a New Hailstone Formation Theory—Numerical Simulations of a Strong Hailstorm Occurring over the Qinghai-Tibetan Plateau, *Journal of Geophysical Research (Atmospheres)*, (**112**)D0227, doi：10.1029/2005JD00627.

Knight C A, Cooper W A. *et al*. 1982a. Microphysics, hail storms of the central High Plains I：The National Hail Research Experiment. Chapter 7. P151－171. Colorado Associated University Press. Boulder, Colraolo, 1982.

Knight C A, P Smith *et al*. 1982b. Storm types and some Rader reflectivity Characteristics, chapter 5, P85. A(1982).

Koenig, L R. 1971. Numerical Modeling of Ice Dposition. *J. Atmos. Sci*, **28**：226－237.

Koenig, L. R. , 1971：Numerical Modeling of Ice Deposition. Journal of the Atmospheric Sciences, 28(2), 226－237. doi：10.1175/1520－0469(1971)028<0226：nmoid>2.0.co;2.

Leighton, H. G. , and R. R. Rogers, 1974：Droplet Growth by Condensation and Coalescence in a Strong Updraft. Journal of the Atmospheric Sciences, 31(1), 271－279. doi：10.1175/1520－0469(1974)031<0271：dgbcac>2.0.co;2.

Maclin W C. 1962. The Density and Structure of Ice Formmed by Accretion, *Quart. J. Roy. Meteor.*, *Soc*, **88**(375)：30－50.

Middleton John R, 1971：A numerical model of ice crystal growth within a predicted cap cloud environment. Report no. AR101., University of Wyoming. Dept. of Atmospheric Resources.

Miller L J, Tuttle J D and Foote G B. 1990. Precipitation production in a large Montana hailstorm：Airflow and particle growth trajectories, *J. Atmos. Sci.*, **47**：1619－1646.

Miller T L, Young K C. 1979. A numerical simulation of ice crystal growth from the vapor phase. *J. Atmos. Sci*, **36**：458－469.

Miller, T. L. , and K. C. Young, 1979：A Numerical Simulation of Ice Crystal Growth from the Vapor Phase. Journal of the Atmospheric Sciences, 36(3), 458－469. doi：10.1175/1520－0469(1979)036<0458：ansoic>2.0.co;2.

Nalson S P. 1983. The influence of storm flow structure on hail growth, *J. Atmos. Sci*, **40**：1965－1983.

Paluch I R. 1982. Hailstorms of the Central High Plains I. *Chapter* **8**：195－206.

Prupacher H R, Klett J D. 1978. Microphysics of Clouds and precipitation. D. Reidel Publishing Company.

Xu Jialiu. 1983. Hail growth in a three-dimensional cloud model, *J. Atmos. Sci*, **40**：185－203

Xu Jialiu(徐家骝). 1983. Hail growth in a three－dimensional cloud model, *J. Atmos. Sci*, **40**：185－203.

Сулаквилидзе Г. К. , Бибилашвилий Н, Ш, ЛапчеваВ. Ф. Образоваиие Осадков и воздействие наградовые процессы, Гидрометеоиздат Л. , 1965.

第四章 对流云物理与阵雨形成机理

4.1 引言

云的类型不仅控制着云是否产生降水，还控制着降水的方式（阵性或连续性）、性质（雨、雪、霰、雹），也影响着降水的效率。阵雨常由直立状（积状）对流云产生，特点是降雨强度大。降雨时间短，强的或多次的阵雨可形成阵性暴雨。一般对流云降阵雨，雷雨云降强阵雨，冰雹云则是会降冰雹和强阵雨。随着对流云体的强度和尺度的增大，维持阵性降水的时间越长。据全球卫星探测估计，对流云（积云）降水占总降水量的四分之三左右（章澄昌，2002）。据北京观象台 1991—1993 年统计，全年降水量中雷雨云的总降水占 80%（秦长学等，2003）；而安徽的夏季对流（积云）降水则占约 70%（私人通信）。这些数据大体上是一致的，可见对流云降水的重要性。

与其他云型相比：(1)对流云有着强的垂直气流速度和高的水汽凝结率（可达到和维持水面饱和）；(2)对流云可有最大的含水量，有优良的粒子凝并和暖性云—雨转化条件；(3)对流云是主要降水的制造者和产生最强的降水率；(4)对流云可有深厚的暖层和冷层；(5)对流云的降水效率最低（见表 4.1），而降水效率依赖于云宏、微观场的相互作用；(6)对流云的生命时间偏小，只比某些地形云长些。其中(1)～(3)表明了对流云降水的重要位置和作用；(4)表明暖云成雨可以起重要作用；(5)表明了对流云有很大的人工增雨潜力；(6)表明了人工加快降水形成的必要性。另外，从水汽循环和水资源来看，对流云可以是内（局部）循环，去加速这类循环可增加总降雨。

阵雨降水可分为两种：一是来自气团内对流云降水，有观测统计表明，其生命时间在 5～18 min，平均值为 11 min，相应降水时间也只有 10 min 左右，属于短生命的对流云阵雨；另一种是与大天气系统相拌的对流云降水，它们的生命时间较长，每个对流云体产生的降雨时间平均值有 28 min（陈瑞荣等，1965）。而形成暴雨的强对流云，其雷达回波的水平尺度可达到 20～40 km，垂直尺度可达到 10～20 km，降雨时间可超过 1 h（陶诗言等，1980），属于长生命的对流云阵雨。

阵雨的形式机理的研究，始于 20 世纪 60 年代，是与冰雹形成机制的研究相伴的。因为早期的冰雹形成理论中一个主要论点是“过冷水累积论”，即冰雹云中由于上升气流的垂直分布在中空（Z_m）达到最大，向上或向下有逐渐变小的特征，在 Z_m 以上会出现过冷雨滴的累积。如果这里的温度处于－10～－20℃，对冰雹增长是十分有利的；而阵雨的形成也可用雨滴的累积和下泻来说明，所以二者之间的研究有共同性。在 Сулаквилидзе(1965)的一本关于冰雹形成理论的书名就是《阵雨和冰雹》。之后又有 Haman 等(1968)，Iribarne(1968)和 Gokhale(1981)在这方面也作了研究。

阵雨的形成要求在云中有一个雨量积累和突然下落的过程。这是阵雨形成机理的核心问题。关于阵雨形成机理，有对流云降水发展阶段说和对流云降水累积倾泻说。前者是依据观测到的对流云有生成、成熟和衰亡的三个发展阶段，雨量积累在偏前阶段，雨量下泻出现在衰亡阶段，因而只需探究积累，下落是必然的；后者认为对于长生命的对流云，形成强阵雨不仅要有雨粒子的长大和累积，而且云中另有下泻通道，即有上升气流支撑供应；雨粒子也能下落，且并不压灭上升气流。这就需要云体的动力场与粒子群长大、累积和下泻有某种适配问题，这两种学说都得到雷达观测的支持，且观测到累积区的厚度一般在几百米到几千米之间，含水量可达到 20～30 g/m^3。

在发展阶段说中，因为降雨只是对流云生命期的一部分，自然会呈现阵性；但累积下泻的学说，特别是边累积边下泻的机理，则有甚多的疑问，特别是在动力学方面。例如，Сулаквилидзе(1965)的累积是在给定的上升气流（垂直分布）廓线下，单靠降水粒子的落速与上升气流的平衡调整来形成累积，不仅是静态的而且是一维的，在有水平气流情况下这种平衡调整能实现吗？也没有考虑降水对上升气流的反馈作用；Haman(1968)和 Iribarne(1968)的累积虽说是两维的但也是定常的，累积过程与云体流场结构联系的动力和云微物理间的互动机制并不清晰；Gokhale(1981)所述的累积的过程，要求环境风有特定的切变，即要求粒子在运行增长中粒子落速的变化（增加或减小）一定要与上升气流速度的变化（增加或减小）相一致这样的苛刻条件，如果累积过程需要这么严格的条件，那累积的现象只会是巧合的和罕见的，可是因累积和下泻而产生的强阵雨则是经常出现的。

针对这些疑问，国内近来展开了新一轮的研究。如许焕斌和段英（2002）用 Euler-Lagrange结合式的三维模式研究了强对流（冰雹）云中水凝物的积累和云水的消耗；胡朝霞等(2003)用 Euler 式三维模式模拟了雹云中累积带的特征。但是在国外可能是由于阵雨不是“高影响”(high impact)性天气现象，在近 20 年来有关阵雨形成机制研究结果的报导几乎中断，大量的对流云研究转移到数值模式中对流云的显式降水或对流作用参数化方面，一些主要学术刊物中关于阵雨研究的内容也只局限于阵雨形成的天气条件(Lopez,1984)和阵雨云起动方面（海陆风及边界层－PBL(Wang,1984)，工业冷却塔放热等(Guan *et al*. 1995)，或阵雨云顶预报方面(Crum,1984)，或暖雨初生方面(Nelson,1971)，没有涉及形成机理。

那么现在为什么又提阵雨形成机理的研究呢？有两点：一是由于水资源的短缺，开发空中水资源的人工增雨活动在发展。对流云降水占有很大比例，且对流云是凝水量丰富的云，又是自然降水效率较低的云，因而增雨潜力巨大。但是近来的对流云增雨计划表明，对浮动云体的增雨作业，增雨率较大也较明显，但对于固定地区是否可以增加降水量则难以确定(Committee…,2003)。这意味着对流云的人工增雨的方案（静力催化或动力催化）有可能在增强了个体对流云的发展的同时却降低了云体的降水效率，从而使区域内的水汽转化为降水的份额并未增多。这对于开发空中水资源试图增加区域降水量的努力来说是不期望的。看来需要探求的是：如何才能提高区域内对流云群水汽转化为降水的效率问题。这必然涉及对流云的宏观动力过程和微观降水过程之间的相互作用如何能达到最优，为此要弄明白自然阵雨的形成机制。二是在冰雹云成雹机制的研究上有了新的进展，发现冰雹云中会存在着一个特别的区域，它非常有利于大雹的生成增长，这个区域位于雹云主上升气流的主入流侧、相对水平风速近于零的地方，这里可称之为“零域”，这个零域对云中运行增长着的粒子具有动力吸引效应，不仅使得过冷水（云水，雨水）在这里累积，而且不同大小的粒子皆可向这里集中、滞留和长大，构成了一条冰雹形成的”流水线”——“冰雹穴道”（许焕斌，段英，2001）。但是冰雹云是最强的对流云，基于其流型主体是具有强辐合和旋转上升（刘式适等，2004）的流场特征，“零域”是必然存在的。近期的一些观测和模拟结果也验证了所提出的论点（朱君鉴等，2004；康风琴等，2004；Kang Fengqin *et al*.，2005；贾惠珍等，2005 年；孟辉等，

2005年;田利庆等,2005)。而对于一般强度的阵(雷)雨式的对流云是否也具有这种流型呢？冰雹形成的新机制所揭示的一些规律,可否适用于阵雨形成呢？需要针对这类对流云作进一步研究。

4.2　对流云降水的一些观测事实

观测表明，对流云生命的长短与云的体积成正相关,它不仅影响它的降水时间,而且影响它的降水范围,再加上降水效率的差异(见表4.1),总降水量的变化可达到100倍以上。对流状云降水强度可因雨滴的增大而加强,也可因雨滴浓度的变浓而增强,图4.1给出的是对流(积状)云在不同降水强度下的雨滴谱,可见随着雨强的增大雨谱宽度的变宽并不显著,而雨滴浓度的增加则很明显,这说明雨滴浓度的增加对雨强度的变大贡献最为重要,特别是对强阵雨来看更为明显。图4.2是在上海观测得到的镶嵌在层云中的对流云内的降水粒子的谱分布随高度的变化,可见在中低层雨谱宽度变化也不显著，而雨滴浓度的增加是明显的,同样表明了增加雨元浓度在增大降水强度和在人工增雨中的重要性。

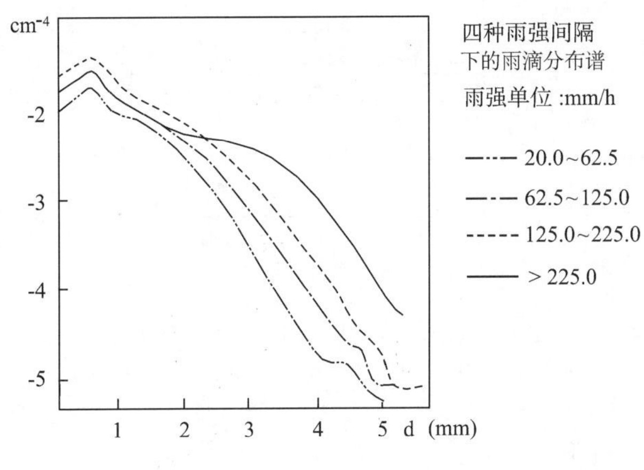

图4.1　不同降水强度下的雨滴谱

表4.1　各种类型云的降水效率估值

云型	孤立冰雹云	雨暴云	地形对流云带	飑线对流云带	深厚层积云*	冷锋低云带	冷锋高云带	暖锋高云带
降水效率(%)	3	19	25	40	60	30	70～80	70

*根据积云层混合推估。

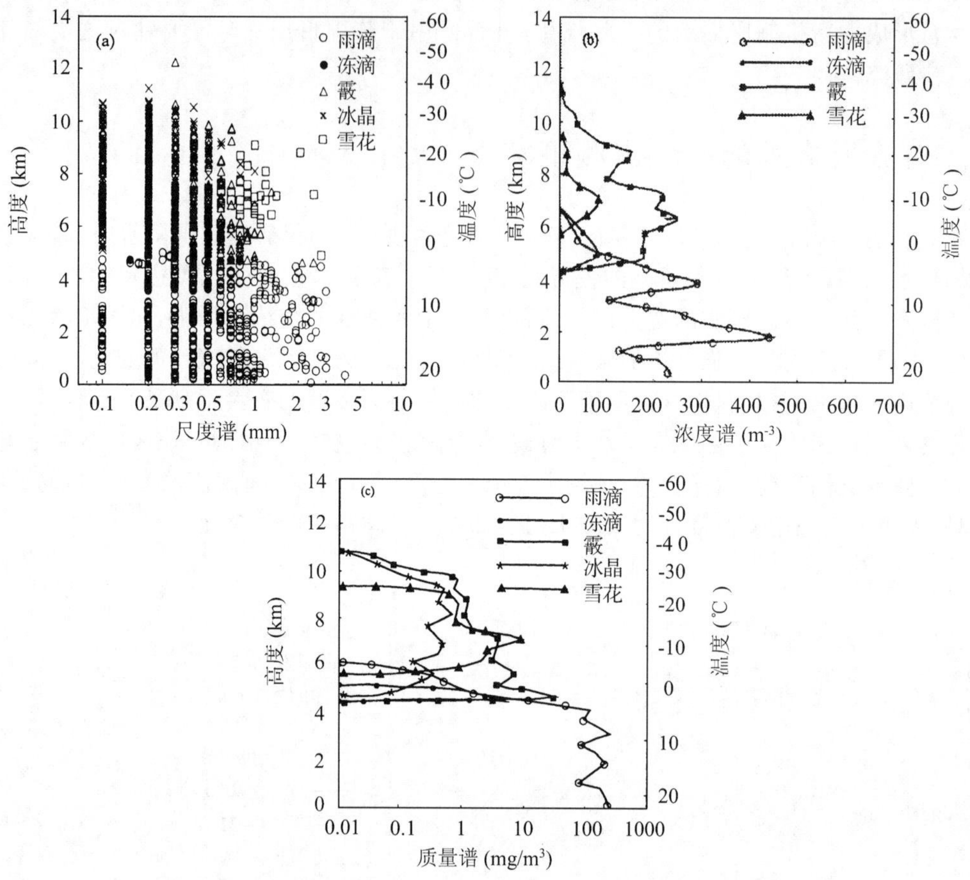

图 4.2　镶嵌在层云中的积云内不同高度处的降水粒子的分布谱

(a)尺度谱;(b)浓度谱;(c)质量谱(王鹏云,杨静,2003)

4.3　阵雨形成机理

阵雨云的上升气流特征与冰雹云相比,是云中最大上升气流速度不超过 15～16 m/s(从云中可落到低海拔地面而未完全融化的冰雹的最小末速),雹块的末速小于这个值,它在下落到地面的途中将融化为雨。

4.3.1　研究方案

4.3.1.1　研究方案

阵雨形成的自然图像理应也是在对流云的宏观动力、热力场框架下,在相伴又相互作用中形成的水汽和水凝物粒子场背景下,雨粒子群在云中边运行边增长着;雨粒子场是一个不连续场,雨粒子虽然成群存在,但粒子的运动是由粒子个体本身的物性来控制的,在一般情况下它的运动并不受周围同类粒子的约束。因此,在了解雨粒子群在云中具体的增长运行规律中是有很大的难处,用观测方法需要同时了解云的宏、微观结构以及粒子的运动状态,这在目前的探测水平下是做不到的。目前，要研究这种问题，还是用数值模拟方法较为现实。

4.3.1.2　模式

为了适应上述研究方案，在已有的三维云模式基础上，也采取了下列三条措施：第一，云的宏观场，用 Euler 方式来描述，对于水凝物粒子背景场用半 Lagrange 方式来描述，而对粒子群的行为则用全 Lagrange 方式来描述；第二，对雨粒子群中的每种粒子采用示踪粒子法，对它们在运行增长过程进行全程追踪。从示踪起点直止吹出模式区或落到地面，这样就可以用粒子的个体落速，正确地反映出流场与粒子运动之间的相互作用；第三，云场内的每个格点皆布满示踪粒子，粒子大小近于或小于大云滴，实际上粒子大小也可以是一个与初始上升气流场相适配的尺寸。根据示踪粒子的整体性质来掌握阵雨的增长运行规律；也设计了粒子群的 Lagrange 场值与 Euler 场值的相互转化的程序，可以准确地反映示踪粒子与背景场值之间的相互作用（如供给，消耗等），以便于去了解阵雨形成机理（许焕斌，段英，2001；许焕斌，段英，2002）。

模拟研究仍分二类：一是对所谓理想环境场的模拟，由于它是从多个实例进行归纳合成后提出来的，更具备一般性；二是对实例环境场的模拟，以便于用实例来验证一般性的模拟结果。前者又分为二种，即静态场的模拟和动态场的模拟。所谓静态场是利用三维云摸式（3Dgf）先模拟对流云的发展，当出现对流云流型和相应的微物理场结构时，输出此场，以此场为背景来模拟示踪粒子群的运行增长轨迹（3Dtraj），即 3Dgf→3Dtraj。静态模拟中，流场和背景微物理场不变，突出粒子增长运行轨迹的规律性，避免因流场和微物理场随时间变化而造成的难以看清楚的复杂局面。在找到一些规律性以后，再进行动态场的模拟。动态模拟中对流云流场和相应的微物理场都随时间演变（即 3Dgf＋3Dtraj），来察看静态场模拟的结果在动态场模拟中是否仍然起规律性的作用。为了适于研究雨粒子群增长运行，在 3Dtraj 模式中添加了因冰粒子融化而形成的雨，和大雨滴的破碎而产生的雨元繁生过程。另外，鉴于所研究的对流云是阵（雷）雨云，云中最大上升气流速度不应超过 15～16 m/s。

4.3.1.3　初条件

三维云摸式的计算区域的尺度是 $40\times40\times12.5\ \mathrm{km}^3$，水平格点数（$x$ 方向）$I=1\sim40$ 和（y 方向）$J=1\sim40$；垂直格点数（z 方向）$K=1\sim25$。水平格距：$\Delta x=1.0$ km，$\Delta y=1.0$ km，垂直格距：$\Delta z=0.5$ km。

模式各格点的温度、气压、湿度（露点）和相对于云体的风（u，v），对不同的算例分别给定如下。

①合成旋转风场环境（理想）个例（xgl-hr）：

z(km)	sfc	1	2	3	4	5	6	7	8	9	10	
p(hPa)	980	872	773	684	604	531	466	407	355	308	267	
t(℃)	22.0	15.5	9.0	2.5	−3.8	−9.8	−15.8	−21.8	−27.8	−33.8	−36.8	
t_d(℃)	12.5	8.0	2.5	−4.5	−10.8	−16.8	−22.8	−28.8	−34.8	−40.8	−56.8	
u(m/s)	−8.0	−6.0	−4.0	−2.0	0.0	1.5	3.0	4.5	6.0	7.5	9.0	（相对风）
v(m/s)	0.0	1.0	2.0	3.0	4.0	3.0	2.0	1.0	0.0	−1.0	−2.0	（相对风）

② 实例 1(济南，阵雨夹小雹)：2003 年 6 月 27 日 20 时济南的探空资料列在下表：

p(hPa)	993	925	850	700	500	400	300	250	200	150	100
z(m)	58	680	1420	3060	5750	7430	9520	10800	12310	14190	16690
t(℃)	32	27	20	7	−9	−20	−28	−38	−46	−56	−67
t_d(℃)	17	13	6	−3	−23	−34	−42	−52	−59	−68	−70
dd	0	225	235	305	280	275	250	245	250	240	235
vv(m/s)	0	6	5	10	18	24	44	41	42	33	21

根据探空资料和回波移动数据(自西向东运动,时速 36 km/h),计算出实例的初值量如下：

z(km)	sfc	1	2	3	4	5	6	7	8	9	10	(gpt2ptqzdv. f)
p(hPa)	993	886	788	700	618	545	480	420	367	320	278	
t(℃)	32.1	23.6	15.1	7.2	1.2	−4.7	−10.9	−17.4	−22.3	−26.1	−32.1	
t_d(℃)	17.1	9.6	2.6	−2.8	−10.3	−17.7	−24.9	−31.4	−36.3	−40.1	−46.1	
u(m/s)	−10.0	−5.8	−4.3	−1.8	1.7	5.3	8.9	12.5	19.2	27.5	29.6	(相对风)
v(m/s)	0.0	1.0	2.0	3.0	4.0	3.0	2.0	1.0	0.0	−1.0	−2.0	(相对风)

③实例 2(陕西,旬邑,阵雨)1998 年 7 月 15 日 12 时 03 分的探空资料

p(hPa)	z(m)	t(℃)	t_d(℃)	dd	vv(m/s)
868.0	1277.9	25.9	22.0	293.0	3.0
850.0	1458.0	23.2	19.8	271.0	4.0
700.0	3125.0	12.6	8.3	114.0	4.0
500.0	5878.0	−3.1	−7.1	162.0	6.0
400.0	7629.0	−10.6	−18.7	189.0	6.0
300.0	9782.0	−25.6	−38.0	223.0	9.0
250.0	11083.0	−34.4	−42.1	227.0	18.0
200.0	12609.0	−46.1	−53.2	222.0	18.0
150.0	14476.0	−56.9	−64.9	127.0	3.0
100.0	16963.0	−70.7	−70.9	108.0	7.0

4.3.1.4 模式的对流起动

这里用的是热(T)—湿(Q)泡起动。热—湿泡的水平尺度在计算区中心的 10 个格点内,即 10 km；垂直尺度在计算区中心离地 1 km 的 12 个格点内,即 6 km。泡的温度扰动廓线是呈正弦曲线型,中心扰动温度：$Trd=1.5$℃，泡的湿度取近饱和。

4.3.2 合成旋转环境风场的模拟结果

4.3.2.1 合成旋转环境风场(理想)个例(xgl-hr)的静态模拟

4.3.2.1.1 模拟云的状况

① 云中最大上升气流速度 W_{max}随时间的演变

该个例的模拟结果给在图 4.3—图 4.10 中。

图 4.3 是该个例对流云中最上升气流速度 W_{max} 随时间(t)的变化曲线。可见 W_{max} 的最大值小于 12 m/s。

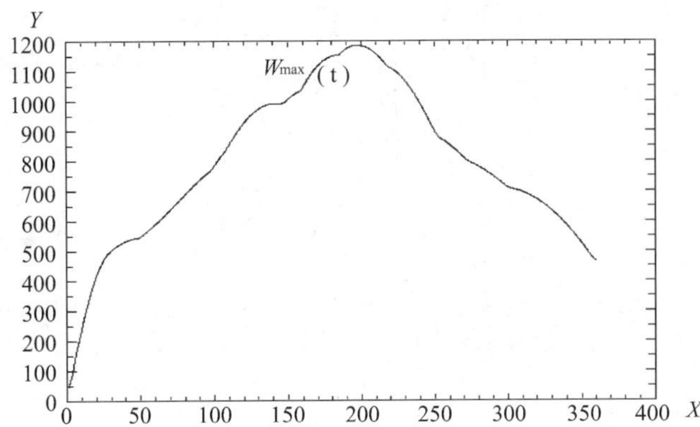

图 4.3　对流云(xgl-hr)数值模拟的最大上升气流速度随时间(t)的演变

纵坐标是最大上升气流速度(cm/s);横坐标是积分时间步数 n, $t=n\Delta T$, $\Delta T=10$ s。

② 云的流场

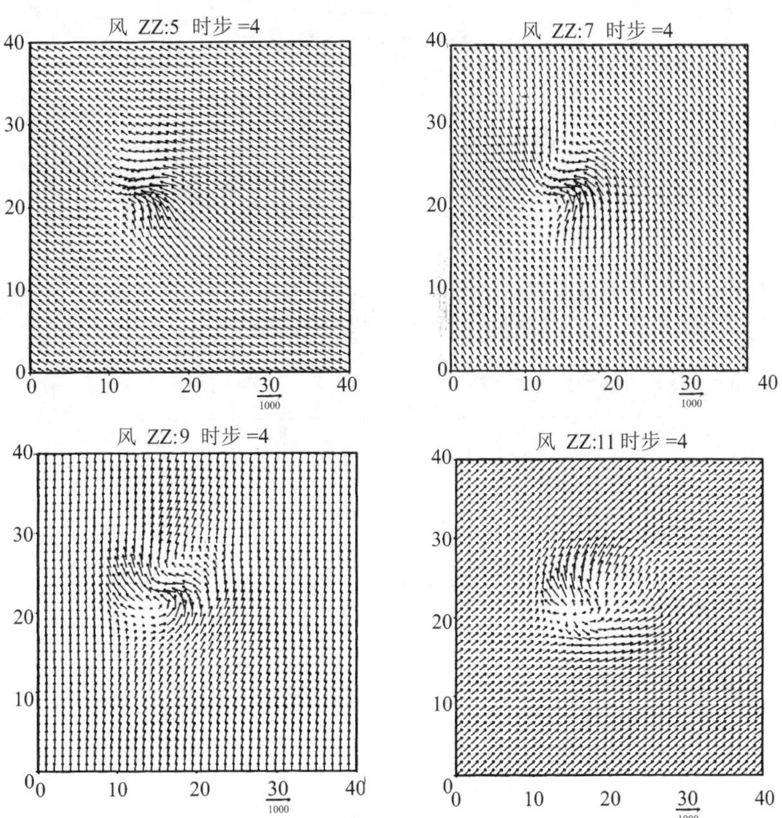

图 4.4　对 xgl-hr 个例,当时步 $n=210$ 时,在垂直方向上不同格点高度处 K(ZZ) =5,7,9,11 的水平流场。图中水平坐标标出的是水平网格的格点数(I,J)。水平格距:$\Delta x=1.0$ km,$\Delta y=1.0$ km, 垂直格距:$\Delta z=0.5$ km

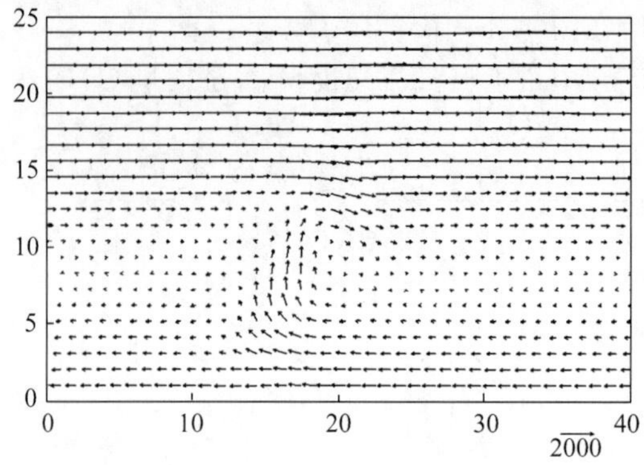

图 4.5　对流云(xgl-hr)数值模拟的 $y(J)=21$ km 处的垂直流场(时步 $n=210$)，纵坐标是垂直网点数 K，横坐标是水平网点数 I，$\Delta z=0.5$ km

③云的水凝物比含量场

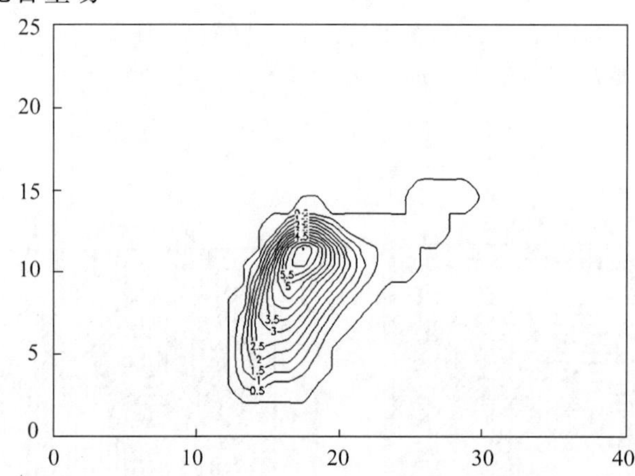

图 4.6　对流云(xgl-hr)数值模拟的 $y=21$ km 处的云体中水凝物总比含量(g/kg)垂直剖面(时步 $n=210$)，其他说明同图 4.5

④云中相对水平气流速度零域

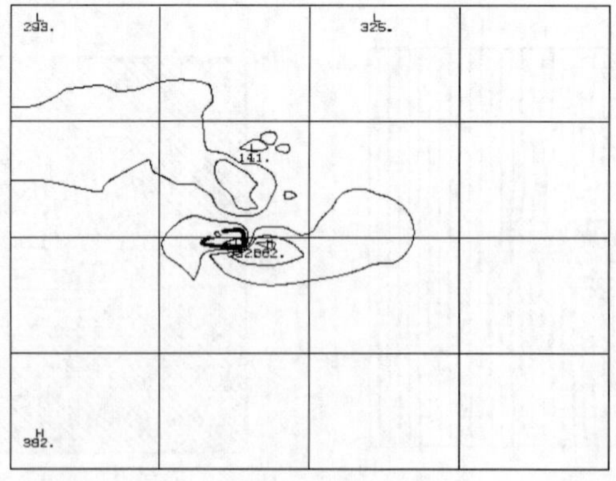

图 4.7　当时步 $n=210$ 时，对流云(xgl-hr)流场中的水平气流近于零的零域位置在粗实线附近(该图是在 $u=0$ 面上的 v 值分布，粗实线为 $v=0$ 的线，因而这里 $u=v=0$)，其他说明同图 4.5。纵、横坐标是水平网格，每大格的格点数是 10

4.3.2.1.2 模拟结果的分析

①从图 4.3 中的最大上升气流速度随时间演变曲线来看，最大值不超过 1200 cm/s，是雷雨云式的对流云，云的生命史约为一小时。图 4.4 给出的是高度分别在 2.5，3.5，4.5，5.5 km(K=5,7,9,11)处的水平流场，它是 S 形流型，这也是在切变环境风场中发展起的对流云常具有的流型。图 4.5 是穿过对流云中心的垂直剖面上的流场，呈现出明显的对流环流。图 4.6 则是相应的云体垂直剖面，最大比含水量达到 6.5 g/kg。下文将给出在这样的对流云结构下降水发展的过程。

②在对流云流场中常常在主上升气流区边侧存在着水平气流静止的所谓“零域”，图 4.7 给出了 u=0 曲面上的 v 值分布，所以在图中 v=0 处(粗实线)就是零域的位置。从图 4.5 中看出“零域”在水平坐标 X 上的 15 和在 Y 坐标的 20 附近。按照强对流雹云中冰雹形成的规律，大雹粒子是在运行增长过程中向“零域”集中的，并从这里进入主上升气流区，而从主上升气流另一侧落下(许焕斌，段英，2001，2002)。这一规律在一般对流云(雷雨云式的对流云)中也表现的很明显。为了看清楚这种表现，不必给出所有大雨粒子群的运行增长轨迹图，以免重叠混淆。图 4.8 和 4.9 分别画出的是一些有代表性的粒子运行增长轨迹图。从图 4.8 和 4.9 可看出大雨粒子运行增长轨迹不论在水平面上或在垂直面上都是向“零域”集中、进入主上升气流区、然后在另一侧下落的。值得注意的是，粒子起始位置不在“零域”中时(图 4.8 的左、右帧)，它们向“零域”集中；粒子起始位置已在“零域”中时(图 4.8 的中帧)，即已到集中位置，它们不再离开“零域”，直接从“零域”进入主上升气流区，长大后下泻。

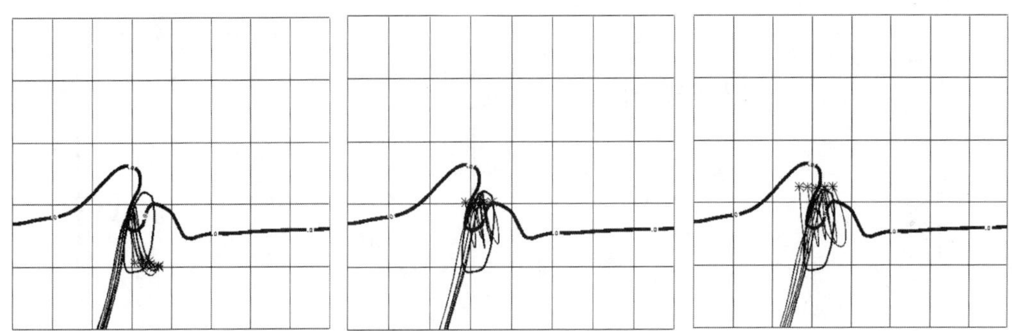

图 4.8 一些大雨粒子的运行增长轨迹在 J=21 水平剖面上的投影(细实线)，0 线(粗实线)，主上升气流区(实闭合曲线)，* 是粒子起始位置。左：粒子起始位置偏下，中：粒子起始位置在“零域”中，右：粒子起始位置偏上。其他说明同图 4.5

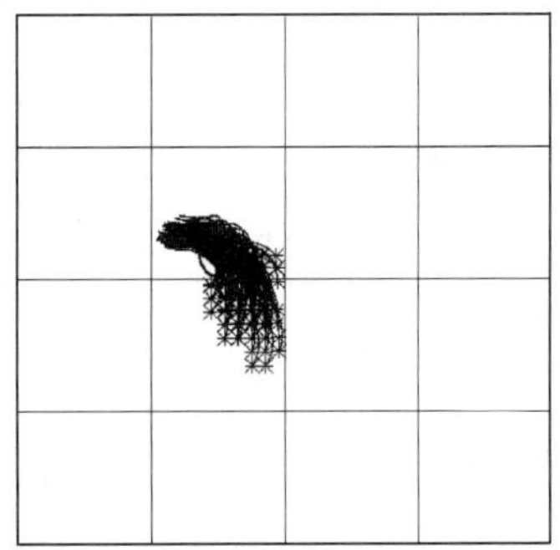

图 4.9 大雨粒子群的运行增长轨迹在 k=10 垂直剖面上的投影(细实线)，主上升气流区(实闭合曲线，大部分被轨迹投影线所遮，左右侧可见)，* 是粒子起始位置。最大降雨点的位置在(12，24)。每大格的格点数是 10。其他说明同图 4.4

③该算例的最大降雨点的位置是在(12,24)。其雨强随时步的变化给在图 4.10 中,曲线呈现出典型的阵雨特征。

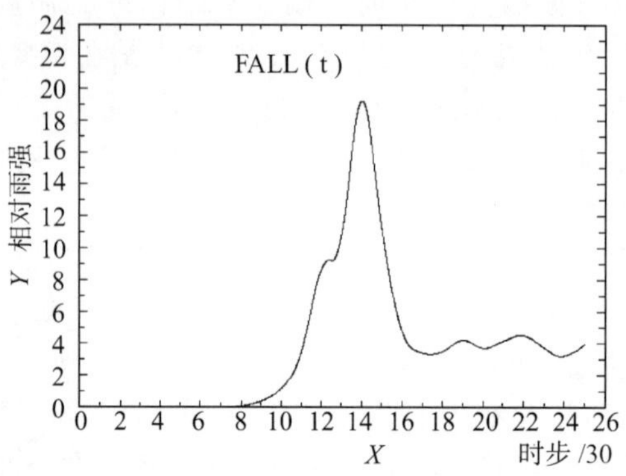

图 4.10 格点(12,24)上相对雨强(每 5 min 落在一个水平网格内的雨粒子群的质量)随时步的变化曲线。纵坐标是相对雨强;横坐标是数据输出次数即积分时间步数除以 30(=n/30),时间为 $t=n\Delta T$,$\Delta T=10$ s。其他说明同图 4.3

④大雨粒子群在运行中的增长和集中,必然形成雨粒子的积累。粒子的集中,使粒子的比浓度加大(见图 4.11 左);粒子的增长使粒子的尺寸长大(见图 4.11 右)。这两个因素都引起粒子的比含量的增大,就形成了雨粒子的积累。

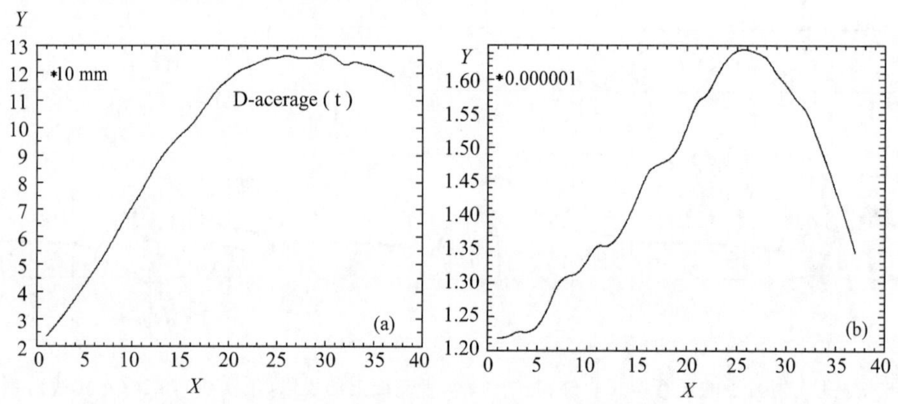

图 4.11 零域-累积区内的粒子群的平均尺寸(a)和粒子群总数(b)随时步的变化

纵坐标是平均尺寸(左) 或粒子群总数(右);横坐标是积分时间步数 n,$t=n\Delta T$,$\Delta T=10$ s 其他说明同图 4.10

⑤积累区先在零域的主上升气流上边侧形成,这里离零域近且上升气流不太强,可容纳小一些的粒子群滞留,随着粒子群尺度的长大,集中滞留区逐步向主上升气流的大值区扩展,当粒子的尺寸长得够大而上升气流又托不住时,它们在主上升气流区后侧下泻,形成阵雨。这种积累过程和下泻方式的组配不会使降雨过程压灭上升气流,有利于长生命对流云的维持。雷达回波会呈现出上大下小的倾斜型,详见图 4.12。

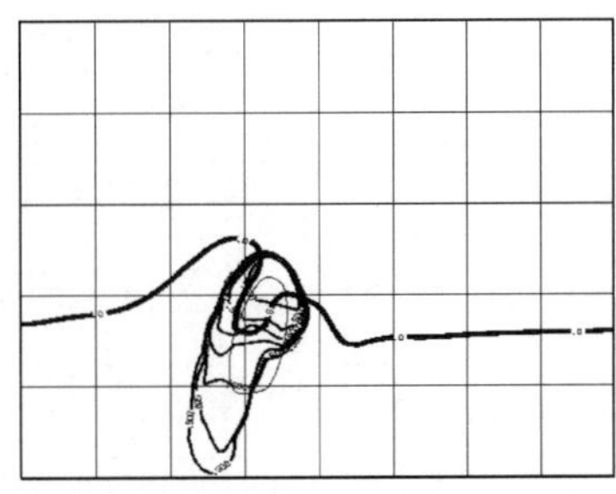

图 4.12　对流云中雨粒子群累积和下泻的过程

主上升气流区(实闭合细曲线)，积累区的位置和演变(粗闭合实线族，表示比含量 0.05 g/kg 的外沿线随时间的变化；线族中最内最上是起画时刻：$n=120$，其后线族向下和向外扩展，依次为 $n=150,180,210,240,270,300$)，其他说明同图 4.8

4.3.2.2　合成旋转环境风场(理想)个例(xgl-hr)的动态模拟

动态模拟中最大上升气流速度随时间演变曲线同图 4.3。其他的模拟结果分别给在图 4.13—图 4.18 中。

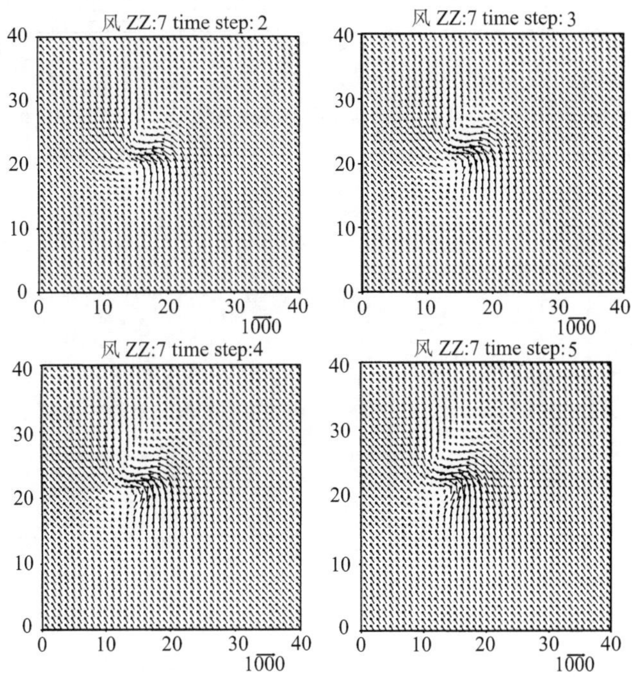

图 4.13　xgl-hr 个例动态模拟在不同时间步数(步长$=n/30$)的水平流场。高度 K(ZZ) $=7$，图中标出的数是水平坐标的格点数(I,J)。其他说明同图 4.4

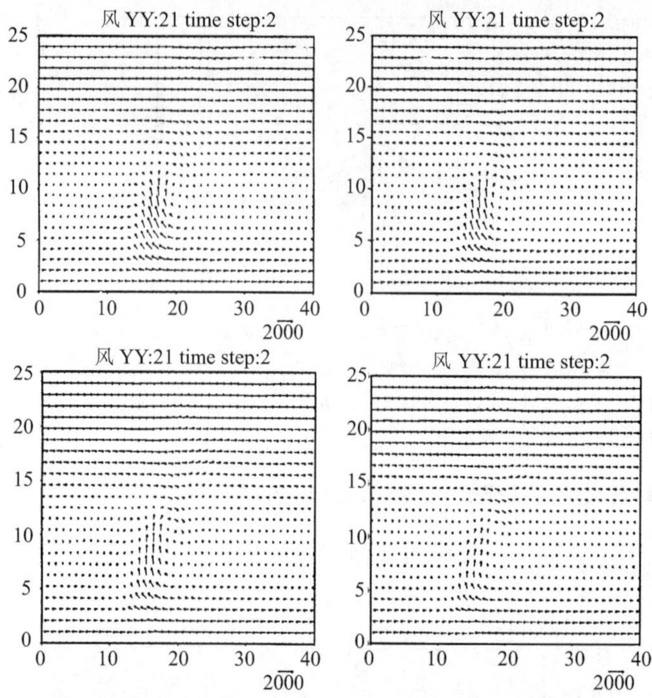

图 4.14　xgl-hr 个例动态模拟在不同时间步数的流场垂直剖面($J=21$)，纵坐标是垂直网点数 K，横坐标是水平网点数 I，$\Delta z=0.5$ km

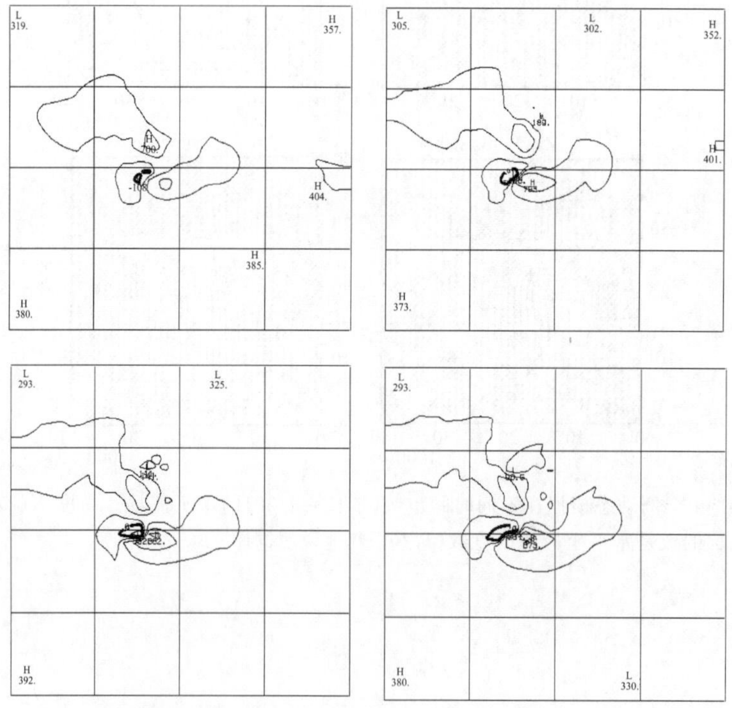

图 4.15　xgl-hr 个例动态模拟在不同时间步数的流场中水平气流近于零的零域位置(粗实线附近)，($u=0$ 面上的 v 值分布，粗实线为 $v=0$)，其他说明同图 4.7。每大格的格点数是 10

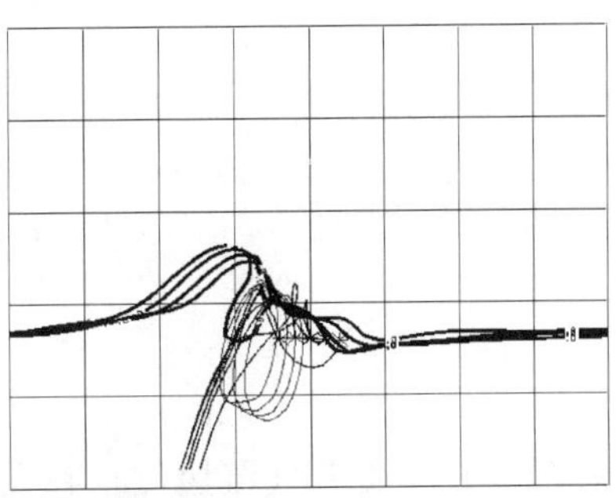

图 4.16　动态模拟中大雨粒子群的运行增长轨迹在 $J=21$ 水平剖面上的投影(细实线),不同时刻的0线(粗实线族),主上升气流区(实闭合曲线族),* 是粒子起始位置。其他说明同图 4.8

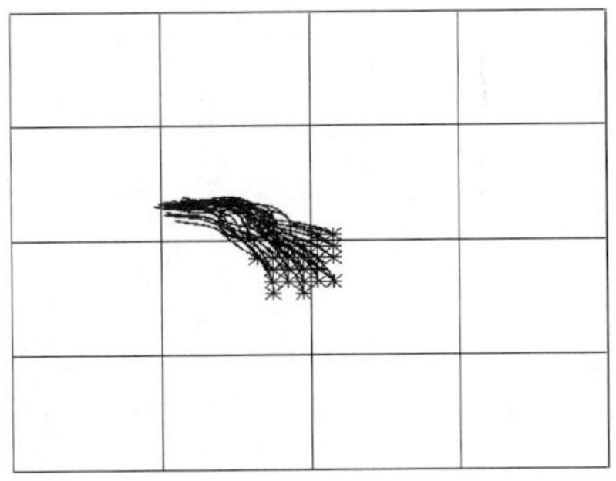

图 4.17　动态模拟中大雨粒子群的运行增长轨迹在 $K=10$ 垂直剖面上的投影(细实线),主上升气流区(实闭合曲线),* 是粒子起始位置。其他说明同图 4.9

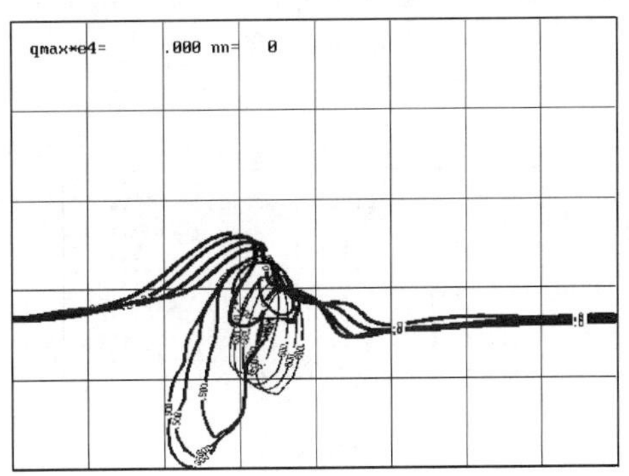

图 4.18　动态模拟中对流云中雨粒子群累积和下泻的过程

主上升气流区(实闭合细曲线),积累区的位置和演变(粗闭合实线族),其他说明同图 4.13

在图 4.13—图 4.18 中,把相应的静态模拟的图 4.8,4.9,4.10 与动态模拟给出的图 4.16,4.17,4.18 对比可见,两组图给出的规律是一致的。再把图 4.13,4.14,4.15与图 4.4,4.5,4.7 对比,动态模拟时流场虽在随时间变化着,但基本流型并没有变,所以不影响整体的图像。因此可见,静态模拟的规律表现在动态模拟中仍然是很清楚的。

4.3.3　合成静风场(理想)个例(xgl-hr)

静风场(理想)个例的动态模拟,是使水平风 $u=0.0$ 和 $v=0.0$,其模拟结果给在图 4.19—图 4.26 中。

综合分析静风场模拟的图组 4.19—图 4.26 与(xgl－hr) 有风场(理想)模拟结果的差别是:

静风场模拟的图象皆为对称的。在主上升气流边侧也存在"零域",均衡对称地吸引着粒子群到主上升气流中来,长大后垂直下落,直压主上升气流。这种积累运动和下泻方式会压灭上升气流,不利于长生命对流云的维持。而且雷达回波也呈直立对称型。

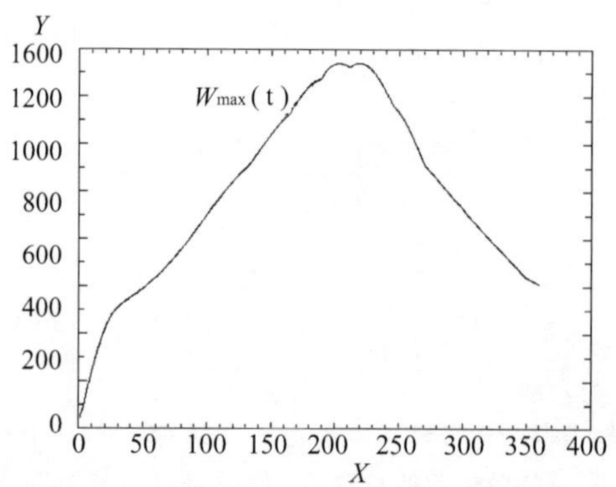

图 4.19　xgl-hr 静风场(理想)个例模拟中 W_{max}(cm/s)随积分时间步数(n)的变化曲线。其他说明同图 4.3

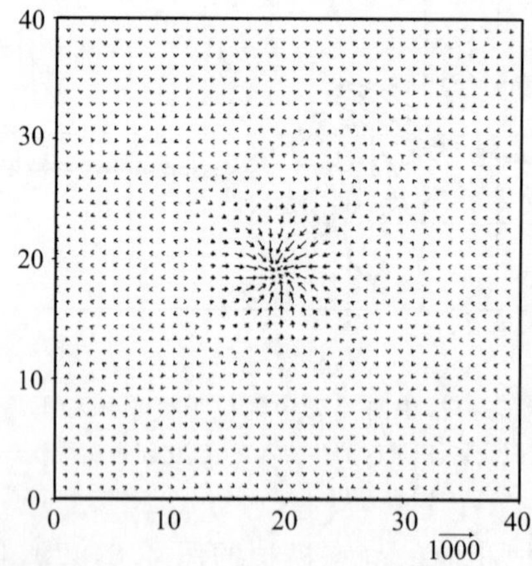

图 4.20　xgl-hr 静风场(理想)个例模拟中水平流场, 时间步数:$n=210$,高度 K(ZZ) $=7$。图中标出的数是水平坐标的格点数(I,J)。其他说明同图 4.4

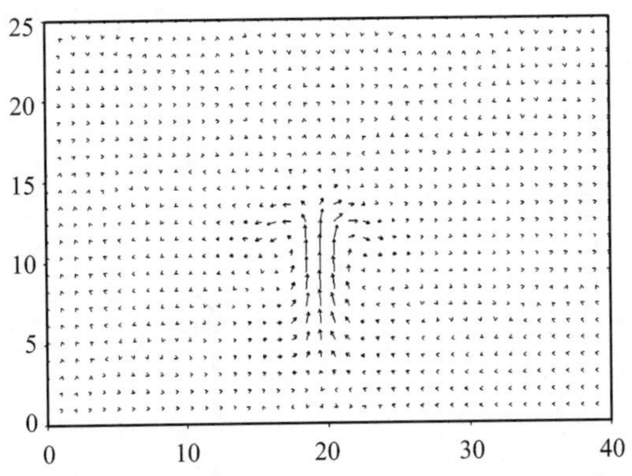

图 4.21　(xgl-hr) 静风场(理想)个例数值模拟的 $y=21$ km 处的垂直流场($n=210$)，纵坐标是垂直网点数 K，横坐标是水平网点数 I，$\Delta z=0.5$ km，其他说明同图 4.5

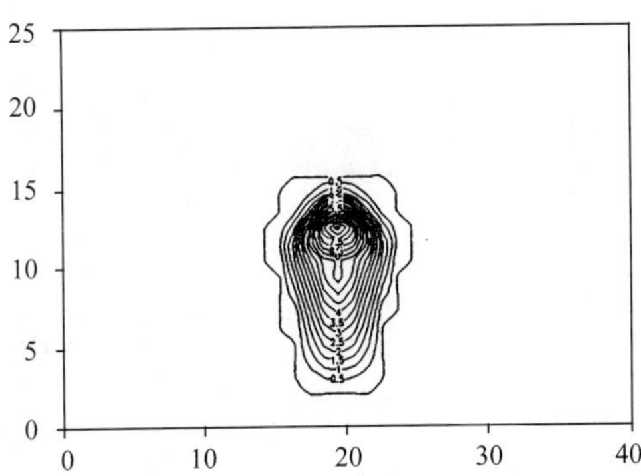

图 4.22　(xgl-hr) 静风场(理想)个例数值模拟的 $y=21$ km 处的云体总比水含量的垂直剖面($n=210$)，其他说明同图 4.6

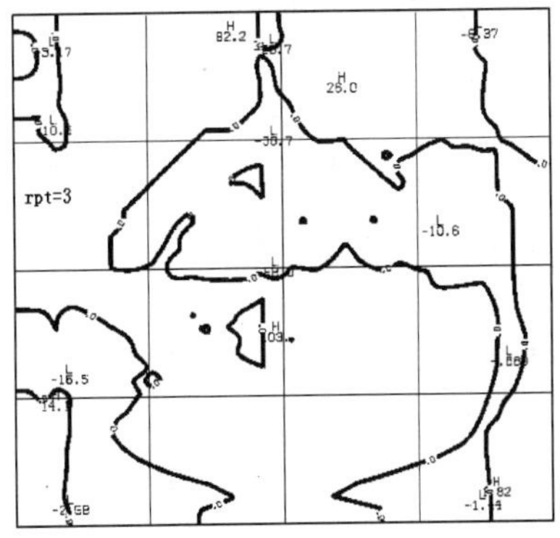

图 4.23　(xgl-hr) 静风场(理想)个例流场中的水平气流近于零的零域位置(粗实线附近，$n=210$)，($u=0$ 面上的 v 值分布，粗实线为 $v=0$)，其他说明同图 4.7。每大格的格点数是 10

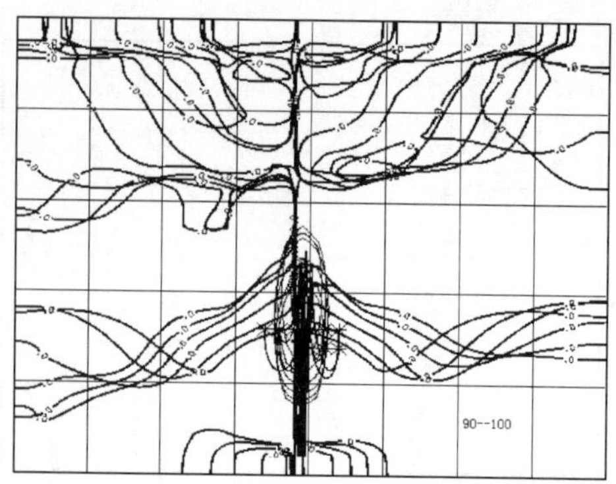

图 4.24　(xgl-hr) 静风场(理想)个例模拟中大雨粒子群的运行增长轨迹在 $J=21$ 水平剖面上的投影(细实线),不同时刻的 0 线(粗实线族),主上升气流区(实闭合曲线族),* 是粒子起始位置。其他说明同图 4.8

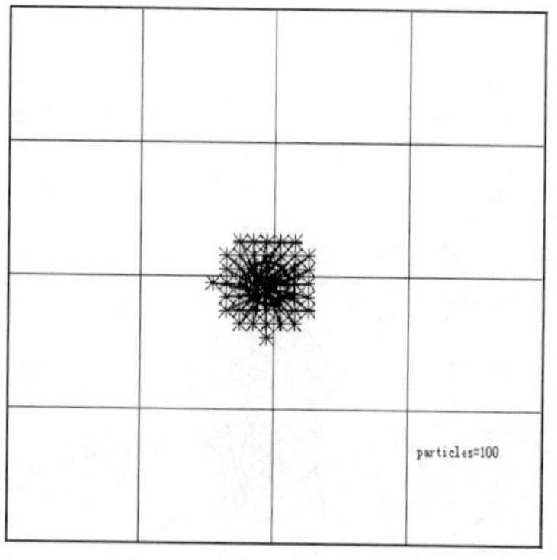

图 4.25　(xgl-hr) 静风场(理想)个例模拟中大雨粒子群的运行增长轨迹在 $K=10$ 垂直剖面上的投影(细实线),主上升气流区(实闭合曲线),* 是粒子起始位置。其他说明同图 4.9

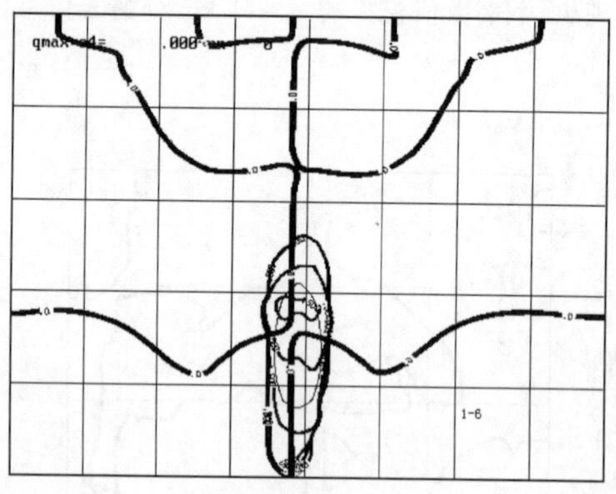

图 4.26　(xgl-hr) 静风场(理想)个例模拟中雨粒子群累积和下泻的过程。主上升气流区(实闭合细曲线),积累区的位置和演变(粗闭合实线族),其他说明同图 4.12

4.3.4　实例模拟的模拟结果

为了充实理想模拟的内容和增加可信性,模拟了一批实例。这里只介绍其中的两个例子。

4.3.4,1　实例一：济南地区降阵雨-小雹的实例模拟（根据 2003 年 6 月 27 日 20 时的探空资料作初时场，雷达回波自西向东运动，时速 约 36 km/h）。

该算例的动态模拟的结果给在图 4.27—图 4.33 中。

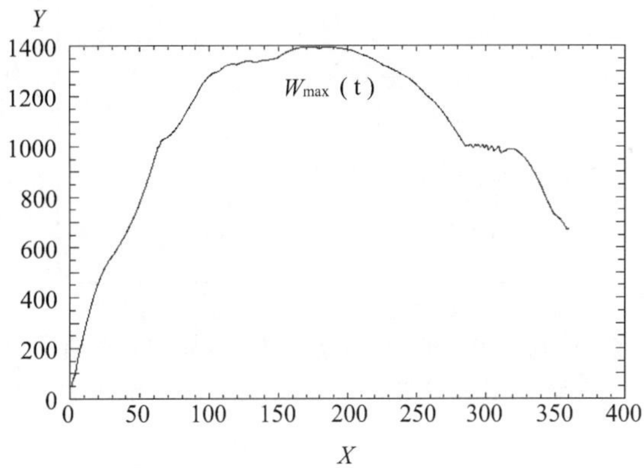

图 4.27　实例一数值模拟的最大上升气流速度随时间(t)的演变

纵坐标是最大上升气流速度(cm/s)；横坐标是积分时间步数 $n, t=n\Delta T, \Delta T=10$ s

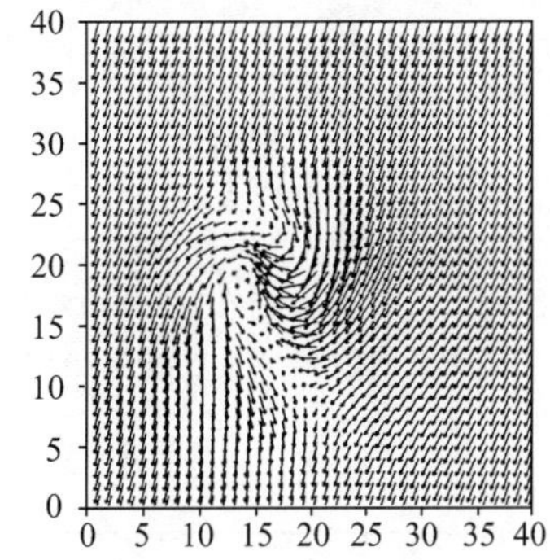

图 4.28　实例一数值模拟个例的水平流场，时间步数：$n=240$ ，高度 K(ZZ) =7 图中标出的数是水平坐标的格点数(I, J)

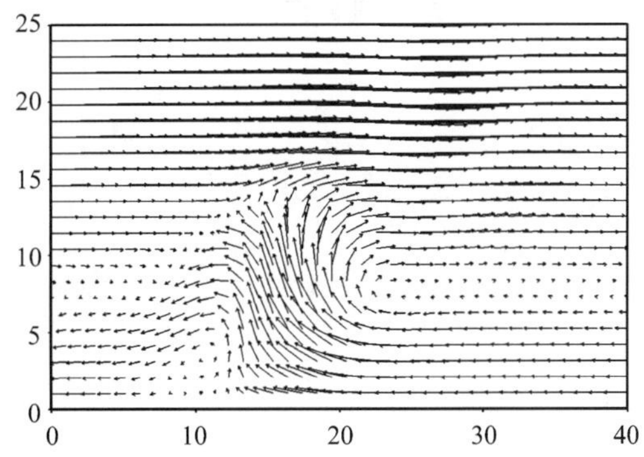

图 4.29　实例一数值模拟的 $J=21$ 处的垂直流场($n=240$)，纵坐标是垂直网点数 K，横坐标是水平网点数 $I, \Delta z=0.5$ km

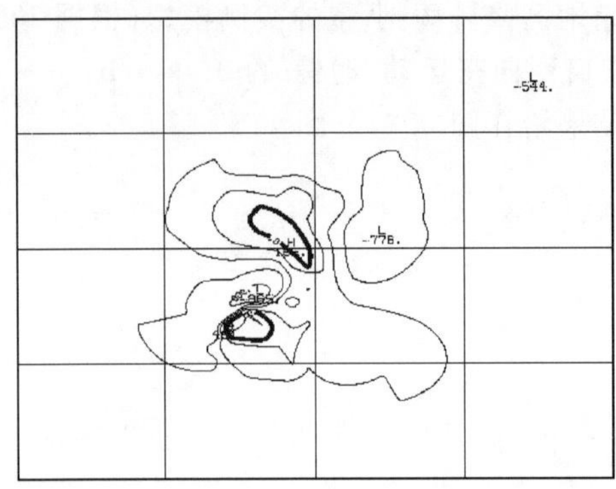

图 4.30　实例一模拟流场中的水平气流近于零的零域位置(粗实线附近，$n=210$)，($u=0$ 面上的 v 值分布，粗实线为 $v=0$)，其他说明同图 4.7。每大格内有 10 格距

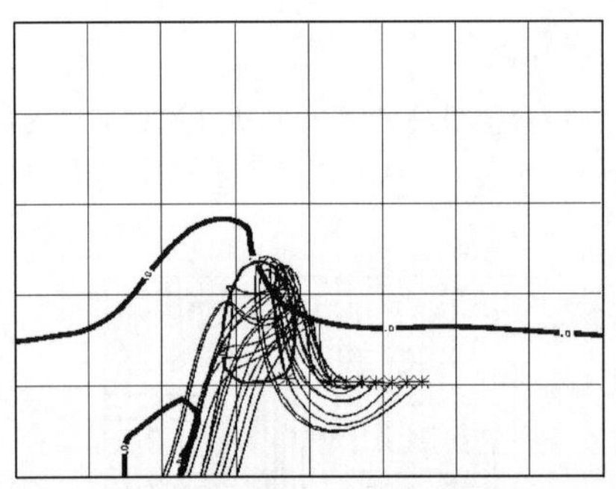

图 4.31　实例一模拟的大雨粒子群的运行增长轨迹在 $J=21$ 水平剖面上的投影(细实线)，0 线(粗实线)，主上升气流区(实闭合曲线)，* 是粒子起始位置。其他说明同图 4.9

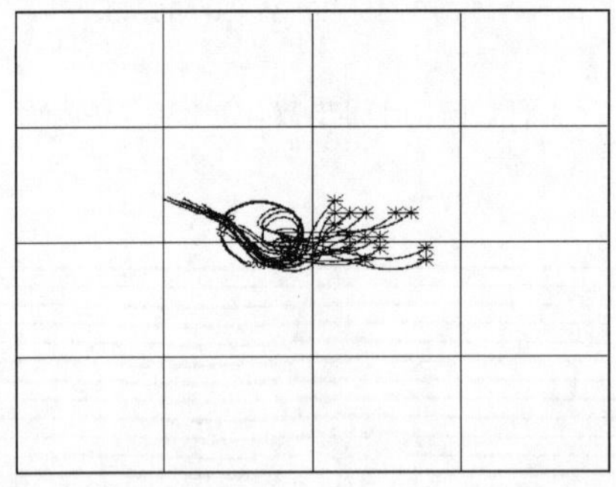

图 4.32　实例一模拟的大雨粒子群的运行增长轨迹在 $K=10$ 垂直剖面上的投影(细实线)，主上升气流区(实闭合曲线)，* 是粒子起始位置。其他说明同图 4.9

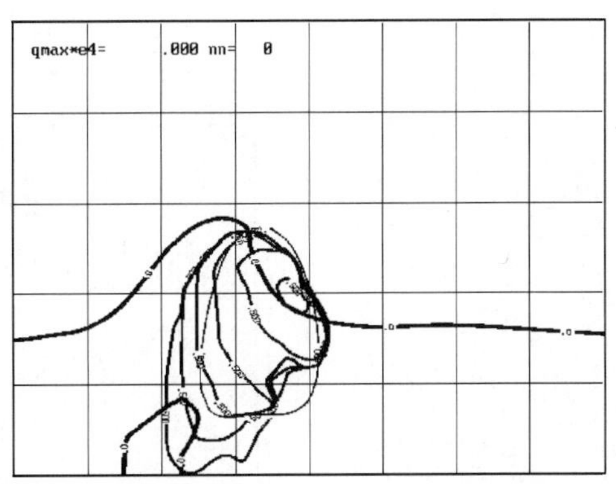

图 4.33　实例一模拟的对流云中雨粒子群累积和下泻的过程

主上升气流区(实闭合细曲线)，积累区的位置和演变(粗闭合实线族)，其他说明同图 4.12。

对比这一组图(即图 4.27—图 4.33)与理想静态模拟的图 4.3—图 4.11)，以及与动态模拟的图 4.13—图 4.17)，可见其特征都是一样的。清楚地表明实例模拟的结果与理想个例模拟结果体现着同样的规律。

4.3.4.2　实例模拟个例二(陕西，旬邑，阵雨)，1998 年 7 月 15 日 12 时 03 分的探空资料

在一批实例模拟中，实例二有着复杂的环境风场垂直切变，情况和结果有些特殊，值得专门介绍。其模拟结果给在图 4.34—图 4.40。

从图 4.34 看，这是一例短的阵雨过程。上升气流速度随时间的变化的特点是起得快衰得也快。中低层具有辐合而又在内圈旋转的水平流场与上升气流相配合，气流吹入后难以外出，成为"窝风型"流场，见图 4.35 示。

从图 4.37 看，它没有"零域"(该图上没有粗实线 $-v=0$)；从图 4.38 和 4.39 看，动力吸引效应也不强。虽没有"零域"可集中，但大雨粒子群仍保持在主上升气流区内，如图 4.40 所示，出现了累积，形成了阵雨。原因就是"窝风型" 流型的外层辐合内层旋转阻碍了粒子群的外逸，起到了保持的效应。这种在功能上的"保持"与水平风"零域" 动力吸引效应看来具有等价性。

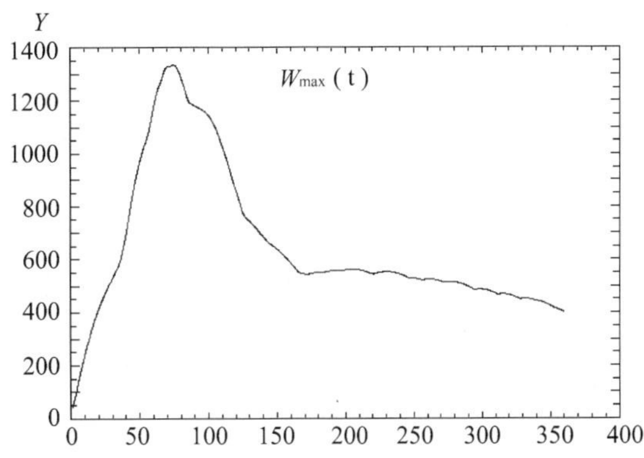

图 4.34　实例二数值模拟的最大上升气流速度随时间(t)的演变

纵坐标是最大上升气流速度(cm/s)；横坐标是积分时间步数 n，$t=n\Delta T$，$\Delta T=10$ s

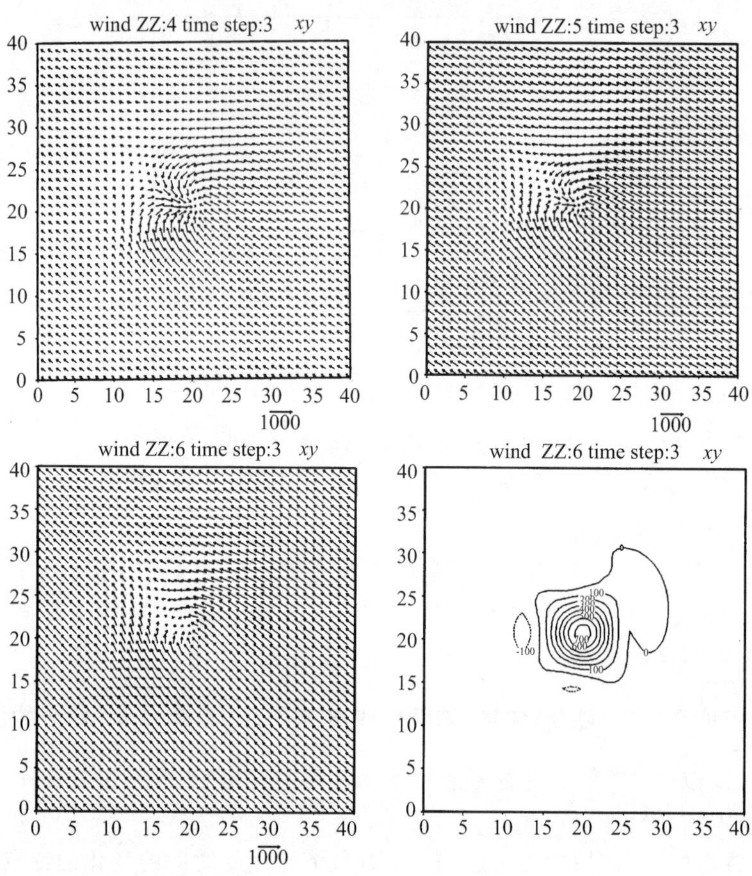

图 4.35　实例二数值模拟的水平流场，时间步数：$n=120$，高度 $K(ZZ)=4,5,6$。左下图是 $K(ZZ)=6$ 的上升气流分布。图中标出的数是水平坐标的格点数(I,J)

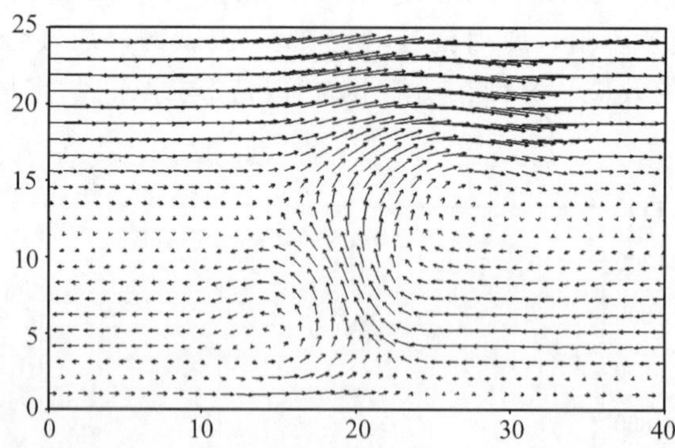

图 4.36　实例二数值模拟的 $J=21$ 处的垂直流场($n=120$)，纵坐标是垂直网点数 K，横坐标是水平网点数 I，$\Delta z=0.5$ km

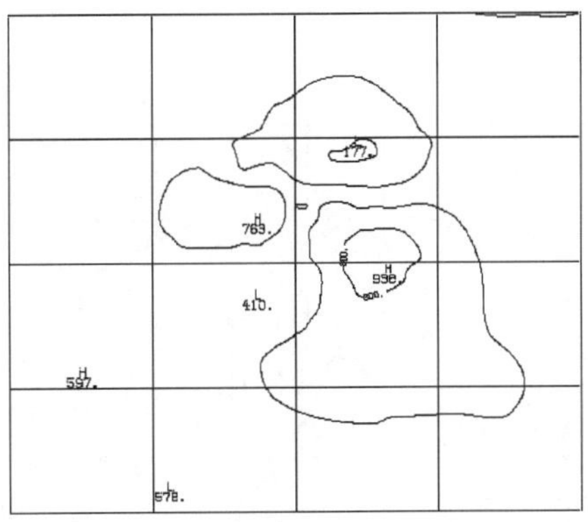

图 4.37　实例二模拟流场中的水平气流近于零的零域位置(粗实线附近，$n=210$)，($u=0$ 面上的 v 值分布，粗实线为 $v=0$)，其他说明同图 4.8。每大格内有 10 格距

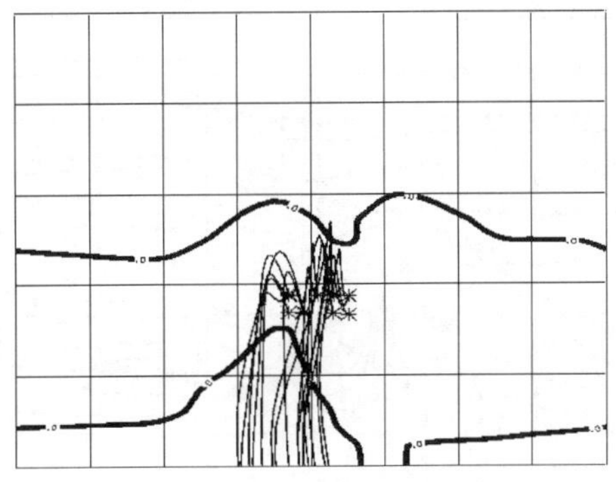

图 4.38　实例二模拟的大雨粒子群的运行增长轨迹在 $J=21$ 水平剖面上的投影(细实线)，0 线(粗实线)，主上升气流区(实闭合曲线)，* 是粒子起始位置。其他说明同图 4.9

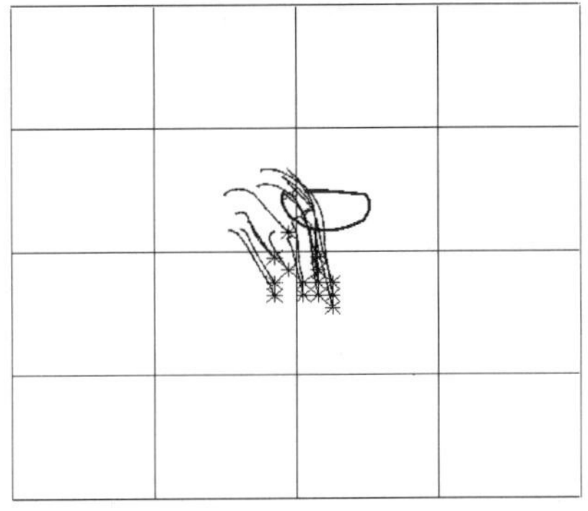

图 4.39　实例二模拟的大雨粒子群的运行增长轨迹在 $K=10$ 垂直剖面上的投影(细实线)，主上升气流区(实闭合曲线)，* 是粒子起始位置。其他说明同图 4.10

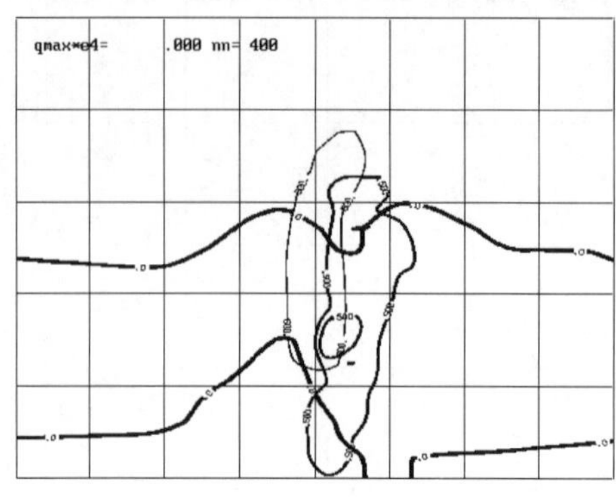

图 4.40　实例二模拟的积云中雨粒子群累积和下泻的过程。主上升气流区(实闭合细曲线)，积累区的位置和演变(粗闭合实线族)。其他说明同图 4.13

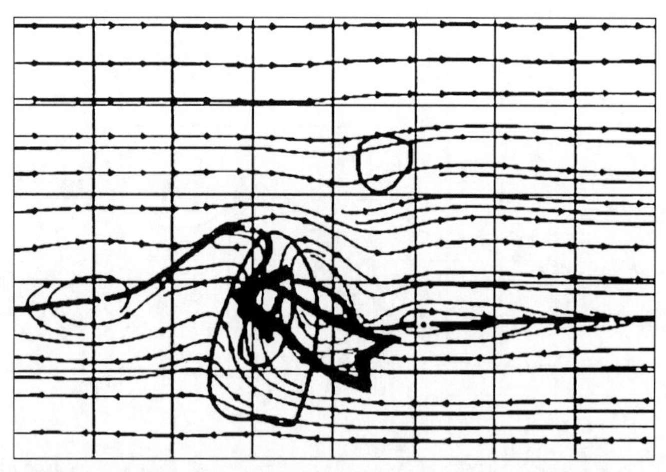

图 4.41　“阵雨穴道”示意图，其他说明同图 4.8

粗实线：零线；闭合实线：上升气流区；带箭头的线：流线；空心大箭头：穴道(箭尾：入口区；箭头：出口区)覆盖“穴道”区的阴影区为“作用”区

4.4　分析和讨论

综合以上模拟结果，可以分析讨论如下：

4.4.1　“零域“的动力特征和大粒子形成“穴道”

(1)对流云的流场的特征，云中会出现相对水平气流近于零的地方，可称之为”零域“，再有相应的水凝物粒子的运动增长特点，决定了对流云中存在着一个具有特别动力性能的区域，它位于主上升气流旁侧的相对(于云体)水平风速近于零的”零域“主入流区的下侧，区域中水平气流近于零，不利于水平气流把粒子吹离；但区域内的不同部位有着强弱不同的上升气流，具有不同落速的各种大小粒子可以在运动中找到与上升气流相平衡的地方，可见“零域”使粒子群在动态增长运行中有自动调节功能。区域的流入端是主上升气流的边缘，这里适合于小粒子存留和增长，而区域的流出端是主上升气流中心，这里适合于大雨粒子群的形成。粒子一旦进入这个区域很难被吹出，故为“穴”，粒子由入口处进入区域后，边运行边增长边旋转向流出端行进，待粒子长大成大雨滴后，克服上升气流而下泻，故为大雨滴形成之“道”，两者统称为大雨滴群形成的“穴道”，或称”阵雨穴道”，见图 4.41 。这个“阵雨穴道”的性质和功能与”冰雹穴道”相像，只不过强度较弱而已。它存在和位置也是由对流流场的特征决定的，在“穴道”中粒子的增长率的快慢和进入主上升气流中心的路途长短是由云粒子群微物理过程和微物理场(含水量)及和温度场来决定的。

(2)在对流云的宏微观场随时间演变中，上述规律仍然存在，只不过随着流态的变化，“穴道”的位置在变化，但对于一个发展和维持的云体，其位置大体上也是稳定的，这也是长生命史、结构稳定的对流云体产生灾害性阵性暴雨的原因。

(3)只要粒子进入“穴道”之中，它们就有条件去长大成大雨粒子。在“穴道”内部，不论是大一些粒子，或是小一些粒子，都具有三维空间的旋转轨迹，由于它们相互交叉的，从而是平等地在耗用凝结水，甚至只耗用穴道中的局部凝结水，尽管主上升气流区其他地方存在着大量过冷水，也难有“食”用者光顾，这可能是可开发的云水资源。

4.4.2 粒子的集中和积累

(1)粒子的积累是通过它们向主上升气流区边侧水平速度近于零的区域——“零域”集中来完成的，随着粒子尺度的增长，累积区逐渐向主上升气流区扩展，新生的累积区并不在最大上升气流顶上方，而是在旁侧。累积区先在最大上升气流上方，再延伸到其下方。

(2)集中的过程，不是静态的，粒子进入累积区后不一定就处于静态平衡状态，滞留少动，常态是动态循环的。粒子进入累积区，也可离开累积区，但能长大的粒子是会回来的，总的效果是动态地向累积区集中。

(3)雨粒子群的动态循环累积过程，不像 Сулаквилидзе(1965) 所述的那样，在一维情况下只能是上升气流与粒子落速之间的平衡所致，这只是水平风速等于零的特殊情况的表现，在有水平风时是很难维持这种平衡的。也不像 Haman(1968)和 Iribarne(1968)那样的两维局限性，因为在两维对流流场中水平风只有正反向，存在“零域”的条件只是单一方向的水平风等于零，这对于低层辐合高层辐散的对流流型来说，中间必然会有一个水平风等于零的区域，因而“零域”一定存在(王思微等，1997).而在三维对流流场中，水平风向有变化，不一定存在“零域”，需要具有独特的流场结构才会出现“零域”。更不像 Gokhale(1981)所述的那样，要求环境风有切变，而且要求粒子在运行增长中粒子落速的变化(增加或减小)一定要与上升气流速度的变化(增加或减小)相一致这样的苛刻条件，这是由于 Gokhale 所述的是静态平衡积累，没有发现在对流云体中存在特殊动力性能的“零域”，使粒子群在动态增长运行中有自动调节功能，在这种情下，粒子群不但不被吹去反而可积累。

4.4.3 关于主入流区

上面的分析有一个前提，即存在着”零域“和主入流区。主入流区以直接吹进云体的方式满足对流的辐合需要，少旋转，所以主入流区的水平流场的垂直结构具有二维性，在这种情况下对于对流流场出现"零域"就是自然的了。一个对流云有主上升气流区是必然的,大背景中有一个三维的对流环流,入流可以来自四面八方,何以必有一个主入流区呢?这起码可以作如下的理解或解释:

其一,对流上升必然要有低层辐合高层辐散相伴,这是连续方程的要求,强对流上升气流也必然要求有低层强辐合;

其二,辐合上升(辐散)运动是大气三维涡旋运动的一个基本态(刘式达等,2003;刘式适等,2004),即有辐合上升必有旋转。极端地来说,单有辐合没有旋转,可以供应气流上升(见图4.42a),但单有旋转没有辐合则不能供给气流上升(见图4.42b),因此对于一个旋转辐合的运动来说,气流既要有辐合又要有旋转,且辐合量要满足强对流上升气流的需要,如图4.42c所示。但这对于非单波态有扰动的大气运动来说维持这种均匀对称的辐合旋转流型是不可能的。实际的流场必然是不对称的辐合和旋转,这种不对称必然会导致有一个主入流区。如前已给出的图4.4和图4.28那样的形似"S"的流型正是非对称的旋转辐合流场,"S"字形的二弯曲中间,就是旋转中的主入流区,它近于直线地进入云中,构成这里是局地强辐合弱转动的势态;而在两个弯曲处则是强旋转.但从流场全局来说,是辐合旋转上升的。这一流场特色,应该说是强对流云的特征。近期的Doppler雷达观测得到的一些结果也印证了这样的强对流云流场特征(朱君鉴等,2004)。至于"零域"的形态,可以用二维垂直剖面上的"零线"走向作概念性描述,"零线"的走向大体有三种:平的,上翘的和下拖的,而且是由流场形态来决定的。当然,上翘式有利于大粒子向高处集中,推到更低的温度低处,有利于大雹形成,其他两种则有利于阵性暴雨的形成。

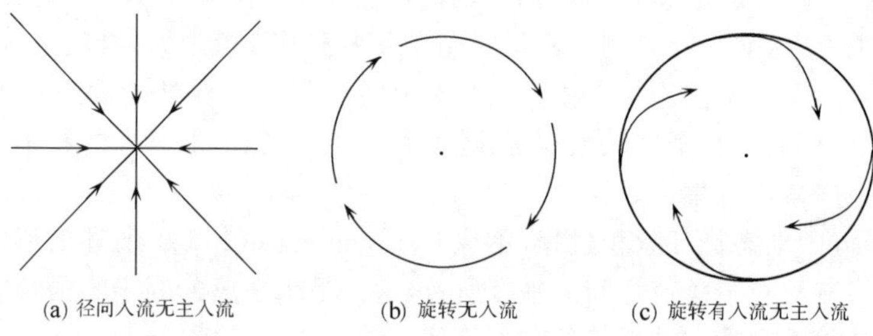

图4.42　单辐合(a),单旋转(b)和既有辐合又有旋转(c)的流型示意图

4.4.4　大粒子的循环增长

大粒子(大雨滴,霰,雹)的循环增长学说虽早在1976年已被Browning和Foote提出,可是留下了不少疑问。如:是不循环粒子就难长大?或是观测大雹有层次,理应有循环?因何会循环?循环次数与雹层次的关系?循环是单一宏观流场决定的吗?大粒子的再入主上升气流区又仅由粒子落速决定的吗?轨迹循环与水凝物积累有什么关系?水凝物积累与增长又有什么关联?粒子循环中为何不被气流吹走?在复杂多变的对流流场中,粒子在循环增长中是如何从适合于小粒子增长的地方传输到适合于大粒子增长的地方去,并长成为大粒子的?所有这些疑问,"零域"和"穴道"的学说都给于了系统的回答。"零域"和"穴道"的集中与积累作用,不仅提供了粒子滞留和生长的时间和地域,而且由于粒子浓度的增加和

粒子尺度的变大，显著地优化和加速了粒子间碰并(冻)增长，而且提供了传输的通途。

4.5　结语

(1)可存在相对水平气流速度近于零的“零域”，在“零域”的下侧是主入流区，上侧是出流区，而域内是具有水平梯度的上升气流，上升速度从云中心向云边递减。这种零域动力结构与云中水凝物粒子群微观增长运行过程相互作用，使零域有独特的动力性能。使得粒子群向零域集中和积累，恰似一个动力吸引区。

(2)“零域”的这种对粒子的动力吸引作用，与随着粒子尺度的增大向主上升气流区旋进式地传输功能，在“零域”的下方入流区内形成一个生产大粒子群的“流水线”，可称之为大粒子群发生“穴道”，“穴”者粒子进入后难以吹逸，“道”者大粒子形成必由之路也。“穴道”的入口区位于云体前沿入流处，这里上升气流速度比较小，有利于小粒子的存留和长大；而“穴道”的出口区位于云体主上升气流轴区，上升气流速度接近最大值，有利于大粒子的存留和长大。一般当“穴道”中形成的大粒子尺度超过 1 cm 时，可构成地面降雹，这种“穴道”可称之为“冰雹穴道，而当粒子群的尺度小于 1 cm 时，则构成降雨，则可称为“阵雨穴道”。

(3)阵雨形成的机制是，小粒子群先到云中“阵雨穴道”的入口区集中，随着尺度的增大逐步进入穴道内部，当它们到达穴道出口处长到最大尺度，可因克服上升气流的顶托，或因越过上升气流轴线后上升气流的变小而下落，构成积累的雨突然下泻，形成阵雨。

(4)在切变风环境下发展的对流云，具有明显的“穴道”结构，云体的雨下泻区与主上升气流区不对峙，雨下泻区不仅不会压灭上升气流，反而起动低层空气上升，有利于维持强度大而时间长的阵雨；而对在静风或弱风切变环境下发展的对流云也进行了模拟，结果表明，因流场是近于对称的，“穴道”变短了，入口区和出口区靠得很近，雨一旦下泻，正面下冲主上升气流区，会压灭它，使云体衰落，只形成短时间的阵雨。

(5)在切变风环境下发展的对流云，具有明显的“穴道”结构，有利于维持强与时间较长的阵雨；而在静风或弱风切变环境下发展的对流云流场是对称的，“穴道”变短而退化为“穴点”。分不出入口区和出口区，雨一旦下泻，正面下冲主上升气流区，会压灭它，使云体衰落，只形成短时间的阵雨。

(6)模拟发现有的对流云(阵雨云)个例没有“零域”，也没有“穴道”，但具有“窝风型”流场，它与“零域”和“穴道”有相似的动力吸引或保持功能。可是又因为流型的对称性，降水可以压灭上升气流，是属于短生命的不太强的阵雨。

参考文献

陈瑞荣等，1965. 我国对流云的宏观特征问题，中国科学院地球物理研究所集刊，11 期，北京：科学出版社，69－86.

胡朝霞，李宏宇，肖辉等. 2003. 旬邑冰雹云的数值模拟及累积带特征，气候与环境研究，**18**(12)：196－208.

贾惠珍，寇书盈，孟辉等. 2005. 强对流云新概念在积云人工增雨作业中的应用，气象科技，**33**(增刊)：7－10.

康凤琴，张强，马胜萍等. 2004. 青藏高原东北边缘冰雹形成机理，高原气象，**23**(6)：749－757.

刘式达等，2002. 从二维地转风到三维涡旋运动，地球物理学报，**46**(4)：450－454.

刘式适，付遵涛，刘式达，许焕斌等. 2004. 龙卷风的漏斗结构理论，地球物理学报，**47**(6)：959－963.

孟辉，寇书盈，贾惠珍等 . 2005. 应用“0 域”概念进行对流云防雹(增雨)作业，气象科技，**33**(增刊)：8－13.

秦长学，杨道侠. 2003. 金永利，碘化银地面发生器增雨(雪)作业可行性及作业时机选择，气象科技，**31**(3)，174－178.

陶诗言等，1980. 中国之暴雨. 北京：科学出版社，87.

田利庆，许焕斌，王昂生. 2005. 雹云机理新见解的观测验证和复现，高原气象，**24**(1)：77－83.

王鹏云,杨静.2003 梅雨锋暴雨中的云物理过程的观测和数值模拟,大气科学进展,**20**(1):77－69.

王思微,许焕斌.1989.不同流型雹云中大雹增长运行轨迹的数值摸拟,气象科学研究院院刊,**4**(2):171—177.

许焕斌,段英.2001.冰雹形成机制的研究——并论人工雹胚与自然雹胚的"利益竞争"防雹假说.大气科学,**25**(2):277－288.

许焕斌,段英.2002.强对流(冰雹)云中水凝物的积累和云水的消耗,气象学报,**60**(5):575－583.

许焕斌.田利庆,段英.2005.关于积云增雨和实施方案的探讨,气象科技,**33**(增):1－12.

章澄昌,1992.人工影响天气概论,北京:气象出版社,146.

章澄昌.2002.积状云的人工降水,李大山主编:人工影响天气现状与展望,北京:气象出版社,第三章,119.

朱君鉴等.2004.冰雹风暴中的流场结构与大冰雹生成区。南京气象学院学报,**27**(6):735－742.

Browning K A,and Foote G B. 1976. Airflow and hail growth in supercell storms and some implications for hail suppression,*Quart. J. Roy. Meteorol,Soc*,**102**:499－533.

Committee on the Status of and Future Directions in U. S. Weather Modification Research and Operations. 2003. Critical issues in weather modification research, The National Academics Press,p93(中译本:郑国光等译,人工影响天气研究中的关键问题,气象出版社,74).

Gokhale N R. 1981.雹暴和雹块生长(中译本). 北京:科学出版社, 96－97.

Guan S. and Reuter G W. 1995. Numerical simulation of a rain shower affected by waste energy released from a cooling tower complex in calm environment, *J. Applied Meteorology*,131－142.

Haman K. 1968. On the accumulation of large raindrops by langmuir chain reaction in an updraf. *Proc. of the International Conference on cloud physics*, 345－349.

Iribarne J V. 1968. Development of accumulation zones. *Proc. of the International Conference on cloud physics*,350－355.

Kang Fengqin, Zhang Qiang, Lu Shihua ,Zhou Wei. 2005. Validation and Development of a New Hailstone Formation Theory—Numerical Simulations of a Strong Hailstorm Occurring over the Qinghai-Tibetan Plateau, *Journal of Geophysical Research Atmospheres*(accepted). (112)Do227.

Lopez Ravl E. Patrick T. Gannon *et al*. 1984. Synoptic and regional circulation parameters associated with the degree of convective shower activity in South Florida, *Monthly Weather Review*,**12**:686－703.

Nelson L. D. 1971. A numerical study on the initiation of warm rain,*J. Atmos. Sci.* ,**28**:752－762.

Timothy D Crum & Chhir J J. 1983. Experiments in shower - top forecasting using an interactive one-dimensional cloud model, *Monthly Weather Review*,**11**:829－835.

Wang J P C. 1984. A preliminary numerical simulation of a shower, *Journal of the Atmospheric Sciences*,**41**:789－806.

Willis P T &P T. Tattelman. 1989. Drop-Size Distribution Associated with Intense Rainfall, *J. Appl. Meteolo.* ,**28**: 3－15.

Сулаквилидзе Г. К. , Бибилашвилий Н, Ш, ЛапчеваВ. Ф. Образоваиие Осадков и воздейcтвие на градовые процессы, Гидрометеоиздат Л. ,1965.

Сулаквилидзе Г К,1967. Ливневые Осадки и Град. Гидрометеоиздат, Л. ,412－413.

第五章　强对流云中的下沉气流和下击暴流——大风

5.1　强对流云中强下沉气流发展的重要性

强对流超级单体风暴出现与一个独特的垂直环流的形成相关联着，其特点是一支强的云内上升气流与一支紧靠着它的湿下沉气流相伴。在条件不稳定大气中，一支强湿上升气流的形成是很容易理解的，但一支湿下沉气流的发生则比较复杂。激发下沉可有三个因子：动力扰动气压、水凝物拖曳和冷却负浮力。扰动气压和水凝物拖曳比较易于直接估算，而造成冷却负浮力的湿下沉气流发展需要云体的宏、微观场的配合：一是云体要有一个预发展过程，形成一个足够强大的对流云体并产生大量的凝（冻）结水，构成强的云内上升支；二是在云的移向后侧有突发性的干冷空气的平流突入云中（而不是经常起阻尼作用的湍流和夹卷混合）激发下沉，在消耗由上升支供应的凝（冻）结水 发展成一支对峙的下沉气流。观测分析和数值模拟都表明，下沉气流的发展又对强对流特征垂直环流形成与维持中起重大作用。干冷空气中、高层突入，对下沉支气流的发展很重要，但干冷空气突入后，能否发展成一支强湿冷下沉气流，就要看云中水分的供应条件了。如果水分供应不足，下沉在未获发展前很快就变成干绝热过程。例如，一块空气从 500 hPa 处，湿绝热下沉到地面，饱和比湿的增加量大约是 8 g/kg，如果一份云中含水空气与 n 份干冷气相混合，并一起作湿绝热下沉，那么就要消耗 n 份 8 g/kg 的水，云的静态含水量达到这个值是很难的，需要有一个产生凝结水的上升气流区不断把云（雨、冰）水向下沉区传送才有可能，即需有一个动态的水供给体系。所以云体必须足够大，下沉气流的发展冲蚀不能搞垮整个的上升气流，不然也就断了水分供应；另外还要下沉区紧靠着上升区，凝结物自上升区向下沉区的输送才可能有效地实现。

水凝结物供应量，以及凝结物的微结构等影响着下沉气流的强度。

在 2.4.6 节已给出了云体上升区后上侧发展起一支下沉气流的模型图，体现了以上所述的物理概念。

云内下沉气流的发展的一个有利条件是湿下沉过程，在下沉中有邻近上升气流区供应的水物质来维系其蒸发或融化的进行，使下沉接近于湿绝热；而对流性地面或低层大风常是下击暴流引起的，它是在云下急速发展起来的强下沉气流，是云内下沉运动在云下的发展的继续，水物质的供应要靠降水。为了较为全面地了解温、湿、风场，及其与下击暴流发展相伴的云—降水过程中水凝物粒子微结构对下击暴流发生发展的影响，我们设计了一个模拟试验方案，力图得到一些的相关的知识，来了解强对流性大风的形成。

5.2　下击暴流的数值模拟

5.2.1　模式简介

鉴于下击暴流的影响主要在低层，其结构具有准对称性，且云下发展是下击暴流形成强化的关键阶段，所以本研究着重于云下过程的描述。再者，拟作批量算例，因而使用了我们设计发展的一个非静力全弹性云尺度动力模式的面对称二维版本，并加上只含云水、雨水和霰的三相态单参谱演变的云一降水微物理模式。该模式包括有水汽凝结、云一雨转化、雨冻结、雨并云水、霰融化转雨、霰并云水剥离成雨、云水蒸发、雨水蒸发、因融化而带有水膜的霰蒸发等10个过程，有关这些过程的方程推导类似于文献(许焕斌等，1986)。

模式的计算范围，水平方向为20 km，格距 $\Delta X=200$ m，格点数为100，垂直方向为3 km，格距 $\Delta Z=100$ m，格点数为30。鉴于下击暴流主要是在云下发展的，模式顶放在云底。在云底(模式顶)给定云水(WR)，雨(R)和霰(G)的比含量以后，它们将以自己的质量加权平均末速下落，激发下击基流及相应云物理过程的发展。本例中给出的 wR，R 和 G 值在水平上是均匀的，且不随时间变化。计算的大时间步长 $\Delta T=5.0$ s，小时间步长 $\Delta t=0.5$ s。模拟时间为30～60 min。

5.2.2 模拟试验方案

模式计算的初始环境条件是由发生了下击暴流的实例给出(如表5.1中的GPT所示)。模拟试验方案见表5.1，其中编号5为基本算例，其他12个为对比算例。

表5.1 算例编号和所选取的参数值

编号	RR	N_0	RM	IM	CM	AML	AEV	GPT	AQ	VE
5	R_1	0.8	0.003	0.003	0.0	1.0	1.0	GA	Q_1	VK
4	R_1	0.08	0.003	0.003	0.0	1.0	1.0	GA	Q_1	VK
6	R_1	0.8	0.003	0.003	0.0	1.0	1.0	GA	Q_1	0.0
7	R_1	0.8	0.001	0.001	0.0	1.0	1.0	GA	Q_1	VK
8	R_1	0.8	0.003	0.003	0.0	0.0	0.0	GA	Q_1	VK
9	R_1	0.8	0.003	0.003	0.0	1.0	1.0	GA	Q_1	VK
10	R_1	0.8	0.003	0.003	0.0	1.0	1.0	GA	Q_2	VK
11	R_2	0.8	0.003	0.003	0.0	1.0	1.0	GA	Q_1	VK
12	R_1	0.8	0.003	0.003	0.0	0.0	1.0	GA	Q_2	VK
13	R_1	0.8	0.003	0.003	0.0	0.0	1.0	GB	Q_3	VK
14	R_1	0.8	0.003	0.003	0.0	1.0	1.0	GB	Q_3	VK
15	R_1	0.8	0.003	0.0	0.0	1.0	1.0	GA	Q_1	VK
17	R_1	0.8	0.003	0.0	0.001	1.0	1.0	GA	Q_1	VK

RR：降水水平范围。R_1 表示 $I=40\sim60$；R_2 表示 $I=48\sim52$；I 为水平格点数

N_0：雨、霰粒子分布谱截距(cm^{-4})，典型值取0.08，为增加融化或蒸发率，多数取了0.8

RM：模式上边界处的雨比含量(g/g)

IM：模式上边界处的霰比含量(g/g)

CM：模式上边界处的云水比含量(g/g)

AML：融化变温开关，取1或取0，分别表示考虑或不考虑融化对温度的影响

AEV：蒸发变温开关，取1或取0，分别表示考虑或不考虑蒸发对温度的影响

GPT：给出温压环境，

GA 表示地面气压 $P(1)=900.0$ hPa，地面温度 $T(1)=300$ K，$\gamma=0.9$ K/100 m；

GB 表示地面气压 $P(1)=900.0$ hPa，地面温度 $T(1)=294$ K，$\gamma=0.7$ K/100 m

AQ：露点温度：

Q_1：$TD(\mathrm{K})=TE(\mathrm{K})-28.0+0.7(K-1)$

Q_2：$TD(\mathrm{K})=TE(\mathrm{K})-2.0$

Q_3：$TD(\mathrm{K})=TE(\mathrm{K})-22.0+0.55(K-1)$

$VE=VK$ 风有垂直切变；$VE=0$ 风无垂直切变

编号 5 为基本算例；编号 4 为对比谱分布截距的影响；编号 6 为对比环境切变风的影响；编号 7 为对比雨霰比含量的影响；编号 8 为对比蒸发降温的影响；编号 9 为对比融化降温的影响；编号 10 为对比环境湿度的影响；编号 11 为对比降水范围的影响，编号 12 为对比环境湿度对蒸发作用的影响；编号 13 为对比环境温度、湿度对蒸发作用的影响；编号 14 为对比环境平均温度、湿度的影响；编号 15 为对比单有降雨时的影响；编号 17 为对比有云水向下输送并蒸发的影响。

5.2.3　模拟试验结果

模拟试验结果以两种方式给出。图 5.1～图 5.5 是图形结果，表 5.2 则给出了各对比算例与基本算例的主要特征性差别。

基本算例是算例 5，它的主要结果给出在图 5.1 中。图 5.1 是风矢量场和温度场随时间的演变，可以看到下击暴流自上而下发展的过程，与下击暴流相伴，其温度值在下沉区内是下降的，说明了由于蒸发和融化降温的负浮力是主要驱动力，当然负载力也是使下沉气流发展的。至于扰动气压梯度力的作用，由于最大扰动气压值位于下沉区中轴的底部，其作用是反向的。

图 5.2 给出了算例 5 的雨和霰向下降落伸展的动态图像，可以看出它们在下落中被消耗，转变成的水汽加湿了周围的环境。要维持一个降温的下沉气流，必须有冷源，这个冷源便是水的蒸发和冰的融化，这又要有冰水源，所以下击暴流的发展与雨霰的降落伸展是相伴的。

表 5.2　各对比算例与基本算例(编号 5)的主要特征差别

编号	主要特征差别及注释
4	最大下击暴流速度 Wm 减小，地面最大降水量 Rain 增大
6	Wm 增大，下击暴流呈直立对称型，不倾斜
7	Wm 减小，下击暴流发展缓慢，Rain 明显减少
8	Wm 达到最小，下击暴流发展缓慢
9	Wm 稍低，下击暴流发展缓慢
10	Wm 稍低，下击暴流发展缓慢
11	Wm 明显减小，Rain 明显减少
12	Wm 有增，显示出不计融化降温的作用。即因融化降温而对蒸发有所抑制
13	Wm 明显减小，显示气层平均温度降低不利于下击暴流发展
14	Wm 明显减小，但比算例 13 稍增，虽然气层平均温度降低，融化降温作用又稍明显了
15	下击暴流发展速度变缓，但 Wm 稍有增加，Rain 明显减少。这又一次表现出算例 12 所显示的融化降温是非蒸发降温，降低了饱和比湿值，反而对蒸发有抑制。 该例虽把负载减小了一半，但 Wm 并未减小，这也说明负载的作用相对于其他因子是次要的
17	Wm 明显增大，达到了 19.0 m/s，下击暴流发展速度快，Rain 明显减少

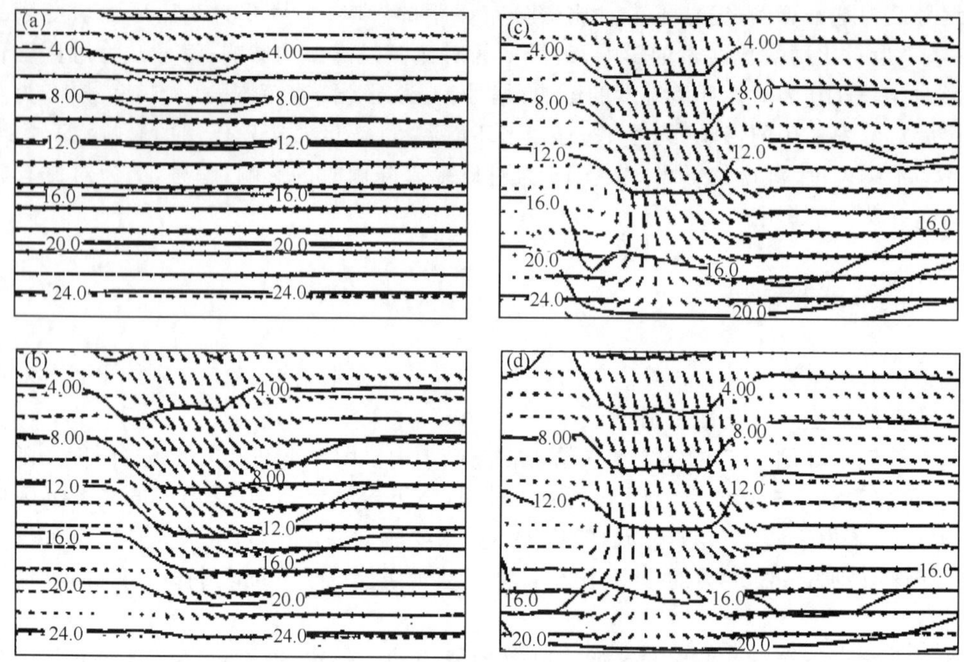

图 5.1　基本算例的气流矢量场和温度场垂直剖面图

算例 5 的气流矢量和温度分布随时间的演变(a,b,c,d 分别为发展时间 5.2 min,11.2 min,21.2 min,31.2 min 时的状况。纵坐标是高度,顶高 3 km,横坐标是水平距离,满度是 20 km)

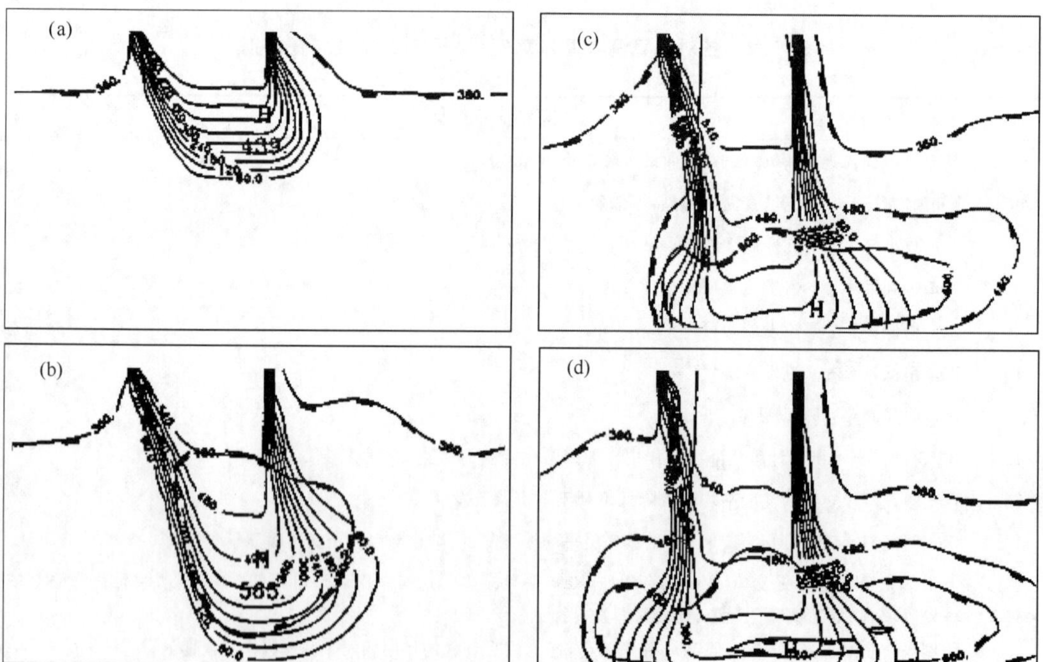

图 5.2　算例 5 的水凝物和比湿分布随时间的演变图

算例 5 的水凝物含量分布(线间间距 60.0)和比湿分布(实线带旁缀,线间间距 120.0)随时间的演变(a,b,c,d 说明同图 2,H 给出了加温后的最大比湿值中心)

图 5.3 给出了环境风为零时的对比算例，左边是下击暴流和温度场的演变；右边是雨霰下落伸展和湿度场的演变。在左边图中还有双线来给出垂直速度绝对值等于 1.0 m/s 的廓线，以便更清晰地看到下击暴流自上而下发展的图像。与基本算例比较，可见环境切变风的作用改变了下击暴流的直立性和对称性，最大下沉气流比基本算例稍大，说明切变风场对下击暴流的强度有阻尼作用。

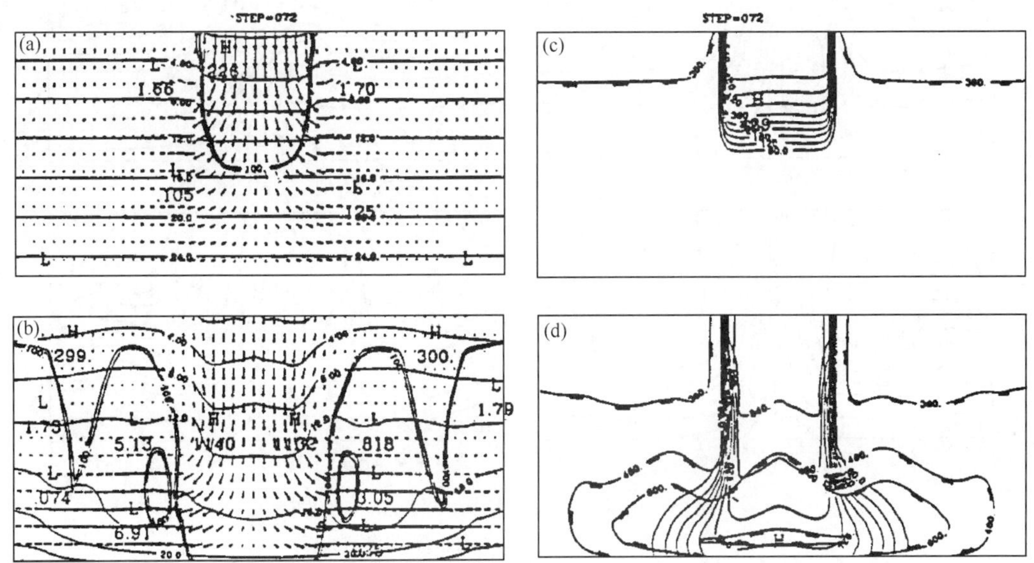

图 5.3　算例 6 的气流矢量、温度、水凝物和比湿分布随时间的演变图

算例 6 的气流矢量和温度场(a,b)及水凝物和比湿(带旁缀的实线)的分布(c,d)随时间变化(左图中双线为垂直速度绝对值等于 1.0 m/s 的线；右图中 H 给出了加温后的比湿最大值所在位置)

从表 5.2 看到，算例 17 由于加入了云水的下传蒸发作用，使下击暴流的强度和发展速度都达到最大，尽管这时没有降霰，云水比含量也只有 0.001。这说明了由于云水是小水滴，同一比含量有着最大的蒸发表面，蒸发能力最强，因而降温能力也最大，反映了水凝物粒子结构和性质的影响。

从表 5.2 还可以看出，把雨、霰比含量由 0.003 减到 0.001 时，Wm 减小，下击暴流发展缓慢，说明供水、供冰量的大小影响是显著的，供水供冰量不足，下击暴流就弱。这一结果在图 5.4 中各算例流线型对比中更清晰。

图 5.4 给出的是时间为 21.5min 时的算例 5，6，7，17 的流线图。从算例 5 与算例 6 的对比看出，在环境静风条件下，下击暴流流场是对称的，下沉气流轴线两边的流场是波动的；而在环境为切变风的情况下，流场是不对称的，自上而下顺风倾斜，在逆风侧形成深厚的涡，穿越这种流场需经历风向切变和风速切变。再把算例 7 与算例 17 对比，可见逆向涡旋的强度与下击暴流的强度呈正相关。算例 7 下击暴流弱，逆风向涡旋尺度小位置低；而算例 17 下击暴流强度大，其逆风涡旋强度大，位置高。

算例 5 给出的下击暴流的流场特征，与 Fujita 由观测分析给出的剖面图是十分相似的(参见 Fujita 书中 99 页的图 6.34，看此图时请注意剖面的走向和风场的关系)，这说明模拟结果是合理的。

为了进一步考查蒸发降温和融化降温作用何者为重，看一下表 5.2 中的算例 8 和算例 9

的对比。在不考虑蒸发降温时的算例 8 中下击暴流中的下沉气流最大值 Wm 达到最小；而在不考虑融化降温时，算例 9 的结果，其 Wm 值只比基本算例稍低。可见蒸发降温作用明显多于融化作用。

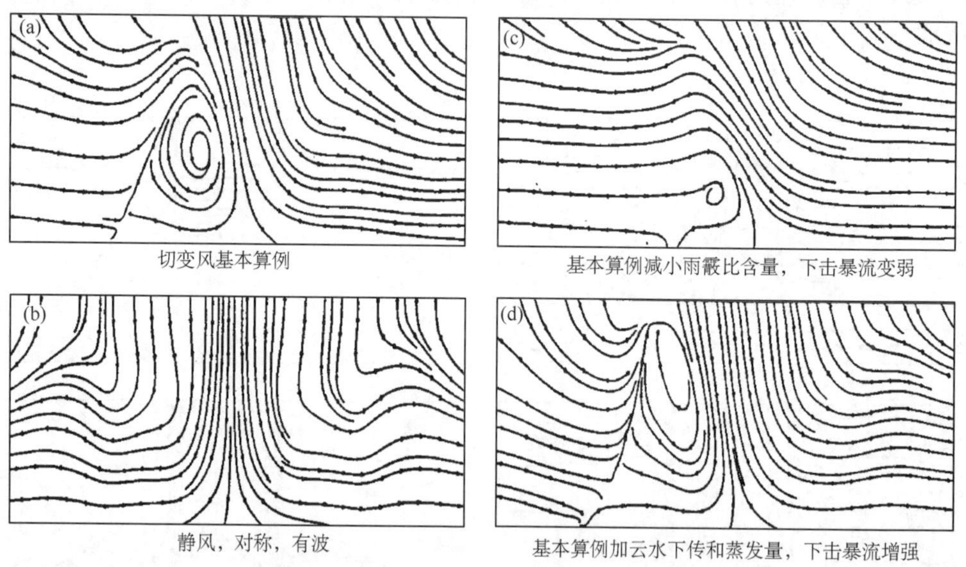

图 5.4　几个算例的在模拟时间为 21.2 min 时的流场图

21.2 min 时，算例 5(a)，6(b)，7(c)，17(d)的流线图

既然蒸发降温作用大，那么影响蒸发的欠饱和度，即环境比湿的大小，以及影响水凝物粒子蒸发能力的粒子类型和分布谱形的变化，对蒸发降温的作用就值得作进一步探讨。

粒子类型的区别，对蒸发降温的影响，已在上面对算例 17 的剖析中谈到了，至於同类粒子因谱形变化的影响，可看算例 4 与算例 5 的对比，当雨(霰)谱分布截距减少一个量级时，最大下沉气流速度减小，地面最大降水量则明显增加。这是由于蒸发率与截距值 NO 成正比，而质量加权平均落速则与 NO 呈反相关之故，导致蒸发率减少而降水强度加大。

可以想象。环境湿度的大小，决定着欠饱和度，因而会对蒸发率，或者对下击暴流的强度有直接影响，可是对比算例 10 与算例 5 的结果表明，在温度露点差已减少到 2℃的高湿情况下，其 Wm 值只有稍许降低，下击暴流的发展速度虽慢了一些，但如果算下去，可以达到的峰值还可以再上升一些，这显示出环境湿度的影响是不明显的。

为了进一步了解环境湿度的影响，又运行了算例 12，使 AML＝0，只考察环境湿度对蒸发的影响。把算例 12 的结果与算例 5 及算例 10 对比，Wm 值反而有增加，说明环境湿度的增加并未减少蒸发降温的作用，而且还显示出不计融化降温的作用，即因融化造成的降温，对蒸发作用有所抑制的现象。

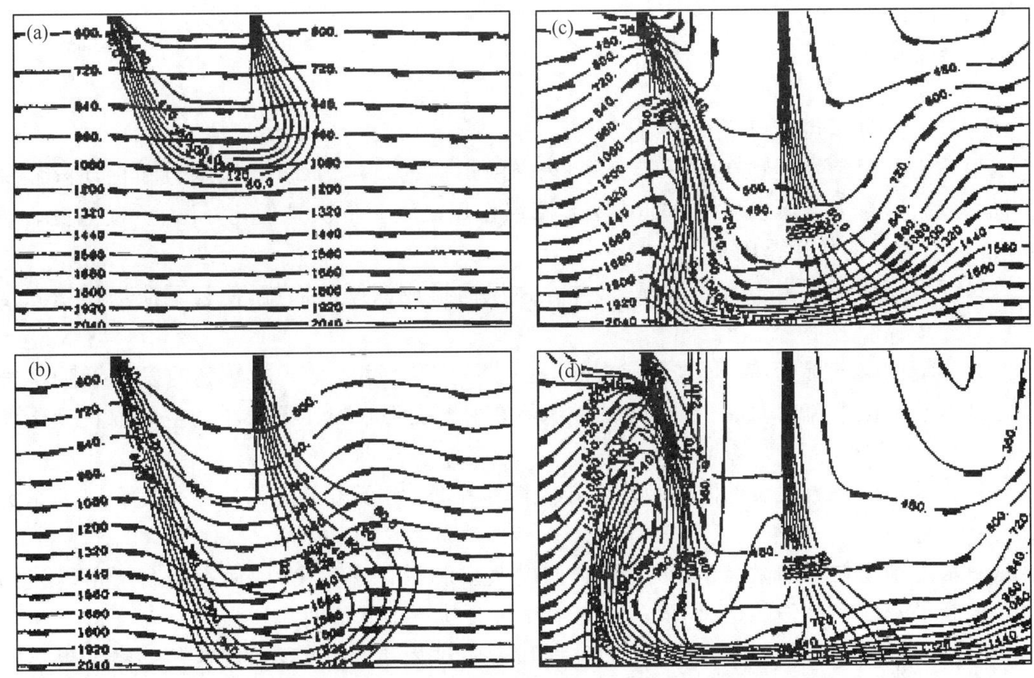

图 5.5 算例 12 的水凝物和比湿分布随时间的演变图

（a,b,c,d 说明同图 2,线间间距为 60 的是水凝物等值线,间距为 120 的带旁缀的实线是等比湿线）

为什么会出现这种情况,可由图 5.5 给出的结果看出端倪。这是由于下击暴流的发展,下沉气流把上空低比湿的空气下传,造成低层变干,增干区正与水凝物下落伸展区相容,从而造成一个局部的干环境,使大的湿环境不能起作用。这种湿环境因下击暴流发展而变干,和干环境因伴随下击暴流发展带来的水凝物蒸发的加湿,都是合理的。这种动态的结果,使得环境湿度对下击暴流的发展作用不明显。Fujita 给出的是干环境下的下击暴流,而 Protor(1988a,1988b,1989)给出下击暴流的环境是相当湿的,温度露点差也就是 2～3℃,因此实例也说明了在干、湿环境下皆可出现下击暴流现象。

下击暴流的发展与层结及气层平均温度的关系如何,可由算例 13 和 14 的结果得到一些信息,层结的变稳($Y=0.7$)和气层平均温度的降低,使 Wm 明显减小。算例 14 的结果也是如此,但与算例 13 相比,Wm 则稍有回升,这又一次显示出融化的降温对蒸发作用有所抑制。

算例 15 是只有降雨的情况,由于只有降雨而没有降霰,负载量减了一半。计算结果表明,除下击暴流发展稍有变缓之外,Wm 值比基本算例 5 还稍有增加,地面最大降水则明显减少。这再一次表现出算例 12 已显示了的融化降温是非蒸发降温,它等效于空气的气层降温带来的饱和比湿比值的减小,使欠饱和度降低,从而对蒸发作用有抑制趋向。该例也说明负载减少了一半,Wm 值并未因此有明显减少,反映负载作用是不明显的;也反映出只有雨供水而无冰供水时,下击暴流仍然能够发展。

最后讨论一下降水区大小的影响,算例 11 是把降水区由 $I=40\sim60$(4 km)缩小到 $I=48-52$ (1 km),从表 5.2 中看出,Wm 值明显减小,下击暴流的尺度与降水范围相当,地面最大降水量锐减。表明强的下击暴流需要有一个适当大小的水平尺度。

5.2.4　结语

综上所述,可以得出以下几点结论:

(1)下击暴流是水凝物在云下蒸发、融化降温形成的负浮力、负载拖曳力和扰动气压梯度力的驱动下,自上而下发展的。其中蒸发降温作用最大。依次是融化降温、负载拖曳。扰动气压梯度力总的作用是阻尼。

(2)环境切变使下击暴流顺风倾斜,并在逆风向形成深厚的祸旋,使云下流场切变强度加大。

(3)环境的空气湿度,在不饱和前提下,由低湿变到高湿,对下击暴流的发展影响不敏感,这是由于下沉气流的发展,导致低层高湿环境由上层下来的比湿较小的空气取代变干的反映。

(4)导致下击暴流发展的降水范围大小及降水强度,对下击暴流的发展强度和速度是灵敏的。

(5)水凝结物粒子的微结构,影响着它们的蒸发和融化率大小,因而影响着下击暴流的发展,云滴是蒸发率最强的,它们随气流向下输送会使下击暴流明显增强。

最后应当说明,云是一个整体,云下过程和云中过程是相互依存的,虽然一些结果显示出下击暴流的主要现象在云下,可以用一个云下模式来研究,但这仍是一个缺陷。例如云下垂直气流不一定为零,如果上升气流相当强,雨、雪等粒子就不能落到云下起蒸发作用,这时可能落下来的是具有大落速的雹,雹的先导冲击作用就很重要。这些都是应当予以注意的。

参考文献

许焕斌,王思微.1986.双路一维时变对流云数值模拟研究,气象学报,**44**(3):314—320.

许焕斌,魏绍远.1995.下击暴流的数值模拟研究,气象学报,**53**(2):168—176.

Fujita T T. 1985. The downburst, the Press of University of Chicago,93—99.

Nelson S P. 1977. Rear flank downdraft: A hailstorm intensification mechanism, *Proceeding of 10 th Conference on severe local storms*,Omaha,521—525.

Proctor F H. 1988a. Numerical simulation of the 2 August 1985 DFW microburst with the three-dimensional Terminal Area Simulation System. Preprints,Joint Session of 15th Conf. on Severe Local Storms and Eighth Conf. on Numerical Weather Pred. ,*Baltimore*,*Amer. Meteor. Soc.* ,J99-J102.

Proctor F H. 1988b. Numerical simulation of an iselated microburst, Part Ⅰ:Dynamics and structure,*J. Atmos. Sci.* ,**45**: 3137—3160.

Proctor F H. 1989. Numerical simulation of an iselated microburst, Part Ⅱ:Sensitivity experiments. *J. Atmos. Sci.* ,**46**: 2143—2165.

第六章　强对流(雹)云数值模式

6.1　引言

强对流(雹)云具有复杂的宏、微观结构,且演变迅速,用理论或实验物理方法去了解它只能察其概况究其环节,用综合探测的方法,即使目前最先进的成套设备也难以了解其全貌,而且观测资料所含的信息如何提取和彼此融合也存在一些原理性困难。因此用数值模式,即计算物理方法,充分吸纳理论、实验和综合探测所获得的成果,来构建尽量接近自然的物理模型,再以逻辑为框架数学化,成为内涵上升华、体系上完整、可对强对流(雹)云个例进行模拟、对观测资料进行同化融合、对物理模型进行检验、对物理规律进行归纳提炼的数值模式就是必由之路了。

在第三章的冰雹形成机制的研究中,已用到了一系列模式,如 GF 模式、SGBH、H3TRAJ 等,这一章将对这些模式作比较详细的介绍。

在物理研究方法上,原先只有理论物理和实验物理之别,随着实验(观测)归纳出来的规律由微分方程来描述,当这些微分方程得不到分析(通)解时,解这类方程就出现了计算物理的方法。计算物理方法,需要有数值模式。在大气科学(气象)方面,早在 1916 年 Richardson 就大胆地试探解描述大气运动的原始方程组,虽然由于尚未掌握大气基本运动的长波理论和差分计算稳定性判据等原理而失败,但却是计算物理方法使用的创举,为 1950 年 Charney 的第一张数值预报图的制成探了路。

计算物理方法的形成和发展是在 20 世纪 40 年代。第二次世界大战期间,美国为了尽快造出原子弹,一些关键性重大科技问题需要在短时间内解决,理论方法不行了,实验又有困难,资料也不足,只有用计算方法。计算量巨大,用人工计算很困难,就使用了当时属于哈佛大学的 Mark—I 型继电器式计算机,虽然运算速度只有 3 次/s,但比人力强,它可以长时间不间断地计算,在解决原子弹设计和制造中的重大问题时起到了关键性的作用,从此,用计算来研究物理问题的方法得到了肯定,成为第三种物理研究方法。

什么叫数值模式呢?它是基于实验(观测)和理论研究的结果,归纳构造出的物理模式,再把物理模式以逻辑为框架数学化,成为一个方程与变量闭合的、可进行推理和计算的程序包。为什么要以逻辑为框架呢?由于一些过程的发生是有条件的,要由一定的物理判据来决定,所以首先要作逻辑判别;至于数学化,即定量化,物理过程的描述是用方程组的解来表述的,这个解是数值解,是以量化的数值来描述的,不数学化就计算不出数值来。这种数值模式可以容纳相关的知识和成果,且可以做到内涵上的升华,体系上的完整,因此可以对实际物理现象进行数值计算试验和数值模拟。但是,它必须与实验方法和理论方法相辅相成,使数值模式逐步接近于实际物理模型,才能由模拟变成仿真,使研究转变为业务,使数值试验替代物理实验。正因为如此,数值模拟方法随着计算机的发展进入了各个领域。

需要明确数值模拟得到的结果是方程的特解,而模拟的实例也是特解,特解是被定解条件来操纵的,因而即使解是对的,由于摸拟定解条件与实例的不同,模拟解也可与实例有显著差别。所以在模拟中需细心把握定解条件,是模拟再现实例的重要环节。当然通解在所取定解条件与实例的定解条件不等时也会呈现这种情况。

6.2 强对流(雹)云的性质和对模式的宏观动力、热力场描述功能的要求

由于强对流云的特征尺度是几十千米，对流云系的特征尺度是 100 km，在垂直方向都是深对流，云顶达到 10 km 以上，云体的发展演变速度快，时间变化率大，生命史为 1～10 h，再者其大气环境是湿中性或湿不稳定的，因而强对流云是中小尺度天气系统，在模式设计中需要注意满足下列要求。

6.2.1 动力框架

针对强对流云，需要用完全的原始方程组，在 X,Y,Z 坐标系下方程组的形式如下：

令 $P=P_0(Z)+P'$，$\rho=\rho_0(Z)+\rho'$，$T_v=T_{v0}(Z)+T_v'$

运动方程：
$$\frac{\partial u}{\partial t}+u\frac{\partial u}{\partial x}+v\frac{\partial u}{\partial y}+w\frac{\partial u}{\partial z}=-\frac{1}{\rho_0}\frac{\partial p'}{\partial x}-fv+Du \tag{6.1}$$

$$\frac{\partial v}{\partial t}+u\frac{\partial v}{\partial x}+v\frac{\partial v}{\partial y}+w\frac{\partial v}{\partial z}=-\frac{1}{\rho_0}\frac{\partial p'}{\partial y}+fu+Dv \tag{6.2}$$

$$\lambda_1\left(\frac{\partial w}{\partial t}+u\frac{\partial w}{\partial x}+v\frac{\partial w}{\partial y}+w\frac{\partial w}{\partial z}\right)=-\frac{1}{\rho_0}\frac{\partial p'}{\partial z}+g\left[\frac{\rho'}{\rho_0}\right]+Dw \tag{6.3}$$

连续方程：
$$\lambda_2\left[\frac{\partial \rho}{\partial t}+\frac{\partial \rho u}{\partial x}+\frac{\partial \rho v}{\partial y}+\frac{\partial \rho w}{\partial z}\right]=0 \tag{6.4}$$

热力学方程：
$$\frac{\partial T}{\partial t}+u\frac{\partial T}{\partial x}+v\frac{\partial T}{\partial y}+w\frac{\partial T}{\partial z}=-w\Gamma_a+\frac{1}{\rho_0 c_p}\frac{\mathrm{d}p'}{\mathrm{d}t}+\frac{P_T}{\rho_0}+D_T \tag{6.5}$$

水汽连续方程：
$$\frac{\partial Q}{\partial t}+u\frac{\partial Q}{\partial x}+v\frac{\partial Q}{\partial y}+w\frac{\partial Q}{\partial z}=\frac{PQ}{\rho_0}+D_Q \tag{6.6}$$

状态方程：
$$P=\rho R_d T_v,\ T_v=T(1+0.608q) \tag{6.7}$$

其中，P_T 是源汇项，D 是扩散项，Γ_a 是大气干绝热递减率，f 是科氏参数。

6.2.1.1 静力与非静力

大部分大气运动是由静力斜压不稳定操纵的，例如对大尺度天气系统而言，取方程组中的开关函数值 $\lambda_1=0$，采取静力近似处理是准确的。但对中小尺度天气系统而言则不然，因为满足静力近似的条件有三个，即几何条件：水平特征运动尺度 l 远比垂直尺度 h 大、$L=l/h\gg1$；适应尺度条件，即 l 远大于静力适应尺度 $L_s=C_g/N$，其中 C_g 是重力波速，对于干空气而言，$N^2=N_d^2=g/\theta\cdot\partial\theta/\partial z$，对饱和湿空气而言，$N^2=N_w^2=g/\theta_w\cdot\partial\theta_w/\partial z$；适应时间条件，即运动特征时间 T 应远大于静力适应时间 $T_N=1/N$。这三个条件中的后两个，都是与运动大气环境的层结有关的。

从物理上看，静力近似，$\frac{\partial p}{\partial z}=-\rho g$，主要描述的水平运动，自然会满足条件 $L\gg1$，而 $L\gg L_s$，说明静力适应所需要的空间尺度远小于运动的特征尺度，因而不会限制静力适应过程的进行；$T\gg T_N$ 则从特征时间上保证了 T_N 在 T 的时段之内，保证了静力适应过程所需要的时间要求。$L\gg1$ 这个必要条件是否成立，可以客观地判定。而 $l\gg L_s$ 和 $T\gg T_N$ 的成立如

何来判定呢？这要对不同层结条件和不同特征尺度的运动来估计，见表 6.1，表中$\alpha=\partial\theta/\partial z$。

表 6.1　静力适应的典型时间尺度 T_N 和典型空间尺度 L_s(张可苏等 1980)

α(℃/100 m)	1	0.6	0.3	0.1	0.01	3×10^{-5}	3×10^{-7}
$N(s^{-1})$	1.8×10^{-2}	1.4×10^{-2}	10^{-2}	5.9×10^{-3}	1.8×10^{-3}	10^{-4}	10^{-5}
L_s(km)	16.7	21	30	50	167	3000	3×10^{6}
$2\pi TN$	5.8 min	7.4 min	10.4 min	17.7 min	58 min	17.3 h	173 h

在表 6.1 中，α 值越大表示大气层越稳定，越接近于 0 则表示大气层趋于中性，可见，在稳定大气中，L_s 在百千米以内，$2\pi T_N$ 在 1 h 之内，说明中尺度的百千米级的特征运动，有可能满足静力近似成立的条件。但是在近中性层下，对中尺度运动来说，静力近似的成立条件就不能满足了。对于准不稳定层或不稳定层就更不能成立了。不稳定层和中性层正是发生强对流天气和强降水天气的环境条件，因而对强对流天气用的模式来说，不能使用静力近似动力框架。

另外，对流与重力波关系密切，重力波是中小尺度天气中的主要角色，所以看一下静力和非静力动力框架下对重力波描述表现出的差异也是重要的。Tapp 等(1976)指出：

①非静力模式中的重力惯性波的频率总比静力近似的小；

②非静力模式的重力波传播速度总比静力的值小；

③非静力模式给出的重力惯性内波的结构更接近于实际的中尺度系统的结构，而静力近似，模式会带来波结构上的歪曲。

图 6.1 为频散示意图，图中(a)为非静力中性层大气，图(b)为非静力层结大气，图(c)为静力层结大气，阴影区是可以发生波的区域，A 表示声波，G 表示重力波，L 表示 Lamb 波(忽略了地转作用)。

从图 6.1 可以看出，静力近似(c)造成了 $\omega>N$ 的虚假的声频重力波，除去了声波但保留了 L 波。

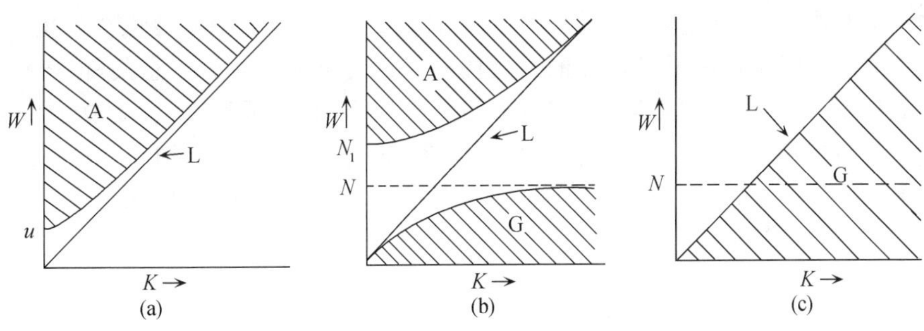

图 6.1　频散示意图(说明见正文)
(Tapp 1976)

表 6.2 给出了在不同稳定度大气中，重力惯性内波的周期和群速度，在静力($\lambda=0$)和非静力($\lambda=1$)时有显著差异。

表 6.2 λ=0,1 时重力惯性内波的周期和群速度

	(r_m-r)℃/km	$M=0.1,L=240$ km			$M=0.4,L=60$ km			$M=1,L=24$ km		
		T(h)	c_{1g}(m/s)	c_{0g}(m/s)	T(h)	c_{1g}(m/s)	c_{0g}(m/s)	T(h)	c_{1g}(m/s)	c_{0g}(m/s)
稳定大气Ⅰ	3	1.75	38	38	0.5	31	38	0.25	13	38
稳定大气Ⅱ	0.75	3.50	19	19	1.0	15	19	0.5	6.9	19
中性大气	0	17.4	−0.04	0	18.7	−0.13	0	24.0	−0.1	0
弱不稳大气	-3×10^{-4}	17.4	−0.01	−0.04	20.0	−0.20	−0.18	∞	0	0

$M=H'/Z'$；H'：扰动水平尺度；Z'：扰动垂直尺度；C_g：重力惯性波的群体速度

综上所述，对于描述中小尺度系统来看，应用静力近似动力框架会引起以下几方面的麻烦和歪曲：

①三个静力近似成立的条件不能被满足，特别是在层结中性或不稳定时；

②造成虚假的高频重力波；

③夸大了重力波的传播速度(相速和群速)；

④歪曲了重力波的结构；

⑤不能描述中性—不稳定大气中可能存在的强对流。

所以，适用于人工影响天气的数值模式的动力框架应是非静力平衡的大气运动方程组，而对于近 1000 km 尺度的 α 中系统，在基本满足静力近似条件时，才可用静力近似模式。

6.2.1.2 弹性和非弹性或准(假)弹性

在非静力平衡动力框架下，有声波存在，声波是弹性波，由于声波的速度相对于气流速度来说是高速，它的存在使模式的数值积分计算中要用很小的时间步长，因此有些模式企图简化或修改连续方程，去消除声波(滞弹性)或降低声速(假弹性)，以达到减少计算量或简化计算方案的目的。但由于连续方程是 u,v,w 和 ρ 的相互约束条件，又是气压和温度的函数，所以这种简化和修改不仅歪曲了声波的作用，而且对重力波、重力惯性波也会产生影响。这对中小尺度大气模式来说是不可接受的。这些模式认为声波没有天气意义，但声波肯定有动力意义，只有声波的存在才可以有声波弹性适应过程。数值试验表明，取消或修改声波，使声波能量辐射外传能力降低；在有些情况下，如存在大振幅(次)声波时，主现象(对流垂直速度最大值)会增大。这可能是由于声波的振幅比重力波小一个量级，但其速度比重力波大一个量级，其波能辐射量(玻印亭向量)可以与重力波相当。

6.2.1.3 二维和三维

大气运动是三维的，所以模式大气也应当是三维的。过去曾因计算机能力的限制采用了二维(x,z)和一维(z)模式。但现在看来，这不仅是个计算量的问题。这种降维处理会带来一系列的歪曲。

第一，不能正确地考虑风场，一维很难考虑水平气流的作用，二维只能描述一个正反方向上的水平运动，所以也歪曲了水平气流的辐合作用，不能描述水平转动流，只有三维才能正确地描述风场及其作用。

第二，二维模式限制了环境风场与对流环流之间的能量交换。理论和数值试验都表明

这是由于二维模式不能描述水平气流旋转的缘故，而三维则不会有这种限制。

第三，有时环境风场常具有二维性，例如东西风切变大值也大，而南北风切变小值也小，但在这种环境中发展起来的对流性系统仍然是三维性的，也不宜用二维模式。

所以，要正确地模拟中小尺度天气，应当采取三维模式。而在某些试验性或定性研究中，由于算例批量大，可以先用二维模式做先期性工作。

6.2.2　边界条件和初始条件

6.2.2.1　边界处理

强对流云模式是区域性的，是大气中的一部分。区域性模式会有侧边界、下边界和上边界。而实际大气只有下边界，没有侧边界，对于对流层内大气运动而言，也可以说没有上边界。因此，正确处理好侧边界和上边界对模式模拟结果有重大影响。

目前常用的侧边界和上边界条件有多种，如固定边界、输入输出活动边界、时变边界、辐射边界、防反射边界、海绵边界、松弛边界以及补偿区边界等等。这些边界是否合适，主要看其两个功能，一是该进的波动是否完整地进来；二是该出去的波动是否不受反射地出去。从这两点来评议，固定边界太死，而输入输出边界又太活，时变边界要求事先知道边界变化的倾向，辐射边界只考虑了出且不能完全防止反射，防反射边界要修正边界处的波结构，海绵边界、松弛边界和补偿区边界都要有一个扩大了的计算域外空间。考虑到上述各种边界条件的主要特征和局限，这里提出了边界内外双向可适应的悬浮边界条件，这是在补偿边界和输入输出边界基础上提炼出来的。由于在对流云模式中使用效果较好，为便于了解此原理，特简要介绍如下：

在 i-A 平面上，i 代表格点数，A 代表某物理量的大小，模式计算区用〈Ⅰ〉表示，区外用〈Ⅱ〉表示，$i=i_0$ 处为侧边界所在处，图 6.2(a)所给的是西侧边界的情况，在区外选一点，与 i_0 的距离为 l_0，具有环境值 A_0，像一个长度为 l_0 的锚链，拉着边界点 i，边界上的值 A_i 由下式决定：

$$A_i = A_{i1} - \frac{A_{i1} - A_0}{l_0 + 1}$$

式中 A_i 不等于 A_0，不等于 A_{i1}，也不等于由 A_{i1} 和 A_{i2} 表示出来的变化趋向而估算出来的 A'_i。如果要给“锚链”加点“弹性”，还可以有比例地利用 A_i 值对内一点 A_{i1} 或外一点 A_{i-1} 作修正。

由于辐射边界不能完全防止域内波外传中的反射，而反射边界又需去修正边界波的结构，既然如此，还不如直接把边界处产生的畸变波直接递解出域，为此我们又设计了递解边界，即在边界区内的点(例如 $i=1-m$，这里存在着反射畸变波)在每个时步中依次使

$$a_i = a_{i+1} \qquad i = 1,2,\cdots,m$$

这样就可以在 m 步内把畸变波递解出域，如图 6.2(b)所示。经多次反复试验表明，悬浮边界与递解边界相结合，可以得到比较好的结果。如果考虑到边界值的时变就是更为完善的边界处理方案了。

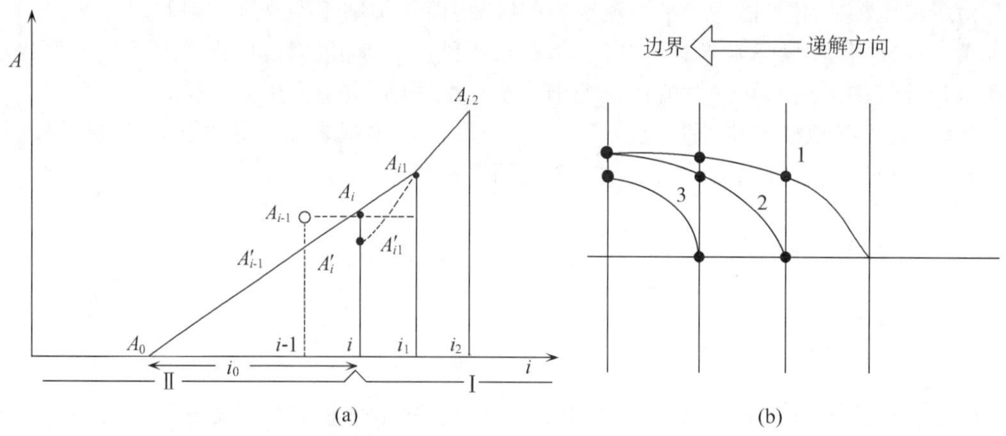

图 6.2 (a)悬浮边界处理(b)递解边界中边界处的畸变波被递解出域过程,图中 1,2,3 表示在被递解出域过程中波形的变化

6.2.2.2 初始条件

中小尺度模式,当然希望有一个能表达中小尺度天气结构的三维初始场,但是由于现有探测设施的时空布局不可能给出这样的初始场,这就意味着难以用中小尺度模式来研究那些强烈依赖于初始条件精确度的天气现象。但由于一些中小尺度天气系统常常是在一定的大尺度天气背景中发生发展的,因此只要初始场能反映这种天气背景,而模式的功能和分辨率又能容纳和描述在这种背景下激发出来的中小尺度运动,仍然可以在现有观测资料给出的初始条件下进行一些中小尺度系统的模式研究工作。

6.2.2.3 模式起动

模式起动:在特征尺度达到千千米的 α 中尺度模式计算区内,按探测站间的平均距离为 200～300 km 估算,可以有几十个站。这些探测资料给出的初始场是水平不均匀的,包括了天气系统的结构和热力动力因子,如果模式含有地形和边界层物理过程的作用,模式会自动起动,去描述天气过程的发展。但是,对于 β 中尺度系统,其特征尺度只有百千米级,计算区域 内只有一个探空站,它给出的初始场是水平均匀的;即使可以用邻近几个探空站来给出不均匀的初始场,也由于站网间距大,包含的初始信息主要是大尺度的;再加入计算区域包含不住大尺度系统,固而很难反映天气系统的作用,地面观测资料虽然可以给出非均匀分布,但它代表的气层太浅,难以去估计上空的情况,因而使模式不具备起动能力,为此需要加热力或动力的扰动来起动。在物理上加起动是要综合反映初始场难以反映但又实际存在的热力－动力因子,又要以一种简单的扰动形式加入,因而如何去加扰动来起动,要对模拟算例进行天气—动力分析后综合其等效作用来给定。鉴于这种等效综合作用并不惟一确定,可以有几种加法,依次进行模拟,用“集合”方式来应用模拟的结果。又鉴于现代的 α 中尺度模式的分辨率已可提高到 1 km,且有套网格的局部加密计算功能,相应的物理过程也趋于齐全,可用来模拟 $\beta-\gamma$ 中尺度系统,因而可以无需人为起动来运用这类模式;另外,采用均匀初始环境场、需要人为起动的所谓云模式,也加入了非常规资料的同化方案,可给出接近实例的环境场,也不一定需要加人工起动措施了。

对于因地表热力一动力作用而起动的对流活动,可以依据作用的强度在模式低层给出热一湿扰动,或上升/下沉气流扰动。对于因自由大气的中小尺度槽、脊、风切变作用,可以在相应层次给出扰动。对于近地层和高空皆有起动因子的情况,可以给出垂直深度较大的扰动。一般来说,扰动的水平尺度越大,起动越慢;扰动的垂直尺度越深,起动越快,扰动的垂直和水平尺度比对起动能力有明显的影响。这些在设计起动方案时都是需要斟酌的。

6.2.2.4　模拟区域的选定

模式的计算范围的大小的选取比较简单,只要它足以容纳所关心的主现象,又避免了边界可能有的干扰就可以了,但位置和大小的选取,则要视初始场的形式而定,它必须把关心的天气系统和对这些系统发展有关系的环境场包括进来。一般的区域模式采用固定计算区的方式是不合适的。除非计算区足够大,但这对细微描述中小尺度系统而言会使计算量明显增加 。

6.2.3　差分计算方法

在数值积分中,可供选用的计算方法和格式相当多,但在中小尺度模式中,不仅要注意计算稳定性、守恒性,还要着重考虑对中小尺度特征运动的保真性,即不能使所关心的主要尺度运动在振幅、相位和结构上受到严重歪曲,这就要在格式和方法上进行综合考虑。下面以图 6.3 所给出的结果说明。

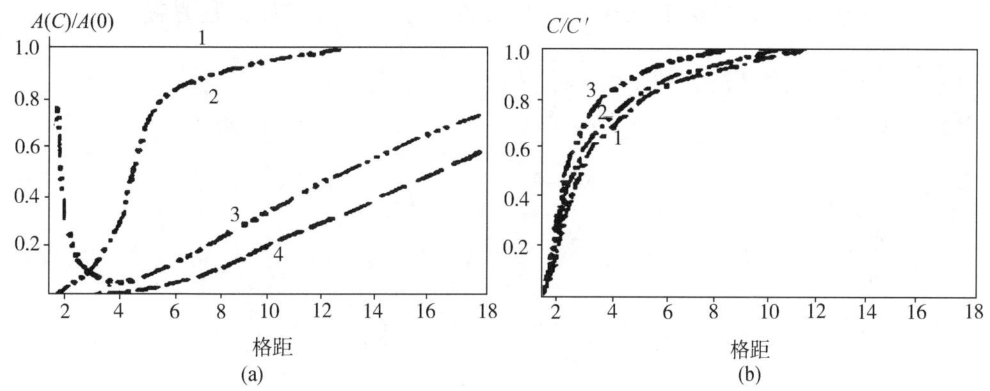

图 6.3　几种格式的波幅比 $A(c)/A(0)$和波速比 C/C'(廖洞贤等 1986)

1.蛙跃格式;2.修正了的迎风格式;3.欧拉后差格式;4.迎风格式

由图 6.3 可见,如果 50～100 km 是所关心的特征尺度运动,从 6.3a 可知 8～10 km 的格距,其 $A(C)/A(0)$才接近于 1,因此,格距选为 5～10 km 时,可选用格式 1(蛙跃)和 2(修正的迎风);但从图 6.3(b)的 C/C'来看,2 比 1 格式好,所以综合来看,选格式 2 比较合适。

图 6.4 给出了两种不同的算法得到的三维对流场中最大上升气流值 W_{max}随时间的变化。可见,由于欧拉后差对短波振幅的衰减作用大[即 $A(C)/A(0)$值在短波处小],其 W_{max}值偏小,W_{max}的变化偏缓,即表示给出的特征波动尺度偏大。

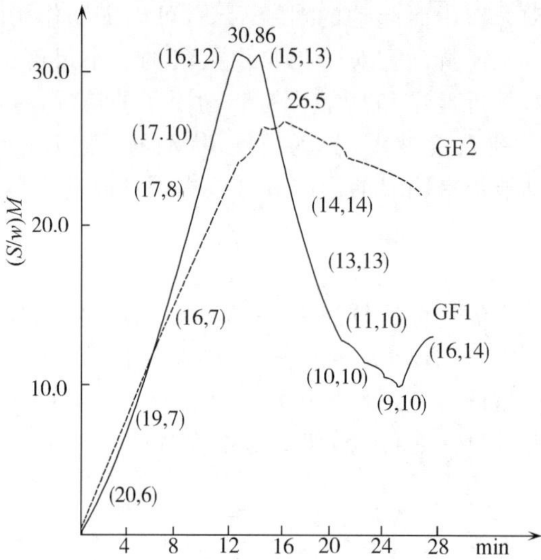

图 6.4　两种计算方案中的最大上升气流 $W_{\max}$ 随时间的演变

6.2.4　宏观场方程组

6.2.4.1　在平面 X,Y,Z 坐标下,$\lambda_1=\lambda_2=1$,三维非静力,可压缩全弹性方程组:

令:$P=P_0(z)+p',\rho=\rho_0(z)+\rho',T_v=T_{v0}(z)+T_v'$

状态方程:$P=\rho R_d T_v$　(6.8)

运动方程:$$\frac{\partial u}{\partial t}=-u\frac{\partial u}{\partial x}-v\frac{\partial u}{\partial y}-w\frac{\partial u}{\partial z}-\frac{1}{\rho_0}\frac{\partial p'}{\partial x}+k\nabla^2 u-fv \tag{6.9}$$

$$\frac{\partial v}{\partial t}=-u\frac{\partial v}{\partial x}-v\frac{\partial v}{\partial y}-w\frac{\partial v}{\partial z}-\frac{1}{\rho_0}\frac{\partial p'}{\partial y}+k\nabla^2 v+fu \tag{6.10}$$

$$\frac{\partial w}{\partial t}=-u\frac{\partial w}{\partial x}-v\frac{\partial w}{\partial y}-w\frac{\partial w}{\partial z}-\frac{1}{\rho_0}\frac{\partial p'}{\partial z}+g\left(\frac{T'_v}{T_{v0}}-\frac{\tau}{\rho_0}-\frac{p'}{p_0}\right)+k\nabla^2 w \tag{6.11}$$

连续方程:$$\frac{\partial \rho}{\partial t}+\frac{\partial \rho u}{\partial x}+\frac{\partial \rho v}{\partial y}+\frac{\partial \rho w}{\partial z}=0 \tag{6.12}$$

热力学方程:$$\frac{\partial T}{\partial t}=-u\frac{\partial T}{\partial x}-v\frac{\partial T}{\partial y}-w\frac{\partial T}{\partial z}-w\Gamma_a+\frac{1}{\rho_0 c_p}\frac{\mathrm{d}p'}{\mathrm{d}t}+\frac{P_T}{\rho_0}+k\nabla^2 T \tag{6.13}$$

水汽连续方程:$$\frac{\partial Q}{\partial t}=-u\frac{\partial Q}{\partial x}-v\frac{\partial Q}{\partial y}-w\frac{\partial Q}{\partial z}+\frac{P_Q}{\rho_0}+k\nabla^2 Q \tag{6.14}$$

利用方程(4.8)～(4.12),得到扰动气压变化方程:

$$\frac{\partial p'}{\partial t}-\bar{c}^2\frac{\rho_0}{\gamma}\left(\frac{\partial u}{\partial x}+\frac{\partial v}{\partial y}+\frac{\partial w}{\partial z}\right)=f_p \tag{6.15}$$

$$f_p=-\left(u\frac{\partial p'}{\partial x}+v\frac{\partial p'}{\partial y}+w\frac{\partial p'}{\partial z}\right)-P'\left(\frac{\partial u}{\partial x}+\frac{\partial v}{\partial y}+\frac{\partial w}{\partial z}\right)+\left(\frac{\bar{c}^2}{\gamma}\frac{\rho_0}{T_{v0}}+\frac{p'}{T_{v0}}\right)\frac{\mathrm{d}T_v}{\mathrm{d}t} \tag{6.16}$$

其中 Γ_a 为干绝热递减率,$\gamma=c_p/c_v$,P_T 是单位体积空气中由于水汽相变而引起的温度变化率,P_Q 是由于源汇作用引起的单位体积内水汽含量的变化率,τ 是水凝结物的比含量,k 是交换系数,$\bar{c}$ 是声速。

6.2.4.2 *Z-σ* 坐标中的非静力全弹性动力方程组

在非平面地形的情况下,可用仿地形坐标系,例如坐标为 x,y,z^*。其中 $z^*=H(z-z_s)/(H-z_s)$,H 为模式顶高度,z_s 是地形高度。这种仿地形坐标系可称为 Z-σ 坐标系,或称为 x,y,z^* 坐标系。

令任一变量 $A=\bar{A}+A'$,则有

$$\frac{\partial u}{\partial t}=-u\frac{\partial u}{\partial x}-v\frac{\partial u}{\partial y}-w^*\frac{\partial u}{\partial z^*}-\frac{1}{\rho}\frac{\partial p'}{\partial x}-\frac{1}{\rho}G^{13}\frac{\partial p'}{\partial x^*}-\frac{1}{\rho}\frac{\partial \bar{p}}{\partial x}-\frac{1}{\rho}G^{13}\frac{\partial p'}{\partial z^*}-fv+Du \tag{6.17}$$

$$\frac{\partial v}{\partial t}=-u\frac{\partial v}{\partial x}-v\frac{\partial v}{\partial y}-w^*\frac{\partial v}{\partial z^*}-\frac{1}{\rho}\frac{\partial p'}{\partial y}-\frac{1}{\rho}G^{23}\frac{\partial p'}{\partial z^*}-\frac{1}{\rho}\frac{\partial \bar{p}}{\partial y}-\frac{1}{\rho}G^{23}\frac{\partial \bar{p}}{\partial z^*}+fu+Dv \tag{6.18}$$

$$\frac{\partial w}{\partial t}=-u\frac{\partial w}{\partial x}-v\frac{\partial w}{\partial y}-w^*\frac{\partial w}{\partial z^*}-\frac{1}{\rho}G^{-\frac{1}{2}}\frac{\partial P'}{\partial z^*}+g\frac{\rho'}{\bar{\rho}}-\tau g+D_w \tag{6.19}$$

$$\begin{aligned}\frac{\partial p'}{\partial t}=&-\left(u\frac{\partial p'}{\partial x}+v\frac{\partial p'}{\partial y}+w^*\frac{\partial p'}{\partial z^*}\right)-\bar{P}\left(\frac{\partial u}{\partial x}+\frac{\partial v}{\partial y}+G^{13}\frac{\partial u}{\partial z^*}+G^{23}\frac{\partial v}{\partial z^*}+G^{-\frac{1}{2}}\frac{\partial w}{\partial z^*}\right)+\\&\frac{\bar{P}}{T_{v0}}\left(\frac{\partial T_v}{\partial t}+u\frac{\partial T_v}{\partial x}+v\frac{\partial T_v}{\partial y}+w^*\frac{\partial T_v}{\partial z^*}\right)-WG^{-\frac{1}{2}}\frac{\partial \bar{p}}{\partial z^*}+Dp'\end{aligned} \tag{6.20}$$

$$\frac{\partial \rho}{\partial t}+u\frac{\partial \rho}{\partial x}+u\frac{\partial \rho}{\partial y}+w^*\frac{\partial \rho}{\partial z^*}+\rho\left(\frac{\partial u}{\partial x}+\frac{\partial v}{\partial y}+G^{13}\frac{\partial u}{\partial z^*}+G^{23}\frac{\partial v}{\partial z^*}+G^{-\frac{1}{2}}\frac{\partial w}{\partial z^*}\right)=0 \tag{6.21}$$

$$\frac{\partial T}{\partial t}=-\left(u\frac{\partial T}{\partial x}+v\frac{\partial T}{\partial y}+w^*\frac{\partial T}{\partial z^*}\right)-\Gamma_a w+\frac{P_T}{\rho}+\frac{1}{\rho C_p}\left(\frac{\partial P'}{\partial T}+u\frac{\partial P'}{\partial x}+u\frac{\partial P'}{\partial y}+w^*\frac{\partial P'}{\partial z^*}\right)+D_T \tag{6.22}$$

$$\frac{\partial Q}{\partial t}=-u\frac{\partial Q}{\partial x}-v\frac{\partial Q}{\partial y}-w^*\frac{\partial Q}{\partial z^*}+P_Q+D_Q \tag{6.23}$$

$$\frac{\partial \tau}{\partial t}=-u\frac{\partial \tau}{\partial x}-v\frac{\partial \tau}{\partial y}-w^*\frac{\partial \tau}{\partial z^*}+P_\tau+D_\tau \tag{6.24}$$

$$w^*=uG^{13}+VG^{23}+WG^{-\frac{1}{2}} \tag{6.25}$$

$$\tau=w_c+w_R+w_I+w_S+w_F+\cdots\cdots \tag{6.26}$$

$$D_a=K_M\left\{\frac{\partial^2}{\partial x^2}+\frac{\partial^2}{\partial y^2}+\left[(G^{13})^2+(G^{23})^2+(G^{-\frac{1}{2}})^2\right]\frac{\partial^2}{\partial z^{*2}}\right\}a \tag{6.27}$$

$$G^{13}=\frac{\partial z^*}{\partial x}=\frac{H}{H-z_s}\left(\frac{z^*}{H}-1\right)\frac{\partial z_s}{\partial x} \tag{6.28}$$

$$G^{23}=\frac{\partial z^*}{\partial y}=\frac{H}{H-z_s}\left(\frac{z^*}{H}-1\right)\frac{\partial z_s}{\partial y} \tag{6.29}$$

$$G^{-\frac{1}{2}}=\frac{\partial z^*}{\partial z} \tag{6.30}$$

其中 Γ_a 为干绝热递减率,$T_v{}'$为相对于环境的扰动虚温,P_a 为发生率,$a=(T,Q,\tau)$。τ 是各种水凝物比含量的总和,其他变量符号都是常用的。

方程组中的 $\bar{P}$ 是大尺度背景气压场,$\bar{P}=\bar{P}(x,y,z^*,t)$,它的变化需由背景气压场变化方程求出,具体算法可采用周晓平(1980)在暴雨模式(AMHR)中的方案。

这个方程组,当 z_s 恒等于常数时,由于 $G^{13}=G^{23}=0$,$G^{-\frac{1}{2}}=1$,就成为一般坐标系(x,y,z)中的方程组。在程序设计中,由这三个参数的给法去决定有无地形或地形的分布,不必单独去处理。

6.3　适合于强对流(雹)云的冰雹形成机制的微物理框架

6.3.1　冰雹是降雨(雪)过程的进一步发展

冰雹是以雹胚为基础增长形成的,雹胚是雨过程的产物,所以冰雹形成有两个阶段,第一阶段是成雨过程,第二阶段是成雹过程。

冰雹微物理过程框架给在图 6.5。

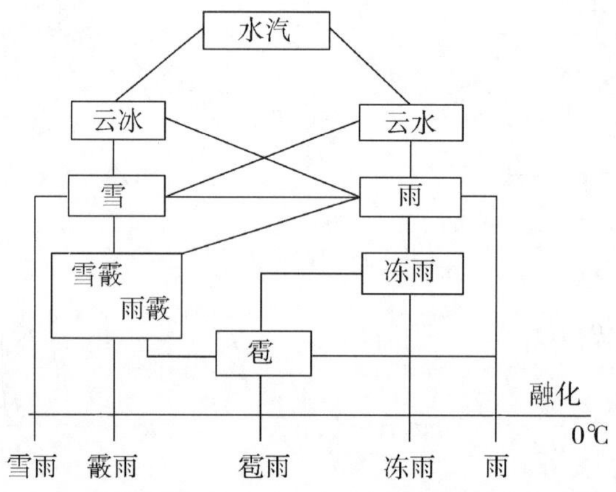

图 6.5　云-降水微物理过程框架图

由图 6.5 看出,方案中除水汽外,有 8 种水凝物粒子,即云、雨、云冰、雪、冻雨、雨霰、雪霰和雹,它们之间相互作用,形成各类粒子以及它们之间的转化,共考虑了 110 种云物理过程,其中 63 种是有关含量的,47 种是有关数浓度的。

这些过程中有降雨和降雪微物理过程的有:

(1) 云冰晶的发生。冰晶核化 PNIC(数),PMIC(量);

(2) 云水凝结 PMCC;

(3) 冰晶凝华增长 PMCI;

(4) 云水向雨水自动转化 PMRC(量),PNRC(数);

(5) 冰晶间攀附,造成冰晶浓度减少 PNII(数);

(6) 冰晶向雪晶的转化 PMSI(量),PNSI(数);

(7) 雪的凝华增长 PMSS(量);

(8) 雪间攀附 PNSS(数);

(9) 雪淞附云水 PMSC(量);

(10) 雪淞附率的变化 SPMSC(量);

(11) 淞附的雪,大于 D_{0s} 的粒子,转成雪霰 PMSG(量),PNSG(数);

(12) 雪淞附云水,PMSCI(量),云水数减少 PNSCI(数);

(13) 雨 - 雨合并 PNRCR(数);

(14) 雨并合云水 PRCC(量);

(15) 雨冻结转成冻雨 PIFR(量),PNR(数);

(16) 雨并云冰冻结:PMRCI 被雨碰并的云水;PMIRF 碰云冰后冻结的雨水;PNIRF 碰云冰后冻结的雨滴数;PNICR 云冰减少数;

(17) 雪并雨,雪并冻雨,雪和雨都转成雪霰;雨转成雪霰量 PMSCR,雪转成雪霰量 PMRCS,雪的减少数 PNSCR(数),雨的减少数 PNRCS(数) 或雪霰增加数(数);

(18) 冻雨并冻云水 PIAWR(量);

(19) 冻雨并冻雨水 PIARR(量),雨水减少数 PNRF(数);

(20) 霰并冻云水 PMGRCC(量),PMGSCC(量);

(21) 霰并冻云水繁生冰晶,雨霰并冻云水,冰晶繁生 PNGRRI(数),PMGRRI(量),雪霰并冻云水,冰晶繁生 PNGSRI(数),PMGSRI(量);

(22) 霰并冻雨水,雨霰并冻雨水 PMGRCR(量),PNGRCR(数),雪霰并冻雨水 PMGSCR(量),PNGSCR(数);

(23) 液态与固态粒子间的碰并增长,有干、湿两种状态,当捕获来的液态水,因冻结释放的热足以被热传导移出时,所有的水皆可冻结,这为干生长状态,反之为湿增长状态。在湿增长状态下,增长量由热传导平衡方程的热量来决定。两种增长量,取用其小者。决定干、湿生长状态的判别方程为:

$$\frac{\mathrm{d}m}{\mathrm{d}t}=-\frac{2\pi}{L_f}[Ka(T-T_0)+L_V\Psi\rho_a(Q_v-Q_{s0})]D\times$$
$$[(1.6+0.3Re^{\frac{1}{2}}-Cw(T-T_0)](P_{MXC}+P_{MXR})$$

其中 P_{MXC} 为 X 类单个固相水凝结物并合云水率,P_{MXR} 为并合雨水率,Cw 为水的比热容,Ka 为热交换系数,Ψ 为水汽扩散系数,$T_0=273\ K$,Q_{S0} 为 T_0 时的饱和比湿,Re 是雷诺数,ρ_a 是空气密度。当 $\frac{\mathrm{d}m}{\mathrm{d}t}\geqslant P_{MXC}+P_{MXR}$ 时为干生长,反之为湿生长。湿生长率为 PWH(雹),PWGR(雨霰),PRGS(雪霰),PWRF(冻雨);

(24)湿霰攀附云冰。湿雨霰攀附云冰 PMWGRI(量),PNWGRI(数);湿雪霰攀附云冰,PMWGSI(量),PNWGSI(数);

(25)湿霰攀并雪。湿雨霰攀并雪 PMWGRS(量),PNWGRS(数);湿雨霰攀并雪 PM-WGSI(量),PNWGSS(数);

(26)湿冻雨碰云冰 PMWRE(量),PNWRE(数);

(27)湿冻雨碰雪 PMWRFS(量),PNWRFS(数);

(28)霰融化。雨霰融化 PMMGR(量),PNMGR(数);雪霰融化 PMMGS(量),PNMGS(数);雨数增加 PNG2R(数);

(29)冰雨融化 PIS(量),PNRF(数);PNRF2R(数);

(30)雪融化 STORM(量),STORN(数);

(31)云冰融化 PMMI(量),PNMI(数);

(32)湿霰的凝结和蒸发 PMGRCO(量),PMGSCO(量),干霰的凝华和升华 PMGRSB(量),PMGSSB(量);

(33)湿冻雨的凝结和蒸发 PMRFCO(量),干冻雨的凝华和升华 PMRFSB(量);

(34)雨蒸发 PRE(量);

(35)次生冰晶的碰并繁生:干冻雨碰雪 PNRFCI(数),PNRFCI(量)。干霰碰雪

PNGRCI(数),PMGRCI(量),PNGSCI(数),PMGSCI(量);

(36)雨冻结破裂次生冰晶。PNRRFI(数),PMRRFI(量);

(37)雨的流体动力学破碎:PNRDY(数);

(38)雨相碰破碎 PNRIMP(数)。

这些过程中的与雹有关的微物理过程有:

(39)雨冻结转成冰雹 PIFI(量),PNI(数);

(40)雹并冻云水 PIAWI(量);

(41)雹并冻雨水 PIARI(量),雨水减少数 PNRH(数);

(42)霰转雹,雪霰转雹 PMGR22H(量),PNGRH(数);雨霰转雹 PMGSH(量),PNGSH(数);

(43)湿雹攀并云冰 PMWHCI(量),PNWHCI(数);

(44)湿雹攀并雪 PMWHCS(量),PNWHCS(数);

(45)雹融化 PID(量),PNHGR(数),H2R(雨数增加数),雹块因湿生长表面有水膜而吹脱下来的雨 H2R(数),PMNM(量);

(46)湿冰雹的凝结和蒸发 PMHCO(量),干冰雹的凝华和升华 PMHSB(量);

(47)次生冰晶的碰并繁生。干雹碰雪 PNHCI(数),PMNCI(量)。

以上所述的云水、云冰、雨、雪、冻雨、霰和雹可统称为水凝结物,它们是以粒子的形式成群存在着,每类粒子的尺度都不均匀,有某种尺度—浓度分布谱。其实云—降水过程的发展演变就表现在两方面:一是粒子的尺度分布谱的演变,二是相态的变化(凝结—蒸发、冻结—融化、升华—凝华)。在一定的温度、湿度下,云的粒子谱影响着相变,但相变对粒子谱演变的影响会更大,而且正是相变对粒子谱演变的影响才使相变在降水物理学上有重大意义。例如相变影响着粒子增长的方式和速率,影响着粒子间合并的效率。这些对降水的发展极为重要。由于相变过程带来的尺度变化是一种冰、水、水汽的连续过程,可以看成粒子与均匀离散介质之间的相互作用,而粒子间的合并过程带来的尺度变化可以是不连续随机的过程。因而将着重讨论粒子尺度谱演变研究中的问题。

云粒子尺度谱,形态是多变的、多样的,但有统计规律。例如直径为 D 大小的粒子浓度与直径的关系常用 $N(D)=aD^{\alpha}\exp(-\lambda D)$ 指数分布(a,α,λ 三参数定谱 Gamma 分布谱)。

在常用的指数谱中,a 为分布截距,λ 为分布斜率,α 为谱的形状参数。在给定谱形函数的情况下,三个参数就确定了谱,三个参数的演变就描述了谱演变,这种定谱形函数由参数决定谱演变,即为参数化的方法。这种方法在国内外得到了广泛的应用。参数化方法只适合于描述自然云粒子的总体(统计)特征,不适合于描述谱中的某尺度段的粒子变化而引起的演变,因为在参数化方法中某段粒子的变化只能通过谱形整体变化而得到部分反映,从而受到很大的限制。再者,参数化方法把粒子群捆在一起,作为谱分布的研究是一种近似,但对粒子运动是一种歪曲,粒子群中的粒子是按自己的单独性状来运动的,不可能按某种平均值运动。因此又有分档方法,即把云粒子群按尺度(d)或质量大小(x)分成若干档,每一档内有 $f(x)$或 $f(d)$同性质的粒子,了解各个档的粒子与外界粒子的作用,就可以描述分布谱的变化。由于这种方法要把粒子群分成许多档,计算量大,涉及粒子档间并合的演变过程时,又要解随机碰并方程。因而这种方法又称为分档随机方法。

6.3.2　冰雹形成的微物理过程的参数化描述方案

依照指数谱，谱参数有三个：a，α 和 λ。对于某种粒子群，如云滴、雨滴、雪等，α 分别可采用给定值。因而，谱可由 a 和 λ 来决定，这可称为双参谱演变。Srivastva 在 1978 年就提出了双参谱演变思路，但在运用中加了 a/λ 等于常数的限定，这相当于比浓度不变，实际上是在固定一个参数的情况下讨论谱变化。早期的学者为了简化，往往给定其中一个参数值，谱变化由另一个参数变化来决定，叫单参谱演变。

6.3.2.1　单参谱演变

单参谱演变中 λ 的确定，依定义粒子群的比质量：

$$Q=\frac{1}{\rho_a}\int_0^{\infty}m(D)aD^{\alpha}\exp(-\lambda D)\mathrm{d}D \tag{6.31}$$

给定 $m(D)$，a，α 后，可得到 $Q=Q(\lambda)$ 关系式，由 Q 决定 λ。而 Q 由微物理变化方程

$$\frac{\partial Q}{\partial t}+u\frac{\partial Q}{\partial x}+v\frac{\partial Q}{\partial y}+w\frac{\partial Q}{\partial Z}=P_Q+\frac{1}{\rho}\frac{\partial \rho QV_Q}{\partial z}+k\nabla Q \tag{6.32}$$

来给出，其中 P_Q 是粒子群的发生项，K 为扩散系数，V_Q 是粒子群的末速。V_Q 通常是用质量加权平均速度：

$$V_Q=\frac{\int_0^{\infty}m(D)V(D)aD^{\alpha}\exp(-\lambda D)\mathrm{d}D}{\int_0^{\infty}m(D)aD^{\alpha}\exp(-\lambda D)\mathrm{d}D} \tag{6.33}$$

单参谱的优点是简单，缺点是只能通过斜率的变化来反映谱变化，造成只能通过大粒子端的分布变化来反映谱演变，这与自然变化相差甚大。

6.3.2.2　双参谱演变

在双参谱演变方案中，除求 λ 外，还应求 a，依粒子群的比质量(6.31)和比浓度

$$N=\frac{1}{\rho_e}\int_0^{\infty}aD^{\alpha}\exp(-\lambda D)\mathrm{d}D \tag{6.34}$$

有 $Q=Q(a,\lambda)$ 和 $N=N(a,\lambda)$。

而
$$\frac{\partial N}{\partial t}+u\frac{\partial N}{\partial x}+v\frac{\partial N}{\partial y}+w\frac{\partial N}{\partial z}=P_N+\frac{1}{\rho_e}\frac{\partial(\rho_e NV_Q)}{\partial z}+k\nabla N \tag{6.35}$$

由(6.32)式和(6.35)式，求得 Q 和 N，从而决定 a 和 λ。

最近，国外有人用另一种双参谱演变方案，不是用(6.32)式和(6.35)式求出的 Q、N 来确定两个参数，而是利用观测资料，找出 $Q\sim\lambda$ 之间的关系，Q 变 λ 也变，成为另一种双参谱演变。这种方案，只要 $Q\sim\lambda$ 关系是可靠的，不见得比由 N、Q 得到的差，反而可能稳定些。关于参数化方案应用的问题，详见许焕斌、段英(1999)和许焕斌(2002)。

6.3.2.3　参数化方案中粒子群分布的尺度范围和谱函数积分表达式

当用 $N(D)=N_0D^{\alpha}\exp(-\lambda D)$(这时 $N_0=a$)时，一般来说，粒子谱的尺度分布区间可取 $0\sim\infty$，因而粒子比浓度 N，可由下式决定

$$N=\frac{1}{\rho_a}\int_0^{\infty}N_0D^{\alpha}\exp(-\lambda D)\mathrm{d}D \tag{6.36}$$

由 Γ 函数积分知：

$$N = \frac{N_0}{\rho_a}\frac{\Gamma(\alpha+1)}{\lambda^{\alpha+1}} \tag{6.37}$$

其中 ρ_a 为空气密度，而粒子比含量为 Q，若是球形粒子，密度为 ρ

$$Q = \frac{1}{\rho_a}\int_0^\infty \frac{\pi}{6}\rho D^3 N_0 D^\alpha \exp(-\lambda D)\mathrm{d}D = \frac{\pi\rho N_0}{6\rho_a}\frac{\Gamma(3+\alpha+1)}{\lambda^{3+\alpha+1}} = \frac{\pi\rho N_0}{6\rho_a}\frac{\Gamma(4+\alpha)}{\lambda^{4+\alpha}} \tag{6.38}$$

由 N 和 Q，可求 N_0 和 λ

$$N_0 = \frac{N\rho_a\lambda^{\alpha+1}}{\Gamma(\alpha+1)} \tag{6.39}$$

$$\lambda = \left[\frac{\pi\rho N\Gamma(4+\alpha)}{6Q\Gamma(\alpha+1)}\right]^{\frac{1}{3}} \tag{6.40}$$

但是根据气象观测规范和云—降水物理学对云滴、雨滴、冻雨、霰、云冰、雪和雹的尺度界定，并不都是在 0～∞上分布的。这样一来，积分不再从 0～∞，而是有界积分，这就不能用 Γ 函数来表达了，从而使计算变得复杂一些。

例如对某一类粒子，有一个起始直径 D_0。对雨滴来说，$D_0=100\sim200\ \mu\mathrm{m}$ 因而其分布区间为 $D_0\sim\infty$，这样 $Q = \frac{1}{\rho_a}\int_{D_0}^\infty \frac{\pi}{6}\rho D^3 D^\alpha \exp(-\lambda D)\mathrm{d}D = \frac{\pi\rho N_0}{6\rho_a}\int_{D_0}^\infty D^{\alpha+3}\exp(-\lambda D)\mathrm{d}D$

如 $\alpha=0$，则

$$Q = \frac{\pi\rho N_0}{6\rho_a}\int_{D_0}^\infty D^3\exp(-\lambda D)\mathrm{d}D$$

D 的指数为 3。积分得

$$Q=\frac{\pi\rho N_0}{6\rho_a}BB3(\lambda,D_0)$$

$$BB3(\lambda,D)=\frac{1}{\lambda^4}\exp(-\lambda D_0)\{[(\lambda D_0+3)\lambda D_0+6]\lambda D_0+6\} \tag{6.41}$$

同理可有：$BB0(\lambda,D) = \dfrac{\exp(-\lambda D_0)}{\lambda}$　(6.42)

$$BB2(\lambda,D_0) = \frac{1}{\lambda^3}\exp(-\lambda D_0)[(\lambda D_0+2)\lambda D_0+2] \tag{6.43}$$

$$BB4(\lambda,D_0) = \frac{1}{\lambda^5}\exp(-\lambda D_0)\{\{[(\lambda D_0+4)\lambda D_0+12]\lambda D_0+24\}\lambda D_0+24\} \tag{6.44}$$

$$BB\ 5(\lambda,D_0)=\frac{1}{\lambda^6}\exp(-\lambda D_0)\{\{\{[(\lambda D_0+5)\lambda D+20]\lambda D_0+60\}\lambda D_0+120\}\lambda D_0+120\} \tag{6.45}$$

$$BB6(\lambda,D_0)=\frac{1}{\lambda^7}\exp(-\lambda D_0)\{\{\{\{[(\lambda D_0+6)\lambda D_0+30]\lambda D_0+120\}\lambda D_0+360\}\lambda D_0+720\}\lambda D_0+720\} \tag{6.46}$$

而粒子尺度分布介于 $0\sim D_0$ 之间，有

$$Q = \frac{1}{\rho_a}\int_0^{D_0}\frac{\pi}{6}\rho D^3 D^\alpha\exp(-\lambda D)\mathrm{d}D = \frac{\pi\rho N_0}{6\rho_a}\left[\int_0^\infty D^{3+\alpha}\exp(-\lambda D)\mathrm{d}D - \int_{D_0}^\infty D^{3+\alpha}\exp(-\lambda D)\mathrm{d}D\right]$$

如果 $\alpha=0$，则

$$Q=\frac{\pi\rho N_0}{6\rho_a}\left[\frac{\Gamma(4)}{\lambda^4}-BB3(\lambda,D_0)\right]=\frac{\pi\rho N_0}{6\rho_a}DD3(\lambda,D_0)$$

其中
$$DD3(\lambda,D)=\frac{\Gamma(4)}{\lambda^4}-BB3(\lambda,D_0) \tag{6.47}$$

同理有：
$$DD4(\lambda,D_0)=\frac{\Gamma(5)}{\lambda^5}-BB4(\lambda,D_0) \tag{6.48}$$

$$DD5(\lambda,D_0)=\frac{\Gamma(6)}{\lambda^6}-BB5(\lambda,D_0) \tag{6.49}$$

如霰粒子分布于 $d_1=0.1\sim5$ mm 之间，对于其尺度分布介于 $D_1\sim D_2$ 之间的粒子分布，会出现积分

$$\int_{D_1}^{D_2} D^c\exp(-\lambda D)\mathrm{d}D$$

其中 C 可以不是整数，用高斯积分表示：

$$GUSL(D_1,D_2,C,\lambda)=\int_{D_1}^{D_2} D^c\exp(-\lambda D)\mathrm{d}D \tag{6.50}$$

当然，(6.50)式是一个普适性积分公式，特别是当 C 不为整数时，皆可用此式来计算。

可以看出，当分布区间不为 $0\sim\infty$ 时，就不能用简单的 Γ 函数来给出积分值了。也就不能用(6.39)式和(6.40)式，用 N 和 Q 来给出 N_0 和 λ 参数。但是 N,Q 与 N_0 和 λ 的复杂表示式仍然存在，根据 N,Q 的定义，用分布谱积分表达式表示，构成二者之间的差值方程，再用二分法迭代求出满足一定准确度要求的相应参数值。

6.3.2.4　各类粒子的分布谱和特征量

①冰晶(Ⅰ)

尺度范围 $0\sim\infty$，分布谱表达式 $n_i(D)=N_{0i}D^{\alpha}\exp(-\lambda_i D)$，$\alpha=1.0$，单冰晶尺度与质量的关系式

$$m_i=Am_iD^2 \qquad \text{(Mason 1978)}$$

λ_i 表达式
$$\lambda_i=\left(6Am_i\frac{N_i}{Q_i}\right)^{\frac{1}{2}}$$

冰晶落速：　$V_i=Av_iD^{-3.1}$　　$Av_i=70.0$ cm/s

冰晶群质量加权平均落速：

$$V_i=\frac{Av_i\Gamma(3.31)}{6.0\lambda_i^{0.31}}$$

②雪(S)

尺度范围：$Dsc\sim\infty$。分布谱 $n_s(D)=N_{0s}D^{\alpha}d\exp(-\lambda_s D)$，$\alpha=1.0$。单雪晶尺度与质量的关系式为 $m_s=Am_sD^2$，式中 λ_s 是方程 $\frac{Am_sN_sBB3(\lambda_s,Dsc)}{BB1(\lambda_s,Dsc)}-Q_s=0$ 的一个解。

雪晶落速 $V_s=Av_sD^{\frac{1}{3}}$。雪晶群质量加权平均落速：

$$V_s=Avs\,\frac{\mathrm{GUSLVS}}{BB3(\lambda_sDsc)}$$

其中
$$\mathrm{GUSLVS}=\int_{Dsc}^{\infty} D^3\left(\frac{D}{0.4+0.135D}\right)^{\frac{1}{2}}\exp(-\lambda_sD)\mathrm{d}D$$

$\rho_s=\rho_{s0}(1+FLS)$，FLS 为淞附率，取 $0\sim1.0$。

$$Am_s=Am_so\left(\frac{\rho_s}{\rho_{s0}}\right)$$

③云水(C)

尺度范围：0～∞，分布谱 $N_{nc}(D)=N_{0c}D^{\alpha}\exp(-\lambda_c D)$，$\alpha=2$。由于云滴谱的变化较大，可粗分为大陆性和海洋性两种，每种谱形的结构与凝结核活化谱有关，不易掌握其变化，所以在这里一般只计其比含量(Qc)和比浓度(Nc)，通过给定的初始比浓度 Nc 和谱分布离差 Dr 来反映是大陆性的或海洋性的，一般 Nc/Dr 的变化在 $10^2\sim10^3$ 之间，假定 $Nc=Nco(Qc/Qco)\times am$，至于云滴的落速，认为随风运动，假定 $Vs=0.0$。

根据 Qc 和 Nc 用分布谱得到的表达式：

$$\lambda c=\left[\frac{\pi Nc\rho w\Gamma(6)}{\rho_a Qc\Gamma(3)}\right]^{\frac{1}{3}},\qquad N_{0c}=\frac{\rho_a Nc\lambda_c^3}{\Gamma(3)}$$

④雨(R)

尺度范围：$Rrc\sim\infty$，谱分布 $n_r(D)=N_{0r}\exp(-\lambda_r D)$。$\lambda_r$ 是方程 $N_r\rho wBB3(\lambda_r,Drc)/BB_0(\lambda r,Drc)-Qr=0$ 的解。单滴雨落速 $Vr=aDb$(Weisner 1971)。

雨滴群质量加权平均落速：

$$Vr=\frac{aGUSL(D_{rc},1.0,3.8,\lambda_r)}{BB3(\lambda_r,D_rc)}$$

⑤冻雨(RF)分布区间 $D_{rc}\sim D_{hc}$

谱分布：$n_rf(D)=N_{0r}[\exp(-\lambda_A D)-\exp(-\lambda_r D)]$，$\alpha=0.0$。$\lambda_a$ 为全雨分布，即对 Qr(雨)和冻雨(QRF)总和的谱分布斜率，令：

$$SR=Qr+Qrf\qquad 和\qquad SN=Nr+Nrf$$

式中含有的 λa 是 SR 和 SN 组成的方程的解。单个冻滴的落速：

$$V_F=aD^b\rho_F^{\beta}\qquad \beta=1.0$$

冻滴群质量加权平均速度：

$$V_f=aGUSL(Drc,DHC,3.8,\lambda A)-\frac{GUSL(Drc,DHC,3.8,\lambda r)}{GG1-DD3}$$

其中 $GG1=6.0/\lambda-BB3(\lambda a,Drc)$。

冻雨的分布谱为何这么选取，是基于观测和实验的结果。即雨滴的冻结几率随滴的直径(体积)增大而变大，小滴冻结几率小，大滴冻结几率大，所以冻滴的分布谱与雨滴分布谱不同，其分布如图 6.6 中 RF 区的形式，由全雨分布谱与雨分布谱的差组成。

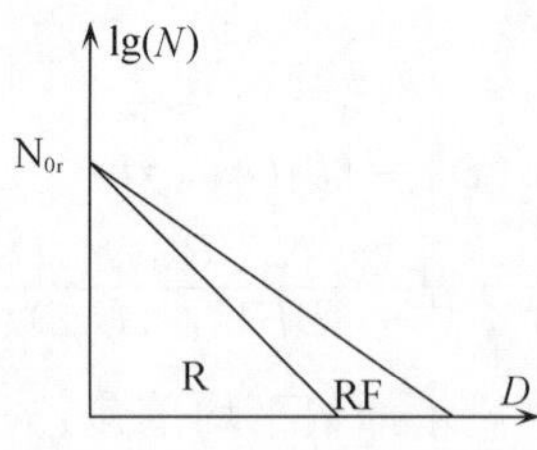

图 6.6 冻雨的谱分布

⑥雨霰(GR)分布区间 $D_{rc}\sim D_{hc}$

谱分布：

$$ngr(D)=N_{0gr}\exp(-\lambda grD)$$

λ_{gr}是 Q_{gr} 和 Ngr 组成的方程的解。单个雨霰落速：$V_{gr}=aD^b\rho_{gr}^{\beta}$。

雨霰群质量加权平均落速：

$$V_{gr}=\frac{\rho_{gr}^{\beta}aGUSL(D_{rc},DHC,3.8,\lambda_{gr})}{GUSL(D_{rc},DHC,3.8,\lambda_{gr})}$$

⑦雪霰(GS)分布区间 $D_{sc}\sim D_{hc}$

谱分布：$n_{gx}(D)=N_{0gs}\exp(-\lambda_{gs}D)$。$\lambda_{gs}$ 由比含量 Q_{gs} 和浓度 N_{gs} 关系式求出。单个雪霰落速 $V_{gs}=aD^{b}\rho_{gs}^{\beta}$。

雪霰群质量加权平均落速：

$$V_{gs}=\rho_{gs}^{\beta}\frac{aGUSL(Dsc,DHC,3.8,\lambda gs)}{GUSL(Dsc,DHC,3.0,\lambda gs)}$$

⑧雹(H)分布区间 $D_{H}\sim\infty$

谱分布：$N_{h}(D)=N_{0h}\exp(-\lambda_{H}D)$。$\lambda_{H}$ 由比含量 Q_{H} 和比浓度 N_{h} 及分布谱决定。单个冰雹落速：

$$V_{H}=\left(\frac{4Dg\rho_{h}}{3C_{D}\rho_{a}}\right)^{\frac{1}{2}}$$

雹群质量加权平均速度：

$$V_{H}=36.1478\left(\frac{\rho_{h}}{C_{D}\rho_{a}}\right)^{\frac{1}{2}}\left(\frac{1.9Q_{h}}{\rho_{H}N_{h}}\right)^{\frac{1}{6}}$$

在给定了各类粒子的分布谱并决定了各特征量后，即可以来推导出 6.3.1 节中图 6.5 所包含的各种物理过程中的发生项和转化项，以作模式编程之用。这些项的表达式是众多学者根据观测、实验、理论和归纳分析得到的。已在气象出版社出版的《人工影响天气的现状与展望》一书中的第七章7.5.5～7.5.6节列出，但为了查阅方便，作为附录 1、2、3 列于本章之后了。

6.3.2.5　各类水物质的平衡方程

比含量：令　　$Qx=Qv,Qc,Qi,Qr,Qs,Q_{RF},Q_{gr},Q_{gs},Q_{h}$

比浓度：令　　$Nx=Ni,Nr,Ns,N_{RF},N_{gr},N_{gs},N_{h}$

$$\frac{\partial Qx}{\partial t}=-Ui\frac{\partial Qx}{\partial xi}+D_{QX}+\frac{1}{\rho_{a}}\frac{\partial\rho_{a}VxQx}{\partial z}+\mathrm{SPMX}$$

$$\frac{\partial Nx}{\partial t}=-Ui\frac{\partial Nx}{\partial xi}+D_{NX}+\frac{1}{\rho_{a}}\frac{\partial\rho_{a}VxNx}{\partial z}+\mathrm{SPMX}$$

D_{Qx}，D_{Nx} 为扩散项，V_{x} 为落速。

SPMX 和 SPNX 是各类水物质的总发生项。S 表示总和，P 表示发生，M 表示量，N 表示数，X 代表某种物质。

SPMX 和 SPNX 的表达式：

SPM＝－PMIC－PRE－PMCC－PMGRCO－PMGSCO－PMRFCO－PMHCO－PMCI－PMSS－PMGRSB－PMGSSB－PMRFSB－PMHSB

SPMI＝PMIC＋PMCI－PMSCI－PMRCI－PMSI－PMWGRI－PMWGSI＋PMGSRI－PMGSRI－PMWHCI－PMMI－PMWFI－PMWHCI＋PMIGR＋PMHCI＋PMGRCI＋PMGSCI＋PMRRFI＋PMREC＋PMGRRI

SPMC＝－PRC－PMSC－PRCC－PIAWI－PMGRRI－PMGSRI－PMGSCC－PMGRCC＋PMMI－PRAI＋PMCC

SPMR＝PRC＋PRCC＋STORM－PMIRF－PMSCR－PMGRCR－PMMGR－PMG-SCR－PIFI－PIARI－PIFR－PIARR－PMMGS＋PRE

SPMS＝PMSI＋PMSS＋PMSC－PMRCS－PMWGSS－PMWHCS－STORM－PMSG－PMWRFS－PMWHCS－PMHCI－PMGRCI－PMGSCI＋PMSCI

SPMRF＝PIFR＋PIARR＋PARI＋PMRESB＋PMRECO＋PMWREI＋PMWRFS－PMRFH＋PIS

SPMGR＝PMIRF＋PMRCI－PMGRH＋PMGRCC＋PMGRCR＋PMWGRI＋PM-WGRS＋PMGRSB＋PMGRCO＋PMHGR－PMMGR－PMIGR

SPMGS＝PMRCS＋PMSCR－PMGSH＋PMGSCC＋PMGSCR＋PMWGSI＋PM-WGSS＋PMSG＋PMGSSB＋PMGSCO－PMGSH－PMMGS

SPMH＝PMGRH＋PMGSH＋PMREH＋PMHSB＋PMHCO＋PMWHCI＋PMWH-CS－PMHGR＋PIEI＋PIARI＋PIAWI＋PID

SPNI＝PNIC－PNII－PNSIC－PNICR－PNGRRI＋PNGSRI－PNWGRI－PNWG-SIPNMI－PNWREI－PNWHCI＋PNIGR＋PNGRCI＋PNRGSCI＋PNHCI＋PNRR＋PNRECI

SPNS＝PNSI－PNSS－PNRCS＋STORN－PNWGSS－PNWGRS－PNWHCS－PNMS－PNSG－PNWRES－PNWHCS

SPNR＝PNRC－PNRCR＋PNRIMP＋PNRDY－PNRF－PNRH－PNI－PNR－STORN－PNGRCR－PNGSCR－PNRCI＋PNMGR＋PNMGS＋PNH2R＋PNM＋PNMS－PNSCR

SPNRF＝PNR－PNRFH

SPNGR＝PNRCI－PNGRH－PNGRH＋PNHGR－PNIGR

SPNGS＝PNSCR－PNGSH＋PNSG－PNGSH

SPNH＝PNI＋PNGRH＋PNGSH＋PNREH＋PWREH－PNHGR

有了 SPMX 和 SPNX 的表达式，再有 u,v,w,v_x 耦合，就可以求得 Qx 和 Nx，由此去求出谱参数 N_{0x} 和 λx。

6.3.3 冰雹(降水粒子)形成的微物理过程的粒子群分档描述方案

6.3.3.1 某种粒子群的分档和档内质量比浓度的变化方程

对粒子群可按质量 X(或尺度 d)、按一定的间距分成若干档，如 $X_1,X_2,X_3,\cdots,X_{n-1},X_n$，每档的比浓度为 $f(x_1),f(x_2),f(x_3),\cdots,f(x_{n-1}),f(x_n)$，则 $f(x_i)$ 即表示了粒子浓度按质量的分布谱，同样可有 $f(d_i)$ 给出的粒子按尺度的分布谱。这样分布谱随时间变化，t 时刻为 $f(x_i,t)$ 在静止大气中，比浓度的变化方程可写为：

$$\frac{\partial f(x,t)}{\partial t}=-\frac{\partial f(x,t)\dot{x}}{\partial x}+P_c+P_{bc}+P_{co}+P_A+\frac{1}{\rho_e}\frac{\partial[\rho_a f(x,t)V]}{\partial z} \tag{6.51}$$

等式右端各项依次是：X 档粒子因水汽相变或其他与均匀介质作用造成的质量变化率随 X 的变化引起的变化项、并合作用项、破碎项、与外粒子群并合作用项、源汇项和落速作用项。其中第 2、3 项，具有随机变化的性质，第 4 项 Pco 可以随机，也可以处理为分档连续变化，而第 1、5、6 项是非随机性的。

6.3.3.2　随机并合项的计算

令 $f(m)$为质量为 m 的粒子数的比浓度，则 $m=x$ 与 $m=y$ 的粒子相并合时，$f(x)$的变化方程为：

$$\frac{\partial f(x)}{\partial t}=\int_0^{\frac{x}{2}} f(y)f(x,x-y)k(x,x-y)\mathrm{d}y-\int_0^{\infty} f(y)f(x)k(x,y)\mathrm{d}y \tag{6.52}$$

其中 $k(a,b)$为核函数，其基本表达式为 $k(a,b)=SE^2(a,b)|V_a-V_b|$，$S$ 为可并合粒子的截面积，$E(a,b)$为二粒子的线性并合系数，V_a，V_b 表示二粒子的落速。

再令 $g(x)=xf(x)$，则(6.52)式化为：

$$\frac{\partial g(x)}{\partial t}=\int_0^{\frac{x}{2}} g(y)g(x-y)k(y,x-y)\frac{x}{y(x-y)}\mathrm{d}y-\int_0^{\infty}\frac{g(y)g(x)k(x,y)}{y}\mathrm{d}y \tag{6.53}$$

把 x 分成 m 档，则各档处于下列间隔之中

$$0\sim x_1,x_1\sim x_2,x_2\sim x_3,\cdots,x_{M-2}\sim x_{M-1},x_{M-1}\sim x_M$$

而每一档的比质量为：

$$G_k=\int_{x_k}^{x_{k+1}} g(x)\mathrm{d}x$$

且用式 $X_{k+1}=2X_k$ 来进行质量分档。

下一步考察 G_k 的变化：

$$\frac{\partial G_k}{\partial t}=\int_{k+1_{xk}}^{x}\frac{\partial g(x)}{\partial t}\mathrm{d}x$$

令

$$\alpha=\frac{k(y,z)(z+y)}{yz},\beta=\frac{k(x,y)}{y}$$

其中 $z=x-y$，则(6.53)式变为：

$$\frac{\partial G_k}{\partial t}=\sum_{t-1}^{k-1}\sum_{j=k-1}^{k}\iint A_{ijk}g(y)g(z)\alpha\mathrm{d}y\mathrm{d}z-\sum_{i=1}^{m}\iint B_{ik}g(y)g(x)\beta\mathrm{d}y\mathrm{d}x \tag{6.54}$$

α 和 β 在积分区域内可取常数，并以 α_{ijk} 和 β_{ik} 代表之。在 I,J,K 和 I,K 坐标下的分布见图 6.7(a)、(b)。

令

$$P_1=\alpha_{ijk+1}\iint A_{ijk+1}g(y)g(z)\mathrm{d}y\mathrm{d}z \tag{6.55}$$

$$P_2=\alpha_{ijk}\iint A_{ijk}g(y)g(z)\mathrm{d}y\mathrm{d}z \tag{6.56}$$

$$P_3=\beta_{ik}\iint B_{ik}g(y)g(x)\mathrm{d}y\mathrm{d}x \tag{6.57}$$

$$P_4=\beta_{kj}\iint B_{ki}g(y)g(x)\mathrm{d}y\mathrm{d}x \tag{6.58}$$

为了保持质量守恒，要求 $P_1+P_2=P_3+P_4$，其中 P_1 表示 $k+1$ 档内的比质量增加率；P_2 表示 k 档内比质量增加率；P_3 表示 k 档内的比质量减少率；P_4 表示为 i 档内比质量减少率。在求得 P_1 和 P_4 后，即求得 P_2-P_3，此即为 k 档的变化率。(6.53)式可用于液态粒子间的随机并合计算，也可以用于固态粒子间的随机攀附计算。但要注意其中并合系数的值，对液相水滴可采用 Davis-Sartor-Schafrir-Neibuger 给出的水滴并合系数值，也可用 Scott 和 Chen(1970)给出的近似解析表达式来计算。对于固相冰粒子的攀附系数用了 Pruppacher

(1978)的书中给出的实验综合值。(6.43)式还可以用于液、固二相粒子群间的随机并合。而对于水滴与冰粒子的碰并,则把冰粒子形状转化为等效球,再与水滴去碰并,并可使用水滴间的并合系数。

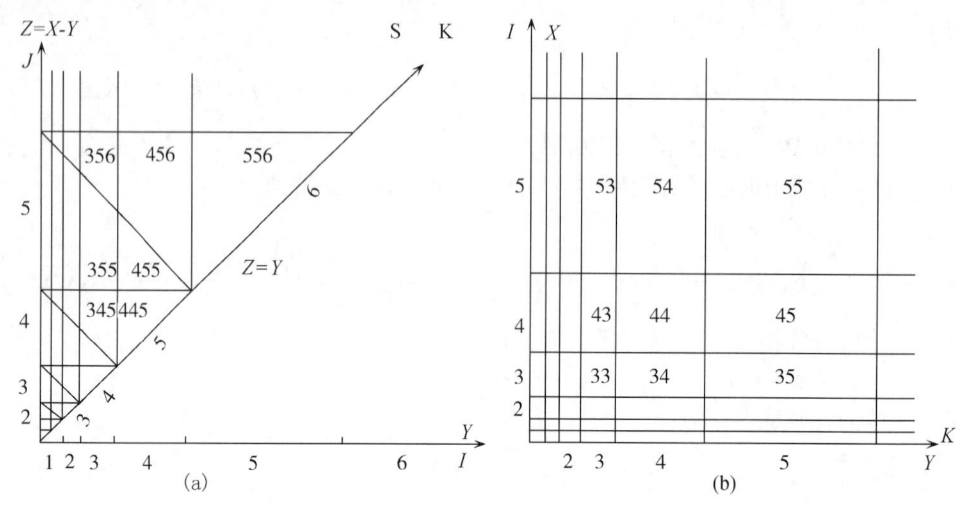

图 6.7　(a)α_{ijk}分布;(b)β_{ik}分布

6.3.3.3　档间传输

档间传输粒子因水的相变(凝结、凝华)或与其他可视为均匀水介质的连续碰并而增长,引起粒子的质量变化及相应的尺度变化,所以它们会从原来所在档进入相邻的档,这相当于档间的平流过程,可以用二阶矩方法来描述。其中引入了几个量:平均浓度 $g(x)$、档中质量中心 $F(x)$和分布方差 $R^2(x)$。这些量在档间移动时,有的会移出,用 a 来表示;留下的用 r 来表示;原有的用 o 来表示。为了保证其守恒性,我们又加了限制,即 $o=r+a$,完全克服了原方法存在的不守恒性。

6.3.3.4　滴破碎项

水滴的流体动力学自破碎或滴间的相碰破碎,在分档方法中更便于处理。先判别某档的滴的破碎几率,即可算得该档的破碎减少率;再按破碎后的次生滴群的分布规律,找出落入各档的次生滴浓度,就可以算得因破碎次生滴落入档内的增加率。滴间的相碰破碎也类似于自破碎,先算出两滴相碰的破碎几率,算出两滴所在档次的减少率,再依据破碎后的次生滴分布,按落入何档及浓度,算出该档的增加率。同理也可以处理雪晶、冰晶的破碎以及冰雹融化或湿生长时剥落下来的水滴入档问题。

6.3.3.5　讨论

从原理上看,分档方法确比参数化方法好,但其中一些因素的影响是共同的,如核函数中的碰并系数、攀附系数、破碎几率、次生滴分布、粒子(特别是冰相粒子)的性状和末速等,都十分敏感地影响着计算的结果。因此处理方式不仅仅是技巧,更重要的是物理方法,而物理学上的可靠性要依赖于整个学科水平的提高。

上述公式是在静止大气中，如大气在运动，则在方程(6.50)中加上平流项：$u_i \dfrac{\partial f(x,t)}{\partial x_i}$。

粒子群粗分可有两类，即液态水粒子和固态冰粒子。当然冰粒子的性态十分复杂，可明显分类的就多达50多种，把冰粒子再分类处理目前看来是有困难的。当前就分两类：水和冰粒子。建立起水粒子、冰粒子和冰水粒子相互作用的随机分档模式，再与三维云模式相耦合，就可以用来模拟云、雨、雪、霰、雹，云和雨滴是尺度大小之别，雪、霰、雹是尺度和体积密度之别。

目前我们已建立了这种模式，名为D3SGBH(三维随机并合模式)，在计算机上运行已十分慢，它的二维版本名为TDSGBH，但运行量仍嫌偏大。

鉴于对冰雹增长而言冰雹粒子间不论是处于干生长状态或是处于湿生长状态，它们的并合几率都是很小的，因而对冰雹增长而言可以忽略方程(6.51)中的所有随机并合项，使之变成一个非随机的连续增长方程就容易计算了。再加上冰雹粒子尺度跨度大，末速差别也大，最不适合于参数化处理，因而单把冰雹作分档但非随机处理也算是一种目前行之有效的简便方法(郭学良 2001)。

6.4 方程的数值解法

模式方程组(6.8)～(6.16)或(6.17)～(6.30)是非线性方程组，只能用数值积分方法求近似数值解。这就要把连续的量场离散化，把微分方程变成差分方程。

对三维空间离散化，x 方向取 I 个点，$i=1,2,3,\cdots,I-1,I$；

y 方向取 J 个点，$j=1,2,3,\cdots,J-1,J$；

z 方向取 K 个点，$k=1,2,3,\cdots,K-1,K$。

点间距离，即格距用 Δe 表示，Δe 对 x,y,z 可取不同的值。这里为了方便，$\Delta e=\Delta x=\Delta y=\Delta z$。网格单元上的变量分布如图6.8(a)，它类似于ARAKAWA C水平网格(图6.8(c))，w的垂直分布在半点上(图6.8(c))。

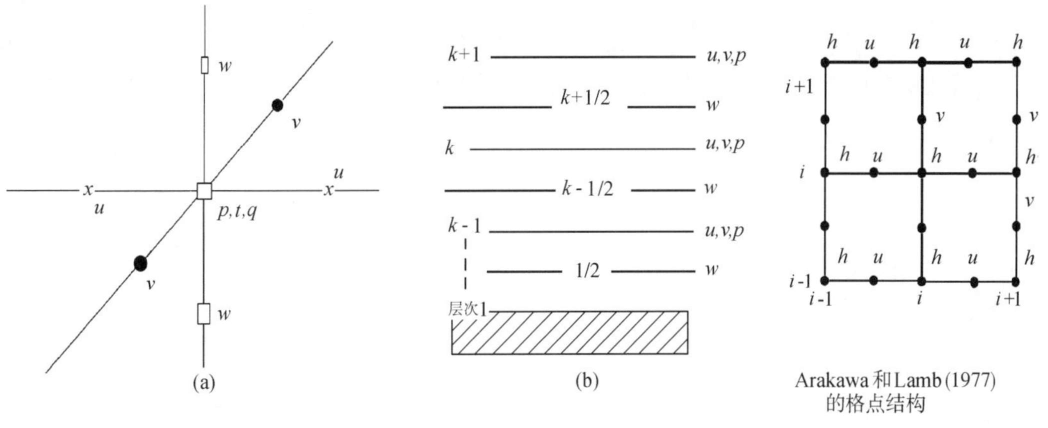

图 6.8 网格结构和变量配置

6.4.1 Euler 式差分解法

定义有限差分算子：$\delta_t\phi=(\phi_{ijk}^{l+1}-\phi_{ijk}^{t})/\Delta t$，$\Delta t$ 是时间差分步长。

$$\overline{\phi(l)}^{l}=\frac{1}{2}[\phi(l+\Delta l)+\phi(l-\Delta l)]$$

据此，得到(6.8)式，(6.9)式，(6.10)式和(6.15)式的差分方程分别是

$$\delta_t u+\frac{1}{\rho}\delta xp'=f_u^t \tag{6.59}$$

$$\delta_t v+\frac{1}{\rho}\delta yp'=f_v^t \tag{6.60}$$

$$\delta_t w+\frac{1}{\rho}\delta\overline{zp}'^{t}=f_w^t \tag{6.61}$$

$$\delta_t p'+C^2\frac{\rho}{\nu}(\delta_x u+\delta_y v)^{t+\Delta t}+C^2\frac{\rho}{\nu}\overline{\delta_z w^t}=\bar{f}_p^e \tag{6.62}$$

这四个方程中 $\nu=\frac{C_P}{C_V}$，是求 u,v,w,p' 的半隐式差分方程，所谓半隐式是指(6.59)式，(6.60)式用显式差分求解。而(6.61)式和(6.62)式用隐式差分求解，鉴于显式求解法是常用算法，这里只介绍对(6.61)式和(6.62)式的半隐式求解法。在一般情况下，(6.62)式右边项 f_p 可近似为零。但不作零处理也只是个可算的诊断值，不影响算法。

对(6.61)式，

$$\begin{aligned}\delta_t w&=\frac{w_{i,j,k}^{l+1}-w_{i,j,k}^{t}}{\Delta t}-\frac{1}{\rho}\delta z\overline{p}'\\&=-\frac{1}{\rho_0(k)}\frac{1}{2}(\delta zp'^{e+1}+\delta zp'^{t})\\&=-\frac{1}{2\rho_0(k)\Delta z}(p'^{l+1}_{i,j,k+1}-p'^{l+1}_{i,j,k})-\frac{1}{2\rho_0(k)\Delta z}(p'^{t}_{i,j,k+1}-p'^{t}_{i,j,k})\end{aligned}$$

记
$$AW8=-\frac{1}{2\rho_0(z)\Delta z}(p'^{t}_{i,j,k+1}-p'^{t}_{i,j,k})$$

下面把简单的差分值用符号代表，括号内注明代表量：

$$AW1(-u\frac{\partial w}{\partial x}),AW2(-v\frac{\partial w}{\partial y}),AW3(-w\frac{\partial w}{\partial z}),AW4(g\frac{Tv'}{Tv_0}),$$

$$AW5(-g\frac{\tau}{\rho_0}),AW6(Km\nabla^2 w),AW7(-g\frac{p'}{P_0})$$

则 $f_w^t=AW1+AW2+AW3+AW4+AW5+AW6+AW7+AW8$

对(6.62)式：

$$\delta_t p'=\frac{p'^{e+1}_{i,j,k}-p'^{t}}{\Delta t}$$

$$C^2\frac{q}{\nu}(\frac{\partial u}{\partial x})^{l+1}=C^2\frac{1}{\nu}\rho_0(k)\cdot\frac{1}{\Delta x}(u_{ijk}^{l+1}-u_{i-1,j,k}^{l+1})$$

$$C^2\frac{q}{\nu}(\frac{\partial u}{\partial y})^{l+1}=C^2\frac{1}{\nu}\rho_0(k)\cdot\frac{1}{\Delta y}(v_{ijk}^{l+1}-v_{i,j-1,k}^{l+1})$$

可把上二式之和记为 D

又
$$\left(\overline{\frac{\partial w}{\partial z}}\right)^{t}=\frac{\frac{\partial w^{e+1}}{\partial z}+\frac{\partial w^{t}}{\partial z}}{2}$$
$$=\frac{w_{i,j,k-1}^{e+1}-w_{i,j,k-1}^{e+1}}{2\Delta z}+\frac{w_{i,j,k}^{t}-w_{i,j,k-1}^{t}}{2\Delta z}$$

所以
$$C^{2}\ \frac{q}{\nu}\left(\frac{\partial w}{\partial y}\right)^{i}=A1+B1$$
$$A1=C^{2}\ \frac{\rho\cdot(k)}{\nu}\frac{1}{2}\frac{1}{\Delta z}(w_{i,j,k-1}^{i+1}-w_{i,j,k-1}^{i+1})$$
$$B1=C^{2}\ \frac{\rho\cdot(k)}{\nu}\frac{1}{2}\frac{1}{\Delta z}(w_{i,j,k}^{t}-w_{i,j,k-1}^{t})$$

如何求 $w_{i,j,k}^{e+1}$ 和 $w_{i,j,k-1}^{e+1}$ 由方程(4.60)知：
$$w_{i,j,k}^{e+1}=w_{i,j,k}^{t}-\frac{\Delta t}{2\rho_{0}(k)\Delta z}({p'}_{i,j,k+1}^{e+1}-{p'}_{i,j,k}^{e+1})+\Delta tS_{A} \tag{6.63}$$

其中：$S_{A}=f_{w}^{t}$
$$w_{i,j,k-1}^{e+1}=w_{i,j,k-1}^{t}-\frac{\Delta t}{2\rho_{0}(k)\Delta z}({p'}_{i,j,k}^{e+1}-{p'}_{i,j,k-1}^{e+1})+\Delta tS_{AM}$$

对于 $AW1$～$AW8$ 的差分表达式，其中 $AW1$ 和 $AW2$ 用了四阶差分，$AW3$ 用了中央差分，$AW6$ 用了二阶差分，其他三项是非差分表达式，具体形式如下：
$$AW1=-\frac{1}{3}\frac{1}{4}(u_{i,j,k+1}+u_{i,j,k}+u_{i-1,j,k+1}+u_{i-1,j,k})\times$$
$$\left[4x\ \frac{1}{2\Delta x}(w_{i+1,j,k}-w_{i-1,j,k})-\frac{1}{4\Delta x}(w_{i+2,j,k}-w_{i-2,j,k})\right]$$
$$AW2=-\frac{1}{3}\frac{1}{4}(v_{i,j,k}+v_{i,j-1,k}+v_{i,j,k+1}+v_{i,j-1,k+1})\times$$
$$\left[4\ \frac{1}{2\Delta y}(w_{i,j+1,k}-w_{i,-1j,k})-\frac{1}{4\Delta y}(w_{i,j+2,k}-w_{i,j-2,k})\right]$$
$$AW3=-w_{i,j,k}\frac{1}{2\Delta z}(w_{i,j,k+1}-w_{i,j,k-1})$$
$$AW6=Km(i,j,k)\times$$
$$\left(\frac{w_{i+1,j,k}-w_{i-1,j,k}-2w_{i,j,k}}{\Delta x^{2}}+\frac{w_{i,j+1,k}+w_{i,j-1,k}-2w_{i,j,k}}{\Delta y^{2}}+\frac{w_{i,j,k+1}+w_{i,j,k-1}-2w_{i,j,k}}{\Delta z^{2}}\right)$$

$AW4$，$AW5$，$AW7$ 可用格点值或与邻点加权平均值直接导出。

而 $S_{AM}=AWM1+AWM2+AWM3+AWM4+AWM5+AWM6+AWM7+AWM8$，$AW*$ 与 $AWM*$ 的表达式形式一样，只是把 k 用 $k-1$ 替换，$k+1$ 用 k 替换，其中 $*$ 代表 1，2，3，…，8。

这样可得到 $A1$ 表达式为：
$$A1=\underbrace{\frac{C^{2}\rho_{0}(k)}{\nu}\frac{1}{2}\frac{1}{\Delta z}[w_{i,j,k}^{t}-w_{i,j,k-1}^{t}+\Delta t(S_{A}-S_{AM})]}_{A_{E}}-$$
$$\frac{c^{2}\rho(k)}{\nu}\frac{\Delta t}{2\Delta z}\left[\frac{1}{\rho,(k)}{p'}_{i,j,k+1}^{e+1}-\left(\frac{1}{\rho_{0}(k)}+\frac{1}{\rho_{0}(k+1)}\right){p'}_{i,j,k}^{e+1}+\frac{1}{\rho(k-1)}{p'}_{i,j,k-1}^{e+1}\right]$$

由(6.62)式知

$$p'^{e+1}_{i,j,k}=\frac{\underbrace{p'^{t}_{i,j,k}-(D+B1+AE)\Delta t}}{AP}+$$

$$C^2\frac{\rho_0(k)}{\nu}\left(\frac{dt}{2\Delta z}\right)^2\left[\frac{1}{\rho_0,(k)}p'^{e+1}_{i,j,k+1}-\left(\frac{1}{\rho_0(k)}+\frac{1}{\rho_0(k-1)}\right)p'^{e+1}_{i,j,k}+\frac{1}{\rho_0(k-1)}p'^{e+1}_{i,j,k-1}\right]$$

整理后有

$$AK1p'^{l+1}_{i,j,k+1}+AKp'^{l+1}_{i,j,k}+AKMp'^{l+1}_{i,j,k-1}=AP \tag{6.64}$$

其中

$$AK1=-\frac{C^2}{\nu}\left(\frac{\Delta t}{2\Delta z}\right)^2$$

$$AK=1+\left[1+\frac{\rho_0(k)}{\rho_0(k-1)}\frac{C^2}{\nu}\left(\frac{\Delta t}{2\Delta z}\right)^2\right]$$

$$AKM=-\frac{C^2}{\nu}\left(\frac{\Delta t}{2\Delta z}\right)^2\frac{\rho_0(k)}{\rho_0(k-1)}$$

式(6.64)是三对角矩阵:可用解矩阵法求出 $p^{e+1}_{i,j,k}$ 之后,用 $p'^{e+1}_{i,j,k}$ 由(6.63)式求出 $w^{e+1}_{i,j,k}$,而 $u^{e+1}_{i,j,k}$ 和 $v^{e+1}_{i,j,k}$ 可直接用(6.59)式,(6.60)式求出。

6.4.2 半 Lagrange 解法

在 Euler 场的差分平流变化项计算中,容易出现假扩散。例如图 6.9 中左边二点是非零场值,右边是零场值,这样在 u 的作用下,一个时步可使零值成为非零点值,造成格点值的假扩散产生量和位置上的模糊,对云粒子场的模拟不利。

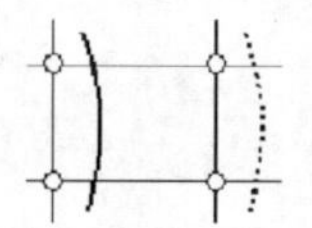

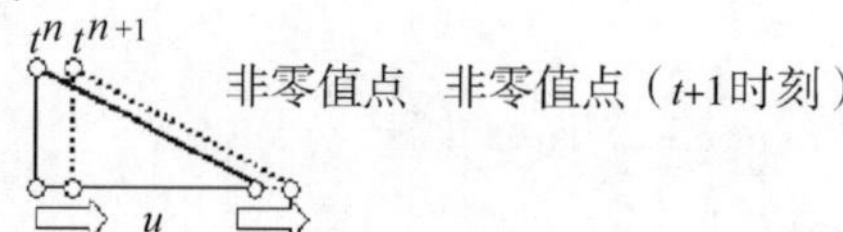

图 6.9 Euler 场差分计算中的假扩散

为了改善对云粒子场的描述,可以采用半 Lagrange 算法,所谓 Lagrange 法,是去反跟踪在 u,v,w 驱动下,考察粒子群自身的增长运动情况,是从哪里在一个时步内到达 Eular 场的 (i,j,k) 点的;所谓半 Lagrange 式,是只在一个时步内去追踪,并不是固定粒子的长久追踪,找到来源地的 Euler 场值后,赋给了 (i,j,k),见图 6.10。在本质上这类似于平流计算的迎风格式,但在实用中却比 Euler 差分平流有所改善。

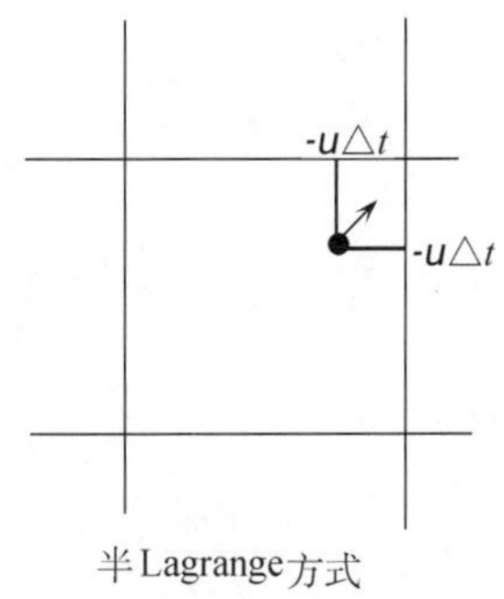

图 6.10　半 Lagrange 算法示意图

6.4.3　全 Lagrange 式的粒子增长运行模式(轨迹模式,H3TRAJ)

全 Lagrange 式算法,是对目标粒子运行增长进行全程追踪,流场、温度场、气压场、水汽场和背景含水量场皆由粒子所在位置(x,y,z)的场值内插决定,由这些值来计算粒子的增长,而运动轨迹则由流场(u,v,w)和粒子的现时末速 V 来决定。

对某个粒子(雹胚),编号为 i,上一时刻的位置在(x_{io},y_{io},z_{io}),一个时间步长后的位置,即粒子的运行由下式给出:

$$x_i = x_{io} + \bar{u}\Delta t$$

$$y_i = y_{io} + \bar{v}\Delta t$$

$$z_i = z_{io} + (\bar{w} - V_i)\Delta t$$

V_i 是 i 粒子的末速,$\bar{u},\bar{v},\bar{w}$ 是在位置(x_{io},y_{io},z_{io})处的水平和垂直气流速度,对于冰雹胚的雹块,

$$V_i = \sqrt{\frac{4g\rho_t D}{3C_D\rho_a}}$$

粒子(如冰雹)的增长,考虑了冰雹与云水、雨水的干、湿碰冻过程,考虑了融化和蒸发。具体计算公式,对于第 i 个冰雹有:

冰雹并冻云水率:
$$P_{IAWi} = \frac{\pi}{4}D_i^2 V_i \rho_a \bar{w}c \tag{6.65}$$

冰雹并冻雨水率:
$$P_{IARi} = \frac{\pi}{4}D_i^2 |w_i - V_i| \rho_a \overline{R}\, i \tag{6.66}$$

其中 ρ_a 为空气密度。

冰雹的热收支率:

$$P_{IAMi} = \frac{-2\pi D_i K_H(\overline{T} - 273.0)L_v\psi(\bar{q} - q_0)(1.6 + 0.3R_e^{0.5})}{L_f}$$

其中 K_H 为热传导系数,ψ 为水汽扩散系数,L_v、L_f 分别为水的蒸发与冻结潜热。

合并冻率为:　$\sum P_i = P_{IAWi} + P_{IARi}$

计算冰雹增长率可分两种情况:

(1)干增长:$P_{IAWi} > \sum P_i$

则计算质量增长率为:　$\left(\frac{\mathrm{d}D}{\mathrm{d}t}\right)_i = \sum P_i$

及直径增长率为：
$$\left(\frac{\mathrm{d}D}{\mathrm{d}t}\right)_i=2\frac{\frac{\mathrm{d}m}{\mathrm{d}t}_i}{\pi\rho_{lR}D_i^2}$$

其中 ρ_{lR} 为干增长层的密度。则

$$D_i^t=D_i^{(t-\Delta t)}+\left(\frac{\mathrm{d}D}{\mathrm{d}t}\right)_i\Delta t$$

$$m_i^t=m_i^{(t-\Delta t)}+\left(\frac{\mathrm{d}m}{\mathrm{d}t}\right)_i\Delta t$$

$$\rho_l=\frac{6m_i}{\pi D_i^3}$$

(2)湿增长：$P_{lAMi}\leqslant\sum P_i$

湿增长时，有未来得及冻结的水附在冰雹上，它们将会渗入冰雹中去，增加冰雹的密度，直至 ρ_l 达到最大值 0.9 g/cm^3 为止。为此，需判明 ρ_l 是否小于 0.9，然后作不同的处理。

(a)当 ρ 不小于 0.9 时

$$\left(\frac{\mathrm{d}m}{\mathrm{d}t}\right)_i=P_{lami}$$

$$m_i^t=m_i^{(t-\Delta t)}+\left(\frac{\mathrm{d}m}{\mathrm{d}t}\right)_i\Delta t$$

$$\rho_l=0.9$$

$$D_i=\left(\frac{6m_i}{0.9\pi}\right)^{\frac{1}{3}}$$

(b)当 ρ 小于 0.9 时

$$\left(\frac{\mathrm{d}m}{\mathrm{d}t}\right)_i=\sum P_i$$

$$m_i^t=m_i^{(t-\Delta t)}+\left(\frac{\mathrm{d}m}{\mathrm{d}t}\right)_i\Delta t$$

$$\rho_l^i=\frac{6m_i}{\pi D_i^3}$$

这时，再看 $\rho_i^{(t-\Delta t)}$ 是否小于 0.9。

(a)当 $\rho_i^{(t-\Delta t)}<0.9$ 时， $D_i^t=D_i^{(t-\Delta t)}$

(b)当 $\rho_i^{(t-\Delta t)}$ 不小于 0.9 时，

$$D_i^t=\left(\frac{6m_i}{0.9\pi}\right)^{\frac{1}{3}}$$

$$\left(\frac{\mathrm{d}D}{\mathrm{d}t}\right)_i=\frac{D_i^t-D_i^{t-\Delta t}}{\Delta t}$$

粒子增长运行程序框图给在图 6.11。

冰雹(粒子)还有凝结、凝华增长和融化等，这些皆可用单粒子的计算公式来处理，比参数化的粒子群的处理简单。另外，还可以处理淞附增长，只需把(6.65)式作些改动即可。

轨迹模式可以与云的动力模式耦合运行，也可以先由云的动力模式提供各宏观背景场来运行。

运行过程如下：

①对全场的每个格点设置示踪粒子，给出粒子的性质、大小、密度、浓度。

②对粒子编号,定出其初始位置值。

③对每个粒子进行增长运行轨迹和相应参数的计算,直至全部示踪粒子落地或吹出边界为止。

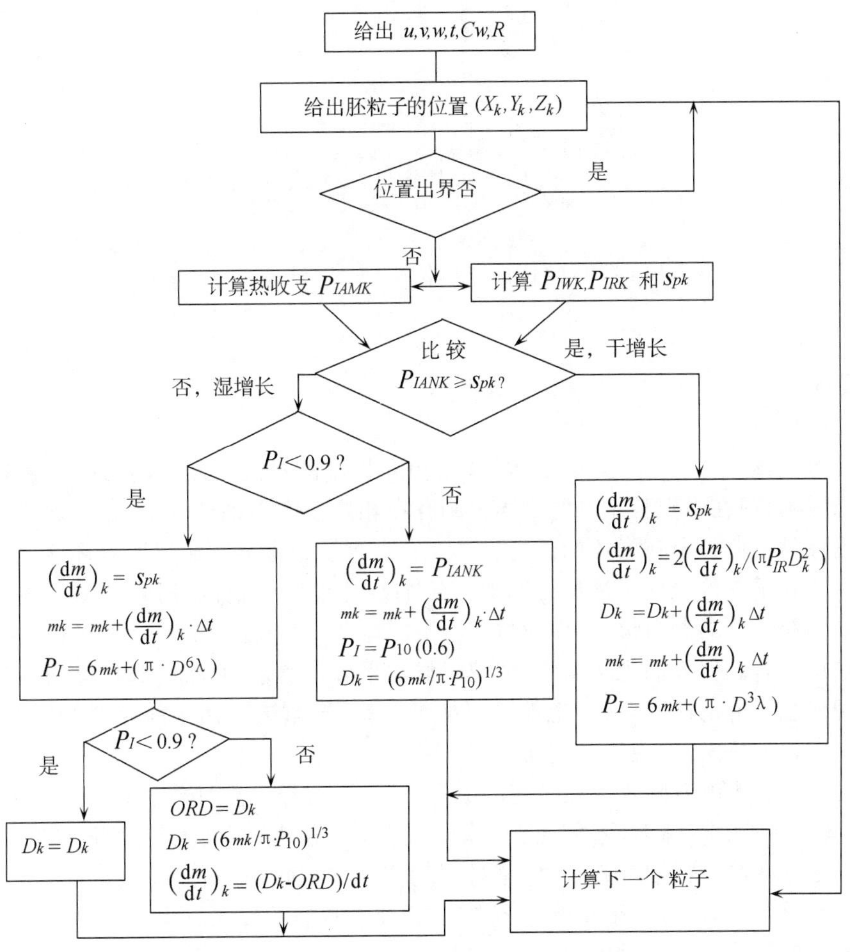

图 6.11　第 k 个粒子运行增长轨迹计算框图

在初始粒子设置时,可有不同方式。最简单的是均匀方式,即在每个格点设置的粒子尺度都相同,但尽可能的小,例如 100 μm;再有就是与上升气流平衡式,即按所在点的上升气流值,根据粒子的性状算出末速,使其尺度所具有的末速等于上升气流值。后者看来合理些,但是由于粒子在增长运行中,一时一地的平衡是不可能在变动中长时间维持的,所以用简单均匀方式布置示踪粒子与后者的结果没有明显差异。

全 Lagrange 方式,对粒子增长运行是不受格点离散影响的,定位精确,界线无模糊,对粒子群的运行描述自然真实,见图 6.12 示。所以在冰雹形成机制的研究中用 Euler-Lagrange结合方式,更自然地描述了宏、微观场的相互作用,得出了规律性的结果。看来不仅要有正确的思路,还要有正确的方法来实施。

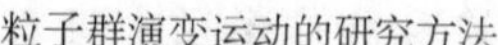
粒子群演变运动的研究方法

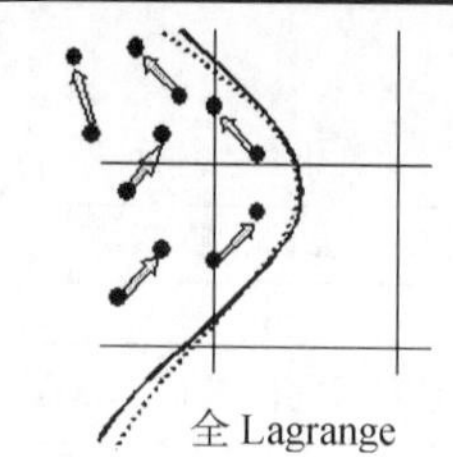
全 Lagrange
增长运行，精确定位，无模糊
Euler - Lagrange 耦合计算，通过场值转换
其非零和零值分界线是精确的，无模糊的。

图 6.12　粒子 Lagrange 方式增长运行，精确定位，无模糊

6.5　综述

云一降水过程实质上是云体的宏、微观场相互作用的过程。宏观场的描述在理论和方法上已相当明确，但在微观粒子场的描述上则存在相当多的不确定性。宏、微观场相互作用的自然界图像是一群粒子在云体的流场、热力场、水汽场和水凝物场等背景环境下边运行边增长着。由于粒子群的尺度一浓度分布有一定的统计稳定性，可以用某种分布函数的约束来整体地描述粒子群的分布谱，但作为粒子本身的运动不应受这种约束，粒子仍然按自身的动力特征在运动着。但人们为了简便，把粒子群在用分布谱来约束的同时，又用某种平均落(末)速来替代粒子群的落速，从而把粒子群捆绑起来，严重地歪曲了粒子群的运动状态，因而不适于去探讨云体宏、微观场的相互作用。

粒子的末速也影响着降水。在一定的上升气流中，上升气流对粒子有分选作用，小粒子末速小，当其小于上升气流时，它们向上运动；大粒子末速大，当其大于上升气流时，它们向下运动。当把这些粒子群捆绑起来，以某种平均末速来处理时，对于一定值的上升气流，只有整体下落或整体上升，对粒子没有分选作用，歪曲了自然的降水过程。

粒子末速的正确描述，还可以影响到云中的潜热分配，例如上升气流把水汽带到上层凝结，把水滴带到上层冻结，用释放的潜热加热上层；这些粒子长大以后又落下来，到下层温度高于 0℃时会融化，到云下后又会蒸发，吸收了下层的热量使之冷却。这种由于粒子具有末速造成了上层加热、下层冷却的作用使大气层结趋于稳定，有着重要的热力和动力意义，可见粒子末速的重要性。

为了克服参数化捆绑描述粒子群的缺陷，就需松绑，建立起了粒子群分档描述方法(H3TRAJ)，但计算量庞大，只宜作理论性研究，实用性欠佳。

可否既正确描述粒子末速，又简单易行，并可用来描述云体宏、微观场的相互作用呢？看来用 Euler 场给出的云动力(流)场、热力(温度)场、水汽场和水凝物场作为云的背景场，再与之耦合上全 Lagrange 式的示踪粒子群增长运行模式是可行的，特别是对于冰雹粒子群的描述更为可行，但在运用中需注意到以下几点：

① 霰、雹粒子间，相碰冻合的机会很小，即使是处于表面湿状态。这样就可以忽略霰、雹粒子群之间的冻合，或者说少数冰粒子的并合对粒子群的总体行为特征不构成可见影响。

② 霰、雹粒子的冻并增长，主要是靠与过冷云、雨滴并冻。云水粒子比霰、雹粒子小得多，可以近似地处理为与均匀云水量的并冻；而雨粒子的大小与霰粒子相当，不宜作为均匀雨水量来计算并冻，一个霰粒子与一个尺度相当的雨粒子并冻，质量可以骤然增加一倍，这是属于随机并合的方式。但是，如果冰雹云中雨水(过冷或非过冷，只要是液态)甚多，由于雨滴的流体力学自破和互碰破裂，雨滴的最大尺寸不会太大。即使过冷雨滴甚大，冰粒子与高雨水含量的这种滴相碰也会处于湿增长状态，即捕获的过冷水要由热传导量的多少来限定而进行逐渐的冻结，多余的水还可以被气流甩出，使随机并冻的方式因逐渐冻结而弱化成近似地连续冻并的方式，这样就可以把霰、雹粒子与过冷雨滴群的随机并冻近似地用简单的连续并冻来替代。

③ 示踪粒子放置在全场格点上，它并不一定与当地的条件相平衡，例如粒子的落速大于或小于上升气流速度；也不一定在这个地方存在是合理的，例如这里是云边或云外。但由于这种粒子数很少且偏差不大，根据第三章 3.4，3.5，3.6 节的模拟结果来看，这并未引起明显的干扰。因为粒子群与云的宏观场的相互作用中有动态地调节适应机制，处于平衡态是暂态，处于非平衡态是常态，因而粒子放置后是否与局地条件相平衡无关紧要；关于放置的位置方向是否合理，也无关紧要，位置不合理粒子在动态增长运动中会向合理的位置方向调整，或在调整中脱离云体，个别粒子的短时不自然行为不会影响大粒子群的整体运行增长特征。

④ 对示踪粒子群是一个一个来追踪和记录其增长运行轨迹的，第三章中已指出这些轨迹是云体宏观场与粒子群相互作用的反映。粒子群的整体运行增长特征也就是这种相互作用的规律的表现。这类似于蒙特一卡洛方法。然而在物理光学上施放的是大量光子，这里施放的是大量的粒子，且粒子在运行中有增长，粒子在水平方向总体上是跟随水平气流的，在垂直向则有自己的落速，与垂直气流共同决定自己的运动，从而引起了粒子群在运行增长中向水平气流零速区域集中，并绕零域循环运行，用粒子群运行增长的整体图像来反映宏观场与粒子场相互作用的规律，这一点则与蒙特一卡洛方法的核心物理意义是一致的。

参数化的物理方法是人们用已经掌握的物理规律来设计物理过程该如何进行的方案，因而对未知物理规律的探寻应避免有任何事先设定的参数化处理。(示踪粒子式的)蒙特一卡洛方法是最原始的，也就是没有预先设定约束，适合于应用到云一降水物理中去探索未知的规律。

6.6　模式的检验

6.6.1　检验方案

数值模式建立以后，应对模式的功能进行检验。一般的检验方法是对一些有观测事实依据又有解析解的现象进行数值模拟，查看模式可否再现这些现象。例如，观测和理论研究表明气流过山时可形成地形波，背风波，下坡风，以及焚风，“水跃”等现象，出现哪种波动是与山脉尺寸，大气稳定度，水平风分布相关的。可用 Scorer 数来表征，$l^2=\frac{\beta g}{U^2}-\frac{1}{U}\frac{\partial^2 U}{\partial Z^2}$，其中 $U=U(Z)$，$\beta=\frac{1}{\theta}\frac{\partial\theta}{\partial Z}$。对于潮湿空气过山，在波动的上升运动处，如果水汽超过饱和值会发生凝结，形成波状云。如果层结是潜在不稳定的，凝结的发生会产生不稳定，波状云会发展成垂直对流涡旋，形成对流云。由于模式是变化着的，大气结构和风场在模拟中是可变的，也就是说 Scorer 参数在变化着，因而用所设计的模式去模拟潮湿空气过山有可能再现上述的各种现象。本节将以这种方式来对模式进行检验。

6.6.2　模式

运用加入了地形的 6.2.4.2 节所列方程组的二维版本用来模拟潮湿气流过山运动。

地形可用真实的，也可用给定的。这里用了给定的。其表达式为：

$$z_s = \mathrm{Zst} \times L_0^2 / [L_0^2 + (x - x_0)^2]$$

这里 Zst 为地形的最大高度，L_0 为决定地形坡度的长度参数，x 为水平坐标值，x_0 是 Zst 的所在位置。这里取 Zst＝2.5 km，L_0＝10 km，x_0＝50 km。

云的微物理过程，可调用不同的子程序来实现不同的方案，具体方案可见文献（许焕斌等，1985a，b）。

初始条件，给出了水平均匀的温度、露点和风随高度的分布。海平面气温为 25℃，气压为 1000 hPa，4 km 以下，温度递减率 γ＝0.8℃/100 m；4～10 km，γ＝0.7℃/100 m；10～12 km，γ＝0.5℃/100 m；12～15 km，γ＝0.01℃/10 m；露点：3 km 以下，$T_d = T - 6.0$℃；3～10 km，$T_d = T - 8.0$℃；10 km 以上，$T_d = T - 18$℃。水平风速，以垂直每隔 500 m 增值 1.0 m/s 的方式增加，地表风为零，高空风大于 20 m/s 时限制为 20 m/s。在上述条件下，因地形扰动作用，易于发展起地形对流云。

边界条件和差分格式，以及积分方法与文献（许焕斌等，1990）相同。计算区域宽为 100 km，高 15 km，水平格距 Δx＝1 km，垂直格距 ΔZ＝0.5 km，大积分时间步长为 10 s，小积分时间步长为大步长的十分之一。

6.6.3　模拟结果

图 6.13—图 6.17 给出了 150 min 内的模拟结果。图分四栏。图(a)是风矢量图和扰动温度分布，垂直速度是被放大了 IBOV 倍，扰动温度线的间隔值是 DDT。图(b)是水平风速分布，正风速是由左向右，反之为负风速，用“－”标出：风速等值线间隔为 DDV。图(c)为垂直速度分布，向上为正，向下为负，用“－”标出了主要下沉区，速度间距为 DDW。其中用双线夹粗断线勾出来的地方是云和降水区。图(d)是降水分布，用直立柱线表示；实线是地面扰动气压分布(SP)，双线是各层扰动气压垂直叠加值的分布(SSP)。图中其他文字的含义：AMW 为最大上升气流值，RM 为最大降水值，JR 代表 RM 出现的水平位置，JP 为相应的 SP 或 SSP 的出现位置。上面三栏图底部垂直柱区给出的是地形。由图 6.13 到图 6.17 可以看出以下几点：

① 地形与气流相互作用引起的地形波可遍及山脉上空，但背风坡发展异常强烈。云开始发生在背风坡的上升区，随着波动变成涡旋，云成为深厚的强对流云，最大上升气流曾达到 43 m/s。

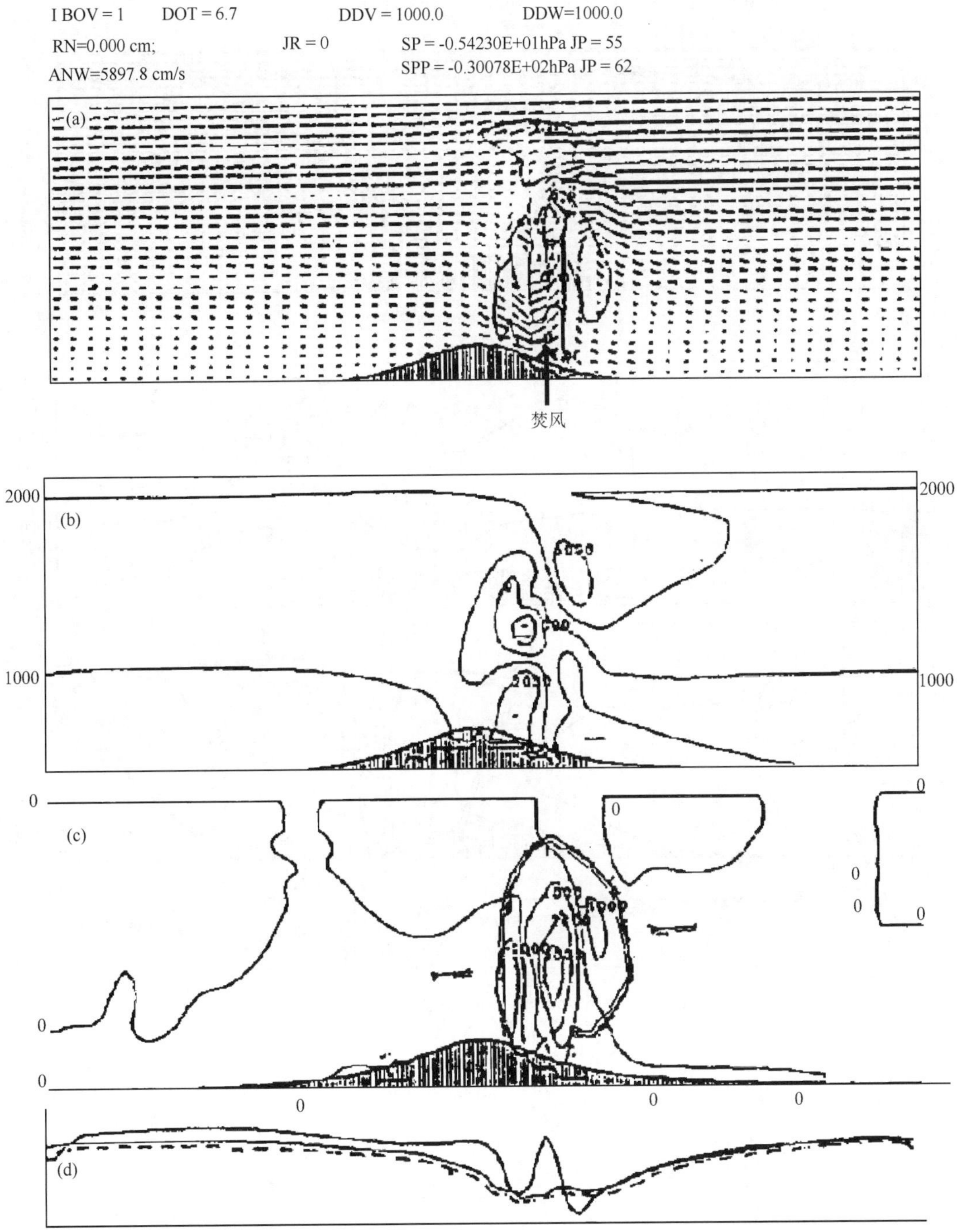

I BOV = 1　DOT = 6.7　DDV = 1000.0　DDW=1000.0
RN=0.000 cm;　JR = 0　SP = -0.54230E+01hPa JP = 55
ANW=5897.8 cm/s　SPP = -0.30078E+02hPa JP = 62

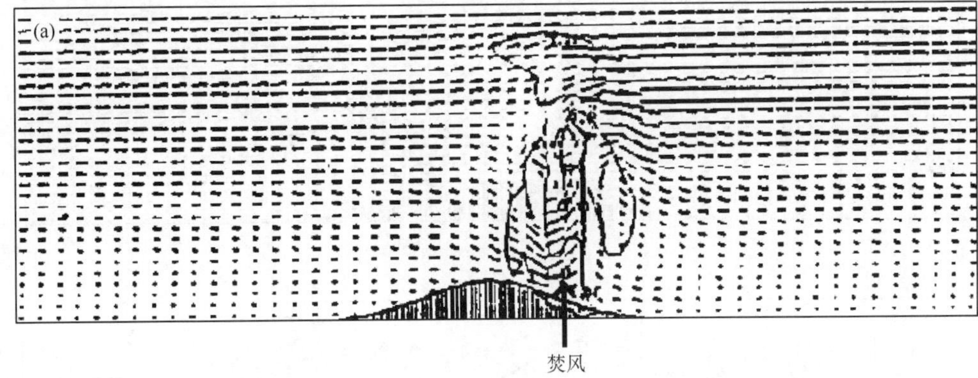

图 6.13　t=30 min 时的流场、扰动温度场、水平风场、垂直风场、云和降水区，以及地面降水和扰动气压的分布图

AMW = 4340.9 cm/s IBOV = 1　DDT = 6.7　DDV = 1000.0　DOW = 1000.0

RM = 0.830 cm　JR = 54 SP = -0.62261E + 0 hPa　JP = 60

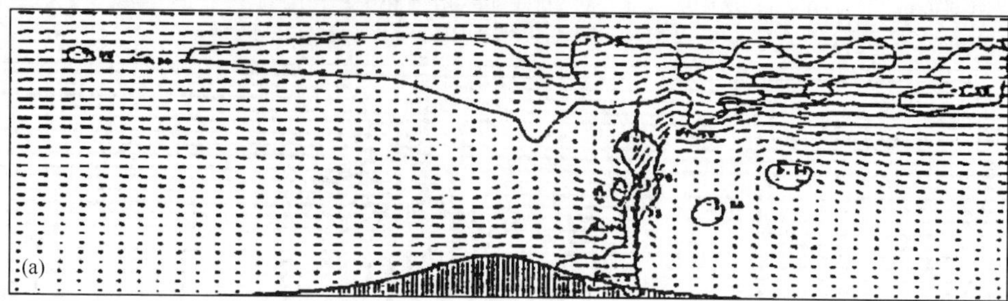

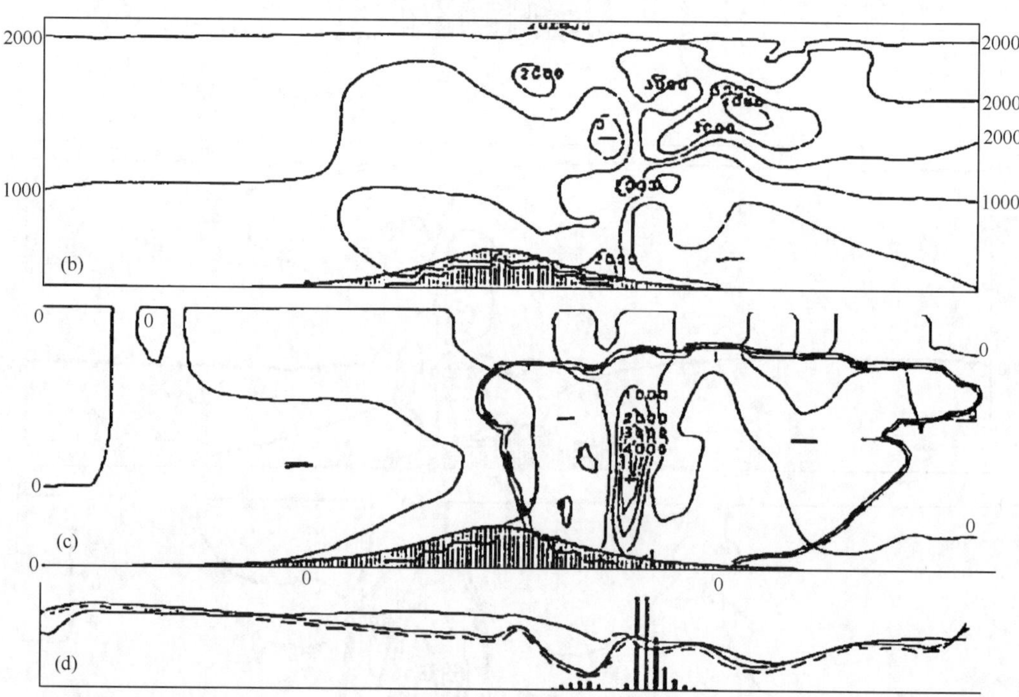

图 6.14　$t=50$ min 时的情况(其他说明同图 6.13)

AMW = 2474.5 cm/s IBOV = 1 DDT = 6.7 DDV = 1000.0 DOW = 600.0

RM = 3.159 cm JR = 67 SP = -0.68551E + 01 hPa JP = 59

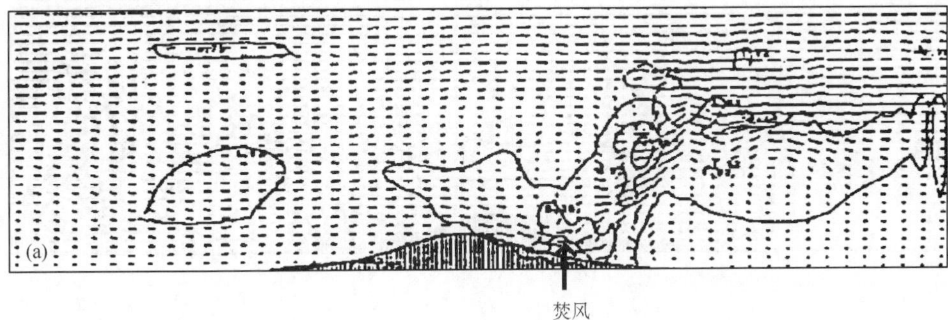

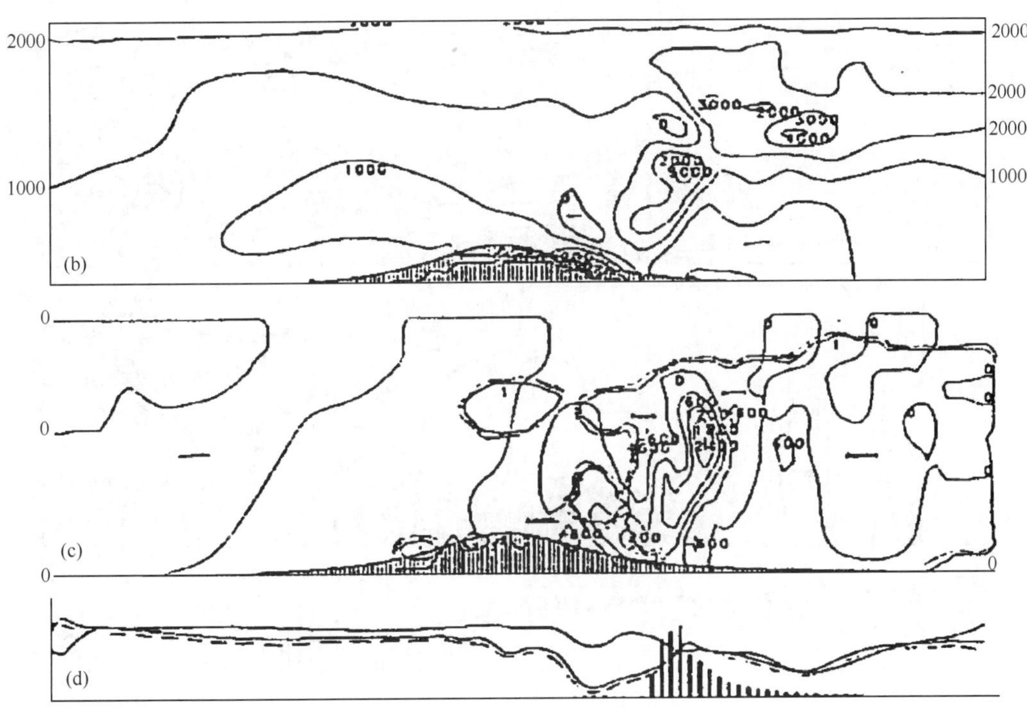

图 6.15　t=70 min 时的情况(其他说明同图 6.13)

AMW = 1881.7 cm/s IBOV = 1 DDT = 6.7 DDV = 600.0 DOW = 400.0

RM = 5。931 cm JR = 73 SP = -0.69403 E + 01 hPa JP = 96

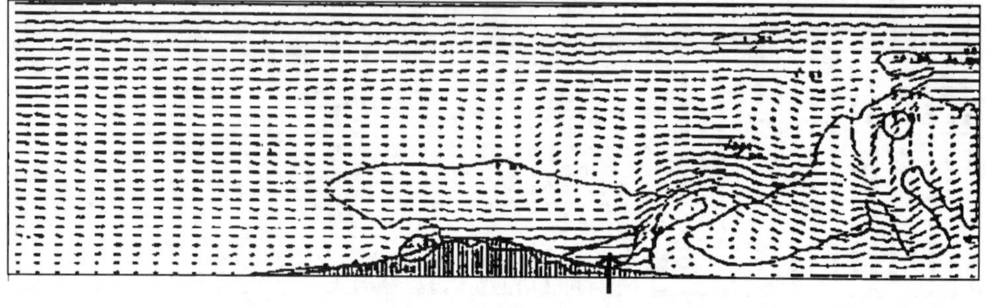

焚风

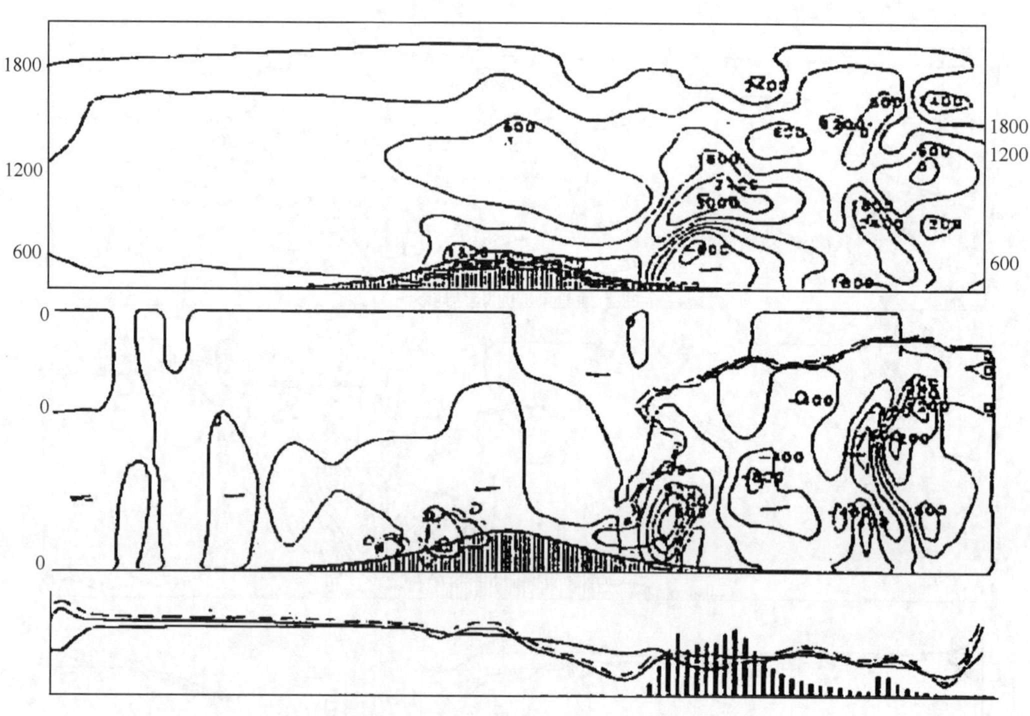

图 6.16 t=120 min 时的情况(其他说明同图 6.13)

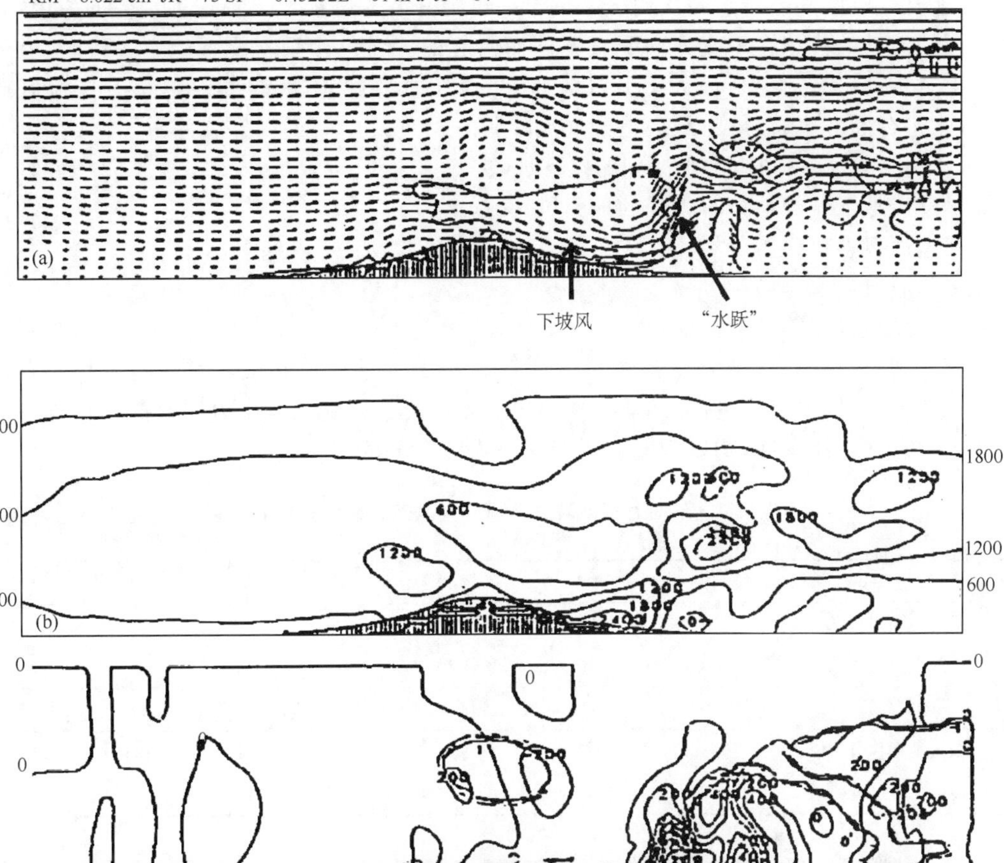

图 6.17　t=150min 时的情况(其他说明同图 6.13)

② 在 60 min 之前，一个单一的对流涡旋在背风坡发展，对应的是一个不断加强的深对流云，一小时的降水量峰值达到 24 mm。在 60 min 以后，单体开始衰弱，主上升区开始顺风倾斜，70 min 时开始分裂，80 min 时已成为三个较强的上升区。在此以后的 80～110 min 内，主上升气流区又经历了一次由分裂到合一再到分裂的过程。出现这种现象的原因，是由于各层的波动的位相在垂直方向配置不同而引起的。当位相垂直配置趋于一致时，上升气流区上下贯通，单体直立，最大上升气流强；当位相垂直配置相差明显时，上升气流区或倾斜，或水平分裂和垂直分裂，最大上升气流减弱。

③ 气流越过山脉时，常观测到的以下现象：

· 背风坡下坡的地方有很强的地面风；

· 地面风多变；

· 气温升高(焚风)；

· 背风坡低压等。

这些现象在模拟结果中都出现了，下坡地区的最大地面风和最大增温随时间的变化列在表 6.3 中。可以看出下坡方地面出现大风和增温的焚风现象是十分明显的。背风坡上的低压上空有强对流发展，所以中间对应着一个扰动高压鼻。

表 6.3 不同时刻下坡方地面最大风速和最大扰动温度值

时间(min)	20	30	40	50	60	70	80
最大地面风(m/s)	>8.0	>20.0	>16.0	>20.0	>20.0	>20.0	>24.0
最大扰动温度(℃)	>5.0	>10.0	>12.0	>1.7	>6.3	>8.0	>7.0
时间(min)	90	100	110	120	130	140	150
最大地面风(m/s)	>32.0	>30.0	>24.0	>18.0	>24.0	>24.0	>24.0
最大扰动温度(℃)	>10.0	>4.0	>4.0	>8.0	>11.0	>7.0	>1.6

④ 背风波形成和发展，气流由波动演变成涡旋，上下层之间的相互作用、形态、强度和位置都在变化着，甚至会在远离山脉的平原区激起对流的发展(见图 6.16)。这说明山区对流的发展，可以激发近山平原区的对流发展，而不必是由山区发展的积云下移至平原所致。

⑤ 在气流越过山脉时，可以出现下坡风，以及气流下坡到平原以后，由于无坡度存在所造成的减速而形成水利学上称之为的“水跃”，即下坡风转变成强的气流上升。这些现象在图 6.17 中是清楚地被模拟出来了。

6.6.4 检验结果

综上所述，所作的模拟基本上再现了气流过山所出现的种种现象，这些现象与《中尺度大气环流》一书中第 2～4 章(Atkinson 1987)所描述的一些观测和理论分析结果是相一致的。这说明本模式(系列)的功能是较强的。

附录 1　国内有关云模式研究和应用的情况简介(附表 1～附表 4)

下面将着重介绍《气象学报》、《大气科学》和《应用气象学报》(气象科学研究院院刊、集刊),以及从引文中追索到的其他出版物(如《气象科技》等)刊出的有关研究论文。

20 世纪 60—70 年代用 0 维模式研究冰一水转化和冰雹形成的是赵柏林[气象学报,1963(3,4),1964(2),1965(4)];研究积云暖雨形成和盐粉催化的是胡志晋[气象学报,1979(3);大气科学,1979(4)]。1964 年周晓平已用三维轴对称模式模拟积云发展,但不包含云微物理过程[气象学报,1964(4)]。

20 世纪 80 年代开始,随着计算机使用的普及,带有云物理过程的 1～3 维模式发展起来。下面以列表作简要介绍。查看附表 1～附表 4,对新模式的设计者或应用者可能会起一览全貌且便于查询的作用。

附表 1　一维模式

非时变/时变(S/T)	运动/动力(K/D)	微物理(S/B)	研究问题	第一作者	发表刊物	出版年份及期号
T(0 维)	D	S	积云模拟	胡志晋	集刊(2)	1982 年 6 月
T	K	S	层状暖云催化	胡志晋	气象学报	1983 年第 1 期
T	K	S	层状冷云催化	胡志晋	气象学报	1983 年第 2 期
T	D	B	冰雹形成和双参谱演变	许焕斌	气象学报	1985 年第 1 期*
T	D	B	冰雹融化对分布谱影响	许焕斌	气象学报	1985 年第 2 期*
T	D	S	盐粉催化浓积云	胡志晋	大气科学	1985 年第 1 期
T	D	B	雹云冰雹融化作用	王思微	集刊(9)	1985 年第 12 期*
T	D	B	双路一维上升下沉气流	许焕斌	气象学报	1986 年第 3 期
T			飞机播撒催化剂扩散	申亿铭	气象学报	1986 年第 4 期
T	K	B	层状云微物理过程辐射雾	胡志晋	院刊	1986 年第 1 期
			辐射雾	周斌斌	气象学报	1987 年第 1 期
T	D	B	积云微物理过程(1～2)	胡志晋	气象学报	1987 年第 4 期 1988 年第 1 期
T	K	B	冬季层积云降水	王谦	气象学报	1988 年第 3 期
T	D	—	凝结(华)算法	王谦	院刊	1989 年第 2 期(增)
T	D	S	积云降水	洪延超	南京气象学院学报	1989 年第 3 期
T	D	B	暖云底积雨云催化	吴明林	应用气象	1990 年第 2 期
T	D	B	积雨云催化	何观芳	应用气象	1991 年第 1 期
T	D	B	层状云酸化	刘奇俊	应用气象	1992 年增刊
T	D	B	暖积云催化	曾广平	大气科学	2000 年第 2 期

微物理栏中:S 为单参谱演变;B 为双参谱演变。

附表 2 二维云模式

非时变/时变 (S/T)	坐标系 (P/T)	动力框架 (H/K/Da/De)	微物理 (S/B)	研究内容	第一作者	发表刊物	出版年份及期号
T	P	Da	S	盐粉催化积云	徐华英	大气科学	1983 年第 4 期
T	P	Da	S	积云降水	徐华英	南方云物理文集	1986 年
T	P	Da	S	层云对积云的影响	黄美元	气象学报	1987 年第 1 期
T	P	Da	S	冷水面对积云发展的影响	孔繁铀	大气科学	1987 年第 2 期
T	P	Da	S	积云合并	黄美元	中国科学	1987 年第 1 期
T	P	Da	B	冰雹云模式	许焕斌	气象学报	1988 年第 2 期*
T	P	Da	S	暖积云→云雨转化	李桂忱	气象学报	1988 年第 3 期
T	P	Da	S	暖积云降水	徐华英	大气科学	1988 年第 4 期
T	P	Da	B	大雹运行轨迹	王思微	院刊	1989 年第 2 期*
T	T(z)	不可压(静力)	S	辐射雾	钱伟敏	大气科学	1990 年第 4 期
T	P	不可压	S	平流雾、辐射雾	孙旭东	大气科学	1991 年第 6 期
T	P	Da	B	卷云	刘玉宝	气象学报	1993 年第 2 期
T	P	Da	B	强对流云增雨防雹	毛玉华	气象学报	1993 年第 2 期
T	P	H	—	辐射雾 1～2	尹球	气象学报	1999 年第 3 期
T	T(z)	De	B	地形云	许焕斌	计算物理	1993 年第 4 期
T	T(E)	De	B	环境风,地形云	谷国军	应用气象	1993 年第 4 期
T	T(z)	不可压(静力)	S	非定常雾	张利民	大气科学	1993 年第 6 期
T	T(z)	De	B	山地对流云	谷国军	气象学报	1994 年第 1 期
T	P	De	S	下击暴流(静风环境)	孔繁铀	大气科学	1994 年第 1 期
T	P	Da	S	撒播 AgI 防雹	黄燕	大气科学	1994 年第 5 期
T	P	De	B	下击暴流(切变风场)	许焕斌	气象学报	1995 年第 2 期
T	P	De	B	层积混合云降水	洪延超	气象学报	1996 年第 5 期 1996 年第 6 期
T	T(z)	不可压(静力)	S	重庆雾	石春娥	南京气象学院学报	1997 年第 3 期
T	P	De	B	非匀均环境场云系(2.5D)	楼小凤	气象学报	1998 年第 1 期
T	P	Da	B	播撒防雹	何观芳	气象学报	1998 年第 1 期*
T	P	De-K	B	三类冰雹运行增长	段英	气象学报	1998 年第 5 期*
T	T(z)	不可压(静力)	S	西双版纳雾	黄建平	大气科学	2000 年第 6 期
T	P	De-K	B	爆炸动力机制	许焕斌	气象学报	2001 年第 1 期
T	P	De	B	下击暴流模拟	刘洪恩	气象学报	2001 年第 2 期
T	P	De-K	B	爆炸微物理防雹机制	段英	气象学报	2001 年第 3 期*
T	P	De	B	数值再现观雾中爆炸现象	许焕斌	气象科技	2001 年第 3 期

P:平面垂直坐标;T:地形曲面垂直坐标;T(z):地表高度地形坐标;T(P):地表气压地形坐标;K:运动学;H:静力近似;Da:滞弹性;De:全弹性。

附表 3　三维云模式

非时变/时变 (S/T)	坐标系 (P/T)	动力框架 (H/K/Da/De)	微物理 (S/B)	研究内容	第一作者	发表刊物	出版年份及期号
T	P	K	S	冰雹生长轨迹	徐家骝	气象学报	1988 年第 4 期*
T	P	De	B	对流云	许焕斌	气象学报	1990 年第 1 期*
T	P	De	B	对流风暴	王谦	气象学报	1990 年第 1 期*
T	P	De	S	对流云	孔繁铀	大气科学	1990 年第 4 期*
T	P	De	S	对流云,冰晶繁生	孔繁铀	大气科学	1991 年第 6 期*
T	T(z)	De	B	套网格(1～2)	刘玉宝	气象学报	1993 年第 3 期 1993 年第 4 期
T	T(p)	H	B	层状云系(MM2)	刘公波	气象学报	1994 年第 1 期
T	T(z)	De	B	非均匀环境场, 锋生,中尺度雨带	许焕斌	气象学报	1994 年第 2 期
T	P	De	B	强风暴模拟预报个例	刘玉宝	应用气象	1994 年第 4 期*
T	T(p)	H	B	云场宏、微观结构 (MM4)	许焕斌	气象学报	1995 年第 3 期
T	T(p)	H	B	云系(MM2)	王成恕	气象学报	1995 年增刊
T	T(z)	De	隐云式	风暴	周晓平	大气科学	1996 年第 1 期*
T	T(z)	De	隐云式	风暴	王东海	大气科学	1996 年第 3 期*
T	T(p)	H	B	MM4 简化混合云	胡志晋	应用气象	1998 年第 3 期
T	P	H	S	静力区域模式	徐幼平	应用气象	1996 年第 3 期
T	P	De	B	催化防雹	洪延超	气象学报	1998 年第 6 期*
T	T(z)	De	—	催化剂扩散	余兴	气象学报	1998 年第 6 期
T	P	De	B	成雹防雹机制	洪延超	气象学报	1999 年 1 期*
T	T(p)	De	S	MM5 对流参数化比较	王建捷	应用气象	2001 年第 1 期
T	P	De-K	B+L	冰雹形成机制 和播撒防雹	许焕斌	大气科学	2001 年第 2 期*
T	P	De	B	雹云累积带及冰雹形成	周玲	大气科学	2001 年第 4 期*
T	P	De	B	对流云催化剂个例模拟	何观芳	应用气象	2001 年增刊*
T	T(Z)	De	B	对流云降水的地形作用	楼小凤	应用气象	2001 年增刊*
T	P	De	B	对流云催化(外场用)	于维达	应用气象	2001 年增刊*
T	T(Z)	De	无	冷层云播撒物扩散	余兴	气象学报	2002 年第 2 期
T	P	De	B	冰雹云微物理过程	洪延超	大气科学	2002 年第 3 期*
T	P	De-K	B+L[1]	雹云水凝物累积 和消耗	许焕斌	气象学报	2002 年第 5 期*
T	P	De	B	雹云催化	周敏荃	大气科学	2003 年 1 期*
T	P	De	B	雹云催化	李宏宇	大气科学	2003 年 2 期*
T	T(P)	H	B	HLAFS,显式降水	刘奇俊	应用气象	2003 年增刊*
T	P	De	B	对流云催化	李淑日	应用气象	2003 年增刊*

B+L 表示双参谱演变加 Lagrange 粒子运行增长。

附表 4　分档模式

分档(非随机)	分档(随机)	凝结(华)	破碎	气流分选	核函数	研究问题	第一作者	刊物	出版年份及期号
√	×	√	×	×	非给定	云滴群凝结	徐华英	大气科学	1988 年第 2 期
√	×	√	×	×	非给定	云滴谱形成	肖辉	大气科学	1988 年第 3 期
√	√	√	×	×	非给定	云滴碰并	肖辉	大气科学	1988 年第 3 期
×	√	×	×	×	给定解析解	云滴碰并	曾西平	大气科学	1989 年第 1 期
√	√	√	√	√	非给定	粒子分布谱演变	许焕斌	气象学报	1999 年第 4 期
√	×	√	×	√	非给定	层云降雨	郭学良	大气科学	1999 年第 6 期
√	×	√	×	√	非给定	冰雹形成	郭学良	大气科学	2001 年第 5,6 期*
√	√	√	√	√	非给定	积云暖冷雨过程	许焕斌*	高原气象*	2004 年

“√”表示包含该过程;“×”表示不包含该过程 ;“ * ”第二作者(模式设计和控制者)。

附录 2　各发生项和转化项的表达式

各项表达式的给出,都是根据一些观测和实验结果经归纳分析给出的,是众多学者研究的结果。涉及的主要文献见许焕斌(2002)。

(1) 冰晶的发生(数 P_{Nic},量 P_{Mic})

根据 Fletcher N. H 给出的大气成冰核平均谱指数表达式(Fletcher 1966),可有

$$P_{Nic} = -Nnu\ Bnu\ \exp[-Bnu(T-273.0)]\left(\frac{Q_v - Q_{si}}{Q_{sw}Q_{si}}\right)^{5.0}\frac{\mathrm{d}T}{\mathrm{d}t}$$

其中 $Nnu = 6.53$,$Bnu = 0.342$。Q_v 为水汽比含量,Q_{sw} 为水面饱和水汽比含量,Q_{si} 为冰面的饱和水汽比含量。

$$P_{Mic} = P_{Nic} \times m_0, \qquad m_0 = 10^{-10}\,\mathrm{g}(\text{冰晶质量})$$

(2) 水汽凝结量(PMC),云水凝结增长量($PMCC$)

PMC 的给出是近似的。由于在一定温度下,可能凝结量由 $Q_v - Q_{sw}$ 决定,但伴随凝结的发生会放出潜热,加热空气,使 Q_{sw} 上升,因而需要调整凝结量和温度 T 来近似给出实际凝结量。这实质上是凝结量、水汽和温度相互调整达到平衡的过程,具体计算步骤如下(徐华英等 1986):

给出初估凝结量

$$Con = \frac{Q_v - Q_{sw}(T)}{1 + \dfrac{L}{C_p}\dfrac{\alpha Q_{sw}(T)}{\alpha T}}$$

$$T' = T + \frac{L}{C_p}Con$$

$$Q' = Q - Con$$

在发生凝结后,应保持在 T' 下的水汽饱和

$$Q_{sw}(T') = \frac{3.799}{P}\exp\left(17.2\,\frac{T-273.0}{T-38.5}\right)$$

因而得到,$Con = Q' - Q_{sw}\left(T' + \dfrac{L}{C_p}Con\right)$。$Con$ 的较精确的值可由上式给出,但因该式对 Con

来说是隐式的，需用牛顿迭代法求近似解，即找到 Con 值，使

$$Con - Q' + Q_{sw}(T' + \frac{L}{C_p}Con) = F(Con) \to 0.0$$

这样

$$Con^{(n+1)} = Con^{(n)} - \frac{F[Con(n)]}{F'[Con(n)]}$$

直到 $Con^{(n+1)} - Con^{(n)}$ 小于某一给定值后，认为得到了合理精确值 $Con^{(n+1)}$，令

$$PMC = Con^{(n+1)}$$

其中 n 是迭代次数，P 是气压(hPa)，L 是凝结潜热值，C_p 是空气比定压热容。

PMC 是可凝结的水汽总量，各种粒子的凝结量之和不能超过此量，具体分配需在水汽调整中给出。

对于已存在云滴群的凝结增长($PMCC$ 量)：

单滴凝结量：

$$\frac{\mathrm{d}mc}{\mathrm{d}t} = 2\pi\Psi\rho_a D\left[1 + \frac{L_v\Psi\rho_a Q_{sw}}{kdt}\left(\frac{Lv}{RT} - 1\right)\right]^{-1}(Q_v - Q_{sw})$$

滴群：

$$PMCC = \int_0^\infty \frac{\mathrm{d}m_c}{\mathrm{d}t}N_{0c}D^2\exp(-\lambda_c D)\mathrm{d}D = Amc(Q_v - Q_{SW})$$

其中

$$Amc = 2\pi\Psi\rho_a\left[1 + \frac{Lv\Psi\rho_a Qsw}{kaT}\left(\frac{Lv}{RT} - 1\right)\right]^{-1}N_{oc}\frac{\Gamma(4)}{\lambda_c^4}$$

$$N_{oc} = \frac{\rho_a Nc\lambda_c^3}{\Gamma(3)}$$

(3) 冰晶凝华增长量($PMCI$)

根据 Koenig 的冰晶凝华增长的参数化方案，对质量为 m_i 的单个冰晶，其增长率

$$\frac{\mathrm{d}m_i}{\mathrm{d}t} = a_1 m_i^{a_2}$$

式中 a_1, a_2 是温度的函数(见附表 5)，m_i 与冰晶尺度 Di 的关系取 $m_i = Am_i Di^2$，$Am_i = 0.00154$。

附表 5 给出了 a_1 和 a_2 在不同温度下的取值

$$PMCI = \int_0^\infty N_{0i}D\ \exp(-\lambda iD)a_1(Am_i Di^2)^{a_2}\left(\frac{Q_v - Q_{si}}{Q_{sw}Q_{si}}\right)\mathrm{d}D = Cm_i(Q_v - Q_{si})$$

其中

$$Cm_i = N_{0i}\,a_1 Am_i^{a_2}(Qsw - Qsz)^{-1}\frac{\Gamma(2 + 2a_2)}{\lambda_i^{2+2a_2}}$$

(4) 云水向雨水的自动转化(量 $PMRC$，数 $PNRC$)

$$PMRC = C_1(Q_c - Q_{c0}),\qquad C_1 = 常数 = 1.0E - 3 \times p_a$$

$$PMRC = (\rho_a Q_c)^3/(1.2 \times 10^{-4}\rho_a Q_c + 1.596 \times 10^{-12}ANC/Dr)$$

式中 Q_c：云水比含量，ANC：云滴浓度(个 /cm^3)，Dr：离差。

$PNRC = PMRC/m_{ro}$，m_{ro}：由自动转化成雨滴群的平均大小决定。如 $m_{ro} = \frac{\pi}{6}\rho_w\overline{D}_c^3$，$\overline{D}_c^3 = 1.2 - 1.5\ Drc$。$\rho w$：水的密度。

附表 5 a_1 和 a_2 在不同温度下的取值

T(℃)	0	−1	−2	−3	−4	−5	−6	−7
a_1	0.0	0.7939 (−7)	0.7841 (−6)	0.3396 (−5)	0.4336 (−5)	0.5285 (−5)	0.3728 (−5)	0.1852 (−5)
a_2	0.0	0.4006	0.4831	0.5320	0.5307	0.5319	0.5249	0.4888
T(℃)	−8	−9	−10	−11	−12	−13	−14	−15
a_1	0.2991 (−6)	0.4248 (−6)	0.7434 (−6)	0.1812 (−5)	0.4394 (−5)	0.9145 (−5)	0.1725 (−4)	0.3348 (−4)
a_2	0.3849	0.4047	0.4318	0.4771	0.5183	0.5463	0.5651	0.5813
T(℃)	−16	−17	−18	−19	−20	−21	−22	−23
a_1	0.1725 (−4)	0.9175 (−5)	0.4412 (−5)	0.2252 (−5)	0.9115 (−6)	0.4876 (−6)	0.3473 (−6)	0.4758 (−6)
a_2	0.5655	0.5478	0.5203	0.4906	0.4447	0.4126	0.3960	0.4149
T(℃)	−24	−25	−26	−27	−28	−29	−30	−31
a_1	0.6306 (−6)	0.8573 (−6)	0.7868 (−6)	0.7192 (−6)	0.6513 (−6)	0.5956 (−6)	0.5333 (−6)	0.4834 (−6)
a_2	0.4320	0.4506	0.4483	0.4460	0.4433	0.4413	0.4382	0.4316

0.4336(−5)=0.4336×10^{-5}。

(5) 冰晶间的攀附，造成冰晶浓度的减少（数 $PNII$），分布谱展宽

$$PNII = \frac{\pi}{4}\sum (D_{i1} + D_{i2})^2 \mid v_{i1} - v_{i2} \mid E_{ii} N_{i1} N_{i2}$$

$$E_A = E_{ii} \text{ 或 } Ess, \text{(Pruppather 1978)}$$

$$\log_{10} E_A = 0.05187 \times T - 14.4246, \quad 253\ \text{K} < T \leqslant 261\ \text{K}$$

$$\log_{10} E_A = -0.05271 \times T + 12.8713, \quad 261\ \text{K} < T \leqslant 265\ \text{K}$$

$$\log_{10} E_A = 0.5964 \times T - 16.9015, \quad 265\ \text{K} < T < 273\ \text{K}$$

(6)冰晶向雪晶的转化（量 $PMSI$，数 $PNSI$）

冰晶经过凝华增长和相互之间攀附减少浓度，使冰晶分布谱展宽，当伸展到 Dos 以后，有了雪晶量 M_s 和雪晶数 N_s。

$$M_s = \int_{D_{os}}^{\infty} N_{0i}\, AmiD_i^2 \cdot D \cdot \exp(-\lambda iD)\mathrm{d}D = N_{0i}Ami\ BB3(\lambda i, D_{os})$$

$$N_s = \int_{D_{os}}^{\infty} N_{0i} \cdot D \cdot \exp(-\lambda iD)\mathrm{d}D = N_{0i}\ BB1(\lambda i, D_{os})$$

则有：$PMSI = \frac{M_s}{\Delta t}, PNSI = \frac{N_s}{\Delta t}$。$\Delta t$ 可以 5～10 倍于计算步长，即 5～10 步计算一次 M_s 和 N_s，以减少取出雪晶后冰晶谱补充性伸长引起的误差。

(7) 雪的凝华增长量（$PMSS$）

雪的凝华增长，类似于冰晶

$$PMSS = \int_{D_{os}}^{\infty} N_{0s} \cdot D \cdot \exp(-\lambda sD) a_1 (AmsD_s^2)^{a_2} (\frac{Q_v - Q_{SI}}{Q_{sw}Q_{SI}}) \mathrm{d}D = Cms(Q_v - Q_{SI})$$

$$Cms = \frac{N_{0s}Ams}{Q_{sw}Q_{SI}} a_1 Ams^{a_2} GUSL(D_{os}, 5.0, 1+2a, \lambda_s)$$

其中 5.0 表示一个足够大的数,其效果相当于∞,因为 5.0 cm 的雪很少见。

(8) 雪间攀附数 (*PNSS*)

$$PNSS = \frac{\pi}{4} \sum N_{S1} N_{S2} Ess \mid v_{S1} - v_{S2} \mid (D_{S1} + D_{S2})^2$$

(9)雪凇附云水量(*PMSC*)

由于雪晶只能与直径(*dc*)大于 15 μm 的云滴碰并,其碰并系数为

$$E_B = Eic \text{ 或 } Esc, \text{(Pruppacher 1978)}$$

$$\log_{10} E_B = 74.8648 \times D - 4.2454, \quad 0.03 < D \leqslant 0.05$$

$$\log_{10} E_B = 9.3958 \times D - 0.9779, \quad 0.05 < D \leqslant 0.07$$

$$\log_{10} E_B = 0.7929 \times D - 0.3707, \quad 0.07 < D$$

积分中 *Esc* 取其平均值。*dc* 大于 15 μm 的云水 *Qcc* 由下式决定:

$$Qcc = \int_{dc=15\mu}^{\infty} N_{0c} D^2 \frac{\pi}{6} \rho_w D^3 (-\lambda_C D) \mathrm{d}D$$

$$= \frac{\pi}{6} N_{0c} \rho_w BB5(Dcc, -\lambda_C)$$

$$PMSC = \int_{Ds0}^{\infty} N_{0s} \cdot D \cdot \frac{\pi}{4} D^2 AvsD^{1/3} \; Esc \; Qcc \; \exp(-\lambda_s D) \mathrm{d}D$$

$$= \frac{\pi}{4} N_{0s} Esc \; Avs \; Qcc \int_{Ds0}^{\infty} D^{3+\frac{1}{3}} \exp(-\lambda_s D) \mathrm{d}D$$

$$PMSC = \frac{\pi}{4} N_{0s} Esc \; Avs \; Qcc \; GUSL(Ds0, 5.0, 3+\frac{1}{3}, -\lambda_s)$$

(10) 雪凇附率的变化量(*SPMSC*),引起雪的密度变化。

雪在凇附增长中,认为特征尺度可以不变,即特征体积不变。

因而
$$\frac{ms^{(t)}}{\rho s^{(t)}} = \frac{ms^{(t)} + Pmsc \cdot \mathrm{d}t}{\rho s^{t+1}}$$

则
$$\rho_s^{t+1} = \frac{ms^{(t)} + Pmsc \cdot \mathrm{d}t}{m_s^{(t)}}$$

(11) 凇附的雪,转成雪霰 (量 *PMSG*,数 *PNSG*)

当凇附的雪,$\rho_s > 0.6 \text{ g/cm}^3$ 后,大于 D_{OSG} 的部分转成霰

$$M_S = \int_{D_{OSG}}^{\infty} N_{0s} \cdot D \cdot AmsD^2 \cdot \exp(-\lambda_s D) \mathrm{d}D = N_{0s} Ams \; BB3(D_{OSG}, \lambda s)$$

$$PMSG = \frac{MS}{\Delta t}, \qquad \Delta t = ndt, n = 1-5$$

$$N_S = \int_{D_{OSG}}^{\infty} N_{0s} \cdot D \cdot \exp(-\lambda_s D) \mathrm{d}D = N_{0s} BB1(D_{os}G, \lambda_s)$$

$$PNSG = \frac{M_s}{\Delta t}$$

(12) 雪凇附云冰,云冰减少(量 $PMSCI$,数 $PNSCI$)

$$PMSCI = \int_{Dsc}^{\infty} N_{0s}\, D\ \exp(-\lambda_s D)\ \frac{\pi}{4}D^2 AVsD^{1/3}\rho_a Q_i\,\mathrm{d}D$$

$$= N_{0s}\ \frac{\pi}{4}Avs\rho_a Qi\ GUSL(Dsc, 5.0, 3\ \frac{1}{3}, \lambda_s)$$

其中:

$$Q_i = \frac{1}{\rho_a}\int_0^{\infty} N_{0i}\, D\ \exp(-\lambda iD)\cdot AmiD^2\,\mathrm{d}D = \frac{N_{0i}}{\rho_a}Ami\ \frac{\Gamma(4)}{\lambda_i^4}$$

$$PNSCI = \int_{Dso}^{\infty}\int_0^{\infty} N_{0s}\, Ds\ \exp(-\lambda_s D_s)\ \frac{\pi}{4}(D_s + D_i)^2\ |\ AVsD_s{}^{1/3} -$$

$$AViD_i{}^{1/3}\ |\ N_{0i}\, Di\ \exp(-\lambda_i D_i)\,\mathrm{d}D_s\,\mathrm{d}D_i$$

$$= \frac{\pi}{4}N_{0s}\, N_{0i}\ \{\ GUSL(D_{so}, 5.0, 3\ \frac{1}{3}, \lambda_S)\ \frac{\Gamma(2)}{\lambda_i^2} + 2GUSL(D_{so}, 5.0, 2\ \frac{1}{3}, \lambda_S)\ \frac{\Gamma(3)}{\lambda_i^3} +$$

$$GUSL(D_{so}, 5.0, 1\ \frac{1}{3}, \lambda_S)\ \frac{\Gamma(4)}{\lambda_i^4} - BB3(D_{so}, \lambda_S)\ \frac{\Gamma\left(2\ \frac{1}{3}\right)}{\lambda_i^{2\frac{1}{3}}} -$$

$$2BB2(D_{so}, \lambda_S)\ \frac{\Gamma\left(3\ \frac{1}{3}\right)}{\lambda_i^{3\frac{1}{3}}} - BB1(D_{so}, \lambda_S)\ \frac{\Gamma\left(4\ \frac{1}{3}\right)}{\lambda_i^{4\frac{1}{3}}}\ \}$$

(13) 雨—雨并合,雨数减少数($PNRCR$)

$$PNRCR = \sum N_{r1}N_{r2}\ |\ V_{r1} - V_{r2}\ |\ \frac{\pi}{4}(D_{r1} + D_{r2})^2 Err$$

(14) 雨并合云水量($PRCC$)

$$PRCC = \int_{Dro}^{\infty} N_{0r}\ \exp(-\lambda_r D_r)\ \frac{\pi}{4}D_r^2 aD_r^b\rho_a Q_c\,\mathrm{d}D = \frac{\pi}{4}N_{0r}a\rho_a Q_c GUSL(Dro, 1.0, 2 + b, \lambda_r)$$

(15) 雨冻结转成冰雹($PIFI$ 量,PNI 数),转成冻雨($PIFR$ 量,PNR 数)

根据 Bigg 的雨滴冻结的实验结果,对球形液滴来说,单位体积中滴数由于冻结随时间的变化可写成

$$\frac{-\mathrm{d}Nr}{\mathrm{d}t} = \frac{\pi B' N_r D^3}{6}\{\exp[A'(T^{\circ} - T)] - 1\}$$

其中 $B' = 10^{-4}\ \mathrm{cm^{-3}\cdot s^{-1}}$,$A' = 0.66℃^{-1}$。$Nr$ 为雨滴的数浓度。所以

$$PIFI = \int_{Doh}^{\infty}\ \frac{\pi}{6}\rho_w D^3\ \frac{\pi B' N_{0r} D^3}{6}\{\exp[A'(T^{\circ} - T)] - 1\}\exp(-\lambda_r D)\,\mathrm{d}D$$

$$= \frac{\pi^2}{36}\rho_w B' N_{0r}\{\exp[A'(T_0 - T)] - 1\}\int_{Doh}^{\infty} D^6\exp(-\lambda_r D)\,\mathrm{d}D$$

$$= \frac{\pi^2}{36}\rho_w B' N_{0r}\{\exp[A'(T_0 - T)] - 1\}BB6(Doh, \lambda r)$$

$$PNI = \frac{\pi}{6}B' N_{0r}\{\exp[A'(T_0 - T)] - 1\}BB3(Doh, \lambda r)$$

同理

$$PIFR = \frac{\pi^2}{36}\rho_w B' N_{0r}\{\exp[A'(T_0 - T)] - 1\}GUSL(D_{or}, Doh, 6.0, \lambda r)$$

$$PNR = \frac{\pi}{6}B' N_{0r}\{\exp[A'(T_0 - T)] - 1\}GUSL(D_{or}, Doh, 3.0, \lambda r)$$

(16) 雨碰并云冰引起雨滴的冻结

PMRCI 被雨碰并的云冰(量),*PMIRF* 碰云冰后冻结的雨(量),*PNIRF* 碰云冰后冻结的雨滴数(数),*PNICR* 被雨水碰并后云冰的减少数(数)。

云冰:

$$Q_i = \frac{1}{\rho_a}\int_0^\infty AmiD^2 N_{0i} D \cdot \exp(-\lambda iD)\mathrm{d}D = N_{0i} Ami \frac{\Gamma(4)}{\lambda_i^4}$$

$$m_i = \rho Qi = N_{0i} Ami \frac{\Gamma(4)}{\lambda_i^4}$$

$$PMRCI = \int_{D_{or}}^\infty Eri \frac{\pi}{4} D^2 aD^b mi\, N_{0r} \exp(-\lambda rD)\mathrm{d}D$$

$$= \frac{\pi}{4} aEriaN_{0r} mi\, GUSL\ (D_{0r}, 5.0, 2+b, \lambda r)$$

Eri 可取为 1.0。

$$PNICR = \int_0^\infty \int_{D_{or}}^\infty N_{0i} D_i \exp(-\lambda iDi) a\, Dr^b \frac{\pi}{4} Dr^2 N_{0r} \exp(-\lambda_r D_r)\mathrm{d}D_r\, \mathrm{d}D_i$$

$$= N_{0i} N_{0r} \frac{\pi}{4} a \times \frac{\Gamma(2)}{\lambda i^2} GUSL(D_{0r}, 5.0, 2+b, \lambda r)$$

$$PMIRF = \int_0^\infty N_{0i} D_i \exp(-\lambda iDi)\mathrm{d}Di \frac{\pi}{4} Dr^2 \frac{\pi}{6}\rho_w Dr^3 N_{0r} \exp(-\lambda_r D_r) a\, Dr^b \mathrm{d}Dr$$

$$= \frac{\pi^2}{24} N_{0i} N_{0r} \rho_w a \frac{\Gamma(2)}{\lambda i^2} GUSL(D_{0r}, 5.0, 5+b, \lambda r)$$

$$PNIRF = PNICR \times \left(\frac{Nr}{Ni}\right)$$

(17) 雨雪碰并,在 0℃以下,二者相并

雨转成雪霰(量 *PMSCR*),雪转成雪霰(量 *PMRCS*),雪的减少(数 *PNSCR*),雨的减少(数 *PNRCS*)。它们都造成雪霰的增加。

$$PMSCR = \int_{D_{or}}^\infty \int_{D_{os}}^\infty N_{0s} Ds \exp(-\lambda_s D_s) \cdot \frac{\pi}{4}(D_r + D_s)^2 \mid \overline{Vs - Vr} \mid$$

$$N_{0r} \frac{\pi}{6}\rho_w D_r^3 \exp(\lambda rDr)\mathrm{d}D_r\, \mathrm{d}D_s$$

$$= \frac{\pi^2}{24} N_{0r} N_{0s} \rho_w \mid \overline{Vs - Vr} \mid [BB5(D_{or}, \lambda r) BB1(D_{os}, \lambda r) +$$

$$2BB4(D_{or}, \lambda r) BB2(D_{os}, \lambda s) + BB3(D_{or}, \lambda s) BB3(D_{os}, \lambda s)]$$

$$PMRCS = \int_{D_{or}}^\infty \int_{D_{os}}^\infty N_{0s} Ds\, Ams\, D_s^2 \exp(-\lambda_s D_s) \frac{\pi}{4}(D_r + D_s)^2 \mid \overline{Vs - Vr} \mid$$

$$N_{0r} \exp(-\lambda rDr)\mathrm{d}D_r\, \mathrm{d}D_s$$

$$= \frac{\pi}{4} N_{0r} N_{0s} Ams \mid \overline{Vs - Vr} \mid [BB2(D_{or}, \lambda r) BB3(D_{0s}, \lambda s) +$$

$$2BB1(D_{or}, \lambda r) BB4(D_{os}, \lambda s) + BB0(D_{or}, \lambda r) BB5(N_{0s}, \lambda s)]$$

$$PNRCS = \int_{D_{or}}^\infty N_{0r} \exp(-\lambda_r D_r)\mathrm{d}D_r \int_{D_{os}}^\infty N_{0s} Ds \exp(-\lambda_s D_s)$$

$$\mid V_r - V_s \mid \frac{\pi}{4}(D_r + D_s)^2 \mathrm{d}D_s$$

$$=\frac{\pi}{4}N_{0r}N_{0s}\mid V_s-V_r\mid[BB1(D_{os},\lambda s)BB2(D_{or},\lambda r)+$$
$$2BB2(D_{os},\lambda s)BB1(D_{or},\lambda r)+BB3(D_{os},\lambda s)BB0(D_{or},\lambda r)]$$

$$PNSCR=PNRCS\left(\frac{N_r}{N_s}\right)$$

(18) 雹并冻云水（量 $PIAWI$）

$$PIAWI=\int_{Doh}^{\infty}N_{0h}\exp(-\lambda_h d)\rho_a Q_C\left(\frac{4Dg\rho_h}{3C_D\rho_a}\right)^{0.5}\frac{\pi}{4}D^2\mathrm{d}D$$
$$=\frac{\pi}{4}N_{0h}\rho_a Q_c(\frac{4g\rho_h}{3C_D\rho_a})^{0.5}GUSL(Doh,5.0,2.5,\lambda_h)$$

(19) 冻雨并冻云水（量 $PIAWR$）

$$PIAWR=\int_{D_{or}}^{\infty}N_{0r}[\exp(-\lambda_a D)-\exp(-\lambda_r d)]\rho_a Q_c\rho_f aD^b\frac{\pi}{4}D^2\mathrm{d}D$$
$$=N_{0r}\rho_a\rho_f Q_c a[GUSL(D_{or},5.0,2+b,\lambda_a)-GUSL(D_{or},5.0,2+b,\lambda_r)]$$

其中，ρ_f 为冻雨的密度。

(20) 雹并雨水（量 $PIARI$），雨水减少数（$PNRH$ 数）

$$PIARI=\int_{D_{or}}^{\infty}\int_{Doh}^{\infty}N_{oh}\exp(-\lambda_h D_h)\mid\left(\frac{4D_h g\rho_h}{3C_D\rho_a}\right)^{1/2}-aD_r{}^b\mid\frac{\pi}{4}(D_h+D_r)^2$$
$$N_{0r}\exp(-\lambda_r D_r)\cdot\frac{\pi}{6}\rho_w D_r{}^3\mathrm{d}D_r\mathrm{d}D_h$$
$$=\frac{\pi^2}{24}N_{oh}N_{0r\rho w}\mid\left(\frac{4g\rho_h}{3C_D\rho_a}\right)^{1/2}\int_{D_{or}}^{\infty}\int_{Doh}^{\infty}D_h{}^{0.5}(D_h{}^2+2D_hD_r+D_r{}^2)D_r{}^3$$
$$\exp(-\lambda_h D_h)\exp(-\lambda_r D_r)\mathrm{d}D_r\mathrm{d}D_h-$$
$$a\int_{D_{or}}^{\infty}\int_{Doh}^{\infty}D_r{}^b(D_h{}^2+2D_hD_r+D_r{}^2)D_r{}^3\exp(-\lambda_h D_h)\exp(-\lambda_r D_r)\mathrm{d}D_h\mathrm{d}D_r\mid$$

所以

$$PIARI=\frac{\pi^2}{24}N_{0h}N_{0r}\rho_w\mid(\frac{4g\rho_h}{3C_D\rho_a})^{0.5}[GUSL(Doh,5.0,2.5,\lambda_h)BB3(D_{or},\lambda_r)]+$$
$$2GUSL(Doh,5.0,1.5,\lambda_h)BB4(D_{or},\lambda_r)GUSL(Doh,5.0,0.5,\lambda_h)\cdot$$
$$BB5(D_{or},\lambda_r)-a[BB2(Doh,\lambda_h)GUSL(D_{or},5.0,3+b,\lambda_r)+$$
$$2\,BB1(Doh,\lambda_h)GUSL(D_{or},5.0,4+b,\lambda_r)+BB0(Doh,\lambda_h)\cdot$$
$$GUSL(D_{or},5.0,5+b,\lambda_r)]\mid$$

$$PWRH=\int_{D_{or}}^{\infty}\int_{Doh}^{\infty}N_{0h}\exp(-\lambda_h D_h)\mid\left(\frac{4D_h g\rho_h}{3C_D\rho_a}\right)^{0.5}-aD_r{}^b\mid\frac{\pi}{4}(D_h+D_r)^2$$
$$N_{0r}\exp(-\lambda_r D_r)\mathrm{d}D_r\mathrm{d}D_h$$
$$=\frac{\pi}{4}N_{0h}N_{0r}\mid\left(\frac{4g\rho_h}{3C_D\rho_a}\right)^{0.5}GUSL(Doh,5.0,2.5,\lambda_h)BB0(D_{or},\lambda_r)+$$
$$2GUSL(Doh,5.0,1.5,\lambda_h)BB1(D_{or},\lambda_r)+GUSL(Doh,5.0,0.5,\lambda_h)\cdot$$
$$BB2(D_{or},\lambda_r)-a[BB2(Doh,\lambda_h)GUSL(D_{or},5.0,b,\lambda_r)+$$
$$2\,BB1(Doh,\lambda_h)GUSL(D_{or},5.0,1+b,\lambda_r)+BB0(Doh,\lambda_h)\cdot$$
$$GUSL(D_{or},5.0,2+b,\lambda_r)]\mid$$

(21) 冻雨并雨水（量 $PIARR$），雨水减少（数 $PNRF$）

$$PIARR = \int_{D_{or}}^{\infty}\int_{D_{or}}^{\infty} N_{0r}[\exp(-\lambda_a D_f) - \exp(-\lambda_r D_f)]\frac{\pi}{4}(D_r + D_f)^2$$

$$|aD^b - \rho_f a D_f{}^b| \rho_w D_r{}^3 \frac{\pi}{6} N_{0r}\exp(-\lambda_r D_r)\mathrm{d}D_r\mathrm{d}D_f$$

$$= \frac{\pi^2}{24} N_{0r} N_{0r} a\rho_w \int_{D_{or}}^{\infty}\int_{D_{or}}^{\infty}(D_r + D_f)^2 D_r{}^3 | D_r{}^b - \rho_f D_f{}^b |$$

$$[\exp(-\lambda_a D_f) - \exp(-\lambda_r D_f)]\exp(-\lambda_r D_r)\ \mathrm{d}D_f\mathrm{d}D_r$$

$$= \frac{\pi^2}{24} N_{0r} N_{0r} a\rho_w \{GUSL(D_{or}, 5.0, 5+b, \lambda_r)BB0(D_{or}, \lambda_a) +$$

$$2GUSL(D_{or}, 5.0, 4+b, \lambda_r)BB1(D_{or}, \lambda_a)GUSL(D_{or}, 5.0, 3+b, \lambda_r)\cdot$$

$$BB2(D_{or}, \lambda_a) - \rho_f[BB5(D_{or}, \lambda_r)GUSL(D_{or}, 5.0, b, \lambda_a) +$$

$$2BB4(D_{or}, \lambda_r)GUSL(D_{or}, 5.0, 1+b, \lambda_a) + BB3(D_{or}, \lambda_r)\cdot$$

$$GUSL(D_{or}, 5.0, 2+b, \lambda_a)] - [GUSL(D_{or}, 5.0, 5+b, \lambda_r)BB0(D_{or}, \lambda_r) +$$

$$2GUSL(D_{or}, 5.0, 4+b, \lambda_r)\cdot$$

$$BB1(D_{or}, \lambda_r) + GUSL(D_{or}, 5.0, 3+b, \lambda_r)\cdot BB2(D_{or}, \lambda_r)] +$$

$$P_f[BB5(D_{or}, \lambda_r)GUSL(D_{or}, 5.0, b, \lambda_r) +$$

$$2BB4(D_{or}, \lambda_r) + GUSL(D_{or}, 5.0, 1+b, \lambda_r) + BB3(D_{or}, \lambda_r)\cdot$$

$$GUSL(D_{or}, 5.0, 2+b, \lambda_r)]\}$$

$$PNRF = \int_{D_{or}}^{\infty}\int_{D_{or}}^{\infty} N_{0r}[\exp(-\lambda_a D_f) - \exp(-\lambda_r D_f)]\frac{\pi}{4}(D_r + D_f)^2$$

$$| aD_r{}^b - \rho_f a D_f{}^b | N_{0r}\exp(-\lambda_r D_r)\mathrm{d}D_r\mathrm{d}D_f$$

$$= \frac{\pi}{4} N_{0r} N_{or} a\{GUSL(D_{or}, 5.0, 2+b, \lambda_r)BB0(D_{or}, \lambda_a) +$$

$$2GUSL(D_{or}, 5.0, 1+b, \lambda_r)BB1(D_{or}, \lambda_a) + GUSL(D_{or}, 5.0, b, \lambda_r)\cdot$$

$$BB2(D_{or}, \lambda_a) - \rho_f[BB2(D_{or}, \lambda_r)GUSL(D_{or}, 5.0, b, \lambda_a) +$$

$$2BB1(D_{or}, \lambda_r)GUSL(D_{or}, 5.0, 1+b, \lambda_a) + BB0(D_{or}, \lambda_r)\cdot$$

$$GUSL(D_{or}, 5.0, 2+b, \lambda_a)] - [GUSL(D_{or}, 5.0, 2+b, \lambda_r)BB0(D_{or}, \lambda_r) +$$

$$2GUSL(D_{or}, 5.0, 1+b, \lambda_r)\cdot$$

$$BB1(D_{or}, \lambda_r) + GUSL(D_{or}, 5.0, b, \lambda_r)BB2(D_{or}, \lambda_r) +$$

$$\rho_f[BB2(D_{or}, \lambda_r)GUSL(D_{or}, 5.0, b, \lambda_r) +$$

$$2BB1(D_{or}, \lambda_r)GUSL(D_{or}, 5.0, 1+b, \lambda_r) + BB0(D_{or}, \lambda_r)\cdot$$

$$GUSL(D_{or}, 5.0, 2+b, \lambda_r)]\}$$

(22) 霰转雹，雪霰转雹（量 $PMGSH$，数 $PNGRH$），雨霰转雹（量 $PMGRH$，数 $PNGRH$）

霰转雹发生项可隔 $\Delta t = ndt$ 时间算一次，这类似于凇附的雪转成雪霰。霰分布在 $Dog \sim Doh$ 间，在转化计算时，可使霰分布延伸到 $Dog \sim \infty$，这时有

$$m_{gs} = \int_{Doh}^{\infty} N_{0gs}\exp(-\lambda_{gs}D)\cdot\frac{\pi}{6}\rho_I{}^{D^3}\mathrm{d}D = \frac{\pi}{6}\rho_I N_{0gs} BB3(Doh, \lambda_{gs})$$

$$mgr = \frac{\pi}{6}\rho_I N_{0gr} BB3(D_{or}, \lambda_{gr})$$

$$PMGSH = \frac{mgs}{\Delta t}$$

$$PMGRH = \frac{mgr}{\Delta t}$$

$$而\ N_{gs} = N_{0gs} BB0(Doh, \lambda_{gs})$$

$$N_{gr} = N_{0gr} BB0(Doh, \lambda_{gr})$$

$$PNGSH = \frac{Ngs}{\Delta t}$$

$$PNGRH = \frac{Ngr}{\Delta t}$$

(23) 霰并冻云水（雪霰 *PMGCC* 量，雨霰 *PMGRCC* 量）

$$PMGSCC = \int_{D_{ogs}}^{Doh} N_{0gs} \exp(-\lambda gsD) \rho_a Q_c \mathrm{d}D = N_{0gs} \rho_a Q_c GUSL(Dogs, Doh, 0.0, \lambda_{gs})$$

同理

$$PMGRCC = N_{0gr} \rho_a Q_c GUSL(Dogr, Doh, 0.0, \lambda_{gr})$$

(24) 霰并冻云水繁生冰晶

雨霰：PNGRRI（数），PMGRRI（量）；雪霰：PNGSRI（数），PMGSRI（量）。

在-5℃附近（-3℃～-8℃），霰与 $d>24\ \mu$ 的云滴并冻，平均 250 次可产生一个冰晶，繁生几率

$$P(T) = \begin{cases} 0 & T > 273\ \mathrm{K}\ 或\ T < 268\ \mathrm{K} \\ 1 - 0.25(T - 268.0)^2 & 270\ \mathrm{K} > T > 268\ \mathrm{K} \\ 1 - \dfrac{(T - 268.0)^2}{9} & 268\ \mathrm{K} > T > 265\ \mathrm{K}(含\ D_{\infty} = 24\mu) \end{cases}$$

则有

$$PNGRRI = \frac{P(T)}{250} \int_{Dogr}^{Doh} N_{0gr} \exp(-\lambda_{gr} D_{gr}) \frac{\pi}{4} D_{gr}^2 \rho_{gr} a D_{gr}^b \mathrm{d}D_{gr} \cdot \int_{Dco}^{\infty} N_{0c} D_c^2 \exp(-\lambda_c D_c) \mathrm{d}D_c$$

$$= \frac{P(T)}{250} N_{0gr} \frac{\pi}{4} \rho_{gr} a N_{0c} GUSL(Dogr, Doh, 2+b, \lambda_{gr}) BB2(Dco, \lambda_c)$$

同理

$$PNGSRI = \frac{P(T)}{250} N_{0gs} \frac{\pi}{4} \rho_{gs} a N_{0c} GUSL(Dogs, Doh, 2+b, \lambda_{gs}) BB2(D_{\infty}, \lambda_r)$$

而

$$PMGRRI = PNGRRI \cdot M_0$$

$$PMGSRI = PNGSRI \cdot M_0$$

式中 $M_0 = 10^{-9}$ g。

(25) 霰并雨水

雨霰：PMGRCR（量），PNGRCR（数）；雪霰：PMGSCR（量），PNGSCR（数）。

$$PMGRCR = \int_{D_{or}}^{\infty} \int_{Dogr}^{Doh} N_{0gr} \exp(-\lambda_{gr} D_{gr}) \frac{\pi}{4} (D_{gr} + D_r)^2 \mid \rho_{gr} a D_{gr}^b - a D_r^b \mid N_{0r} \frac{\pi}{6} \rho_w D_r^3 \exp(-\lambda_r D_r) \mathrm{d}D_r \mathrm{d}D_{gr}$$

$$=\frac{\pi^2}{24}N_{0gr}N_{0r}a\rho_w\{\rho_{gr}[GUSL(Dogr,Doh,2+b,\lambda_{gr})BB3(D_{or},\lambda_r)+$$
$$2GUSL(D_{or},Doh,1+b,\lambda_{gr})BB4(D_{or},\lambda_r)+GUSL(Dogr,Doh,b,\lambda_{gr})\cdot$$
$$BB5(D_{or},\lambda_r)]-[BB2(Dogr,\lambda_{gr})GUSL(Dogr,Doh,3+b,\lambda_r)+$$
$$2BB1(Dogr,\lambda_{gr})GUSL(Dogr,Doh,5+b,\lambda_r)+$$
$$BB0(Dogr,\lambda_{gr})GUSL(D_{or},Doh,5+b,\lambda_a)]\}$$

$$PNGRCR=\int_{D_{or}}^{\infty}\int_{Dogr}^{Doh}N_{0gr}\exp(-\lambda_{gr}D_{gr})\frac{\pi}{4}(D_{gr}+D_r)^2\mid\rho_{gr}aD_{gr}^b-aD_r{}^b\mid N_{0r}\exp$$
$$(-\lambda_rD_r)\mathrm{d}D_r\mathrm{d}D_{gr}$$
$$=\frac{\pi}{4}N_{0gr}N_{0r}a\{\rho_{gr}[GUSL(Dogr,Doh,2+b,\lambda_{gr})BB0(D_{or},\lambda_r)+$$
$$2GUSL(Dogr,Doh,1+b,\lambda_{gr})BB1(D_{or},\lambda_r)+GUSL(Dogr,Doh,b,\lambda_{gr})\cdot$$
$$BB2(D_{or},\lambda_r)]-[BB2(Dogr,\lambda_{gr})GUSL(Dogr,Doh,b,\lambda_r)+1$$
$$2BB1(Dogr,\lambda_{gr})GUSL(Dogr,Doh,1+b,\lambda_r)+$$
$$BB0(Dogr,\lambda_{gr})GUSL(Dogr,Doh,2+b,\lambda_a)]\}$$

PMGSCR 和 *PNGSCR* 的表达式类似于 *PMGRCR* 和 *PNGRCR*，只要用 ρ_{gr}，D_{ogr}，λ_{gr} 分别替代 ρ_{gr}，D_{ogr} 和 λ_{gr}。

(26) 湿生长状态下的增长率(量)，雹 *PWH*，雨霰 *PWGR*，雪霰 *PWGS*，冻雨 *PWRF*

$$PWH=\int_{Doh}^{\infty}-\frac{2\pi}{L_f}Ka(T-273.0)+L_v\Psi\rho_a(Q_v-Q_{so})D[1.6+0.3(\frac{V_gD}{\upsilon})^{1/2}]$$
$$N_{0h}\exp(-\lambda_hD)\mathrm{d}D-C_w(T-273.0)(PIAWI+PIARI)$$

其中 $V_g=(\frac{4Dg\rho_h}{3C_D\rho_a})^{0.5}$，并令

$$P_{w1}=\frac{2\pi}{L_f}[Ka(T-273.0)+L_v\Psi\rho_a(Q_v-Qso)]$$

所以

$$PWH=-P_{w1}N_{0h}[1.6BB1(Doh,\lambda_h)+0.3(\frac{4g\rho_h}{3C_D\rho_a})^{0.25}GUSL(Doh,5.0,1.75,\lambda_H)]-$$
$$C_w(T-273.0)(PIAWI+PIARI)$$

对 *PWGR*，由于

$$Vgr=\rho_{gr}aD^b,R_e=(\frac{V_{gr}D}{\upsilon})^{\frac{1}{2}}$$

所以

$$PWGR=-p_{W1}N_{0gr}[1.6GUSL(Dogr,Doh,1.0,\lambda_{gr})+$$
$$0.3(\rho_{gr}a)^{1/2}GUSL(Dogr,Doh,1+\frac{1+b}{2},\lambda_{gr})]-C_w(T-273.0)(PMGRCC+$$
$$PMGRCR)$$

同理 $PWGS=-P_{W1}N_{0gs}[1.6GUSL(Dogs,Doh,1.0,\lambda_{gs})+$

$$0.3(\rho_{gs}a)^{1/2}GUSL(Dogs,Doh,1+\frac{1+b}{2},\lambda_{gs})]-$$

$C_w(T-273.0)(\mathrm{PMGSCC}+\mathrm{PMGSCR})$

而对于冻雨有：

$$PWRF=\int_{Dof}^{Doh}-P_{w1}D[1.6+0.3(\frac{V_fD}{\upsilon})^{1/2}]N_{0r}[\exp(-\lambda_aD)-\exp(-\lambda_rD)]\mathrm{d}D$$

$$V_f=\rho_f aD^b$$

所以

$$\begin{aligned}PWRF=&-P_{W1}N_{0r}\{1.6[GUSL(Dof,Doh,1.0,\lambda_a)-GUSL(Dof,Doh,1.0,\lambda_r)]+\\&0.3(\rho_f a)^{1/2}[GUSL(Dof,Doh,1+\frac{1+b}{2},\lambda_a)-\\&GUSL(Dof,Doh,1+\frac{1+b}{2},\lambda_r)]\}-C_w(T-273.0)(PIAWR+PIARR)\end{aligned}$$

有了 X 类(冰雹 H,雪霰 GS,雨霰 GR,冻雨 RF)的湿生长率 PWX,与 X 类的总并合增长率 PDX(例如 PDX = 并云水 + 并雨水)对比,取其小者即可,实际可发生的并冻生长率为:

$$Px=\min(PWX,PDX)$$

大于 Px 的部分,可以从粒子上剥落变成雨。

(27)湿霰攀附云冰

处于湿生长状态的霰,表面有水,可攀附云冰,湿霰增量,云冰减量、减数。对于雪霰:$PMWGSI$(量),$PNWGSI$(数);对于雨霰:$PMWGRI$(量),$PNWGRI$(数)。

取 $Egi=1.0$

$$\begin{aligned}PMWGSI=&\int_{Dogs}^{Doh}\int_0^{\infty}N_{0gs}\exp(-\lambda_{gs}D)\frac{\pi}{4}D^2\mid\rho_{gs}aD^b-AviDi^{1/3}\mid\\&N_{0i}\cdot Di\exp(-\lambda_iD_i)Ami\,D_i^2\,\mathrm{d}D\,\mathrm{d}D_i\\=&\frac{\pi}{4}N_{0gs}N_{0i}Ami[a\,GUSL(Dogs,Doh,2+b,\lambda_{gs})\frac{\Gamma(4)}{\lambda_i^4}-\\&AviGUSL(Dogs,Doh,2.0,\lambda_{gs})\frac{\Gamma(4+\frac{1}{3})}{\lambda_i^{4+\frac{1}{3}}}]\end{aligned}$$

$$\begin{aligned}PNWGSI=&\int_{Dogs}^{Doh}\int_0^{\infty}N_{0gs}\exp(-\lambda_{gs}D)\frac{\pi}{4}D^2\mid\rho_{gs}aD^b-AviDi^{1/3}\mid\\&N_{0i}\cdot Di\exp(-\lambda_iD_i)\,\mathrm{d}D\,\mathrm{d}D_i\\=&\frac{\pi}{4}N_{0gs}N_{0i}[a\,GUSL(Dogs,Doh,2+b,\lambda_{gs})\frac{\Gamma(2)}{\lambda_i^2}-\\&AviGUSL(Dogs,Doh,2.0,\lambda_{gs})\frac{\Gamma(2+1/3)}{\lambda_I^{2+1/3}}]\end{aligned}$$

同理,得到 $PMWGRI$ 和 $PNWGRI$,只需用 N_{0gr},λ_{gr},$Dogr$ 取代上二式中的 N_{0gs},λ_{gs},$Dogs$。

(28) 湿霰攀雪,湿霰增量,雪减数

湿雪霰:$PMWGSS$(量),$PNWGSS$(数);湿雨霰:$PMWGRS$(量),$PNWGRS$(数)。

$$PMWGSS=\int_{Dogs}^{Doh}\int_{D_{os}}^{\infty}N_{0gs}\exp(-\lambda_{gs}D)\cdot N_{0s}\cdot Ds\exp(-\lambda_sD_s)Ams\,D_s^2$$

$$\frac{\pi}{4}(D+D_s)^2 \mid \rho_{gs}aD^b - AvsD_s^{1/3} \mid \mathrm{d}D\mathrm{d}Ds$$

$$=\frac{\pi}{4}N_{0gs}N_{0s}Ams \mid \rho_{gs}a[GUSL(D_{os},Doh,2+b,\lambda_{gs})BB3(D_{os},\lambda_s)+$$
$$2GUSL(Dogs,Doh,1+b,\lambda_{gs})BB4(D_{os},\lambda_s)+$$
$$GUSL(Dogs,Doh,b,\lambda_{gs})BB5(D_{os},\lambda_s)]-Avs[$$
$$GUSL(Dogs,Doh,b,\lambda_{gs})GUSL(D_{os},5.0,3+\frac{1}{3},\lambda_s)+$$
$$2GUSL(Dogs,Doh,1.0,\lambda_{gs})GUSL(D_{os},5.0,4+\frac{1}{3},\lambda_s)+$$
$$GUSL(Dogs,Doh,0.0,\lambda_{gs})GUSL(D_{os},5.0,5+\frac{1}{3},\lambda_a)] \mid$$

$$PNWGSS=\int_{Dogs}^{Doh}\int_{D_{os}}^{\infty}N_{0gs}\exp(-\lambda_{gs}D)N_{0s}\cdot Ds\cdot\exp(-\lambda_sD_s)\frac{\pi}{4}(D+D_s)^2$$
$$\mid \rho_{gs}aD^b - AvsD_s^{1/3} \mid \mathrm{d}D\mathrm{d}Ds$$
$$=\frac{\pi}{4}N_{0gs}N_{0s} \mid \rho_{gs}[GUSL(Dogs,Doh,2+b,\lambda_{gs})BB1(D_{os},\lambda_s)+$$
$$2GUSL(Dogs,Doh,1+b,\lambda_{gs})BB2(D_{os},\lambda_s)+$$
$$GUSL(Dogs,Doh,b,\lambda_{gs})BB3(D_{os},\lambda_s)]-Avs[$$
$$GUSL(Dogs,Doh,2.0,\lambda_{gs})GUSL(D_{os},5.0,1+\frac{1}{3},\lambda_s)+$$
$$2GUSL(Dogs,Doh,1.0,\lambda_{gs})GUSL(D_{os},5.0,2+\frac{2}{3},\lambda_s)+$$
$$GUSL(Dogs,Doh,0.0,\lambda_{gs})GUSL(D_{os},5.0,3+\frac{1}{3},\lambda_s)] \mid$$

同理得：$PMWGRS$ 和 $PNWGRS$，只需用 $Dogr,\lambda_{gr}$ 和 ρ_{gr} 替代上二式中的 $Dogs,\lambda_{gs}$ 和 ρ_{gs}。

(29) 湿雹攀并云冰，$PMWHCI$(量)，$PNWHCI$(数)

$$PMWHCI=\int_0^{\infty}\int_{Doh}^{\infty}N_{0h}\exp(-\lambda_hD)\frac{\pi}{4}D^2(\frac{4Dg\rho_h}{3C_D\rho_a})^{1/2}$$
$$Ami\,di^2N_{0i}Di\exp(-\lambda_iD_i)\cdot\mathrm{d}D\cdot\mathrm{d}D_i$$
$$=\frac{\pi}{4}N_{0h}N_{0i}Ami(\frac{4g\rho_h}{3C_D\rho_a})^{1/2}GUSL(Doh,5.0,2.5,\lambda_h)\frac{\Gamma(4)}{\lambda_i^4}$$

$$PNWHCI=\frac{\pi}{4}N_{0h}N_{0i}(\frac{4g\rho_h}{3C_D\rho_a})^{1/2}GUSL(Doh,5.0,2.5,\lambda_h)\frac{\Gamma(2)}{\lambda_i^2}$$

(30) 湿雹攀并雪 $PMWHCS$(量)，$PNWHCS$(数)

$$PMWHCS=\int_{D_{os}}^{\infty}\int_{Doh}^{\infty}N_{0h}\exp(-\lambda_hD)\frac{\pi}{4}(D+D_s)^2 \mid\mid \left(\frac{4Dg\rho_h}{3C_D\rho_a}\right)^{1/2}-Avs\,D_s^{1/s} \mid Ams\,D_s^2N_{0s}\cdot$$
$$D_s\exp(-\lambda_sD_s)\mathrm{d}D_s\mathrm{d}D$$
$$=\frac{\pi}{4}N_{0h}N_{0s}Ams \mid \left(\frac{4g\rho_h}{3C_D\rho_a}\right)^{\frac{1}{2}}[GUSL(Doh,5.0,2.5,\lambda_h)BB3(D_{os},\lambda_s)+$$
$$2GUSL(Doh,5.0,1.5,\lambda_h)BB4(D_{os},\lambda_s)+GUSL(Doh,5.0,0.5,\lambda_h)\cdot$$
$$BB5(D_{os},\lambda_s)]-Avs[BB2(D_{os},\lambda_h)GUSL(D_{os},5.0,3\frac{1}{3}\lambda_s)+$$

$$2BB1(Doh,\lambda_h)GUSL(D_{os},5.0,4\frac{1}{3}\lambda_s)+BB0(Doh,\lambda_h)$$

$$GUSL(D_{os},5.0,5\frac{1}{3},\lambda_s)]\mid$$

$$PNWHCS=\frac{\pi}{4}N_{0h}N_{0s}\mid\left(\frac{4g\rho_h}{3C_D\rho_a}\right)^{1/2}[GUSL(D_{os},5.0,2.5,\lambda_h)BB1(D_{os},\lambda_s)+$$

$$2GUSL(Doh,5.0,1.5,\lambda_h)BB2(D_{os},\lambda_s)+GUSL(Doh,5.0,0.5,\lambda_h)\cdot$$

$$BB3(D_{os},\lambda_s)]-Avs[BB2(D_{oh},\lambda_h)GUSL(D_{os},5.0,1\frac{1}{3}\lambda_s)+$$

$$2BB1(Doh,\lambda_h)GUSL(D_{os},5.0,2\frac{1}{3}\lambda_s)+BB0(Doh,\lambda_h)$$

$$GUSL(D_{os},5.0,3\frac{1}{3},\lambda_s)]\mid$$

(31)湿冻雨并云冰(量 $PMWRE$,数 $PNWRE$)

$$PMWRE=\int_{D_{or}}^{\infty}\int_{0}^{\infty}N_{0i}D_i^{\ 2}\exp(-\lambda_iD_i)Ami\ D_i^2\ \frac{\pi}{4}$$

$$D^2N_{0r}[\exp(-\lambda_aD)-\exp(-\lambda_rD)]\mathrm{d}D\mathrm{d}D_i$$

$$=\frac{\pi}{4}N_{0i}N_{0r}Ami[BB2(N_{0r},\lambda_a)-BB2(N_{0r},\lambda_r)]\frac{\Gamma(5)}{\lambda_i^5}$$

$$PNWRE=\frac{\pi}{4}N_{0i}N_{0r}[BB2(N_{0r},\lambda_a)-BB2(N_{0r},\lambda_r)]\frac{\Gamma(3)}{\lambda_i^3}$$

(32) 湿冻雨并雪($PMWRFS$ 量,$PNWRFS$ 数)

$$PMWRFS=\int_{N0r}^{\infty}\int_{N0s}^{\infty}N_{0s}Ds\exp(-\lambda_sD_s)Ams\ D_s^{\ 2}\ \frac{\pi}{4}(D+D_s)^2N_{0r}[\exp(-\lambda_aD)-\exp$$

$$(-\lambda_rD)]\mathrm{d}D_s\mathrm{d}D$$

$$=\frac{\pi}{4}N_{0s}N_{0r}Ams[BB2(D_{or},\lambda_a)BB3(D_{os},\lambda_s)+2BB1(D_{or},\lambda_a)BB4(D_{os},\lambda_s)+$$

$$BB0(D_{or},\lambda_a)BB5(D_{os},\lambda_s)-BB2(D_{or},\lambda_r)BB3(D_{os},\lambda_s)-$$

$$2BB1(D_{or},\lambda_r)BB4(D_{os},\lambda_s)-BB0(D_{or},\lambda_r)BB5(D_{os},\lambda_s)]$$

$$PNWRFS=\frac{\pi}{4}N_{0s}N_{0r}[(BB2(D_{or},\lambda_a)-BB2(D_{or},\lambda_r))BB1(D_{os},\lambda_s)+$$

$$2(BB1(D_{or},\lambda_a)-BB1(D_{or},\lambda_r))BB2(D_{os},\lambda_s)+$$

$$(BB0(D_{or},\lambda_a)-BB0(D_{or},\lambda_r))BB3(D_{os},\lambda_s)]$$

(33) 雪融化(量 PID),(数 $PNHGR$)以及 $PNH2R$(数)

当温度高于 0℃时,雪融化,融化量由雹与周围热交换量决定,所以 $PID=PWH$。雹在融化中其直径在减小,如直径为 D_{h1} 的冰雹在融化后恰变为 D_{oh},则原在 $D_{h1}\sim D_{oh}$ 中的冰雹因融化而转成霰,由于雹的体密度接近于雨霰,因而这部分小雹转成雨霰,因而

$$PNHGR=N_{0h}\exp(-\lambda_h\overline{D})\mid D_{h1}-Doh\mid$$

$$\overline{D}=0.5(D_{h1}+Doh)$$

D_{h1} 的确定,由雹块与环境的热交换方程来计算,即在计算步长之内,D_{h1} 恰融化变小至 D_{oh}。

冰雹融化时,融化的水会从雹块上剥离出来,形成雨滴,根据 List 的工作,剥离出来的雨滴直径 $D_1 = 0.14$ cm。因而由雹融化引起的雨滴数发生率为

$$PNH2R = \frac{PID}{\frac{\pi}{6}\rho_w D_1^3} \qquad (T > 273.0\ \mathrm{K})$$

另外,在冰雹湿生长过程中,PDH 多于 PWH 的那部分水冻结不了,也会剥离成雨,这时

$$PNH2R = \frac{PDH - PWH}{\frac{\pi}{6}\rho_w D_1^3} \qquad (T < 273.0\ \mathrm{K})$$

而雨水增加量 $PMH2R = PNH2R \times \frac{\pi}{6}\rho_w D_1^3$ 。

(34) 霰融化(量 $PMMGR$ 和 $PMMGS$,数 $PNMGR$ 和 $PNMGS$),以及 $PNG2R$(数)

温度 $T > 273.0$ K 时,霰融化

$$PMMGR = PWGR$$

$$PMMGS = PWGS$$

$$PNMGR = N_{0gr}\exp(-\lambda_{gr}\overline{D})(D_{gr1} - D_{ogr}),\ \overline{D} = 0.5(D_{gr1} + D_{ogr})$$

$$PNMGS = N_{0gs}\exp(-\lambda_{gs}\overline{D})(D_{gs1} - D_{ogs}),\ \overline{D} = 0.5(D_{gs1} + D_{ogs})$$

D_{gs1},D_{gr1} 的计算,类似于求 D_{h1},霰融化后转化为雨,雨的增加数率为

$$PNG2R = \frac{PWGR + PWGS}{\frac{\pi}{6}\rho_w D_1^3} \qquad (T > 273.0\ \mathrm{K})$$

$$PNG2R = \frac{PDGR - PWGR + PDGS - PWGS}{\frac{\pi}{6}\rho_w D_1^3} \qquad (T < 273.0\ \mathrm{K})$$

(35) 冻雨融化(量 PIS,数 $PNRF$),以及 $PNRF2R$(数)

$$PIS = PWRF$$

$$PNRF = N_{0r}[\exp(-\lambda_a\overline{D}) - \exp(-\lambda_r\overline{D}](D_{r1} - D_{ro})$$

$$\overline{D} = 0.5(D_{r1} + D_{ro})$$

冻雨融化转化成雨数

$$PNRF2R = \frac{PWRF}{\frac{\pi}{6}\rho_w D_1^3} \qquad (T > 273.0\ \mathrm{K})$$

$$PNRF2R = \frac{PDRF - PWRF}{\frac{\pi}{6}\rho_w D_1^3} \qquad (T < 273.0\ \mathrm{K})$$

(36) 雪融化[$PMMS$(量),$STORM$(量),$STORN$(数)]

雪取盘(板技)状,$C = \frac{D}{\pi}, \frac{4\pi C}{L_f} = \frac{4D}{L_f}, Re = \frac{DA_{vs}D^{1/3}}{\upsilon}$ 。

令 $P_{W2} = \frac{4}{L_f}[Ka(T - T_0) + L_v\Psi\rho_e(Q_v - Qs_0)]$

$$PMMS = -P_{w2}\int_{D_{os}}^{\infty}[1.6D + 0.3(\frac{A_{vs}}{\upsilon})^{0.5}D^{1+\frac{1}{2}+\frac{1}{6}}]N_{0s}D\exp(-\lambda_s D)\mathrm{d}D$$

$$=-P_{w2}[1.6BB2(D_{os},\lambda_s)+(0.3\frac{A_{vs}}{v})^{0.5}GUSL(D_{os},5.0,2.5+\frac{1}{6},\lambda_S)]$$

由于雪在融化时，水可以不剥离成为湿雪，所以当 $SPMMS=\sum PMMS>0.6Q_s$ 时，才分 n 次转化为雨，即

$$STORM=\frac{Q_s}{n}$$

$$STORN=\frac{Q_s}{n}$$

而热反馈由 $PMMS$ 来计算，剩下的 $0.4Q_s$ 所含有潜热也分 n 次来反馈给热平衡方程。

(37) 云冰融化（$PMMI$ 量，$PNMI$ 数）

云冰取片状

$$C=\frac{D}{\pi}$$

$$PMMI=-P_{w2}\int_o^{\infty}[1.6D+0.3(\frac{A_{vi}}{v})^{0.5}D^{1.5+0.31}]N_{0i}D\exp(-\lambda_iD)\mathrm{d}D$$

$$=-P_{w2}N_{0i}[1.6\frac{\Gamma(3)}{\lambda_i^3}+0.3(\frac{A_{vi}}{v})^{0.5}\frac{\Gamma(2.81)}{\lambda_i^{2.81}}]$$

$$PNMI=(\frac{PMMIdt}{\rho_aQ_I})Ni\rho_a$$

(38) 干霰的凝华和升华，$PMGRSB$（量）$PMGSSB$（量）；湿霰的凝结和蒸发，$PMGRCO$（量）$PMGSCO$（量）

单粒子的沉降增长公式如下，

令
$$CB=\frac{2\pi\Psi\rho_a(Q_v-Q_s)}{1+\frac{\rho_aL\Psi Q_S}{K_TT}(\frac{L}{RT}-1)}$$

$$\frac{\mathrm{d}m}{\mathrm{d}t}=CB\cdot D(1.6+0.3Re^{1/2})$$

其中 Q_s 是饱和水汽比湿，L 是水相变潜热，K_T 是热交换系数，Ψ 是水汽扩散系数。对于凝结，$Q_s=Q_{sw}$，$L=Lv$；对于升华，$Q_s=Q_{SI}$，$L=Lv+Lf$。

$$Re=(\frac{AV_{gr}D}{v})^{\frac{1}{2}}\qquad V_{gr}=\rho_{gr}aD^b$$

这样

$$\mathrm{PMGRSB}=CB\int_{Dogr}^{Doh}\frac{\mathrm{d}m}{\mathrm{d}t}N_{0gr}\exp(-\lambda grD)\mathrm{d}D$$

$$=CB\int_{Dogr}^{Doh}(1.6D+0.3(\frac{a\rho_{gr}}{v})^{1/2}D^{1+\frac{b}{2}})N_{0gr}\exp(-\lambda grD)\mathrm{d}D$$

$$=CB\,N_{0gr}[1.6\,GUSL(Dogr,Doh,1.0,\lambda gr)+0.3(\frac{a\rho_{gr}}{v})^{1/2}\cdot$$
$$GUSL(Dogr,Doh,1+\frac{b}{2},\lambda gr)]$$

同理，$PMGSSB$ 在形式上等同于 $PMGRSB$，只需用 $Dogs$，N_{0gs} 和 λgs 替代 $Dogr$，N_{0gr} 和 λgr。同样，$PMGRCO$ 和 $PMGSCO$ 在形式上也类似于 $PMGRSB$ 和 $PMGSSB$，只需注意 Q_s 和

L 的取值。

(39) 湿冰雹的凝结蒸发，$PMHCO$(量)；干冰雹的凝华和升华，$PMHSB$(量)

对冰雹来说，

$$V_H = \left(\frac{4Dg\rho_h}{3C_D\rho_a}\right)^{1/2}$$

其他都类似于霰的相关情况；另外积分限在 $Doh \sim \infty$ 。所以有

$$PMHCO = CB[1.6BB1(Doh,\lambda_h) + 0.3\left(\frac{4g\rho_h}{3C_D\rho_a}\right)^{1/2} \cdot GUSL(Doh,5.0,1.5,\lambda_h)]$$

$$PMHSB = PMHCO, \qquad (Q_s = Q_{SI}, L = L_v + L_f)$$

(40) 湿冻雨的凝结蒸发 $PMRFCO$(量)；干冻雨的凝华升华，$PMRFSB$(量)

对冻雨来说，类似于霰，但分布谱不同，其公式为：

$$PMRFCO = CB \cdot N_{0f}\{1.6[GUSL(Dof,Doh,1.0,\lambda a) - GUSL(Dof,Doh,1.0,\lambda r)] + 0.3\left(\frac{a\rho_f}{U}\right)^{\frac{1}{2}}[GUSL(Dof,Doh,1+\frac{b}{2},\lambda a) - GUSL(Dof,Doh,1+\frac{b}{2},\lambda r)]\}$$

同理，$PMRFSB$ 表达式与 $PMRFCO$ 相同，只需置换相关量。

(41) 雨的蒸发(凝结)，PRE(量)

单滴蒸发

$$\frac{\mathrm{d}}{\mathrm{d}t}m_r = 2\pi D\left(\frac{Qv}{Qsw} - 1\right)\left[\frac{Lv^2}{KaRT^2} + \frac{RT}{\rho aQsw\Psi}\right]^{-1}(1.0 + 0.22Re^{\frac{1}{2}}F) \qquad (F = 1.0)$$

$$PRE = 2\pi\left(\frac{Qv}{Qsw} - 1\right)\left[\frac{Lv^2}{KaRT^2} + \frac{RT}{\rho aQsw\Psi}\right]^{-1}\int_{D_{or}}^{\infty}[D + 0.22\left(\frac{a}{v}\right)^{\frac{1}{2}}D^{(1.5+\frac{b}{2})}N_{0r}\exp(-\lambda_r D)]\mathrm{d}D$$

$$= 2\pi\left(\frac{Q_v}{Q_{sw}} - 1\right)\left[\frac{Lv^2}{KaRT^2} + \frac{RT}{\rho aQsw\Psi}\right]^{-1} N_{0r}[BB1(D_{or},\lambda r) + 0.22\left(\frac{a}{v}\right)^{1/2}GUSL(D_{or},5.0,1.5+\frac{b}{2},\lambda r)]$$

(42) 冰晶繁生，干雹碰雪：$PNHCI$ (数)，$PMHCI$(量)；干冻雨碰雪：$PNRFCI$(数)，$PMRFCI$(量)；干霰碰雪：$PNGRCI$(数)，$PMGRCI$(量)；$PNGSCI$(数)，$PMGSCI$(量)

$$PNHCI = 0.002(\rho_a N_h)(\rho_a N_s)$$
$$PMHCI = PNHCI \cdot m_0$$
$$PMRFCI = 0.002(\rho_a N_{RF})(\rho a N_s)$$
$$PMRFCI = PNRFCI \cdot m_0$$
$$PNGRCI = 0.002(\rho N_{gr})(\rho_a N_s)$$
$$PNGSCI = 0.002(\rho N_{gs})(\rho_a N_s)$$
$$PMGRCI = PNGRCI \cdot m_0$$
$$PMGSCI = PNGSCI \cdot m_0$$

(43) 雨冻结破裂次生冰晶 $PNRRFI$(数)，$PMRRF2$(量)

$$PNRRFI = (PNI + PNR) \times 3$$
$$PNRRFI = PNRRFI \times m_0$$

(44) 雨滴流体动力学破碎：PNRDY(数)

单滴破碎几率

$$p(D) = (2.94E - 7)\exp(34\frac{D}{2})$$

D' 的滴破碎后形成 D 滴的分布

$$Q(D',D) = \frac{436.1}{0.5D'}\exp\left(-7\frac{D}{D'}\right)$$

破碎滴数：

$$\begin{aligned} PNRDY1 &= \int_{D_{or}}^{\infty} P(D)N(D)\mathrm{d}D \\ &= (2.94E - 7)\int_{D_{or}}^{\infty} N_{0r}\exp(-\lambda rD)\exp(17D)\mathrm{d}D \\ &= (2.94E - 7)N_{0r}BBO(D_{or},\lambda r - 17) \end{aligned}$$

破碎的小滴数：PNRDY2。把雨滴从 $D_{or} \sim 1.0$ cm 分成 40 均匀档($I = 1,\cdots,40$)

$$PNNDY2 = \sum_{I=1}^{40}\sum_{J=I+1}^{40} Nr(D_j)P(D_j)Q(D_i,D_j) \qquad (D_j > D_i)$$

$$PNRDY = PNRDY1 + PNRDY2$$

(45) 雨相碰破碎：PNRIMP(数)

$$PNRIMP = \sum_{i=1}^{40}\sum_{j=1}^{i=1}\frac{\pi}{4}(Di + D_j)^2 N_{Ri}N_{Rj}a\mid D_i^b - D_j^b\mid(1 - Eij)b_2$$

E_{ij} 是雨滴并合系数，$b_2 = 3.0$

附录 3　水凝物和水汽场之间的平衡调整

水汽达到水面饱和，会在水表面和冰表面产生凝结和凝华；水汽达到冰面饱和，水表面会蒸发，冰表面会凝华；水汽低于冰面饱和，水表面和冰表面会发生蒸发和升华。总之，水凝物粒子群与水汽场之间进行着平衡调整，且调整的速率有快慢之别，例如云粒子群蒸发比雨滴群快，凝华增长比凝结增长快等。在液、汽两相共存时，有向水面饱和调整的趋势；在液、固、汽三相共存时，有向冰面饱和调整的趋势。涉及这些调整的过程为水汽的凝结、凝华过程，以及各类粒子的蒸发(湿表面)、升华(干表面)过程，这些过程均已列在附录 2 中。调整可以是整体地进行，也可以在环节计算中用计算方案来保持平衡。调整的原则是：先做快过程后做慢过程；在水汽达到水面饱和时，按凝结和凝华可能率(估算中考虑到了潜热加热反馈)，按比例来耗用过饱和水汽，转化能力超过过饱和量的以该量为限，不超过该量以能力为限；在水汽介于水面和冰面饱和之间时，先由液面粒子蒸发，看可否达到水面饱和，以达到水面饱和为限，先发生冰面粒子的凝华增长，凝华量以能力和可凝华量二者的小值为限；在水汽低于冰面饱和时，各种粒子皆发生蒸发或升华，其蒸发和升华以能力和可能量两者中的小值为限。在水凝物与水汽间进行调整的同时，也进行因相变而发生的温度调整。

参考文献

郭学良. 2001. 三维冰雹分档强对流云数值模式研究(Ⅰ,Ⅱ). 大气科学，**25**(5):707—720，**25**(6):856—864.

廖洞贤，王两铭. 1986. 数值预报原理和应用. 北京：气象出版社. 106.

王思微，许焕斌. 1989. 不同流型雹云中大雹增长运行轨迹的数值模拟. 气象科学研究院院刊，**4**(2):171—177.

徐华英，李桂忱等. 1986. 积云降水数值研究. 南方云雾物理与人工影响天气文集. 北京：气象出版社. 110—120.

许焕斌，段英. 1999. 云粒子谱演化研究中的一些问题. 气象学报，**57**(4):450—460.

许焕斌，王思微. 1985a. 一维时变冰雹云模式研究(一)反映雨和冰雹谱的双参数演变，气象学报，**43**(1)，13～25.

许焕斌，王思微. 1985b. 一维时变冰雹云模式研究(二) 反映融化对雹谱双参数演变的影响，气象学报，**43**(2)，161～171.

许焕斌，王思微. 1988. 二维冰雹云模式. 气象学报，**46**(2):227—236.

许焕斌，王思微. 1990. 三维可压缩大气中的云尺度模式，气象学报，**48**(1)80—90.

许焕斌. 1992. 云的粒子随机并合和粒子分布谱演变，大气环境研究，**5**:12—19.

许焕斌. 1992. 中-β模式研究：地形云的数值模拟，计算物理，**9**(4):731—734.

许焕斌. 2002. 云和降水的数值模拟. 人工影响天气的现状与展望(李大山主编). 北京：气象出版社.

许焕斌. 2003. 数值模式及其应用. 人工影响天气岗位培训教材. 北京：气象出版社.

张可苏. 1980. 大气动力模式的比较研究. 中国科学，**3**:277～287.

赵仕雄，许焕斌，德力格尔. 2004. 黄河上游对流云降水微物理特征的数值模拟试验. 高原气象. **23**(4):495—500.

周晓平. 1980. Y有限区域四层原始方程模式试验. 第二次全国数值天气预报会议文集. 北京：科学出版社. 28～30.

Atkinson B W. 1987. 中尺度大气环流，2—4章，北京：气象出版社.

Fletcher N H. 1996. 雨云物理学(中译本). 上海：上海科技出版社. 200.

Mason B J. 1978. 云物理学. 北京：科学出版社. 238,243,122,288.

Pruppacher H R, Kiett J D. 1978. *Microphysics of Clouds and Precipitation*. D. Reidel Pubhshing Comp, Dordrecht Holland. 498,502,546.

Scott W T, Chen C Y. 1970. Approximate formulae fitted to the Davis Sartor Shafrir Neiburger Droplet Collision Efficiency Calculations. *J. A. S.*, **27**:698—700.

Tapp M C, White P W. 1976. A non hydrostatic mesoscale model. *Quart. J. R. Met. Soc.*, **102**(432):277—296.

Weisner H D *et al*. 1972. Numerical simulation of hail bearing cloud. *J. A. S.*, **29**:1160—1181.

Yau M K, Austin P M. 1979. A Model for Hydrometeor Growth and Evolution of Raindrop Size Spectra in Cumulus Cells. *J. A. S.*, **29**:655—668.

第二编　强对流云物理在人工影响天气中的应用

在人工影响天气中的防雹、对流云(团)增雨及削弱台风等都需要掌握强对流云物理学。

人工影响天气不仅需要知道天气系统的一般天气－动力特征，还需要知道天气系统的精细结构和演变过程，系统结构又是宏观场与微观过程相互作用的表现。纵观发展人工影响天气急需面对的迫切问题，也是大气科学和气象业务发展的难点所在。因而人工影响天气的发展必定会为气象业务发展开路清障，必定会对大气科学进展和气象业务发展起推动和牵引作用(许焕斌，2011)。

在本编中，着重介绍的是强对流云物理在防雹、对流云(团)增雨的应用。

第七章　播撒防雹原理

7.1　播撒防雹原理

播撒防雹是指向云中播撒人工冰核或吸湿核影响冰雹的形成。1995 年 11 月由 WMO(世界气象组织)召开的回顾防雹现状专家会议的报告，列出了 6 种防雹原理假说，即：

①冰雹胚间的限制增长的竞争(利益竞争)；

②雨从雹胚区提早落出(早期降雨)；

③云水冻结；

④轨道降低；

⑤在低效率弱风暴单体中促进碰并；

⑥播撒引起动力效应。

“利益竞争”是把比自然雹胚多得多的人工雹胚引入云体中，使众多的雹胚去“争食”可利用的过冷水从而减少它们的大小，如果提供了足够的雹胚，就可能减少局地过冷水量和雹块增长率，从而不能增长到足够大而在下落中融化成雨。

“早期降雨”是在雹云主上升气流底层迎风向的前侧，温度处于－20～0℃，只存在过冷云滴的区域播撒人工冰核，导致在混合(相)云中粒子迅速长大到毫米级，这里的弱上升气流不能够承托它们而下落，从而脱离冰雹形成过程。这种雨的先期落出也消耗了过冷水量，并由向下的负载力和在底层蒸发引起的负浮力去削弱上升气流的强度。

“云水冻结”是播撒人工冰核使所有的过冷云滴冻结，从而不能再发生结凇和冻结增长，中止了霰和雹的形成。计算表明这需要巨大的播撒量，而且会大大地减少降雨。

云水的不完全冻结可能形成冰相降水粒子，它仍会消耗大量的过冷水，因而不完全的云水冻结也可以限制冰雹的增长。

“轨迹降低”：由于冰雹在云中低海拔高度增长，故以减少这里的液态水含量和缩短冰雹在云中的停留时间来限制冰雹的增长。这种方法可用于对云播撒（冰核或吸湿核），提早形成雹胚来实现。

“促进碰并”是激励雨滴增长并落到 0℃以下，从而减少了冰雹生长区的液态水含量。

“动力效应”包含的意思是，通过下沉气流的激发去弱化初期的雹云，或去激发一个区域中小而多的云发展，抢先释放那里的对流不稳定能。上述六种假说中的后三个都没有细致深入地讨论过，没有完成足够的研究工作，而且有的在实行中可能要求播撒大量的催化物质。

这些防雹假说示意图给在图 7.1 中，与 1981 年 2 月由 WMO 举行的有关防雹研究的专家会议报告所列举的内容无变化，这成为一个突出结论，这应当说是“防雹和云物理的研究在大多数国家处于低谷”的主导原因，也是必然结果。会议认为，上述六种防雹原理假说中，最有希望成为防雹作业设计根据的是“利益竞争”（beneficial competition）和“早期降雨”（early rainout）。

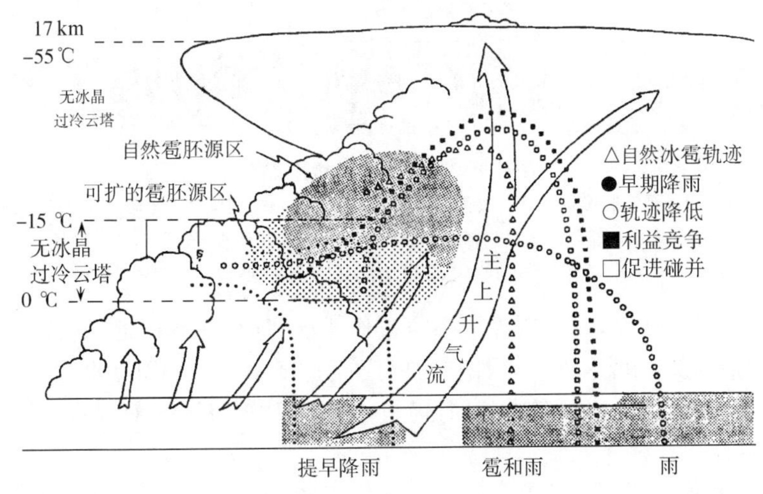

图 7.1　防雹概念（主要的微物理作用）

2001 年 6 月 WMO 执委会通过的关于人工影响天气现状的声明中，对防雹原理的物理假说仍然是“利益竞争、“轨迹降低”和“早期清除”等概念。根据这些概念，催化主要是集中在大型风暴系统的边缘地带进行，而不是主上升气流区。

而对于雹云物理，防雹的关键问题和效果评估的评论是：“目前对风暴的认识水平还不足以使我们有把握地预测催化对冰雹的影响。一些科学文献讨论过在某种条件下增加或减少冰雹及降雨的可能性，超级单体风暴更被视为难点。数值云模式模拟使我们了解到冰雹过程的复杂性，但是模拟的精确度还不够，不能最终回答这些问题。从事业务和研究工作的科学工作者正致力于弄清进行有效的人工影响雹云作业的最佳时机、地点和催化量。”

曾经利用冰雹质量、动能、雹块数量和降雹区等衡量标准对防雹进行了几次随机测试。但是多数评估的尝试都夹杂有非随机业务计划。在非随机业务计划中常常用到作物遭受冰雹灾害的历史趋势，有时还使用目标区和上风方控制区，但是这样的方法可能会不可靠。许多机构都声称他们的防雹作业大大地减少了冰雹量。至今的科学证据还不足以得出确切结论，即不能肯定也不能否定防雹活动的效果。这种现状促使业务计划加强各自活动中的物理和评估部分。

图 7.2 是引用 Foote 最新的防雹概念学说图，与图 7.1 的区别在于给出了人工播撒的部位。

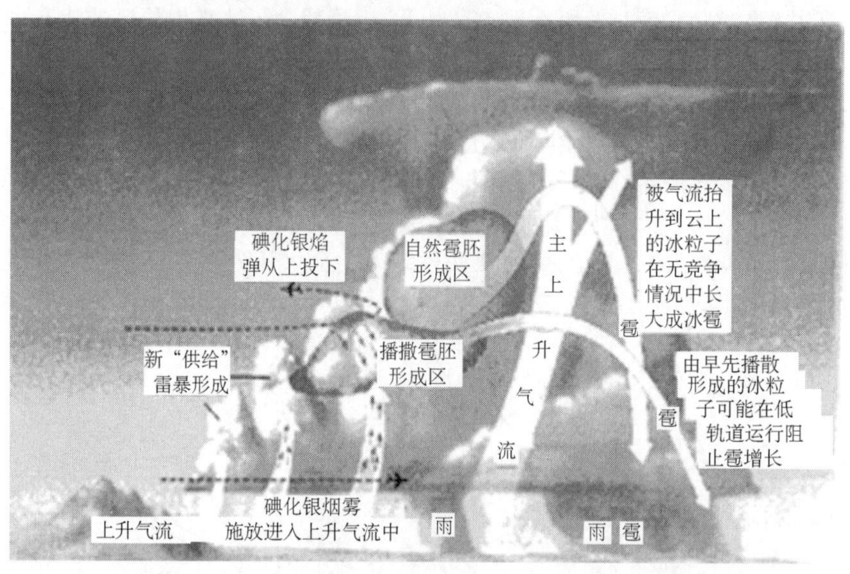

图 7.2　防雹概念和播撒方案

(1)自然雹胚形成区，(2)播撒雹胚形成区，(3)碘化银焰弹从上投下，(4)新"供给"雷暴形成，(5)被气流抬升到云上的冰粒子在无竞争情况中长大成冰雹，(6)由早先播撒形成的冰粒子可能在低轨道运行阻止雹增长，(7)碘化银烟雾施放进入上升气流中。以上精心设计的防雹学说，有可能实现，但几乎完全没有经过试验

就 1995 年报道的情况，在全世界十个防雹作业计划中，都是根据"利益竞争"假说来设计的，只有俄罗斯和美国北达科达计划中考虑了"促进降水"或"早期降水"的假说。

这些论点与 1995 年的回顾基本相同，仍是一种处于"低谷"、面对困难、科研工作进展不明显的状态反映。

播撒防雹的原理假说，在物理上看起来是简单明了的，特别是"利益竞争"和"早期降雨"，一个是不影响成雹过程，但使冰雹的平均尺度达不到大雹，在落到 0℃层下融化，化雹为雨，变灾为利；另一个是截断成雨过程向成雹过程的发展。道理是清楚的，关键在于是否可以"按计"施行？

如何去实现"利益竞争"？即向云中播撒人工冰核，它们引起的冰化作用产生出毫米级大小的人工雹胚，去与自然雹胚"争食"云中的过冷水，在一定可资利用的总水量情况下，依冰雹数浓度与直径 3 次方成反比的原则，如果人工雹胚的浓度高于自然的 8～64 倍，将使原可长大成 2～4 cm 的冰雹尺度减少 2～4 倍达到 1 cm 以下，而通常这样大的冰雹可在下落到 0℃层以下融化为雨。至于"提早降水"则是在胚胎形成后，使播撒形成的冰晶与这里的过冷水滴共存，冰晶的迅速沉降增长和淞附，促进毫米级降水粒子形成，提早下落为雨，离开大雹形成的运行增长行程，并相应消耗胚胎形成区的过冷水，以及下落中的蒸发冷却作用造成对上升气流发展的负反馈，来达到抑制冰雹的发展。这其中有两个关键问题，一是播撒可否迅速形成人工雹胚。何为迅速，是相对于冰雹形成时间而言，一般冰雹云从初始回波出现到地面降雹有时只需十几分钟，而毫米级大小的雹胚长大成 2～3 cm 的冰雹，又约需 5 min，因此人工雹胚的形成时间应在 10 min 内才有利于与自然雹胚的增长“竞争”。人工雹胚的形成可分为两类：一是冻滴胚的形成，二是人工霰胚的形成，而对于人工冻滴胚，如已存在毫米级过冷雨滴，人工播撒使它们冻结成冻滴胚的时间会很短，1 mm 的过冷滴在与冰核接触后，在－15℃环境中可在 1 s 内冻结，5 mm 的过冷滴完全冻结也只需要 25 s。至于冻滴的浓度就取决于已存在的过冷雨滴浓度了。若缺乏毫米级大小的过冷雨滴，那么小云滴靠凝结和并合长大成毫米级雨滴，就需要长达几十分钟的时间了，不满足迅速形成大量人工胚的要求。对于人工霰胚，第三章的论述认为通过播撒人工冰核可以在 10 min 内形成毫米级大小霰胚。由于雹云中存在过冷水时可维持水面饱和，在这种情况下的－15℃时，单凝华增长在 5 min 内冰晶尺度就可以长大到 500 μm，足以启动淞附增长过程迅速长大成毫米级的霰。看来霰的形成的难点是粒子可否在雹云上升气流中含有过冷云水的地域滞留一段时间(例如 10 min)而不被吹出云外。第二关键问题是人工雹胚如何去与自然雹胚进行增长竞争？或者是促进降水粒子的形成，可否使它们提早降出脱离冰雹形成的过程？简言之，如何实现“竞争”或“退出”成雹行程。

在实现“竞争”中，如果在大雹形成区，已经存在着毫米级过冷雨滴，播撒后 1 min 内即可冻结成冻滴胚，就地与自然雹胚进行“争食”过冷水，只需过冷雨滴浓度高于自然雹胚 8～64 倍，“利益竞争”的实现就没有原则性疑问了。但这种条件经常存在吗？因为 NHRE(美国国家冰雹研究试验)观测表明，雹云中并不存在大量的过冷雨滴，降水粒子是经由冰相过程形成的，过冷水几乎完全是由云滴组成，其比含量也只有 1～2 g/m^3；云中的大粒子是霰和冰雹，且这种情况在世界其他一些地区都观测到了(如瑞士、法、意三国的 Grossversuch Ⅲ雹试验，1977—1981 年；瑞士使用美国的 T-28 飞机观测，1982—1983 年)，这样一来，如何实现“竞争”就疑问重重了。很多学者因此对“利益竞争”假说纷纷提出异议。综合分析研究，这些疑问可以归纳如下。

7.2 播撒防雹原理实施中的问题

(1)“利益竞争”的播撒防雹原理是在 20 世纪 60 年代初，由 Сулаквилидзе 根据综合观测结果给出的一维冰雹云模型提出的，由于当时的探测手段限制，难以对雹云结构和演变有全面的了解，理论归纳只能抓要点，因而虽然所提的原理在物理上是合理的，但其作用过程不明，或过于简单。其中一个要点是在云的最大上升气流高度上的负温区存在“过冷雨累积带”，这种累积带提供了两个非常有利的条件，其一是有过冷雨滴，在这里播撒人工冰核后，促使雨滴及时冻结，冻结了的雨滴在尺度上与自然雹胚相当，增加了雹胚数；其二仍然是有过冷雨水，可以供自然雹胚和人工雹胚来竞相“争食”。但是如果“累积带”中累积的不是过冷雨滴(水)，情况就大不相同了。例如累积的是固相冰粒子，它们既不会因播撒而冻结产生冻滴雹胚，也不提供冰雹增长所需的过冷水，对这样的雹云，播撒人工冰核去增加雹胚的途径只能是促进冰相降水过程的发展，形成更多的霰来作为雹胚。又例如这里会有大量的过冷云滴(水)，人工播撒的冰核可以促使云滴冰化，但它们的尺寸尚小，还需要经历凝华、淞附增长到霰尺度成为霰(雹)胚。在冰核从播撒到长大成霰胚的期间，如果撒播在云中最大上升气流层附近进行(也即在主上升气流区)，由于初始的粒子尺度小、末速低，将很快被吹出云顶。如何通过人工播撒冰核在云的合适地方在较短时向内形成足够浓度的霰呢？

(2)鉴于在主上升气流区通过播撒形成霰是不利的，就需要在另一处去播撒，这里上升气流比较弱，粒子在这里可能滞留较长时间去形成霰，这就造成了霰胚形成区与位于主上升气流区的雹长大区的分离。如何使播撒形成的人工霰胚沿着自然雹胚长成冰雹的路径输送到主上升气流区去呢？为了做到这一点，Foote 认为，播撒区也应当在自然霰胚形成区，不然，自然霰胚与人工霰胚在不同的地区形成，就难以同路进入冰雹形成区，也就难以实现二者间的“竞争”，那么，自然霰胚的形成区和它通往主上升气流区的路怎么判断呢？如果难以识别，到什么地方去播撒呢？

从图 7.1 和图 7.2 中可看出，播撒是在扩展了的雹胚形成区进行的，从图面上看“利益竞争”的轨迹示意与自然冰雹的轨迹示意只有一个交叉点，这种各走各的路、各吃各的食的方式如何来实现竞争。“促进碰并”看来是播撒吸湿核，促使雨滴形成，增加雹胚去与自然雹胚竞争，其示意轨迹也只有一个交叉点，仍是各行其道不利于“竞争”发生。至于降低轨迹疑问更多，因为它要求粒子迅速长大，在进入主上升气流后，抬升高度降低，以截食低层水分，但如何使其迅速长大？再一种可能是，绕过主上升气流区，这就脱离了竞争区，消耗低层水分也不能抑制冰雹增长，看来这两张图展示的播撒区与 Foote 的不同。

(3)雹云结构是多种多样的，是否每一种雹云各有自己独特的雹胚形成和传输长大成雹的模型，如果是这样，在实施防雹中如何去判定该用哪种模型？另外，雹云是小尺度或 γ 中尺度的，它的结构在 10～30 min 内可以有显著变化，如果实施防雹作业，需要知道每块云的详细气流结构和雹粒子轨迹，在近期要拥有这样的探测系统是很困难的。因而，如果雹云的成雹机理没有规律性，或这种规律不能为现有探测分析手段所洞察，实施防雹也是很难做到的。

(4)人工雹胚的浓度要求比自然雹胚大得多，按体积与直径立方的关系，要使雹直径减少一半，雹胚浓度需增加 8 倍。如果要使 3～4 cm 的冰雹减小到 1.0 cm 以下，就需要使人工雹胚的浓度比自然雹胚大 27～64 倍。如果只大 1～2 倍反而会人工增雹，而大得太多又可能抑制降雨。关于这个问题 Young 提出疑问如下：霰的浓度一般为 1000～10000 个/m^3，平均 5000 个/m^3；而根据地面降雹推出的冰雹生长区的雹浓度约在 0.1～1.0 个/m^3，平均 0.5 个/m^3。这样一来，平均 10000 个霰胚只有一个可长大成冰雹，是什么过程决定着哪些霰可变成冰雹呢？他认为这是实现“利益竞争”至关重要的问题。可以想象如果这个疑问不解决，由于播撒的时空位置不适宜，或与成雹过程不协调，就有可能人工造雹。

再者，如果人工雹胚长成冰雹的比率也是 1∶10000，那么人工胚的浓度又要增加 27～64 倍，人工播撒的成胚的浓度要求如何估计？

暂不谈其他的一些较次要的疑问，上述四个疑问就足以说明实现假说的困难是多么严峻了，难怪一些学者着重指出，所有的防雹假说在物理上多少都属于似是而非的。看来，必须解决这些疑问，才能克服“原理危机”。归结起来可有四个命题：

①自然霰在哪里形成？自然霰胚通往主上升气流的冰雹长大区的路径在哪里？如何用现有观测方法来判定？

②在雹云条件下，人工播撒可否在自然冰雹形成周期（观测表明，仅有 15 min）的短时间内（例如 10 min 之内）形成毫米级大小的众多霰胚？

③雹云虽有多种类型，结构虽在随时间变化，但多型和多变中有没有稳定的规律存在，规律在某种意义上来说就是变中之不变，是否在主要成灾雹云中存在着这种变中不变的规律？

④如何使人工雹胚达到有效的“竞争”浓度？

这四个命题看来不应该是彼此独立的，而是相互关联的，有可能找到的规律会解决上述四个命题，甚至会回答一些次要的疑问。

7.3　最近雹云物理的进展对四个命题的回答

在第三章中已介绍了雹云物理的最新进展，它们不仅是数值模拟研究的结果，也得到了观测事实的支持，并且从以往的可靠工作中得到了印证，可以说是规律。这些规律性结果如何来回答上述四个命题呢？

7.3.1　第一个命题(雹胚形成和大雹运行增长)的回答

①由于强对流(雹)云的流场是对流翻滚式的，下层是辐合，上层是辐散，其中存在着一个主上升气流区并在中层存在着相对于云体的水平气流速度为零的区域，被称为“零域”。在经过零域沿主入流方向的垂直剖面上，它呈现出线状，可称之为“零线”。可长大成冰雹的水凝物粒子，首先需到“零域”集中，再绕“零域”作循环运行增长，在边循环边增长中，随着其尺度的加大，逐步进入主上升气流区，这里是大雹生成区，长成大雹后从这里落下。

一个强对流(雹)云有主上升气流区是必然的，大背景中有一个三维的对流环流，入流可以来自四面八方，何必有主入流区呢？这起码可以作如下的解释：其一，对流上升必然要有低层辐合高层辐散相伴，这是连续方程的要求，强对流上升气流也必然要求有低层强辐合；其二，辐合上升(辐散)运动是大气三维涡旋运动的一个基本态(刘式达等 2003)，即有辐合上升必有旋转。极端地来说，单有辐合没有旋转，可以供应气流上升，但单有旋转没有辐合则不能供给气流上升，因此对于一个旋转辐合的运动来说，既要有辐合又要有旋转，且辐合量要满足强对流上升气流的需要，见 4.42c 所示。但这对于非单波态有扰动的大气运动来说维持这种均匀对称的辐合旋转流型是不可能的。实际的流场必然是不对称的辐合和旋转，这种不对称必然会导致有一个主入流区。

图 7.3 是一个用双多普勒雷达观测到的实例风场和雷达回波强度场，可以看到主入流区的入流直入波状回波波峰，这里也应是主上升气流区(云的主体中心)，再有前已说明的如图 3.21c、d 和图 3.55b 那样的似“S”形的流型也是非对称的旋转辐合流场，“S”字的二钩中间，就是旋转中的主入流区，它直入云中，形成局地强辐合弱转动的势态，但从流场全局来说，是辐合旋转上升的，这一流场特色，应该说是强对流(雹)云的特征。

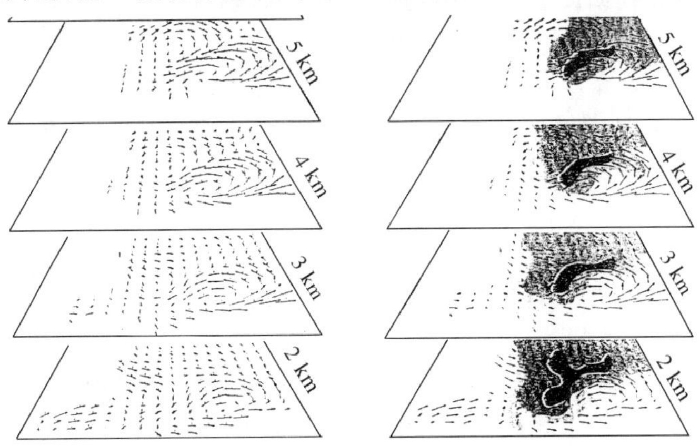

图 7.3　1974 年 6 月 8 日 1411 CST 风暴的双多普勒雷达观测到的风场和反射率场

(Eagleman *et al*. 1977)

至于“零域”的形态，可以用二维垂直剖面上的“零线”走向作概念性描述，“零线”的走向大体有三种：见图 7.4 所示，它是流场形态决定的。当然，上翘式有利于大粒子向高处集中，这里温度低些，有利于大雹形成，其他两种方式则有利于暴雨的形成。

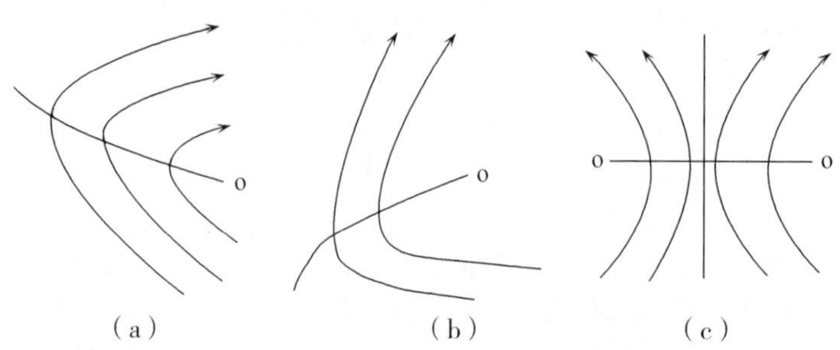

图 7.4　垂直剖面上“0”线三种走向

(a)上翘式　(b)下拖式　(c)水平式

②可长大成雹的粒子先到“零域”集中，而“零域”中相对水平气流近于零，但上升气流并不等于零，从图 3.33 的垂直剖面上可以看到，这时“零域”在剖面上是“零线”，线上的上升气流速度，近轴处大(L)，远轴处小(S)，当粒子动态地向这里集中时，小的粒子可以在 S 处找到自己可驻留的平均位置，中等大小的粒子在 M 处，大粒子在 L 处找到自己可驻留的位置。这样一来，零域中可以安排不同大小的粒子驻留，这里有相匹配的上升气流，有可供粒子长大的水(汽)供应，它们在适合于自己增长的地方循环长大，而且随着其长大进一步在零域找到继续可长大的位置，形成了一个适合于雹胚(包括霰)增长的 S 区，以及大雹生长的 L 区，和起传输中转的通道区 M，这就是 3.4 节图 3.34 所述的冰雹“穴道”。因此，人工播撒只需在适合于小粒子驻留增长的“穴道”入口区进行，霰(雨)粒子可以在这里开始它们的增长历程，长大成霰(雨)胚。

③雹胚在“穴道”入口区形成，“穴道”是通往冰雹长大区之路，根据“穴道”的性质是由流场决定的，而且是相对水平运动为零的地方，用适当订正后的多普勒风场观测资料可以很明确地判定“穴道”的位置，又由于“零域”与悬挂回波的相关关系，在没有多普勒雷达风场情况下，还可以根据悬挂回波的位置来判别“穴道”位置所在。

上述决定播撒部位的方法，有了理论和观测根据，也与 Foote 的推测相符，即人工雹胚应当与自然雹胚同地形成，以便能同路进入冰雹生长区，形成“竞争”局面。图 7.1 和图 7.2 所示的不在自然雹胚源区而在扩展了的雹胚源区播撒的方式，如果二区皆在“穴道”之内，只是在“穴道”中的部位有别是合适的，如果不是在“穴道”之内，则效果会不佳，形不成“竞争”。

7.3.2　第二个命题(及时有效的“利益竞争”)的回答

根据第一命题的回答，播撒粒子可以在冰雹“穴道”的入口区驻留，而且粒子一旦进入“穴道”，这里的水平气流近于零，静态地说，靠水平运动移不出“穴道”，动态地说，它有动力吸引效应，在这里循环而难以“逃逸”。可是这里上升气流有相适应的值，在垂直方向上落不下也升不出，可以在“穴道”驻留又有增长条件，只要“穴道”结构维持在 10～15 min 以上，按

3.1节的估算，就可以长大成毫米级的霰粒子备作雹胚之用。鉴于“穴道”中粒子的运行增长轨迹是动态循环式的，各粒子的轨迹在空间上相互交叉，因而人工播撒粒子与自然粒子的运行增长轨迹也是相互交叉的，甲类粒子可到之处，乙类粒子也可及，可以实现二者之间的平等“竞争”。

7.3.3　第三个命题(多型多变的雹云中的规律)的回答

雹云虽有多种，结构也在变化，但在多型和多变中有稳定的规律存在，这是变中之不变，它就是强对流(雹)云流场结构中必有的“零域”的动力效应和冰雹“穴道”的存在。对各类雹云来说，“零域”或“穴道”是依单体而存在的，一块雹云不能没有单体，区别在于单体的强弱大小和组合方式，只要有单体，就有规律可循，只需按单体的结构特征来判断播撒防雹的作业部位。至于对流云的随时间变化确实比其他云型快，但对成灾雹云会有一个稳定成熟期，一般大于 30 min，这期间可有波动但基本框架和特征在维持着，规律起作用的时间是足够的。

正如 WMO 2001 年执委会关于防雹问题和评述所说的，应“致力于弄清进行有效人工影响雹云作业的最佳时机、地点和催化量”。最佳地点，即播撒作业部位，上文已根据雹云的结构特征给出了判定部位的科学依据。至于时机，实质上是雹云出现特征结构的时间，因而时机和部位的问题一并有了说法。

模拟研究表明，在“穴道”中播撒，粒子长得快点或慢点，也就是在估算增长率上的不准确，也不会像 Orville(1992)指出的那样(见图 7.5)在防雹效果上造成巨大差异。

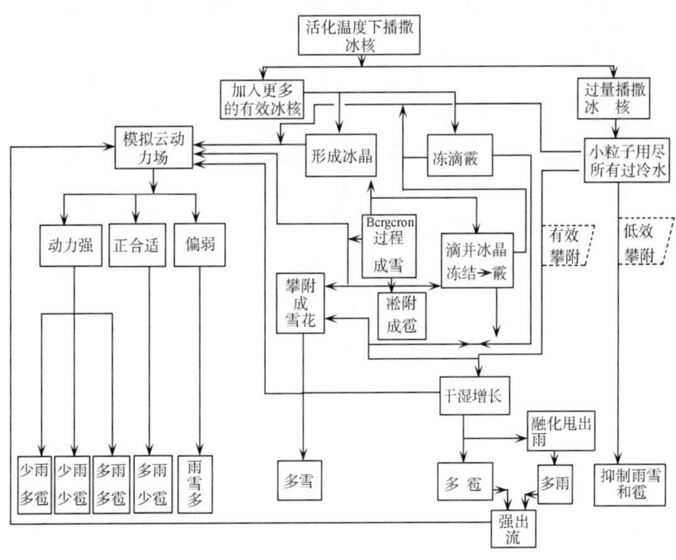

图 7.5　冰相云播撒的不同结局

7.3.4 第四个命题(人工雹胚的浓度)的回答

如何使人工播撒形成的人工雹胚达到有效“竞争”的浓度？即要求人工雹胚的浓度比自然雹胚的浓度大 27～64 倍，或大致地说，高 50 倍。关于这个命题的回答可能比前三个命题难，难在估算中存在着多种不确定性。

至于疑问 4 中 Young 提出的平均 10000 个霰胚中只有一个可长大成冰雹，可以理解为自然霰不一定是雹的霰胚，即不在“穴道”中的霰，不一定有成雹的可能，经过这一分选之后 10000∶1的比例就可以大大降低了。那么在“穴道”内是否就可以按 1∶50 的要求来增加人工雹胚的浓度了，从播撒“竞争”来看，多少个人工冰晶形成一个霰，多少个人工冰核能活化成一个人工冰晶等，难以确定，所以播撒 AgI 的量仅是个参考值，具体有三种思路来估算。

7.3.4.1 冰雹“竞争”估算法

根据 Kartsivedge(1968)和 Sinclair(1968)的估计，大约 1000～10000 个人工冰晶可形成一个雹胚，即 $e_b=10^{-4}$。产生一个雹胚需要 $n_b=1/e_b=10^4$ 个冰晶。人工雹胚的浓度应比自然雹胚浓度大多少倍，在冰雹总量一定的条件下用下列公式估算，即：

$$M=\frac{\pi}{6}nd^3\rho_I=\frac{\pi}{6}n'd'^3\rho_I$$

所以 $$nd^3=\mathrm{n}'d'^3\text{，即}\frac{n'}{n}=\left(\frac{d}{d'}\right)^3\text{，}n'=\left(\frac{d}{d'}\right)^3n$$

其中 n、d 为自然冰雹的平均浓度(个/m^3)和直径(cm)，n'、d'为播撒影响后的冰雹浓度和直径，如果把云中冰雹从 $d=4$ cm 降到 $d'=1$ cm($d\leqslant 1$ cm 的冰雹可在落到 0℃以下融化为雨)则$\frac{n'}{n}=64$ 倍，而一般这个比数取为 100。

综合以上两项的要求，每立方米的冰核播撒数为 $10^4\cdot 10^2\cdot n'=10^6n$，对一个 1 km^3 的冰雹形成区，播撒量达到 $10^{15}n$。自然冰雹的平均浓度大约值是 $n=0.1\sim1.0$ 个/m^3。由于取$\frac{n'}{n}=100$，是把自然冰雹平均直径 4.64 cm 减少到 1.0 cm，一般大的冰雹对应着小的浓度，1 m^3 如有一个这么大的冰雹，其比含量已达到 47 g/m^3，一般达不到这么大的含量，所以在这里取 $n=0.1$ 个/m^3 或 0.2 个/m^3 比较合适。这样一来，每立方千米的播撒量是$1\times10^{14}\sim 2\times10^{14}$。

7.3.4.2 冰雹过冷水耗尽算法

如果雹云中大雹生成区的过冷水含量为 Q_L(g/m^3)，使这些过冷水平均耗用在浓度为 n 个/m^{3}的冰雹上，且直径≤1 cm，则 $Q_L=\frac{\pi}{6}nd^3\rho_I$，这里 $d=1$ cm，$\rho_I=0.9$ g/cm^3；则 $n=\frac{6Q_L}{0.9\pi}=2.12Q_L$。如 $Q_L=10$g/m^3，则 $b=2.12$ 个/m^3 这样一来，播撒量为 $10^4\times2.12\times Q_L\times10^9=2.12\times10^{13}Q_L=2.12\times10^{14}$ km^{-3}。

7.3.4.3 冰粒子过冷水耗尽算法

在上述两种估算方法中，认为只有冰雹消耗了过冷水，其实从冰核转化为任意大小的冰晶也都在消耗过冷水。在 10^{14} 个冰晶中只有一个长大成雹胚，而另外的 $10^{14}-1$ 个冰粒子耗用了多少过冷水呢？如果这些粒子平均直径为 100 μ($d=0.01$ cm)，耗用过冷水量只有 0.005 g/m^3；如果平均直径为 500 μm，耗用过冷水为 0.6 g/m^3，可见未形成雹胚的冰晶粒子耗用过冷水量占总过冷水量的比例还是很小的，可以忽略不计。

看来，由不同算法给出的每立方千米的播撒冰核量皆在 $1\times10^{14}\sim2\times10^{14}$ 个/km^3。

关于在 1 km^3 中，用弹量的数目由下式给出

$$m=2\times10^{14}/ei$$

ei 是单发炮弹的成核率。根据有关文献给出的测量值的量级为：

T	-10℃	-12℃	-14℃	-16℃
ei	10^{10}	10^{11}	10^{12}	10^{13}

可见从 $-16\sim-10$℃，差 10^3 倍。目前“37”炮的炸点高度达不到 0℃层高度，文献给出 5 min 垂直扩散厚度也只有 2500 m，这样一来估计可以达到 -14℃左右，所以，每立方千米的用弹量在 10～100 发之间。

综上所述，给出一个每立方千米的用弹量公式为：

$$m=n_b\cdot\left(\frac{d'}{d}\right)^3\cdot n\cdot10^9/ei$$

或

$$m=n_b\cdot2.12\cdot Q_L\cdot10^9/ei$$

其中 $\left(\frac{d'}{d}\right)$ 可取为 100，Q_L 可由观测给出，n 可取 0.1 个/m^3，10^9 是把立方米换成立方千米应乘的倍数。其中 n_b 和 ei 是难以估准的值，n_b/ei 合理变化范围达到 3 个量级，因此，用弹量的可估性是相当不可靠的。

有了每立方千米的用弹量估算值，再测出雹云中应当予以播撒的作用区体积，二者相乘即得到了实际作业的用弹量。作用区的体积应当不同于雹云 0℃层以上的雷达回波达到某强度值的体积(即泛称雹源体积)，因为这个体积中包括有降雨形成区、降雨区和降雹区，并不都是冰雹形成区；也不同于冰雹“穴道”体积，因为这里是冰雹汇集区，是通向大雹形成区的通道，但“穴道”附近的区域对冰雹增长也有贡献。

所以，作用区的体积应介于“雹源”体积和“穴道”体积之间，估算取“雹源”体积的“零域”所在高度以下的主入流区范围较为合宜，这个区域如前文所估约为“雹源”体积的 1/8～1/4。

可见，近来在播撒防雹原理研究上的进展，得到了一些规律性的结果，开始澄清了一些主要的疑问，得到了一些比较明确的结论，可以初步明确播撒防雹的原理和实施要领。看来“利益竞争”的防雹假说是可以实现平等竞争的，其实施要领是要给出播撒时机、部位和剂量。时机是与雹云发展阶段相对应的，部位是与雹云结构和它决定的成雹机制和防雹原理相对应的，剂量则是达到质变(防雹)的数量要求。在以上的叙述中，已详细讨论了部位问题，这个部位就是“穴道”，这由雹云流场特征决定，位于主上升气流侧边，接近水平速度近于零的零域主入流区，一般应处于零域的下侧。这个部位可称之为播撒“作用区”。下面再着重讨论实际作业中的时机问题。合适的播撒时机就是“穴道”形成之时，只要强对流一发展，“穴道”就形成了，对流云在维持阶段“穴道”可处于准稳定状态，一旦有了“穴道”，人工播撒后就会启动“竞争”，只有“竞争”何时起动的问题，没有能否启动“竞争”的问题。当然，从

“穴道”形成开始启动“竞争”直到“穴道”垮台(即雹云消散)为止都实施防雹作业,这可以得到更好的防雹效果。在实际防雹作业中,如果作业点是固定的,雹云移到防区,可以处在发展中,也可以处在维持中,只要进入可作用范围内就可对“穴道”施行作业,时机演变成进入作业圈的时间。如果这个时间一定要与云的某个发展时刻相吻合,这就大大限制了固定作业点的防雹效能,如果没有这种吻合要求,只要有“穴道”存在即可对云作业,才适合固定性作业点的布局。自然,如果雹云进入作业点作用范围时,云处于消散阶段,“穴道”崩溃了,也就没有作业的必要了。作为一个防雹工程体系,可以设有固定防雹作业点,也可以有流动作业点,一旦强对流云达到雹暴指标,也就形成了冰雹“穴道”,应在达到指标之前就指令靠近云体的防雹作业点或指令流动作业点向云体移动,开始向“作用区”作业。

参考文献

刘式达等. 2003. 从二维地转风到三维涡旋运动. 地球物理学报, **46**(4), 450－454.

许焕斌,段英,吴志会. 2000. 防雹现状回顾和新防雹概念模型. 气象科技, **4**: 1－12.

Eagleman J K, Lin W C. 1977. Severe Thunderstorm Internal Structure from Dual-Doppler Radar Measurements. *J. Applied Meteo*, **14**: 1036－1048.

Foote G B. 1979. Furture Aspects of the Hail Suppression Problem, *Seventh Conference on lnadvertent and Planned Weather Modification Banff*. Alberta Canada, 180－181.

Fukuta N. 1982. “Side skim seeding” for convective cloud modification. *J. Weather Modification*, **13**: 188－192.

Kartsivedge A 1. 1968. Modification of Hail Processes. *Proceedings of International Conference of Cloud Physics*, 778－780.

Orville H D. 1992. A review of theoretical developments in weather modification in the post twenty years, *Preprints, Symposium on planned and Inadvertent weather modification*, Atlanta, GA, 35－41.

Sinclair P C *et al*. 1968. Hailstorm Modification. *Proceedings of the International Conference on Cloud Physics*. Torondo. Canada. 789－794.

WMO Meeting of experts to review the present status of hail suppression, WMO TD No. 746. 1995.

WMP Report No. 3(WMO). Report of the meeting on the dynamics of hailstorms and related uncertainties of hail suppression, Geneva, 1981.

Young K K. 1996. Weather modification－A theoretician's viewpoint. *Bull. Amer. Meteor. Soc.* **77**(11): 2701－2710.

Абщаев M T. 1989. 影响冰雹过程的一种新方法. *T P*, *ВГИ*, *Вып*, **72**: 14－28.

第八章　爆炸防雹原理

8.1　引言

我国的防雹活动起于民间，主要用的是爆炸的方法，工具一直在改进，先是土枪土炮，进而用空炸炮、高炮，而且规模越来越大。农民和基层乡村政府从防雹前后简单对比中，认为效果显著。因为防雹点是因雹灾严重而设，一旦设点效果一比就明白了，雹灾减轻了就有效。而且远从1958年，近从1973年起，多年的平均统计灾情在减少。但是从科学技术界来说，认为毫无道理者有；疑虑重重者有。在这种境况下，做了相关研究的工作者也觉得底气不足，再加上交流不畅，以致国内外均不甚了解。以致直到2001年WMO执委会"关于人工影响天气现状的声明"中，还认为"近几年来再度出现使用加农炮产生强大噪声的防雹活动，目前既没有科学依据也没有可信的假设来支持此类活动。"难道人们真是在用"噪声"防雹吗？"噪声"中难道没有一点科学信息吗？如果"噪声"中没有科学信息当然就是噪声；如果不是，而是含有重要科学信息的，就是人们理解与否的问题了。

出现这种强烈的反差并不奇怪，这是由于防雹本身公认严格的效果检验方法还没有，比起人工增雨的效果检验，由于其本身变率大而更困难，再加上爆炸本身对云体起了个什么作用也难以用实验来肯定。了解爆炸本身和了解雹云成雹机制，前者是出了学科的"行"，后者本身也很困难，更何况要了解爆炸对雹云的作用，更是跨学科的新问题，知识基础也跟不上。但是面对我国这么大的爆炸防雹规模，面对农民和乡村政府的认可，作为一名从事人工影响天气的工作者绝不能袖手旁观，要么通过研究消除迷信，要么找到科学根据，明确其科学道理并提高其科技水平，这是一个科学家的责任。早在1950年，中国现代大气科学家竺可桢先生，在《科学通报》一卷四期上，面对农民的爆炸防雹活动，并没有直接指责，而是在赞许他们与自然斗争的同时，希望注意了解雹云的结构，"利用它组织内在矛盾，把云的结构变了质"，能把雹云变质吗？下面我们介绍的一些结果，将会使我们体会到，竺老真是一位有远见、有深邃洞察力的大科学家。

下面我们将以科学的态度，先看事实，再核查事实；先作学术归纳，提出科学假说，再作求证等一系列方式；既学习爆炸物理，又联系雹云物理和成雹机理，在两个学科分支的边缘上来求索。

8.2　爆炸对云体的作用表现

爆炸的作用，可以分几方面来说明。

8.2.1　农民和地方政府的评价

虽然地方政府知道目前防雹工作仍处于试验研究阶段，农民也知道这一点。但事实上，防雹是作为一种防灾手段在使用着，他们从农作物的受害与增益的宏观角度，给了甚高的评价。例如新疆拜城县政府1984年总结防雹工作时指出:防雹与否,情况很不一样,防雹虽花十几万元,但农业丰收,粮油上交;不防雹,少花十几万元,不仅不能给国家上交粮油,还要被救济几十万元。一正一反,相差太大了,为此,县政府决定防雹工作要制度化,建立了专业队伍,添置观测设备,还划拨了土地建立防雹点。

8.2.2 统计检验

参加防雹的科技工作者,不单从农业受灾程度或增益的角度来判别效果。因为农业的收成除受雹灾影响外,还受农业对策、农业技术、水、肥等措施的影响,降雹也有气候变化,因而使用统计检验的方法来评价防雹的效果是必要的。

8.2.2.1 对土炮防雹的统计检验

根据甘肃、内蒙古和新疆的统计检验来看,使用土炮的防雹未能得到有显著变化的效果。

8.2.2.2 "三七"高炮的统计检验

内蒙古、新疆、甘肃、四川的气象科学研究所都作了工作,其结果列在表8.1中。

表8.1 各地"三七"高炮爆炸、引晶防雹效果

序号	地区	年代	检验项目	效果	第一作者
1	内蒙古昭盟	1873—1978(6a)	雹日	1.弱成灾雹日减少75% 2.雹日等级下降,强雹日降为中雹日,中雹日降为弱雹日	杨得宇
2	新疆昭苏	1974—1980(7a)	雹日	1.雹日平均减少31%,显著水平0.01 2.大雹日减少48%,显著水平0.01 3.降2 cm以上的大雹作业无效	大钧
			降雨	增加25%	
			降雹时间	增长23%(1~2 min),显著水平0.01	
3	甘肃永登	1973—1978(6a)	降雹次数	降雹危险性指标≤0.35,增加41% $0.35<P<0.55$,减少66.7% $P\geqslant0.55$,减少30.2%	陈立祥
4	四川冕宁	1973—1976(4a)	粮油产量	减少损失78.6%,显著水平0.01	周和生
			雹灾区长度	显著变短,显著水平0.01	
			强回波高度	显著降低,显著水平0.01	
5	山西昔阳	1969—1976(8a)	受灾面积	有效46.6%(≤41.6不显著)	黄美元
6	内蒙古河套平原	1983—1985(3a)	受灾面积	平均减少89.9%,显著水平,秩和检验小于0.01~0.05 多事件检验:小于0.005~0.008	王干元
7	河北涿鹿	1956—1986	雹灾面积	有效46%,t检验,显著水平0.25	石安英

从表 8.1 可以看出下列几点：

①“三七”高炮防雹活动引起的变化是显著的；

②受灾面积或粮油产量的损失平均减少 78.6%～89.9%；

③对于雹日，总的来说成灾雹日在减少；

④对降 2 cm 以上的大雹作业无效；

⑤降雨量增加 25%。

上述结果与前苏联所报道的十分相似。他们使用的方法，大都伴有爆炸，如“埃里勃鲁士”炮弹和“阿拉桑”式火箭等；也使用较为简单的对比统计方法，得出防雹可以减少损失 70%～90%，对特强冰雹效果不佳。20 年来一直维持着这样的效果，已不能用 12 年左右的气候周期来怀疑防雹活动的效果。

8.2.3　物理变化

爆炸防雹的效果，除了在雹日、成灾面积、作物损失等方面有变化外，更为直接的是对雹云物理过程的影响。有些作用虽不能引起降雹与否或降雹量的变化，但可以在物理过程中看出一些变化，虽然确认物理变化存在着种种观测上的困难和资料分析中的不确定性，去捕捉这类物理变化仍然是探索爆炸防雹机理的一个关键性途径。

几十年来，科学院大气所，兰州高原大气所，新疆、内蒙古、山东、四川气象局作了大量的工作，前苏联在这方面也有不少报道。现把一些要点简要介绍如下：

8.2.3.1　雷达回波的变化

对强对流云施行连续“三七”高炮轰击之后，雷达回波可发生以下几种变化：

①回波顶下降，回波减弱，回波衰弱速度比自然明显加快。

②移速骤减，有转向趋势。

③回波出现空洞或弱区、强区分裂（黄美元，Вибилащвилй 1981），见图 8.1。

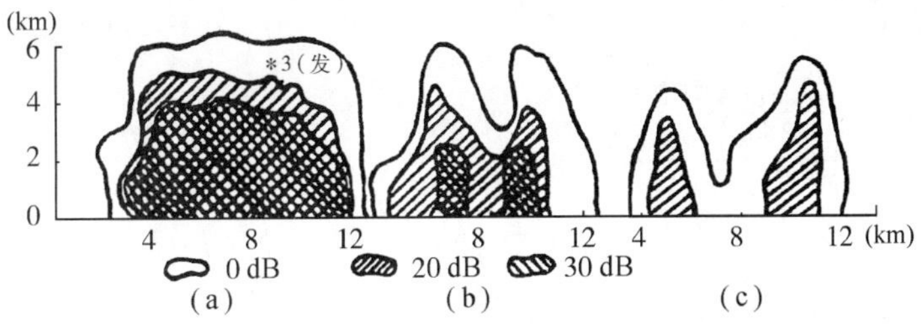

图 8.1　1978 年 8 月 25 日，人工影响后回波在 RHI 显示上的图形变化

(a)14：02；(b)14：08；(c)14：10

山东省气象科学研究所利用 711 雷达观测到的 191 块自然雹云的回波随时变演变资料和 11 次炮击雹云后的相应演变资料，给出了图 8.2 的结果，表明经过炮击的雹云回波顶高最大下降速率为 400 m/min，而自然的值是 200 m/min，二者有明显差别。

图 8.3 和图 8.4 是李连银给出的两个实例观测，回波在打炮后 12～25 min 内发生了明显的分裂、衰落，还看到回波在衰落中垂直向在降低，水平向有扩展并分裂。

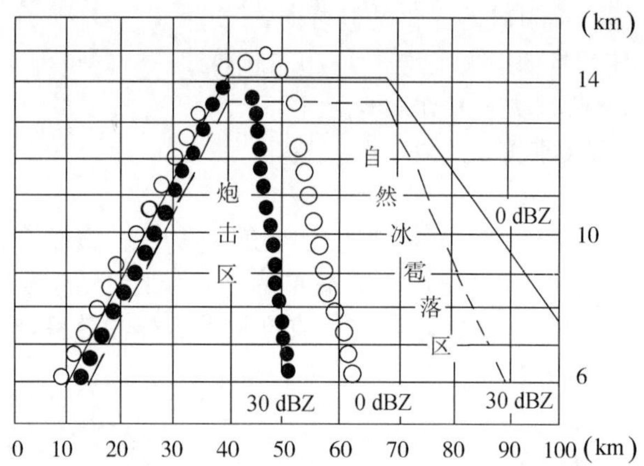

图 8.2 自然雹云、人工炮击雹云顶高下降速率(李连银 1996)

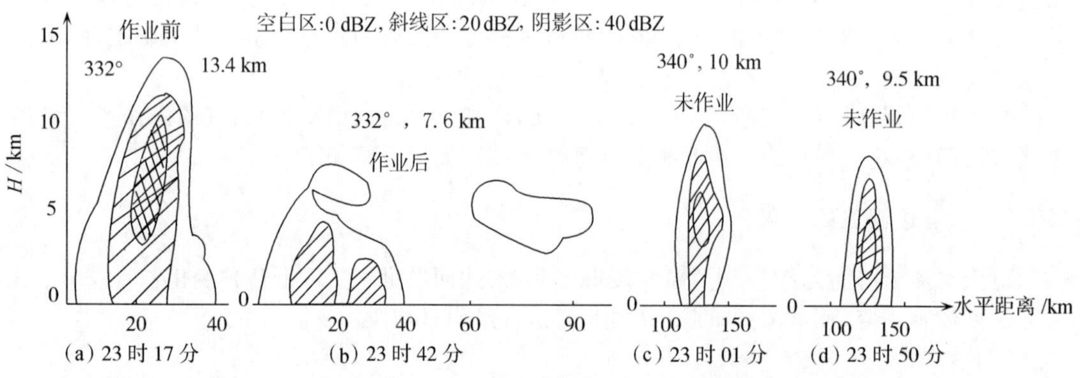

图 8.3 1990 年 8 月 11 日 RHI 作业前后回波的比较(李连银 1996)

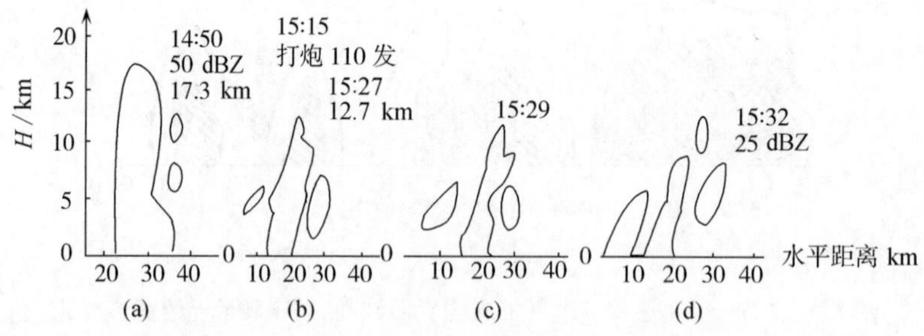

图 8.4 1991 年 7 月 17 日高炮作业前后雹云回波在 RHI 上的变化

作业云体在衰落中，垂直向在降低，水平向在扩展并裂

图 8.5 则给出了炮击后回波的另一种变化的个例和统计结果。

山东济南 711 雷达观测的 191 个雷暴回波变化，其中只有 37 个在后期出现了亮带，占 19.3%，从旺盛到出现亮带的时间平均是 60 min，这是积状云转层状云的标志。

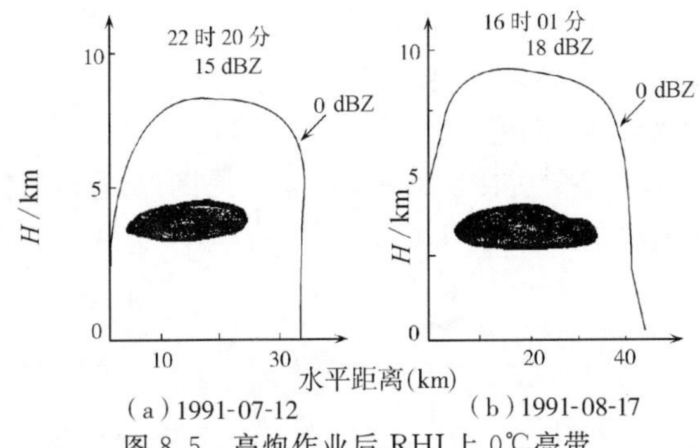

(a) 1991-07-12　(b) 1991-08-17

图 8.5　高炮作业后 RHI 上 0℃亮带

未作业:雷暴出现亮带的几率是(37/191)19.3%(济南),从旺盛到出现亮带的时间平均是 60 min;
作　业:雷暴出现亮带的几率是(13/18)72%(德州),从旺盛到出现亮带的时间平均是 25 min。

而在德州 711 雷达观测的被打炮的 18 个雷暴中,有 13 块出现了亮带,占 72%,从旺盛到亮带出现的时间平均是 25 min,比自然情况快得多。

周和生在四川也曾对打炮对云体回波的作用表现进行了分析。其统计结果是,对未打炮作业的云,两次按规定条件观测到的回波没有显著差异(信度 98%);而对打炮的云,作业与未作业后两次雷达观测的回波有显著差异,信度 99%。打炮作业后回波顶高有明显下降,下降变化速度也有显著加大,信度 99%。

8.2.3.2　降雨的变化

①炮响雨落。在炮击后几分钟内,原来不下雨的云发生降雨,原来下雨的云,其雨滴变大,雨强加大(黄美元等 1980)。

②降雨谱分布变宽,出现双峰(见图 8.6)。

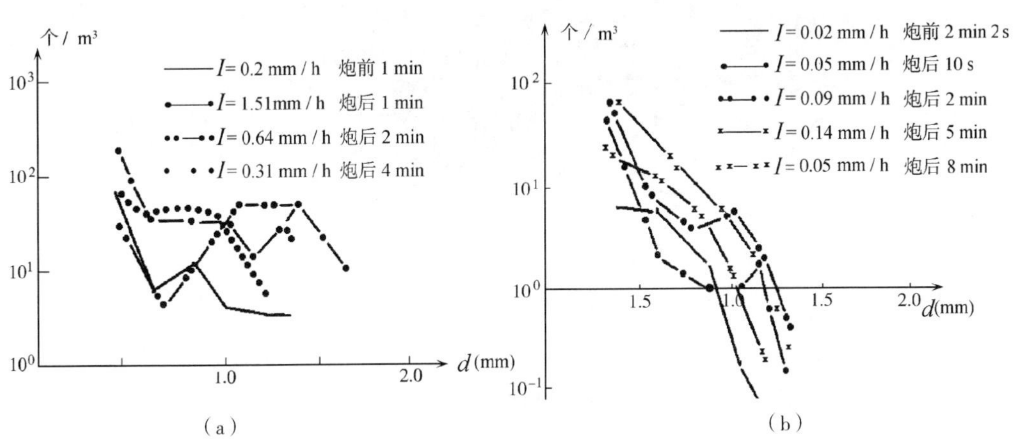

图 8.6　二例炮击云体后雨滴谱和降水强度随时间的变化

(a)个例 1;(b)个例 2(黄美元等 1980)

③雹击带的变化。

ⅰ)雹击带在防雹区边沿中止。

ⅱ)雹击带有绕防雹区边沿转动之势。

ⅲ)雹击带在防雹外沿地区变短变宽。

ⅳ)降雹面积似乎并未减少,但集中分布在防雹区周围,防雹区内降雹明显减少。图 8.7 和图 8.8 给出了在摩尔达维亚(1968)和北高加索(1972)防雹区的雹击带分布图,由图可以清楚地看到上述四点。

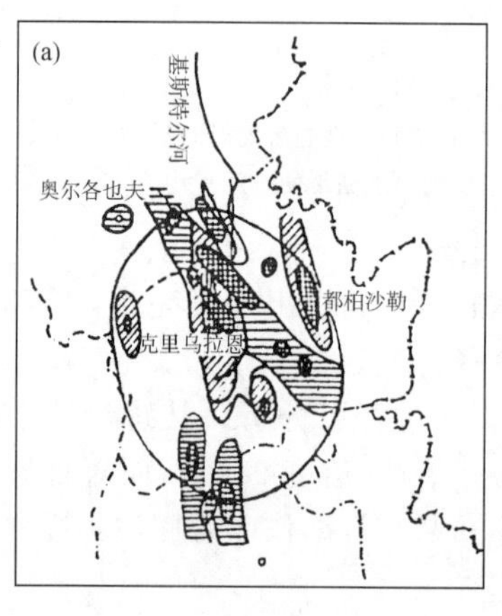

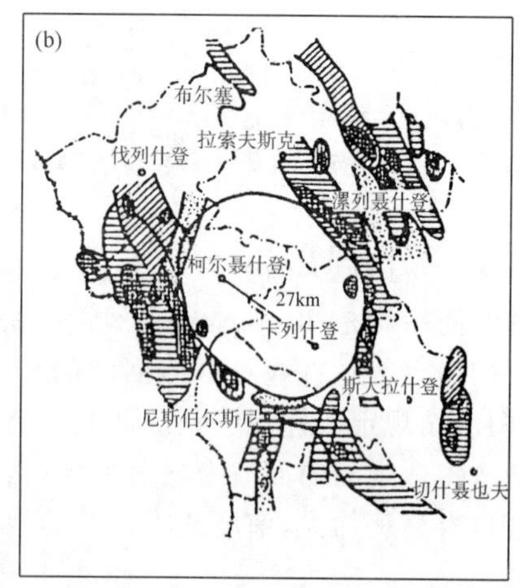

图 8.7 摩尔达维亚 1968 年防雹区,对比区(a)和防雹区(b)的地面雹击带分布图

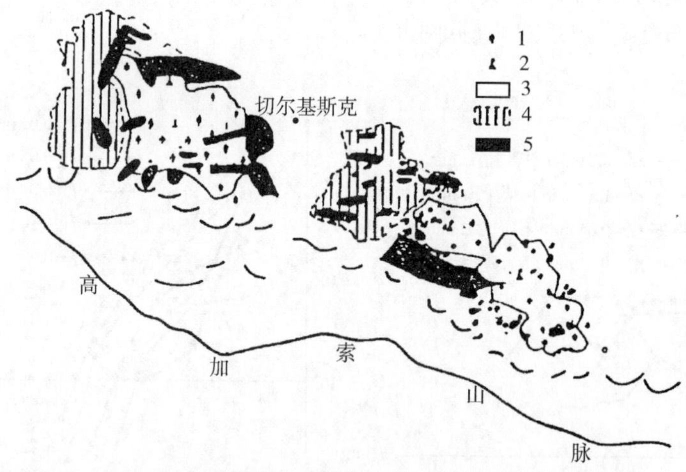

图 8.8 1972 年高山地球物理所北高加索地区防雹区简图

1. 火力点;2. 防雹指挥点;3. 防雹区;4. 对比区;5. 雹降落区

8.2.3.3 地面爆炸对雾影响的试验

内蒙古自治区多伦气象站 1972 年 9 月 8 日晨,在西山湾对自然雾进行了爆炸试验。试

验区为一条东西向的狭窄山沟，东西向 4～5 km，南北山间距 100～200 m。在山头设观测点，炸点在山脚下，距观测点水平距离约 50 多米，垂直距离 100 多米。自然雾处于山谷中，厚约 100 m 左右，雾中地面能见度 50～100 m，雾顶与山头观测点基本同高或稍低，从谷底看不到山顶物体，雾顶部基本平坦，只有浓淡之分。风速 3～4 m/s，风向东，雾随风缓慢移动。

爆炸在雾底，炸药包药量为 450～600 g 硝铵。从 6 时 25 分到 6 时 55 分，共进行 8 次爆炸试验，8 次都观测到下述现象(见表 8.2)：

表 8.2　山顶观察上涌现象

顺序号	爆炸时间	硝铵炸药量	上涌高度（高出雾顶）		上涌现象距爆炸点水平距离	持续时间
1	6 时 25 分	9 市两*	上风方	10 m 多高	约 50 m	1～2 min
			下风方	10 m 左右	约 50 m	1 min 左右
2	6 时 32 分	9 市两	上风方	10 m 以上	约 50 m	1～2 min
			下风方	10 m 左右	约 50 m	1 min 左右
3	6 时 37 分	12 市两	上风方	12 m 以上	约 50 m	1～2 min
			下风方	10 m 左右	约 50 m	1 min 左右
4	6 时 40 分	12 市两	上风方	10～12 m	约 50 m	1～2 min
			下风方	10 m 以上	约 50 m	1 min 左右
5	6 时 44 分	12 市两	上风方	10～13 m	约 50 m	1～2 min
			下风方	10～11 m	约 50 m	1 min 左右
6	6 时 49 分	12 市两	上风方	10 m 以上	约 50 m	1～2 min
			下风方	10 m 左右	约 50 m	1 min 左右
7	6 时 52 分	12 市两	上风方	10 m 以上	约 50 m	1～2 min
			下风方	10 m 左右	约 50 m	1 min 左右
8	6 时 55 分	12 市两	上风方	10 m 以上	约 50 m	1～2 min
			下风方	10 m 左右	约 50 m	1 min 左右

*1 市两＝50 克

(1)爆炸后十余秒，山头观测到在炸点上风方和下风方各约 50 m 处出现雾涌起，高出雾顶十余米，维持时间约 1～2 min。上风方涌起量和维持时间略大于下风方；

(2)爆炸后炸点上风方雾变浓，下风方雾变淡，维持时间 1～2 min，在爆炸 50～100 m 内，在爆炸后一段时间里，两边有雾，东浓西稀，中间雾近于消散，可见蓝天；

(3)爆炸后约半分钟，炸点上风方雾移动减慢，下风方雾移速变快，特别是在下风方地面观测到雾移动明显加快，维持时间 1～2 min。

综上所述，这个试验有三点值得重视：一是试验对象是雾，雾是比较稳定的天气现象，结构比较均匀，维持时间较长；爆炸后 1～2 min 发生的变化，小于自身变化周期，不易被自身自然变化所混淆；另外，雾在山谷中，爆炸在谷底雾中进行，雾顶在观测点之下，可以看清雾顶的整体宏观变化，观测可靠性高。二是雾笼罩着爆炸试验区，雾的尺度大于爆炸激发的扰动气流场区，可以全面显现出扰动场与环境流场的相互作用。三是进行了 8 次试验，次次都观测到上述所列现象，说明试验结果的可重复性强，观测到的现象是可靠的。

8.2.3.4　爆炸对艾条燃烧烟道的影响

在室内燃烧艾条，产生直径 1 cm，高 15～35 cm 的烟道，用装有 1 g 黑火药的 0.9 cm 内径 12 cm 长的小钢管炮在距烟道 5～18 m 处爆炸，观测烟道的变化。发现在爆炸后的 0.5 s

左右烟道直升段出现波长为 2～3 cm 的波数多达 8 个以上的扰动(黄美元等 1980)。

在此实验中,烟道距炸源 5 m,而烟道的水平尺度才 1 cm,垂直尺度 15～35 cm,爆炸引起的扰动场在烟道内的梯度差值不大,再鉴于烟道扰动波长短,估计这种烟柱扰动摆动可能更像是扰动场扰动本身对烟道的直接扰动或引起的失稳作用,而不像是由于扰动场梯度造成的动量通量辐散辐合引起的对整个烟道的强迫响应。但这个实验说明 0.5 g TNT 炸药爆炸,可以在 5 m 以外引起明显可察觉到的扰动气流。这相当于"37"弹(装药 60 g)在 30～40 m 外产生明显的扰动气流。这表示爆炸可激发扰动气流。

下面着重分析爆炸防雹所引起的物理变化,看这些变化的物理内涵是什么? 首先,我们来看一下,可否用现有的防雹作用原理来解释。

催化防雹原理:用播撒成冰核来增加雹胚的数量,分食可用的过冷水来防雹。暂不说这种机制的作用原理,单就起作用的时间来说就很难解释。从图 8.7～8.8 来看,雹击带在离炮位 10 km 处中止,而高炮的水平射程也只有这个距离,这说明作用的时间是很短暂的,只在炮击后的几分钟之内。从炮响雨落,回波变化来看,也是在 10 min 之内看到的,时间这么短,靠播撒物引起的微物理过程的变化是来不及起作用的,单是云中降水粒子的降落几千米的距离就需要这个时间。以相对落速 10 m/s 来计算,1 min 也只能降落 600 m,5 min 降落 3000 m。所述的一些变化如果能被观测出来,就需要有这么大的落距。因此可以说,起作用的时间大致就是降水粒子降落的时间,没有能提供粒子微物理相变或增长的时间。当然,在滴降落过程中也可能发生微物理变化,如碰冻、冲并或融化,但这是先降落而后引发的,是从属性的变化。

另外,如果能够产生阻尼上升气流,或使降水粒子加速,破坏云中原有的上升气流拖带和粒子落速之间的平衡,粒子相对于地面的落速加大,就可以解释很多现象。

例如:降水粒子相对于地面的落速加大,可以解释回波下降,云中出现弱区、强区分裂;由于降水粒子的下泻,可以解释炮响雨落;由于云中已有冰雹下泻,造成雹击带中止,使冰雹骤然增多,降落在防雹区外沿。由于对上升气流的抑制作用,可以解释回波衰弱,对流衰落速度加快;抑制上升气流的发展,等效于对流稳定度的增加,因而对流优先在作用区外发展,这可解释雹击带的转向。如果有这种作用,它们是属于对气流和对降水粒子运动的动力作用,有别于经典的着重于微物理变化的作用。

自从观测到爆炸的作用表现以来,除上述所介绍的综合外场试验结果以外,中国科学院大气物理研究所、兰州高原大气物理研究所、内蒙古和新疆气象局还组织了室内和室外的专门试验,国外也进行了类似的试验。综合来看,爆炸可以引起过冷水的冻结,但这种作用远不及播撒成冰核有效,而且不能解释前面所描述的现象。

至于爆炸对气流的作用,国内和前苏联的学者都曾作过研究。中国科学院大气物理研究所作了爆炸对烟条运动状态影响的试验,效果明显;新疆气象局做的爆炸影响垂直气流中粒子降落的试验更是直接明了。由于这类实验很难做到全面满足相似性要求,因而把实验结果推广到实际大气现象中来会有些疑问。例如,冲击波的宽度与作用目标特征尺度的比值,这个比值代表着冲击波覆盖作用目标的状况,即冲击波对目标的作用是整体性的,还是局部性的。在试验中气流的特征宽度为 H,冲击波的特征宽度 $D=\tau V$,τ 和 V 是冲击波的特征时间宽度和特征传播速度,当 $D/H>1$ 时,冲击波的作用是整体性的,当 $D/H\ll 1$ 时,作用是局部性的。可是 H 的变化可以很大,从厘米到千米,相差 5 个量级,但 D 的变化很小,造成 H/D 比值很不稳定。这犹如拿一把砍刀砍一棵直径几厘米的树,一刀就可砍断;倘若用它砍几十厘米的大树，一刀下去只能伤其表皮了。

前中国科学院高原大气物理研究所做了爆炸影响平移气球运动的试验，也看到一些变化，但由于例子少，并未得出明确一致的结论。

前苏联学者 Вулифсон 和 Левин 等给出了在不稳定大气中下沉扰动的发展，提出了人造下沉气流的问题，但是它们是假定先有了一个下沉扰动，这个下沉用什么方法获得，爆炸是如何形成这种扰动的？对这种关键问题并未涉及。

8.3　爆炸产物和它们对云过程的可能作用

8.3.1　爆炸产物

爆炸会产生多种产物，主要有：

①炸药在爆炸后产生的气体，它的体积一般小于装药的 10 倍，对“三七”高炮炮弹而言，装药体积小于 10 cm^3，所以爆炸气体小于 1 L。

②爆炸产生的高速飞溅物，它们以超声速从炸点向四周飞行。

③爆炸产生的冲击波是一种非对称波，形如图 8.9 所示。波形中有一个正超压区，峰值为 $P^+(r)$，时间长度为 T_+；有一个负超压区，峰值为 $P^-(r)$，时间长度为 T_{-o}，而波形中每一点的压强为 $P(r,t)$。

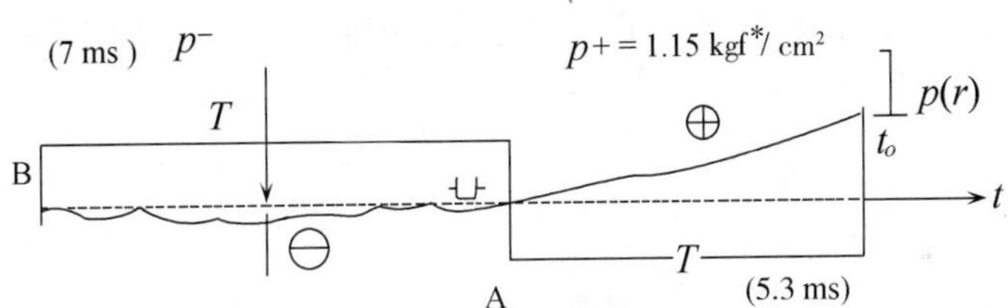

图 8.9　一磅球状 Pentolite 装药空中爆炸冲击波压强时间记录曲线
距中心约 18 m

正区的波形，$P^+(r,t)$ 的表达式，对于 $P^+(r) \leqslant 1$ kgf/cm²，由下式来表示：

$$P^+(r,t) = P^+(r)(1-\frac{t}{T_+})e - B\frac{t}{T_+} \tag{8.1}$$

其中 $B = 1/2 + P^+(r)$，$P^+(r)$ 的单位为 kgf/cm²，用此式计算，需知 T_+ 值。

对于负压区，有式：

$$P^-(r,t) = 14P^-(r)(\frac{t}{T_-})(1-\frac{t}{T_-})e - 4\frac{t}{T_1} \tag{8.2}$$

其中 t 是从 A 点算起。用(8.2)式作计算时，需知 $P^-(r)$ 和 T_- 的值。

---

* 1 kgf=9.8 N

根据爆炸物理学，冲击波前沿波阵的传播速度，依次大于其后各点的传播速度，因而，随着传播时间 ta 值的增加，波形相对而言会趋于平缓，即 T_+ 值随着 ta 值的增加而加大；另外 A、B 两点所处的状态基本相同，传播速度也大致相等，所以介于 AB 之间的对应值 T_- 变化应较少。当然 T_+ 和 T_- 值还与装药量有关。其关系式有：

$$T_+ = 1.5 \times 10^{-3}\sqrt{r}\,\sqrt[6]{q} \tag{8.3}$$

r：距炸心的距离(m)；q：相对于 TNT 的装药当量(kg)。另外，还有 T_- 的关系式：

$$T_- = 4.25\frac{\sqrt{q}}{c} \tag{8.4}$$

冲击波的波形受到装药重量 q 的制约，而且在传播中随 r 的加大而变化着。一般其正区大于负区，但最后会趋于相等，例如衰化成声波时就是如此。在不同的 q 下，在 r 处的波形是需要有实测资料的。

在图 8.9 的曲线中，负压峰值和负压区面积只约为正压峰值和面积的 20%。按 Baker 的 $P^+(R) \sim \overline{R}$ 曲线，所对应的 $\overline{R}$ 值等于 5.5。其中 $\overline{R} = (rP'^{1/3}_o)/E^{1/3}$，$P'_o = 10.287$ 磅*/英寸^2(相当于 700 hPa)，E 为炸药的能量。对于“三七”高炮炮弹来说，其装药相当于 0.05 kgTNT，$\overline{R} = 5.5$ 处其 r 值大约是 8～9 m。也就是说，图 8.9 的波形相当于“三七”炮弹爆炸在8～9 m 远处的波形。当然，T_+ 和 T_- 值，需要根据(8.3)、(8.4)式来订正。因此，对于“三七”炮弹的爆炸，可以图 8.9 的波形特征为准，进行必要的订正。

飞溅物以超音速飞行，会产生类似于冲击波的激波，但其强度和影响范围很小。

④声波，爆炸产生很强的声波，冲击波也会衰变成声波。

上述四种产物，其中爆炸气体很少，对气流直接作用甚小，对粒子的影响范围也可忽略。其他三种产物都可以向外传播，影响范围较大，应考虑它们对气流的作用，考虑它们与降水粒子的相互作用。

8.3.2 爆炸碎片

爆炸飞溅物是炮弹的碎片，它们能够以高于声速的速度向四周飞行几十米，其作用一是对空气的曳带，二是它们会碰冲云及降水粒子，在低温状态下会产生冻结，否则还会把收集到的水再以水滴的方式甩出来。后者的作用又属于微观物理作用，它不是爆炸作用独有的作用，这里暂不讨论。下面只着重讨论曳带作用。

单个飞溅物对空气施加的曳带力为$\frac{1}{2}\rho_a C_D S V^2$，这里 ρ_a 为空气密度；C_D 为阻力系数；S 为飞溅物的等效截面积；V 为飞溅物相对于空气的飞行速度。由于飞溅的飞行速度大于声速，所以运动雷诺数会大于 10^4，这样 C_D 可以取 0.47，马赫数可取为 1.5，$V = 1.5 \times V_s$，V_s 为声速。$S = \frac{\pi}{4}D^2$，D 为飞溅物的等效直径。

对于一发炮弹，其碎片有个分布，$N(D_k) = f(D)$，那么对于一群飞溅物来说，对其所在空间内的空气造成的拖带力：

$$D_{AL} = \sum_{k=1}^{K} \frac{1}{2}\rho_a C_D \frac{\pi}{4} D_k^2 N(D_k)(1.5V_s)^2$$

---

*1 磅=453.59 g

前苏联学者给出了“埃力勃鲁士”炮弹碎片分布，如图 8.10 所示。利用这个分布资料可算得其总阻力。一个物体在空中运动，由于阻力在物体的后面会形成尾流，根据流体动力学原理，在离物体足够远处尾流中的流量与阻力 D 之间有关系：$D = \rho_a VQ$，利用这个关系可以从测量尾流量来推算阻力 D，这里我们用 D 来反算 Q，为此：

$$Q = \frac{D_{AL}}{\rho_a V} = \frac{\pi}{8} C_D V \sum_{k=1}^{k} D_k^2 N(D_k)$$

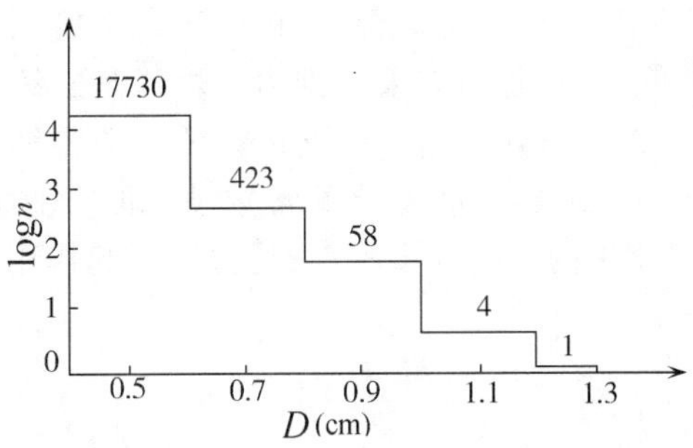

图 8.10　“埃力勃鲁士”炮弹碎片数(n)大小分布图

我们关心的不是运动碎片尾流中的拖带气流的流量有多大，见图 8.11，而是这些碎片群造成的拖带，在某个锥体截面内平均拖带的流量有多少。对于以炸点当球心的球面来说，认为 Q 是通过全球面 $4\pi R^2$ 的，R 是截面所在处的距炸心的球半径，令 a 为锥体立体角与全球穹的比值，则

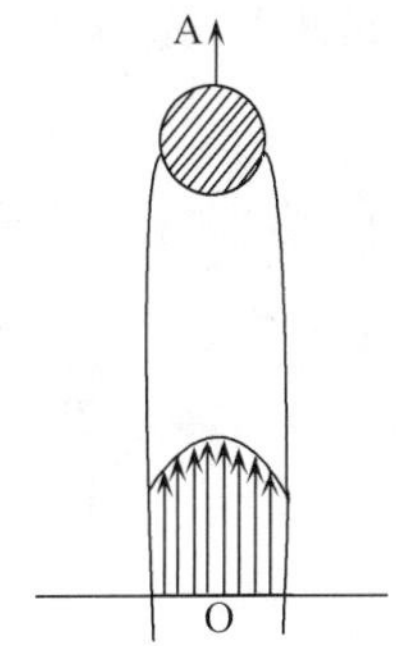

图 8.11　运行物体后的空气尾流

$$\alpha Q = \alpha \frac{\pi}{8} C_D V \sum_{k=1}^{k} D_K^2 N(D_k)$$

而 $Q = 4\pi R^2 \Delta\omega$，所以 $\Delta\omega = \frac{1}{32R^2} C_D V \sum_{k=1}^{k} D_k^2 N(D_k)$，$\Delta\omega$ 为 R 处的拖带气流平均速度，按图 8.10 的资料：

$$\sum_{k=1}^{k} D_k^2 (D_k) = 4693.28\ \text{cm}^2$$

取 $C_D = 0.47$ 时，$\Delta\omega = 68.933 \dfrac{V}{R^2}$。当 $V = 450$ m/s，$R = 100$ m 时，$\Delta\omega = 0.031$ cm/s。$V = 350$ m/s，$R = 50$ m 时，$\Delta\omega = 0.097$ cm/s，可见飞溅碎片的拖带作用实际上是可以忽略的。

8.3.3　冲击波

冲击波对空气的作用，从其波形结构来看，在正压区给空气以推力，而在负压区则是拉力，由于正压区的作用大于负压区，总的效果是推力。爆炸是断续的，冲击波的作用也是一阵一阵的，如图 8.12 所示。为了估算它们对空气运动的平均整体效果，可以把一系列爆炸冲击波作富氏展开，其中有一个不随时间变化的常数项，和一组随时间变化的正弦和余弦项。在取时间平均以后，变化项的作用等于零，只是常数项起作用，这项的大小由下式给出(许焕斌 1979)：

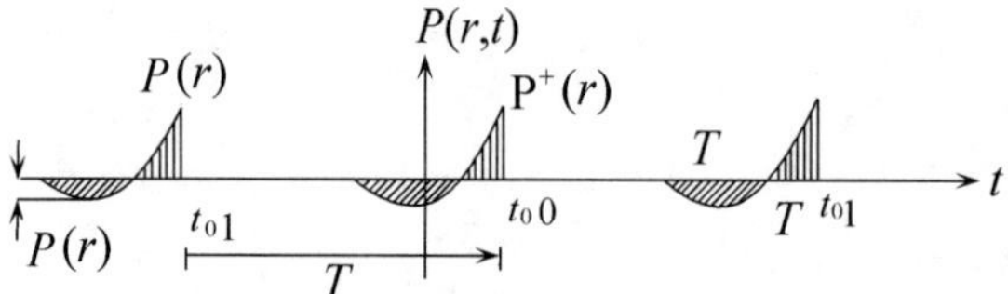

图 8.12　序列爆炸时的冲击波列

$$p(r) = \frac{1}{T}\int_{-\frac{T}{2}}^{\frac{T}{2}} P(r,t)dt \tag{8.5}$$

其中 T 为序列爆炸的时间间隔，$P(r,t)$ 是冲击波的波形表达式，它随距离和时间演变，$P(r,t)$ 的取值为：

$$P(r,t)\begin{cases} 0 & T < t \leqslant \dfrac{T}{2} \\ P^{+}(r,t) & 0 \leqslant t \leqslant T_{+} \\ P^{-}(r,t) & -T_{-} \leqslant t \leqslant 0 \\ 0 & -\dfrac{T}{2} \leqslant t \leqslant -T_{-} \end{cases} \tag{8.6}$$

代入(8.5)式积分得到：

$$P(r) = \frac{1}{T}T_{+}P^{+}(r)\frac{1}{B^2}(e^{-B} + B - 1) - 0.46\frac{1}{T}T_{-}P^{-}(r) \tag{8.7}$$

这个式子的物理意义可从(8.5)式来看，如令：

$$I = \int_{-\frac{T}{2}}^{+\frac{T}{2}} P(r,t)dt = T_{+}P^{+}(r)\frac{1}{B^2}(e^{-B} + B - 1) - 0.46T_{-}P^{-}(r) \tag{8.8}$$

则有：

$$P(r) = \frac{I}{T} \tag{8.9}$$

这个 I 值是整个冲击波(包括正区和负区)给空气介质的比冲量，它对于给定爆炸和在给定 r

处是一个常量。由于 T 是序列爆炸的时间间隔，所以 $P(r)$ 值就是单位时间的比冲量，这个量是压强，具有压强的量纲。

从另一角度来看，在序列爆炸期间 $t = nT$ 内，在某点（r 处）的空气介质压强（与空气介质静压相差的余压）随时间变化，把这个点的每个时刻的压强乘以时间微元求和，再除以整个时段 t，就可以得到这个点在 t 时间内取平均的时间平均压强值 $\overline{P(r)}$，即：

$$\overline{P(r)} = \frac{\int_0^t P(r,t)\mathrm{d}t}{t}$$

因 $t = nT$，$\int_0^t P(r,t)\mathrm{d}t$ 中有 n 个 $\int_0^t P(r,t)\mathrm{d}t$，所以：

$$\overline{P(r)} = \frac{\int_0^t P(r,t)\mathrm{d}t}{t} = \frac{1}{T}P(r) \tag{8.10}$$

这样就清楚地看到 $P(r)$ 值即为该点在 T 时间内的时间平均压强值 $\overline{P(r)}$。由于在 T 时间内，实际存在 I 值的时间比 T 小，$P(r)$ 值是把 I 平均到 T 时间内时的相应介质压强值，且满足等式 $P(r)T = I$，说明用 $P(r)T$ 与 I 等效，为此，我们称 $P(r)$ 为平均等效压强场，见图 8.13。

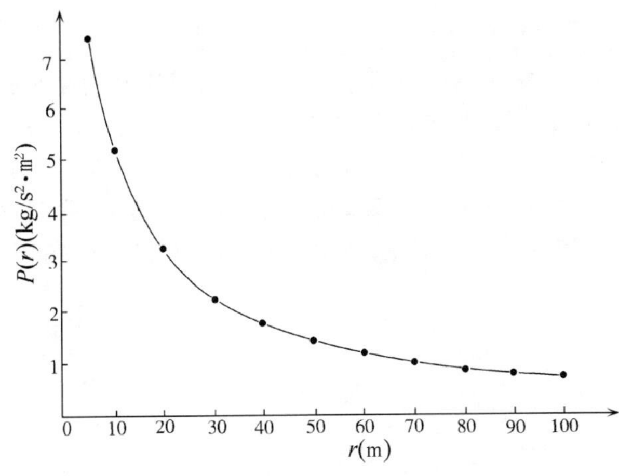

图 8.13　序列定点爆炸点周围的平均等效压强场

序列定点爆炸形成的平均等效压强场 $P(r)$ 是不均匀的，存在着一个平均等效压强梯度力。在炸点，气流如图 8.14 所示的配置下，空气由 M 点到达 C 点，其垂直气流速度变化由下式决定。

$$W_M{}^2 - W_c{}^2 = \frac{2}{\rho_a}P[Z_c - P(Z_m)] \tag{8.11}$$

当 Z_M 足够大时，$P(Z_M) \to 0$，这时有：

$$W_M{}^2 - W_C{}^2 = \frac{2}{\rho_a}P(Z_c) \tag{8.12}$$

如果 $W_C = 0$，则：由(8.12)式知，在图 8.14 所示配置下，由低层够远处来的上升气流，在炸点下方形成的平均等效压强场的作用下，将受到制动，其速度由 W_M 变为 W_C，如果 W_M 等于未扰动上升气流速度，那么平方差 $W_M{}^2 - W_C{}^2$ 仅仅由达 r_c 处的 $P(r_c)$ 值决定（当 ρ_a 一定时），而

与 $P(r)$ 气压场的梯度分布无关。所以，只要知道 r_c 处的 $P(r_c)$ 值，就可以算得速度制动的后平方差值。如果希望有 W_M 在 r_c 处制动到零，那么 W_M 值应满足(8.13)式。

$$W_M = \sqrt{\frac{2}{\rho_a} P(Z_c)} \tag{8.13}$$

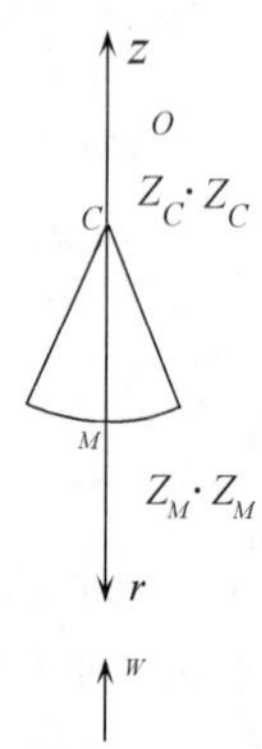

图 8.14　上升气流在爆炸点下方空气被制动的示意图

另外，由于 $P(r_c)$ 值决定的是平方差 $W_M{}^2 - W_C{}^2$，所以因制动而造成的速度变化 $\Delta W = W_M - W_C$ 是 W_M 的函数。W_M 大时，ΔW 小，而 W_M 小时，ΔW 值大。图 8.15 给出了当 $W_M{}^2 - W_C{}^2 = 16\ \text{m}^2/\text{s}^2$ 时，$(W_M - W_C) - \Delta W$ 的图像。可以看出，如果 $W_M = 4$ m/s，则 $W_C = 0$，而 $\Delta W = 4$ m/s；而当 $W_m = 10$ m/s 时，ΔW 只有 0.83 m/s 了。因此，序列定点爆炸对气流的影响，对于不太大的上升气流制动比较明显，而对于比较强的对流影响就不明显了。

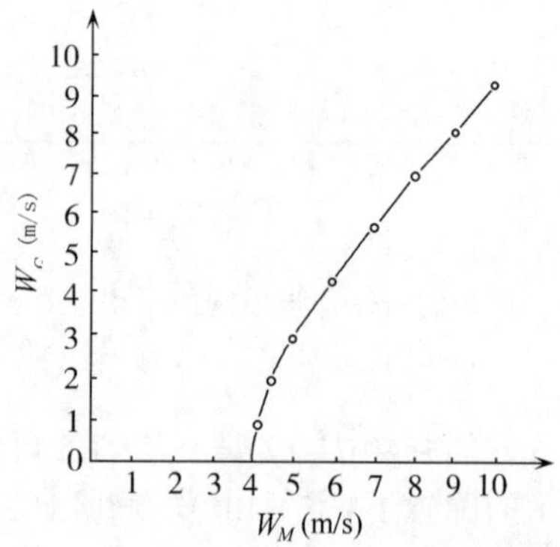

图 8.15　当速度平方差等于 16 m^2/s^2 时，不同的 W_M 情况下，被制动后的速度 W_C 与 W_M 的关系

8.3.4　声波

爆炸产生声波，冲击波也会衰化为声波。声波是一种纵波，其波形是对称的，对云中气流这种尺度的运动，其平均效果应等于零。但它对于更小尺度的降水粒子的运动可否产生作用呢？这方面可借鉴的工作很少。前苏联科学家 1959 年曾用高功率声喇叭照射云体，对

比观测到降水有所增加，等等。

Hoerner 曾在风洞中研究了声波对绕球流动的影响，虽然看出了声波对于绕流边界层的层流—湍流转变的临界雷诺数的值有影响，但看不出在临界值以前的影响。我们认为，这不是定论，因为他的试球直径太大：7～10 cm，其边界层的厚度远远大于声振动的振幅，虽然运动雷诺数可以与降水粒子的雷诺数相当，但边界层厚度与声振幅的比值与之不相当。对降水粒子来说，运动边界层的特征尺度与声振幅可以相当，因而声的强迫振动可以影响边界层内的动量交换。所以，声振动有可能对降水粒子的运动有影响。根据这一思路，从不同角度来探索这种影响的可能性。

8.3.4.1　球形降水粒子的末速、阻力系数和流动状态的关系

降水粒子总是趋向于用平衡末速相对于空气而运动的，其所受阻力的一般表达式为：

$$D_r = \frac{1}{2}C_D S \rho V^2 \tag{8.14}$$

而末速的表达式为：

$$V = \sqrt{\frac{8r\rho_w g}{3C_D\rho}} \tag{8.15}$$

式中和本小节中所用符号的意义见表 8.3。

表 8.3　符号的意义

D_r　阻力	C_D 阻力系数
S　绕球的正截面积	ρ　空气密度
U_0　气流速度(未扰动的气流速度)	r　降水粒子半径
V　降水粒子的末速度	ρ_w　水的密度
g　重力加速度	Re　雷诺数
U　绕流速度，$U(x)$	x　球面坐标值
Y　球面法向坐标值	θ　球面某点与对称轴的交角
$r_0 = r\sin\theta$	δ　边界层厚度
δ^*　位移厚度	δ^{**}　动量损失厚度
τ_w　表面摩擦力	$H = \delta^*/\delta^{**}$
$U' = \delta U/\delta x$	$r'_0 = \delta ro/\delta x$
λ　边界层的特征参数 $\lambda = \frac{U'\delta^2}{\nu}$	A_c　声振作用项
$f = \lambda H^{**2}$	ν　动粘系数
$u = u(y)$ 边界层内速度	$b = b(\lambda) = \left[\delta\left(\frac{u}{U}\right)/\delta\left(\frac{y}{\delta}\right)\right]_{y=0}$
$\xi = \xi(f) = bH^{**}$	$H^* = \delta^*/\delta$
$H^{**} = \delta^{**}/\delta$	θ_s　分离角
x_s　分离角所对应的球面坐标值	f_a　分离角所对应的 f 值
A　声振动振幅	f_c　声振动频率
I　声强	

由流体力学得知(Prandtl（普朗特)1981)，阻力系数随雷诺数 Re 改变，绕球流动状态也随 Re 改变。阻力系数的变化归因于流态的改变。总的说来，摩擦阻力系数反比于雷诺数的平方根，是随 Re 的增加而减少的；而压差阻力系数则随 Re 的增加而变大。大约在小于 10^3

的雷诺数范围内，摩擦阻力系数的减少超过压差阻力系数的增加，所以阻力系数是随 Re 的增加而减少的；而在 $10^3<Re<10^5$ 之间，减少和增加相当，使阻力系数变化不大。但是压差阻力系数在阻力系数中所占的比例一直随 Re 的增加而增加。在 $Re<10^3$ 的区域内，压差阻力系数的增加主要是由于边界层分离点的前移；而在 $10^3<Re<10^5$ 区域内，由于分离点已稳定在 82 度处，压差阻力系数随 Re 的增加主要是由于尾流区抽空度(负扰动气压值)的增加。由此看来，任何可影响分离点后移，或减少尾流区抽空度的作用，都会使压差阻力系数减少，而压差阻力系数又占总阻力系数的 80％以上，所以，又促使了整体阻力系数的减少。由(8.15)式得知，C_D 的变化，将导致末速的变化。

降水粒子的尺度范围在零点几到几毫米之间，相应的雷诺数为几百到几千，压差阻力系数占总阻力系数的份额大约是从百分之七十几到百分之九十几，变化幅度是比较大的。而对于应用边界层理论来说，雷诺数达到 10^3 看来已可以应用了，所以我们可以用边界层理论来讨论声振作用对降水粒子边界层的影响。

8.3.4.2　声振动对小球运动边界层的影响

(1)研究方案：当球足够小时，而具有一定大的 Re 数值情况下，边界层的厚度可以与声振动的振幅相当。这时声的强迫振动可以产生三种可能的作用：①边界层内气流的平均速度小于外流速度，法向振动可以使边界层内外有动量交换，对边界层内输入动量，这个动量输入可以用来补偿因摩擦和逆压梯度造成的边界层内的动量损失，从而延迟边界层的分离；②声振动改变边界层内的动量分布，加大边界层底层的动量，从而延迟边界层的分离；③声振动的作用，与湍流的作用相仿，当声振动达到一定强度时，是否相当于边界层的湍流化，从而使流动状态发生类似于进入临界区的变化，发生分离点的后移和阻力下降。第一种是整体增加边界层内的动量，而延迟边界层分离靠增加边界层底层的动量更有效；第三种是边界层的湍流化，涉及层流湍流转化的问题，不宜用理论方法来讨论，所以本书暂且只论及前两种作用。

研究这三种可能作用最可靠的方法是用实验方法，但由于要求边界层特征厚度要与声振动的振幅相当，需要用毫米级的小球作试样，在测试上存在着很大的困难。目前可能用的还只能是边界层理论，而且在用此理论时，外流场是需要用实测资料给定的。为此，我们目前尚不能较完善地来讨论，只能用比较简单的边界层特性的计算方法来作初步的探讨。

(2)轴对称旋成体的边界层动量方程：根据 Лойцянский(1942，1959)轴对称旋成体边界层的动量方程(见图 8.16)：

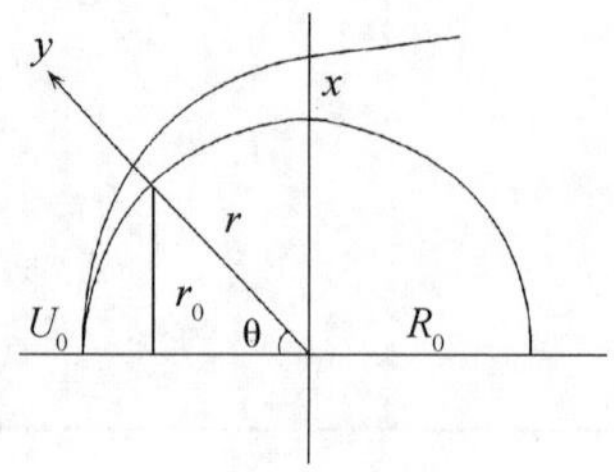

图 8.16　文中所用的球面坐标图

$$\frac{d\delta^{**}}{dx}+\frac{1}{U}(\frac{dU}{dx})\delta^{**}(2+H)+\frac{r'_0}{r_0}\delta^{**}=\frac{\tau_\omega}{\rho U^2} \tag{8.16}$$

为了研究声振动对边界层动量的影响需在(8.16)式中加上一个声振动作用项：

$$S=\frac{A_c}{\rho U^2} \tag{8.17}$$

引入一系列参数对包含有(8.17)式的方程(8.16)作简化，可以得到对参数 f 的方程式：

$$f'=\frac{U'}{U}F(\lambda)+\left[\frac{U''}{U'}-2(\frac{r'_0}{r_0})\right]f+\frac{S\sqrt{\lambda U'}}{\sqrt{\nu}}2H^{**} \tag{8.18}$$

由于 $F(\lambda)=2H^{**}[b(\lambda)-\lambda(2H^{**}+H^{*})]$ 和 $f=\lambda H^{**2}$，可以消去 λ 得到 $F(f)$ 的表达式：

$$F(f)=2[\xi-2f(2-H)] \tag{8.19}$$

而项 $\frac{S\sqrt{\lambda U'}}{\sqrt{\nu}}=\frac{2A_c}{\rho U\delta^{**}}\frac{f}{U}=-\frac{2A_c}{\rho U}\frac{\delta^{**}}{\nu}\frac{U'}{U}$，所以，(8.18)式又可进一步简化为：

$$f'=\frac{U'}{U}[F(f)-G]+\left[\frac{U''}{U}-2\frac{r'_0}{r_0}\right] \tag{8.20}$$

其中

$$G=2A_c\delta^{**}/\rho U v \tag{8.21}$$

解方程(8.20)，就可以得到参数 $f(x)$ 的值，根据 $f(x)$ 的值可以给出在 x 处的形式为 $\varphi(\eta,f)$ 的速度剖面，进而可以得到 ξ，H 和 $F(x)$ 的值，但是为了确定 ξ，H 和 F 值，需要给定边界层内的速度分布形式 $\varphi(\eta,f)$，这个函数要能逼近真实的边界层各截面上的速度分布。这里用了 Лойцянский 所给的形式，由于这个分布形式可以适用于加速的外流，又可适用于减速的外流，与绕球流动相近，当然，Лойцянский 所给定的速度分布是由翼面边界层导出的，不一定能从原有的准确度来表征球的边界层；由于 $F(f)$ 对速度分布的变化有一定的稳定性，我们又主要去考察声振作用对分离点的影响，所以可以利用 Лойцянский 给定的分布形式，以及由此而算出的 ξ，H 和 F 的结果，而不致产生本质性的差异。

在分离点，$\left(\frac{\partial u}{\partial y}\right)_{\substack{x=x_s\\y=0}}=0$，ξ=0；对应于 ξ=0 的 f 值为：

$$f_s=-0.089 \tag{8.22}$$

为了找出分离点，就是找 x 等于什么值时，$f=-0.089$。在得到(8.20)式的解以后，就可以找到 $f_s(x)=f(x)=-0.089$ 的 $x=x_s$ 值。

(3)求解：Лойцянский 发现 $F(f)$ 与 f 之间存在着相当好的线性关系：$F(f)=a-bf$；其中 $a=0.437$，$b=5.75$，这样，(8.20)式可以进一步得到简化，得：

$$f'=\frac{U'}{U}[a-G]+\left[\frac{U''}{U'}-2\frac{r'_0}{r_0}-b\frac{U'}{U}\right]f \tag{8.23}$$

此方程可有分析解，根据 $x=0$ 时 $U=0$，$x=0$ 时 f 为有限值的初始条件，其确定解为：

$$f=\frac{U'}{U^b r_0^2}\int_0^x[a-G(\xi)]U^{b-1}(\xi)r_0^2(\xi)\mathrm{d}\xi \tag{8.24}$$

在给定了 $U(x)$，$r_0(x)$ 和 $G(x)$ 值后，由(8.24)式可以得到 $f(x)$ 值。

对于球而言，$r_0(x)=r\sin\theta=r\sin\left(\frac{x}{r}\right)$，$U(x)$可以根据不同情况给定。$G(x)$是声振动影响项。

(4) $G(x)$ 的表达式：边界层内的气流速度分布是不均匀的，沿球的法线方向 y，有速度分布 $u(y)$。这时如有一个声振动在边界层中发生，将产生沿 y 向的动量交换，交换的结果是动量向边界层底层传输。设有一个正弦形声振动，振幅为 A，频率为 f_c，空气粒子的振动方向与球的法线方向交角为 θ(见图 8.17)。如果再以 $|2A\sin\theta|$ 为厚度把边界层分层，且令 $\overline{u_j}$ 为第 j 层的平均速度，而 $\overline{u_{j+1}}$ 为 $j+1$ 层的平均速度，这样在单位时间内，在单位长度边界层内，由 $j+1$ 输入到 j 层的动量为：

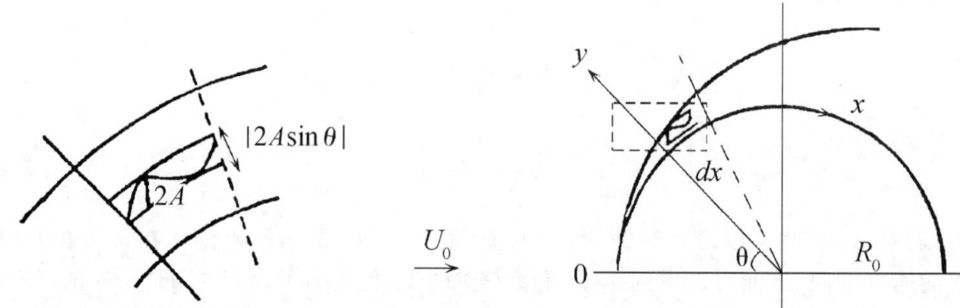

图 8.17 声振作用示意图

$$A_c=2\rho f_c(\overline{u}_{j+1}-\overline{u}_j)\mid A\sin\theta\mid \tag{8.25}$$

$$y_j=\mid 2A\sin\theta\mid \tag{8.26}$$

这里如 $y\geqslant\delta$ 则 $u(y)=U$，$y<\delta$ 则 $u(y)=u(y)$

而
$$\overline{u}_j=\frac{1}{2}\frac{1}{|A\sin\theta|}\int_{y_j}^{y_{j+1}}u(y)\mathrm{d}y \tag{8.27}$$

在边界层的某一点 x，$U(x)$ 已知，在给定了边界层内速度分布 $u(y)$ 及声振动参数 A，f_c 后，可以由式(8.21)、(8.25)、(8.26)和(8.27)来给出 $G(x)$ 值。

当$|2A\sin\theta|=\delta$时，即声振动的穿透距离等于边界层厚度时，声振动所造成的动量交换是整个边界层与外流间的，这时 $G(x)$ 的表达式可简化为 $G(x)=2f_cH-\frac{(H^{**}\delta)^2}{v}$，或者是：

$$G(x)=2f_cH-\frac{\delta^{**2}}{v} \tag{8.28}$$

当 $|2A\sin\theta|=\delta^*$ 时，即声振动的穿透距离等于位移厚度时，声振动可以在边界层内的层间造成动量交换，边界层内的速度分布可以因声振动而变化，动量向底层传输，改变边界

层的分布参数 λ 或 f 值，这时

$$\bar{u}_{j=1}=\frac{1}{2}\cdot\frac{1}{\delta^*}\int_0^{\delta^*}u(y)\mathrm{d}y$$

$$\bar{u}_{j=2}=\frac{1}{2}\cdot\frac{1}{\delta^*}\int_{\delta^*}^{2\delta^*}u(y)\mathrm{d}y$$

令
$$\Delta u_{1,2}=(\bar{u}_{j=2})-(\bar{u}_{j=1}) \tag{8.29}$$

当然还可以取 $|2A\sin\theta|=\delta^{**}$ 等值。但总的来说，当 $|2A\sin\theta|=\delta$ 时，是考虑由外流输入边界层的动量对整个边界层的结果；当 $|2A\sin\theta|<\frac{\delta}{2}$ 时，边界层内的动量交换会改变速度分布；当 $|2A\sin\theta|>\delta$ 时，由于 $\bar{u}_1$ 值 $\bar{u}_2$ 差别变小，而使 $G(x)$ 变得很小，无明显作用。

A 和 f_c 值的估计，可由声强公式算出。

$$I=\frac{1}{2}\rho CV^2 \tag{8.30}$$

其中 V 为声振动的速度振幅，C 为声速，ρC 值取为 42.8(g · cm^{-2} · s^{-1})而

$$V=2\pi f_c A \tag{8.31}$$

所以在给定 I 值后，根据对 A 的要求，可以定出 f_c 的应有值，声强与分贝数 N_{dB} 的对照，可见表 8.4。

表 8.4　声强与分贝数 N_{dB} 的对照表

N_{dB}	100	110	120	130	140	150	10
I(g/s^3)	10^1	10^2	10^3	10^4	10^5	10^6	160^7

(5)对比试算：由于 Лойцянсий 的方法是作了一些简化的，而且所选用的边界层内速度分布是根据机翼的实验结果选定的，把它用来计算球的边界层是否有很大的误差呢？为此我们作了对比试算，这里用了球的理论外流速度分布：

$$U(x)=3/2U_0\sin(X/Y)$$

使 $G(x)=0$，计算结果，分离角 $\theta_s=103.3°$，而 Tomotika *et al*.(1938)的计算值为 $\theta=108°$，鉴于 Tomotika *et al*. 所用的方法，其缺点之一是分离点偏后，所以这里用的方法看来比 Tomotika *et al*. 的方法还要好一些，可以用来讨论所提出的问题。

(6)估算声振动对分离点影响的计算方案：

方案Ⅰ：对于绕球运动的外流速度分布，利用 Tomotika *et al*. 给出的近似表达式：

$$\frac{U(x)}{U_0}=1.5\theta-0.43707\theta^3+0.148097\theta^5-0.042329\theta^7 \tag{8.32}$$

θ 用弧度，适用范围 $0\leqslant\theta\leqslant85°$，这个速度分布，根据自模拟原则，可以用于雷诺数大于 10^3 或 10^5 的区域内。

取 $|2A\sin\theta|=\delta^*$ 算出 $\Delta u_{1,2}$，不改变原有的速度分布形式 $u(y)$，只是因为 $G(x)$ 项而对

f 值有影响，从物理上来说，是增加 δ^* 层内的动量而不改变 δ^* 层内的速度分布形式，或者说是边界层被仿形加速了。

$G(x)$ 值受Ⅰ值所左右，根据 $|2A\sin\theta| = \delta^*$ 的限制，给出 f_c 应有的值。

方案Ⅱ：鉴于(8.32)式给出的速度分布，其 $\dfrac{\partial u(x)}{\partial x} = 0$ 的点是固定的，而且有 $0 \leqslant \theta \leqslant 85°$ 的限制。声振动的作用可以影响分离点，而分离点的变动也会反过来影响外流速度分布；另外在有声振动作用时，分离点可以大于 85°。为此，我们根据 Fage(1938)给出的实验压强分布曲线，给出了一个近似式，来反映边界层变化与外流相互作用的关系，

即
$$\frac{U(x)}{U_0} = \sqrt{1-\theta} \tag{8.33}$$

$$\theta = -a(0.62 + 0.11\delta\theta_s)\sin[(\theta - \theta_0)\pi/(2\theta_m + 0.4\delta\theta_s)] \tag{8.34}$$

$\delta\theta_s$ 为分离点的移动值，$\theta_0 = 45.32°$，$\theta_m = 29.51°$，

$$a = \begin{cases} 1 & \text{当 } \theta \leqslant 75° + 0.2\delta\theta_s \\ 1 - 0.0175(\theta - 75° - 0.02\delta\theta_s) & \text{当 } \theta > 75° + 0.2\theta\delta\theta_s \end{cases}$$

除此以外，其他和方案Ⅰ相同。

方案Ⅲ：考虑到边界层内因动量交换而引起速度分布的变化(见图 8.18)。

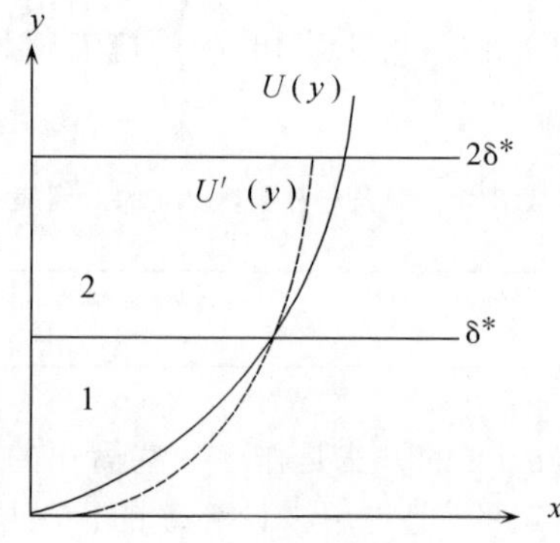

图 8.18　边界层内速度分布变化示意图

在 1 层中，有动量矩

$$J_1 = \int_{\delta}^{2\delta^*} u(y)\mathrm{d}y$$

在 2 层有

$$J_2 = \int_{\delta}^{2\delta^*} u(y)\mathrm{d}y$$

而
$$\bar{u}_1 = \frac{1}{\delta^*}\int_0^{\delta^*} u(y)\mathrm{d}y$$

$$\bar{u}_2 = \frac{1}{\delta^*}\int_{\delta}^{2\delta^*} * u(y)\mathrm{d}y$$

令
$$Du = \overline{u}_2 - \overline{u}_1 \tag{8.35}$$

动量矩的差值为

$$\Delta J = \delta^* Du \tag{8.36}$$

如果有 a_1 份动量矩差传到 1 层，那么 1 层的动量矩应为：

$$J'_1 = J_1 + a_1 \Delta J \tag{8.37}$$

$$J'_1 = \int_0^{\delta^*} u(y)\mathrm{d}y + a_1 \delta^* Du$$

这样，可以找到一个 $u'(y)$，使

$$\int_0^{\delta^*} u'(y)\mathrm{d}y = \int_0^{\delta^*} u(y)\mathrm{d}y + a_1 \delta^* Du \tag{8.38}$$

这个 $u'(y)$ 对应着一个新的参数 λ' 或 f' 值，这就改变了边界层内的速度分布，利用新的 $u'(y)$ 值来决定分离点 $f'_s = -0.089$ 所在的位置 θ'_s 值，这时在利用(8.24)式时，$G(x) = 0$，声振动的作用已反映在 $u'(y)$ 之中。

(7)计算结果：根据上述的三种计算方案，我们设计了计算程序，利用 DJS-6 机，进行了计算，计算结果如下。

方案Ⅰ取 $|2A\sin\theta| = \delta^*$，而Ⅰ的取值分别为 10^5、10^6 和 10^7，相应的分贝数为：$N_{\mathrm{dB}} =$ 140、150 和 160，如表 8.5 所示。

表 8.5　方案Ⅰ计算结果

	I	θ_s(°)	$\Delta\theta_s$	f_c(Hz)
$G = 0$	0	81.8	—	—
	10^5	83	1.2°	3000 ~ 4300
$G = G$	10^6	86.16 *	4.36°	10000 ~ 15000
	10^7	无分离	—	70000 ~ 260000

* 严格地说，当 θ_s 大于 85°时，给定的外流场已不可用

方案Ⅱ只计算了 $I = 10^5$ 的情况，因为 I 再大，已难在相当于云区域内达到。$G(x) = 0$ 时，$\theta_{so} = 82.16°$；$G(x) = G$ 时，最大分离角 $\theta_{sm} = 87.6°$，最大 $\Delta\theta_{sm} = 5.4°$，f_c 的值为5000～7000 Hz。

方案Ⅲ也是对 $I = 10^5$ 进行了计算，结果表明，在计算到 120°时，未能发生分离。

(8)结果的讨论：

ⅰ)从 3 个方案的计算结果来看，声振动的作用皆可使分离点后移，随着声强的增加，后移越来越明显，而且可以不出现分离。

ⅱ)为了使声振动的作用达到最佳，对于一定大小的粒子，和对于一定的声强，有一个最佳作用的频率范围，这些频率值，随着 I 的增加而明显增高。

ⅲ)计算方案越是能体现对边界层底层的加速，计算结果越明显地改变边界层的分离点。在 $I=10^5$ 时，方案Ⅱ的作用比方案Ⅰ明显，方案Ⅲ则表明流动可以是无分离流动了。

由前所述，边界层分离点的后移，体现了绕球流动的改善，会使阻力变小，所以声振作用，

可以起到"润滑"作用,有使降水粒子的落速变大的趋势,这可以称之为声振动的"润滑作用"。

8.3.4.3 结语

根据以上所述,声振的作用,在声强相当大,而且其频率和振幅满足一定条件时,可以使绕流流动的分离点向后移动,从而有可能改善绕流流态和减少阻力。对于空气中的雨滴下落来说,起到"润滑"作用,会落得快一些。这些定性的结论看来有启发性,至于定量地来决定这种"润滑"作用的大小,理论上有很大的困难,而且需要边界层速度分布随着声振作用的进行而演变的资料。为此,要深入了解声振作用的实际效果,需要进行仔细的模拟实验。这个工作,只是为进行这类实验而先行的理论探索。另外,在声振作用下,或是爆炸产生的冲击波掠过时,也需要对绕流流场的变化,边界层结构变化,以及气流湍流度的变化等基本参数进行探测研究。最后,还应说明,这里把雨滴或雹粒作为球形处理是一种近似,对于偏离球形很大的液态滴,或表面很粗糙的固态粒子来说,它们的流场和分离点都会有异于球形的情况。

声振动的作用,还有另一个描述形式,即湍流比拟作用(许焕斌等 1984)。把声振动的作用与绕球边界层流动湍流化时的湍流作用去比拟,看声振动达到什么强度,频率和振幅要求与之相当。只要声振动满足这些要求,可以认为相当于边界层的湍流化。由边界层流体力学可知,湍流化了的边界层会使分离了的边界层再附着,形成分离点的后移,从而引起阻力的下降。

这种比拟研究方法,由于要求全边界层湍流化,对声强的要求甚高,对一般雨滴来说,要求达到 140 dB,而实际决定边界层分离的最重要因素是边界层底层的流动是否出现反向,只需把动量输到低层防止出现反向流就能推迟边界层的分离。就这一点来说,前述的第三方案比起湍流比拟方法来说较为妥当。

8.3.5 扰动气流

爆炸除直接产生上述四种产物外,还在大气中诱发了扰动气流和可能产生的重力波。下面着重探讨爆炸引起的强气流扰动对基本流影响的动力机制,以及重力波的可能作用。

8.3.5.1 爆炸在云区形成的扰动气流场与基本流相互作用的定性分析

在探讨扰动气流可能动力机制中,首先要了解爆炸如何激发强扰动气流和扰动气流场的特征。从爆炸物理学知,空气中爆炸引起的冲击波能量占爆炸释放能量的 90%以上,冲击波形成后会外传和内传,由于冲击波经过空气介质时是熵增加过程,常会被耗散,在耗散中转为不规则的热运动能,因而冲击波在传播中衰减很快,按"三七"炮弹中装 60 g 钝化黑索金炸药估算,在距离炸点 100 m 以外,冲击波的超压已降到 1 g/cm^2 左右。所以对"三七"弹来说,不论是波态能或非波态能,绝大部分爆炸能量集中在炸点 100 m 以内。根据冲击波的性质,冲击波中熵的增加,对运动有一个重要影响,即波前是势流,波后是旋流;冲击波的前压密后伸疏会使空气运动前后反向。这些都表明,冲击波在耗散中可以把能量转化为气流扰动能。再加上冲击波的衰减随离炸点距离的增加由半径二次方衰减向一次方的衰减过渡,以及空气单位径向体积随半径 3 次方增加,使扰动能的体积密度在炸点近处很大,而远处很小,形成一个非均匀的中心强四周弱的具有强梯度的扰动气流场。这种强气流扰动场与原已存在的基本气流场应该有相互作用，二者是如何相互作用的呢？可借鉴湍流研究中扰动场与基本流相互作用的雷诺方程(温景嵩 1995；胡非 1995)：

$$\frac{\partial u_i}{\partial t}+u_j\frac{\partial u_i}{\partial x_j}=-\frac{1}{\rho_a}\frac{\partial p}{\partial x_j}+\frac{1}{\rho_a}\frac{\partial}{\partial x_j}(\mu\frac{\partial \mu_i}{\partial x_j})-\frac{1}{\rho_a}\frac{\partial}{\partial x_j}\overline{\rho u'_i u'_j}-g(1+\zeta)\delta_{13} \tag{8.39}$$

其中带“′”的量是扰动场的量，以与基本流的量相区别，ρ_a 为空气密度。第一项是局地时间变化项；第二项是平流项；第三项是气压梯度力项；第四项是分子黏性项；第五项是扰动速度应力项，$\tau_{ij}=-\overline{\rho u'_i u'_j}$ 是雷诺应力；第六项是重力和负载(ζ)力项，δ_{13} 当 $i\neq 3$ 时取零，当 $i=3$ 时取 1。本书关注的是第五项 $\frac{1}{\rho_a}\frac{\partial \overline{\rho u'_i u'_j}}{\partial x_j}$ 对 $\frac{\partial u_i}{\partial t}$ 的作用。

值得说明的是，雷诺应力出现在雷诺(Reynolds)方程中，而在这个方程的推导中是有一系列假定的。如应用了随机过程的微分定理，导数的平均值等于平均值的导数，流体不可压缩等。虽然如此，估计这个方程还是可以用在本书研究中的。理由如下：(1)虽然冲击波是高速流现象，经过大气时有压缩，但冲击波过后，即回到低速状态，仍可认为是不可压缩流，而本书讨论的是冲击波过后的现象，不可压缩假定仍可成立。(2)随机过程的微分定理可否适用，主要涉及的是导数的平均值等否平均值的导数，只是影响到 $\overline{\rho u'_i u'_j}$ 的值及其分布。鉴于以上说明的爆炸扰动场的分布性质，由于 u'_i 和 u'_j 受到连续方程的制约，二者之间不太可能是独立的，所以 $\overline{\rho u'_i u'_j}$ 不会等于零，存在着一个中心大四周小的 $\overline{\rho u'_i u'_j}$ 场。为此，作为一个原理性的探讨，雷诺方程是可以用来研究 $\overline{\rho u'_i u'_j}$ 对基本流 u_i 的作用的。

对爆炸激发的扰动气流场与基本流之间的相互作用理应进行实验观测研究，特别是扰动场结构和强度的实测。根据黄美元和王昂生(1980)所介绍的爆炸对艾条燃烧烟道的影响试验，观测到在炸后 0.5 s 左右烟道直升段出现了波长 2～3 cm，波数多达 8 个以上的扰动。这表明相当于“三七”炮弹(装药 60 g)在 30～40 m 外爆炸可产生明显的气流扰动。在未能进行进一步实地测量以前，先对其作一番定性的理论探讨还是有益的。

由前所述，在爆炸产生的扰动气流场中，会存在一个量 $\tau=-\overline{\rho u'_i u'_j}$，它在炸点附近大而在炸点远处小，所以在炸点周围会存在一个大的梯度值，若仅分析 $\overline{\rho u'_i u'_j}$ 的作用，这时有方程：

$$\frac{\partial u_i}{\partial t}=\frac{1}{\rho}\frac{\partial}{\partial x_j}\tau+\text{其他项} \tag{8.40}$$

可知，$\overline{\rho u'_i u'_j}$ 可以对基本流产生加速或减速。对二维流有：

$$\frac{\partial u}{\partial t}=-\frac{1}{\rho}\frac{\partial}{\partial x}\overline{(\rho u'u')}-\frac{1}{\rho}\frac{\partial}{\partial z}\overline{\rho w'u'} \tag{8.41}$$

$$\frac{\partial w}{\partial t}=-\frac{1}{\rho}\frac{\partial}{\partial x}\overline{(\rho u'w')}-\frac{1}{\rho}\frac{\partial}{\partial z}\overline{(\rho w'w')} \tag{8.42}$$

为了分析 $\overline{\rho u'u'}$，$\overline{\rho w'w'}$ 和 $\overline{\rho u'w'}$，$\overline{\rho w'u'}$ 对 u，w 的作用，图 8.19 给出了因爆炸激起的扰动气流产生的量 $\overline{\rho u'w'}$ 的炸点周围的分布示意图，并给出了相应的量 $-\frac{\partial \overline{\rho u'_i u'_j}}{\partial x}$ 的分布，以及 $\frac{\partial u}{\partial t}$ 和 $\frac{\partial w}{\partial t}$ 的变化趋向。由该图可以看出，在炸点的左下侧 $\frac{\partial w}{\partial t}$ 皆小于零，即这里是上升气

流抑制区;而在炸点右上侧,$\frac{\partial w}{\partial t}$ 皆大于零,即是上升气流发展区,而在左上侧和右下侧,其 $\overline{\rho u'u'}$ 和 $\overline{\rho w'w'}$ 的梯度对 u,w 的作用与 $\overline{\rho u'w'}$ 符号相反,共同作用需看气流分布来估计变化趋势。但可以明确,如与图中给出的云中气流相配合,就会使主上升气流抑制,强上升气流右移,在移动中可使主上升气流区有变缓变宽之势。另一方面可以明确,炸点右上部 $\frac{\partial u}{\partial t}>0$,而左下部 $\frac{\partial u}{\partial t}<0$,即炸点附近水平风切变会变大,这更易于气流翻转,不利于深对流发展。上述两方面的作用都说明强扰动气流可以对对流气流产生作用。

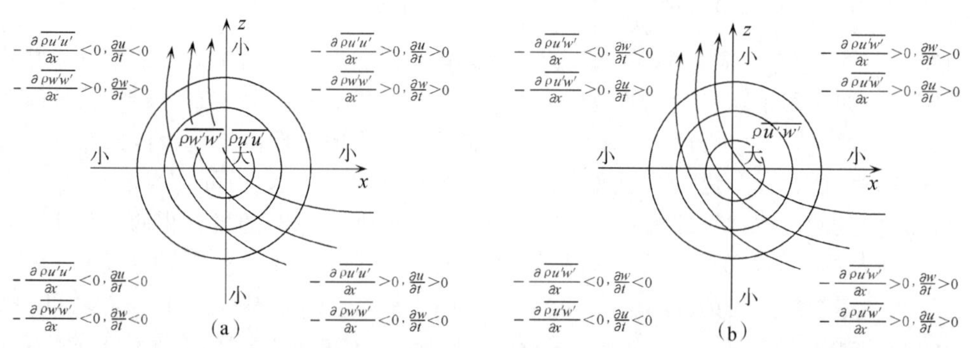

图 8.19 爆炸激起的扰动气流产生的量 $\overline{\rho u'w'}$ 和 $-\frac{\partial \overline{\rho u'_i u'_j}}{\partial x}$ 的分布

(a)量 $\overline{\rho u'u'}$ 和 $\overline{\rho w'w'}$ 在炸点周围分布示意图及相应的应力对基本流的动力作用,带箭头的实线是流线;(b)量 $\overline{\rho u'w'}$ 在炸点周围的分布及相应的应力场对基本流作用

由于炸点处 $\overline{\rho u'w'}$ 值可以很大,而远离炸点处 $\overline{\rho u'w'}$ 又可很小,所以梯度可以很大,即 $\frac{\partial u}{\partial t}$ 和 $\frac{\partial w}{\partial t}$ 可以很大,关于扰动存在的时间,也是扰动气流场与背景流场相互作用的时间,参照湍流耗散时间,大约为十几分钟(胡非 1995)。所以说,爆炸引发的扰动气流场在量值和时间上对基本流是可以有显著动力效应的。

8.3.5.2 数值模拟试验

(1)模式和模拟方案:为了验证所提出的动力机制,需要做实验。在设计和筹划实验中,先进行数值模拟试验是必要的。这里主要对爆炸扰动气流对基本流的动力机制进行数值试验,因为我们认为这一作用可能是最主要的。

模式使用了非静力全弹性云尺度模式的二维版本(许焕斌等 1990)。它具有全面的动力适应能力,而且带有详细的描述云雨物理过程的子程序,适合于研究这类动力学问题。

估计爆炸引起的扰动气流区域的特征尺度为百米量级,所以模式的网格距取为 25 m,为了控制计算量,水平和垂直都取 100 个点,模拟区域为 2500 m×2500 m。基于模拟区域不够大,模拟的云是中积云(中等尺度的积云,介于淡积云和浓积云之间),作为原理性试验还是可以的。控制试验是先模拟积云或层云的发展过程,对比实验是在云发展到 10 min 时的云中加入扰动气流场,看它对云体的影响。扰动场如何加,首先估计一下扰动场的可能尺度、强度和维持时间。在防雹作业中，一般发射炮弹 20～30 发以上，以此为根据来估计这些值，如上所述，“三七”弹在空中爆炸，冲击波半径(即扰动场半尺度)可达 100 m，考虑到弹着点的离散度，总体影响的尺度可有 150 m。为此，这里取扰动场的半宽为 7 个格距，即 175 m。维持时间参考湍流耗散时间约为 10 min，这里取其 1/10，即 60 s，至于中心强度的估计，因为缺乏如此小爆炸的有关测量参数，只能从能量上来间接估算，对于一次 20 发“三七”弹的爆炸能量，按热功当量折算，可以使作用体内的空气(质量达 4 kt)具有平均 1 m/s 的扰动强度。再考虑到冲击波随传播距离的衰减规律和炸点 50 m 内的空气质量只占总体质量的 12.5%，取扰动中心的强度 $\overline{u'w'}$ 或 $\overline{u'u'}$，$\overline{w'w'}$ 为 $5\times5\ m^2/s^2$，它略小于积雨云中观测到的最大湍流速度均方根值 7 m/s。扰动场的分布在 15 个格点内以中点为中心以正弦曲线形式从中心到边沿减少到零。扰动场维持时间为 60 s。

(2)积云模拟结果：积云的发展，是在中心区给一个热湿扰动，启动积云发展，图 8.20 给出了积云发展到 11 min 时的云的流场、云场、垂直速度和水平速度分布。图 8.21 给出了对比试验 11 min 时的相应各场。比较图 8.20 和图 8.21 可以看出：炸点的第一象限上升气流被加速，而其第三象限上升气流被抑制，主上升气流分裂；云中水平气流切变加强，云上升气流在炸点下部向左倾斜，在炸点上部又向右倾斜，导致主上升气流的水平扭摆。前面由理论推测的现象完全被模拟出来了。

另外，从图 8.21 看到，水平速度的零值线，与图 8.20 相比，发生了很大的变化，零线的水平部分和垂直部分脱离，破坏了大降水粒子最佳运行增长的条件(许焕斌等 2001a，许焕斌 2001b)。为了印证这一现象，我们分别对控制试验和对比试验 11 min 时刻的流场，云水物质场情况下，粒子运行增长的轨迹和最终大小作了模拟试验，结果给在图 8.22 中。控制试验的条件下，最大粒子可增长到 0.6 cm；而对比试验条件下，最大粒子只增长到 0.3 cm。从运行增长轨迹来看，对比条件下粒子增长运行处于上升气流与云水物质场不相匹配的地区，上升气流区脱离了最大云水量区，虽然粒子在运行但增长缓慢。

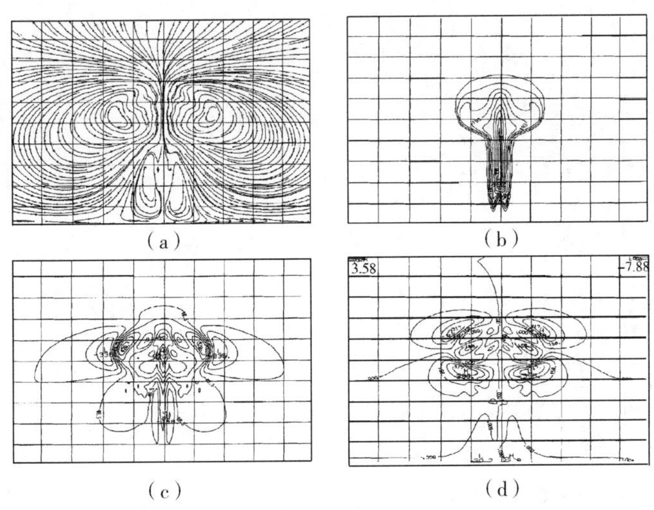

图 8.20　自然积云发展 11 min 时的流场

(a)流场；(b)云场；(c)w 场；(d)u 场。原点在(1,1)每大格格距为 10

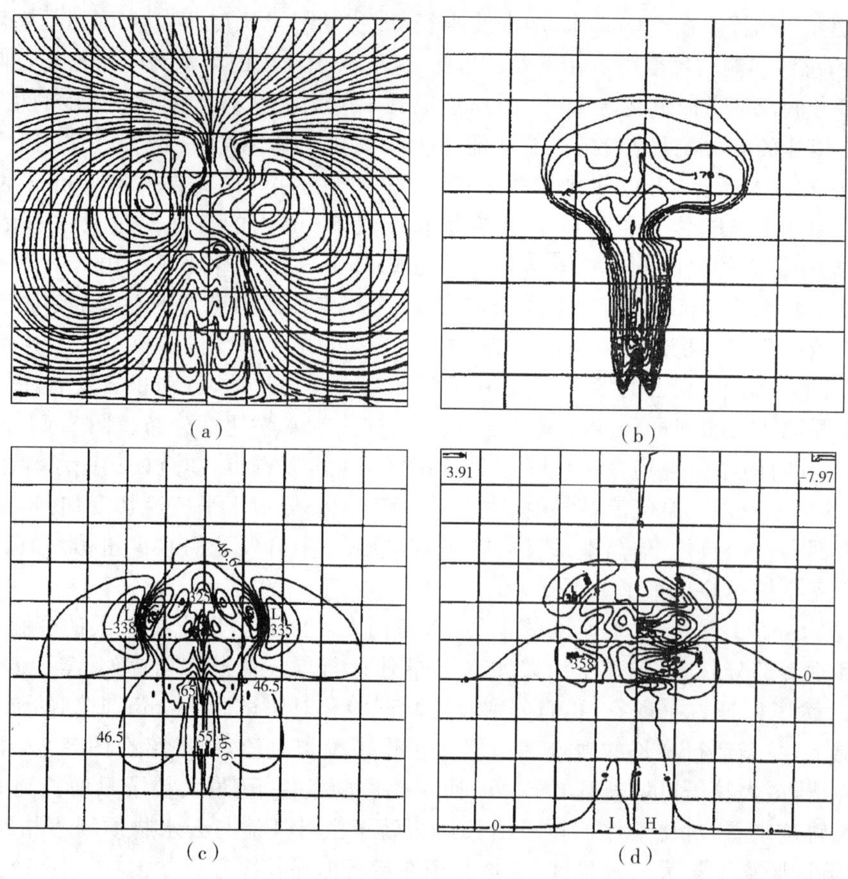

图 8.21　对比积云发展到 11 min 时的流场、云场、w 场和 u 场

其他说明如图 8.20

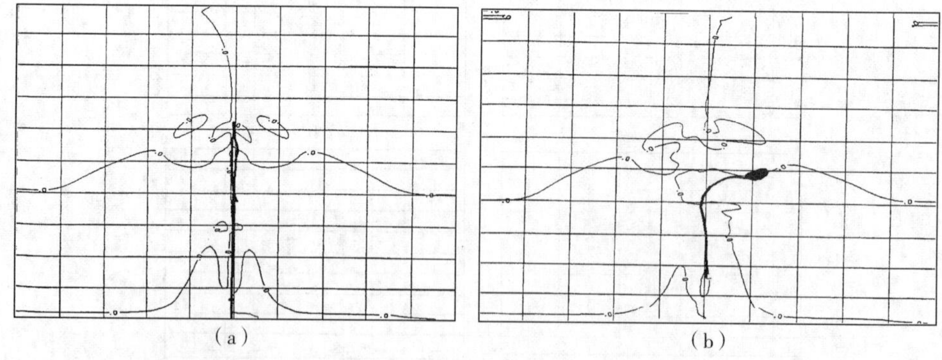

图 8.22　自然积云和对比积云 11 min 时最大粒子增长运行轨迹(粗实线),细线是水平零线

(a)自然积云,$d=0.6$ cm;(b)对比积云,$d=0.3$ cm。图的原点在(20,10),其他说明如图 8.20

当然,如果有的云结构,不利于大降水粒子的运行增长,扰动后的云场也可能变得有利了,这在有风切变环境下的模拟试验中曾出现过。

(3)层状云模拟结果:层状云的模拟试验类似于积状云,先模拟出层状云,再引入爆炸扰动气流场,查看该场对层状云结构的影响。

层状云模拟中,在模式中引入了系统上升气流 w_e,层结近于湿中性。图 8.23 是模拟时间 16 min 时层状云流场和云场的结构;图 8.24 是引入爆炸扰动气流场作用 1 min 后的云流场和云场。对比图 8.23 和图 8.24 可以看出,在引入扰动气流场的作用后,基本均匀的流场中,炸点第一象限上升气流发展,而第三象限出现了下沉运动,均匀云场中出现了含水量小值区(空洞),对应下沉运动,而积状云出现在上升运动区,即层状云中发展起了积状云。

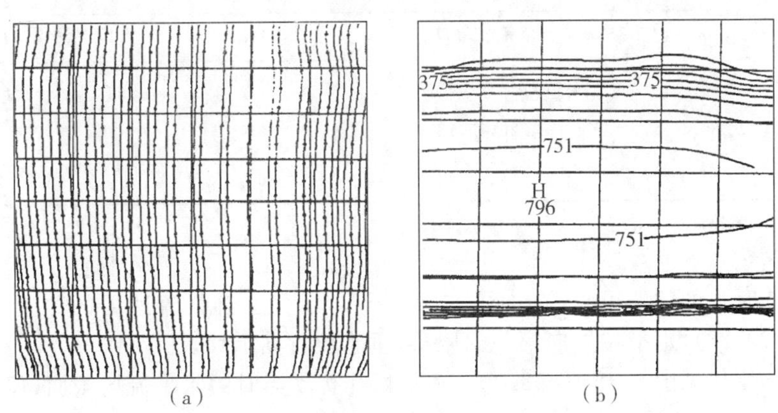

图 8.23　自然层云发展到 16 min 时的流场(a)与云场(b)

图的原点在(20,10)其他说明如图 8.20

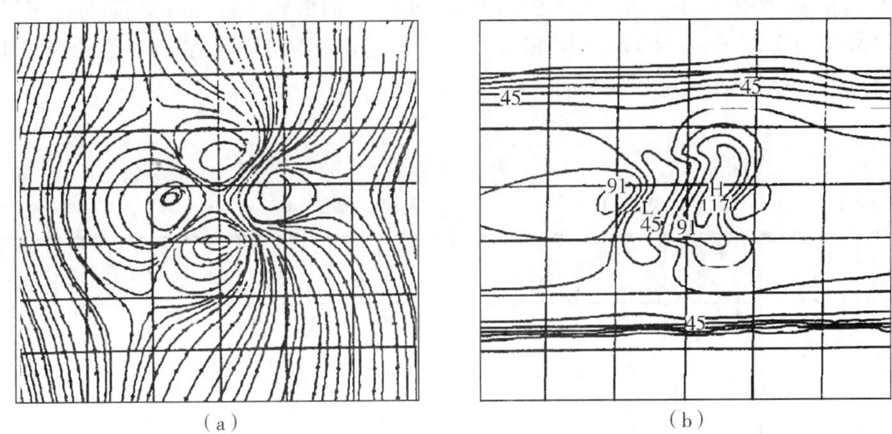

图 8.24　对比层云发展到 16min 时的流场(a)与云场(b)

图的原点在(20,10),其他说明如图 8.20

层状云的模拟试验也显现了上述的理论估计的现象。而且此结果与雾中爆炸所观测到的现象很相似。

(4)三维模拟结果:从二维模拟的结果可见,流场的变化是关键,其他的变化皆因流场的变化而引起。考虑到二维模式对流场的描述不如三维自然,为此进行了三维模拟,限于计算机容量，模式的 x,y,z 向分别取 50 个格，格距 25 m，$\Delta t=0.5$ s。主要模拟爆炸扰动气流对背景气流的影响。

模拟试验方案是，在模式运行至 121 时步时，在模式中心加爆炸扰动气流场，影响 1 min，至 240 时步为止。最大上升气流速度值和所在的位置，在加爆炸和未加爆炸扰动气场的变化列于表 8.6。

表 8.6 加爆炸与未加爆炸对最上升气流值和位置影响的 3 维模拟结果对比

时步	未加爆炸		加爆炸	
	Amw	位置(I,J,K)	Amw	位置(I,J,K)
120	239.3	25,25,16	239.3	25,25,16
240	380.1	25,25,18	588.9	29,29,28
360	484.5	25,25,22	466.4	25,25,21

Amw：最大上升气流速度(cm/s)。

由表中 240 时步的数值可见，在加爆炸后 1 min，最大上升气流速度的位置由(25,25,18)移到了(29,29,28)，水平位置向第一象限移，垂直位置向上移。

流场的具体变化见图 8.25～图 8.29。在加爆炸扰动当时的水平流场截面($K=20$)和垂直流场($J=25$)剖面给在图 8.25 中；图 8.26 是加爆炸 1 min 后，未有爆炸影响(a)和有爆炸影响(b)的水平流场截面($K=20$)；图 8.27 是加爆炸 1 min 后无爆炸影响(a)和有爆炸影响时的垂直流场剖面 b($J=25$)和 c($J=30$)；图 8.28 是在加爆炸 1.5 min 后，未有爆炸影响(a)和有爆炸影响(b)的水平流场($K=20$)；图 8.29 则是加爆炸 1.5 min 后的垂直流场剖面，(a)，(b)，(c)相当于图 8.27 中(a)，(b)和(c)。对比上述各图可以清楚地看到水平流场发生了明显的分裂变化，而垂直流场被扭曲和倾斜。

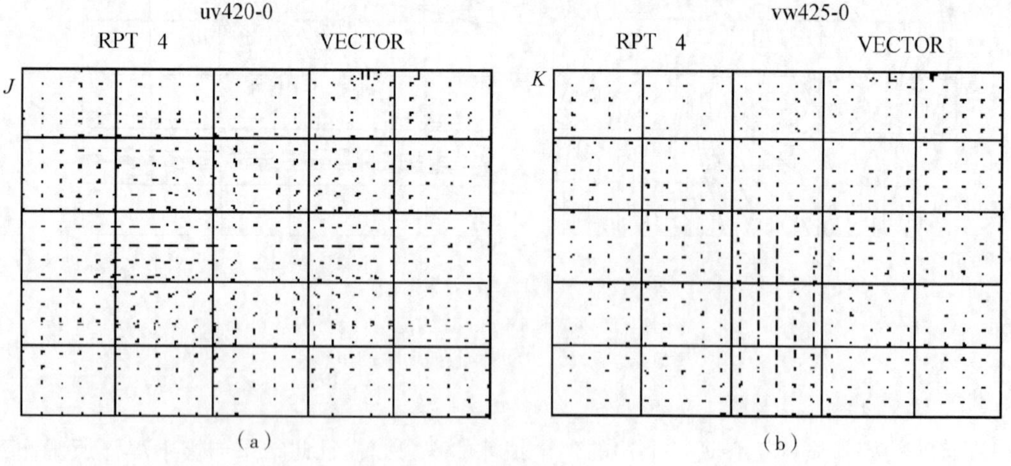

图 8.25 加爆炸扰动当时，未有爆炸影响的水平流场截面(a) $K=20$ 和垂直流场剖面；(b) $J=25$，每大格是 10 个格距

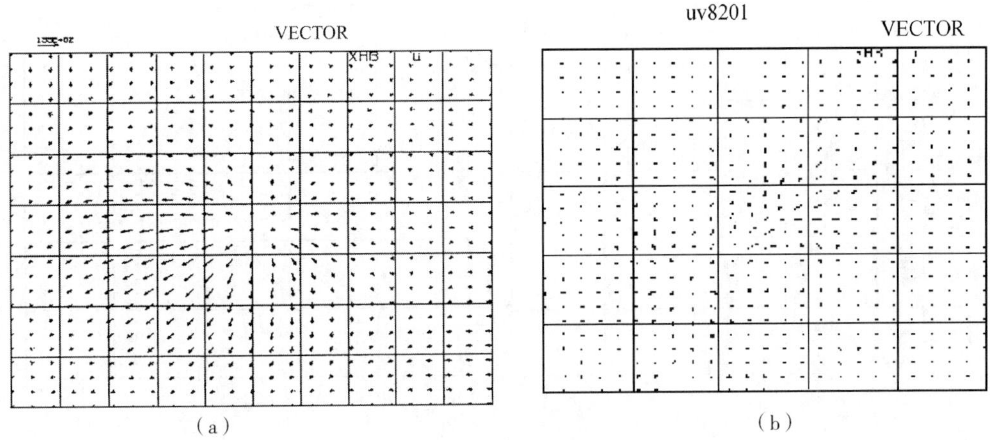

(a)　　　　(b)

图 8.26　加爆炸扰动气流场后 1 min,未有爆炸影响的水平流场截面(a),$K=20$ 和有爆炸影响的水平流场截面(b),$K=20$

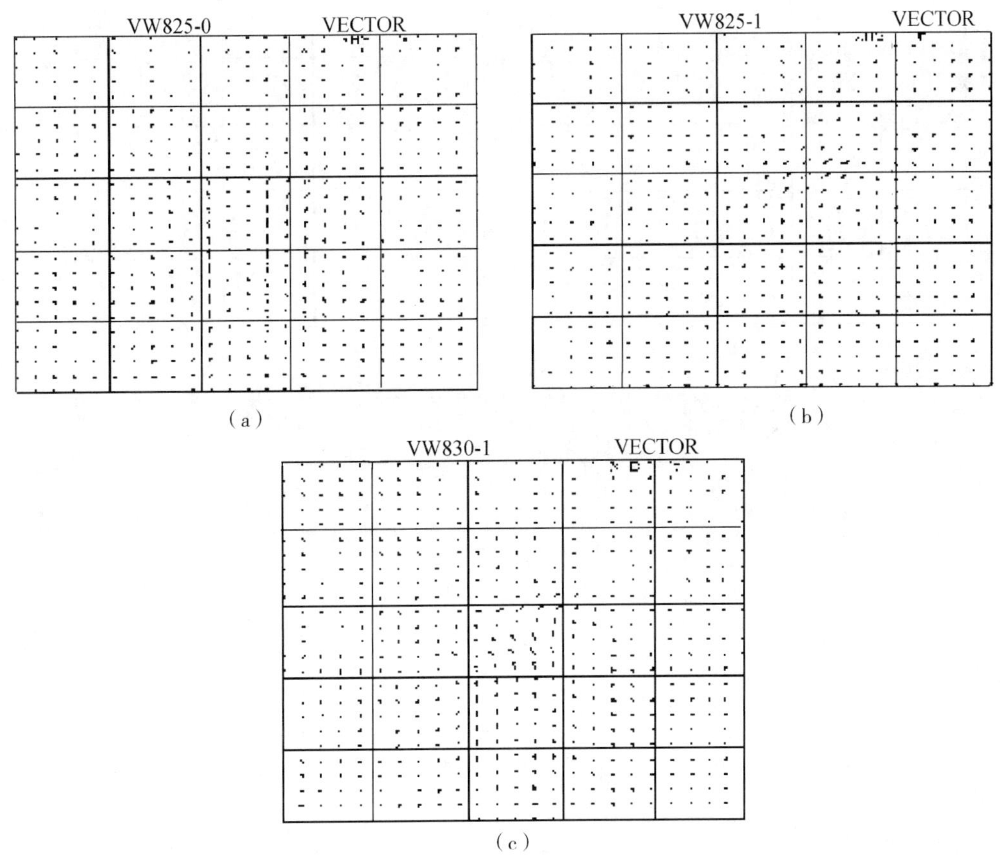

(a)　　　　(b)

(c)

图 8.27　加爆炸扰动流场后 1 min,未有爆炸影响的垂直流场剖面(a),$J=25$,和有爆炸影响垂直流场剖面(b),$J=25$;(c),$J=30$

之所以给出(c)图,是由于加爆炸影响后,最大上升气流值的位置移到了 $J=30$ 附近($J=29$)

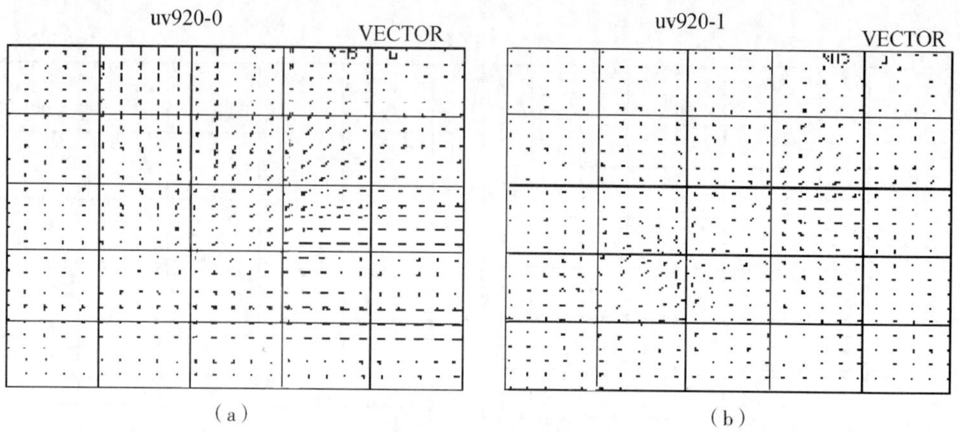

(a)　　(b)

图 8.28　加爆炸扰动气流场后 1.5 min,其他说明同图 8.26

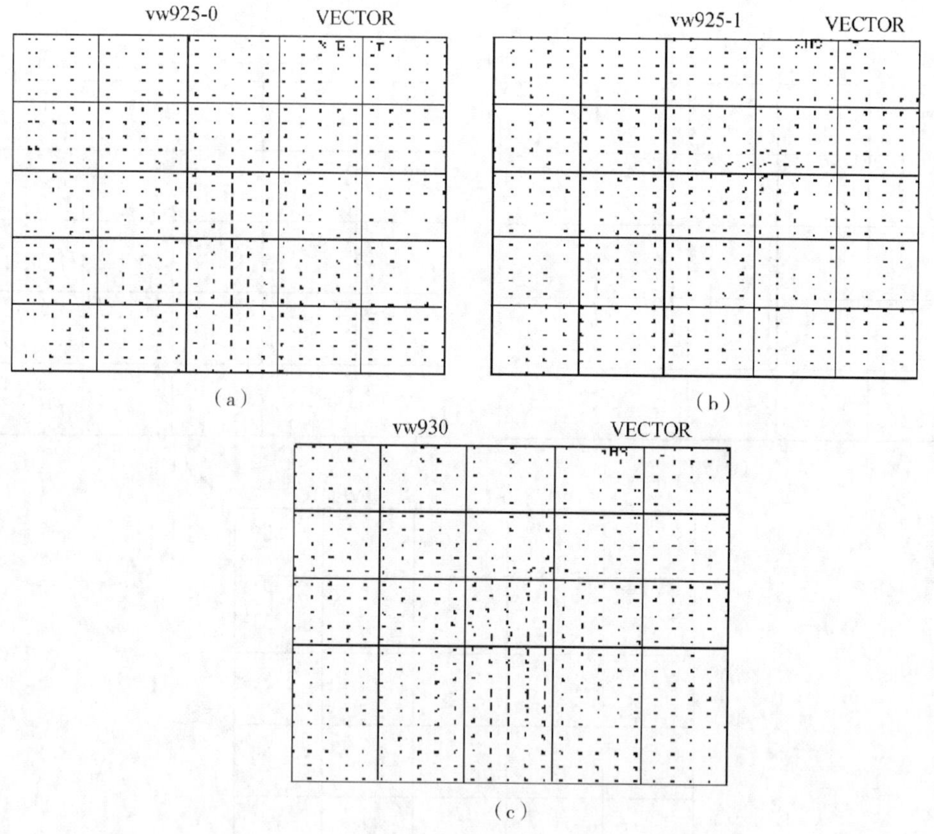

(a)　　(b)

(c)

图 8.29　加爆炸扰动气流场后 1.5 min,其他说明同图 8.27

8.3.6　重力波

爆炸除了可产生扰动气流场外,还有可能激发重力波。作为一个试图全面探讨爆炸产物对云体影响的一部分，也讨论一下重力波产生和作用的可能性。

重力波只能在稳定大气条件下产生，对流云则常在非稳定大气条件下发展，因此首先需要查看云中爆炸有否重力波发生的稳定度条件。图 8.30 是一块模拟强对流云区的 θ_{se} 垂直剖面的示意图。由图 8.30 可看出：在上升气流区 θ_{se} 等值线呈直立形式。而在主上升气流区两侧低层 $\frac{\partial\theta_{se}}{\partial z}<0$，即是湿对流不稳定的；在中高层 $\frac{\partial\theta_{se}}{\partial z}>0$，是湿对流稳定的。因而如果炸点在上升气流区两侧中层，有可能激起重力波。

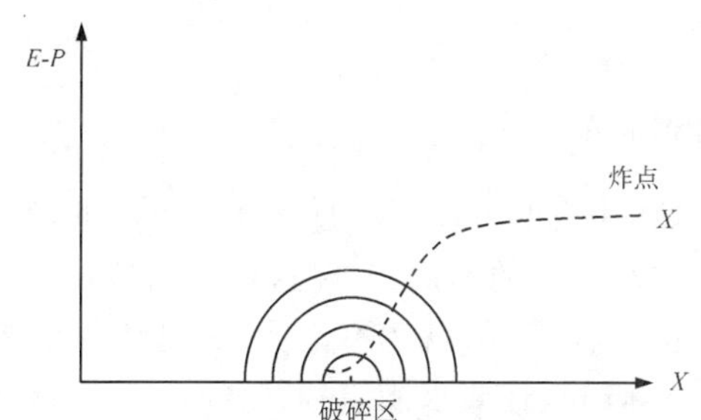

图 8.30a　重力波 E-P 中动量通量在破碎区的变化示意图

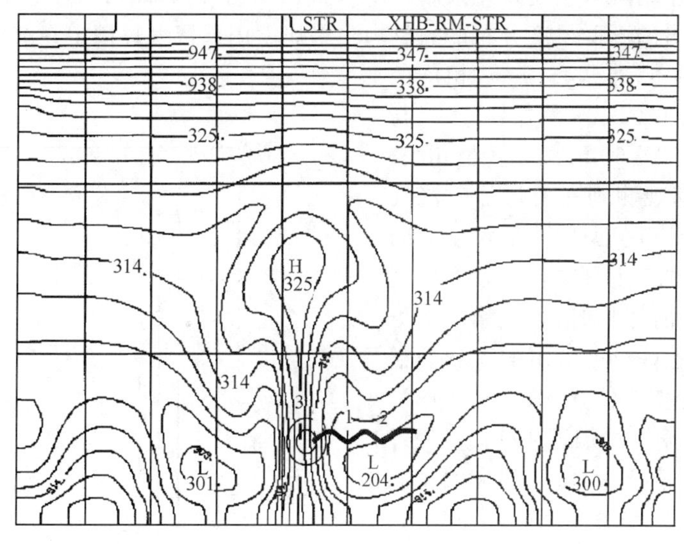

图 8.30b　在对流云中 θ_{se} 的垂直剖面分布示意图

一块模拟强对流云中的 θ_{se} 垂直剖面及炸点(1)，重力波(2)和波破碎区(3)示意图，垂直坐标是高度，每大格 5 km；水平坐标是距离，每大格也是 5 km，细实线为 θ_{se} 线，平线为重力波示意线，同心圆区为波破碎 9 区

那么重力波如何来与气流相互作用呢？我们从介绍波与流相互作用的 E-P 通量方法和重力波破碎理论着手探讨这一作用(高守亭等 1989；伍荣生 1990)。E-P 通量中的动量通量本质上就是雷诺应力 $Ep=\overline{\rho u'_i u'_j}$，$u'_i$ 和 u'_j 是由于波的存在产生的，如果波动发生了变化，通量就会发生变化，形成 Ep 值的辐散辐合，产生应力。如(6.39)式所示，对基本流产生加速或减速。由于重力波只能存在于稳定的层结中，当它传播到对流不稳定层结中时，就会发生破碎，一般地形激发的重力波往往传到平流层才可能破碎，并对西风起阻尼作用。

如果爆炸在图 8.30 中所示 1 处,激起的重力波如示意图中粗波状曲线所示向左右两侧传播对于短重力波的射线路径会是水平指向两侧。值得注意的是向左传播的波,在到达 $\frac{\partial \theta_{se}}{\partial z}=0$ 时会发生破碎,产生波阻效应,因而使 $\frac{\partial w}{\partial t}<0$。

综上所述,爆炸在云附近形成的气流扰动和重力波,在与云的流场,温、湿场适当配置下,是可以对云的气流发生制动作用的。其作用的程度有可能是相当显著的。

8.3.7　爆炸的微物理防雹作用

8.3.7.1　爆炸对云微物理过程的作用

爆炸对云微物理过程的作用有两方面。一是爆炸对过冷滴的冻结作用。这一作用与播撒成冰核的作用相仿,不是爆炸专有的作用,何况这种冻结核化作用的效力比播撒碘化银的核化效力要弱,就谈不上其优越性了,所以暂不论及;二是爆炸引起的滴破碎作用。滴可以自然破碎,即滴的空气动力学破碎,这要求滴直径甚大(d>6～8 mm);滴还可有互碰破碎,这也要求滴的直径大于 2.0 mm 以上,且滴的浓度要相当大(>几个/L)才有明显作用。但是爆炸引起的破碎作用可以不受这些限制。Goyer(1965)利用爆炸索的爆炸来模拟闪电,并观测爆炸对喷泉喷出的滴群尺度分布谱的影响。爆炸索用系留气球固定在离地面 91.44 m 上空,装药离喷泉约 33.5～45.7 m,相应的超压值为 7.4 g/cm^2(0.1 磅/平方英尺*),与“三七”弹爆炸点外 50～60 m 的超压值相当。在所有的实验中,都观测到在有爆炸时滴尺度分布谱的大滴部分(尾巴)向小的尺度方向移动。未有爆炸时的滴谱取样,最大滴尺度达到 1700 μm;而在有爆炸时,最大滴尺度为 800 μm。图 8.31 是 Goyer 给出的观测滴谱分布,可见爆炸破碎作用使 d>0.8 mm 的滴都消失了,使较小的滴数增加近 100 倍。经过计算,这些增加的小滴质量,等于消失的大滴质量,说明这些较小滴是由大滴破碎而来的。这种滴破碎是爆炸作用引起的,本节将就这一作用在防雹中可能存在的微观物理机理进行探讨。另外爆炸对小的云滴(d≤40 μm)有促进碰合的作用(陈汝珍等 1992),可以使较大云滴浓度增加,加速降水过程的发展,由于这种作用属于小云滴粒子的并合过程,对防雹的直接影响较小,这里也暂不讨论。

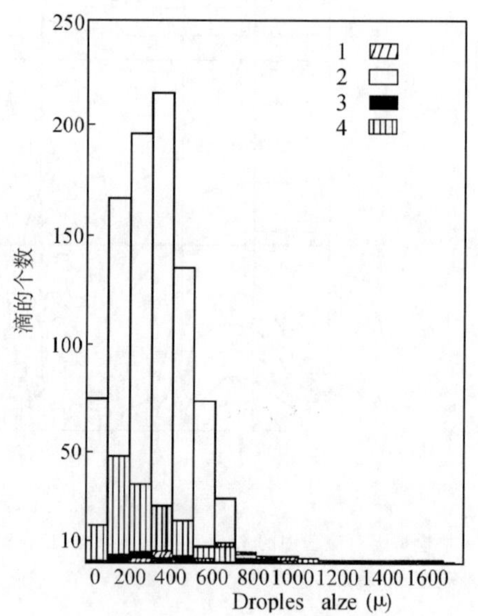

图 8.31　在“忠实老喷泉”下风方 137.16 m 处收集到的水滴尺度分布 1,3,4,为无爆炸时取样,2 为有爆炸时取样

* 1 平方英尺=0.093 m^2

8.3.7.2　一些大雹形成个例模型的分析

鉴于强单体或超级单体雹云形成的雹灾要占总冰雹灾害的 80%，因而来分析研究超级单体模型的大雹形成特点。图 8.32 给出了 3 个具有超级单体回波特征垂直剖面图(RHI)，再加上图 2.9 的 Wokingham 雹暴 RHI 图，共有四个。其中两个是国外著名的雹暴，另两个所选的是国内雹暴个例，看来国内外的超级单体雹暴具有相似的结构，有相当广泛的代表性。

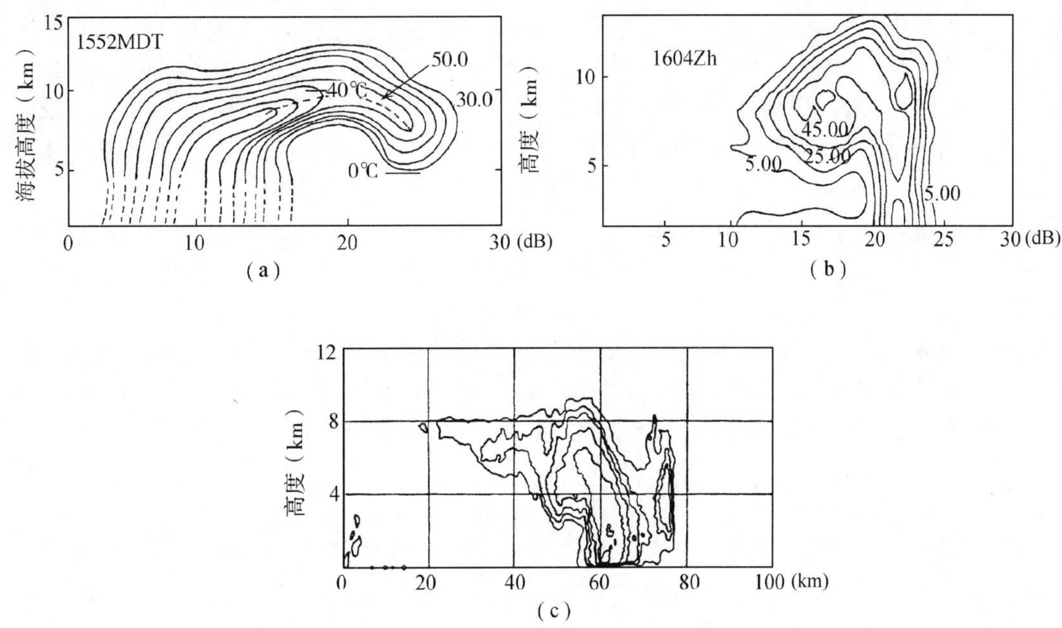

图 8.32　(a)美国科罗拉多 Fleming 雹暴的雷达回波图(RHI)；(b)中国甘肃平凉 19900809 雹暴，零度层高度在 4834 m(兰州高原大气所，张鸿发供图)；(c)中国新疆石河子 950614 雹暴，零度层高度大于 4000 m(新疆，施文全供图)

注意，回波最外沿是 30 dBZ。因而小于 30 dBZ 的悬挂回波伸到 0℃以下

图 8.32a 是 Fleming 雹暴，(b)是甘肃平凉雹暴，(c)是新疆石河子雹暴(95614)。由图可见，它们都具有有界弱回波区和前悬回波区，且悬挂回波的底部在环境温度 0℃层以下附近。在这种回波结构中，意味着大雹生长路径是经由前悬回波区的雹胚帘，再经有界弱回波区上沿进入云体的主上升气流区，边增长边运行，直到弱回波顶部(V)，当冰雹落速大于上升气流时，沿弱回波区后沿的回波墙下落。这些认识得到了多普勒雷达气流观测结果的支持。

这里特别重视的是产生大冰雹的雹暴前悬回波底部的温度伸到 0℃层以下这一特征，这意味着进入主上升气流的雹胚可以是融化了的液滴。雹胚在这里能够融化为液滴吗？这要视雹胚在这里滞留的时间。悬挂回波底部的粒子运动特征是，在垂直方向落速接近于气流升速，故而悬挂；在水平方向上由离开云转而进入云，即这里有一个水平风速为零的地方，稍高处风吹离云，稍低处吹向云，故而雹胚在这里的相对水平移速较小。考虑到悬挂回波的底部宽可以达几千米，所以雹胚在这里可能滞留 1～10 min。再从层状云降水融化(亮)带的观测结果来分析毫米大小的冰相粒子的融化时间。一般亮带厚度为 50～300 m，这里垂直运动弱，毫米级大小的固态降水粒子的相对落速如为 1～2 m/s，则表明它们可以在 1～5 min 内融化。在模拟中，雹胚在 0℃以上滞留时间也可达 5 min 以上。看来雹胚在悬挂回波伸到 0℃层以下处，是可以融化为滴液的。前文曾指出，许多雹胚实际上是融化了的霰雪粒子，再经强上升气流挟带上升后再冻结成冻雨胚的。另外，冰雹切片研究表明，冰雹的体密度由表面到中心有径向变化，但它们都在 0.8～0.9 g/cm^3 之间，只观测到低达 0.70 g/cm^3 密度值，没有低于此值的报道。但实际的雪团、霰粒子，体密度可以低于 0.5 g/cm^3，这些都说明，有利于大雹形成的胚粒子的体密度可能有一个由低到高的演变过程，当雹胚在胚胎帘中下伸到 0℃层以下，一方面可因融化而使体密度加密，也可由湿生长过程吸收多余捕获的过冷水而加密，这样一来，就可以理解为什么大雹的胚雹皆具有大于 0.7 g/cm^3 的体密度。既然由于大液滴冻结的冻滴胚，与霰胚的密度差异不大，这在胚胎帘中所具有的落速差别也就不会太大，因而在进入主上升气流的过程中被上升气流分选吹入或吹出的概率就接近了。当然对液滴来说，在未严重变形和破碎之前，由于其密度大，阻力系数偏小，更易于进入主上升气流区，提高了雹胚再入主上升气流增长成大雹的概率，对大雹形成是有利的；这也说明了构成大雹的雹胚总有相当比例(20%)是冻滴胚的原因。

从另一方面来看，不论是霰胚还是冻滴胚，皆可有在悬挂回波高于 0℃的区内液化后再进入主上升气流区再行冻结的过程，如果在胚胎帘区进行爆炸，使直径大于 0.8 mm 的液滴破碎到该直径以下，导致原有的运行增长轨迹的变化，就有可能来抑制大雹的形成。

8.3.7.3 爆炸的微观物理机制的数值模拟

为了更进一步讨论上述爆炸防雹的云微物理机制，即爆炸引起的伸到 0℃以下悬挂回波中融化雹胚(大雨滴)破碎作用在防雹中的效应，利用二维雹云模式和大雹运行增长模式，对超级单体流型的雹云进行了数值模拟试验。模式的计算区，水平 50 点，垂直 30 点，水平格距 Δx=1.0 km，垂直格距 Δz=0.5 km。

数值模拟方案设计如下：在全场除边界带外(水平 10～40，垂直 3～28)在每个格点播撒雹胚，初始大小为 0.2 cm，初始密度 0.9 g/cm^3，对每个格点的雹胚皆编了号，以便于追踪其轨迹。自然算例不加任何人工影响；爆炸算例则以 0℃层以下附近的悬挂回波区内，使由雹胚融化而成的液滴在爆炸作用下破碎为 d=0.08 cm 的滴，并对它继续进行运行增长的计算。

图 8.33 是在图 3.12 所示的云场中给出的计算结果，是冰雹最终直径和雹胚最初出发地的分布图，它显示了冰雹最终尺度与雹胚出发地的关系。其中标有"0"值的线是水平速度为零的线，(a)是自然算例，最大冰雹直径为 2.35 cm；(b)是爆炸算例，相应最大冰雹直径只有0.315 cm。对比图 8.33a 和 8.33b，可清楚地看到可形成大雹的雹胚出发地是从悬挂回波区内靠近水平速度零线又接近主上升气流的区域内出发的，这也应该是爆炸影响冰雹形成的作业区。从图 8.34a 和图 8.34b 的对比可见，爆炸引起的融化雹胚的破碎作用明显地抑制了大雹的生长。

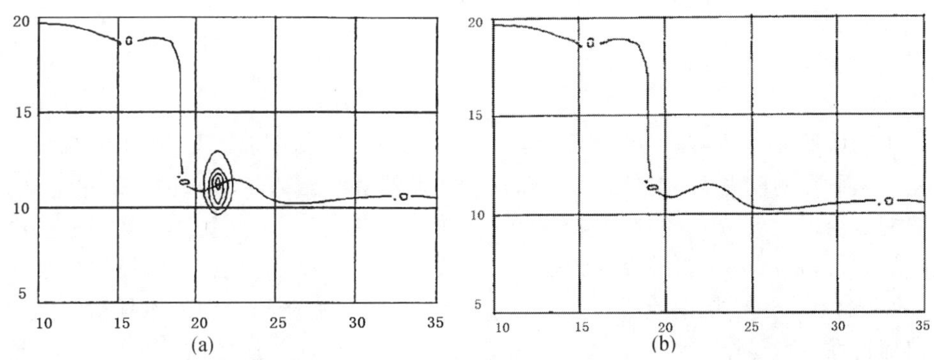

图 8.33　(a)自然算例的雹最终大小与播撒初始位置的分布图
(b)爆炸影响算例的雹最终大小与播撒初始位置的分布图

为了进一步考察爆炸引发的融滴破碎对大雹形成的机理，把终极直径达 2.35 cm 编号为 292 的雹胚增长运行轨迹给在图 8.34 中，(a)是自然算例，(b)是爆炸算例。从 8.34a 看出，它的增长运行轨迹是从出发点开始，边生长边沿着水平速度零线旋转进入主上升气流，达到最大尺度后，越过主上升气流区而下落。(b)则看到 292 号雹胚在开始也是边增长边向主上升气流区旋进，但由于爆炸的破碎作用，使雹胚长大后落到 0℃层以下融化—爆炸破碎—尺度变小—运行轨迹改变，就出现了运行轨迹向右转移，离开主上升气流在弱上升气流区旋转的现象，这里是不利于大雹形成的，所以雹直径只有 0.315 cm，是小雹。看来爆炸引发的滴破碎作用，再与大雹形成的物理过程相配合，是可以抑制大雹形成的。

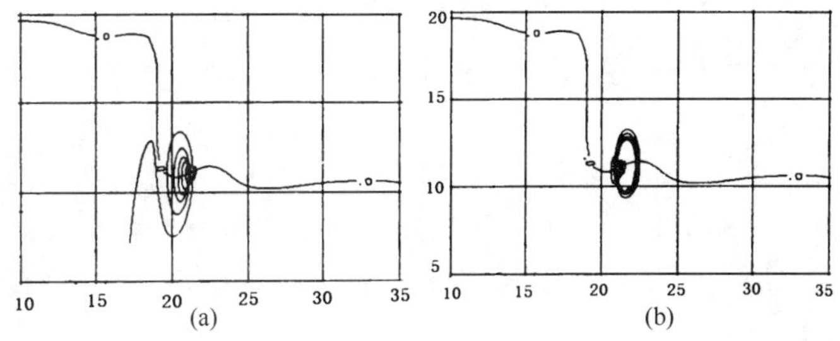

图 8.34　(a)自然算例中，编号 292 雹胚(初始位置：$x=22$，$z=6$；初始大小 $d_0=0.2$ cm，初始密度 $\rho_0=0.98$ g/cm^3)的运行增长轨迹；(b)爆炸影响算例的 292 号雹胚的增长运行轨迹

综合上述结果，可以得出下列三点：

(1)爆炸可以使未达到空气动力学破碎尺度的滴和不满足互碰破碎的滴，破碎成小于 0.08 cm的滴群；

(2)能形成大雹的胚胎常在悬挂回波区的胚胎帘的底部下伸到 0℃层以下融化，这种融化除使雹胚的体密度加大，表面粗糙度降低和阻力系数减小，从而使末速加大，更易于进入主上升气流，从而更有利于大雹形成外，液滴的易破碎性，为用爆炸促使这些融滴的破碎准备了条件；

(3)爆炸对滴的破碎作用，特别是对进入 0℃层以下雹胚融化成水滴的破碎，再与大雹形成的物理过程相配合，是抑制大雹形成的一种可能机制。

8.3.8 讨论

大气运动属低速运动，爆炸属于高速运动。大气中发生爆炸，其相互作用的机制和作用如何？是必须研究的问题，特别是爆炸广泛应用于防雹和高炮人工降水。从能量上来说，爆炸释放的能量给了大气，产生的冲击波、声波、重力波向四方传播，一些波动能够达到离炸点相当远的地方，但是占主要能量成分的是爆炸诱发的气流扰动，对“三七”弹爆炸而言它集中在炸点 100 m 以内，这些扰动能量主要来自爆炸能，也可以由于运动因外界扰动的失稳或流动内在的随机性，使扰动发展，从基本流动中转化来，因而扰动气流的能量可以是相当大的。这里我们取其最大值为 25 m^2/s^2，即$[u']$和$[w']$的平均量级为 5.0 m/s。这样一个以炸点为中心，强度迅速向周围递减的$[u'w']$场，与基本流的作用可以相当强。爆炸（瞬时）产生扰动，扰动场（维持一段时间）再与基本场（更长维持时间）相互作用，看来是爆炸影响基本流的主导途径。爆炸激发和诱发的扰动，对基本流的影响是局部的，因而二者相互作用的结果是扰动场在水平推挤基本场，在垂直拉伸基本场，产生一个中间尺度的运动叠加在基本流之上，使基本流发生了形变，这种形变使原有云体宏、微观场的匹配发生了改变，导致原已有利于降水大粒子运行增长的条件被破坏，再加上爆炸扰动场，和扰动场与基本场相作用诱导出的中间尺度运动都可吸取基本流的能量，主上升气流分裂变形，不利于大雹的形成。但对层状云来说，爆炸可以使均匀流中出现对流，出现了类似于动力催化的作用，使层状云区中局部的云体发展，降水增强。

爆炸激起重力波和重力波破碎是有条件的，积云中往往具备这种条件。波在云中破碎产生扰动，还是扰动场影响基本流，只不过是通过重力波把爆炸影响传到云中而已。

8.4 爆炸作用的外场试验取证和数值模拟再现

在 8.2.3 节中，已介绍了地面爆炸对雾影响的试验结果，出现这些试验现象看来是动力作用引起的，为什么会出现这些现象呢？如果能用上述的爆炸对背景气流作用机制的理论为根据，用数值模式方法再现这些外场试验结果，不仅可以深化对试验结果的理解，也是对所提理论的一种验证。

8.4.1 爆炸对雾影响的数值模拟（实验结果的再现和理论的检验）

模式使用了非静力全弹性的云尺度模式，由于雾在山谷中，可用其二维版本。首先用该模式来模拟雾的形成，这里用了冷却成雾法。雾形成后，施行爆炸影响，即在模式计算区中间底部给出一个扰动场，中心强度$\overline{u_iu_j}$为 25 m^2/s^2，到离炸点 175 m 处以正弦方式衰减为零，扰动场存在时间为 60 s。算例 1 是不加爆炸影响的自然算例，算例 2 是加爆炸影响的对比算例。

模式的计算区域为 2500 m×1000 m。垂直和水平格距皆为 25 m。格点数水平为 100，以 I 标号；垂直为 40，以 K 标号。大时间步长为 1 s。模式运行时间为 5 min。

模式的初条件是：

温度（T） 地面温度取 298 K，递减率为 0.55℃/100 m

湿度(T_d)　$K<3$　$T_d=T$

$3<K<20$　$T_d=T-0.25(K-3)$

$20<K<40$　$T_d=T-10.0$

气压　地面气压取 1000 hPa,按压高公式向上递减

风　东风,取为-300.0 cm/s

边条件:用了悬浮边界方案,对水凝物用循环边界方案。

数值模拟结果给在图 8.35~8.39,图 8.35 是模式模拟 2 min 后雾形成的雾水比含量、水平风和流线分布,加爆炸扰动气流场也是从这时开始,所以图 8.35 所示的是自然算例和对比算例的共同的中间起步状态。

从图 8.35 看出,雾的水平分布是均匀的,水平风分布和全流场也都是相当均匀的。由于使用的是非静力全弹性模式,背景风速有 3 m/s,很难没有小扰动存在。只要这种扰动不迅速发展、不掩盖主研究现象就表示模式功能不错,可以用来研究像雾这种稳定的天气现象。为了描述雾的浓度变化,给出了三个点的垂直能见度 VIS。对图 8.35 来说,在 $I=30$,40 和 50 三个点时,$VIS=63.9$ m。

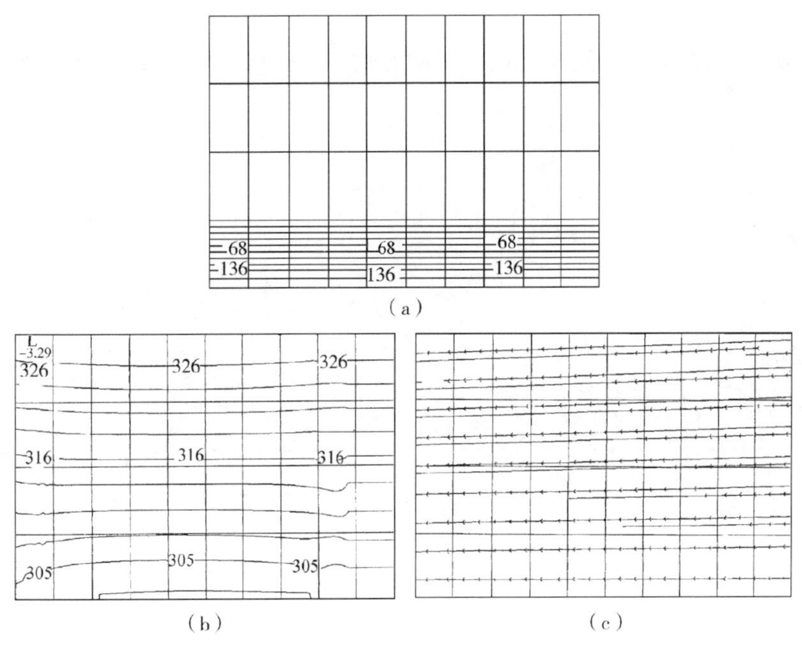

图 8.35　2 min 时雾水比含量(单位:1.0×10^{-5}(g/g))(a),水平风(cm/s)(b)和流线图(c)
垂直坐标是格点序数,水平坐标也是格点序数,每大格间隔数皆为 10

图 8.36 给出自然算例中 3 min 时的雾水比含量,水平风和流线分布图。图 8.37 是加扰动后 1 min(总计算行程也是 3 min)时的相应量的分布图。

对比图 8.36 和图 8.37,可以清楚地看到,在炸点(扰动场中心位置)的上风方和下风方都出现了雾的上涌,而且上风方涌的高度比下风方高。模拟图像相当好地再现了 8.2.3 节表 3 中给出的 8 次实验观测到的第一点结果。

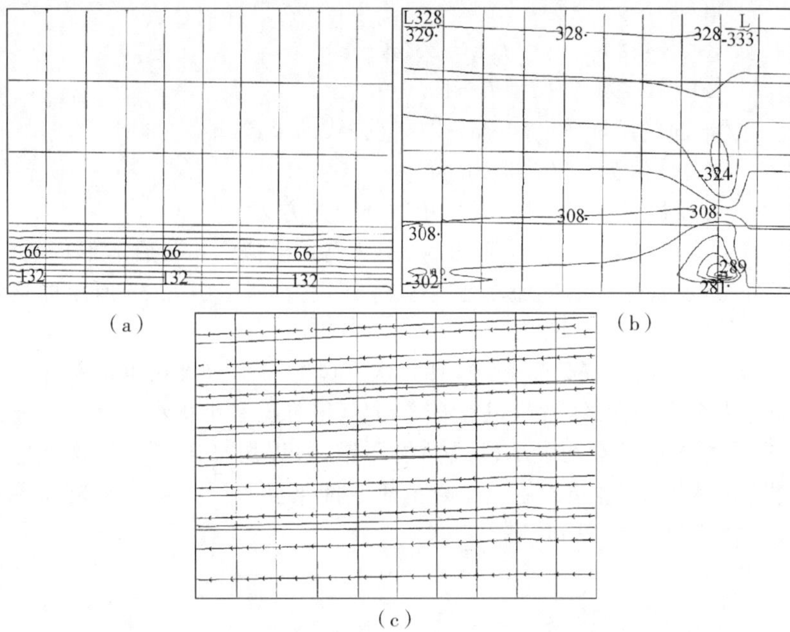

(a)　(b)　(c)

图 8.36　自然算例 3 min 时雾水比含量(a),水平风(b)和流线图(c)。其他说明同图 8.35

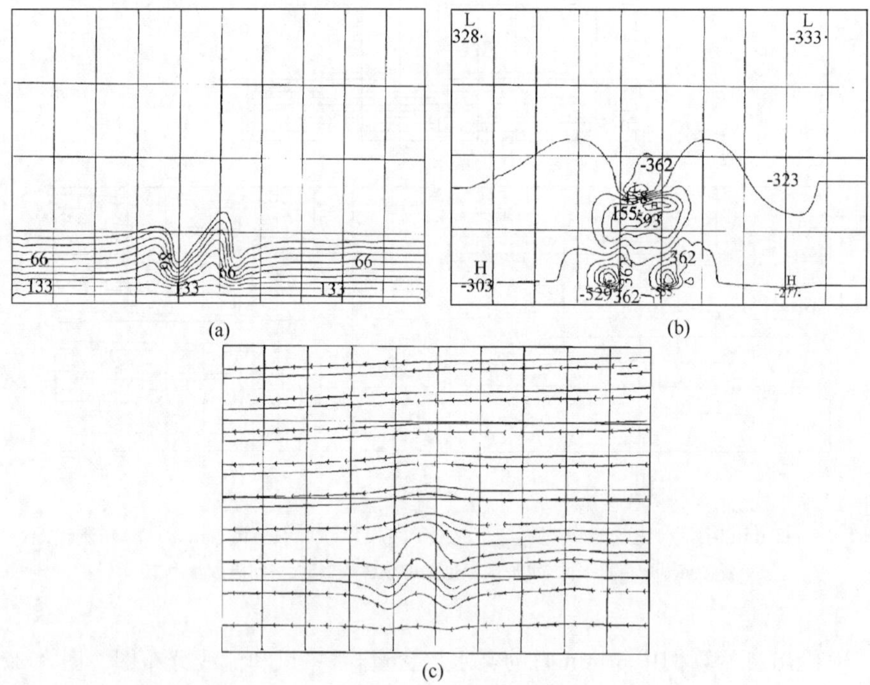

(a)　(b)　(c)

图 8.37　对比算例 3 min 时雾水比含量(a),水平风(b)和流线图(c)。其他说明同图 8.35

再来察看雾的浓度，从图 8.37 清楚地看到，$I=35$ 对应着下风方的涌起峰，$I=50$ 对应着上风方的涌起峰，而 $I=40$ 处于二峰之间的谷底。在自然算例中，$I=35$,40 和 50 处，*VIS* 皆等于 66.3 m，雾是均匀的；而在对比算例中，$I=35$ 处：*VIS*=57.7 m；$I=40$ 处：*VIS*=83.6 m；$I=50$ 处：*VIS*=54.9 m，明显地显示出上风方雾变浓，下风方雾比上风方稀，而中间雾变得更稀的现象，相当好地再现了 8 次实验中观测到的第二点结果。

最后察看雾的移动变化，为了说明这一点，在图 8.36 和图 8.37 中给出了水平风分布。对比这两组图可以看出，在自然算例中，水平风速近于东风 3 m/s。而在对比算例中，上风方雾涌处，风速减少到东风不到 1 m/s，下风方雾涌处，是东风近 2 m/s，而下风方的低层，风速增加到东风接近 6 m/s。从风速的变化来看，也再现了 8 次实验观测到的第三点结果。

其实上述三点变化是协调一致的，这从图 8.36 和 8.37 的对比分析中可以清楚地看出来。爆炸影响使原来平直的流动起了波动，波动的上升段引起的雾顶上涌，雾变浓，而波的下沉段，引起了雾消散，顶下沉，而波谷的下沉更烘托了波峰处的上涌。气流波动不仅表现在垂直风场上，也表现在水平风场上，这就引起了雾的局地移动变化。

图 8.38 和图 8.39 分别给出了模拟时间 3.5 min，也即加入爆炸影响 1.5 min 时的自然算例和对比算例的图。可以看出，上述的模拟现象仍在维持并东移。自然算例的 *VIS* 平均值为 68 m，而对比算例三个点从西向东分别是 57 m，90.5 m，55.2 m，实验中出现的雾东浓、西稀、中间雾近于消失可见蓝天的现象在模拟结果中更为明显了。

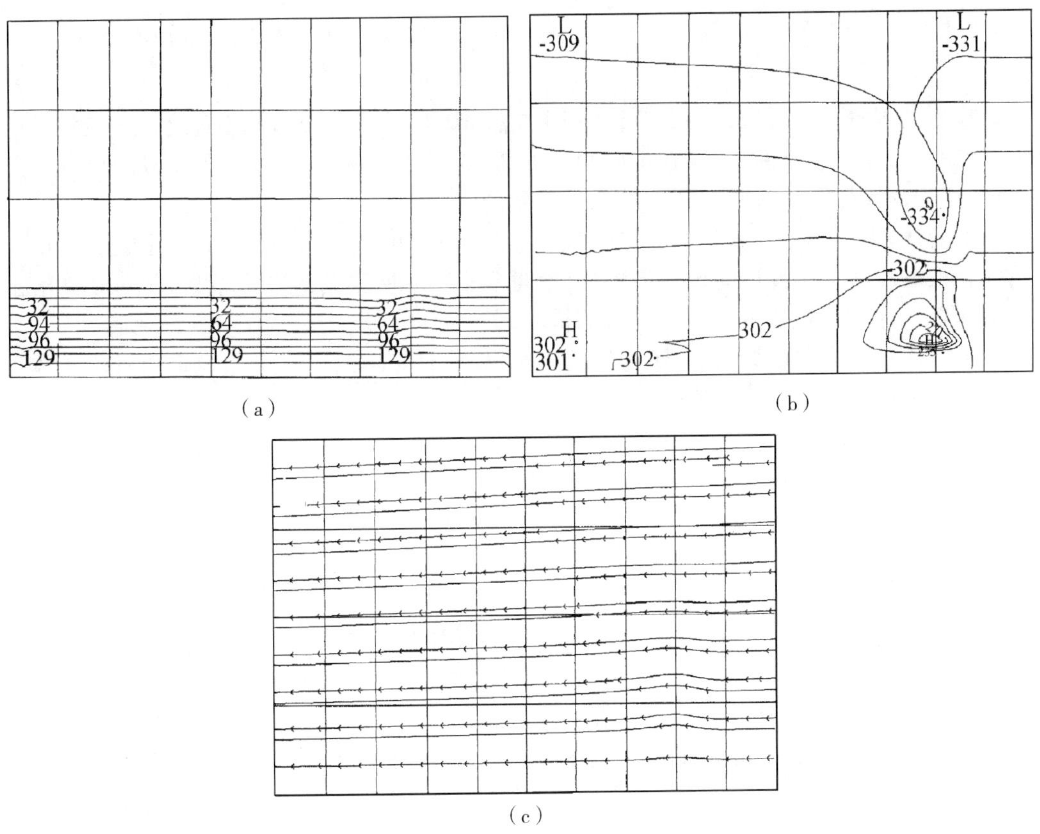

图 8.38　自然算例 3.5 min 时雾水比含量(a)，水平风(b)和流线图(c)。其他说明同图 8.35

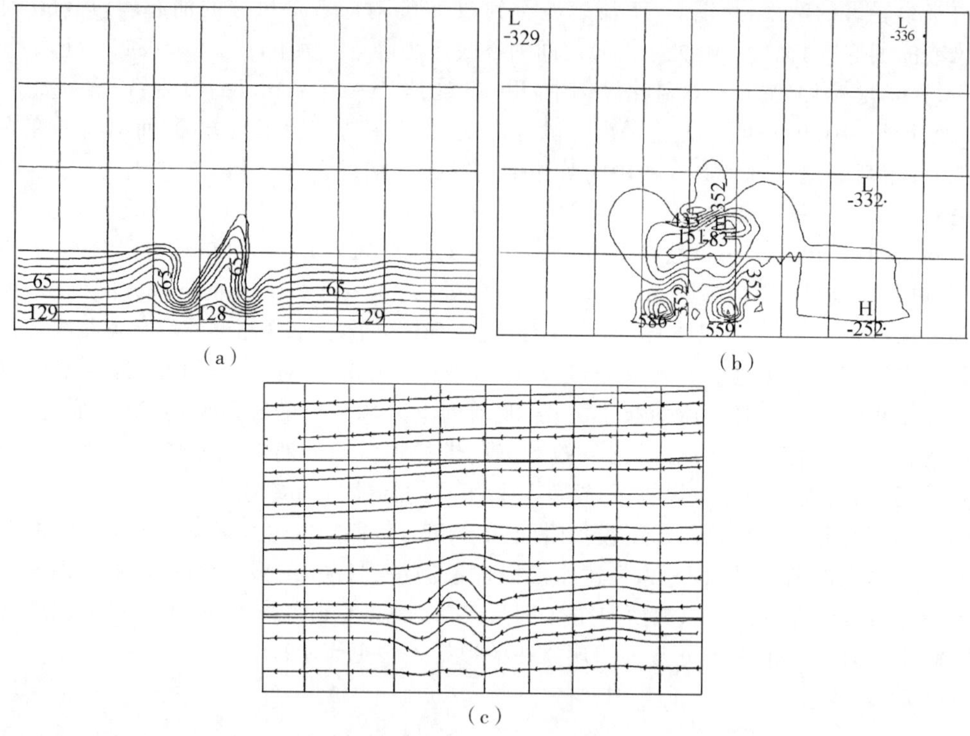

图 8.39 对比算例 3.5min 时雾水比含量(a),水平风(b)和流线图(c)。其他说明同图 8.35

所模拟的现象一直可以维持到 5 min,即加爆炸影响后的 3 min,只不过这时气流波动的幅度已变小,次级波动已滋生,说明能量已向短波方向转移,是爆炸影响在衰减的象征。总的来说,模拟的爆炸影响时间与实验结果是一致的。

综上所述,雾中爆炸试验是一项设计周全、结果可靠的实验,是可以用来检验所提出的理论的。根据新理论所设计的数值模拟,全面再现了实验所得到的三个结果,并对结果给出了全面解释。这对所提理论是一个有力的检验。

鉴于爆炸对气流的影响,在属于稳定的雾中已相当明显,因而对于非稳定的对流云体可望有更为明显的表现。

8.4.2 外场炮击云试验

8.4.2.1 外场试验

由于强对流雹云庞大,爆炸作用的反映常用雷达来检测,云体的明显变化不易被明确判定,为此在 1998—1999 年在河北省涞沅县艾河村进行了“三七”高炮炮击积云(局地性云)的试验。试验共进行了 14 次。但在云中爆炸的只有 10 次,见表 8.7。由表中所列云体变化一栏看,凡打入云中爆炸者皆有云体变化(刘海月等 2000,赵亚民等 2001)。试验的程序是先观测积云自然的生成、发展、移动和演变。作为对比参考样本,再观测炮击后云体的演变。艾河村附近是晴空积云多发区,一般皆有云街形成,从艾河村上空移过,过艾河村时,处于发展维持阶段,生命史一般为 30 min,长的可达 40 min。

表 8.7　爆炸影响云体试验情况一览表

时间	云状	仰角(°)	爆炸高度	用弹量	爆炸部位	云体变化情况
1998.7.11 10:33	Asop	21	1146	10	云下爆炸	无变化
1998.7.11 10:35	Asop	28	1583	18	云中爆炸	爆炸部位出现云洞
1998.8.19 17:05	Cu cong	40	2278	20	云中爆炸	云体减弱消散
1998.8.22 15:54	Cu cong	50	2783	15	云中爆炸	云体减弱消散
1998.8.22 16:00	Cu cong	40	2278	13	云中爆炸	爆炸部位云体断裂
1999.6.18 14:12	Cu cong	40	2278	18	云中爆炸	云体减弱
1999.6.18 14:36	Cu cong	40	2278	18	云中爆炸	云体减弱
1999.6.23 14:08	Cu cong	50	2783	20	云上爆炸	无变化
1999.6.23 14:37	Cu cong	30	1704	10	云下爆炸	云体发展
1999.6.23 16:05	Cu cong	40	2278	18	云下爆炸	基本无变化
1999.6.23 16:15	Cu cong	55	3003	10	云中爆炸	爆炸部位云体断裂
1999.7.8 13:24	Cu cong	60	3198	12	云中爆炸	云体减弱消散
1999.7.8 13:34	Cu cong	45	2540	14	云中爆炸	云体减弱消散
1999.7.8 14:20	Cu cong	44	2490	16	云中爆炸	云体减弱消散
合计	14 次	583	32620	212		
平均		41.6	2330	15		

炮轰积云试验

试例 1,1998 年 8 月 19 日下午 17 点 02 分,有一双泡积云移到测点 SSE 方向,17 时 05 分对前部云塔打炮 20 发,作业仰角 40°,炸点高度 2278 m,炮击后的云体变化给在图 8.40 中,可见炮击的云塔在炮击后衰弱,而未炮击的云塔继续发展。

试例 2,1999 年 6 月 23 日下午 16 时 14 分。

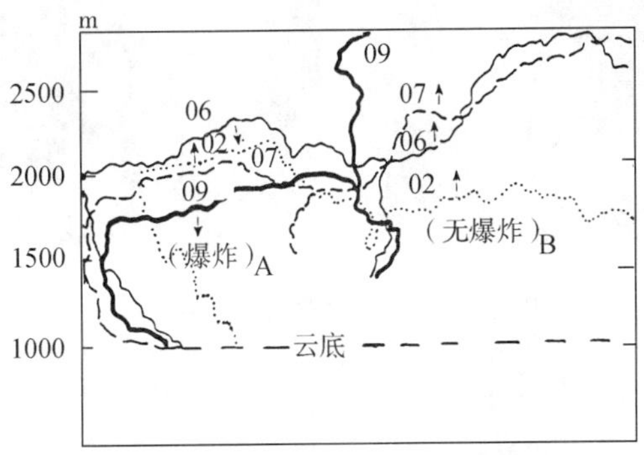

图 8.40　1998 年 8 月 19 日 17 时,积云轮廓图

图中点线为 02 分钟、实线 06 分钟、虚线 07 分钟、粗实线 09 分钟

对移入艾河村上空的一块淡积云进行了炮击,用弹 10 发,炮击后的云体,在 3 min 内分裂,消散。云体演变过程见图 8.41。特别值得注意的是,分裂后的右侧云体 ,也是主中弹云体部分,在消散中出现了涡旋。

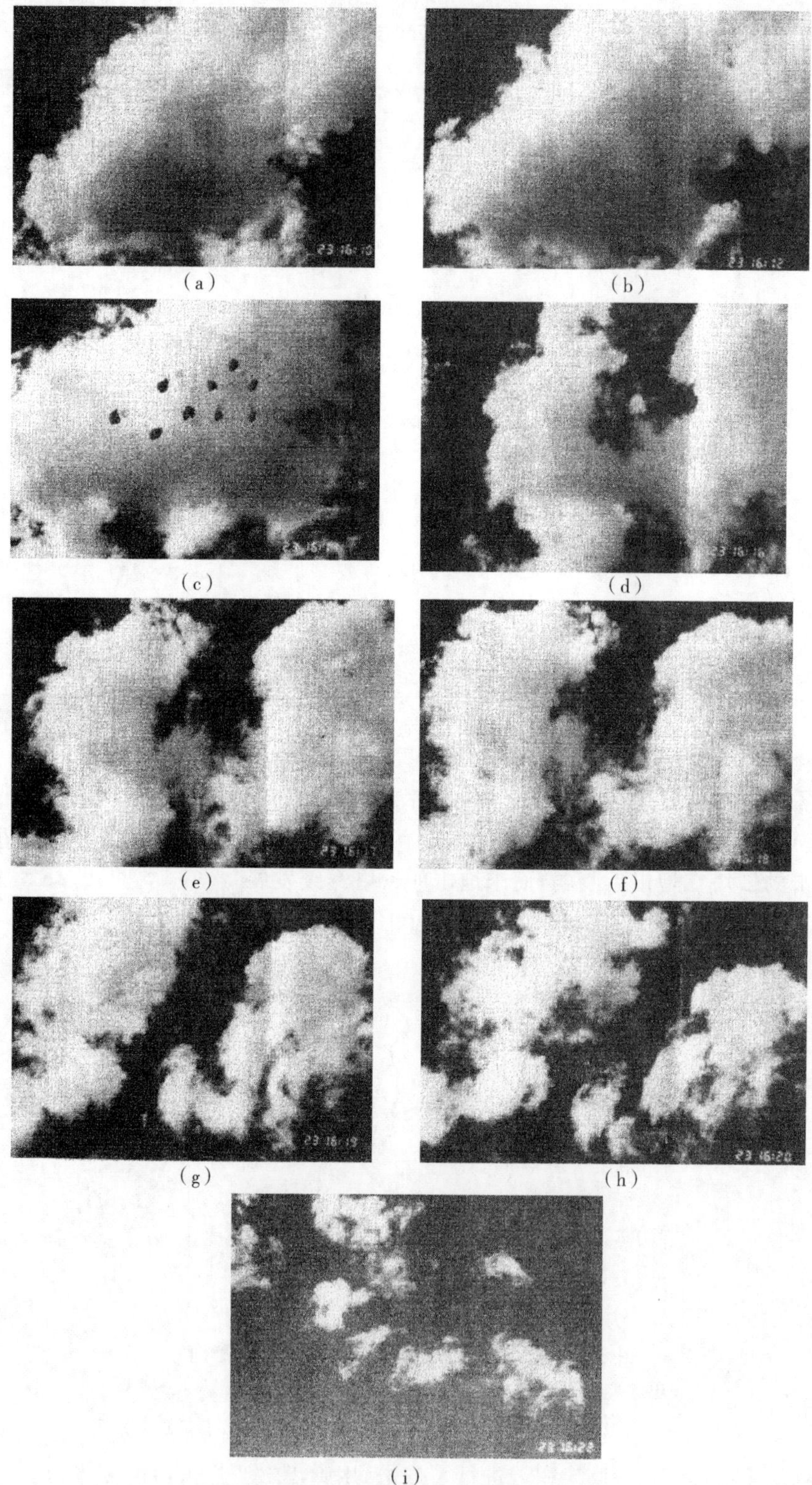

图 8.41 积云在炮击后的云体演变过程

(a)、(b)炮击前的云况,16:14 炮击 10 发(c),16:16 云体分裂(d),出涡旋 16:19(g),涡旋仍可见 16:20(h),16:22 云消散(i)C 中的黑点,是炸点位置的大体分布

以上两个试例，例 1 的云体较大，炮击后被击云体衰落，未击者仍在发展；例 2 的云体较小，单泡积云，炮击后分裂消散，消散中云体呈涡旋状运动。这种旋转消散的现象在另一些炮击试验中也呈现过。

8.4.2.2　炮击积云试验结果的数值模拟

利用本章 8.3.5 节中介绍的三维模式，模拟了炮击积云的外场试验，结果给在图 8.42 中，图 8.42a 是没有加爆炸影响下的积云。而 8.42b 是加爆炸作用后的积云，比较此二图可见，爆炸处云塌陷了，且左边的云朵发展了。与外场试例 1 的结果相像。

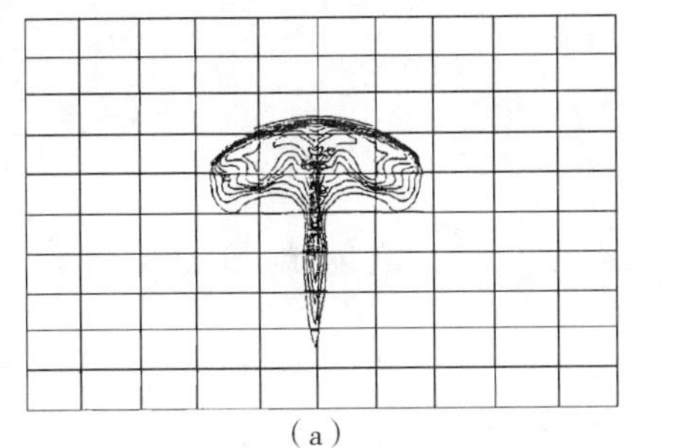
(a)

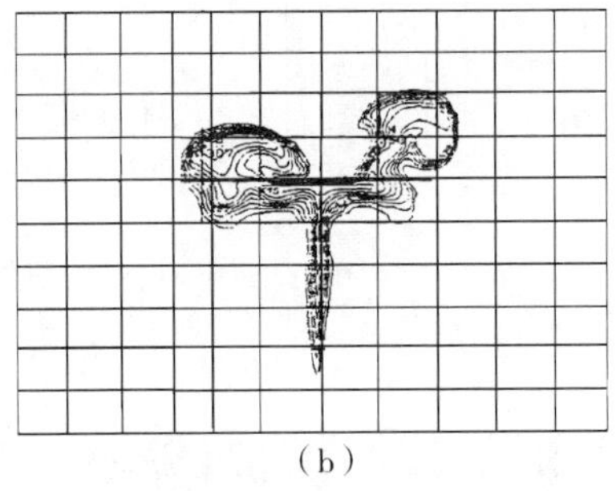
(b)

图 8.42　炮击积云的试验数值模拟结果

外场试例 2，是单朵积云，炮击爆炸作用后云散了，这从试例 1 中也可以理解为对单朵体积较小的积云实施炮击后，衰落作用导致了消散。但消散中为何出现涡旋状的云形呢？想必与流场变化有关。为此又对它作了数值模拟，结果给在图 8.43 和 8.44 中。

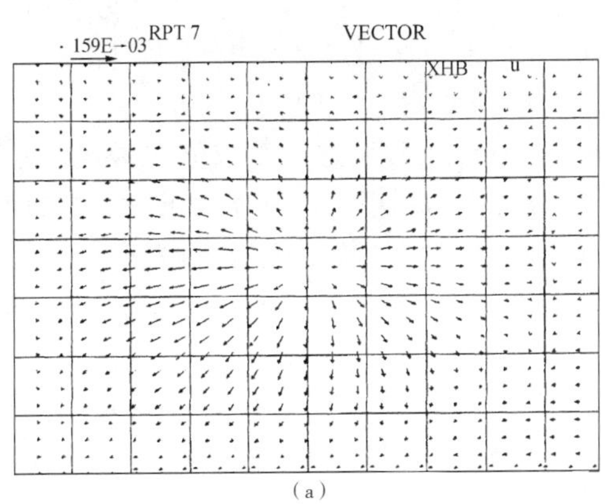

(a)

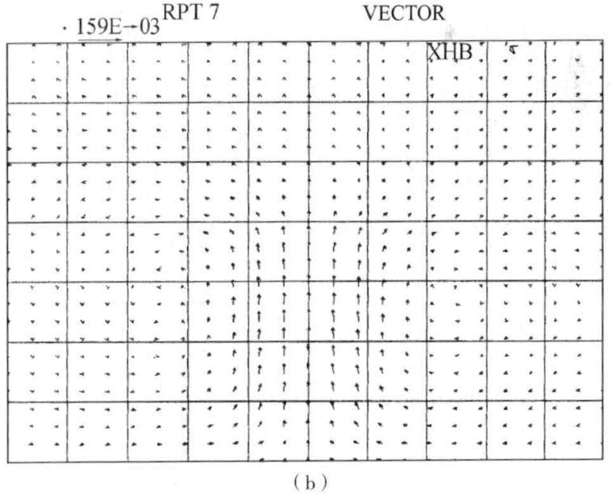

(b)

图 8.43　三维模拟的积云流场 (a)水平截面，$K=21$；(b)垂直截面，$J=25$

图 8.43 是没有爆炸作用时由第 7 个输出文件得到的水平流场截面($K=21$)和垂直流场剖面($J=25$)。可见水平流场在 $K=21$ 高度上是较均匀的辐散流场，而垂直剖面上是典型的对流环流。在加入爆炸作用后，相应的剖面流场发生了相当明显的变化。$K=21$ 的水平流场变成了一个鞍型场。鞍点四周的气流发生明显的旋转，而垂直剖面上的对流环流发生

明显的扭曲。在这种流场驱动下，由于上升气流转成波动气流，上升势头减弱云消散，而残云在鞍型流场的旋转支出现涡旋状。很好地再现了外场观测到的现象。

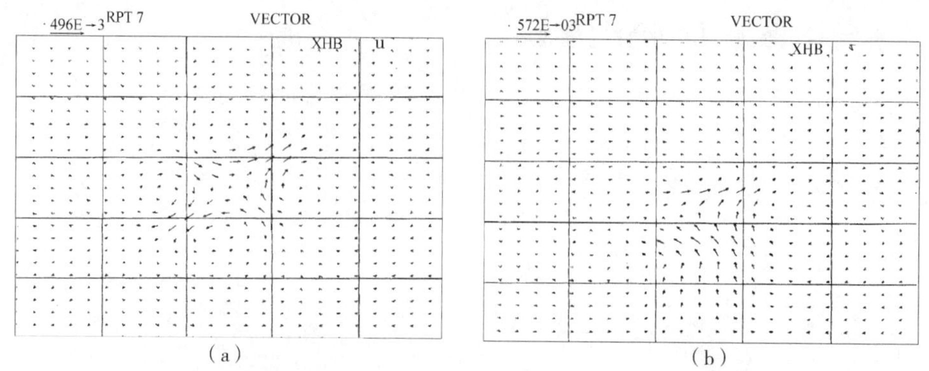

图 8.44　在有爆炸作用时的三维模拟积云流场，其他说明同图 8.43

8.5　炮响雨落数值模拟试验

用三维模式直接加爆炸引起的扰动气流场，再用分档随机模式来模拟雨(雪、霰)的演变降落过程。看“炮响”后雨是否提前降落，降水量是否加大等是可取的。但是由于三维云模式和三相分档随机模式耦合在一起的 3DSGBH 需要的计算能力过于庞大。这是因为加爆炸的作用，格距只能取 20～25 m。云体又不能太小。为了扩大模拟几何尺度，又不致增加格点太多，只有增加格距，在这种情况下，爆炸的作用是用参数化方式加入的。即由爆炸作用原理，在动力上它抑制了上升气流，减少了粒子的阻力，增加了落速，把这种“动力制动”作用和阻力“润滑”作用，以参数化的形式加入云中的某个指定区域和指定时段去起作用。具体作用如下。

对于动力制动，在指定区域内，上升气流值乘一个衰减系数。这个系数值在指定区域边界上等于 1.0，而随着距中心的距离减少而减小，中心处可达到小于 1.0 而大于等于零的值。对于润滑作用，则可对粒子的落速乘上一个大于 1.0 的“润滑”系数来体现，因为振动“润滑”作用，改善了绕球流态，分离点后移，其阻力系数可因此减少 4 倍(C_d＝0.47→0.1)。所以末速可以增加一倍，这里的润滑系数为 1.5。

模式是二维的，计算区域为 50×30 个格点，x 方向 I＝1～50；z 方向 K＝1～30，粒子分档数 K_{bin}＝40。Δx＝500 m，Δz＝250 m，Δt＝5 s，在时步 n＝180 时加爆炸，到 n＝330 时步止，模式运行到 360 步，每 30 步输出一个数据报告。

用 2D-SGBH 模式按上述参数化方案来进行“炮响雨落”的模拟结果，给在图 8.45—图 8.47中。

开始加“炮响”的时步 n＝180(900 s)时的液水分档比含量分布给在图 8.45 中，垂直坐标是 z(K)，K＝1～30；水平坐标是粒子的档数 K_{bin}＝1～40，在某个高度上沿水平坐标，粒子达到的 K_{bin} 数越大，说明谱形越宽，而值越大说明该档粒子浓度越大，档比含量值也越大。

图 8.46 给出了“炮响”后，时步为 300 时的各档液态粒子比含量分布图，说明同图 8.45。其中 8.46a 为未加爆炸影响的，8.46b 是加爆炸影响的，对比此二图可清楚看到，在地面和地

表上空，粒子谱的宽度有所拓宽，浓度有所增加。图 8.47 是时步 $n=360$ 时的，说明同图 8.46，对比二图可以更清楚地看到谱形的拓宽和档浓度的加大。

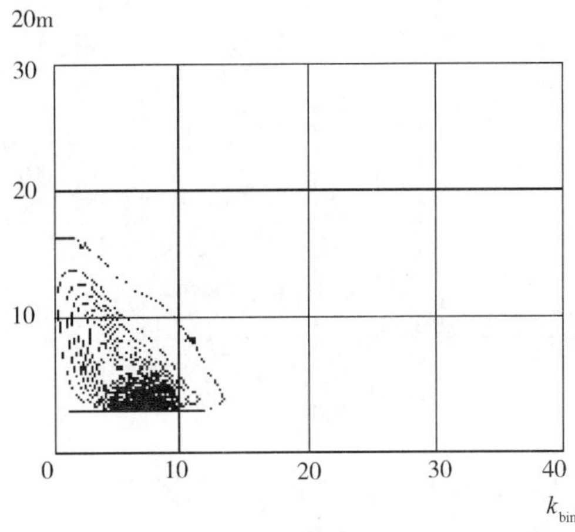

图 8.45　在 $n=180$ 时步时，即"炮响"时刻，在分档比含量最大的 I 点上的 $Z(K)$-K_{bin} 垂直剖面

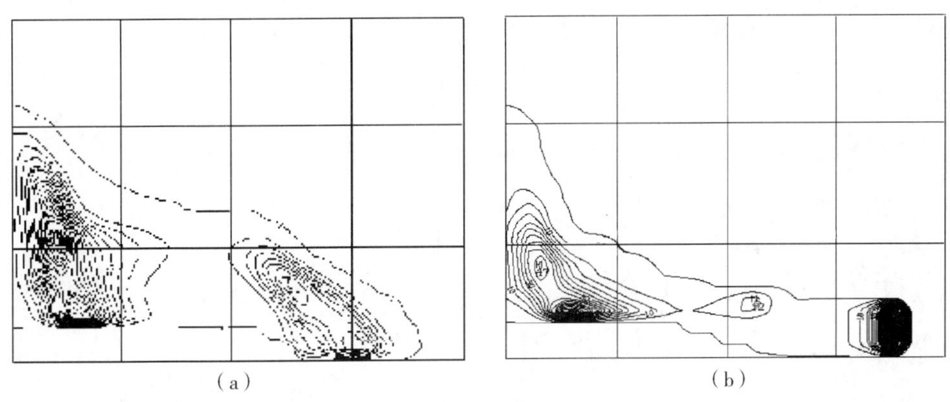

图 8.46　时步 $n=300$ 时的，在分档比含量达到最大的 I 点上空，$z(K)$-K_{Bin} 比含量分布

(a)为自然算例，(b)为加"炮响"爆炸作用的算例，其他说明同图 8.45

至于"炮响"后的"雨落"情况，概述如下：在 $n=180$ 时加"炮响"作用后，地面开始降水时间比自然算例提前了，n(自然)＝262，n(爆炸)＝247，算例时间爆炸提前了 75 s；雨量的增加，可看 $n=360$ 时的雨量差值，雨量(自然)＝3.5 mm，而雨量(爆炸)＝19.6 mm，可见提前落雨，也明显地增加了雨量和雨强。现在回头来看一下"炮响雨落"试验中给出的图 8.6。这个图中给出了三个特征，一是雨滴展宽，雨强加大，雨滴浓度的增加不仅在大、中滴范围，小雨滴的浓度也在增加，出现这种现象，如果不是抑制了上升气流，减小了气流的承托；不是存在着"润滑"作用减小了阻力，增加了落速，是很难理解的。而参数化模拟中，加入了这两个作用，图 8.45 和图 8.46 完全再现了图 8.6 的现象。由于模拟是参数化方式加入爆炸影响的，其结果是原理性的。虽然给出的是具体数值，因为数值模式是用数值来给出结果的(数

值解)，应当从数值中看到定性的物理图像，不可细究数值的真确性。

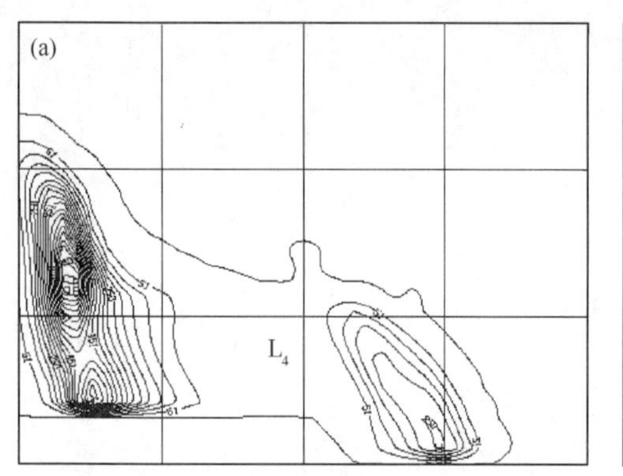
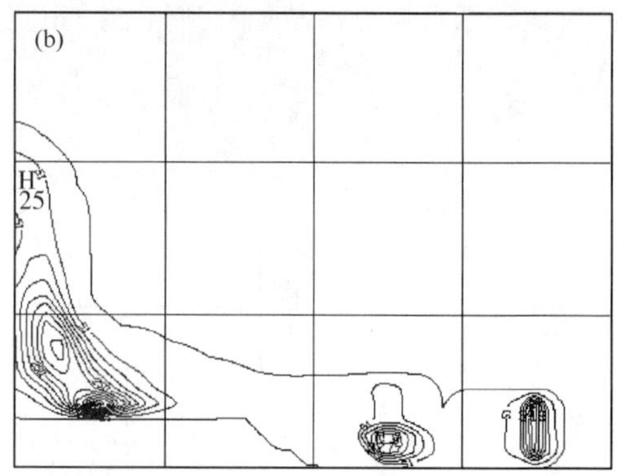

图 8.47　$n=360$ 时步，其他说明同图 8.45

8.6　爆炸扰动气流场对大气稳定度的影响

爆炸引起的扰动气流必然加强场内的涡动(湍流)交换系数，因而可以从另一个角度来考察它对局部大气运动的影响。

在大气垂直运动方程中，由于这里不计入垂直气压梯度力和科氏力的影响，只计入浮力和涡动(湍流)交换项，则有

$$\frac{\mathrm{d}w}{\mathrm{d}t}=g(\frac{T'-T}{T})+K\nabla w$$

其中 $\nabla=(\frac{\partial^2}{\partial x^2}+\frac{\partial^2}{\partial y^2}+\frac{\partial^2}{\partial z^2})$，$K$ 为交换系数。

又　$T'=T_0-\gamma'\mathrm{d}z$

　　$T=T_0-\gamma\mathrm{d}z$

则　$T'-T=(\gamma-\gamma')\mathrm{d}z$

所以　$\frac{\mathrm{d}w}{\mathrm{d}t}=g(\frac{\gamma-\gamma'}{T})\mathrm{d}z+K\nabla w$

当　$\frac{\mathrm{d}w}{\mathrm{d}t}=0$ 时，即没有垂直加速度的条件为

$$\gamma=\gamma'+\frac{KT}{g\,\mathrm{d}z}\nabla w$$

而在没有 $K\nabla w$ 项时，只需 $\gamma=\gamma'$，γ' 等于干绝热递减率 γ_a 或湿绝热递减率 γ_m。

但当有 ∇w 时，交换系数增大时，维持中性的 $\frac{\mathrm{d}w}{\mathrm{d}t}=0$ 则要有一个附加项，即 $-\frac{KT}{g\,\mathrm{d}z}\nabla w$。可以估算一下这个附加项的大小，取 $K=100\ \mathrm{m^2/s}$，(在积云中常超过这个值)，$\mathrm{d}z=100\ \mathrm{m}$，$T=273\ \mathrm{K}$，$g=9.8\ \mathrm{m/s^2}$，则 $\frac{KT}{g\,\mathrm{d}z}=27.9\ \mathrm{K/s}$，如果 $\nabla w=0.01$，则 $\frac{KT}{g\,\mathrm{d}z}\nabla w=0.279\ \mathrm{K/m}$，这个附加值很大，把不稳定温度层结使之强稳定化。这一项的作用需要 $\nabla w\neq 0$，也即要有 w 的二阶梯度，即背景 w 场二阶不均匀。而 $\overline{u'w'}$ 的作用，只要本身不均匀，对均匀背景场也起作用。如果这一论点成立，那么就可以理解在爆炸影响下，雹云为什么绕作用区而行。见图 8.7 和图 8.8。因为爆炸作用后，大气稳定度大增，不利于上升运动发展。

8.7　本章小结

8.7.1　爆炸防雹原理

在防雹作业中，由于使用高炮向云中发射带人工成冰剂时，总伴随着爆炸，人们观测到爆炸产生的种种现象，它们在爆炸后几分钟内出现，其动力性质明显，是用播撒剂作用难以解释的，因此需要去探求爆炸作用的原理。这与播撒防雹先有原理假说后进行作业设计的情况不同。

爆炸是一个短暂的激烈过程，特征时间小于秒，属高速（马赫数 $M_a>1$）空气动力学范畴，而观测到的云体或降水变化虽然相对于其自然变化而言是快速的，但也有几分钟，运动性质是低速（$M\leqslant1$）大气动力学或粒子动力学范畴。高速的爆炸如何去影响低速的运动？瞬时的脉冲又如何去产生滞后较长时间的效应？这本质上是高速流体力学与低速流体力学的相互交叉的领域。从能量上来说，爆炸向大气突然引进了能量，它们如何转化成大气的能量，以何种途径来转变，又以什么方式来体现呢？是单一的能量转换，还是有相伴的诱导作用？从学科上来说，这首先是爆炸影响大气（云体、粒子）运动的核心问题，爆炸防雹原理是这一核心问题在防雹中的应用。

为此，首先应当探求爆炸对流场和水凝物粒子起什么作用的物理机理，然后再探求这些作用能否在防雹中起作用。为此需要在归纳观测实验结果的基础上来寻找爆炸产物：爆炸气体、飞溅物、冲击波、声波，扰动气流场对气流和粒子的影响。

爆炸气体和爆炸飞溅物对气流的影响可以忽略不计。剩下的三种爆炸产物就是冲击波、声波和爆炸引起的扰动气流场了。

定点序列爆炸可以在炸点周围形成一个等效压强场，对“三七”高炮炮弹的爆炸来说，这个场可以在 100 m 范围内把 3～4 m/s 的上升气流制动到零。

声波的作用，对气流不会有什么影响，但它可以改变雨滴大小的粒子运动边界层的速度分布，从而使它产生在下落运动中运动边界层的分离点的位置后移，大大减少了它的压差阻力，提高了落速，即对粒子运动起到了“润滑”作用。

考虑到在爆炸中 90％的能量以冲击波的形式向外传，由于传播中的非等熵性，对“三七”弹爆炸而言，在半径 100 m 的范围内冲击波会大幅衰减，能量又转化成扰动气流能，冲击波也可能诱导背景流能量转成扰动能，形成一个不均匀的扰动气流场，它会与背景气流相互作用，对背景流产生明显影响。为此在归纳观测事实和分析爆炸物能力的基础上，提出了空中爆炸影响气流的理论推测：即爆炸（瞬时的）激起扰动气流场（可维持一段时间），再通过扰动场与背景气流场的相互作用，对背景流产生明显作用（可维持更长时间）。并用数值模式模拟了上述理论推测，得到了与推测相一致的现象，说明上述推测是爆炸影响气流的主导途径。为了实验验证这一推测，对一个设计周全、数据可靠、重复性强的实验结果，依上述理论推测作了模拟试验，全面再现了实验结果，并逐项解释了实验现象发生的原因，有力地验证了理论的可信性。从二维和三维模式模拟气流扰动场与背景流相互作用的结果来看，在垂直剖面上，上升气流受到推拉，呈现出明显的水平摆动，直立气流成为大振幅水平摆动的上升气流；在中上层平面上，单一的辐散气流场，变成了鞍形气流场，对流场的影响是很显著的。

另外，还研究了爆炸对云微物理的影响。根据爆炸可使 800 μm 以上的滴破碎到 800 μm 以下的实验结果，和产生大雹的雹云的悬挂回波趾部常常下伸到 0℃层以下的事实，指出可形成大雹的雹胚会经历一个在 0℃层以下融化又再入上升气流再次冻结的过程。如果爆炸使它们的融滴破碎成 800 μm 以下的滴，将明显改变它们的轨迹，阻滞它们进入主上升气流的进程。实际作业也是炮击云中的这个部位。

综上所述，爆炸产物中的冲击波、声波和扰动气流场在原理上是可以对气流、雨粒子运动状态和大滴破碎起作用的，可以对流场和粒子的末速产生明显影响。而流场和粒子末速是决定粒子增长运行轨迹的两大要素，也是决定"穴道"位置、强度的关键参量，因而对雹云"穴道"区进行炮击爆炸，作业常常是几十、上百发炮弹，虽然单发作用半径是百米尺度，但叠加起来可以达到几百米范围。这种爆炸的动力和微物理作用，皆可通过对雹云中冰雹"穴道"来引入。一旦改变了流场和粒子的末速，就会明显影响"穴道"的动力性能和干扰大雹增长运行的进程。

8.7.2　爆炸作用与播撒作用的结合

爆炸的作用是通过向"穴道"引入爆炸，来影响流场和粒子末速这些动力因素来干扰自然"穴道"的结构和冰雹形成过程达到防雹目标，属动力性质。而播撒是通过引入人工雹胚与自然雹胚争食"穴道"区域的过冷水，限制其长大来防雹的，属微物理方式。但是不论是动力途径还是微物理途径，其合适的播撒区或爆炸区(可合称"作用区")都应在"穴道"空域来施行，这是雹云物理规律支配防雹原理的体现。二者的同时作用对防雹效果来说是相互协调的，是否有所相抵尚需进一步研究。但在作用时效上肯定是相配合的。

由于爆炸作用可以在短时间内完成(扰动气流场作用时间是以分钟计，大滴破碎是瞬时的)，而播撒防雹需 10 min 才起效，所以爆炸的作用可立即见效，而播撒作用则有一段滞后，二者结合起来应该是更有效的。例如，先使"穴道"破裂或变弱，使其内在的冰雹或大雹胚落出，达到"提前降水"；而较小的粒子仍留在"穴道"中参与"竞争"，即使在停炮后"穴道"再建立或恢复，也是在更有利的起点(雹胚尺度较小)上进行"竞争"。

8.7.3　关于雷电的作用

冰雹云几乎总是伴有闪电雷鸣，既然人工爆炸可以对云起作用，怎么会在雷电交加中雹云得到发展，降雹得以成灾呢？这是一个需要加以说明的问题。

第一，雷电是强对流云发展的结果，云不发展到一定强度，是不能产生雷电的，可以说降雹和雷电是强对流云的两个孪生兄弟。这样一来，即使雷电有限制雹云的作用，但已达到雹生成的地步，也不能抑止雹灾。

第二，雷电对降水和降雹的作用，确有过报道，例如在打雷以后，发生雨泻或雹泻，有点像"炮响雨落"。至于雷电活动对成雨、成雹过程的影响，由于目前弄不清二者发生的部位是否在时空上一致，没有定论。但即使雨泻或雹泻现象不代表对成雹成雨有作用，也表现出对降雹降雨起作用。

第三，人工爆炸是主动施行的，是针对雷电活动不频繁不直接的"穴道"区，这种爆炸作用虽是着眼于对气流，或对降水粒子运动发生影响，但目的在于影响大雹的形成过程。另外，人工爆炸的施行不屈从于对流发展的强度。所以雷电的作用可以很大，但它与降雹伴生;人工爆炸作用虽然比之甚微,但针对性强,可以影响大雹形成过程。

中国科学院高原大气物理研究所的学者在人工引雷的试验中,观测到在闪电通道附近的降雨强度猛增,即所谓"雨泻"现象;还观测到雨滴谱变宽,冰雹减少。这类似于云中爆炸后所观测到的现象,但其原因是由于动力效应,或电力效应,或微物理效应,尚需进一步探讨。

8.7.4　关于云顶爆炸的反应

图 8.1 给出的是在云顶爆炸后,回波下陷和分裂,在 10 min 内的雷达垂直回波演变图。云顶爆炸不同于在"穴道"区的爆炸作用的反应。

爆炸作用在云顶可以引起云顶上升气流的减弱和粒子的下降,这种扰动在云顶可以引起云顶云外空气向云内的夹卷,从而爆发贯穿下沉气流,使云体衰落,下沉中的蒸发稀释作用,这些都可以造成回波的下陷和分裂。

8.7.5　关于火箭发射中的激波和尾流的作用

炮弹爆炸产生冲击波和激发扰动气流,火箭发射中也产生激波,其尾喷也激起强大的扰动气流,二者有着共同的产品,因而可以引起相似的作用。

8.7.6　关于在雹云中实施爆炸后地面观测到降软雹的问题

软雹,并不一定是小的冰雹,笔者就观测到过 2～3 cm 直径的软雹。软雹实际上更像是没有冻实的含水冰雹,也不应是低密度的冰雹。因为根据室内实验,大的冰雹具有大的落速,在低温下冻并云水形成的实冰密度也会大于 0.8 g/cm^3;而在雹云中由于过冷水的充足供应,冰雹处于湿生长状态时,冻结潜热不能及时传出,雹块温度高于环境温度,特别是在低于−5.5℃以下的立体枝状冰晶生长环境下,冰雹内形成冰架,冰架中可以容纳大量过冷水,且可以向内核渗透,使冰雹处于"海绵冰"状态。这种状态是不稳定的,只要它呆在低的环境温度下有足够长的时间,随着冻结潜热的传出,雹块会逐渐冻实成为硬的冰雹。因此可以认为,软雹是尚未冻实的含水冰雹。

降软雹是一种自然现象。在实施云中爆炸后,常常观测到降软雹,但并不是每次都降软雹。在国外,进行过云中爆炸作业防雹的意大利、奥地利和肯尼亚报道过这种现象;在国内,山西晋阳、云南玉溪、天津静海也都观测到过这种现象。鉴于出现这种现象大约是在爆炸后 2～3 min 内,所以不大可能是新生长成的软冰雹,因而就设想是爆炸作用致使原已有的冰雹变软了,其中一种说法是"空腔"作用。水动力学指出,水中的气泡在压强增加时会被压缩成极硬的小球,因而对螺旋桨叶面局部形成很大的压强,对其造成严重的侵蚀,这就是"空腔"的气蚀作用。但是一些实验则认为这种作用不足以使硬雹变成软雹,这就使爆炸引起冰雹变软的说法有了疑问。

其实,既然软雹是未冻实的含水冰雹(当然含水比例可有不同),并不一定非要从硬雹(冻实的冰雹)变来,它完全可以因爆炸改变了流场结构,成雹的"穴道"弱化或消失,承托冰雹的气流框架垮了,尚未冻实的软雹得以迅速下落从而形成了地面降软雹,这一图像在雹云物理上是更为合理的。

当然,自然降软雹也可以是由于雹云的生命史小于冰雹形成时间而引起的,例如在青海常观测到降软雹。一般尚未携雹的雹云即使垮台后也不会降软雹，只有已形成大量软雹的雹云，在云中爆炸后气流突然垮台，才可能降下软雹，所以并不是每次云中爆炸皆可以观测到降软雹。

对已携有大雹的雹云如何防雹是个难题，但对已经只携有大量软雹的雹云，云中爆炸可促使其下落，因软雹成灾能力比硬雹弱，也是一种已携带雹的雹云的防雹方案。但是这又出现了另一个问题，即如何判别携雹雹云中的雹块是“硬”还是软呢？这又是一个时机掌握的问题。看来冰雹“穴道”已成时间可能是个可用的参考尺度，大于某个时间尺度阈，软雹会变成硬雹；小于这个时间尺度阈，仍会维持软雹。

8.7.7　扰动场的维持

关于扰动存在的时间，也是扰动气流场与背景流场相互作用的时间，参照湍流耗散时间，大约为十几分钟（胡非，1995）。但在自然界的湍流能量和涡量是如何维持的？

湍流由于存在黏性耗散而衰竭的。而自然界的湍流似乎可以自行维持（温景嵩，2009）。直接地说它的能量来自于大涡（Kolmogorov 湍流理论中叫外尺度湍涡，大气湍流中叫含能涡）的破裂。可是含能涡破裂能量传给次一级小涡以后，它仍然有个能量补充问题，否则它无法继续存在。湍流（三维的）的涡量有其内在的维持机理，即涡漩伸展的涡量维持机理。在三维湍流中涡管会扭曲，翻转和缠绕而伸长，于是其中的涡量就会按照弱黏性修正过的 Kelvin 定理的作用而增加，从而就自行补偿了黏性作用下的损耗。

人工扰动引起的涡列的破裂也可成为湍流能的增长或维持的源泉。人为的扰动会使背景流受到切应力推挤、促使大涡的破裂、涡管的扭曲、翻转、缠绕和伸长过程加剧，使扰动场增强，不但促使背景流能向涡动（扰动）能的转化，而且可增大雷偌应力，阻尼着背景流。

这可延长扰动场的维持或放大人工爆炸扰动的作用的时效！特别是在对流云中常为湿中性层结的情况下，阻尼小，微尺度热耗小。

8.7.8　进一步的工作

所有上述的观测分析结果和理论都需要作进一步严格论证和深入探讨。理论上找到一些原理性假说，用模式也论证了这些学说是有道理的，但这些假说需要直接的实测数据来证实和完善。即使这些学说得到了证实，在防雹上这种作用是否起到了决定性作用？以及在什么条件下才会起作用，仍需作应用研究。一粒米在科学上是真实的米，但一粒米解决不了人的肚子饥饿，科学上的进展不等同于解决了实际的问题。好在由上述研究结果归纳出来的原理和作用，与我国广泛的防雹作业的基本要领是相当一致的（许焕斌等 1989），这起码对现有防雹作业给出了一些科学注解，如果理论得到验证是对的，可以给出一些改进的原则，为此在下一章将给出新的防雹概念模型。

参考文献

鲍姆等. 1964. 爆炸物理学. 北京：科学出版社，198－541.

陈汝珍等. 1992. 爆炸对云滴碰并增长的实验研究. 应用气象学报，**3**(4)：401－417.

段英，许焕斌. 2001. 爆炸防雹中的云微物理机制的探讨. 气象学报，**59**(3)：334－340.

高守亭，李军，洪钟祥. 1997. 重力波破碎对中层大气环流影响的研究. 地球环境和气候变化探测与过程研究. 北京：气象出版社，57－63.

高守亭,陶诗言,丁一汇.1989.表征波与流相互作用的广义EP通量.中国科学B辑,**7**:774—778.

胡非.1995.湍流间歇性与大气边界层.北京:科学出版社,17.

黄美元等.1976.爆炸影响降水的观测分析.大气科学,**1**:62—67.

黄美元等.1978.关于我国人工防雹效果的统计分析.大气科学,**2**(1):124—130.

黄美元,王昂生等.1980.人工防雹导论.北京:科学出版社.

朗道等.1990.流体力学(下册).北京:高教出版社,100—101.

李连银.1996.用雷达回波参量变化分析高炮人工防雹效果.气象,**22**(9):26—30.

刘海月等.2000.爆炸影响云体野外试验和分析,//第13届全国云降水物理和人工影响天气科学讨论会文集,西安,中国气象学会.

内蒙古多伦气象站.1973.地面爆炸对云雾影响的试验//全国人工降水、防雹科技座谈会报告选编(下),P70—73,中央气象局研究所.

普朗特等.1981.流体力学概论,郭永怀,陆士嘉译,北京:科学出版社,5,197—198.

王思微,许焕斌.1989.不同流型雹云中大雹增长运行轨迹的数值模拟.气象科学研究院院刊,**4**(2):171—177.

温景嵩,朱珍华.2009.湍流能量和涡量是如何维持的(换一个角度看问题),北京:冶金出版社,148.

温景嵩.1995.概率论与微大气物理学.北京:气象出版社,98—100.

伍荣生.1990.大气动力学.北京:气象出版社,276—285.

许焕斌.1979.关于爆炸影响气流的力学原理.气象,**5**(10):26—29.

许焕斌.2001a.爆炸防雹中可能动力机制的探讨.气象学报,**59**(1):66—67.

许焕斌.2001b.爆炸影响云雾实验结果的分析和数值模拟再现.气象科技,**29**(2):40—44.

许焕斌.2002.云和降水的数值模拟.人工影响天气的现状与展望(第7章).北京:气象出版社.

许焕斌,段英,吴志会.2000.防雹现状回顾和新防雹概念模型.气象科技.**4**:1—12.

许焕斌,王思微.1984.关于声振动对球形降水粒子运动边界层和运动状态的影响.气象学报,**42**(4):431—439.

许焕斌,王思微.1989.关于爆炸防雹中的若干问题.防雹及雹云物理文集(石安英等编).北京:气象出版社,214—236.

许焕斌,王思微.1990.三维可压缩大气中的云尺度模式.气象学报,**48**(1):80—90.

赵亚民等.2000.爆炸对积云和云外气流影响实验的个例分析报告(一),河北气象,**19**(1).

竺可祯.1950.人力能克服冰雹吗?科学通报,**1**(4):213—215.

Browning K A,Ludlam F H. 1962. Airflow in convective storm. *Quart. J. Roy. Meteor. Soc.*, **88**:117—135.

Goyer G G. 1965. Effects of lightning on hydrometeors. *Nature*, **206**(19):1203—1209.

Goyer G G. 1965. Mechanical effects of a simulated lightning discharge on the water droplets of"Old Faithful Geyser". *Nature*,**206**(26):1302—1304.

Hoerner S. Test of spheres with reference to Reynolds number,turbulence and surface roughness. NACA TM. No. 777.

List R. and M. J. Hand. 1971. Wakes of Freely Falling Water Drops,*Phys. Fluids*,**14**:1648—1660.

Pruppacher H R,Le Clair B P,Low A E. 1970. Some relations between drag and flow pattern of viscous flow past a sphere and a cylinder at Hamielec and intermediate Reynolds numbers. *J. fluid Mech*. **44**,part 4,781—789.

Tomotika S, Imai I. 1938. The distribution of laminar skin friction on a sphere place in a uniform stream. *Proceeding of the physics-methematical society of Japan*, **20**:288—303.

WMO Meeting of experts to review the present status of hail suppression. 1995. WMO TD-No. 746.

WMP Report No. 3(WMO). 1981. Report of the meeting on the dynamics of hailstorms and related /uncertainties of hail suppression, Geneva.

Сулаквелидзе Г К. Ливневые осадкн и град. Гидрометеоиздат Л. Бибилашвили,Н Щ 等,1967. Труды Вги,вып,(25),(1974).

Бибилашвили Н Щ 等,Труты Вги, **47**:36—44,1981.

Лойцянский Л Г. 1942. Ламинарный пограниый слой на теле вращения,ДАН СССР 1942 ТОМ 36 No. 6.

Лойцянский Л Г. 1942. Приближенный метод расчета ламинарного иограничного слоя на крыле, ДАН СССР 1942 ТОМ 35 No. 8.

Лойпянский,Л. Г. 1959.(洛强斯基),液体和气体力学(下册),林鸿荪译,北京:高等人民教育出版社.

Мартынов. 马尔丹诺夫,顾高墀,连淇祥译. 1957. 实验空气动力学(上册),北京:高教出版社,**201**.

第九章　防雹概念模型

9.1　防雹概念模型简介

已有的防雹模型是根据雹云物理模型和播撒防雹原理假说给出的，简介如下：

9.1.1　一维模型

图 9.1 给出了三种最大上升气流所在高度 Z_M 与 0℃层配置对雹形成影响的一维示意图。图 9.1a 图 0℃层略高于 Z_M，由于小雹在 0℃层到 Z_M 间可以融化再次送到 0℃层以上，只有大雹由于下落速度大可以快速穿过这个区间，所以可以下阵性冰雹；图 9.1b 不具有这种融化选择作用，雹一旦穿过 Z_M 线下落，即可下雹，降雹强度比图 9.1a 情况小；图 9.1c 情况 Z_M 比 0℃层低，不易于降雹。播撒防雹的位置应在 0℃层以上和－16℃以下的地方。

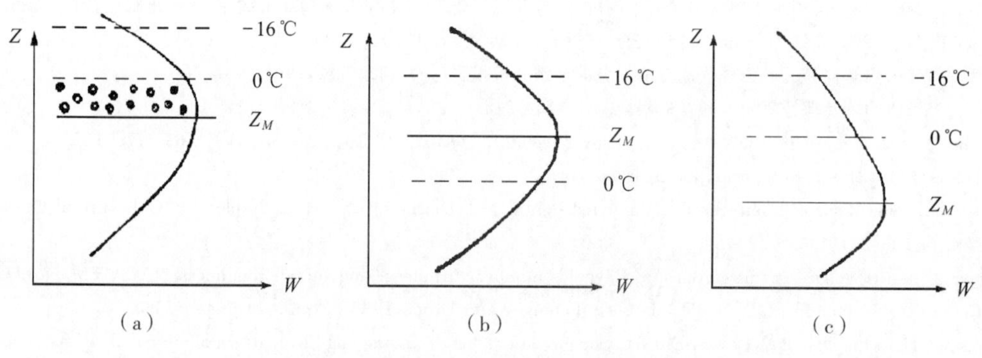

图 9.1　Z_M 与 0℃层的配置对成雹的影响
(Сулаквилидзе 等 1995)

9.1.2　二维模型

图 9.2 是多单体雹云处于不同发展阶段的单体的成雹示意图。在成熟阶段的雹云单体在增长，而在发展阶段中的单体正在形成雹胚。根据这种雹增长特点，图 9.3 示意播撒应超前在初生云“4”处进行。

根据图 9.2 同样的防雹概念模型，图 9.4 提出了馈云播撒方案，它类似于图 9.3 中的“4”处播撒，从云的可见光外形上判别这就是馈云。

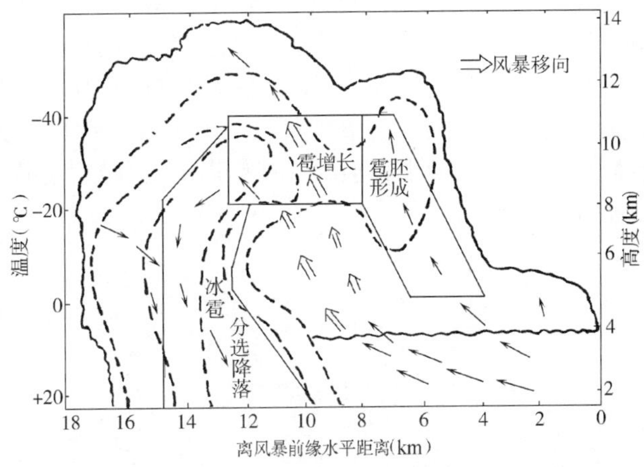

图 9.2　多单体雹暴模式，虚线表示雷达反射率因子(dBZ)，环流特征以箭头表示 (Young 1977)

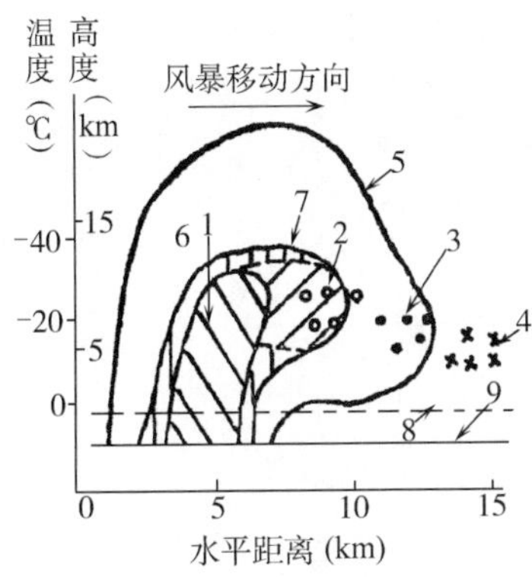

图 9.3　对初始多单体雹暴过量播撒位置示意图 (Browning *et al*. 1976)

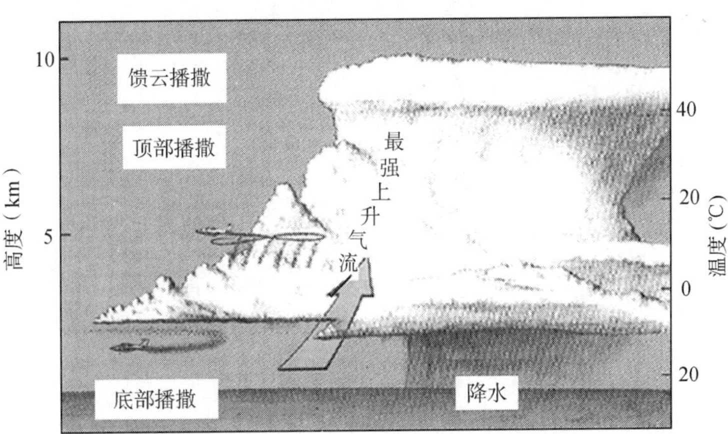

图 9.4　馈云播撒示意图

Fukuta(1982)还提出了"擦边"播撒的概念模型，主要是为了使播撒粒子在云中多滞留一些时间长大成雹胚，他给出了一个理想的"擦边"播撒示意图(图 9.5)。所谓"擦边"就是擦云边。他假定了一个云中上升气流的分布，云中是直立上升，云边是转动上升，如果在云底播撒，粒子被云中速度为 5 m/s 的上升气流携带，在 10 min 就可以达到云顶；而在云边播撒，这里的上升气流速度近于零，在云中转动的气流作用下，在转动上升中，其粒子轨迹如曲线所示，20 min 后尚未到达云顶。

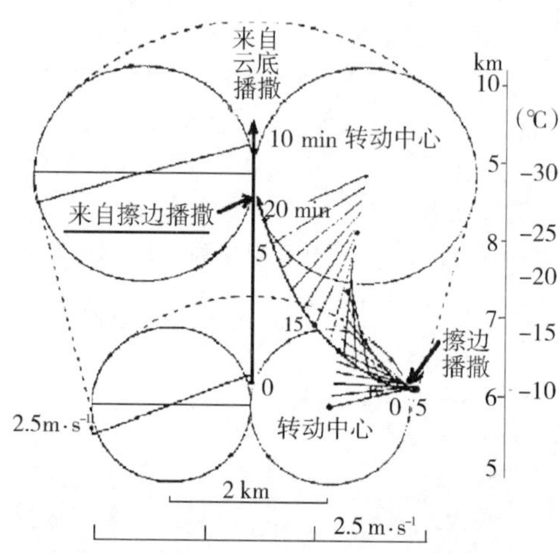

图 9.5 Fukuta 的"擦边"播撒示意图

9.1.3 三维模型

图 9.6 是根据超级单体上升气流分布与雷达回波结构之间的关系给出的降水粒子增长成冰雹的轨迹示意图，这种粒子轨迹与上升气流和回波结构特征相匹配。

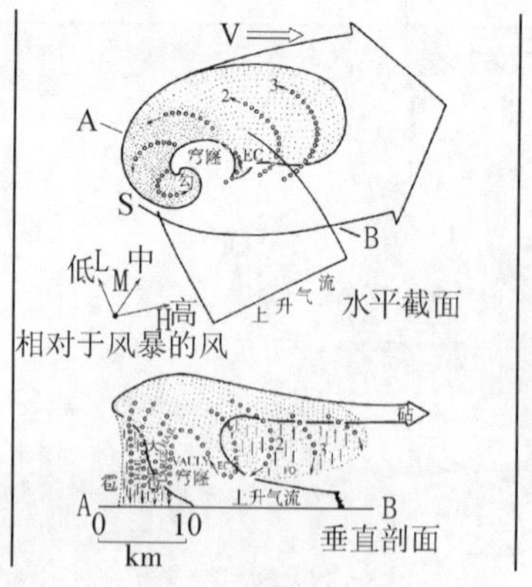

图 9.6 在右移超级单体雹暴中上升气流与雷达回波的关系图

实线：上升气流范围；点线：符合雷达回波特征形状的某些降水粒子的轨迹。水平截面，轻的阴影区表示低对流层的雨和雹的范围。AB 是沿平均对流层风切变方向，低层上升气流沿此方向倾斜垂直剖面，垂直断线表示下沉气流。雷达图像特征：veult(穹窿)，hook(钩)Fo(前悬回波)，EC(胚胎帘)(Browning *et al*. 1976)

图 9.7 是根据三维超级单体雹云的雷达回波特征，给出的在不同层次高处的播撒部位图，其意思也是播撒应在前悬回波主上升气流水平入流侧进行。

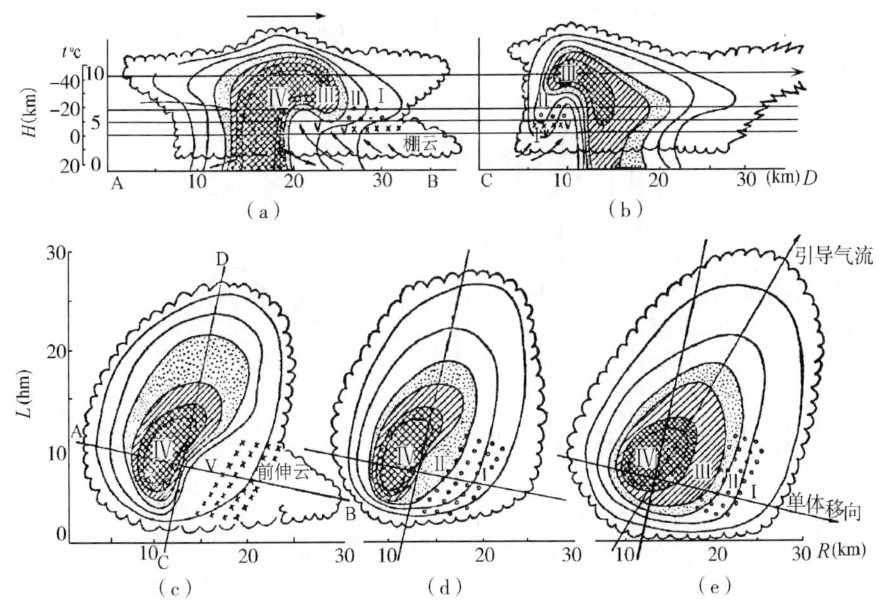

图 9.7　强单体冰雹云(即超级单体冰雹云)的催化部位(Авщаев,1976)

(a)通过(c)图 AB 线上的垂直剖面；(b)通过(c)图 CD 线上的垂直剖面；(c)高度 4 km 上的水平截面；(d)高度 5.5 km 上的水平截面；(e)高度 7 km 上的水平截面；V 表示弱回波所在处；×××和－－－表示不同高度层上的催化部位

9.2　新的防雹概念模型

根据第五章和第六章的最新研究结果，结合雹云物理的进展，可以归纳提炼出新的防雹概念模型，其要点是有科学根据地把施行播撒防雹或爆炸防雹的作业部位纳入新的雹云物理模型中去。而对于防雹作业时机的问题，前已明确指出它是雹云特征结构出现的时间，因而时机和部位的问题在物理上是一致的。

提炼新防雹概念模型的根据是把前几章的要点集成，主要是：

(1)雹云流场中存在着一个主入流区，主水平入流在垂直面上对应着主上升气流区，且在空中存在着一个相对水平速度近于零的零域。见图 9.8，其中由扁圆加浅阴影的地区是主入流区和“零域”。该图是由图 3.21b 和 3.22b 加工而成的，说明与原图相同。

(2)沿主入流方向作一垂直剖面，零域成为剖面图上相对水平风速等于零的“零线”的一部分，因为零域是 $u=v=0.0$，而剖面上相对水平风 $v_c=0.0$ 不等于 $u=v=0.0$，但在 $u=v=0.0$ 的零域处，必然 $v_c=0.0$，所以“零域”在剖面图上的“零线”是剖面中 $v_c=0.0$“零线”的一部分，见图 9.9。图中的阴影区是零域零线的大致位置，该图是由图 3.22c 加工而成的。

(3)根据第三章 3.4 节 3.4.3 小节关于冰雹“穴道”的动力特征、成雹机制和定位原则，即图3.34，绘制了防雹概念模型，给在图 9.10 中。

根据新的防雹概念模型，得到以下防雹作业的原则：

(1)雹云属强对流云,其流场的对流性质会存在着冰雹"穴道",它一般位于主上升气流侧边的主入流区和相对水平速度为零的零线下侧。这里是雹胚生长区也是大雹形成通道。

(2)播撒防雹,应在包含冰雹"穴道"的作用区内施行,人工粒子可以在这里于 10 min 内长大成毫米级大小的霰胚,由于"穴道"内各个粒子运行轨迹是交叉的,它可与自然雹胚平等地"争食"过冷水,实现"利益竞争"。

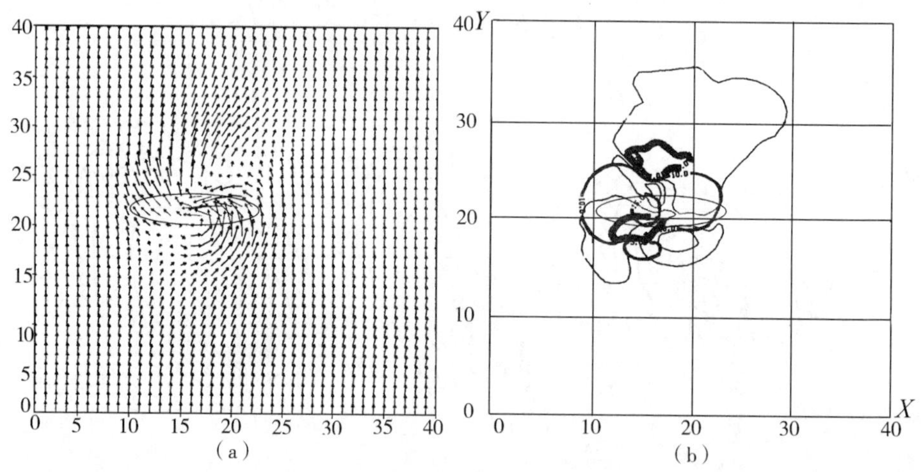

图 9.8　水平流场($K=9$)中的主入流区(a)和穿过主上升气流区的"零域"(b),皆用浅阴影扁圆区表示

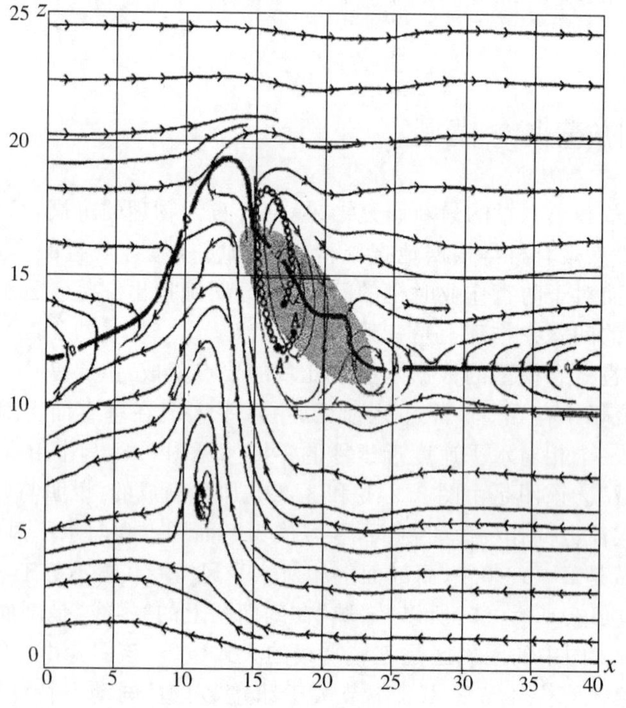

图 9.9　穿过主入流的垂直剖面,说明同图 3.22c

(3)爆炸产生的冲击波、声波和扰动气流场,可以拉伸和扭曲气流,可以影响粒子的气流末速,从而破坏或消弱"穴道"的成雹功能,爆炸也应在作用区施行。

(4)爆炸对"穴道"的作用是快速的,在炸后 1～5 min;而播撒作用是滞后的,在播撒后 10 min,二者同时对作用区作业,可望得到更佳的防雹效果。

图 9.10 是新防雹概念模型,图 9.10a 中的粗箭头是冰雹"穴道"的位置,包含"穴道"的浅阴影区是作用区,图 9.10b 中除标出了"零线"和作用区位置外,还标出了自然雹块运行增长轨迹(黑粗循环曲线)和人工雹胚雹块的运行增长轨迹(白色循环曲线),二者的轨迹是相互交叉着的。

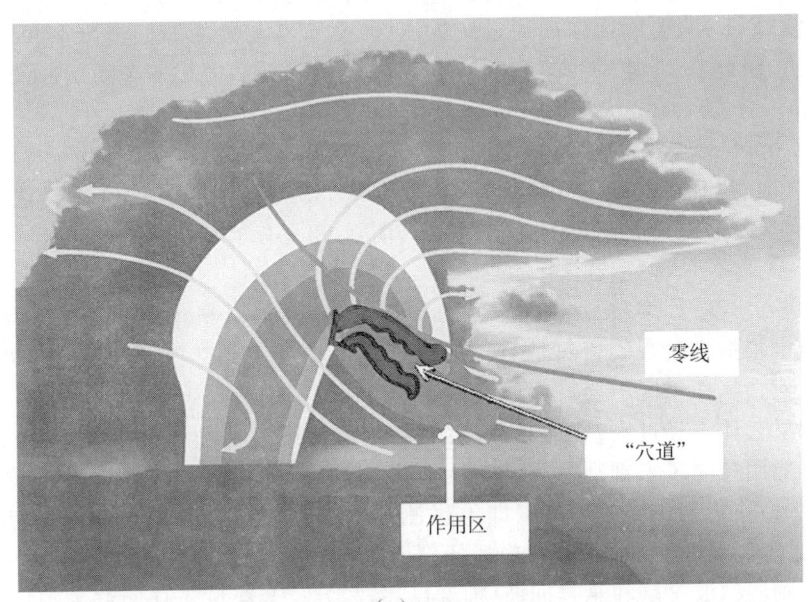

(a)

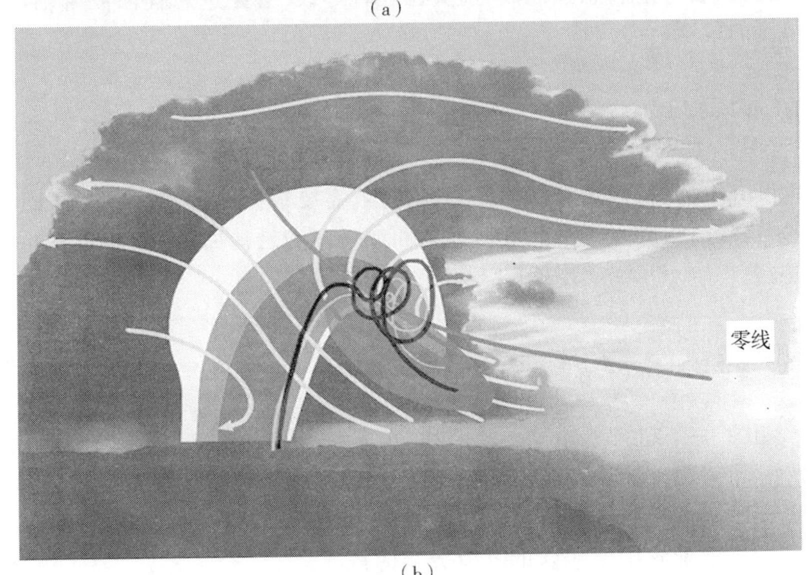

(b)

图 9.10　防雹概念模型图(a 见封面彩图;b 见封底彩图)

黑旋线:某粒子轨迹;白旋线:另一粒子轨迹

9.3 零线和作用区的判定

9.3.1 多普勒(Doppler)雷达观测方法

从上节的新防雹概念模型的物理含义可知,相对于云的水平风速“零域”或“零线”的位置所在对判定作业作用区具有关键性意义,由于强对流雹云具有特征结构,在水平剖面上最易检测的是钩状回波,多层水平平面回波(PPI)才可以看到悬挂回波和弱回波的结构,但对垂直剖面回波(RHI)只要剖面取向通过主入流区,则不易混淆的弱回波穹窿和悬挂回波可被明显地看清,因此在判别“零线”和“作用区”位置时,穿过主入流区的 RHI 的回波强度(dBZ)分布和多普勒风场结构特别有用。

在单部 Doppler 观测中,雹云如果经过测站,可根据回波的钩状等特征,再依据径向多普勒风的最大向(背)值,找到主入流区,在此取 RHI,即可得到“零域”位置,如图 3.48。图上多普勒径向风反号处,即为零线(见图 3.48～图 3.52),有了零线,零线下的主入流区即为作业作用区。

其中有一点应注意,多普勒雷达测出的是相对测站的风,与相对于云的风场可有一差值,这一差值可根据实时观测资料估算出的雹云移速来订正。订正后的零线位置会在原地作一点平移,对估算作用区不会有大的误差。

再者,如果云体不经过测站,而是从测站两旁移过,则多普勒径向风并不平行于主入流方向,因而不能用径向风来判别“零线”。除非对多普勒径向风作反演处理得到全风场,再从体积取样库中沿主入流方向作任意(即不过测点)的 RHI 剖面。但在只有雷达回波强度(dBZ)场的任意 RHI 剖面,而没有相应风场剖面时,可以在取到雷达回波强度场(dBZ)的垂直剖面后,找到弱回波穹窿和悬挂回波,前文已述,“零线”会穿过悬挂回波主轴,从而可判定“穴道”和作用区的位置。

9.3.2 一般雷达观测方法

常规雷达没有风场资料,只有回波场资料,这就需要根据水平雷达回波(PPI)结构,判断主入流方向(如钩状的钩底),再沿此方向找到回波穹窿和悬挂回波,悬挂回波的中轴可作为“零线”的位置。

9.3.3 目测方法

图 2.25 给出了一个超级单体雹云的照片、素描和雷达回波,综合起来看,可以得到一些云体的结构特征,依据这些特征来判断主入流的位置,如云前的拱状黑云底,前伸云(农民称之为胳膊肘状云)的上方,云前沿外观上的垂直向内凹处,应是云外零线入云处。可参考图 9.10 中零线与云外形配置中所包含的气流分布的概况。

9.4　防雹区布局原则

防雹区和防雹作业点的选定和整体布局的首要依据，当然是雹灾历史分布和保护区的天气气候特征。这里所讨论的是在防雹区已确定后的布局原则，这些原则实质上是如何对不同发展状态下的雹云，不失时机地对雹云作用区进行强度适当的作业。

作用区的判定前节已作了叙述，作业强度的估计不易估准且要视具体实况而变，因而布局的原则需判定的问题就是作业“时机”了，而“时机”就是雹云刚形成“穴道”的当时。

虽然到达防雹区的雹云常处于什么发展状态会有个气候预估，但具体来说雹云可以处于任何一个状态进入防雹区。如果雹云已处于携大雹的成熟期，防雹作业不能把已长大的冰雹消除，“竞争”也只能限制它进一步长大，而不会缩小；“爆炸”破坏了“穴道”落下来也是大雹，因此对这种状态的雹云进入防雹区时已错过了“时机”。已长大的雹是防不住了，为此只能让它们在进保护区前落下来，在防雹区外围设“泄雹”区。

而当雹云尚未携大雹时，进入保护区后要掌握好“时机”。

基于这种考虑，保护区的作业点布局起码应有两层，保护区前沿外的“泄雹”作业点和保护区内的“防雹”作业点，见图 9.11。

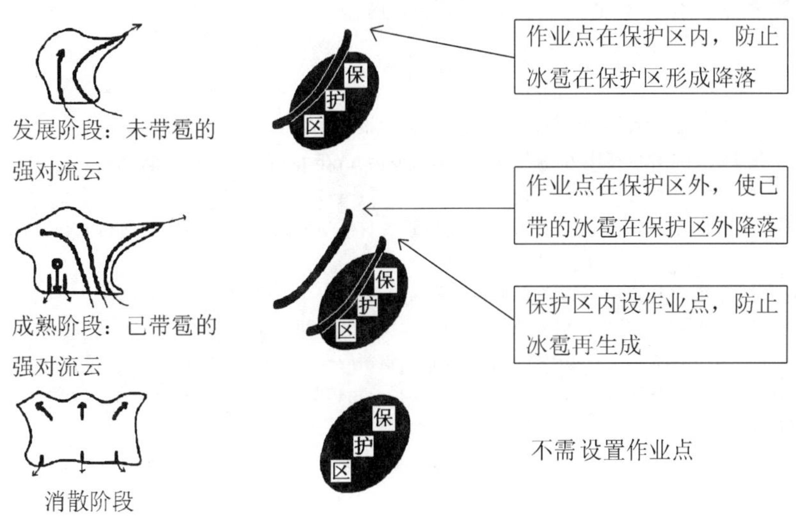

图 9.11　不同雹云发展阶段，防雹作业时机，防雹区设计

另外，经验表明，云合并，云回头常导致大雹降落，实质上是雹云强化的表观，是动力学问题。用单纯的播撒防雹措施来防止这种强化已来不及，而爆炸法可能削弱它的强化势头，所以用炮击对接云和回头云，在保护区内是需要有部署的，这方面奎屯(新疆)的作法值得借鉴。

9.5 本章小结

本章根据雹云物理的最新进展，提出了新的防雹概念模型，给出了有理论和观测事实根据的防雹作业部位的判定原则，以及作业时机的掌握方法，这些原则和方法大体上与现有的防雹设计方案要求相似，但需要更明确地按规律行事，对防雹来说，应当判定“零域”并集中在穴道部位进行作业。

前人提示的防雹作业方案，不论是雹胚形成区“前沿播撒”，或是“馈云播撒”，都是企图延长播撒粒子在云中滞留的时间。本质上，这些“擦边播撒”，以及图 9.7 的播撒方案(Абщаев)，也是企图延长播撒粒子在云中的滞留时间，以待长大，所以选到云边垂直上升气流弱的部位。其实仅仅在上升气流弱的地方，是希望粒子的落速与上升气流有机会平衡，找这种垂直平衡位置的条件是很苛刻的，何况还有水平气流，水平风也可以把粒子带出云，或带进云中强上升气流区后被迅速吹出云顶。所以求平衡和不计水平气流的观念是很难找到适合于雹胚生长的位置。但从动力学以及与温度场和云微物理场相匹配，找到了“零域”和了解了它的动力性能，找到了冰雹“穴道”和它的成雹机理，播撒粒子在这里不需要找静态平衡，这里水平气流近于零，吹不离云，水平气流带不走，又不需要与上升气流找平衡，粒子就可以滞留在这里长大。所以从物理本质上来说，前人提出的播撒方案之所以有道理有效果，是因为它们的播撒部位都接近于“零域”和“穴道”。

参考文献

段英，许焕斌. 2001. 爆炸防雹中的云微物理机制的探讨. 气象学报，**59**(3)：334－340.

许焕斌. 2011. 人工影响天气的地位和作用，大气海洋空间环境研究，**23**：6－9.

许焕斌，段英，吴志会. 2000. 防雹现状回顾和新防雹概念模型. 气象科技，**4**：1－12.

许焕斌，段英. 2001. 冰雹形成机制的研究——并论人工雹胚与自然雹胚的“利益竞争”的防雹假说. 大气科学，**25**(1)：277－288.

许焕斌，段英. 2002. 强对流(冰雹)云中水凝物的积累和云水的消耗. 气象学报，**60**(5)：575－583.

许焕斌，田利庆. 2008. 强对流云中“穴道”的物理含义和应用，应用气象学报，**19**(3)：272～279.

许焕斌，王思微. 1989a. 关于爆炸防雹方法的理论依据和技术要领的探讨. 气象科学研究院院刊. **4**(3)：311－318.

许焕斌，王思微. 1989b. 关于爆炸防雹中的若干问题. 防雹及雹云物理文集. 北京：气象出版社. 214－236.

许焕斌. 2001. 爆炸防雹中可能动力机制的探讨. 气象学报，**59**(1)：66－76.

Browning K A，Foote G B. 1976. Airflow and hail growth in supper cell storms and some implications for hail suppression，*Quart. J. Roy Meteor. Soc.* **102**：499－533.

Fukuta N. 1982. “Side-skim seeding” for convective cloud modification. *J. Weather Modification*，**13**：188－192.

Kartsivedge A L. 1968. Modification of Hail Processes. *Proceedings of International Conference of Cloud Physics*. 778－780.

WMO. 1995. Meeting of experts to review the present status of hail suppression. WMO/TD NO. 746.

WMP Report NO. 3(WMO). 1981. Report of the meeting on the dynamics of hailstorms and related uncertainties of hail suppression，Geneva. 28.

Young K C. 1997. A numericd examination of some hail suppression concepts. *Metcord. Monogr*，**16**(38)：195.

Абщаев М Т. 1989. 影响冰雹过程的一种新方法. *T P*，*ВГИ*，Вып，72，14－28.

Сулаквилидзе Г Қ，Бибилащвилий И，Щ，Лапчева В Ф. 1995. *Образование Осадков и Воздействие Градвые Процесы*. Гидрометеоиздат Л.

第十章　对流云(团)增雨

10.1　引言

在第五章的前言中已说明对流云是凝水量丰富的云,又是自然降水效率较低的云,因而增雨潜力巨大。但是近来的对流云增雨计划表明,对浮动对流云体的增雨作业,增雨率较大也较明显,俄罗斯学者认为尺度达到百千米的对流复合云体也可增雨50%以上,对流复合云体也应看作是浮动的;而对于固定地区是否可以增加降水量则难以确定。这意味着对流云的人工增雨的方案(静力催化或动力催化)有可能在增强了云(团)体对流云的发展的同时却降低了地区内整个云(群)体的降水效率,从而使区域内的水汽转化为降水的份额并未增多。由于对流云催化常是着眼于云体的强大,而云的降水效率是与云的强度呈反相关的(见图10.1)。看来需要探求的是:如何才能提高区域内对流云群水汽转化为降水的效率?这必然涉及对流云的宏观动力过程和微观降水过程之间的相互作用如何能达到最优,为此要弄清楚自然阵雨的形成机制;而自然对流云(团)的成雨过程并非总是最优的,这就为人工增雨提供可去优化它的机会。

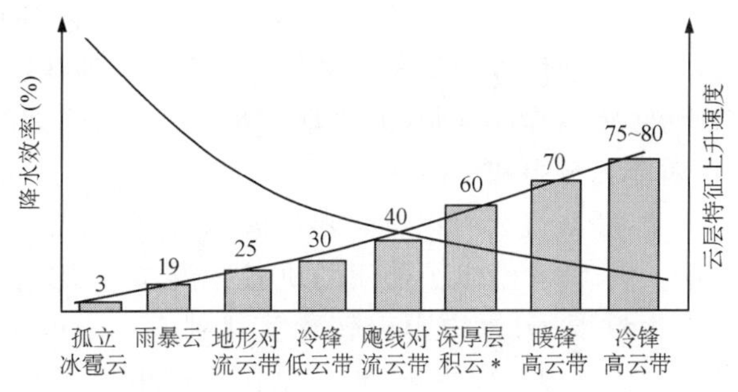

图10.1　云的降水效率是与云内上升气流强度呈反相关的示意图

10.2　对流云人工增雨实施方案的设计

根据第五章所叙述的对流云(积云)降水形成规律,可设计对流云增雨的要领。该要领首先是要给出实施作业的时机、部位和剂量。时机是与对流云发展阶段相对应的可优化结构形成的时间,部位是与成雨机制相对应的呈现特征结构的空间。这个部位就是“穴道”,这由对流云流场特征决定,它位于主上升气流边侧,接近水平速度近于零的零域主入流区,一般应处于零域的下侧。这个部位在人工增雨作业中可称之为“作用区”(见图10.2)。总之,部位就是“穴道”,时机则是“穴道”出现的时刻,剂量则是需依据云的状况和作业目的来估算。

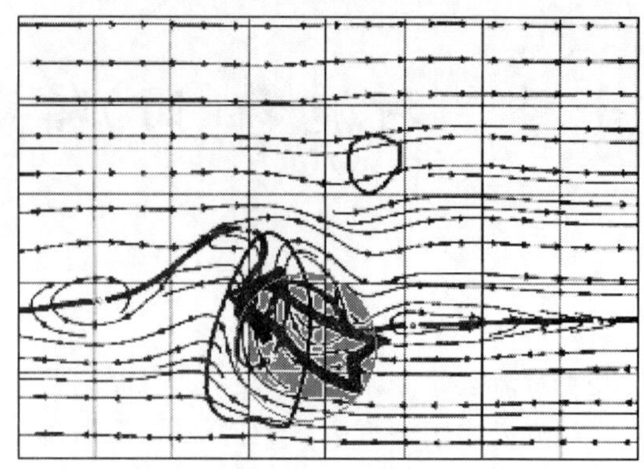

粗实线：零线；闭合实线：上升气流区；带箭头的线：流线；
空心大箭头：穴道(箭尾：入口区；箭头：出口区)
覆盖“穴道”区的阴影区为作用区

图 10.2 对流云增雨作业的“作用区”(图中阴影区)示意图

10.3 对流云物理和对流云增雨

雹云是强对流云，雹云物理的规律性在一般对流云中也表现了出来，如流场都是对流翻滚式的，也可以有对峙的斜升斜降对流环流结构，流场的动力相似性决定在对流云中也可以存在主入流、零域和零线，也会出现雨粒子向零域的集中和累积。它们可以因强度或与云中负温区配置失当而不形成大雹，但可以产生阵雨或阵性暴雨。这种情况下，冰雹“穴道”成为阵雨“穴道”，成雹机制成为强阵雨形成机制，为此我们可以把雹云物理的研究结果应用到对流云物理中去，探讨一下对流云成雨和增雨问题。

观测和理论分析都表明，暖对流云可以迅速形成降水，即所谓薄云也可以降水，但依赖于云的比云水含量的大小。表 10.1 给出了使用随机碰并模式(SGBH，许焕斌，1992；1999)计算得到的，在不同云水含量下，云水向雨云转化值达到 0.1 g/kg 的时间和模拟到 1 h (60 min)时的雨水比含量。从表中可以看出，当云水比含量小于 0.4 g/kg 时，自然的暖雨碰并过程很慢，1 h 内(大于云的生命期)难以形成有意义的降水；但当云水比含量大于 1.0 g/kg时，短于 22.6 min 即可形成 0.1 g/kg 的雨水，说明暖性碰并降水过程需要有一个云水含量的阈值。

表 10.1 不同云水含量(Q_C)下，云水向雨水($d>200\ \mu m$ 的滴群，Q_R)达到 0.1 g/kg 时的时间 t_0 和模拟到 60 min 时的雨水比含量

不催化/催化作业	Q_C[g/kg]	t_0(min)	Q_R(60min)[g/kg]
×/√	2.000	10.87/1.13	1.46/1.478
×/√	1.000	22.6/5.37	0.656/0.652
×/√	0.500	47.4/24.0	0.090/0.090
×/√	0.400	60.0/39.3	0.010/0.021
√	0.350	52.4	0.012

催化作业栏中，×表示不播撒，√表示播撒

对流云中可以维持水面饱和或过饱和，凝结会发生。当有凝结过程配合时，凝结的一个作用是增加了云水比含量，提高过门坎阈值的程度，加快向雨水的转化；另一个作用还可有助于增加碰并效率(使 r/R 变大些)。所以在凝结＋碰并两个过程的作用下，暖雨过程可以明显加快。图 10.3 给出了一个算例，a 是不加凝结，b 是加凝结。

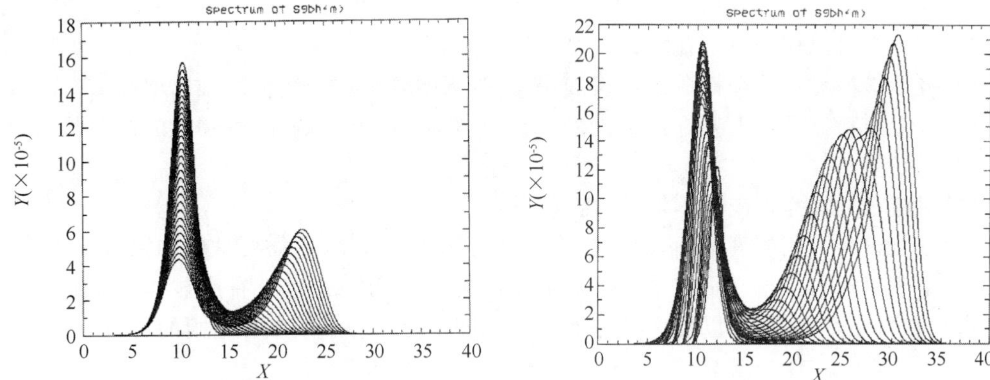

图 10.3　Q_C＝1.0g/kg 时，不加凝结过程和加凝结过程，粒子分布的拓宽过程，拓宽程度越大，成雨过程越快

表 10.1 还给出了用吸湿核播撒促使降水加快的结果，可以看出，播撒可以加快成雨的速度，但不明显改变雨水量，除非 Q_c 低于门坎值。这是合理的，因为这里研究的是转化速度。

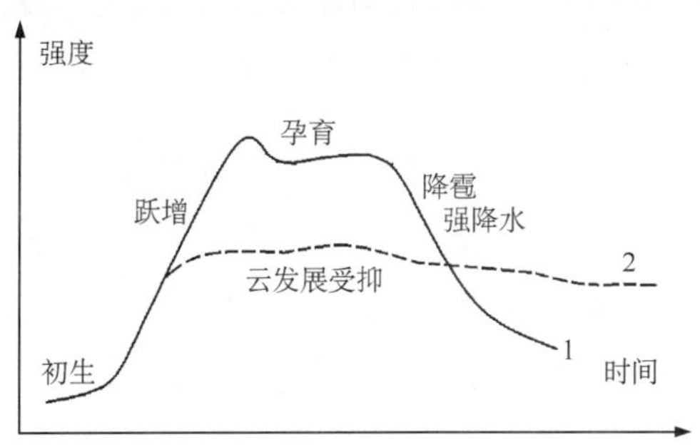

图 10.4　云型与对流上升气流强度相关的示意图

10.4　对流云增雨的新思路

由上所述，对流云的暖雨播撒，只促进云水向雨水转化的速度，增加雨量还得依赖于云水的增加，但是图 10.1 则显示出另一种可能，即云型是紧密地与对流上升气流强度相关联着，减弱对流云的强度，改变对流云的云型，可以大幅度地增加降水效率，其增加的幅度从孤立冰雹云到深厚的层积云可达到 20 倍。而如前几章中所述的，爆炸的作用可以减缓对流的强度，对强对流实施抑而不衰的作业方略，从改变云型到增加云体降水效率的思路来增加对流云的降水，可以来进行一些试验。

如果用适当的爆炸作业来抑制强雹云的发展，像图 10.4 所示，意味着云型从强冰雹云型(曲线 1)演化为雷雨云或深厚的层积混合云型(曲线 2)，而云型的改变可以使云体的降水效率大幅度提高。

10.5 结语

综上所述，可以得到以下几点：

(1)吸湿核播撒可使暖性成雨过程加快，但当云水含量小于阈值时难以增雨；

(2)吸湿核播撒可使上升到冷区的粒子谱加宽，有利于启动雪、霰粒子的淞附增长和水粒子的冻结；

(3)对流云的播撒也应在零域“穴道”区进行；

(4)改变云型可大幅度增雨，而爆炸作用有可能改变云型，这需要试验和探讨。

(5)由于对流云中含水量丰富，雨滴浓度的增大对雨强的贡献有明显作用，因此，在已有的水汽和凝结水供应下，以播撒来增加雨核浓度是提高降水效率和增雨的可行方式。

参考文献

贾惠珍，寇书盈，孟辉等. 2005. 强对流云新概念在积云人工增雨作业中的应用，气象科技，**33**(增刊)：7－10.

孟辉，寇书盈，贾惠珍等. 2005. 应用“0 域”概念进行对流云防雹(增雨)作业，气象科技，**33**(增刊)：8－13.

许焕斌. 1992. 云的粒子随机并合和粒子分布谱演变，大气环境研究，**5**：12－19.

许焕斌，段英. 1999. 云粒子谱演化中的一些问题，气象学报，**57**(4)：450－460.

许焕斌，田利庆，段英. 2005. 关于积云增雨和实施方案的探讨，气象科技，**33**(增)：1－12.

第三编　强对流云物理在预报(警)诊断分析中的应用

对流性灾害天气预报(警)的前提是要掌握有预报(警)意义的强对流云性质和演化趋向,并找出判别指标和结构特征。这都需要以强对流云物理学知识来理解各类观测、分析产品的含意。为此在本编中,着重介绍了 Doppler 雷达资料的综合定性分析,及强对流云物理学在预报(警)中分析方法和诊断思路方面的应用。

第十一章　Doppler(多普勒)雷达资料的综合定性分析

11.1　为什么要作定性分析

在强对流云的观测分析研究中,雷达可以取得高时空分辩率的资料,能够看出一些结构和演变的信息,因而起着最关键的作用。所以,着重理解雷达产品的含意是很必要的!

强对流云的结构主要是指回波场、流场、温压场、水汽和水凝物粒子场的分布势态。其中最能反映云体现况特征的是流场:因为温压场反映着结构的时间变化倾向,水汽和水凝物粒子场是跟随着流场的,具有明显的跟随性;回波场则是流场与水凝物粒子场相互作用的积累表现。所以,定性地分析勾画出流场是最关键的。强对流云的演变是其结构随时间的变化,有了多时刻的结构,就可以了解演变了。

Doppler 雷达信息有:(1) 回波信息(dBZ):分布 梯度 结构 形状 演变;(2) 径向风($\mathbf{V}_j$):分布,旋转,演变;(3)Doppler 频谱。利用 Doppler 雷达并结合其他资料可做综合分析,不仅有可能得到回波的结构,也可给出云体的流场,考察标量的 dBZ 场与向量的风场间的配置关系,探讨不同形态的强对流云的(典型、非典型的以及变异的)结构和演变特征。

按规范,风是指空气的水平运动的方向和速度,是二维矢量。Doppler 径向风($\mathbf{V}_j$)中的径向不一定是水平的,因而它可含有垂直向运动,但当雷达仰角不大(例如小于 5°)时,一般来说其主要表现的是水平运动在径向的投影,经常是风的一个分量,不是风矢量的全量。为叙述方便,把风矢量的全量称为“全风”。

Doppler 雷达资料中 dBZ 是标量,它本身的物理含义不被测点与雷达探测方向所左右;径向风 $\mathbf{V}_j$ 是向量,是全风($\mathbf{V}$)的一个分量,其本身含义是与测点及雷达探测的方向有关,走向不同有不同的风含意。如全风与测点和雷达的走向垂直径向风 $\mathbf{V}_j=0$;而全风与测点和雷达的走向平行则 $\mathbf{V}_j=\mathbf{V}$,所以只有少数点上可以提供全风的信息:风向或风向风速。在大多数点上只提供测点和雷达的走向上的风分量 $\mathbf{V}_j$。为了能得到全风($\mathbf{V}$)场,从观测上需布局多部 Doppler 雷达,在两部(或更多)共观测区可得到另外的分量,这就可以估算出全风来。对于单 Doppler 雷达来说,估算全风方案是引入某种约束从 $\mathbf{V}_j$ 场来反演出全风场,但对中小尺度系统来看,由于它的非线性和常处于非平衡态(平衡态:非时变和无流－nonflux)或非(稳)定态(定态:非时变),没有可靠或可信的约束,定量分析 Doppler 雷达资料是困难的。对强对流云体关键部位的分析结果,有时连风的吹向或气流的上升下降配置都是错的,更别说风速的定量了。风向反演上的不可靠就这意味着连定性判估都做不到。

既然单 Doppler 雷达的全风($\mathbf{V}$)场定量分析做不到,就退一步来作定性分析。风的定性分析首先是估计风向,在合理估计了风向的基础上再作风速大小的估量。定性的估计一些点的风向尚有方法,也较为可靠,而且有了若干点的风向,就能把流场的型式较为合理地勾画出来。这就是 Doppler 雷达资料的的定性分析想要做到的。由于是定性分析,需着重于看大局,找数据意义明确的资料点作依托,当然还要先剔除非天气回波和速度模糊等的干扰。

而 Doppler 频谱资料就其物理含意来说是 Doppler 频率的起伏,它应只反映运动的扰动程度,不改变流型的基本框架。把它应用到流场勾画的定性分析中,能起什么作用尚看不出端倪,或说它在粗线条的定性分析中重要性较轻。

11.2 径向风 $\mathbf{V}_j$ 场的直接应用

径向风 $\mathbf{V}_j$ 场(PPI:平面位置显示)虽然不是全风场,也包含着一些水平风场的可靠信息。如上节提到的当全风与测点和雷达的走向相垂直时径向风 $\mathbf{V}_j=0$,虽然全风的风速不能确定,但全风向就是这点的切线方向;当全风与测点和雷达的走向平行则 $\mathbf{V}_j=\mathbf{V}$(全风),即这点的 $\mathbf{V}_j$ 就是全风。另外还可以定性地判别风场的辐合辐散(见图 11.1)和气流的旋转运动(见图 11.2)。因为只要有径向风沿径向有风向变号,就肯定有风场的辐合辐散,虽然不能确定辐合辐散的量,但能确定辐合辐散的性质。如果径向风在径向两侧有风向变号,那就是这里有旋转流场存在,这种表现与测点和雷达连线的走向无关。

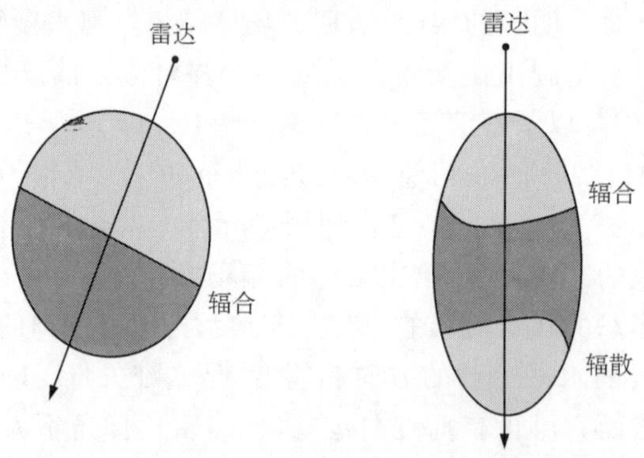

图 11.1 径向风 $\mathbf{V}_j$ 场定性地判别风场的辐合辐散

对定性地判别风场的辐合旋转或辐散旋转的要领给在图 11.3 中,即逆时针辐合旋转的表现是径向风沿径向两侧呈 S 状风向变向;顺时针辐散旋转的表现是径向风沿径向两侧呈反 S 状风向变向。这种情况下的径向风反向不是单纯的沿径向或在径向两侧,而是沿卧在径线上的 S(或反 S)的两侧出现反向。通过图 11.3 所表示的流线与径向风变向分布特征,

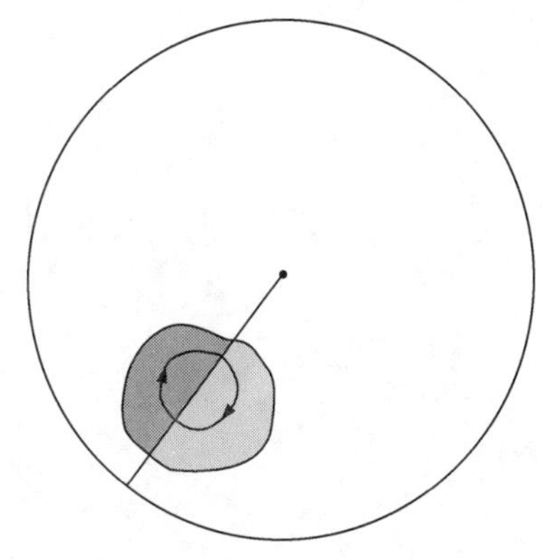

图 11.2　径向风 $\mathbf{V}_j$ 场定性地判别风场的旋转

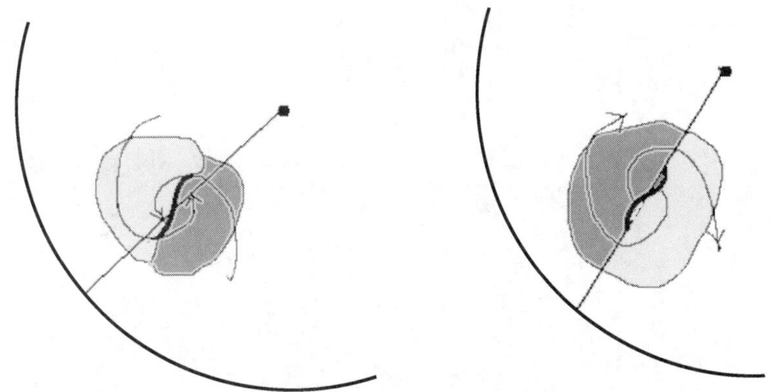

图 11.3　径向风 $\mathbf{V}_j$ 场定性地判别风场的辐合旋转或辐散旋转

可以明白地看出其物理含意。

对于 RHI(距离高度显示)式的径向风 $\mathbf{V}_j$ 场也可直接应用。

当 RHI 沿云体移动方向时，即使径向风的不变向(色)，结合径向风速的分布，也可反映垂直波动。如图 11.4 所示，气流自右向左流动，当有波动时，在上升或下沉段径向风会变小，而在波峰径向风会变大。

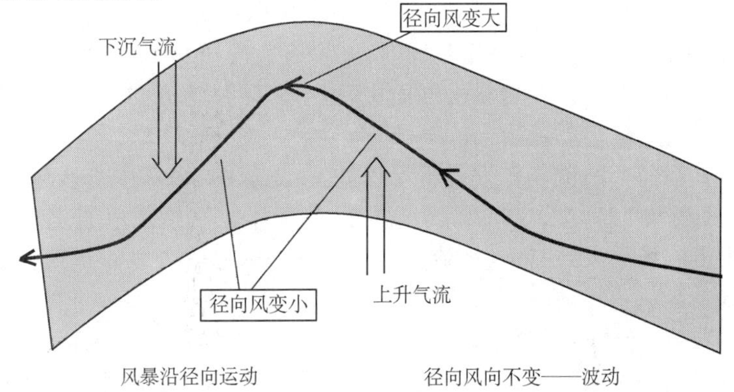

图 11.4　云体沿径向运动，风向不变(号/色)，结合径向风速的分布可判别垂直波动

当 RHI 垂直于云体移动方向时(或夹角大时),径向风向沿径向两侧的变号(色),表示着有旋转运动。见图 11.5。

当 RHI 的剖面是垂直于云体移动方向,径向风垂直上有变向(色)只表明径向风垂直有切变,和吹这种径向风的厚度。如图 11.6。

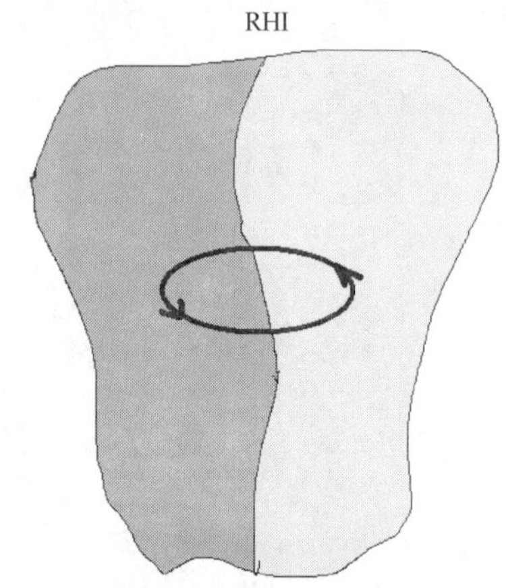

图 11.5　RHI 径向运动,沿径向两侧径向风变号(色),可判别旋转

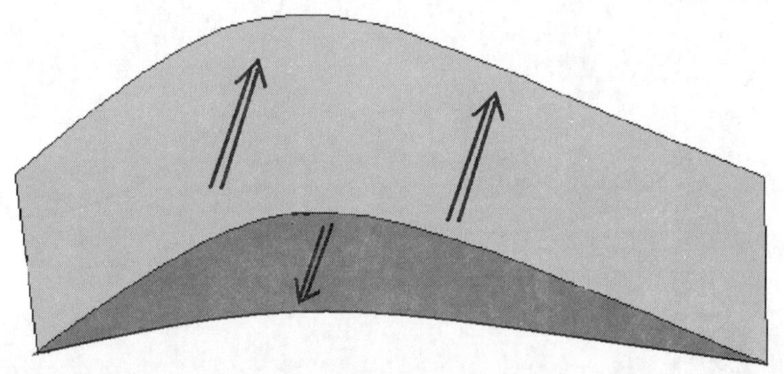

图 11.6　在 RHI 剖面上,风暴垂直于径向运动或夹角较大时,径向风分布的含意

11.3　径向风 $\boldsymbol{V}_j$ 场和 dBZ 场的联合应用

当 RHI 沿云体移动方向取得一个剖面时,其中有径向风和回波强度的分布。如图 11.7 所示的是常可观测到的图像。在这样的剖面中,由于云体移动方向与全风夹角小,径向风接近全风。

强对流云垂直剖面上的流场定性分析流程如下:先从图 11.7 中影区分布得到水平风的分布;再依据 dBZ 场和 DIV-CONV(辐散—辐合)的配置定性给出垂直运动的方向;第三依连续性要求勾画出流场的大致特征,即流型。得到这种强对流云垂直剖面上的流型,对了解云体的特征结构是至关重要的。

按图 11.4 所示,云体沿径向运动,风向不变(号/色),结合径向风速的分布和云体含水量(回波强度)也可判别积层混合云(层状云中镶嵌着对流云)的垂直波状运动的框架图(图 11.8)。

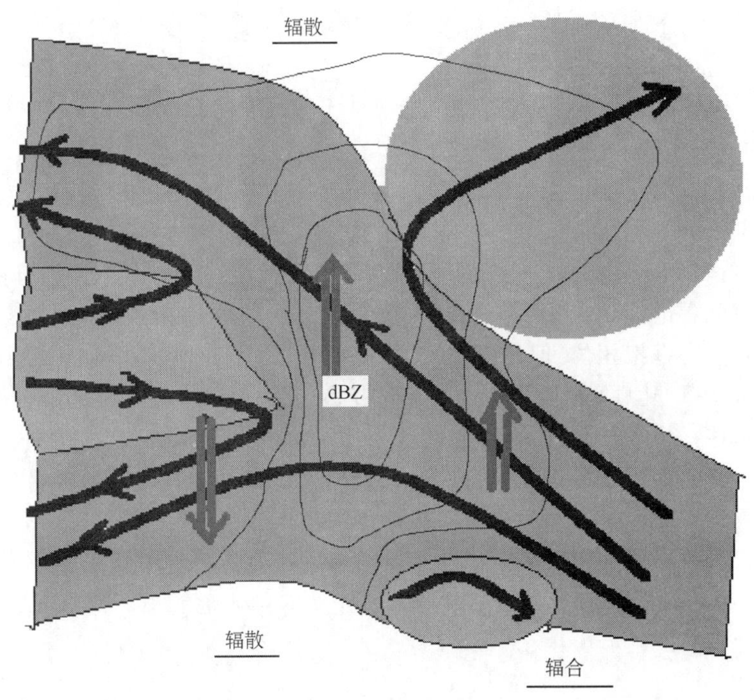

图 11.7　强对流云垂直剖面上的流场定性分析。径向风吹离雷达(浓影区),径向风吹向雷达(淡影区),细实线(dBZ 场),双箭头:垂直运动方向,带箭头的粗实线:勾画出的流型。

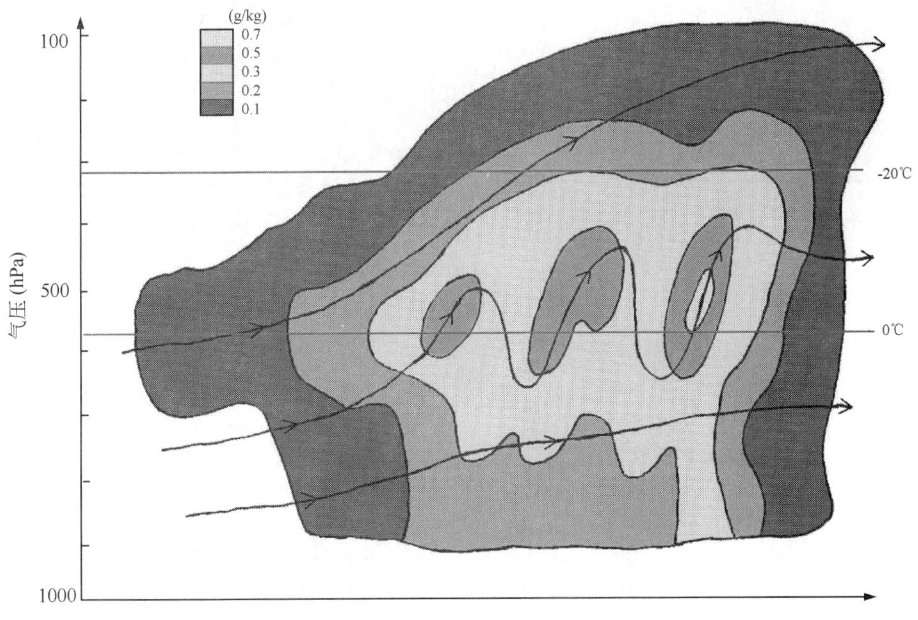

图 11.8　依据径向风向不变和回波分布勾画出的积层混合云的垂直波状流型

11.4　dBZ 场分布特征(或称结构)的物理含意

对于 dBZ 场结构的常识性物理含意,这里就不赘述了。这里只拟探讨一些新的思路,并以举例分析的方式来说明。

强对流云的 dBZ 场是雷达给出的高时、空分辨率资料,又是标量场,其含意不受取向影响,可作任意剖面,便于分析。为此,应深入挖掘分析潜力,探求场的物理含意。

本节从察看 Moller 给出的三种超级单体的 PPI 回波结构,来寻求它们之间的物理差别。由图 11.9 可看出,典型超级单体(a)和强降水超级单体(b)的回波整体结构没有大的差别,这表示宏观动力框架相仿.但暴雨和雹区的分布有大小和形状不同,b 的雨和雹区偏大,形状更弯曲;云体(b)比(a)大,且(b)的入流成带状.据此可以推测,(b)的特征上升速度要小些,旋转量要大些,云体宏、微观场配合更有利于降水物理过程的优化.另外,a 与 b 的差别还应从环境的水汽、能量储备、能量转换方式、云的生命长短等方面去探求,以便掌握区分两者的细节。而标号(c)的弱降水大冰雹超级单体的结构与(a)、(b)差别巨大。为了看清这种差别的物理含意,可以从 c-PPI 反推穿过上升区与主降水区的 c-RHI 来了解其垂直结构,因为强对流云是深对流,垂直运动起主导作用,所以取的垂直剖面(RHI)是必要的。如图 11.10 所示。

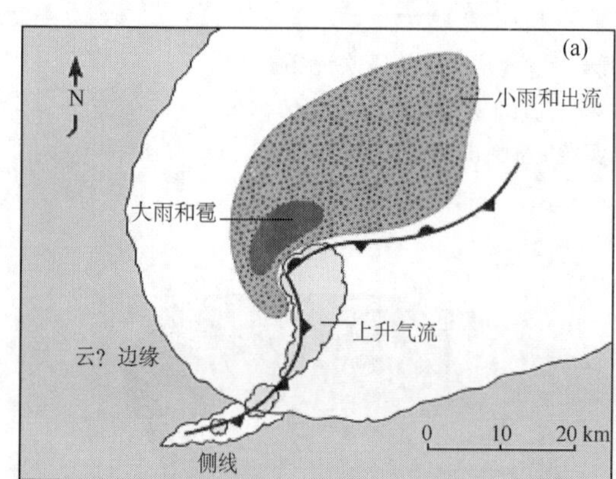

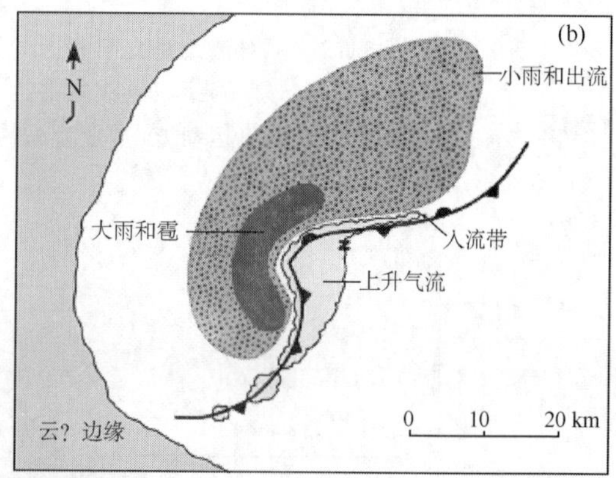

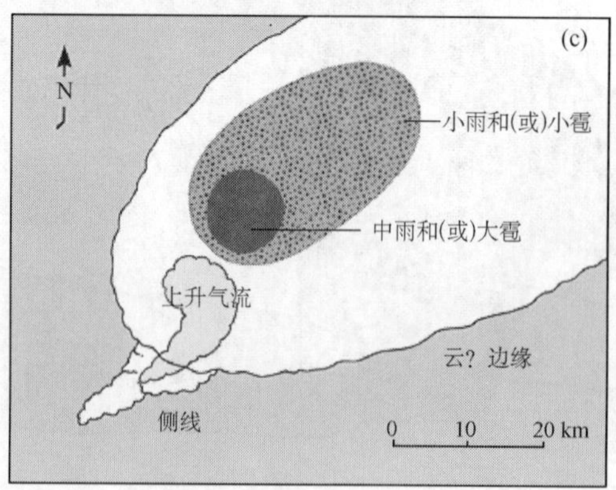

图 11.9　Moller 给出的三种超级单体的 PPI 回波结构图(Moller ,1994)

(a)典型超级单体;(b)强降水超级单体;(c)弱降水超级单体

从图 11.10a 来看,c 的上升气流是超强的,而且主上升气流太斜,主上升区与大粒子群位置分离。超强的上升气流使水凝物粒子群在这里留不住、长不大,所以这里上升气流虽强但回波弱。粒子群只有越过超强的上升气流后在背侧长大,故而形成强回波。在这种情况下,只有少数冰雹可以长得很大,但雹的数量不大,雹大但降雹不强。因此,这种结构的超强对流云的降水过程欠佳,不仅降雹量不大,而且降雨也弱。

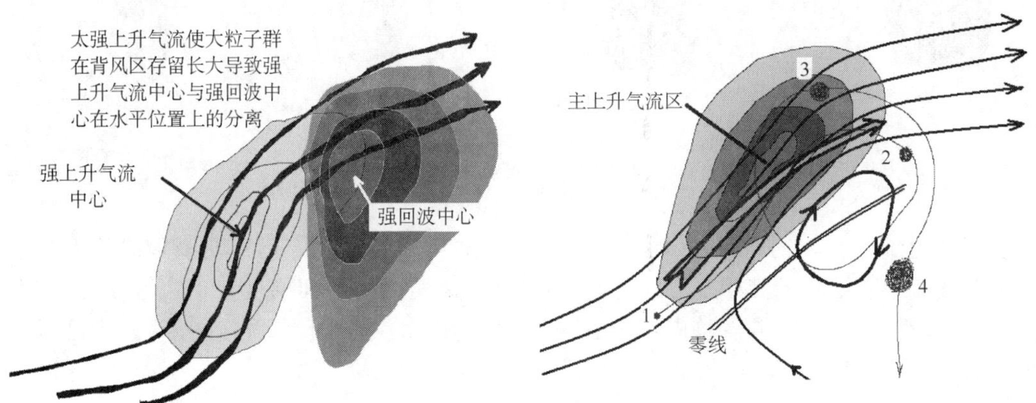

图 11.10　c-RHI, 从 c-PPI 反推而得,它穿过 c-PPI 图中的上升区与主降水区。c-RHI(a),大雹循环增长示意图(b),1,2,3,4 处黑团的由小变大表示粒子在增长。

图 11.10b 给出了 c-RHI 的流型、主上升气流的分布、零线位置。细实线是一个大雹循环运行增长的轨迹,它从 1 出发,在经历轨迹 2、3、4 点中不断长大,在 11.9 a 图中的强回波中心处下落。

11.5　回波场与云体流场的关系

由第三章的研究结果表明,云体流场与回波场结构是云体流场与粒子场相互作用的反映。由于在云体中两者作用的性(质)状(态)有区别,其结构反映的物理图象的特征性也不同。而抓不住特征就难作分析判断。例如,在云体下沉区,粒子群也跟着下降,成为雨区回波;在一般上升区,小粒子跟随向上运动,大粒子可反向下降,大粒子对回波的贡献大,也成为雨区回波。它们不含什么特征意义。但在强上升区所有尺度的粒子都下不来,或随气流上升,或悬浮在某个适当位置,形成弱回波区(WER)。穿过 PPI 的 WER 区取得的剖面,它的位置和走向常与云体的主入流区一致,因而它能反映云体核心结构,是最具有特征意义的剖面,这就是特征剖面。在定性分析中,取的这种特征剖面是很关键的。

根据特征剖面上回波结构与气流的关系,特别是相对水平速度零线与悬挂回波的关系,可以单独地对强对流云中关键部位的流型作定性勾画。这对于非 Doppler 雷达没有径向风资料,或 Doppler 资料不好用时,单从 dBZ 场的结构来推出流型是有用的。

图 11.11b 给出了常见的四类典型对流云强回波轮廓特征的垂直剖面(RHI),图中的实线是相对水平速度零线的位置。有了这张图就可以根据强回波轮廓和零线的位置勾画出流型。

图 11.11b 中的(A)是超级单体流型,多可降雹;(B)也是超级单体流型,多降强阵雨;(C)是阵雨云流型;(D)是一般对称积云流型。

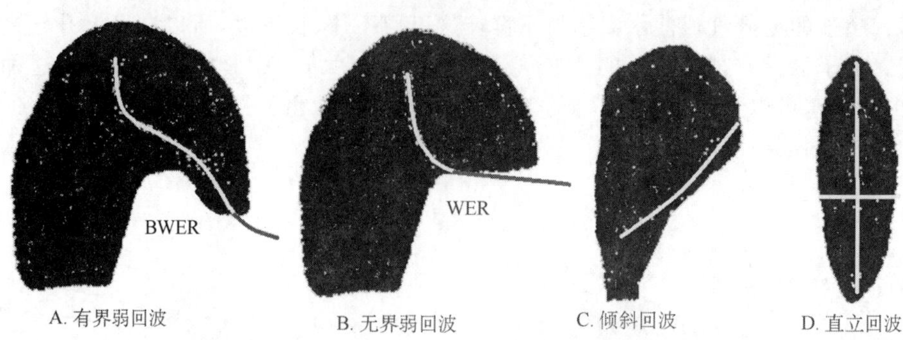

图 11.11a　四类对流云强回波轮廓特征剖面图

在不同的流型下，粒子群汇集有不同的方式，见图 11.12 所示。但总是沿零线的入流边向强上升气流中心汇集。其中 a 方式是迎着移向，气流速度的空间梯度大，"穴道"的汇集力强，有利于降雹；c 方式是顺着移向，"穴道"的汇集力较弱，有利于降强阵雨；b 方式是孤立对流云的对称式汇集，"穴道"的汇集力小，降小阵雨。

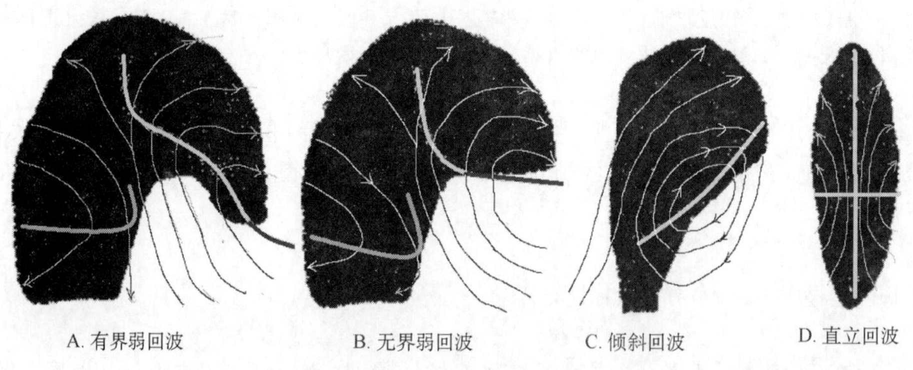

图 11.11b　勾画了流场的图 11.11a

11.6　强对流中垂直气流与水平气流的关系

何以雷达探测强对流常用水平流场结构来推断，其理论根据是强对流中垂直气流与水平气流的关系。

在第四章中已说明，辐合上升(辐散)运动是大气三维涡旋运动的一个基本态(刘式达等，2003；刘式适等，2004)，即有辐合上升必有旋转。旋转垂直运动是强对流的基本流型。这个基本态也是具有自调节功能的一种流型，当辐合来的气流不能完全上升时它可以转化为水平旋转；当辐合来的气流不满足上升气流量要求时，水平旋转的气流又可以转化为辐合垂直运动。具有自调节功能的流型才可能是稳定的流型。

龙卷和台风都是这种流型。龙卷的流型是更为明显的旋转垂直运动流态。如图 11.13 所示。在台风的旋转垂直运动中还包含着螺旋运动，是更为稳定的流态。

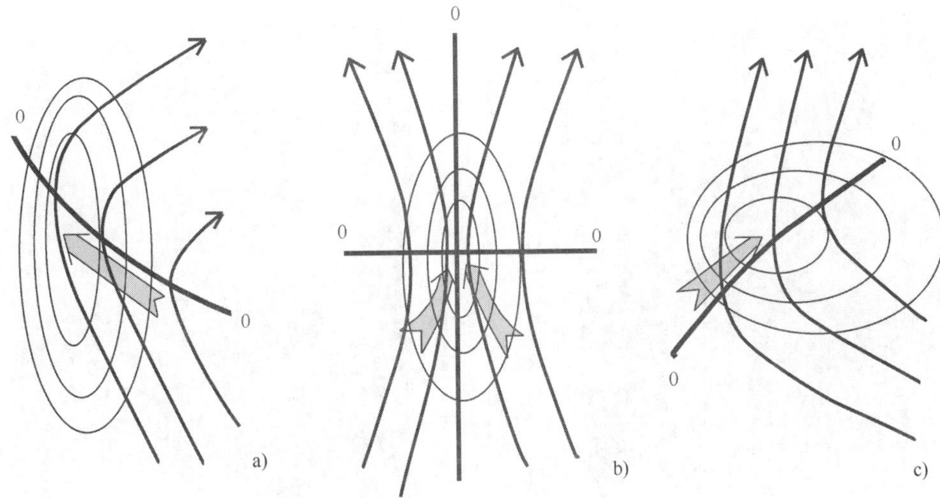

流型—零线与积累：主要积累在进入主上升区方向（箭头）

（细闭合线为上升气流速度等值线，内圈大，外圈小）

图 11.12　不同的流型下的粒子群汇集方式

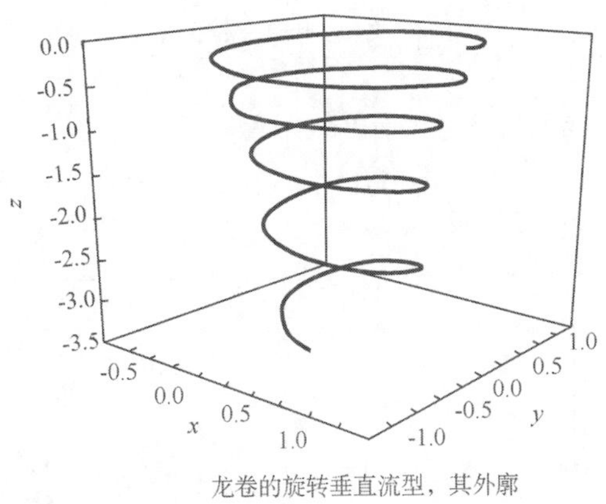

龙卷的旋转垂直流型，其外廓

图 11.13　龙卷流型(刘式适,2004)

正由于强对流的流型是旋转垂直运动,垂直运动必伴有旋转。流态不仅是基本的,而且具有自平衡、自调节的功能,一但形成可较长时间维持。再加上雷达测水平运动比测垂直运动功能好。所以用水平流场结构(如中、小尺度涡旋)来识别强对流是可靠的。

11.7　奇特的特征回波模拟再现与其物理含意的探索

强对流云回波会出现一些奇特回波,王令指出:多角或飞镖形回波是降冰雹的特征,可用作降雹的判据(康玉霞,王令等,2002),如图 11.14a 所示。图 11.14b 给出的是空心圆形回波,这样的回波可伴随着阵性暴雨。

从形态上来理解这些奇特回波的物理含意是困难的,在观测中它的出现较短暂,很难看到演变过程,缺少进一步分析的资料。一种可用研究方法是用数值模式来进行模拟探索,如果能模拟再现这些奇特回波的图像,它们形成的机理和含意就清晰了。

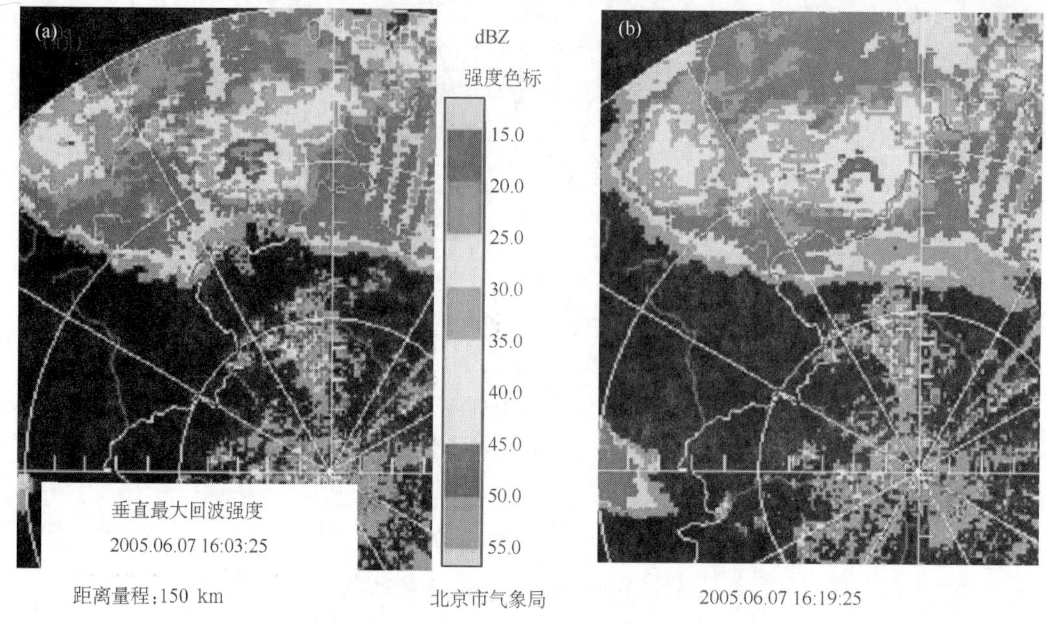

图 11.14 (a)多角(飞镖)形回波;(b)空心圆形回波

为此,先提炼出一个可能的物理模型,再使用配有全 largrenge 云一降水方案的 3 维对流云模式来进行了模拟再现。模拟结果给在图 11.15。比较观测图像和模拟图像,可见是很相近的。

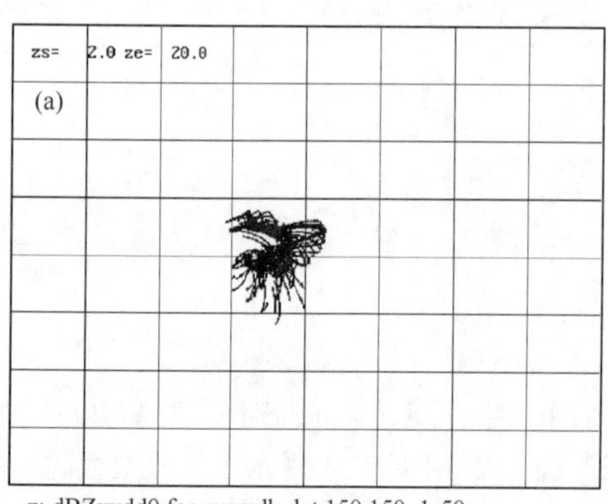

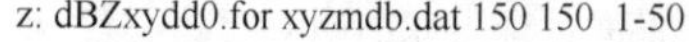

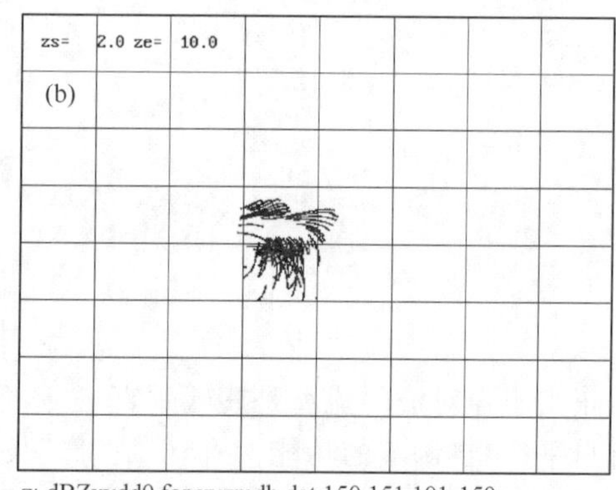

图 11.15 (a)在 Z=2—20 区间最强回波分布的平面显示,是由 150 个大粒子群前期增长运行轨迹组成的图像;(b)同 a,是由 150 个大粒子群的后期增长运行轨迹组成的图像

经过对模式输出资料的详细分析,发现粒子群在跟着上升旋转气流运动中,因上升气流速度很大,向上位移很快,在较短的时段内就到达云顶,而水平旋转运动尺度较大时周边较长,在这个时段内粒子群随旋转运动的水平旋转角不满 360°,就出现了不对称的多凸起的水平投影(或截面)图像。而当上升气流速度或旋转运动尺度不那么大时,粒子群的水平旋转角在达到云顶前可大于 360°,的情况下,就成为近圆形或对称的图像。云体和上升气流速度太大和易降雹,而上升气流速度不太大和云体小些时,就易于降强阵雨,这就是冰雹云与强

阵雨云的特征区别,完全是规律的表现。龙卷虽垂直运动速度更大但它的旋转运动尺度较小,其结构仍是很对称的。物理含意十分清晰。

用数值模拟再现方法,不仅可通过再现来追溯奇特回波形成的机理和物理含意,也可模拟再现其他已有解释的特征回波,深化对它们的理解。图 11.16 给出的就是四种典型对流云特征垂直剖面的模拟再现图。

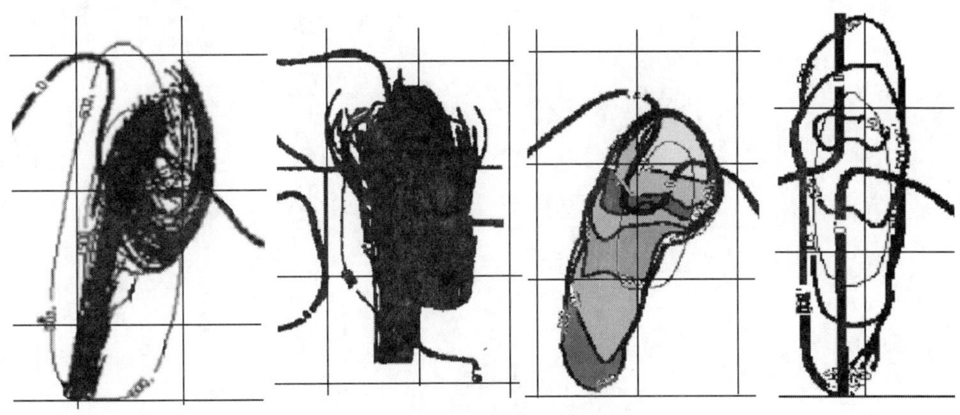

图 11.16　四种典型对流云特征垂直剖面的模拟再现图

11.8　对流云系回波结构与上升气流框架的分析

对流云系回波结构应该是由支撑它的上升气流框架确定的,如何从对流系统的回波结构来定性推断其气流框架是值得考虑的。有了定性的气流框架后,不但有可能去理解回波场的意义,而且还有助于与其他类型资料的融合。

先从 Parker(2000)给出的三类线状中尺度对流系统的回波结构(图 11.17)入手探索。

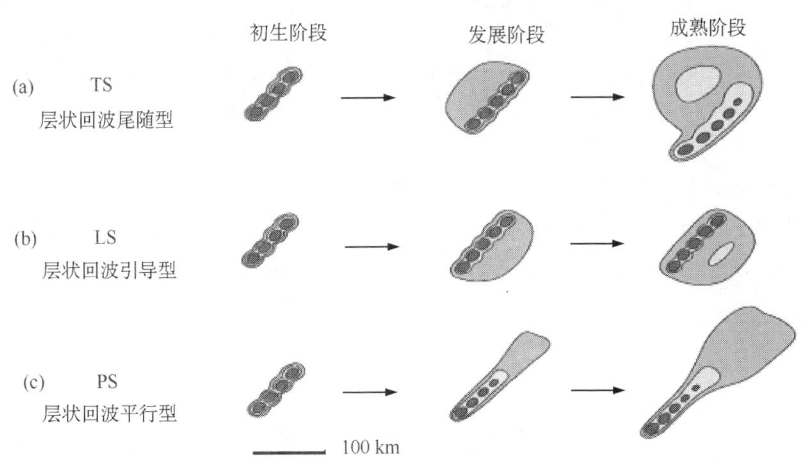

图 11.17　三类线状中尺度对流系统(MCS)回波结构的模型(Parker and Johnson 2000).

从层状回波与对流回波的配置可以看出，LS、TS 型风场的三维性强些，而 PS 型风场的二维性强些。

在图 11.18 的空中回波是本书引用时加的。注意：该剖面是垂直与层一积回波排列走向的。剖面的位置对了解云体特征结构是重要的。

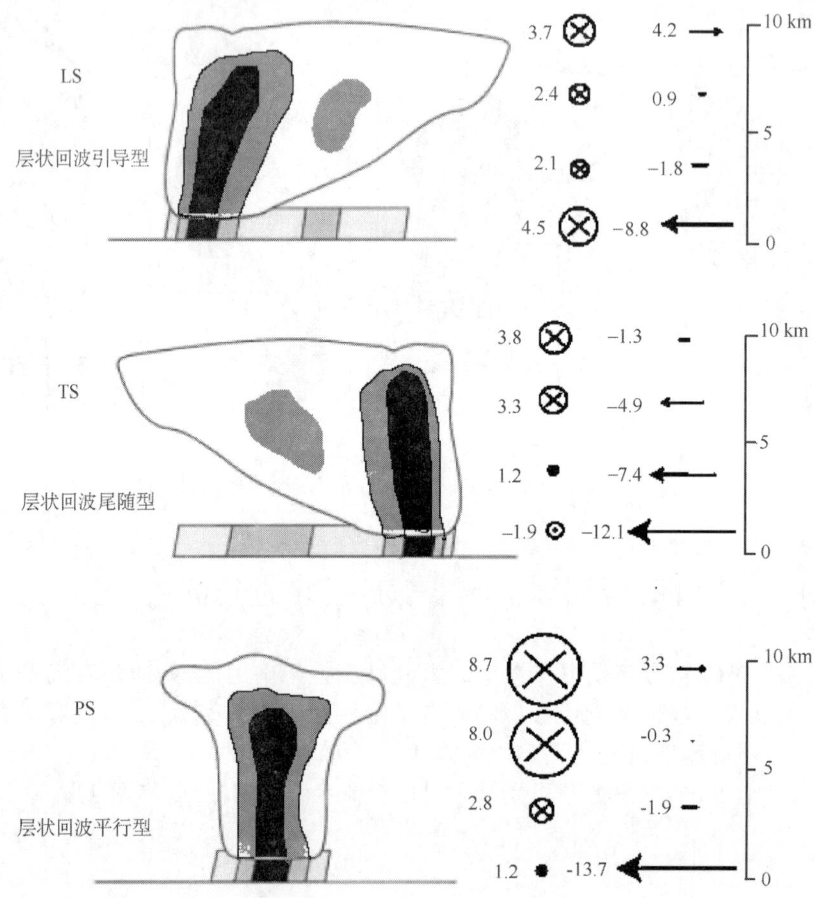

图 11.18 三类线状中尺度对流系统(MCS)回波垂直结构的剖面模型图(Parker and Johnson 2000).

鉴于对流柱状回波对应着直立上升区，层状回波对应倾斜上升区，可以绘出 TS、LS 和 PS 的流型，见图 11.19。一般来说，直立上升的发展要有浮升不稳定；而倾斜上升的发展要求对称不稳定。所以在分析中需考察大气不稳定的性质，这有利于把握流型的转变。

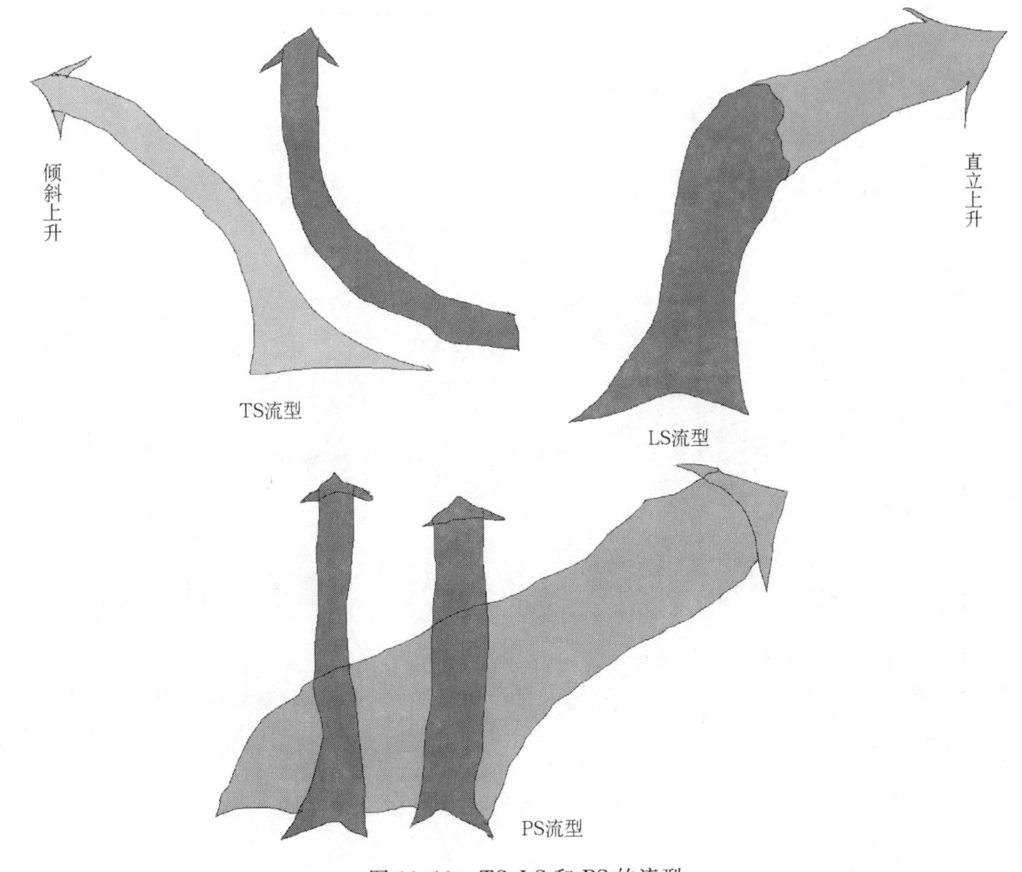

图 11.19 TS、LS 和 PS 的流型

11.9 Doppler 雷达观测实例的定性分析举例

本节将用本章提出的 Doppler 雷达定性分析的思路和方法，来对实例进行分析，目的是能勾画出其特征剖面上的定性结构。

11.9.1 单体对流云 Doppler 雷达观测实例的定性分析

单体对流云实例是 2003 年 6 月 20 日 14 点 30.5 分大连雷达站观测到的(李红斌等，2011)。系统的移向为东北。见图 11.20。其移向与这里的雷达的径向一致。沿 44.66°剖面上观测到的 Doppler 径向风应接近于全风。

从图 11.20、11.21、11.22 来看，单体的移向与所取的 RHI 剖面的取向的夹角很小，一般来看单体的移向为主入流的走向(逆流或顺流)，因而图 11.21 剖面的 dBZ 和图 11.22 剖面的径向风向大致可反映云体的主入流区的情况。可直接以该图来勾画出流场的轮廓和相对水平流速零线，见图 11.23。注意，背景地面风不一定是在主入流走向上，但它可旋转变化进到主入流去。

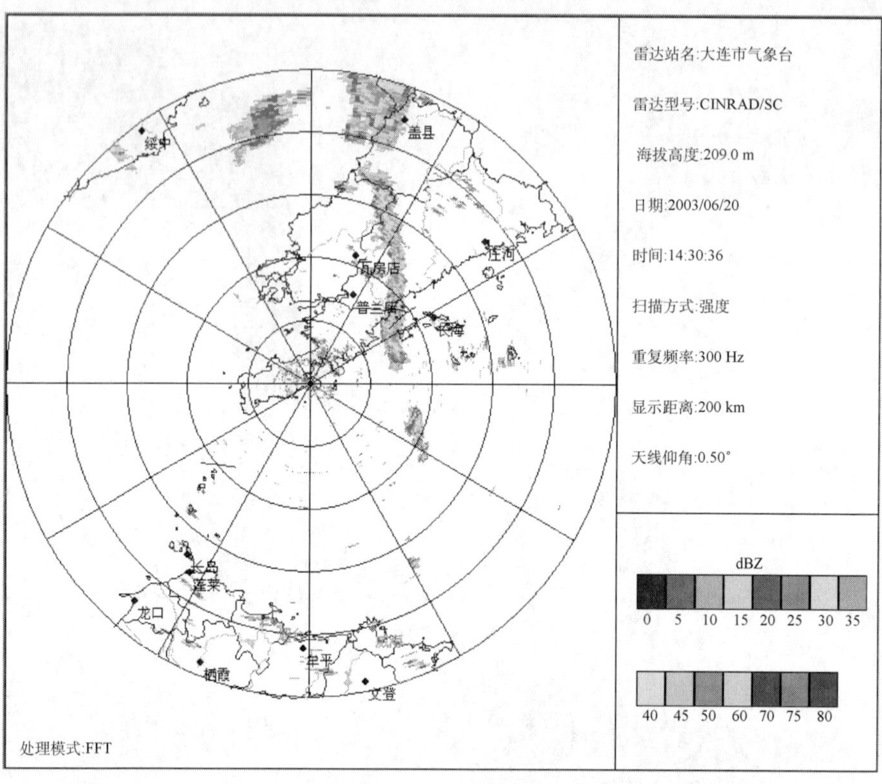

图 11.20　2003 年 6 月 20 日大连雷达站观测到的对流系统回波场。黑箭头是移向

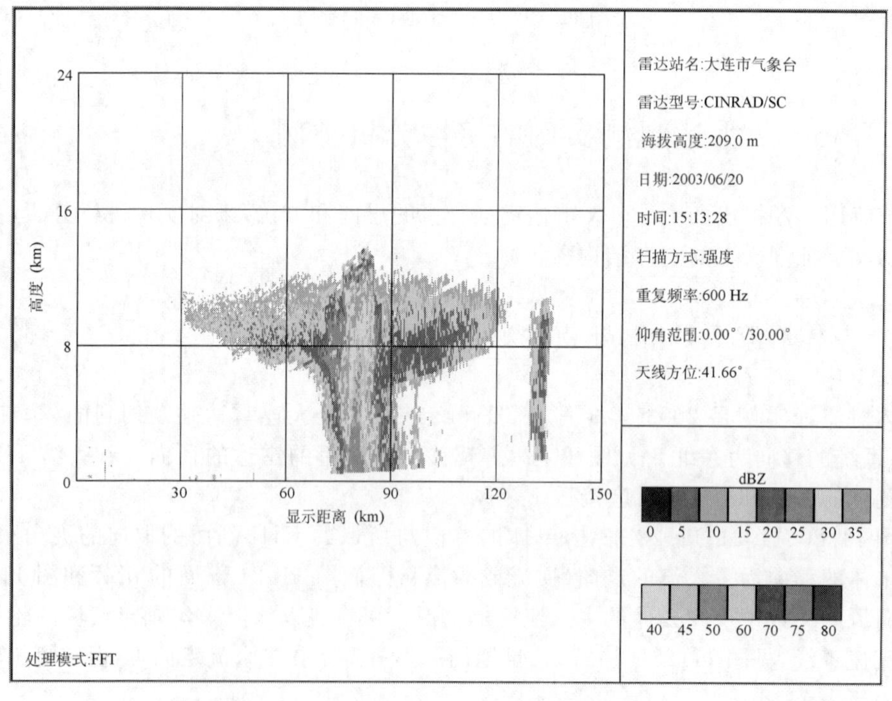

图 11.21　沿移向约 44.66°取的单体回波剖面

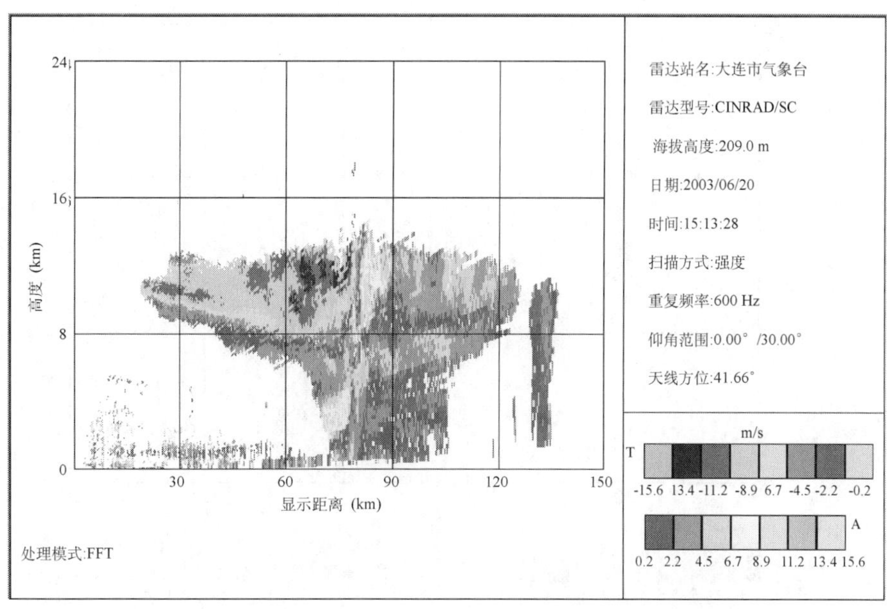

图 11.22 沿移向约 44.66°取的单体 Doppler 径向风场剖面

勾画的依据是,暖色区是径向风向离开雷达,冷色区是径向风(图 11.21)向吹向雷达;而主上升区应对应着强回波前部,强回波底部该是气流辐合。

有了图 11.23,依零线区的入流域应是大粒子群的积累区的"穴道"。据此给出了图 11.24(另见彩图 11.24)。图 11.24 就是所要得到的特征剖面上的定性结构图,或称为单体对流云实例概念模型。它虽是实例,但是由定性分析得到的,它能反映实体的粗框架,只可作为概念模型。如测得回波的移速,可再做移速订正,得相对流场剖面,零线位置会有平移,但大体布局不会改变。

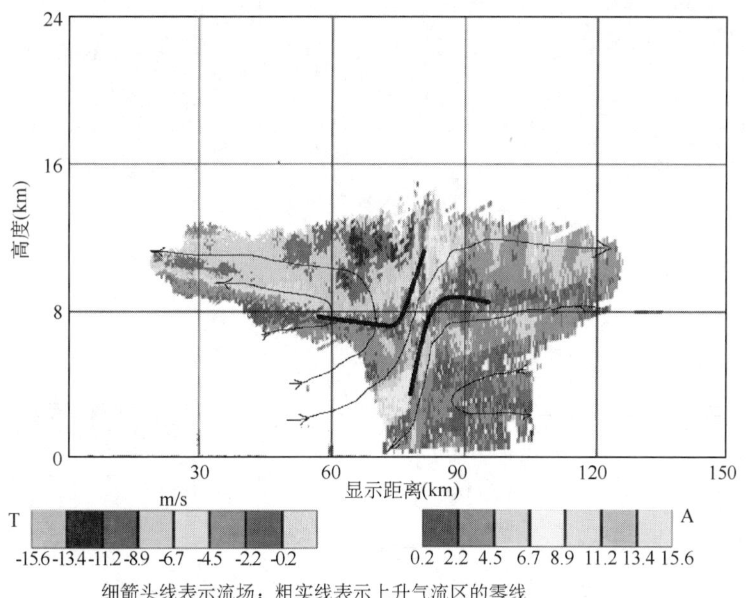

图 11.23 依照径向风定性分析方法勾画出的单体对流云剖面流场

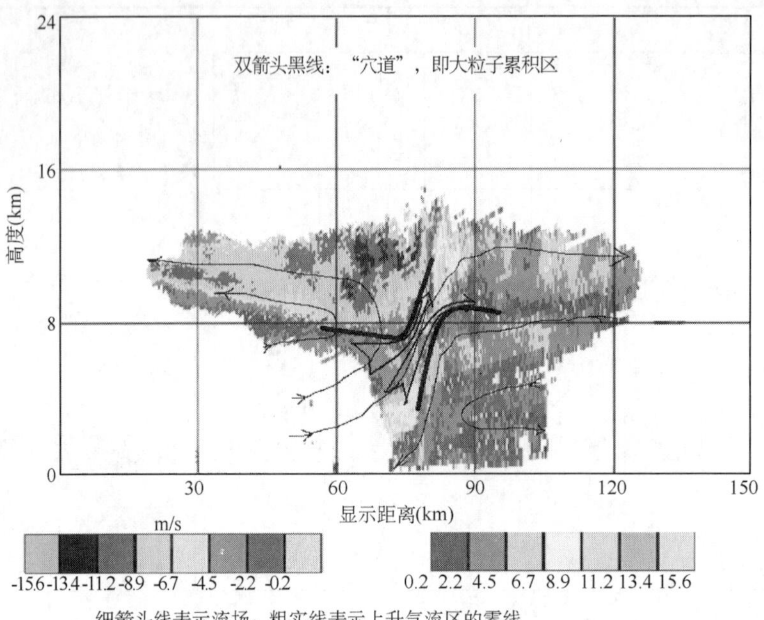

图 11.24　单体对流云个例概念模型

11.9.2　多单体对流云实例

多单体对流云实例也是 2003 年 6 月 20 日 15 点 20 分大连雷达站观测到的，天线方位 31.39°。沿此方位作的垂直剖面给在图 11.25 和 11.26。

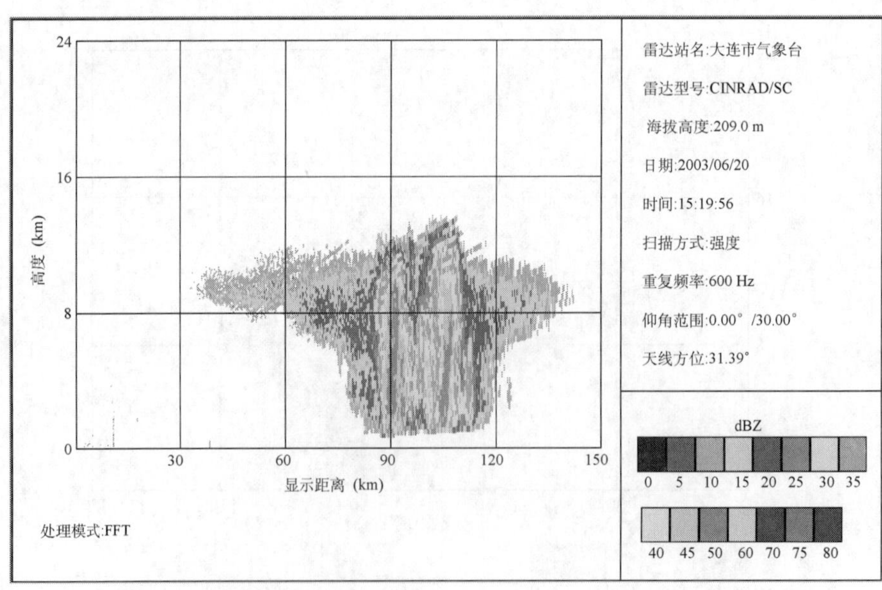

图 11.25　多单体对流云沿 31.39°的回波剖面

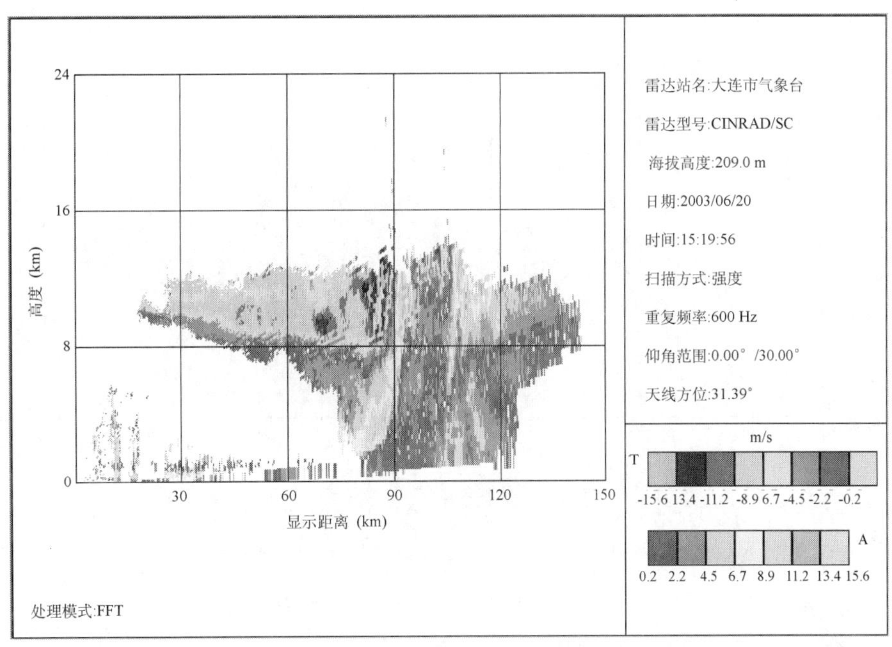

图 11.26　多单体对流云沿 31.39°的径向风剖面

从图 11.19、图 11.25 和图 11.26 来看，多单体的移向与所取的 RHI 剖面的取向的夹角也不算大，因而剖面上的径向风大致可反映云体的全风情况，接近于主入流区。同样，可直接以图 11.26 来勾画出多单体型对流云流场的轮廓和相对水平流速零线，见图 11.27 和图 11.28(另见彩图 11.28）。图 11.28 就是所得到的多单体型对流云实例概念模型。

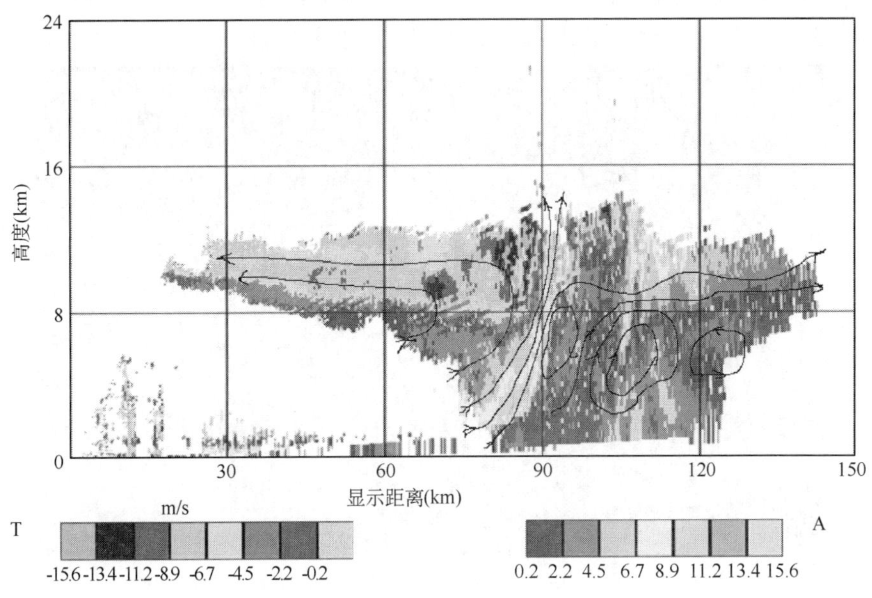

图 11.27　依照径向风定性分析方法勾画出的多单体对流云剖面流场

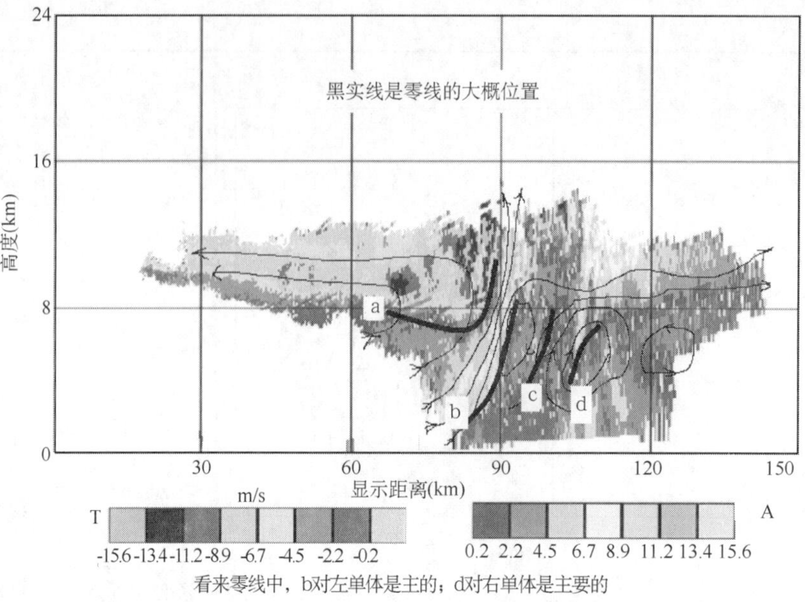

图 11.28　多单体对流云实例概念模型

11.9.3　强单体对流云实例

强单体对流云实例是 2003 年 10 月 13 日 18 时 26 分大连雷达站观测到的。系统移向大约是东南。

从图 11.29(另见彩图 11.29)、图 11.30、图 11.31 来看,强单体的移向与所取的 RHI 剖面的取向的夹角太大,因而图 11.31 剖面上径向风不能反映云体的主入流区的情况。这样就不可像单体、多单体个例那样直接应用图 11.31 剖面的径向风来做个例概念图分析了。需从所能得到的各类观测资料来做综合分析,以便定性地推估出主入流区的情况。

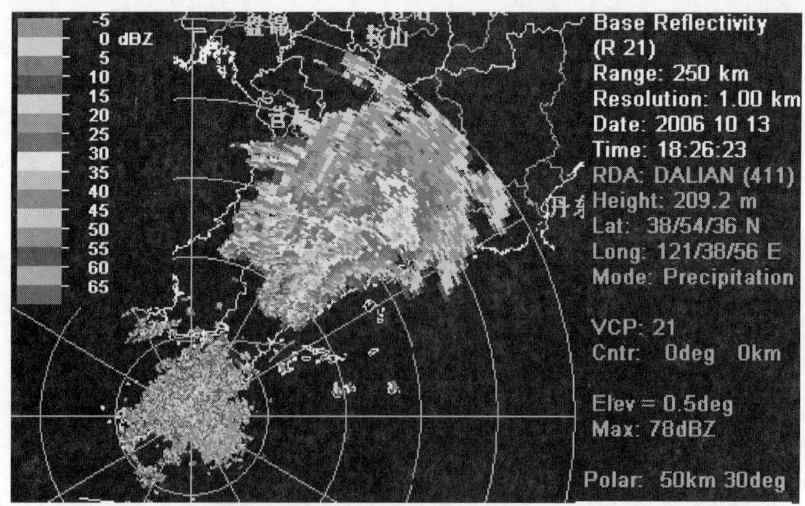

图 11.29　2003 年 10 月 13 日 18:26 分大连雷达站观测到的强单体对流云回波实例

箭头是系统移向:向东南

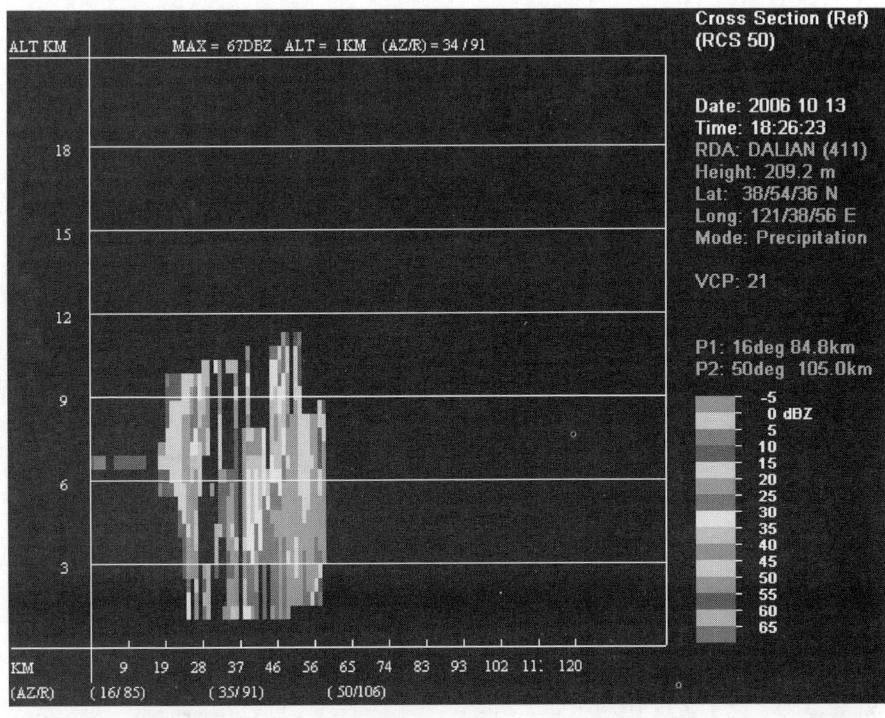

图 11.30　实例强单体对流云垂直回波剖面，剖面取向：(16°,84.8 km)=>(50°,105.0 km)

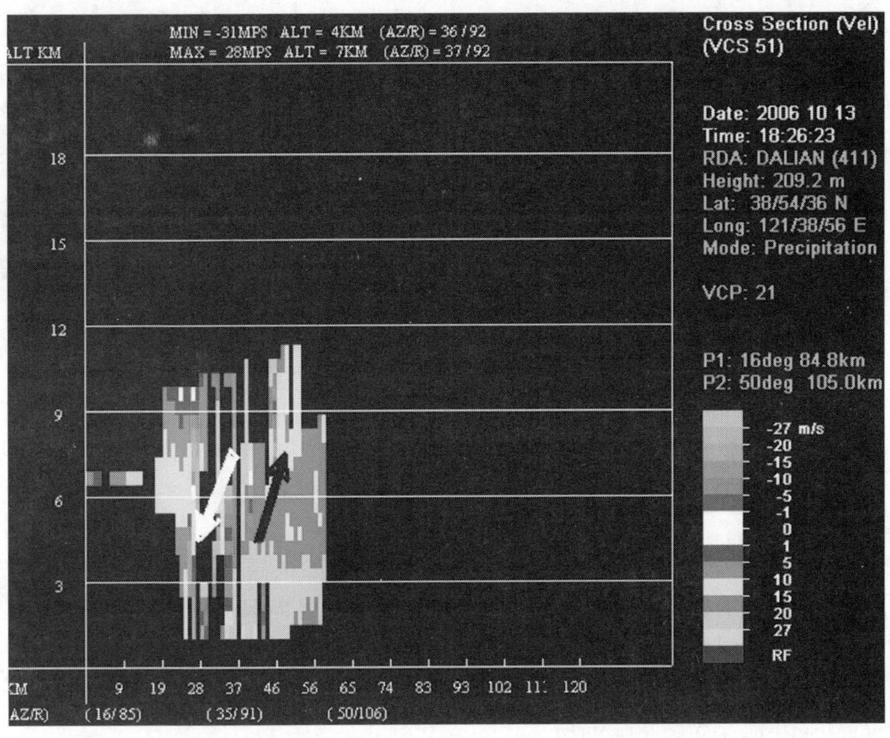

图 11.31　实例强单体对流云径向风垂直剖面，剖面取向：(16°,84.8 km)=>(50°,105.0 km)

先看图 11.29 的最南部的强主回波的结构，它具有图 11.32 的特征，即左边（背移向）梯度大；右边（顺移向）梯度小；再做概念化推理，可得强图右，再与图 11.32 对比，可认为它是属于层云（或云砧）引导型的回波结构。其基本气流框架应当如图 11.33 型的。

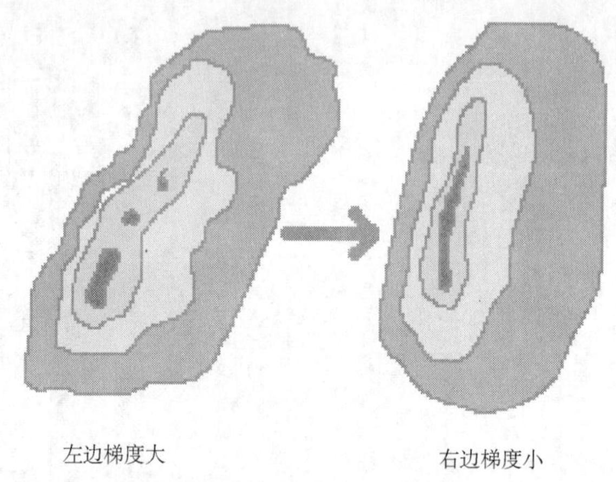

图 11.32　强单体的主回波的特点是：左边（背移向）梯度大；右边（顺移向）梯度小。

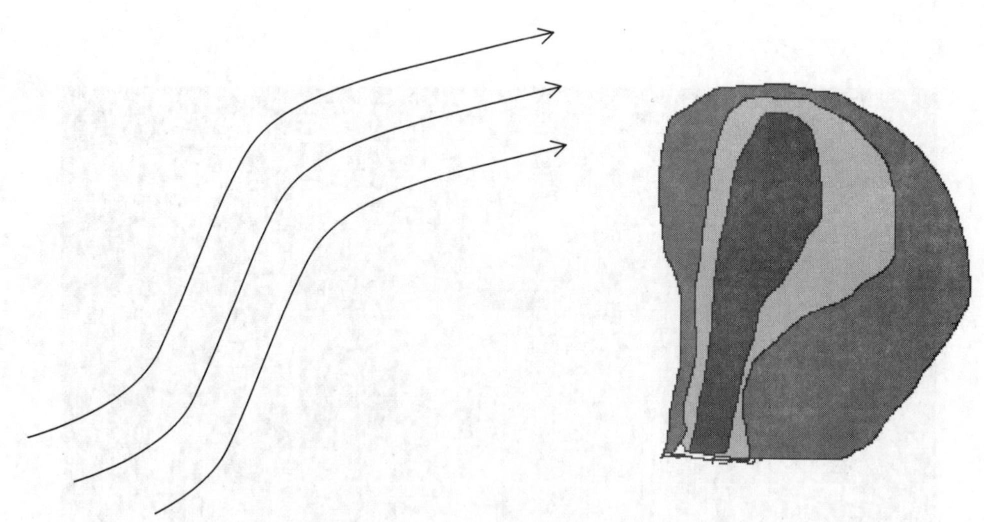

图 11.33　云砧引导型的气流框架（左）和回波（右）的垂直剖面

从图 11.34（另见彩图 11.34）所示的径向风分布，如果低层全风场是逆时针旋转，那就会使从③到②再到①的径向风速依次减小，这与观测到的径向风分布相似。为此，可认为低层回波的全风场是逆时针旋转逆时针旋转的。如图 11.35 所示。

再看中层的风场特征。从图 11.31 回波区中的径向风向是左负右正，即存在着一支逆时针旋转的水平环流。如图 11.36 所示。

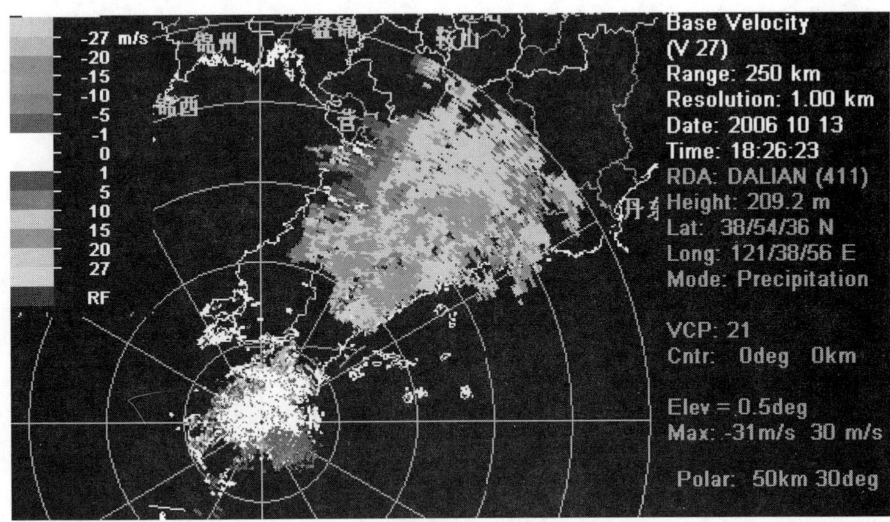

图 11.34 低仰角(0.5°)的径向风分布图

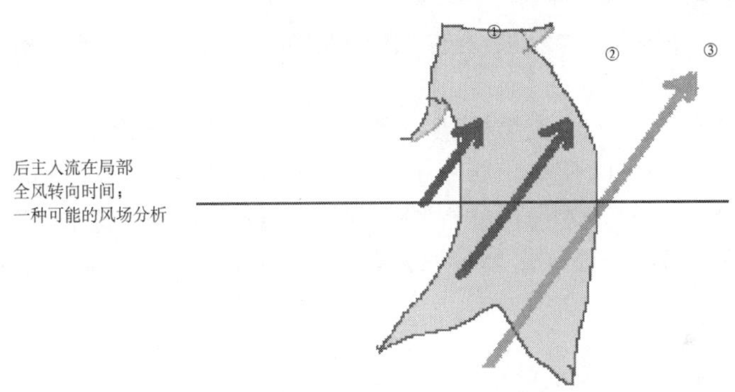

图 11.35 依据雷达径向风场的低层全风场的定性分析

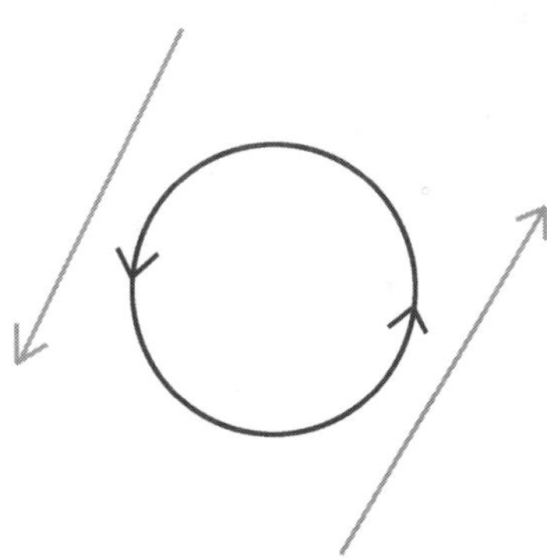

图 11.36 逆时针旋转的水平环流

有了低、中层的风特征，再看大连地区的地面风是偏南风，高空风是偏西风，由于强回波柱区应对应主上升气流，把各层的风与上升运动按连续性约束联结起来，就可推测出云区的流场框架。如图 11.37 那样流型。

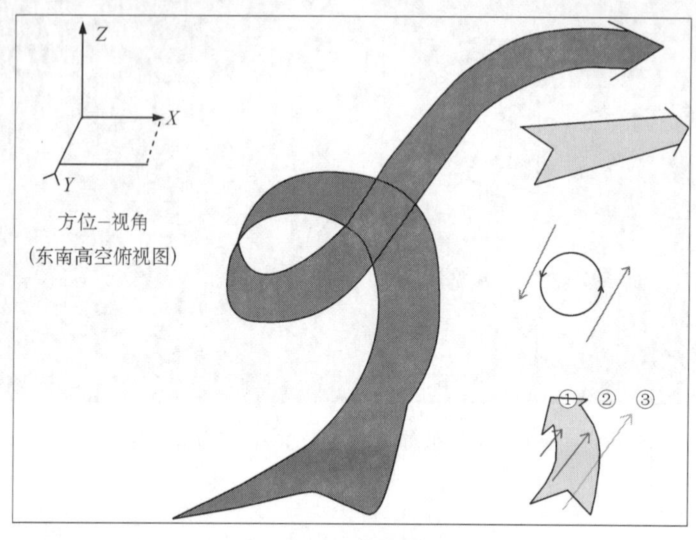

图 11.37 经综合定性分析推测出的强单体对流云区的流场框架

最后，应用强单体对流云的流场框架和回波场，推出特征剖面上的主入流区的流场、上升流速分布、零线和“穴道”的配置。如图 11.38。举例说明定性分析思路、方法和结果到此就算介绍完了。当然，如何具体进行分析，须视对流系统或单体的特征、资料的情况来斟酌，目标是把资料中的有用信息提炼出来，融合联串成一体，呈现为一幅能接近自然实况的、合理的情景图。

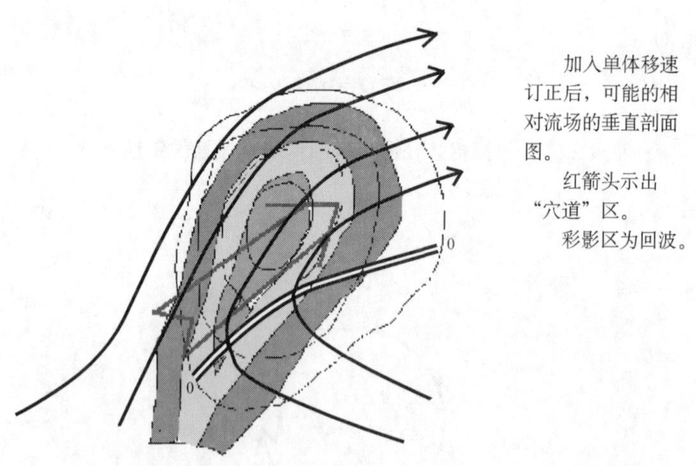

图 11.38 特征剖面上的主入流区的流场、上升流速分布、零线和“穴道”的配置图

注：标“0”的双实线是“零线”

从所分析的强单体实例的结构来看,其结构可以是多样的,不一定像 Browing 提出的那样,但各种场的配置都可发生灾害性天气现象。

11.10　Doppler 雷达径向风场与风廓线(Profile)资料相结合的流型分析

在 11.2 节和 11.3 节介绍了径向风 V_j 场的分析应用,指出可以从径向风 V_j 场、或与 dBZ 场结合可勾画云体的流型。这一节来探讨用 Doppler 雷达径向风场结合风廓线(Profile)资料来勾画对流流型的原理。

Doppler 雷达径向风场不是全风场,用它来勾画对流有相当大的随意性,特别是当径向风场比较单调的区域。而风廓线(Profile)资料测的是全风,如果把风廓线测点的全风加到径向风场中,作为勾画流场的参照点,就可以减小流场定性分析的随意性。

由于很难找到可用的实测个例,作为原理性探讨,本节拟用数值模拟的方法来举例说明之。模拟算例选为在三维切变环境风场发展起来的强对流云,它的特征结构和演变历程具有代表性,常可以被观测到.这在第三章中已作了说明(XGL 算例)。

模拟雷达站距图左下角原点的距离为 100 km,它的雷达方位是 275.0°,云系统自西向东移动。

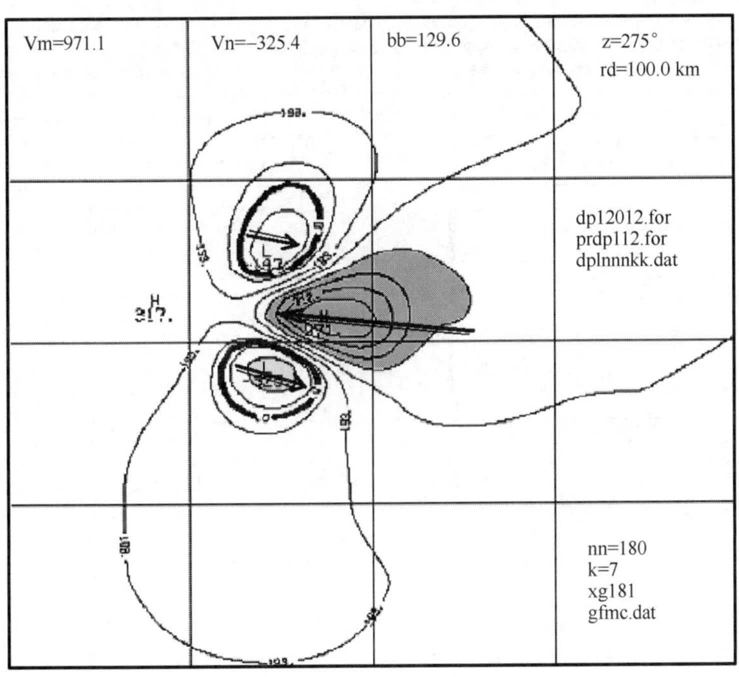

图 11.39　高 3.5 km 平面上径向风场的模拟图(雷达距图左下角原点的距离为 100 km,雷达方位 275.0°)。黑实线:径向风为零的线,浓影区:径向风为正(离开雷达)的大值区,淡影区:径向风为负(吹向雷达)的大值区。坐标说明同图 4.7

第一步,给出 Doppler 雷达径向风场的模拟图,见图 11.39。它给出了该算例在高度为 3.5 km 平面上径向风场的模拟图,从图中可给出三个径向风的主方向,据此可勾出两个涡旋。如何再勾画出这个涡旋的流场呢?为了减少随意性,希望有风廓线(Profile)资料来约束,或作为参照点。

第二步,给出风廓线仪测点的风廓线模拟图。

图 11.40、图 11.41 和图 11.42 给出的是对流云系统过三个风廓线仪测点的风廓线模拟图。在假定对流云系统处于准稳定状态下过测点的时间剖面,它们就相当于其中某个时刻的过测点(格点位置:$y(j)=18,22,26$)的空间剖面。

第三步,把风廓线仪测到的风廓线对应点的全风资料,填入径向风场的模拟图 11.39 中。得到图 11.43。

第四步,人工定性分析,勾画出对流云主体区某个水平面(3.5 km)流场特征,见图 11.44。勾画中要注意在风速甚小的区域内风向判别的误差问题。

第五步,按以上四步对其他高度面进行风场分析。

第六步,有了各层的水平面流场,结合风廓线仪测到的垂直运动资料,再利用连续方程,在原理上就可以作对流云系统的三维流场的特征勾画了。

把图 11.44 与图 11.45 相比,或叠加图 11.46,可以看出勾画出的对流云主体区的特征流场图 11.44 与主体流场图 11.45 的特征是相当一致的。这说明在原理上是可行的。当然,在实际运用中定会有多种工程工艺问题需要解决。

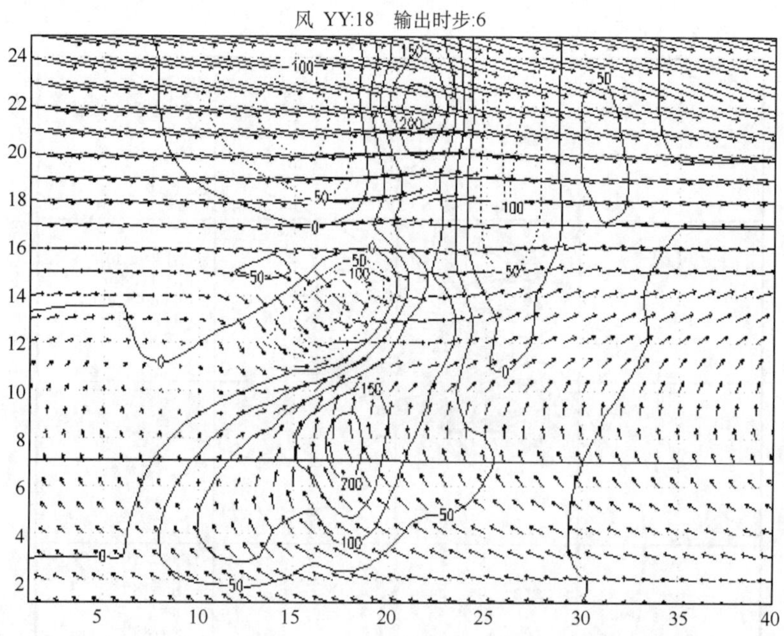

图 11.40 高 3.5 km 平面上径向风场的模拟图(雷达距图左下角原点的距离为 100 km,雷达方位 275.0°)。黑实线:径向风为零的线,浓影区:径向风为正(离开雷达)的大值区,淡影区:径向风为负(吹向雷达)的大值区。坐标说明同图 4.7

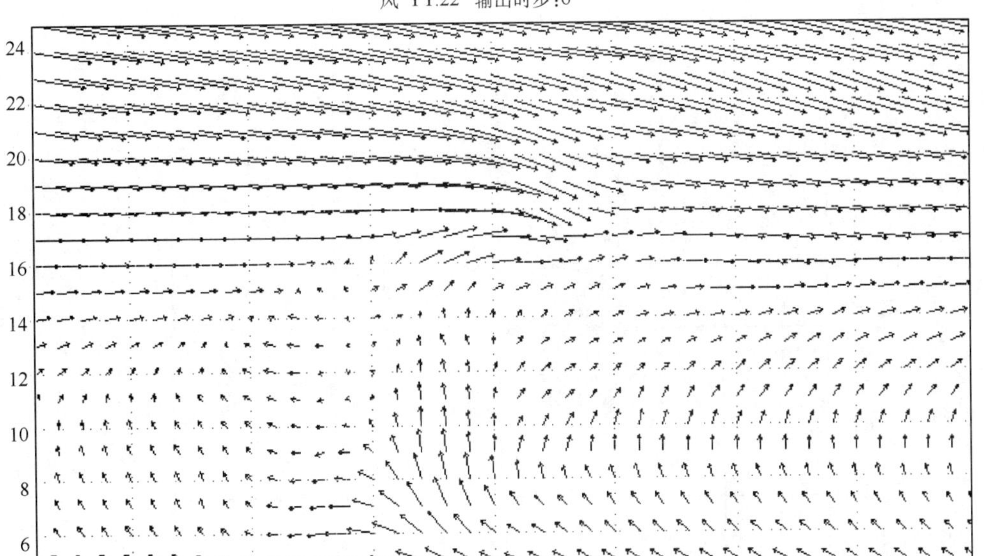

图 11.41 风廓线仪测点的风廓线模拟图,$y(j)=22$

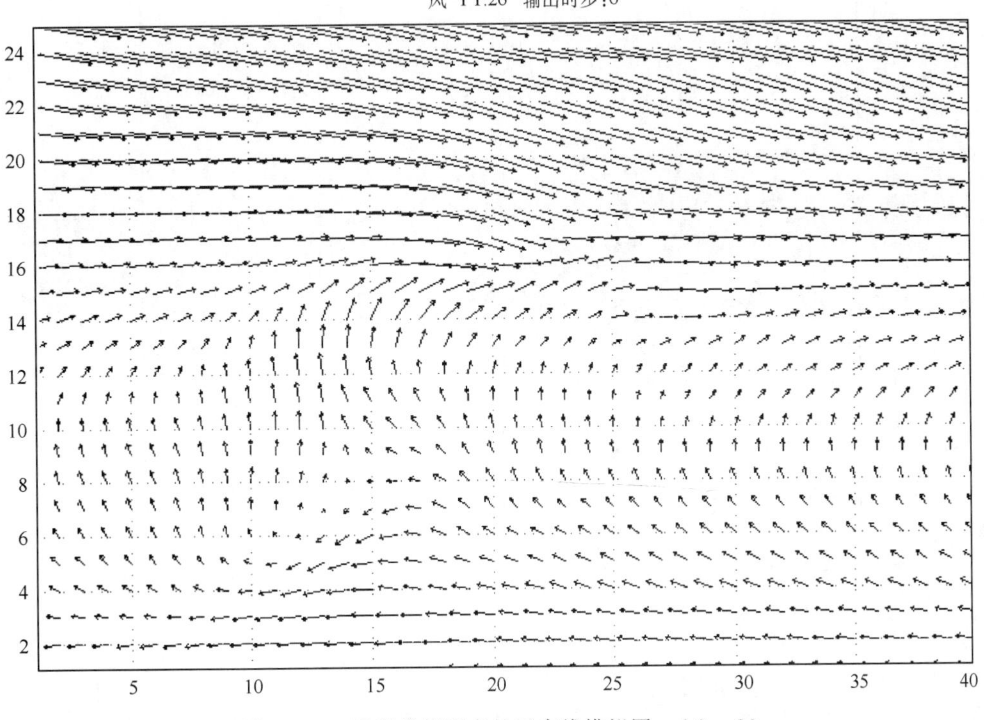

图 11.42 风廓线仪测点的风廓线模拟图,$y(j)=26$

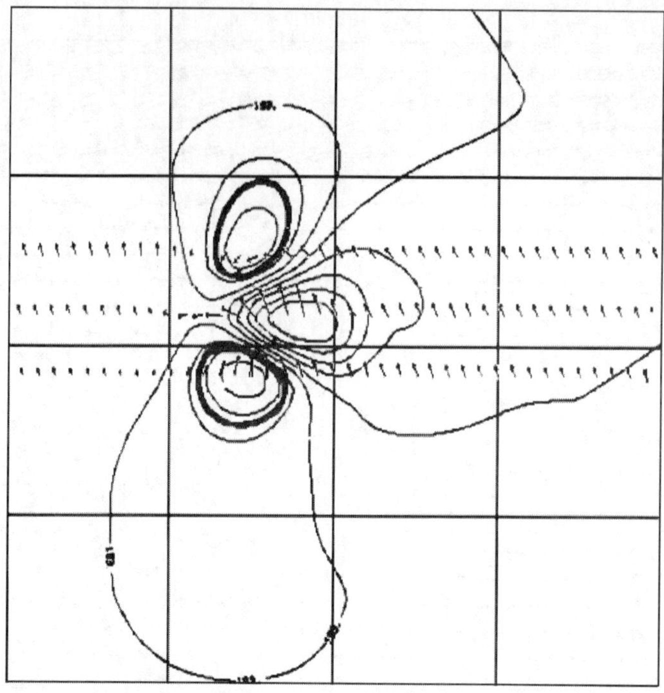

图 11.43　把风廓线对应点的全风填入径向风场的模拟图

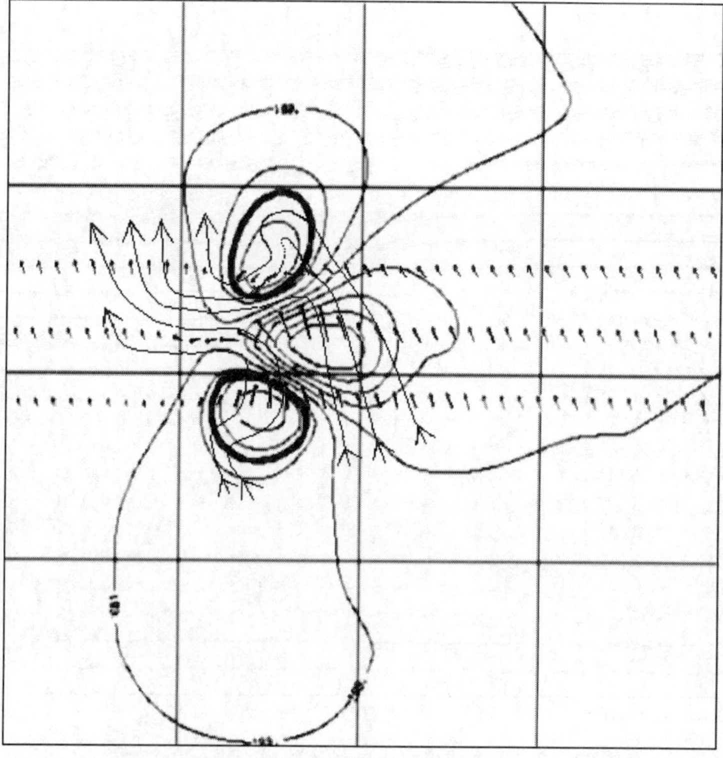

图 11.44　经人工定性分析，勾画出的对流云主体区 3.5 km 水平面上的特征流场

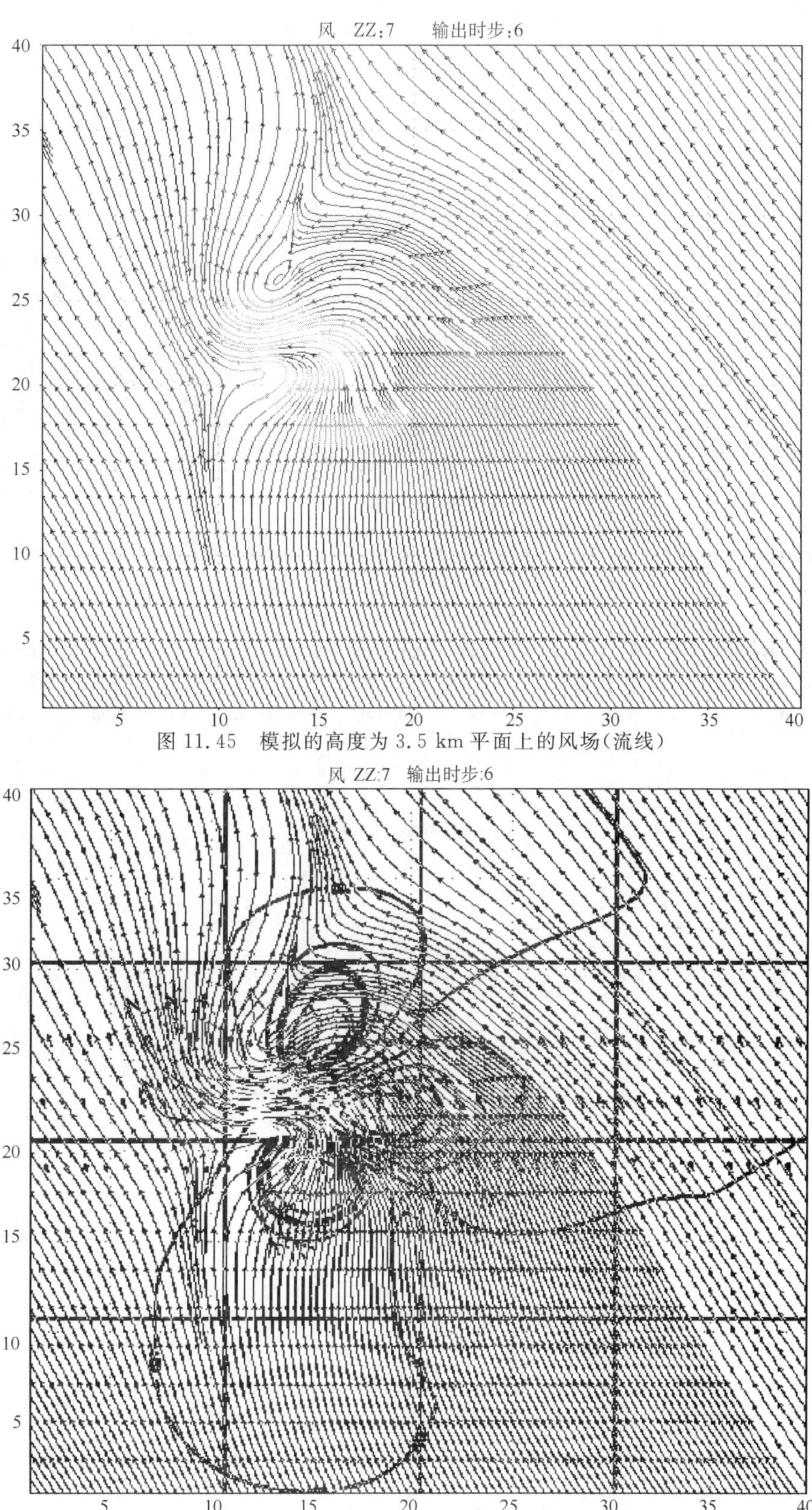

图 11.45 模拟的高度为 3.5 km 平面上的风场(流线)

图 11.46 图 11.44 和图 11.45 叠加图

当然,如果区内有更密的风廓线仪布网,就不需用时间剖面资料来作时空转换了。可直接用 Doppler 雷达径向风和风廓线仪的资料来勾画对流流型。

11.11 结语

综上所述,依据提出的对雷达观测产品进行综合定性分析的思路、方法和所得到的结果,可见定性分析可以得到一些关键性的图像,这对了解强对流云体(系)的结构和演变是有用的,对理解雷达观测产品的物理含意是有帮助的。在研发定量分析的同时,注意一下定性分析探索是有益的。

其实,勾画出流场的流型,并不需要用到每个点的数据,不必点点斟酌,只要不多的关键点资料可靠合理就行,能了解全局面貌就行,定性分析就是找出少数可靠合理的关键点,以这些点的资料为基点,勾画出极为关键的强对流云体(系)的流型。

参考文献

康玉霞,王令,刘丰等. 2002. 北京市区雷达探测冰雹云回波分析,北京气象学院学报,**2**:46－50.

李红斌,何玉科,孙红艳等. 2011. 大连市人工防雹作业与概念模型的研究,高原气象,**30**(2):482－488.

许焕斌,田利庆. 2008. 强对流云中"穴道"的物理含意和应用,应用气象学报,**19**(3):372－379.

Moller A R,Co-authors. 1994. The operationl recognition of supercell thunderstorm environments and storm structures, *Wea. Forecasting*,**9**:327—347.

Parker M D, Johnson R H. 2000. Organizational modes of midlatitude mesoscale convective systems. *Mon. Wea. Rev.*, **128**: 3413－3436.

第十二章　强对流云物理在预报(警)中分析诊断的应用

12.1　引言

在强对流系统的监测识别和预报预警中的困惑主要是不甚了解系统的结构和演变倾向，不甚理解观测资料的物理含意，从而难以构建实体模型或概念模型。不知含意的资料，再多也没用；没有模型就难以从实际不可能完整(零散)的实例资料中把握全体.缺少进行推理判断的根据。所以，作好强对流预报(警)的核心问题是要提高对观测资料的诊断分析能力。

强对流系统是中、小尺度天气－动力系统，产生的天气现象是冰雹、暴雨、强阵风、龙卷风等，都是湿性的，离不了水的相变和云－降水过程的参与。强对流系统还伴有雷电，又离不开起/放电过程.而导致强起电的机制是非感应性的，这又直接与云—降水有关。这就需要把湿中、小尺度天气、动力、云-降水物理融为一体，既探讨天气－动力条件和演变，又追溯天气现象的具体发生过程。

作为强对流预报、预警业务，不仅要掌握基本规律，还得掌握规律的多种具体表现形式：是典型的、非典型的或是变异的。可能还需要涉及新观测系统，及新硬、软件体系的建立和应用。

原有的一些强对流预报、预警的分析诊断系列，似乎偏重于大尺度环境条件多，偏重于静态的多；本来都是出自一体的强对流云，但在研究领域上，或偏重于天气－动力，或侧重于云－降水物理，或只关注闪电；在手段上，或是只作观测分析，或是单作数值模拟，或侧重于天气分析；专科“诊断”多，全科“会诊“少。这样作下去行吗？值得思考！是否要更新一下思路，扩大一点领域，丰富一些手段？都聚焦到强对流云物理学上来？

这一章不奢求有什么突破，只拟对几个重要而有疑问的强对流云(体、系)物理应用问题，以举例方式来作些初浅的点滴探讨，或提点思路，或给些方法，期望对如何再布局强对流学科研究和业务发展“抛砖引玉”。

12.2　强对流的分类

强对流具有多种形态，分类研究有助于把握规律的主要表现。但分类在思路上应与时俱进，从形式分类向物理分类演化，难以分类又有物理意义的个例可单列研究。

例如，在第二章的2.2节，介绍了冰雹云的分类。曾指出，强对流云可分为单体、多单体和超级单体，但这三类的统计结果只占总数的50％左右，分不清的“其他”也有50％左右。何况多单体从本质来说不是一类单体，而是有时序、按位有序排列的对流群体(系统)。如只去研究从单体角度可明显分类的单体，只占20％～30％，其他的就不管了吗？既然分类是便于研究，而不是限制研究，更不可误导研究。单体的结构与单体的组织(成某种形态的单体群)在动力学上的机理是不同的，不可混为一体，要分别研究才对。例如：超级单体与多单体的流型就有明显的动力差别，前者就是一种单体结构，而后者还有单体间的组合配置问题。见图12.1。

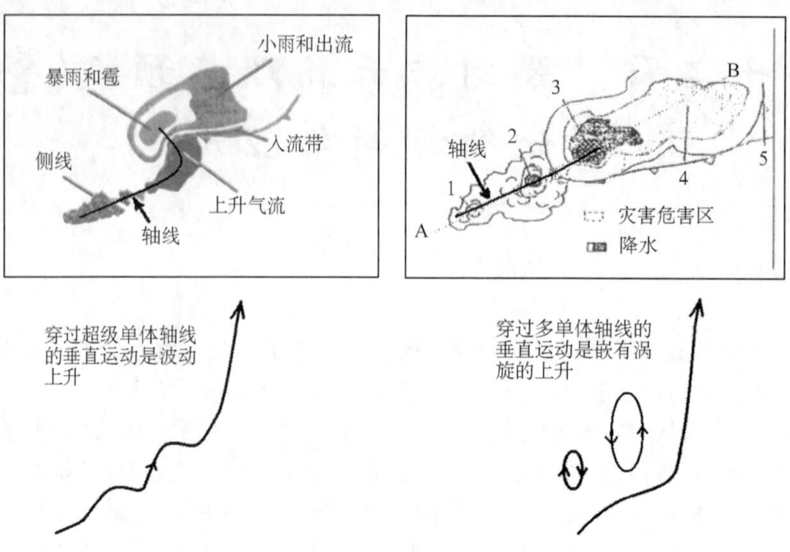

图 12.1　超级单体与多单体的流型上的动力差别

为了对所有类别的对流体和对流系统进行研究，能分类就分类，不易分类的就作单独研究，不受分类所限。反正在个别中定包含着普遍，在普遍中会容纳着个别。把带有普遍性的和带有个别性的都作了研究，才算了解了强对流的所有表现，为提炼规律准备素材，为形式分类向物理分类演化提供了科学基础。

12.3　强对流的演变

关于强对流单体和系统的的演变有多种研究报告.其特点是相互转化。图 12.2 是从 Parker (2000)给的图中挑出来并做了加工的线形对流系统回波演变图。

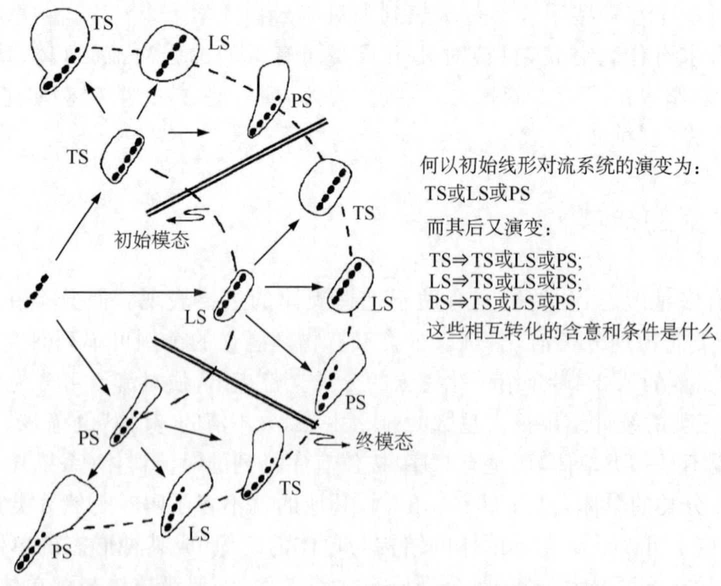

图 12.2　线形对流系统回波演变图。(Parker,2000),图中的双线条是引用者加的。
TS:层状回波尾随型，LS:层状回波引导型；PS:层状回波平行型

从图 12.2 看出，初始的线状对流系统可以演变成 TS、LS 或 PS，而后续的演变中，其中任一种又可演变成三种中的某一种。这样的相互转化意味着“相态”在相空间有遍历性，而取态有随机性。图 2.3 也展示了同样的意思。看来详细了解过程是掌握演变的切入点。

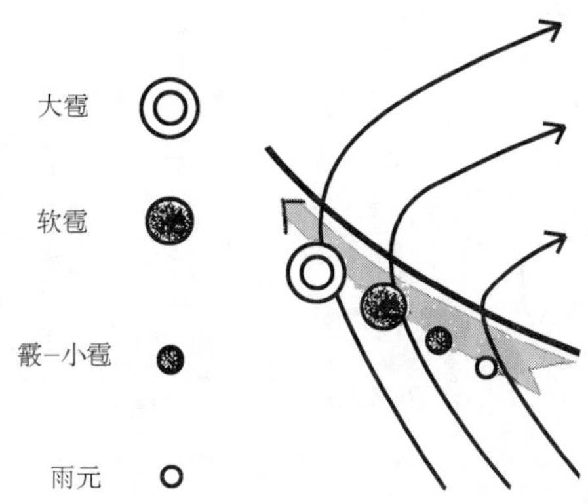

图 12.3　“穴道”(箭头)、零线(标 0 的粗实线)和优势粒子群分布的分布示意图

12.4　超级强对流单体的结构与冰雹

强对流物理的研究表明，超级强对流单体流场中的相对水平速度零线具有迎风上翘的形态，在其邻域气流的空间梯度大，“穴道”功能强，可把大粒子群吸引到这里来长成大雹。

对应“穴道”位置的是悬挂回波及紧随其后侧的有界弱回波区。这种结构可以稳定 10 min到几十分钟以上。“穴道”中的优势粒子群分布见图 12.3。Zrnic(2001)经偏振雷达观测分析得到的各类粒子群分布图 12.4 与图 12.3 相近，佐证了理论和模拟结果的可靠性。

在冰雹云中，空中冰雹的长大区与地面落雹区在水平投影面上是可以重叠的，见图 12.5. 这对短时预报冰雹落区是有参考价值的。

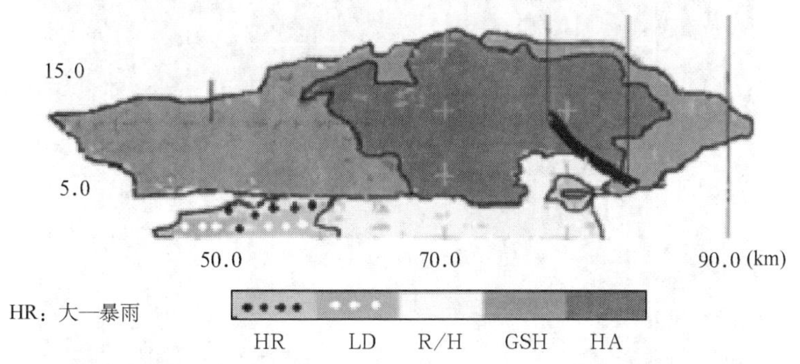

图 12.4　偏振雷达观测分析得到的各类粒子群分布剖图(Zrnic 等，2001)，粗实线是零线

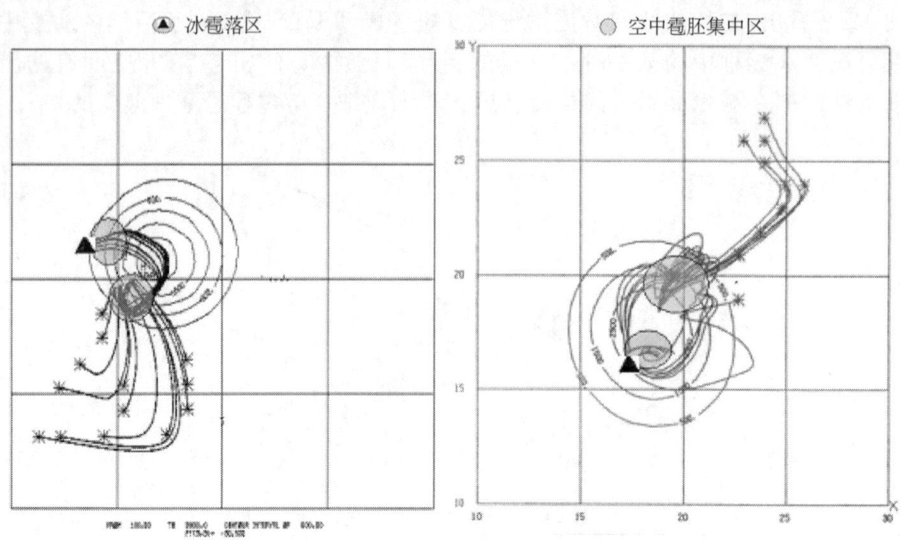

图 12.5 冰雹落区(标▲的影区)、集聚区(影区)与主上升气流区(闭合细实线)的配置。带星的实线是大雹运行增长轨迹。

12.5 强阵雨的形成与大粒子的积累

强阵雨的形成要有一个雨粒子的积累过程,由于雨粒子比雹粒子小,对流云的强度可比雹云弱,"冰雹"穴道退化为"阵雨"穴道,它对大粒子的吸引力度不如"冰雹"穴道的那么强,但能积聚大量雨粒子,在它们边增长、边集聚、边运行,走过"穴道"顶处的最大上升气流区后,就急剧下泻成为阵雨。它的空间位置可以低些,温度高于零度的层次要厚些,"穴道"的走向不那么上翘,甚至呈现坦平,或下垂(如图 12.6 所示)。这些皆是强阵雨的特征。

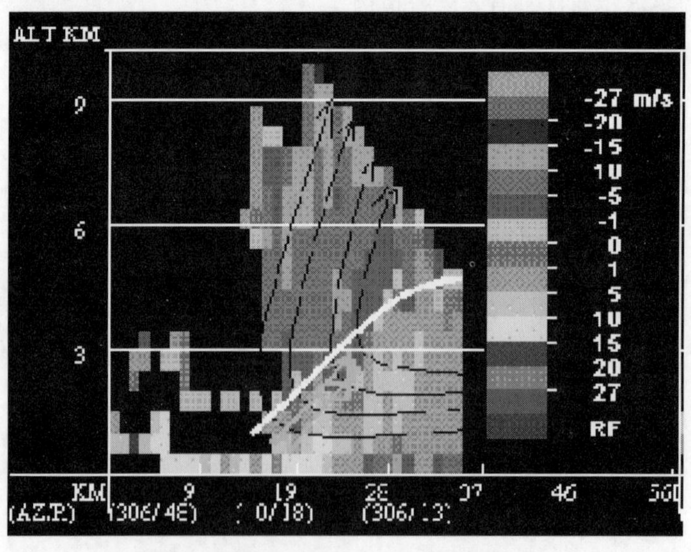

图 12.6 强阵雨的一种"穴道"的走向特征

图中白粗实线是零线(天津市人工影响天气办公室)

关于“穴道”的可维持时间，自然依赖于强对流云的稳定(成熟)期长短，但对强对流云来说它是多变的，“穴道”结构能稳定吗？从动态模拟结果来看，虽然流场是时变着，零线和主上升区外轮廓线的位置也在随时间变化，单流场的结构特征和位置还是准稳定的，且可维持20～30 min。观测也得到类似的结果。图 12.7 和图 12.8 分别给出了“穴道”结构稳定性的数值模拟的结果和观测的结果。

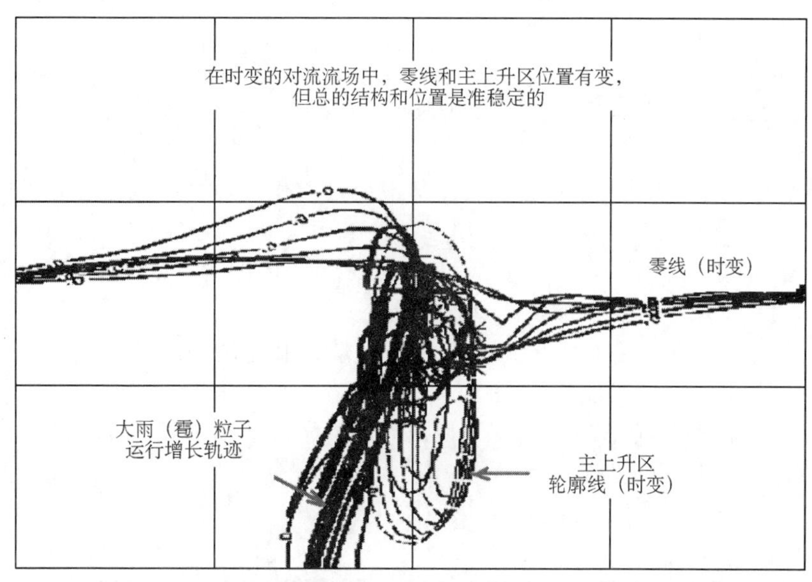

图 12.7　“穴道”结构稳定性的数值模拟的结果

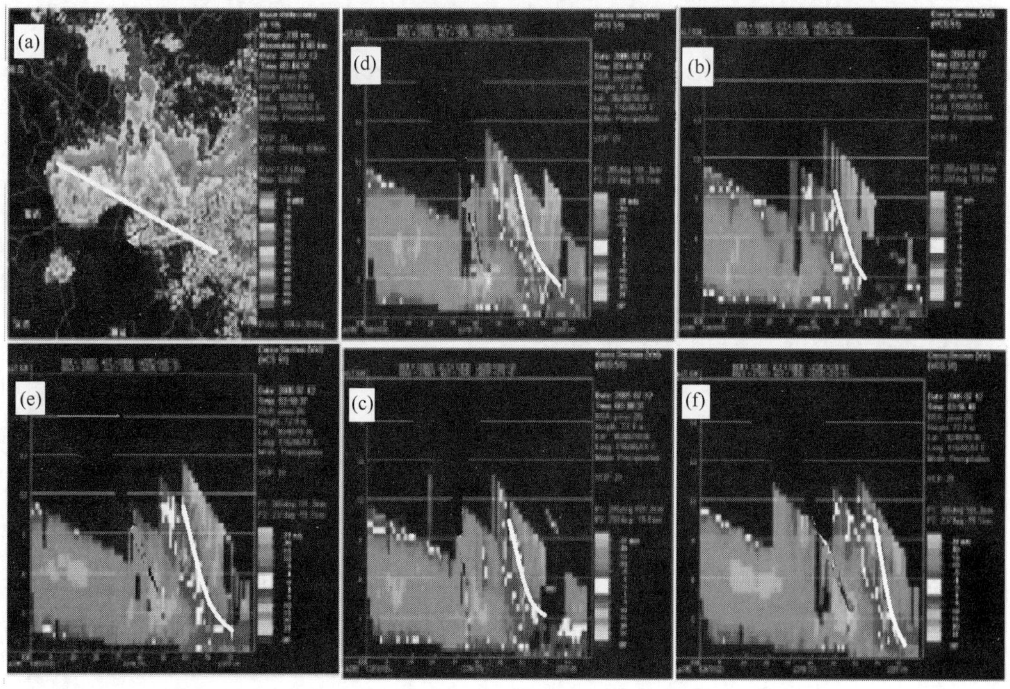

图 12.8　“穴道”结构稳定性的观测的结果(朱君鉴，私人通讯)

12.6 下击暴流(downburst)和下击暴流族(Derechos)

下击暴流发生的条件和机制在第六章中作了原理性介绍.如何分析诊断,归纳起来有下列六条：

① 环境风切变下,云体的扰动气压的分布,有利于中高层干冷空气平流锲入云内,激发云内下沉运动；

② 需有邻近上升气流区向下沉发生区供给水凝物,以便能使下沉过程接近湿绝热；

③ 影响下沉发展的因素有水凝物负载、扰动气压梯度力和水物质相变冷却,其中起主导作用的是相变冷却；

④ 从水粒子的组成来说,云粒子蒸发冷却最快,雨粒子蒸发冷却次之,但要求所在层湿度小；

⑤ 冰粒子,特别是冰雹,落速大,向下冲击强,冰粒子的融化不受湿度影响,高于零度就可融化降温,对中低层下沉气流的发展贡献大；

⑥冰粒子的下冲气流,会把上层比湿低的空气带到下层,使云下局地干燥,这又有利于云、雨粒子的蒸发冷却。这可能是干、湿环境下皆可发生下击暴流的原因。

图 12.9 给出的是模拟下击暴流到达地面时的水平流场和垂直剖面上的气流场。可看到,下击暴流是一支上、下一体的环流。

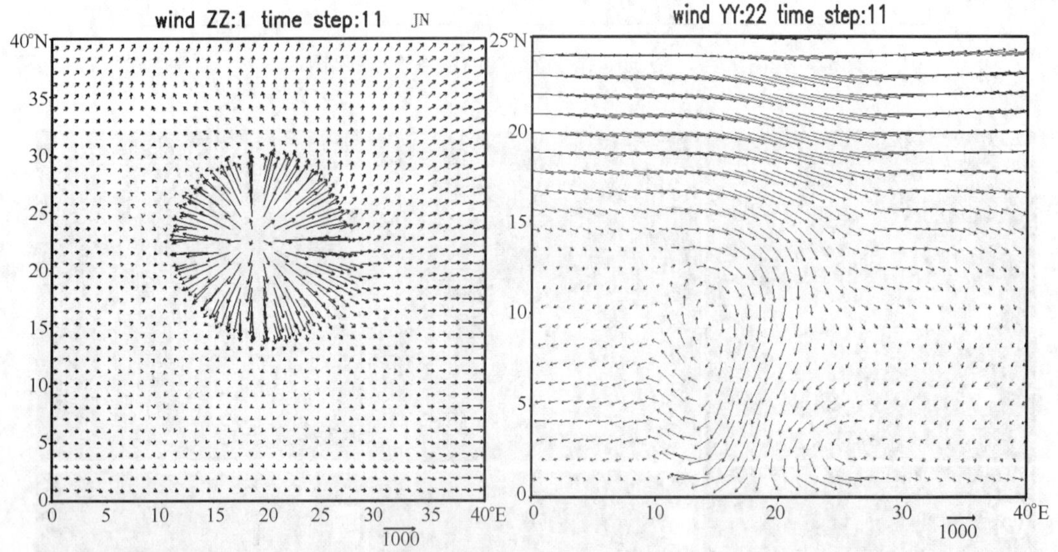

图 12.9　下击暴流到达地面时的水平流场(a),和垂直剖面上的气流场(b)

Fujita(1992)曾在以“强风暴的奥妙”为题文章中给出了一个微下击暴流发展的观测分析图(图 12.10),显示有强回波核下降和由云体中层收缩而推断的中层水平辐合。看来有强回波核下降是必需的,但它不一定要及地。回波核及地是降水,供水只要满足湿下沉消耗就够了,降不降水对下击暴流就不重要了。至于中层的气流水平辐合,一般情况下难目测(照相)到,雷达或其他手段更难判别,因在对流流场中,中层存在着无辐散层,其上(或下)是辐散,靠下(或上)点就会是辐合。在这样的背景下,来用中层辐合来识别下击暴流的发展可能是不灵敏的。而且,图示的云体中层断裂了,在缺少上升气流支不断供水的情况下,单靠强回波核包含的水,也就是产生微下击暴流而已。但在尺度够大的下击暴流急速发展时,因连续性要求会出现诱发的中层水平辐合,但这种辐合应是不对称的,不破坏邻近的云上升区。

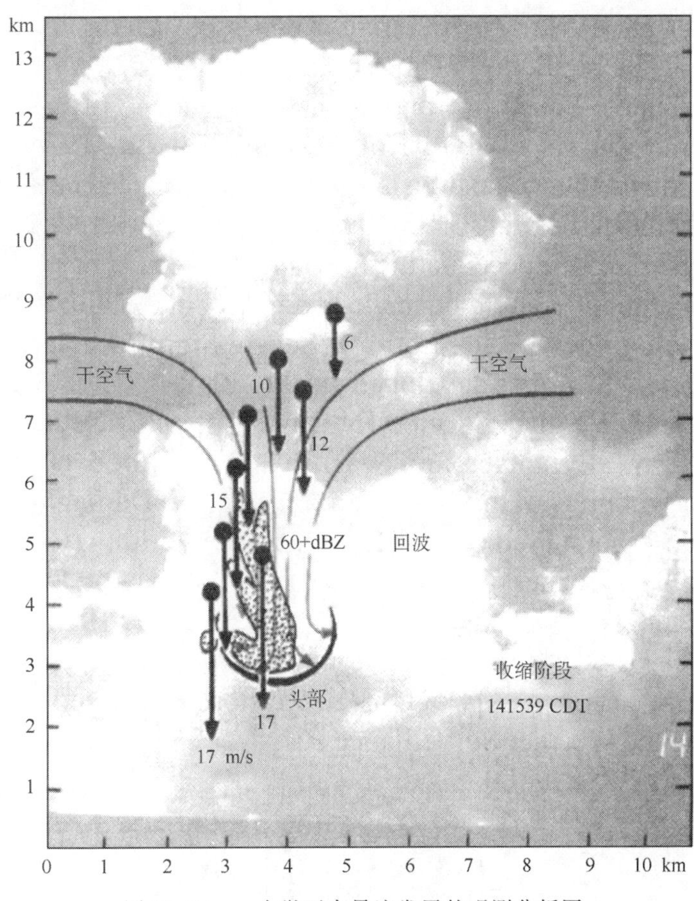

图 12.10 一个微下击暴流发展的观测分析图

Dry air 干空气 Head 头 dBZ Echo 回波(dBZ) Constriction Stage 收缩阶段

Derechos(widespread convective wind events)被称为是连绵不断的下击暴流,在尺度、时段和强度等方面不同于微下击暴流及下击暴流。Derechos 需要能产生下击暴流的对流云有长的生命期,或这种结构的对流云频频生成。这就不完全是单个下击暴流的问题了,是这类对流云群的“新陈代谢“或“长命百岁”的问题了。这将在下节探讨。

12.7 强对流风暴的生命长短,长生命雷暴云地面流场的演变

影响强对流风暴的生命长短的因素或过程是多样的。

12.7.1 环境不稳定能的组成、水汽等供应的影响

强对流云的发生主要是不稳定势能向动能转化,要有不稳定能存在和供应。不稳定能

有两大类，一是以干中层不稳定为主的；二是以湿中层不稳定为主的。如图 12.11a 所示。两者皆是不稳定的大气结构，不稳定能量的总量及分布相当。

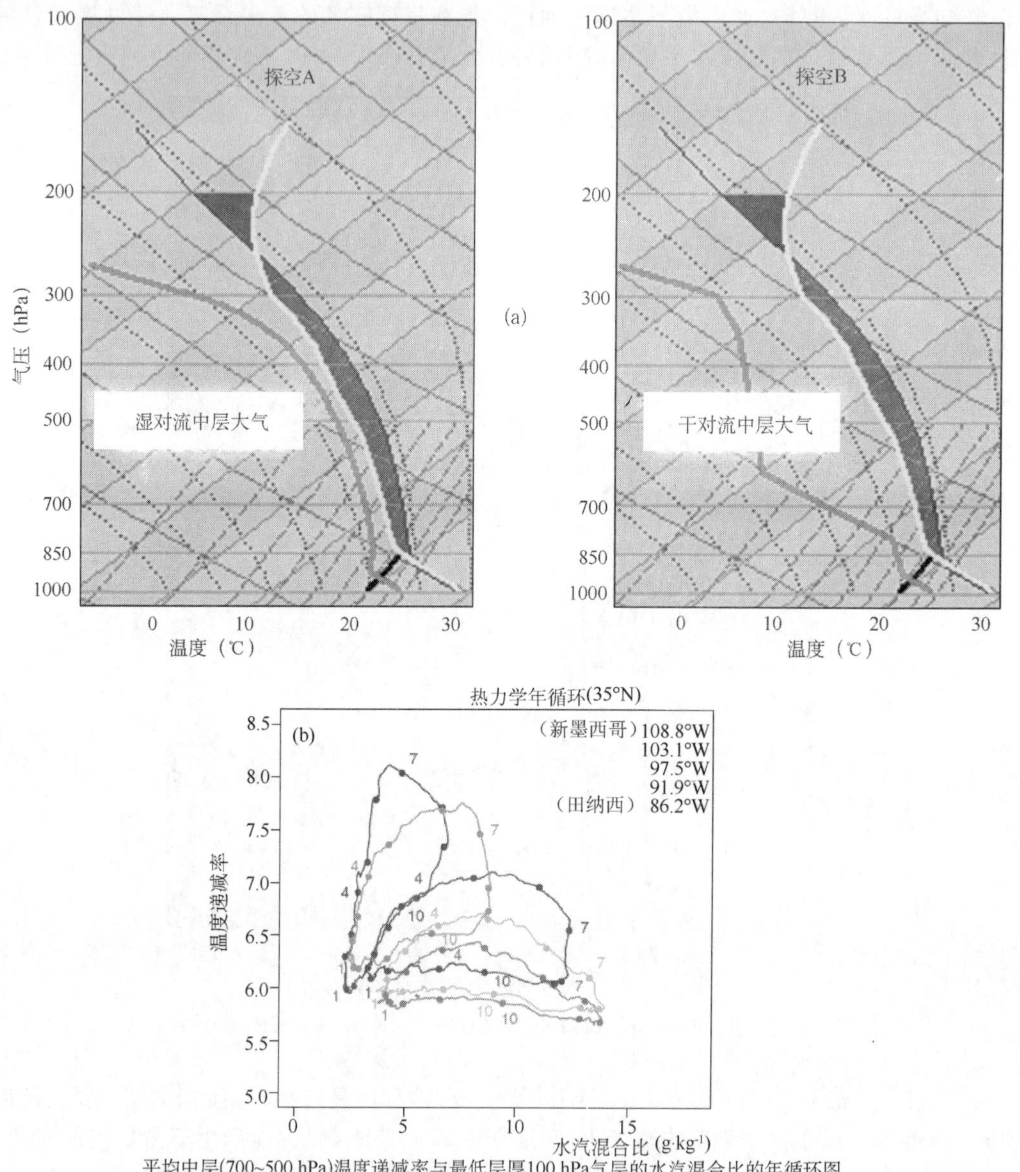

图 12.11　(a)湿中层大气(A)和干中层大气(B)的探空结构；(b)沿 35°N 的美国从西到东平均温度递减率与最低层水汽混合比年循环图(Markowski, *et al*. 2010)，循环闭合曲线从左向右转分别对应的经度是 108.8°W，103.1°W，97.5°W，91.9°W 和 86.2°W。

经验或统计表明，对 B 干环境易发生冰雹，而对 A 湿环境则易发生暴雨。并且 B 环境下对流云生命期短，A 环境下对流云生命期长。数值模式模拟结果展现了这些景象，见图 12.12。

从图 12.11b 可见，在美国西部较干的地域年循环以温度递减率变化为主，而东部较湿的地域以水汽混合比变化为主。这表明了干、湿地域的不稳定能组成是不同的。

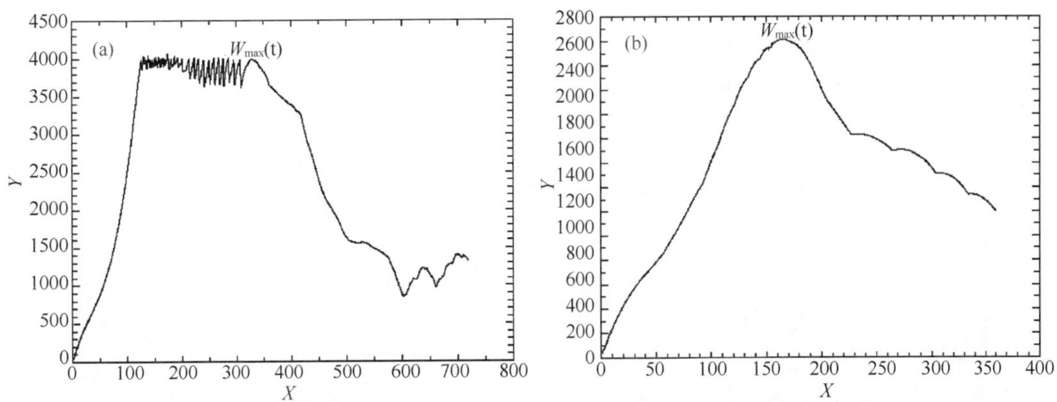

图 12.12 干不稳定大气(a)和湿不稳定大气(b)环境中对流云生命期长短

图中的曲线是云中最大上升速度随时间的变化。纵坐标是最大上升速度值(W_{max},cm/s),横纵坐标是模式积分时步数(n),时间 T(s)等于时步数乘 10 s。$T=n\times10$(s)

从图 12.12 看到,湿不稳定大气发展的对流云,其 Wmax 超过 20m/s 的时段比干不稳定大气发展的对流云 Wmax 超过 20 m/s 的时段显著地长。为什么会有这样的差别呢?从强对流物理学来看可有两个原因。一是不稳定能量的性质,二是不稳定能量转化的方式。所谓性质,即能量的组成主要是显热(温度)不稳定,或主要是湿潜热不稳定。显热不稳定的释放较为主动,可以从静止态因浮升而诱发运动;而湿潜热不稳定的释放是从动式的,先得有强迫抬升,即是由运动来起动能量释放的。由浮升诱发运动尺度偏小些,强迫抬升需有系统配合,看到的系统往往比浮升尺度大。图 12.12 看不出这些差别,因为模式运行时加的起动尺度和强度是一样的,只反映对生命史的影响。至于不稳定能量转化的方式容后在 12.10 中再述。

12.7.2 环境风切变的影响

在 2.5 节已叙述过环境风切变对强对流流型的影响,没有谈到它对生命史的影响,这里作点补充。即分切变影响着体积 Richardson 数 Ri 的大小,Ri=CAPE(浮升)/ΔU(切变),它体现着空气上升与拐弯旋转的配合,配合佳些其流型较易稳持,生命史长;配合差些的流型较难维持,生命史短。图 12.13 给出了一个模拟对比的例子。图 12.14 给出了空气上升与拐弯旋转的配合示意图,图中标有强上升的线,CAPE 大,空气拐弯位置高,而 CAPE 小些的,空气拐弯位置就低些。

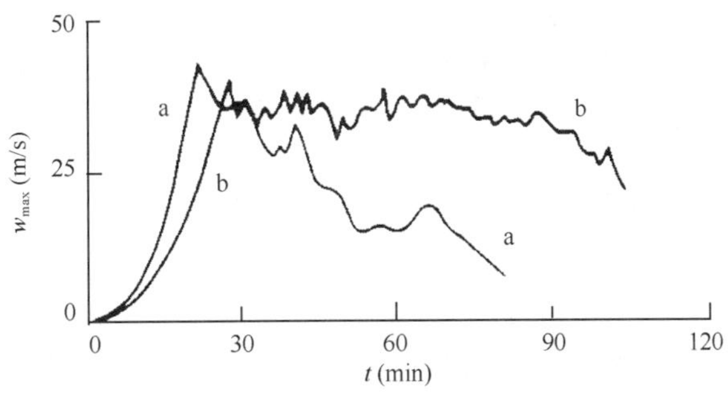

图 12.13 环境风切变对强对流云生命史的影响,a,b 分别代表无切变和有切变(孔凡铀,1992)

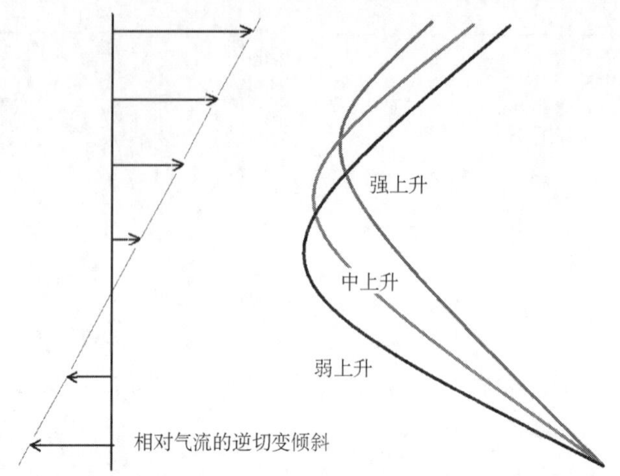

图 12.14 在同一环境风切变下 CAPE 的大小(Ri)对空气上升与拐弯旋转的配合示意图

12.7.3 流型(逆切变倾斜、对峙对流环流)

在第六章中已说过,强对流超级单体风暴形成和能较长时间维持是与它独特的垂直环流的流型相关的。其特点是一支强的云内上升气流与一支紧靠着它的湿下沉气流相对峙。上升支是开口的,呈准直立或向后斜升;下沉支也是开口的向前斜降。这样的流场结构使低层有辐合,上层有辐散,降水区处于下沉区,不压制上升气流反而对下沉运动有利,具有自起动自维持的功能,见图 12.15。再加上通过这种流型把不稳定势能转变为动能的效率高,所以其生命期就长。但是这种流型的核心结构是上升与下沉紧贴着,是极不稳定的强切变状态,维持它需有能量输入来强迫,层结不稳定能和水汽相变潜能都是能量的来源。

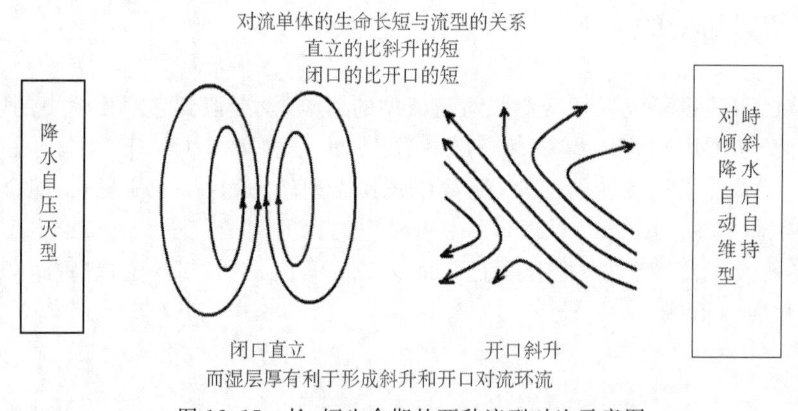

图 12.15 长、短生命期的两种流型对比示意图

12.7.4 对流云体宏、微观过程的相互配合

图 12.16 原来是 Rosenfeld 等 (1993)在对流云增雨研究中,用来说明用播撒人工云核的方案来延迟成雨过程,不使过快的雨降落压灭上升气流,促云垮塌,而使云的宏观发展阶段与微观云降水过程达到更佳配合,待云发展壮大.云体的生命变长了壮大了,云体的降水量就自然增加了。这就是提出的动力增雨原理。

这里引这张图是为了举例说明对流云体宏、微观过程的相互配合对云的生命长短或终态的影响。

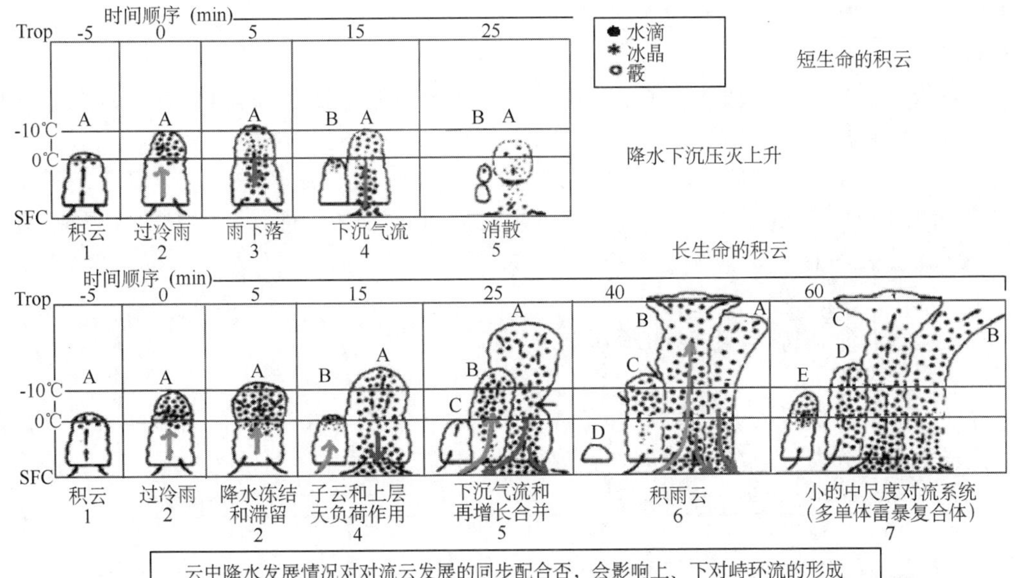

图 12.16　长短生命的积云演变概念图(Rosenfeld *et al*. 1993)

对比图 12.16 的上、下栏可看到：从第三时段起，上栏由于 0℃层下暖雨过程的快速发展引起了降雨，到第四时段气流由上升转为下沉，在子云未发展强盛前压垮了主云；而在下拦中由于雨粒子暖雨过程发展的较慢，液态粒子可继续向高空输送，当它们到达 0℃层以上后由于过冷雨粒子发生冻结和潜热释放加温，浮力加强了上升运动，雨落不下来了，导致低层水物质负荷小，到第四时段云可再发展并有子云生成，到第五时段当主云暴发下沉气流时，子云已得到旺盛的发展，主云的下沉气流因与子云上升气流的空间错位不仅没有阻尼上升运动，反而加强了低层辐合，从动力结构上促进了子云上升运动的增强，甚至发生主、馈云的并合而快速发展，不仅生命长了，而且尺度和强度都增加了(见下栏中的第 6、7 时段)。这不仅在强度和在生命长短上，而且在对流流型上两者也有了重要差别。即：上拦的对流流型在空间上是闭合式的环流，在时间上是云中先上升后下沉；而下拦的流型是开式的上升支与下沉支对峙的环流，这种环流具有自维持功能，长寿命，甚至可发展成强对流复合体。可见，就是在第三时段暖雨过程发展的快慢，造成对流云体宏、微观过程的相互配合的情景有了差别，就明显影响了云体发展的路径和终态，也影响了云体的流型演变。

为什么对流云发展中可形成子云(馈云)呢？其发生、发展的条件和机理是什么？可列举几点如下：

(1)子云(馈云)发生的条件和机理可以是：

① 是云体发展到一定强度后，可呈现出云体与环境风场相互作用，表现为力场的再分布，在动力上有利于云侧对流子云的形成(详见 2.6 和 12.8 节)；

② 云发展导致凝结，形成负载，对主上升气流的阻力使主上升气流向云侧分流；

③ 强上升区的层结近于湿中性，云侧边也趋于湿中性，这里的负载阻力比主上升气流区小，层结阻力也比云体外环境的小，所以在不稳定能的释放中，容易从云边起动，再加上子云尺度小些，更利于形成子云(馈云)较快发展。

(2)子云(馈云)发展的条件和机理可以是：

①子云的发展，主上升气流向云侧分流形成新的上升区，主云发生的降水及下沉气流不仅不压灭整个云体的上升气流，反而促进子云上升气流的发展，形成新陈代谢使整个云体的生命延长；

②长生命的对流云活动扩大了云体和使所在区域的层结更趋于湿中性，这有利于中尺度云系(团)的形成。

如果作为对流云的主体发展不够强，维持时段较短，云体流场与环境风场之间相互作用弱，相互作用的效果就呈现不出来.主云都衰落了，何谈子云。即使再有对流云形成，也不是主—子云的关系了。

12.7.5　长生命雷暴云与地面流场的配合

伴随对流云的低层风场虽在演变，但在云下区域一直保持着强辐合，云体和云下强辐合区在流场中没有分离。这在不稳定大气条件下可维持云体的发展。

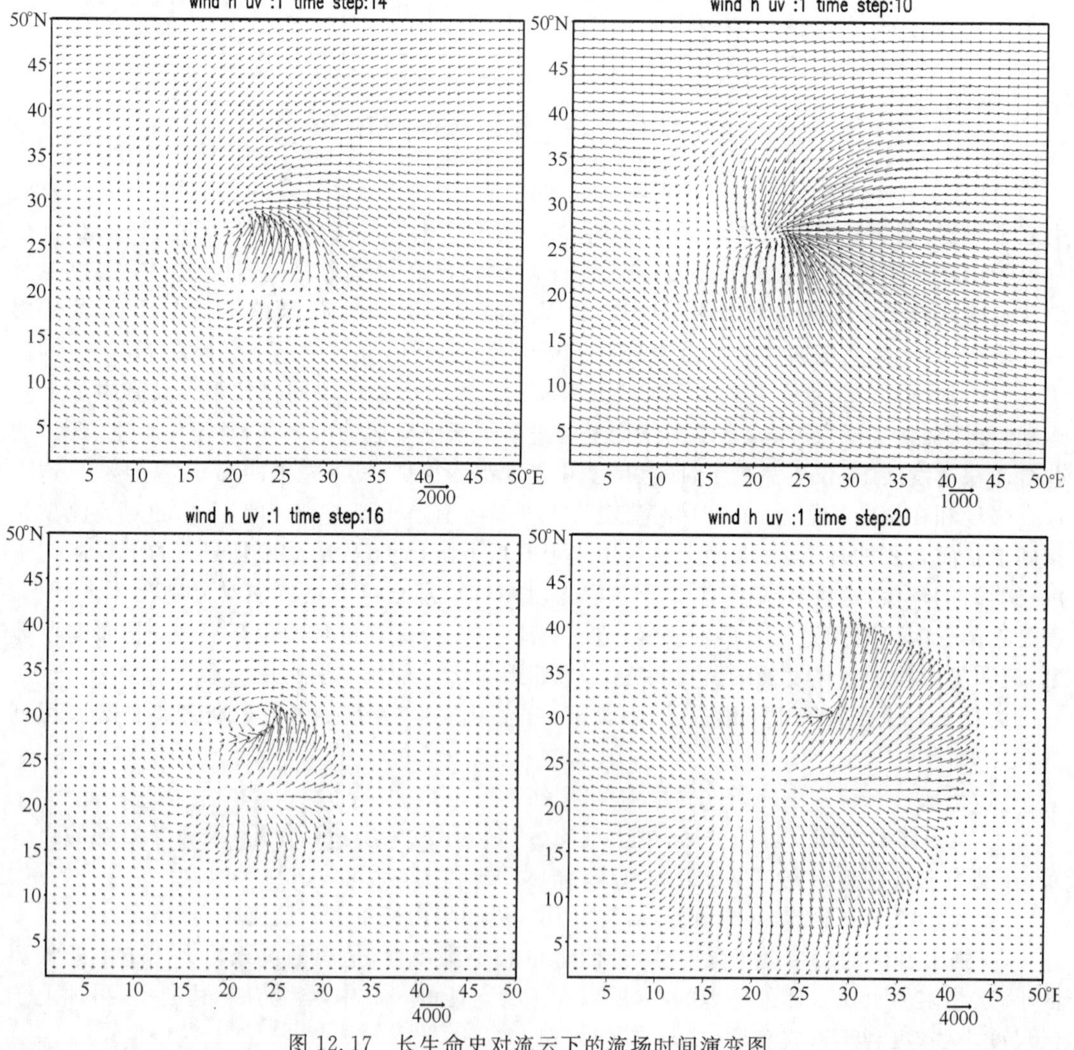

图 12.17　长生命史对流云下的流场时间演变图

12.8　长生命强对流云在其发展中的自组织和自激发等现象

自组织是指系统远离平衡态情况下，在有外部相应能量供应时，系统内部有把无序向有序的转化趋向(即所谓的第二类进化方向)。是系统向强化、高效、低耗、稳定的动力结构自演化能力的表现，一旦这样结构形成，它具有自激发、自维持、自调节、抗干扰等功能。这样的结构，应当不会是原生的，它要通过一定条件下的各环节的相互作用及相互配合来演化形成的。相互配合的情况决定着演化的方向和结局。为此，对于这样的自组织的机理和具体的演变过程应探讨。

自组织的机理和演变过程图像举例：

选图给出的例子，环境风向随高度顺时针旋转。为了深入理解这张图的物理含意，对图 2.46b 需作加工，加工后的图给在图 12.18。图中的各层环境风做了编号：1 2 3 4 5 6……

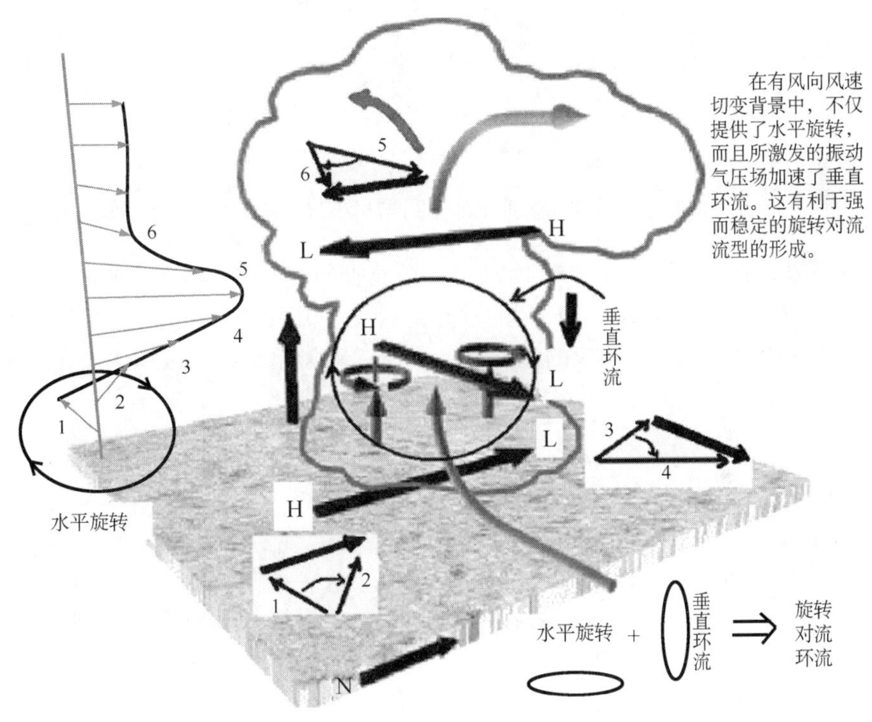

图 12.18　再加工的图 2.47b，上升气流支

对于上升气流支，把 1、2 层的风挑出来自下而上求其切变方向，就是图左下角给出的三向量图中的中粗箭头，这个方向就是相对于云体下层的入流方向(原图低层的长粗实箭头)，按流体力学原理，该箭尾处为驻点区，扰动气压为正，而在箭头处是尾流负压区，扰动气压为负，相比而言，正处为高压(H)，负处为低压(L)。同样，可把 3、4 层和 5、6 层做处理，就得到了中、上层的扰动气压分布，标上 H、L。总揽全局的 H—L 分布，云体迎入流(图中下栏弯曲的粗箭头)方向的右侧会激发上升气流(H 在低层，L 在高层)；而在云体迎入流方向的左侧则激发下沉气流。

同样再对下沉气流支自上而下地作处理后得到图 12.19。从这张图可看出，对下沉支，其左侧应激发上升运动，右侧应激发下沉运动。与上升支的情况相反。

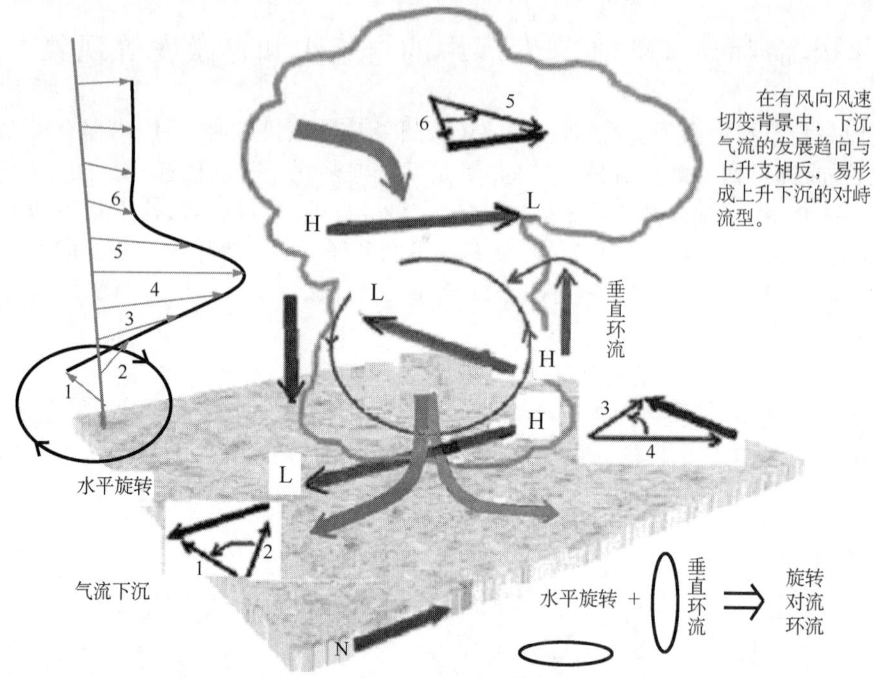

图 12.19 再加工的图 2.47b，下沉气流支

强对流云体的流场常具有上、下对峙的流型，为此可把图 12.18 和图 12.19 合起来分析，就会呈现出图 12.20 的景象。即上、下对峙的两支上升气流或贴近或重叠，而下沉运动处在上升气流支的两侧。它所组成的流型与 Lemon(1979)给出的超级单体—龙卷模型很是

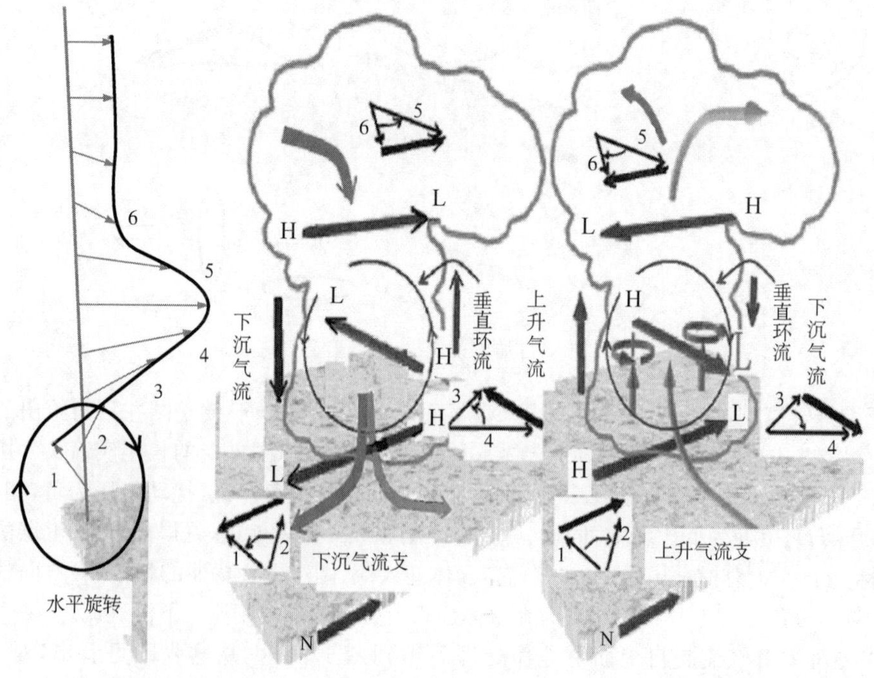

图 12.20 上升支(图 12.18)和下沉支(图 2.19)的组合图

相近(见图 2.27)上述例子说明了对流云在发展演变中确有自组织的能力,所谓自组织就是没有明显的外强迫而在内部自行调节的、向某种形态发展的趋向,这离不开自激发和自调节,自激发和自调节的力度可以不大,但它则影响着演变的方向。

从这个例子中,还可以理解发展中的强对流云会向右偏转,造成像图 2.34 那样的 S 形移动路径。发展时有自传播的右偏,衰落时随风飘,就画出了 S 形。另外还可以看出,强对流发展中通过自组织不仅有“寻“向的能力,而且一但具有优势结构,也有自维持的能力。

为什么云体要有长的生命呢? 因为调节、组织要有个过程,这就要有段时间。短生命的云体在未能组织前就消失了。

12.9　对流云群持续活动的自强化、自组织

在弱天气系统控制的地区,如有大气不稳定情况,对流云群就会发展。因为它们的尺度小,是优势发展尺度。观测发现,对流云群持续活动有时会组织成新系统,有自强化、自组织的功效。为什么呢? 本节以”百合”台风(2001 年 9 月)生成的例子来探讨(Zhang *et al*. 2011)。

观测和模拟看到在”百合”台风生成区内的弱气旋性背景流场中持续有对流云群活动,见图 12.21 所示。图中的每个柱表示着一个对流云塔,塔群表示对流云群。

图 12.21　“百合”台风生成区对流云群的持续活动(田利庆,私人通讯)

对流云群在持续活动中,由散乱分布逐步向某点集中,然后在该点对称化分布,形成台风。见图 12.22。由于该图是对流云体纬向平均分布时间剖面,图上沿给出的沿“0”虚线的对称分布,就是圆形分布,具有了台风对流云系的特征。和图 12.22 对应的云体平面分布给在图 12.23 中。

为了考查对流云群在持续活动中的集中、组织化的动力机理,需要看看伴随着这个过程的涡度变化。为此,台风生成区画的两个圈,内圈半径 240 km,外圈半径 360 km。见图 12.24。

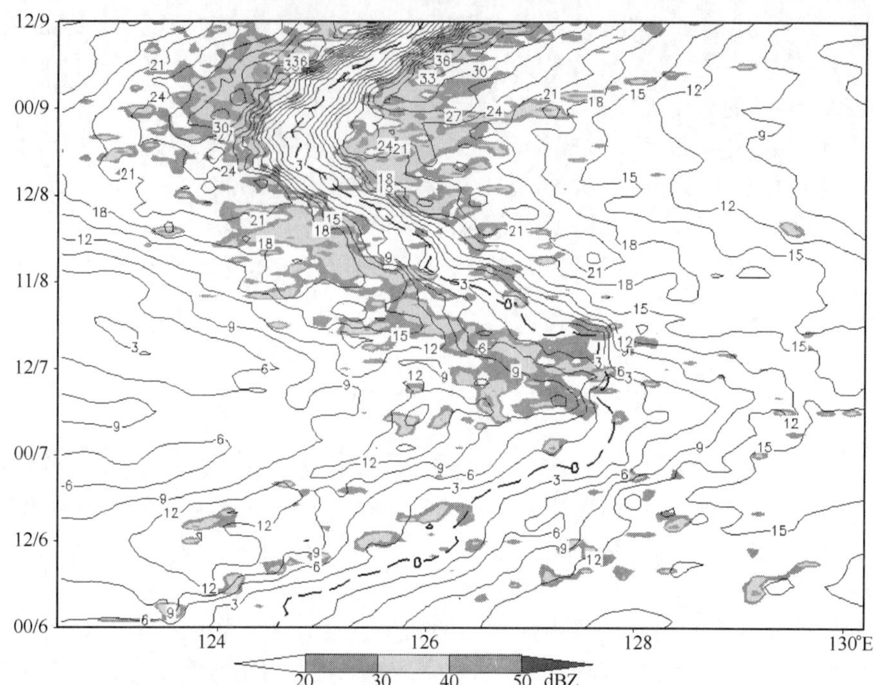

图 12.22　2001 年 9 月“百合”对流云群在持续活动区内，对流云回波(代表云体)纬向平均分布随时间的变化，标“0”的虚线是云体的集中位置(田利庆，博士论文)

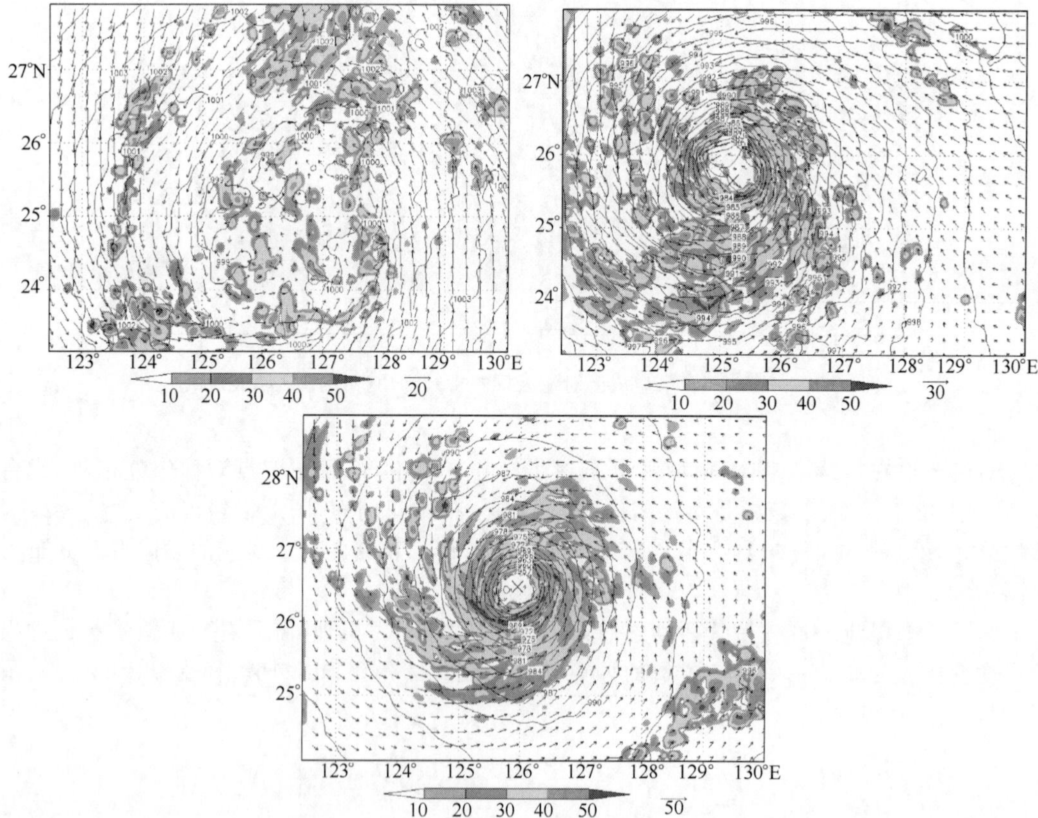

图 12.23　通过台风生成中三个时次对流云群分布的变化看台风云系对称化组织过程(田利庆，博士论文)

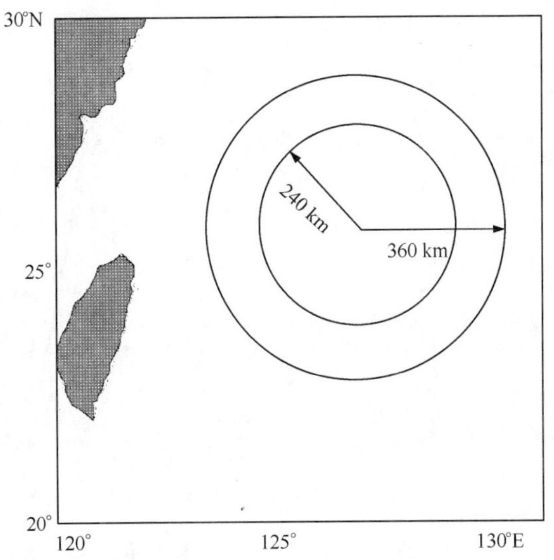

图 12.24　为考察涡度等参量的集中态势而在台风生成区画的两个圈，内圈半径 240 km，外圈半径 360 km(田利庆，博士论文)

对图 12.24 中的两个圈内整个面积计算了平均涡度随时间的变化，其结果给在图 12.25 中。从图中的变化曲线可见，内圈的平均涡度随时间增加比外圈的平均涡度随时间比外圈的快。这表明平均涡度在向圈的中心集中。也正是这种涡度的集中支撑了对流云群的集中和对称化组织过程。

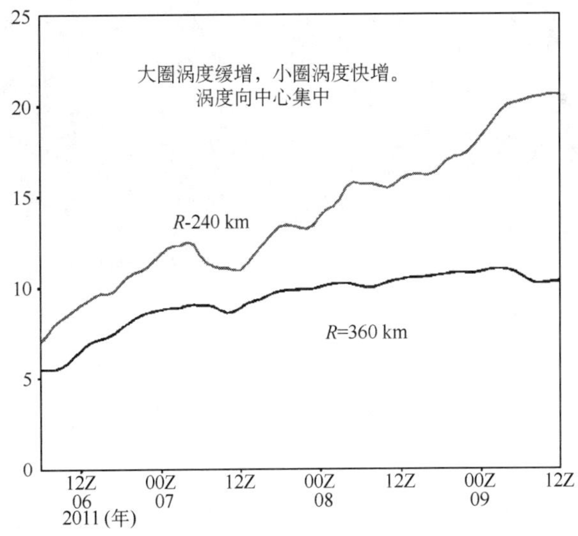

图 12.25　内、外圈内平均涡度随时间的变化(田利庆，博士论文)

为什么会有涡度向圈的中心集中呢？可以提出下列假说：

在对流发展的进程中，风场不可能是均匀的，因而总会存在着各类切变，存在着涡度，对流云群的发展对已有涡度场造成扭转变形变、辐散辐合、平流等就会成群地形成正(涡度)负(涡度)对

(见图 12.26),根据涡度变化方程,涡度的变化也会有正有负。这样就造成了涡对的负涡度区、或负涡度变化去“蚕食”背景正涡度场,而涡对的正涡度区、或正涡度变化则在局部强化,恰似起到了把背景正涡度向局部转移的作用(见图 12.27)。这就是对流云群发展造成涡度集中的一种可能机理。而涡与对流的关系是互锁关系(见图 12.28),就把对流组织起来了。

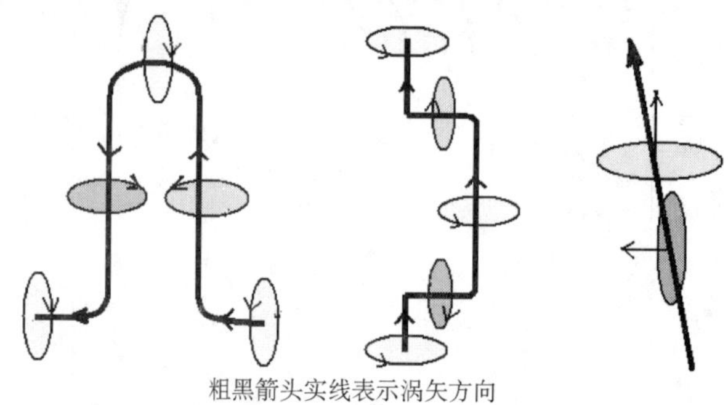

图 12.26　对流云群发展中形成的正(涡度)负(涡度)对(深柱:正;浅柱:负)(田利庆,博士论文)

涡度方程: ω_3 为垂直涡度, D 为水平辐散辐合

$$\frac{\partial\omega_3}{\partial t}=\left(-u\frac{\partial\omega_3}{\partial x}-v\frac{\partial\omega_3}{\partial y}-w\frac{\partial\omega_3}{\partial z}\right)-\left(\frac{\partial f}{\partial y}v\right)-(f+\omega_3)D+\left(\frac{\partial u}{\partial z}\frac{\partial w}{\partial y}-\frac{\partial v}{\partial z}\frac{\partial w}{\partial x}\right)$$

其中,方程右边的第一项是垂直涡度平流变化项,第二项是 β 项,第三项是辐散辐合项,第四项是扭曲项(刘式达,刘式适,2011)。

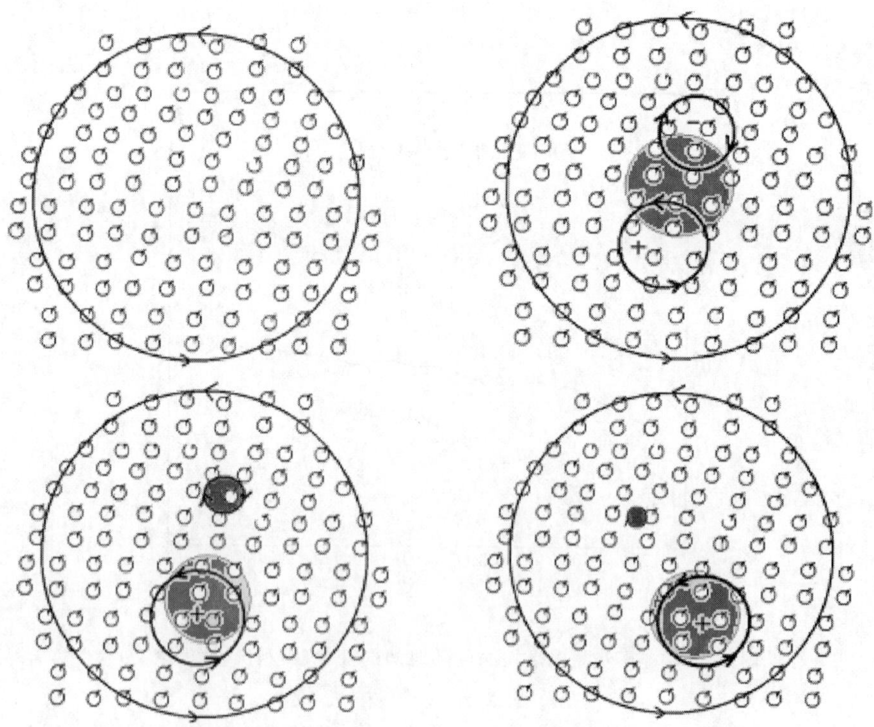

图 12.27　在对流云群发展中背景正涡度向局部转移示意图

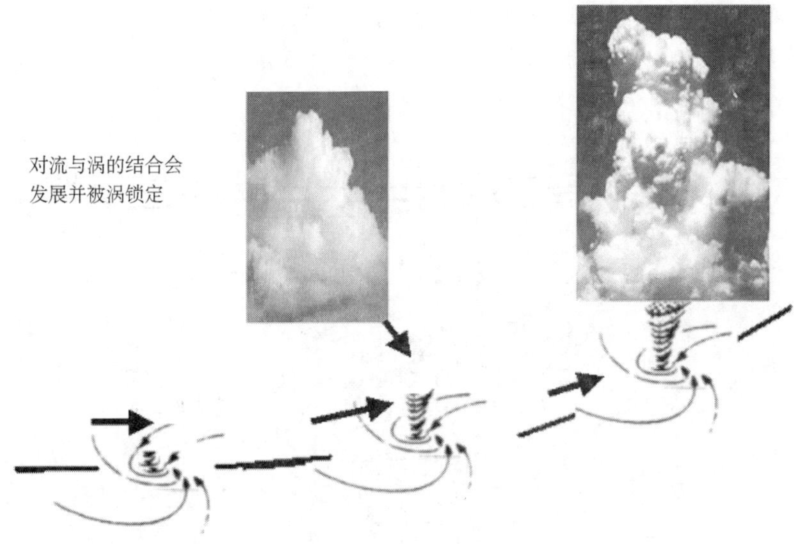

图 12.28　涡与对流的互锁关系

图 12.28 原是 Wakimoto & Wilson(1989)用来说明非超级单体龙卷形成机理的。但它也揭示了垂直对流与水平涡旋的正反馈关系，正反馈就会自放大，而它俩的互锁就强化了正反馈。

通过对这个例子的分析，可以看到对流云群的持续活动会发生自组织、自强化的机理。

以上两节谈到的对流云群的持续活动产生自组织现象是比较完整的过程，它们终于形成了某种特征流型。有意识的观测者也会注意到，一个强大的对流体往往不是从一个小泡连续长成的，而是经历了一个前赴后继的过程。在这个对流不断生消的历程中，它们孕育着更优的发生条件，也可诱生与之相匹配的中、小尺度天气动力系统。虽然没有组织成特征流型，但这仍是一种带有自组织性的自孕育能力。

12.10　强对流系统与湿中性层结

观测事实表明：在强对流云体(系）和暴雨形成，其中心部位的大气层结结构是趋于湿中性的；另外，β 中系统的形成和活跃也伴随着强对流云体(系)的强化和暴雨的增幅。

12.10.1　观测事实

中国的一些暴雨实例，例如“75.8”河南大暴雨，由暴雨区探空资料算得的 θ_{se} 分布，在 850 hPa 至 300 hPa 之间，$-\delta\theta_{se}/\delta_p$ 值近于零，是湿垂直运动的中性状态；而对于雷暴天气，低层 $-\delta\theta_{se}/\delta_p$ 明显小于零，上层又明显大于零，中间没有深厚的 $-\delta\theta_{se}/\delta p\approx 0$ 的层次。1977 年 8 月 1 日，内蒙古的毛乌素沙地大暴雨，在垂直剖面图上(见图 12.29），暴雨区上空 θ_{se} 的分布呈直立状，大气的中高层 $-\delta\theta_{se}/\delta_p$ 值趋于零，呈中性状态。以上举的是实测资料反映出来的事实，图 12.30 给了 1990 年 8 月 14 日湖北省远安县局地大暴雨数值模拟中，远安县单点 θ_{se} 的垂直分布随时间的演变图。比较图 11.29 和图 11.30，两者暴雨区(时段) θ_{se} 的垂直分布相似，低层 $-\delta\theta_{se}/\delta_p<0$，中高层 $-\delta\theta_{se}/\delta_p\approx 0$，而高层 $-\delta\theta_{se}/\delta_p>0$；借喻流体力学概念，其空间(时间）分布特征，是鞍形的。这表示，暴雨区发生在鞍中心部位，离开鞍中心，降雨就会减弱，说明θ_{se}的鞍形分布的形成过程，伴随着暴雨过程的发展。而鞍形分布的特征是构成了一个深的θ_{se}等值区，这是一个湿垂直运动的中性运动区。图 12.31、12.32 和 12.33 给出了另外的类似湿中性结构。

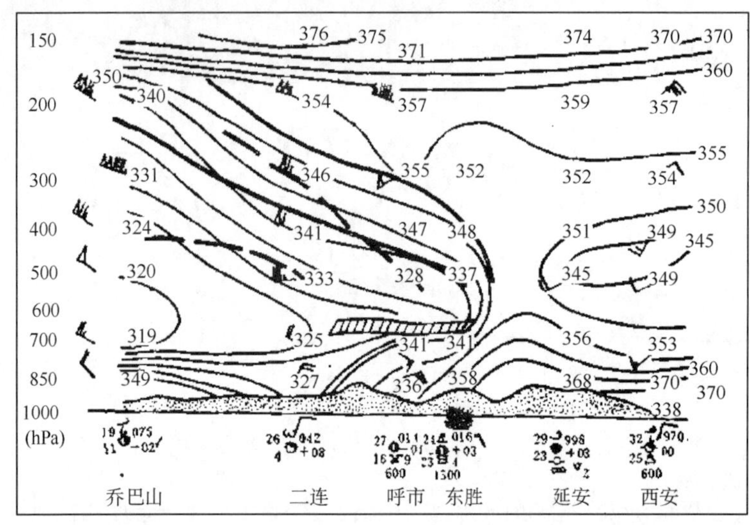

图 12.29　1977 年 8 月 1 日 20 时空间剖面图(粗实线为高空冷锋锋区，粗虚线为 08 时高空锋区，细实线为等θ_{se}线，斜阴影区为下沉逆温层，斜方区为暴雨区)

首先明确一下θ_{se}垂直剖面上鞍形分布的热力动力学含义：在鞍形中心区，中上部是θ_{se}的深厚等值区，下部是θ_{se}随高度的递减区，因此，一旦低层有扰动，上升运动就会发展，由于$-\delta\theta_{se}/\delta_p < 0$的厚度较浅，上升运动到中层时其速度并不大，不会受到阻尼，一个较均匀的上升运动区会延伸到高层，容易形成一支深厚的、其上升气流速度受低层辐合量所制约的、上下基本均匀的垂直气流框架，支撑着一个深厚云区。从另一个角度来看，在这种环境条件下，不论是低层辐合起动，还是高层有一个辐散抽吸，都很容易形成深厚的上升气流，由于气流形成中加速度不大，可以较快与低层辐合输入供应量和高层辐散排出量相平衡。低层暖湿空气的供应可以是远程的，形成较大范围准稳定的上升气流框架。而不像γ中尺度强对流那样，稳定度小，低层上升气流加速度大，气流的水平供应和疏散不易与上升气流平衡，因而形成就地翻滚式的垂直气流框架。这样一个图象表明，在湿中性环境条件下，容易形成β中尺度系统。

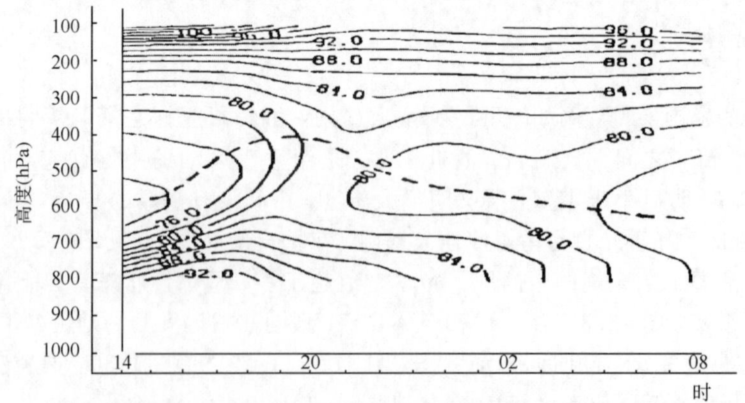

图 12.30　1990 年 8 月 14 日湖北省远安县局地大暴雨数值模拟 14 时—15 日 08 时远安单点假相当位温(℃) 的时间－高度剖面图

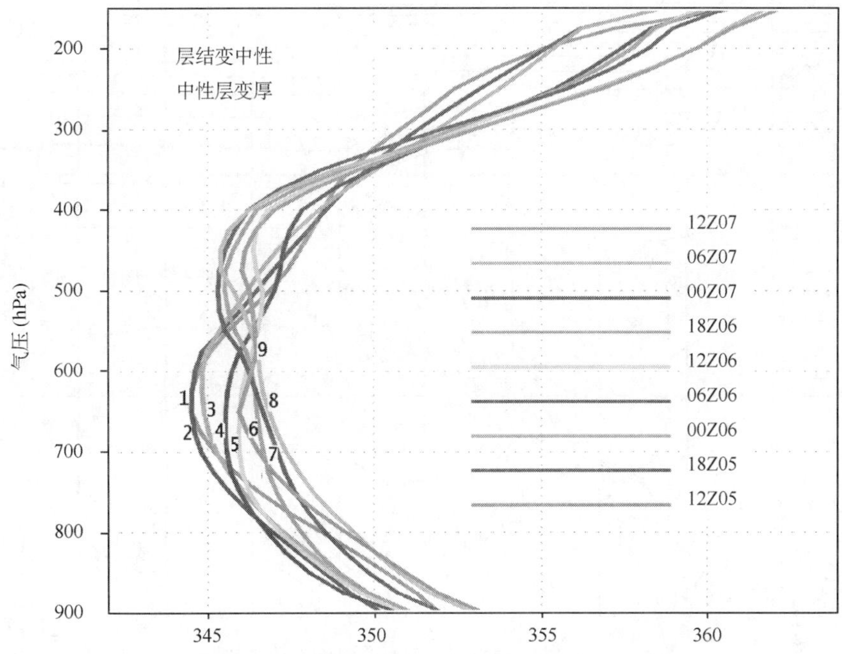

图 12.31　“百合”台风生成区的数值模拟中的层结向湿中性的演变

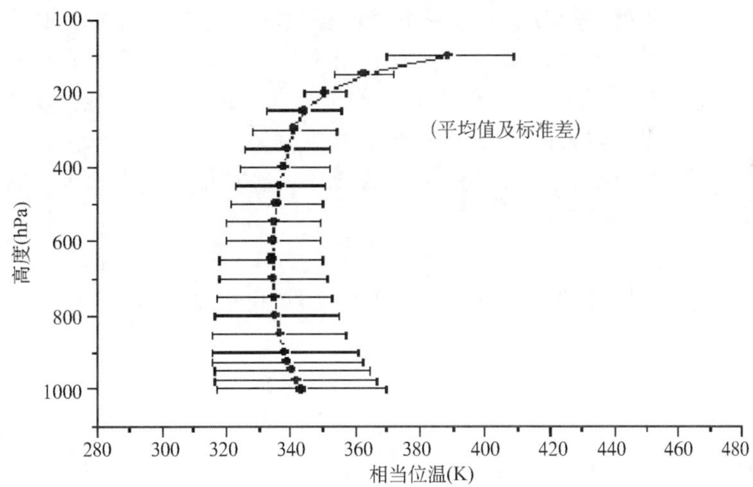

图 12.32　观测到的东亚暖季 26376 个 MCS 重心位置上的平均相当位温廓线(李俊等,2012)

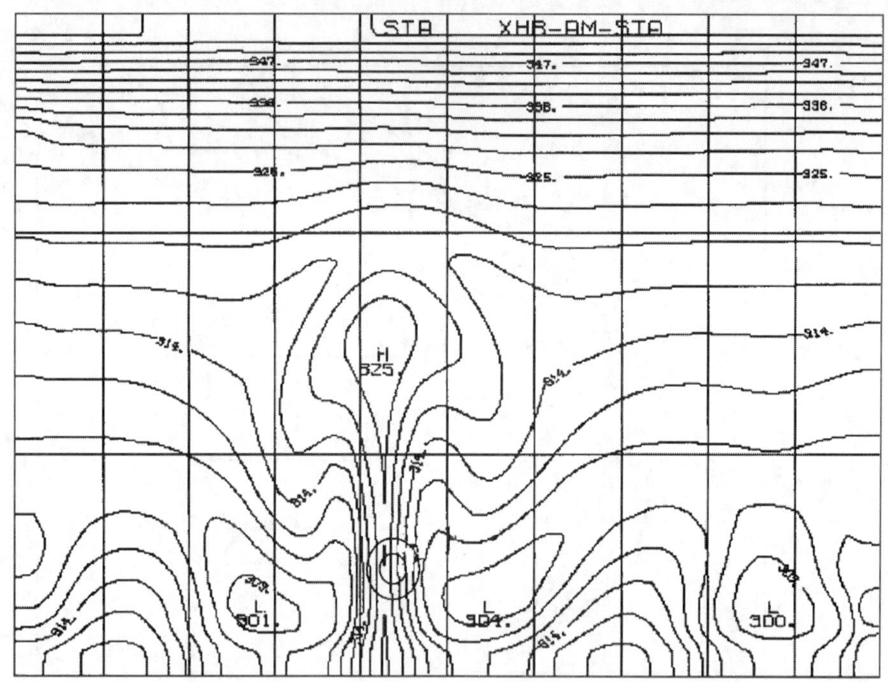

图 12.33　模拟的对流云中 θ_{se} 的垂直分布剖面

上述观测事实说明，强对流或暴雨系统的强盛期，常在垂直方向存在着深厚等 θ_{se} 的湿中性区，这里也存在着深厚的上升运动，即这里是一个湿垂直运动的中性区；另一方面，强对流或暴雨过程的强盛期，又是 β 中尺度系统的活动期。这种湿中性垂直运动与 β 中尺度系统共存，说明了湿中性运动条件有利于 β 中尺度形成和发展，说明使湿空气垂直运动处于无阻力也无浮力的状态的重要性。这也说明，温湿的层结结构影响着垂直对流流型特征，或者说影响着位能向动能转化的样式。从本质上看，运动的特征性质，体现着的是位能以什么途径来转化，或动能传递的方向，这些都对出现什么样的天气现象起着决定性作用。

12.10.2　湿中性垂直运动条件和 β 中尺度系统的形成、维持

湿中性垂直运动，是指垂直运动的无阻力也无浮力(推力)状态，一般对直立湿垂直运动来说是 θ_{se} 线的走向在垂直剖面中呈直立状态；而对于斜升湿空气来说，是气流沿着 θ_{se} 等值线与绝对动量 M 等值线相平行处运动。从图 12.29、12.30、12.33 来看，对流核心区层结的湿中性化且伴有低层弱不稳，辐合、涡度不大，即启动力都不大，启动后的上升受到的阻力也不大，合力接近于零，维持惯性运动状态，使运动的变化率接近于零($ds/dt \sim 0$)，这都有利于系统的稳定，有利于 β 中尺度的强对流系统的维持。

何以如此？这里拟探讨湿中性运动的动力学特点。

12.10.3　湿中性层结的动力学特点

湿中性层结的动力学特点是：

①湿中性垂直运动可近于不受力状态，合力接近于零，但低层常有弱辐合和浅不稳定层，在低层启动的上升可维持其惯性运动；

② 层结湿中性化使垂直加速度变小，加速度小的系统是稳定的，长生命的；

③ 层结的湿中性化会使强对流云垂直运动速度变缓，云的尺度变大，云降水效率和降水量增大；

④ 垂直运动伴有旋转，使运动系统具有较强的自调节功能，易于到平衡；

⑤ 深厚的层结的中性化必然导致地面降压(整层气稳升高，气柱重量轻了)

有学者认为，湿中性层结是下雨的产物。从对流群发展过程中的层结演变来看的确如此，但一旦形成这种层结结构，就不是一种被动的现状表现了，低层的不稳定能和上层的稳定能都减小了，但湿深垂直运动的阻力也明显降低了，这种力场的变化，它具有主动的动力学意义，它会对运动方式起调节或导引性的组织功能。这种后续效应是规律性的。“水到渠成”带来的是“渠成流畅”，更有利于优势深对流流型的形成和维持。众多的强对流事件多具有这种现象。这样的系统形成后，虽局地过境时段较短(例如 1 小时左右)，但系统可以准稳定的延续 10 h 以上，这应是"渠成流畅"的佐证。

12.10.4　波能在湿中性层结的转化

大气运动是多波运动，从表 6.2 可以看出，层结的稳定性对于波传播的群速度影响是很大的。在稳定层结中群速度大，在中性层结中群速度小。在中高层 θ_{se} 鞍形分布的中心为中性区，而鞍周围是稳定区，这样一个局面，可以造成周围大气中的快速波动，在传到鞍中心时逐渐减速，形成波能的辐合吸收，这也有利于鞍中心区的垂直运动发展。

在观测中(云图、视频录像、雷达等)经常看到，一些对流系统所在区域的上游有扰动生成，当它们传到已存在的对流区域内后猛烈发展，可能就有这个机制的作用。

12.11　云单体(系)的自传播，风驱动，和合成移动，移向与主入流方向

强对流云体(系)的移动包含着两种运动，一是风驱动或随风飘，而是自传播或说流场的相移动。自传播是对流环流与环境气流相互作用的表现，两者如何相互作用的呢？

在图 12.18—图 12.20 中已给出了对流环流与环境气流相互作用导致相移动向右的示意性机理。现再来探讨云体为什么不跟随气流飘，要相互作用顶着气流呢？

根据流体力学原理，可以想像，在强对流的猛烈发展时，低层的辐合来的气流来不及补充空气上升的需要，这时的云下层的流场与环境流场的作用是云把周围的空气抽吸到云中，是云体对环境的“拉“，虽然风是可加速吹向云体，但“吹不着”云体，对云不产生推力；而在高层，强上升气流呈辐散型转化，在迎风侧形成“驻点”流型，这时的云体对环境是“推”，环境风吹不动它。所以处于发展阶段的强对流云，它的流场与环境流的关系是下吸上推使云体成为一个刚性“柱“，会对环境气流起阻挡作用，环境气流绕云体而行。这才为图 12.18—图

12.20 所示的扰动气压分布构建了大局。如果云体随风飘，即在环境风完全驱动下就不是这样的了，也就没有这类的自传播了。

所以把自传播挑出来是有诊断意义的。自传播的方向常是主入流的方向，所取的剖面特征性明显，它还可以反映云体的强弱，正确估计系统移向等。

图 12.34 所示的方案是先从雷达测的回波的移动，然后算得风的驱动，再由两者差出自传播。找出云自传播方向和速度是很重要的，在这个方向上回波梯度大，主入流区常常在其附近，特征结构也往往在这里。

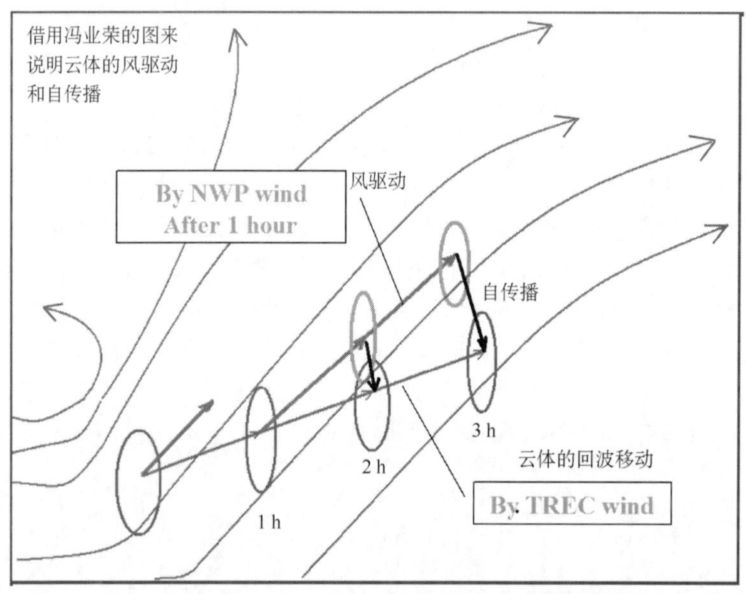

图 12.34 自传播，风驱动，和合成移动(引自培训学院. PPT)

12.12 强对流云结构与起电

雷暴云就是强对流云的一种，或说是具有的雷电活动的强对流云。

雷暴云起电与降水过程的联系：粒子群是荷电的载体，而在强对流云中什么性质的粒子群处于什么位置，是由云体的宏微观相互作用确定的。

近来已明确，雷暴云的快速起电的主要过程是非感应起电。这个起电过程的进行对各类水凝粒子群的性状及之间分布和与温度场的配置有要求。这就必须把强对流云体的气流、粒子群分布、温度场和荷电机制联成一体来探索。

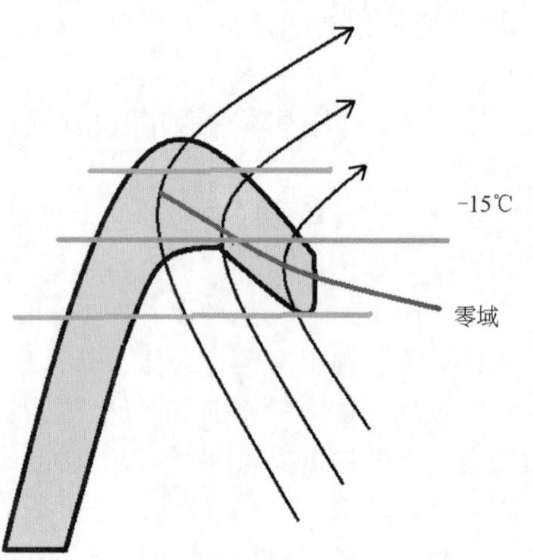

图 12.35 “穴道”区域集聚着大量的大(雨、霰、雹)粒子

根据强对流云物理，“穴道”区域集聚着大量的大(雨、霰)粒子(见图 12.35)，也有充分的云(小)粒子和水汽供应。如果这个区域处在－15℃附近，其中一些大粒子会转化为大冰粒子，云粒子会处于过

冷态。按图12.36给出的大冰粒子荷电规律,其中存在着霰粒子荷电极性反转温度,它大约在－15℃左右,即－15℃线以上的荷负电,－15℃线以下荷正电(图12.37)。同一个粒子群仅一线之隔,荷异号电,所形成的电场梯度就会甚大,容易发生闪(放)电,因为闪电在云内称为云闪。可能是因为这个区域不太大,充电条件优越,云闪的频率高量级弱,雷声隆隆,俗称"推磨雷"声是也。

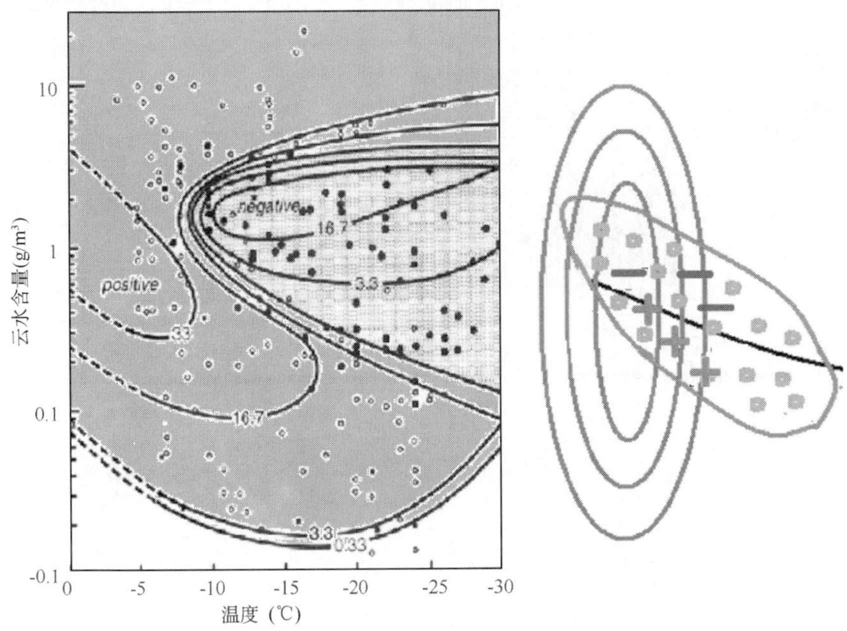

图 12.36　温度与云水含量的荷电分界,等值线标值代表荷电量的大小

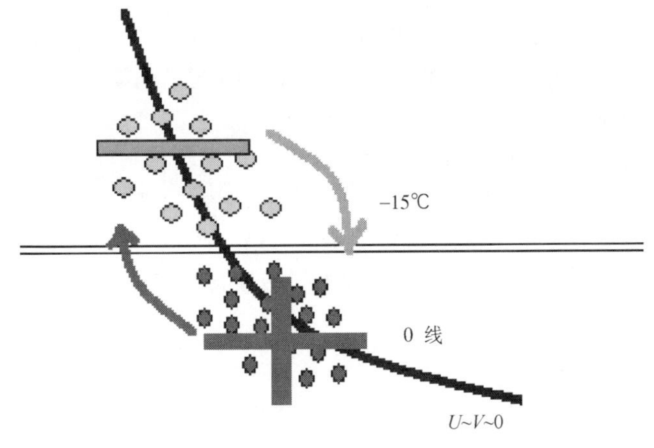

图 12.37　霰粒子群仅一线之隔,荷异号电

图12.38是一个强雷暴云的云闪和云地闪比率随时间的演变图。可见,在云闪明显超过云地闪的时段,降了冰雹,风也加强了。这时的"穴道"应是最强的,云闪就占据了优势,使云闪的比率接近百分之百。这也是一个观测事实对上述可能解释的有力佐证。

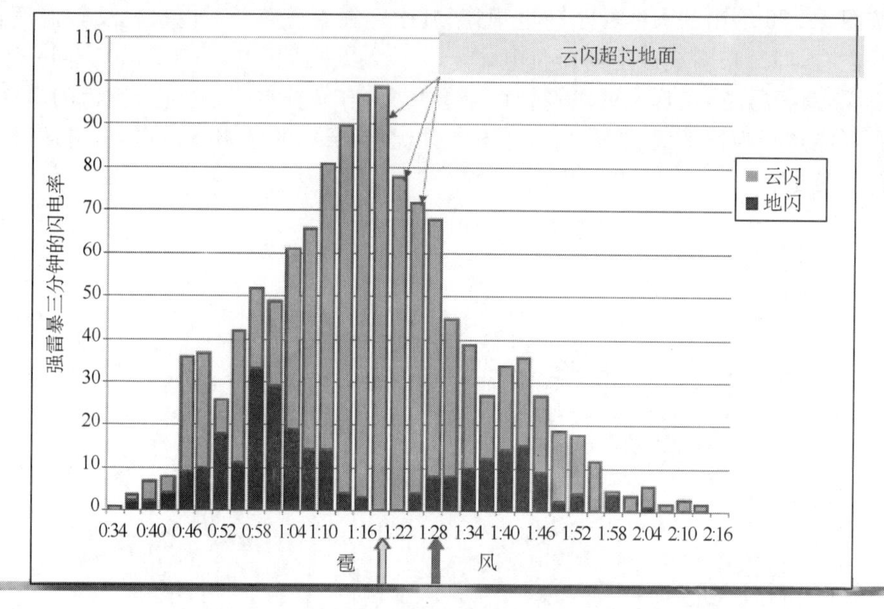

图 12.38　强雷暴云的云闪和云地闪比率随时间的演变图(VAISALA,PPT)
浅色柱:方闪;深色柱:地闪

12.13　环境变化与优势发展尺度的迁移

12.13.1　引言

在图 2.31、图 2.50 和图 2.51 及其相应的说明中,可以看到,强对流云(系)的优势发展尺度有转移现象,且与表征环境的参数有关。例如在演变中的特征尺度的升降。而优势发展尺度又与该运动的流型相关,例如对流环流上升区与下沉区的比率不同对环境不稳定度的要求不同等。为此,掌握环境变化与系统的尺度和流型转换关系,对诊断优势发展尺度的迁移趋向是重要的。

对于环境变化与优势发展尺度的迁移的研究,理论研究的模型可能与实际相差太远,单观测研究很难完整地取得资料。本节将用实例归纳法得到概念性思路,再用数值模拟法举例探讨之。

例子有两个:(1) 以河南“75.8”暴雨的温湿层结(见图 12.39) 为基础,θ_{se}的分布见图 12.39 中的 IGPT = 4 (算例标号,暴雨类型),具有湿上升气流的中性条件。风的垂直分布为 300－ 20 (k － 1) (cm/s) ,k 为垂直点数,向上增加。(2) 非中性温湿层结,是湿上升运动不稳定的。风的垂直分布同(1)。θ_{se}的分布见图 12.39 中的 IGPT = 8(雷暴类型)。图 12.39 也给出它的 θ_{se}分布。暴雨型分布除了中层有深厚的等 θ_{se}层次外,另一个特征是 θ_{se}值明显比雷暴型的值大,这表明暴雨型的气层湿度比雷暴型高。

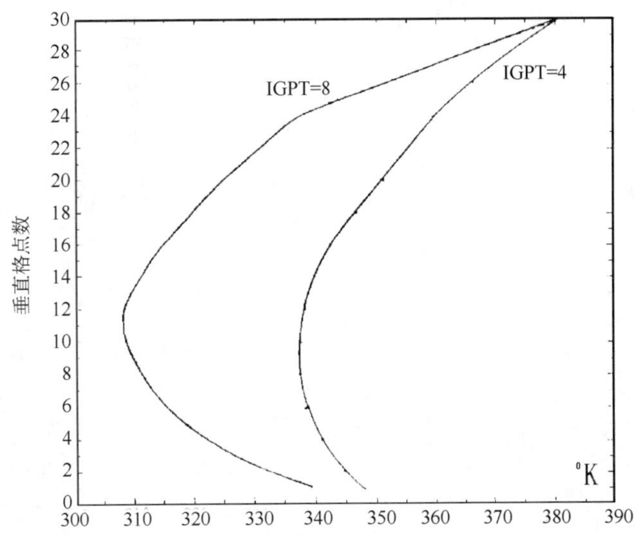

图 12.39　算例 a（IGPT = 4）和算例 b（IGPT = 8）的 θ_{se} 随高度的分布(纵坐标为垂直格点数，格距 0.5 km；横坐标为绝对温度(K)）

12.13.2　方案

利用非静力全弹性中-β 模式进行了数值模拟试验。这里用的是二维版本，垂直格距 0.5 km，水平格距 1.0 km。垂直格点 30，水平格点 100，即计算区域是15 km×100 km。模式带有细致的水汽处理和云降水微物理过程。

模拟试验的具体设计如下:以上两个算例，都用了热力启动，主要是由于热力启动中动力适应性好些。启动方式是在水平格点 i 为 40～60 处，垂直格点 k 为 2－6 处，放置一个中心值为 2.5℃而依余弦方式到扰动区边界递减到零的温度扰动。这相当于在低层有一个中等强度的启动作用。

12.13.3　结果

数值模拟试验结果给在图 12.40—图 12.46 中。

(1) 图 12.40 是计算区每个计算步中出现的最大上升气流值 W_{max} 随时间的变化。垂直坐标是 W_{max}，单位是 cm/s；水平坐标是时间，单位是 10 s。图 12.40a 表示 IGPT＝4 算例；b 表示 IGPT＝8 算例。

对比图 12.40a 和 b 看 W_{max} 的演变，从变化的时间尺度上，a 比 b 长，b 表现出 γ 中尺度特征，a 表现出 β 中尺度特征。从结局来看，b 个例在 3 h (1080 min) 以后，W_{max} 已很小，大气恢复到平静状态；而 a 个例仍保持着相当强的 β 中尺度上升气流值。

(2) 图 12.41 给出了两个算例的面积平均垂直运动速度随时间的变化。由于计算这个值需要用全场速度值，每 15 min 纪录一次全场值，所以在 4h 中只记了 16 次。这样，图 12.41 的水平坐标的时间单位是 15 min，垂直坐标的单位同图 12.40。对比 a，b 可见，算例 a 的平均垂直运动值一直在增加着，而算例 b 平均值变化很快，具有 1 h 的正负波动周期。显然，b 具有 γ 中尺度特征，a 具有 β 中尺度特征。

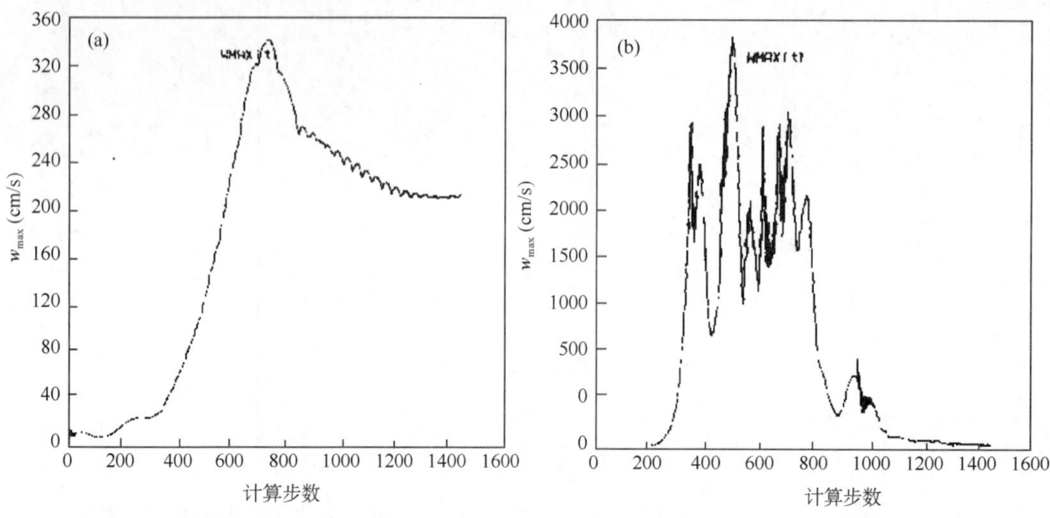

图 12.40　计算区内每时步最大上升气流速度 W_{max} 随时间的分布(纵坐标为 W_{max} 的值，单位 cm/s；横坐标为计算步数，步长 10 s)

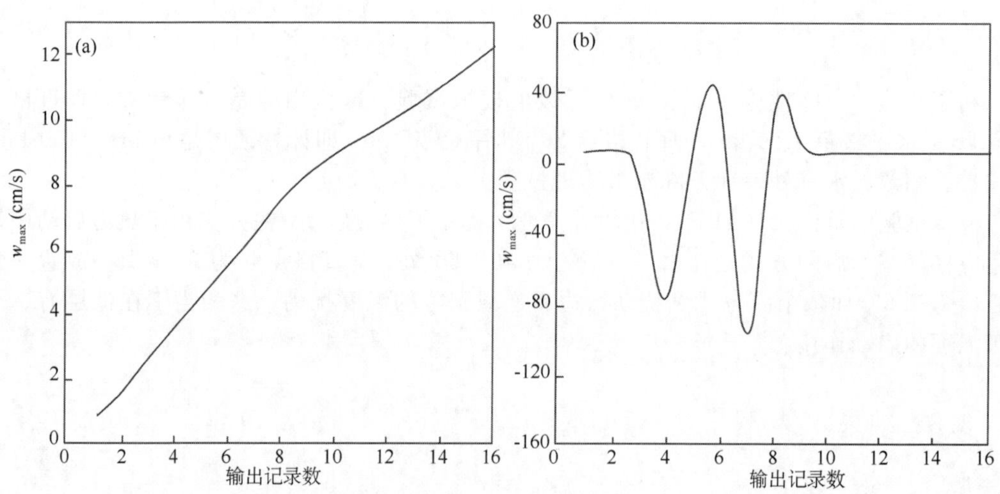

图 12.41　面积平均垂直气流速度随时间的变化(纵坐标同图 12.40，横坐标为记录次数，间隔时间为 15 min)

(3) 图 12.42 给出的是计算区内上升区的垂直平均水平尺度(单位是水平格点数）随时间的变化。图 12.43 是下沉区的平均尺度变化。对比图 12.42a 和 b，可见 a 的平均上升尺度明显地比 b 大；而由图 12.43a 和 b 看出，a 的平均下沉尺度又明显地比 b 小。这意味着，算例 a 的平均上升尺度显著地比 b 大，b 的上升尺度是 γ 中尺度的，而 a 的上升尺度是 β 中尺度的。

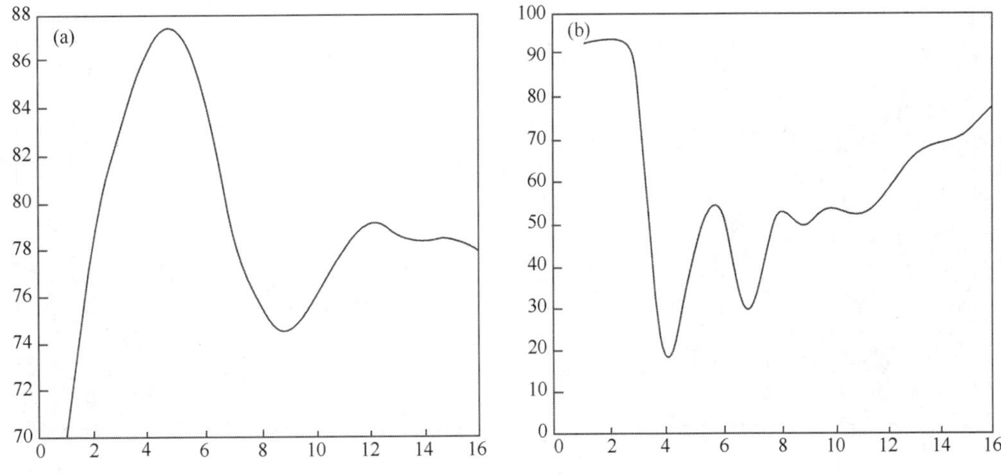

图 12.42　平均上升气流尺度随时间的分布(纵坐标是一个相对值，最大为 100；横坐标同图 12.41)

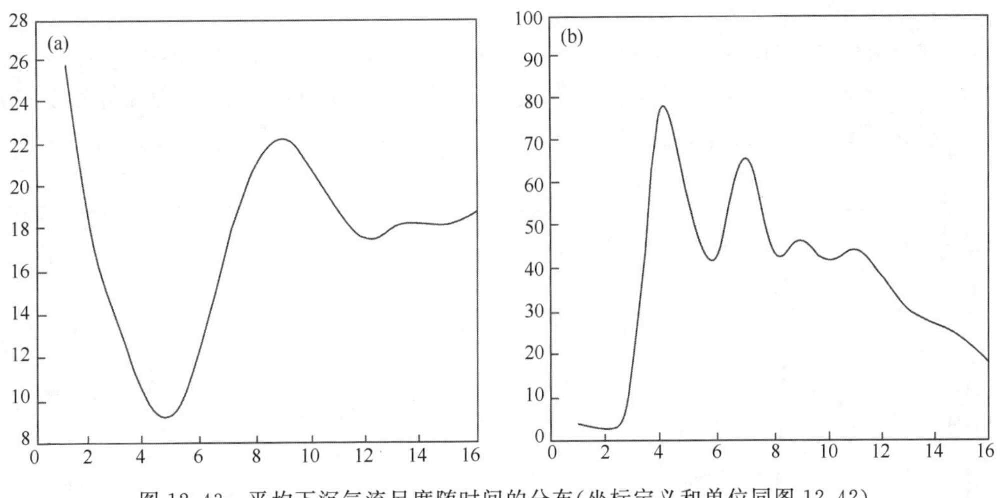

图 12.43　平均下沉气流尺度随时间的分布(坐标定义和单位同图 12.42)

(4) 图 12.44 给出的是面积平均动能($E_{a,a}$), $E_{a,a}=(w_{i,j}^2+u_{i,j}^2)/N_s$, $w_{i,j}$ 是垂直运动速度，$u_{i,j}$ 是水平运动速度，N_s 是计算区的总点数。对比 12.44 a 和 b 可见，对 a 而言，$E_{a,a}$ 在湿上升启动以后一直呈上升趋势，即动能在发展；而对 b，伴随着 W_{max} 的发展和衰弱，$E_{a,a}$ 也同步地先增加再减少，有一个动能发展和衰弱的过程。从动力学和尺度上来说，b 是 γ 中尺度型的，而 a 是 β 中尺度型的。换言之，b 是反映着不稳定位能迅速转化为动能，随着不稳定位能的消耗，动能又转化为位能；而对个例 a，在湿中型垂直运动条件，垂直动能在运动中消耗很小，随着低层不稳定能的转化和启动能量的加入，使 $E_{a,a}$ 逐渐随时间增大。

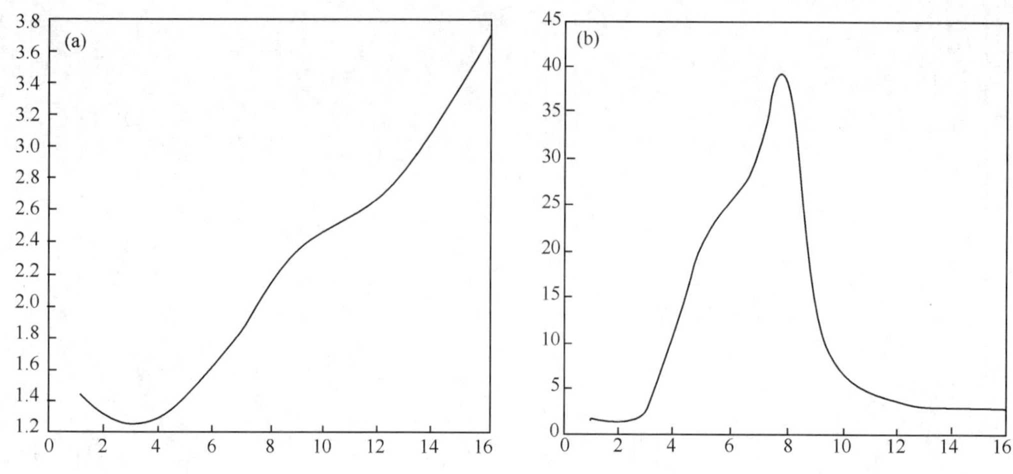

图 12.44　面积平均动能随时间的变化(纵坐标是相对能量单位，横坐标同图 12.41)

(5) 图 12.45 给出的是模拟 4h 的降水量水平空间分布。图 12.45a 的降水分布具有 20～30 km 的波动尺度，而图 12.45b 的波动具有 10 km 以下的尺度。b 具有 γ 中尺度特征，而 a 具有 β 中尺度特征。值得指出的是，a 的上升气流峰值几乎是 b 的十分之一，即上升气流并不强，但其降水峰值 a 则比 b 大，这表明了降水强度并不只与上升气流强度有关，还与系统的动力特征和降水形成的效率有关，而降水效率又强烈地决定于动力结构。

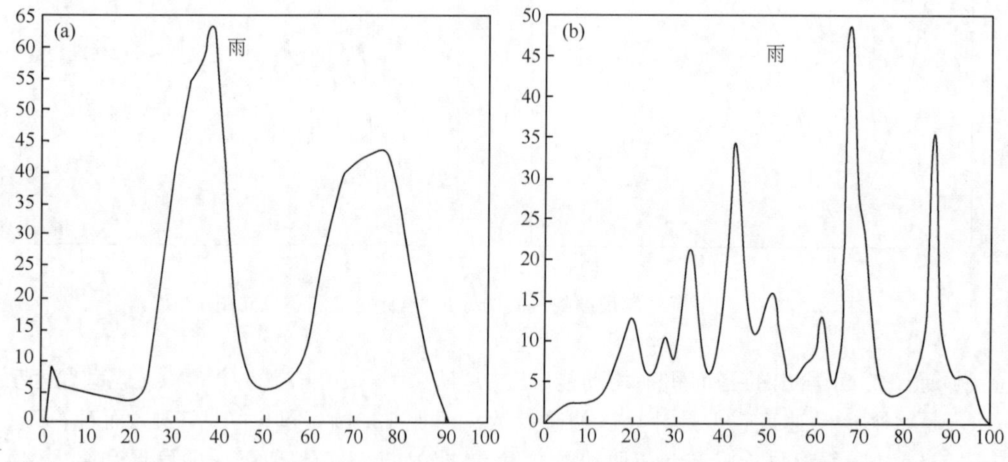

图 12.45　模式积分 4 h 的总雨量分布(纵坐标是量值，单位是毫米；横坐标是水平格点数，格距 1. 0 km)

(6) 图 12.46 给出了模拟时间 2h 的流场图。对比 12.46a 和 b 可以看出，算例 b 的垂直流场特征是明显的就地翻滚式；而算例 a 上升运动是明显的，下沉则甚弱，不是就地翻滚式，而是水平(远程) 辐合供应式。这又从流场型式上表明，b 具有 γ 中尺度特征，a 具有 β 中尺度特征。当模拟到 4 h，算例 a 的流场特征仍保持着 2 h 的型式，强度虽然有所起伏，但尺度更扩大了，这种趋势，一直延续到 8 h 以后；算例 b 这时已无明显的深尺度的垂直运动，只是在初始给定的基流上附有一些 γ 中尺度的波动，基本上恢复到初始的流态。

垂直环流的就地翻滚式与远程供应式有着重大区别，前者在翻滚中消耗局地气柱的位能和水汽，而后者在不断有能量和水汽输入下，使局地热力、动力状态得到维持和发展。

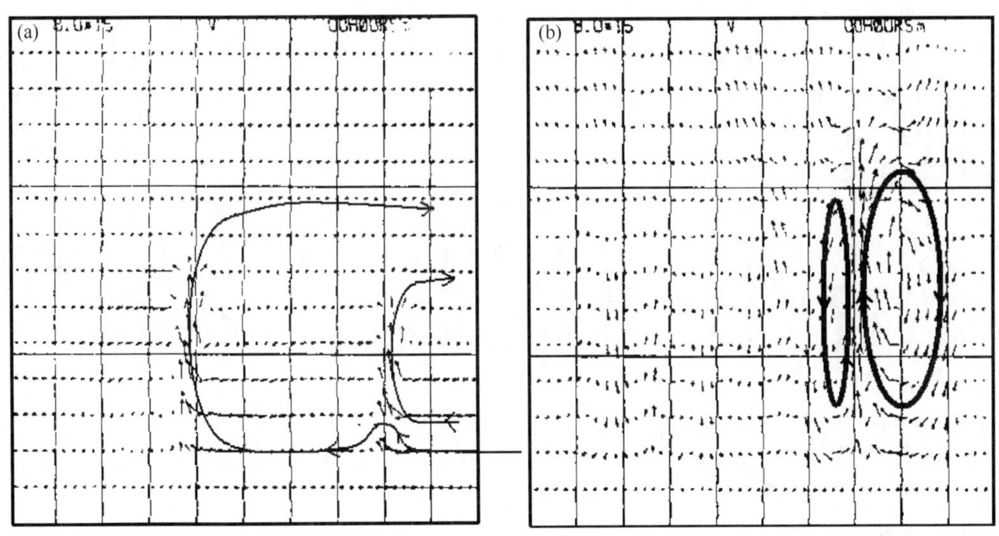

图 12.46　模式积分到 2h 的流场(矢量大小代表的风速值标在图左上角；纵坐标是垂直方向，一个格距为 10 个点；水平方向，格距也为 10 个点)

12.13.4　结语

看来，环境条件不仅提供对流发生的条件，如不稳定能量和启动机制，也能对不稳定能的释放转化方式有引导作用。这就是在一定的环境条件，存在着优势发展的尺度或流型。而随着环境条件的变化，可以引起优势发展尺度或流型的迁移。

12.14　对流云的过山、下坡及离山

12.14.1　引言

地形对于对流云的影响是肯定的，但影响的表现则不同。感觉上，有时削弱，有时增强，有时阻挡，有时接力跳跃，有时出山，有时驻山。何以如此，有规律吗？能观测到这些表现，但难以看出确切的道理。在这一节拟用数值模拟的方式作些零星探索，主要是，在平地发展的对流云移过山脊或台地发展的对流云下坡时的变化。以求有所体会。

非平坦地形对于对流云的发生发展有着明显影响，潮湿空气过山不仅有过山波发生。还会出现地形云，相变潜热与山的动力扰动相耦合呈现出比干燥空气过山更丰富的现象。以往研究了山地对流云的发展，本节研究了在平地发展的积云，移过山脊或下坡时的变化。

12.14.2　模式和模拟方案

运用非静力全弹性对流云模式的二维版本，其动力、热力和带有地形坐标系的和云一降水微物理过程的方程组见 6.2.4.2 小节。计算区域水平为 100 km，格距 1.0 km，分为 100 个点，序号以 I 表示，垂直为 15 km，格距 0.5 km，分为 30 个点，序号以 K 表示。大积分时间步长为 10 s，小积分时间步长为 1.0 s.

地形的山体表达式为：

$$Z_s = Z_{st} L_0{}^2 / [L_0{}^2 + (x + x_0)^2]$$

这里 Z_{st} 为山脊最大高度，L_0 是决定地形坡度的长度参数，取为 15 km，x 为水平坐标值，x_0 是 Z_{st} 所在位置，取 50 km，Z_{st} 取 1.5 km

初始条件，给出水平均匀的温、压、露点值和风随高度的分布，地面温度取为 25 ℃，气压 1000 hPa。4 km 以下，温度递减率 γ=0.75℃/100 m；4～10 km，γ=0.5℃/100 m；10～12 km，γ=0.25℃/100 m；12～15 km，γ=0.01℃/100 m。露点温度：10～12 km，3 km 以下，$T_d = T - 3.0$℃；3～10 km，$T_d = T - 5.0$℃；10km 以上，$T_d = T - 15.0$℃。水平风速：地面风为零，向上每 0.5 km 增加 0.6 m/s，当大于 15 m/s 后不再增大。

模拟方案：

这个模拟方案与 6.6 节湿潮空气过山的地形云模拟不同点在于，对流是先在平地或台地上发展的，而后过山或下坡。

在平地 I=25－35 格点处，用热扰动法先启动对流云发生，云体在环境风驱使下边移动边发展逐渐接近山体或下坡。为了在云体发展初期，气流不受山脊或坡地的影响，山地和下坡是在云移动中逐渐凸起或凹下的，这种方法叫“次临界 Froude 数$[U^2/gl(\Delta P/P)]$初始法”，又叫地壳运动法(Deaven，1976)。这种方法虽在运用中比较麻烦，因为地壳运动过程中地表高度 Z_s 在变化着，需逐步进行坐标变换，但它不会激起高频瞬变波。

模拟计算分二个事例：一是过山，二是下坡，每一个先进行平地对流云算例，再进行过山或下坡不同事例，与之比较来察看地形的影响。山峰高度或下坡底深都取为 1500 m，参照平地算例的结果，地形凸起从 180 步到 540 步完成；而凹下是从 360 步到 720 步完成。

12.14.3　对流云过山的模拟结果

(1)概况

图 12.47 给出了过山(a)和平地(b)对流云发展过程中最大上升气流速度 W_{max}，二者随时间的演变。对比二者可以看出，在什算数 300～400 时步间(时间=步数 x 时间步长)。出现了第一个 W_{max}，二者的峰值，二者的峰值大小和位置十分相近。到 550～650 时间步长，过山算例出现了第二个峰值 W_{max}。达到 29 m/s，而在平地算例中，这时已进人 W_{max} 随时间演变的谷底(2.0 m/s)。到 1000 算步处，二个算例都出现了另一个 W_{max}，峰值。过山算例值为 21 m/s，平地算例值为 105 m/s。可见过山对流云的强度比平地对流云显著增强，增福达 1.9 倍。

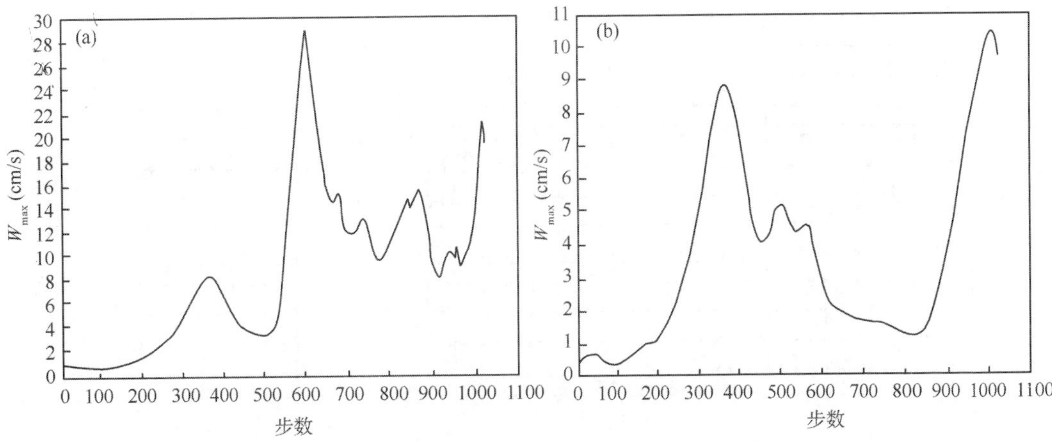

图 12.47 过山(a)和平地(b)对流云中最大上升气流速度 W_{max} 随时间变化

纵坐标是 W_{max}(cm/s),横坐标是计算步数(n),时间:$t=n*10$ s。

(2)降水

图 12.48 给出了 960 计算时步的累计降水量分布,a 为过山算例,b 为平地算例。可见在平地算例中,水分布只有一个蜂值.处于格点 35～50 之间.峰值降水量达 25 mm:而在过山算例中有算 2 个降水峰值,一个处于山的 35～50 格点之间。峪值降水量 11 mm,另一个在山后(背风坡)的 65～85 格点间峰值降水且 13.5 mm。二者的降水分布有明显差别。但过山算例的最大降水量比平地算例小近 1 倍,可是区域总降水量过山的比平地的多 29.3%。

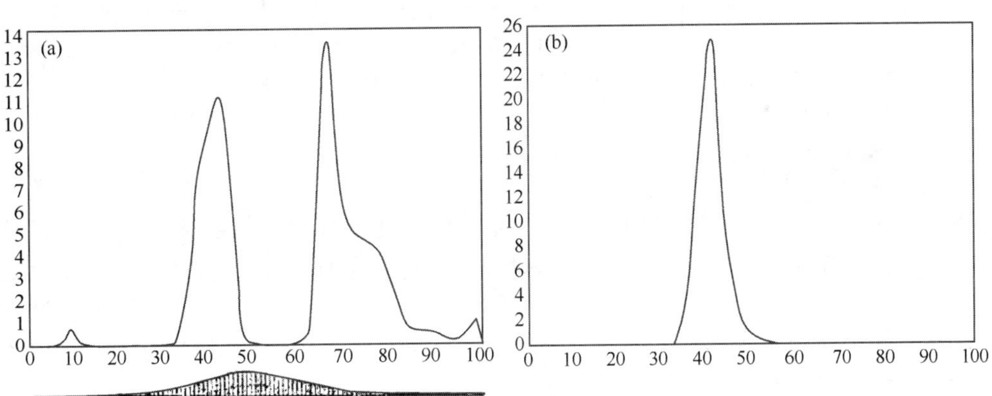

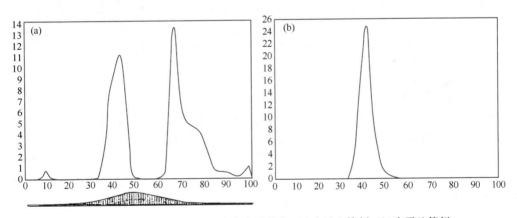

图 12.48 第 960 算时步的累计降水量分布,(a)为过山算例,(b)为平地算例

(3)流场

图 12.49 给出的是时步 600(100 min)的流场图,(a)是过山的、(b)是平地的。这时过山算例的对流中心已移过山峰(此时对流云已越过峰顶 1500m 处到达山的背风坡,由于位能释放激起的背风坡与对流环流的耦合,加强了对流的迅猛发展,W_{max} 达到 29 m/s。而平地算例这时已处于对流发展的低谷处(参见图 12.48b)

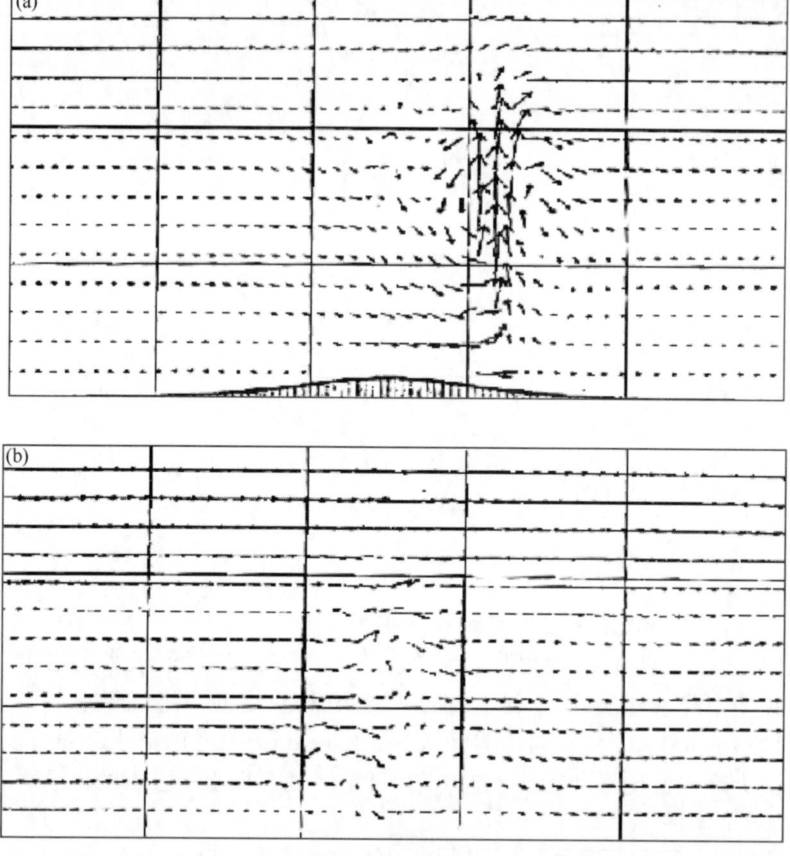

图 12.49 时步 600(100 min)的流场图

(a)是过山的、(b)是平地的。纵坐标是垂直格点数，一大格为 10，横坐标是水平格点数，一大格也为 10。上栏下部的影区是山形

(4)云(水凝结物场)

图 12.50 给出了 600 时步(100 min)的云场，a 是过山算例，b 是平地算例。从图 12.50a，b 栏对比可以看出，到 600 时步时，过山的云与平地的云已有重大差别了。过山的云中心由 360 步的 38 格点处跳跃到山脊后的 62 格点处. 云体强大，最大含水量高达 16.8 g/kg，而平地的云体平移到 48 格点处，云体分裂变弱，最大含水量只有 1.63 g/kg，这个结果也是与流场结构相对应的。

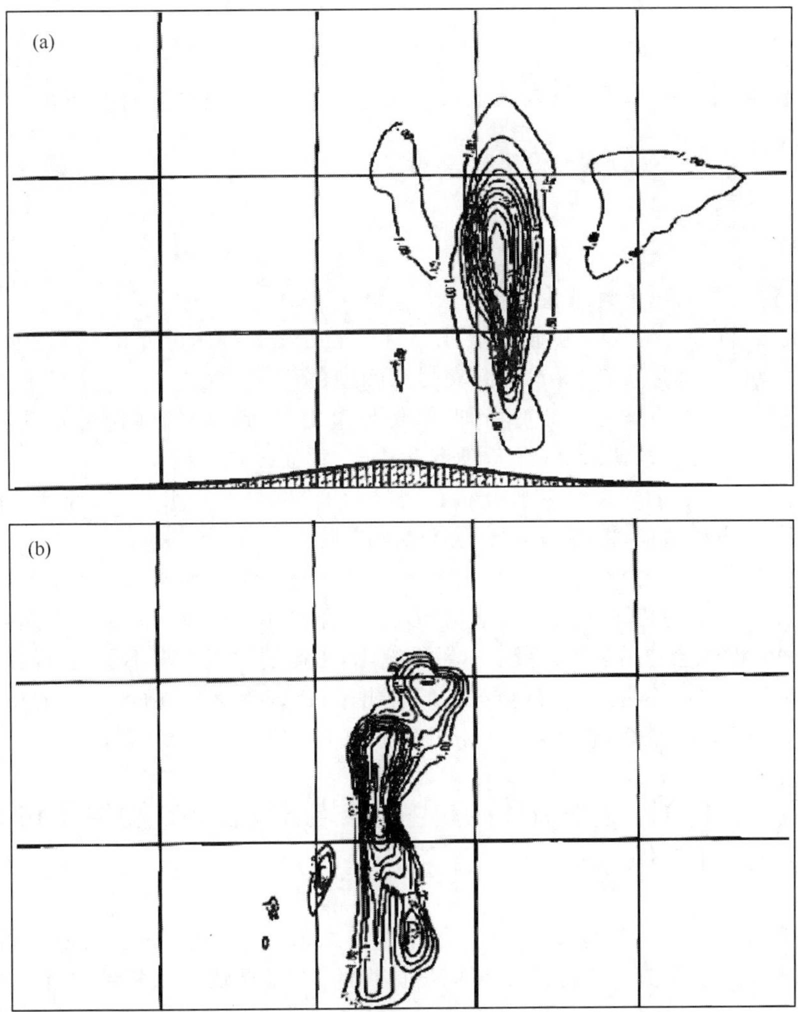

图 12.50　600 时步(100 min)的云场,(a)是过山算例,(b)是平地算例。其他说明同图 12.49

12.14.4　对流云下坡的数值模拟结果

(1)概况

对流云下坡和平地的算例中.其最大上升气流速度 W_{max} 随时间的演变二者的差别不大,只是下坡算例的比平地例算的值稍大一些。

与过山相比,过山算例的对流云比下坡算例的对流云强些。这是由于在下坡算例中,初始地面高度上升了 1500 m,相应地面温度下降了 7.5℃达到 17.5℃;地面气压下降了 109.6 hPa,达到 890.4 hPa,这就造成了气柱的温湿不稳定能的减少。

(2)降水

对流云下坡和平地算例二者的阵水分布在背风坡呈现出明显差别。在下坡算例中,背风坡的降水分布波动明显,主降水分布在格点 50～70 间,并延绵到 100 格点处;而平地算例中，主降水只集中在55—67格点范围内，呈单峰型。区域总降水量下坡的比平地的增加了76.1%。

(3)流场

由于下坡算例与平地算例仅在云下坡处有差别。由于下坡的作用，下坡处的对流环流强于平地的。

12.14.5 结语

综上所述，可以给出下列结论：

(1)对流云过山.在背风坡会显著增强。与平地对流云降水分布的单峰型相比，在迎风坡有降水，背风坡也有降水，主降水区分布呈双峰型；

(2)对流云下坡在下坡处也会有所加强，但比过山的情况的增强作用弱得多，这可能解释为下坡情况下只有气柱膨胀(辐散)，没有气柱压缩(辐合)之故；

(3)山脊和下坡对于对流云降水分布有明显影响，扩大了降水范围，区域总降水量比平地对流云降水有明显增加，但降水量蜂值会出现减小。

以上的模拟研究中，对流云过山、下坡是有风驱动的。即有明显天气系统的背景，和一定的热力、水汽条件。对于在弱天气背景下，热力、水汽条件不太适宜于对流发展时，由于山区的动力、热力效应，对流会在山区先发展。这种情况下，山区的对流云出不了山，或者说它们出了山就难以为继了。当有系统过境时，会把它们带出来；还曾观测到，山区对流的持续发展形成庞大的云团并组织成系统后，它们可自行出山，这样的对流云出山会伴有强烈的天气活动。

12.15 对流(群)发生和维持原生因素与对流(群)发生中的诱发因素的相互作用

从上述几节的讨论中看到，一些重要的结构组织形成、发展演化、维持更新都需要各环节的相互配合。发生对流的条件是由环境场提供的，但发展成什么样的对流体(系)就与法则的途径有关了。如果把对流发生前环境因素称为原生因素，而把对流发生后的对流产物所派生的因素称为诱生因素。由于原生因素不能完全决定对流活动的演变或结局，就需加入诱生因素的作用。这在本质上是环境场与对流场间的相互作用，也是其非线性特征的表现。这可由非线性动力学方程来体会到，其中的u、v、w、p、ρ、T等量，不论处在方程中的哪个位置，都在随时、空变化着：

$$\frac{\partial u}{\partial t}+u\frac{\partial u}{\partial x}+v\frac{\partial u}{\partial z}+w\frac{\partial u}{\partial z}=-\frac{1}{\rho}\frac{\partial p}{\partial x}-fv+Du$$

$$\frac{\partial v}{\partial t}+u\frac{\partial v}{\partial x}+v\frac{\partial v}{\partial y}+w\frac{\partial v}{\partial z}=-\frac{1}{\rho}\frac{\partial p}{\partial y}+fu+Dv$$

$$\frac{\partial w}{\partial t}+u\frac{\partial w}{\partial x}+v\frac{\partial w}{\partial y}+w\frac{\partial w}{\partial z}=-\frac{1}{\rho}\frac{\partial p}{\partial z}+g\left(\frac{\rho'}{\rho}\right)+Dw$$

$$\frac{\partial \rho}{\partial t}+\frac{\partial \rho u}{\partial x}+\frac{\partial \rho v}{\partial y}+\frac{\partial \rho w}{\partial z}=0$$

$$\frac{\partial T}{\partial t}+u\frac{\partial T}{\partial x}+v\frac{\partial}{\partial y}+w\frac{\partial T}{\partial z}=-w\frac{\partial T}{\partial z}+\frac{1}{\rho_0 c_p}\frac{\mathrm{d}p'}{\mathrm{d}t}+PT/\rho_0+D_T$$

鉴于强对流的非线性特征，既有初值问题，又有演变问题，就不能再只局限在原生性环境场条件的研究了。应当关注在原生因素演变过程中原生因素的作用情况，和诱发因素及它们间的相互作用、配合情况；在某些分叉点(原态失稳点)甚至还与随机扰动有关。为此，先仔细观测强对流的演化过程是重要的，起码可以从跟踪强对流的演变路径来着手。这就需要在筹划观测系统中注入新的思路了。

一提到非线性似乎真是难以揣摩，但事情的本缔是这样的，该怎么办还要怎么办，总不能一涉及非线性就止步吧！一个可行的方案是，从具体了解非线性不太强的强对流个例做起，这中间需要观测、分析、模拟、理论相结合；再从众多个例中归纳或提炼出能把握总体性规律的认识，能大致辩别演化方向就是突破。至于强非线性的清况，容后再说，曾请教过一些长期从事强对流工作的专家，深究之后，感到真正强非线性的、看不出点滴端倪的事例还是罕见的。

12.16　建立相适应的新型观测系统

12.16.1　强对流活动的环境条件

变化是中、小尺度的，具有是高时、空分辩结构。因而目前的常规观测系统很难观测到场分布或场演变资料。新型的多通道微波辐射计、GPS 湿度仪和风廓线雷达能够得到温、湿、风及水凝物的垂直分布，能提供高时间分辨率的垂直时间剖面，随着强对流云物理的进展，可以更多理解其中的信息，利用这些产品来进行时空转换，掌握局地环境条件的变化，这对诊断分析和预报(警)是很需要的。

12.16.2　环境条件的变化举例

强对流活动的环境条件变化是中、小尺度的，是高时、空分辩的。因而目前的长规观测系统很难观测到场分布或场演变资料。新型的多通道微波辐射计、GPS 湿度仪和风廓线雷达能够提供高时间分辨率的垂直时间剖面，可以利用这些产品来了解环境条件的变化。图 12.51 是一次对流云过测站时的多频道微波辐射仪给出的参数变化图。对流云过站时，除地表温度降低外，各高层温、湿度皆升高，以 700 hPa 升高幅度最大。对流云过测站时层结的演变有湿中性化趋势，见图 12.52 所示。

由多通道微波辐射计、GPS 湿度仪和风廓线雷达得到的温、湿、高、压、风垂直时间剖面后，稍加运算就可得到表示大气热力、动力结构的特征值，如 θse(假相当位温)、CAPE(对流有效位能)、Ri(Richardson 数)等系列参数。

鉴于 RHI 产品在了解对流云垂直结构中的重要性，由布网多普勒雷达的体扫资料内插得到的 RHI 垂直分辩率甚低(垂直向可设置 30 个角，但在业务运用中最多取 14 个角的数据)，而 X 波段雷达探测得到的 RHI 分辩率很高(取样角的差值可小于 0.2°)。如果在一轮体扫完成后转成 RHI 取剖面，这又会减小体扫的时间分辨率，而且取哪个部位的垂直剖面也要推敲。为此配置多雷达可互补的观测系统是必要的。图 12.53 是玉溪用布网多普勒雷达的体扫资料内插得到的 RHI 和 X 波段雷达提供的同一云 RHI 剖面，对比可见，B 具有更细致的垂直回波结构。

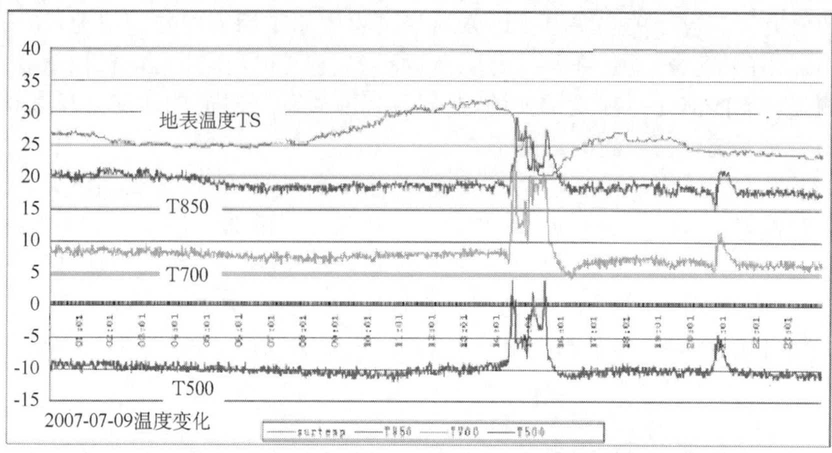

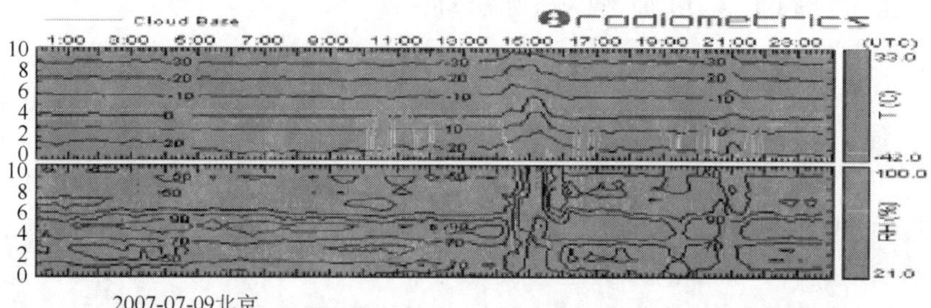

图 12.51　对流云过测站时的多频道微波辐射仪给出的参数变化

（引自北京人工影响天气办公室：李睿劼等，私人通讯）

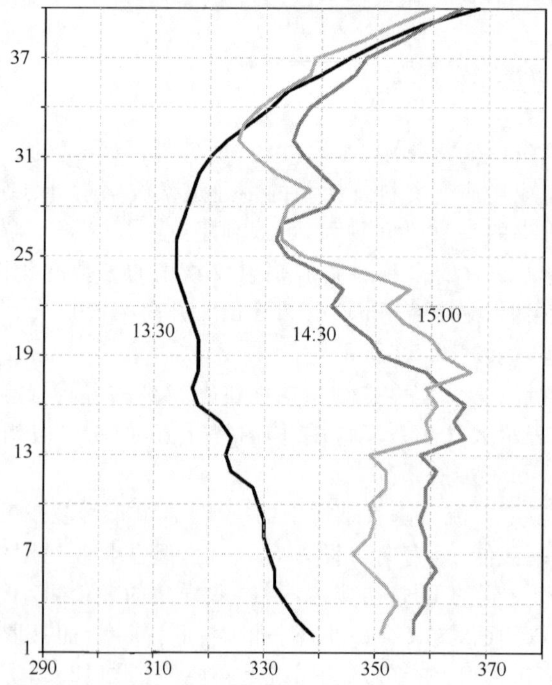

图 12.52　依据对流云过测站时的多频道微波辐射仪给出的温湿参数变化算得的 θ_{se} 廓线随时间演变。纵坐标是垂直取样点数，点间距离 250 m，横坐标是 θ_{se} 值。

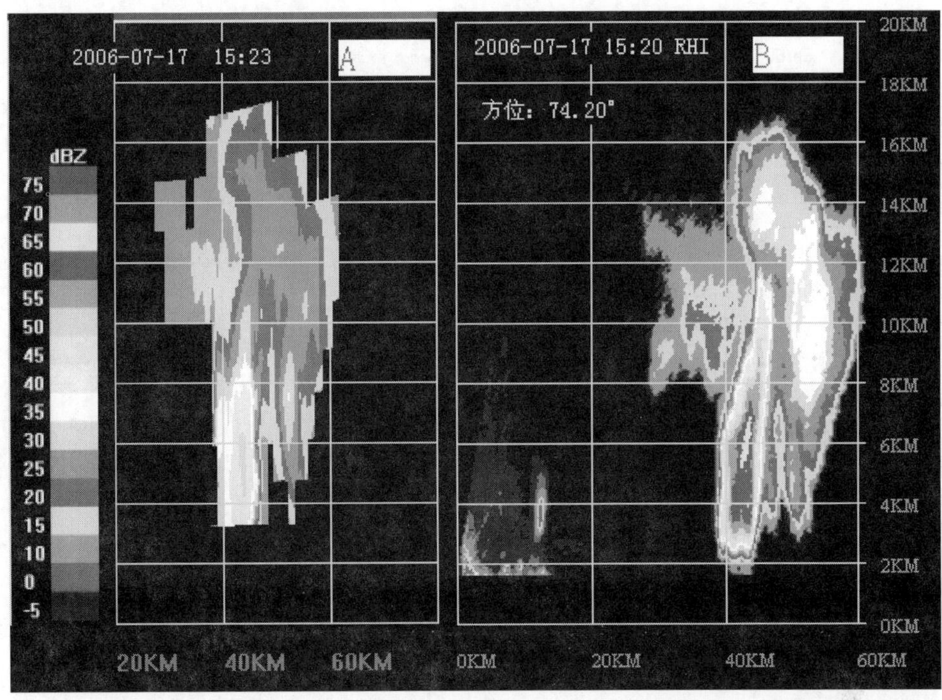

图 12.53　A 为多普勒雷达内插得到的 RHI;B 图为 X 波段雷达探测得到的 RHI

多站 GPS 倾斜路径水汽总量监测区域水汽的三维空间分布及其时间变化是可行的，为了得到区域水汽的三维空间分布，还要用上层析技术(CT)。

参考文献

丁一汇主编. 1993. 1991 年江淮流域持续性特大暴雨研究. 北京：气象出版社，108.

孔凡铀. 1992. 低层环境风场对积云模拟的作用，应用气象学报，**3**(1)：20－31.

李俊，王东海，王斌. 2012. 中尺度对流系统中的湿中性层结结构特征. 气候与环境研究，doi：?? 10.3878/j.issn.1006－9585.2012.11085 (Li, J., B. Wang, and D.-H. Wang, 2012: The characteristics of Mesoscale Convective Systems (MCSs) over East Asia in warm seasons, *Atmos. Oceanic Sci. Lett.*, (5), 102－107.).

刘式达，刘式适，付遵涛 等. 2002. 从二维地转风到三维涡旋运动，地球物理学报，**46**(4)，450－454.

刘式达，刘式适. 2011. 大气涡旋动力学，北京：气象出版社，39.

刘式适，付遵涛，刘式达，许焕斌等. 2004. 龙卷风的漏斗结构理论，地球物理学报，**47**(6)，959－963.

孟辉，寇书盈，贾惠珍等. 2005. 应用"零域"概念进行对流云防雹(增雨)作业，气象科技，**33**(增刊)：8－13.

沈小峰等，1987. 耗散结构理论(新学科丛书)，上海：上海人民出版社.

陶诗言等. 1980. 中国之暴雨，北京：科学出版社，12－173.

田利庆，许焕斌，王昂生. 2005. 雹云机理新见解的观测验证和复现，高原气象，**24**(1)：77－83.

许焕斌 魏绍远. 1995. 下击暴流的数值模拟研究，气象学报，**53**(2)：168－176.

许焕斌，田利庆. 2008. 强对流云中"穴道"的物理含义和应用. 应用气象学报，**19**(3)：7－86.

许焕斌. 1986. 暴雨强风暴的降水物理问题，近代天气学进展，北京：气象出版社，222－231.

许焕斌. 1997*a*. 湿中性垂直运动条件和中－ ? 系统的形成，气象学报，**55**(5)：602－610.

许焕斌. 1997*b*. 一种中-*β* 系统形成的概念过程模型和初步数值试验，空军气象学院学报，**18**(4)：108－116.

许焕斌. 2000. 对流云过山和下坡的数值模拟研究，青藏高原云和降水人工影响天气研究(德力格尔主编)，北京：气象出版社，82－94.

张可苏，周晓平. 1986. 非静力平衡模式中重力惯性波的波谱、结构和传播特征，第二次全国数值预报会议文集. 北京：科学出版社，196－206.

Deaven D G. 1976. A solution for boundary problems in isentropic coordinate models, *J. Atmos. Sci.*, **33**: 1702－1713.

Fujita T T. 1992. The mystery of severe storms, WRL, Research Paper 239, University of Chicago.

Markowski Paul and Yvette Richardson , Mesoscale Meteorology in Midlatitudes, p184. 2010 *John Wiley & Sons*, Lid. LSBN: 978－0－470－74231－6.

Parker M D, Johnson R H. 2000. Organizational modes of midlatitude mesoscale convective systems. *Mon. Wea. Rev.*, **128**: 3413－3436.

Rosenfeld D, and Woodley W L. 1993. Effects of cloud seeding in West Texas, Additional results and new insights. *Journal of Applied Meteorology*, **32**: 1848－1866.

Wakimoto R M & Wilson J W. 1989. Non-supercell tornadoes, *Mon. Wea. Rev.*, **117**: 1130－1140.

Zhang D-L, Tian L, and Yang M-J. 2011. Genesis of Typhoon Nari (2001) from a mesoscale convective system. *Journal of Geophysical Research*, **116**, D23104, doi: 10.1029/2011JD016640.

Zrnic D S, Ryzhkov A, Straka J, *et al*. 2001. Testing a Procedure for Automatic Classification of Hydrometeor Types, *Journal of Atmospheric and Oceanic Technology*, **18**: 892－913.

后记——本书的沿革

《雹云物理与防雹的原理和设计》第一版是在2004年9月出版的。近两年后，2006年7月再版。又过了6年，2012年7月，参考前者，补充、修改为此书。

《雹云物理与防雹的原理和设计》第一版，由许焕斌、段英、刘海月著。其前言曰：

“从1978年至今，国内关于冰雹和防雹方面的正式出版专著有五本。一是《冰雹概论》，作者是雷雨顺、吴宝俊和吴正华，于1978年由科学出版社出版，内容侧重于冰雹天气动力学；二是《冰雹微物理与成雹机制》，作者是徐家骝，1979年由农业出版社出版，着重描述了冰雹的微观物理学和冰雹形成机制；三是《人工防雹导论》，由黄美元、王昂生等编著，于1980年科学出版社出版，是一部内容十分全面的书，涵盖了冰雹的形成、探测、识别、预报、防雹原理、效果检验及防雹布局等；四是《人工防雹实用技术》，编著者是王雨增、李风声和伏传林，由气象出版社于1994年出版，内容偏重于实用技术和方法；五是《冰雹》，作者是段英、赵亚民，这是一部文献资料式的著作，图文并茂，给出了河北省1950—1999年近50年的冰雹天气实例，1999年由气象出版社出版。这些专著对指导我国的冰雹研究和提高防雹科学技术水平都起到了重大作用。

1996年河北省立项了重大课题“人工防雹与农业减灾的研究”，经过项目课题组5年的努力，获得了一批新的结果。本书作者是该项目的承担者，为了系统地介绍这些进展，撰写了《雹云物理与防雹的原理和设计》这本书。本书不拟全面复述已有的知识和成果，而是企图点出一些关键性科学问题，再以归纳观测事实为基础，以理论分析为主线，以采用新思路设计的数值模式为工具，对点出的关键问题予以深入研究，力求给以澄清或提出解决方案。

本书共分三编11章，内容包括雹云物理及数值模式，防雹原理和防雹实施方案的设计。第一、二编的1～7章由许焕斌撰写，第三编中的第9、10章由段英撰写，第8、11章由刘海月撰写。

赵柏林老师和郑国光研究员为本书写了序，章澄昌教授、郑国光研究员审阅了全书，作者在此表示衷心的感谢。

我们热忱地把本书奉献给大家，更诚恳地希望得到读者的指正。（作者：许焕斌　段英　刘海月）”

第二版由于加了第二编的第八章“积云（对流云）物理和积云增雨”，书名后就加了副标题：“对流云物理与防雹增雨”，著者仍是许焕斌、段英、刘海月。再版的话曰：

“《雹云物理与防雹的原理和设计》的第一版是在2004年9月出版的，至今已过去近两年的时间.这次再版，气象出版社要求首先要把书中的错误予以改正，并希望能与时俱进地作一些充实。

由于水资源的短缺，开发空中水资源的人工增雨活动在发展。积云（对流云）降水占有很大比例（约占3/4），且对流云是凝水量丰富的云，又是自然降水效率较低的云，因而增雨潜力巨大.但是近来的对流云增雨计划表明，对浮动云体的增雨作业，增雨率较大也较明显；但对于固定地区是否可以增加降水量则难以确定。这意味着对流云的人工增雨的方案（静力催化或动力催化)有可能在增强了个体对流云的发展的同时却降低了云体的降水效率,从而使区域内的水汽转化为降水的份额并未增多。这对于开发空中水资源企图来增加区域降水量的努力来说是不期望的。看来需要探求的是:如何才能提高区域内对流云群水汽转化为降水的效率问题。这必然涉及对流云的宏观动力过程和微观降水过程之间的相互作用如何能达到最优,为此要弄清楚自然阵雨的形成机制。鉴于冰雹云和积云都是属于对流云类,只是强度不同,为此,根据将近两年来我们对积云(对流云)物理、阵雨形成机制和积云(对流云)增雨方面作过的工作,由我执笔予以汇集整理,写成"积云(对流云)物理和积云增雨"作为第二编的第八章. 而第三编的第八、九、十和十一章,依次递改为第九、十、十一和十二章。

非常有幸把再版的书奉献给读者,仅供大家参考,并恳请予以指正!(许焕斌)"

为了配合强对流云物理研究的深入,应当扩大它的影响领域,为更多的读者服务。在这次对《雹云物理与防雹的原理和设计》修订、改版中,对强对流云物理的内容作了扩大和充实,特别是作为一名云一降水物理工作者,试着去探索了强对流云物理学在对流性灾害天气预报(警)中的应用。为此,承蒙段英,刘海月先生的理解和支持,对原书的结构作了大的调整,新增了一些章节,更新置换了一些章节。书名也相应改为《强对流云物理及其应用》。

为了"与时俱进",内容需扩,书名可改,但在其沿革中,同事和朋友们的贡献和支持要牢记心中,立此存照。这种真挚的友情是鼓励我"老而不蔫"的精神支柱!衷心地感谢,深深地鞠躬!

许焕斌

2012 年 8 月 1 日　北京

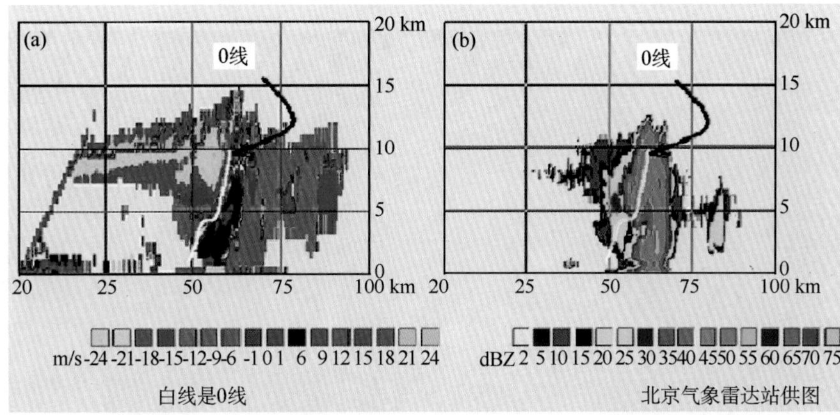

彩图 3.48　多普勒雷达回波图（方位 341.4°，回波移向 SSE）

（a）径向风分布；（b）径向方向强度—高度分布；图中白线为水平风速零线

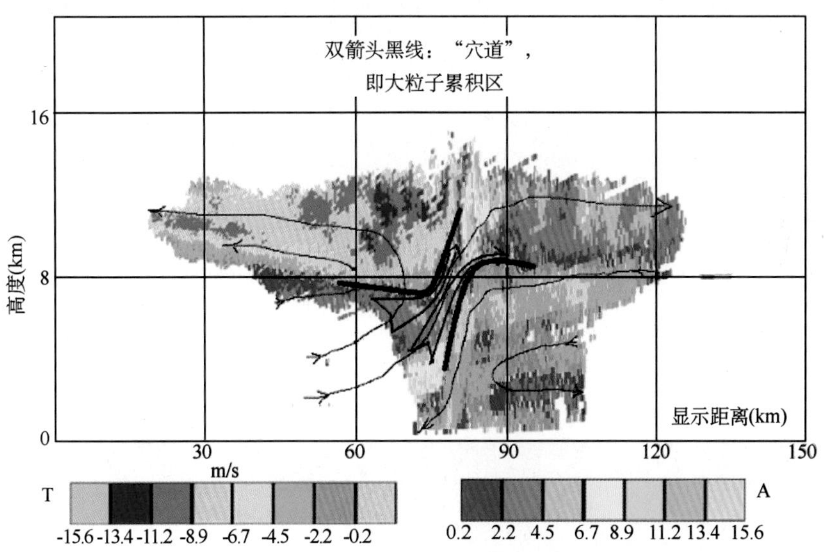

彩图 11.24　单体对流云个例概念模型

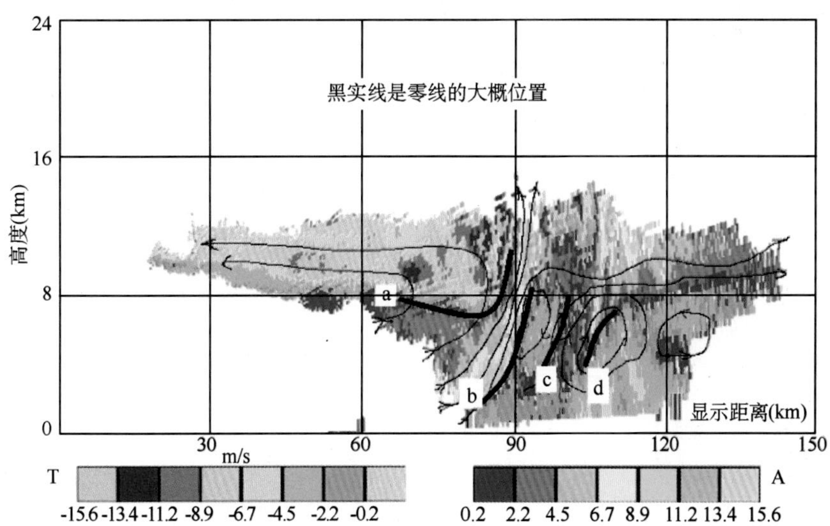

彩图 11.28　多单体对流云实例概念模型

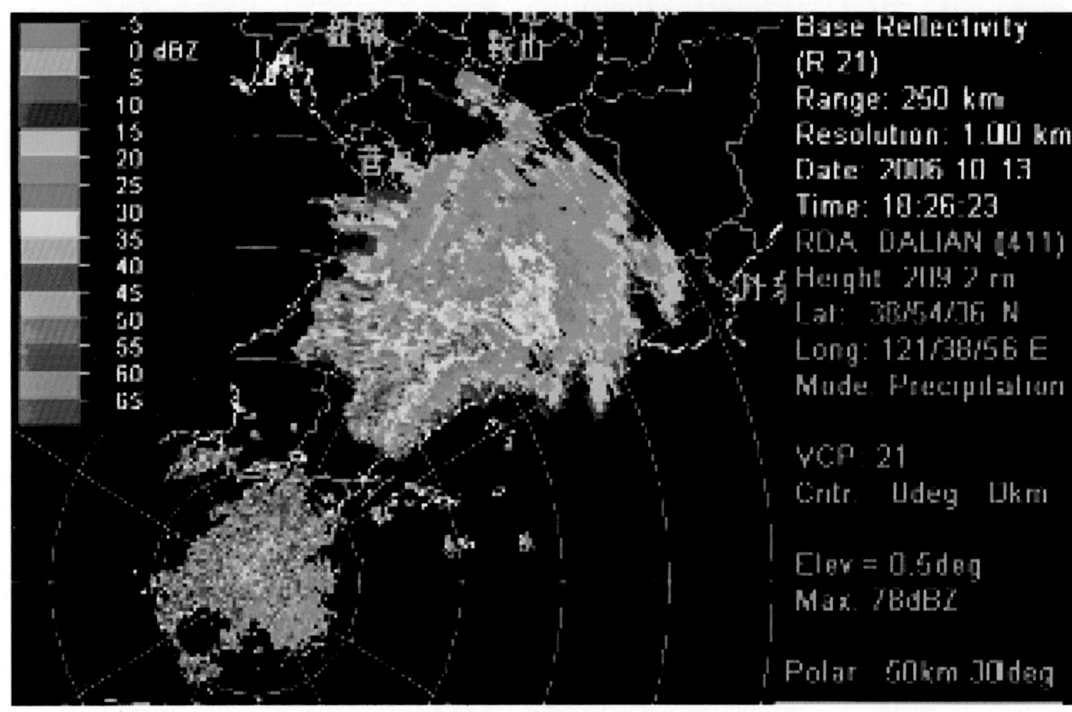

彩图 11.29　2003 年 10 月 13 日 18:26 大连雷达站观测到的强单体对流云回波实例

箭头是系统移向：向东南

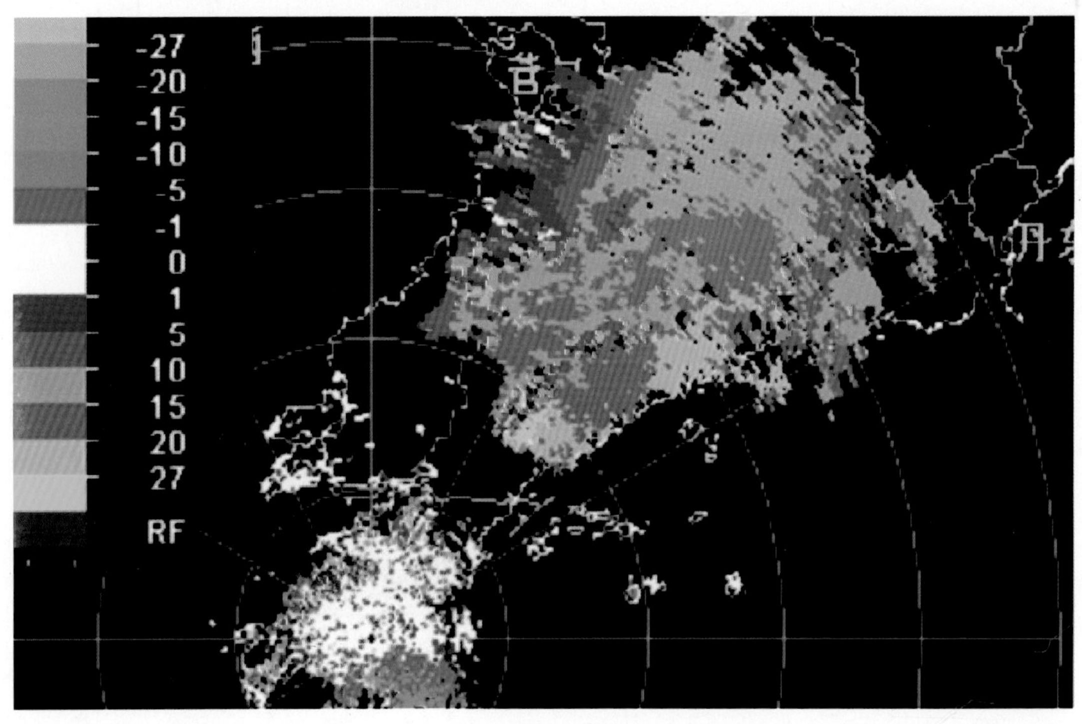

彩图 11.34　低仰角（0.5°）的径向风分布图